国家出版基金项目
NATIONAL PUBLICATION FOUNDATION

新闻出版总署
迎接党的十八大主题出版重点出版物

中国的绿色增长

——党的十六大以来中国林业的发展

绿色的抉择

国家林业局　编

中国林业出版社

图书在版编目（CIP）数据

中国的绿色增长：党的十六大以来中国林业的发展 . 第1卷，绿色的抉择／国家林业局编 .
－北京：中国林业出版社，2012.9
ISBN 978-7-5038-6774-3

Ⅰ . ①中 ...　　Ⅱ . ①国 ...　　Ⅲ . ①林业－生态环境建设－中国　Ⅳ . ① S718.5

中国版本图书馆 CIP 数据核字（2012）第 228596 号

总 策 划：金　旻
策划编辑：李玉峰　徐小英
主要编辑：徐小英　沈登峰　杨长峰

出　　版　中国林业出版社(100009　北京西城区刘海胡同 7 号)
　　　　　http://lycb.forestry.gov.cn
　　　　　E-mail:forestbook@163.com　电话：(010)83222880
发　　行　中国林业出版社
设计制作　北京捷艺轩彩印制版技术有限公司
印　　刷　北京中科印刷有限公司
版　　次　2012 年 9 月第 1 版
印　　次　2012 年 9 月第 1 次
开　　本　215mm×280mm
字　　数　1509 千字（插图约 1440 幅）
印　　张　50
印　　数　1 ～ 5000 册
定　　价　520.00 元（共 3 卷）

《中国的绿色增长——党的十六大以来中国林业的发展》

编撰工作领导小组

组　　长：陈述贤

顾　　问：卓榕生

副组长：封加平（常务）　张鸿文　程　红　金　旻

成　　员：汪　绚　厉建祝　李金华　汤晓文　郝育军　李青松

　　　　　陈幸良　李玉峰　尹发权　樊喜斌　金志成

文字组：曹　靖　刘建杰　涂先喜　黄祥云

图片组：周霄羽　陈建伟　张　炜　贾达明　李惠均

　　　　刘广平　刘宏明

编辑组：徐小英　刘先银　杨长峰　沈登峰　赵　芳

　　　　李　伟　何　鹏　刘香瑞　曹　慧

Ⅰ 绿色的抉择

编撰工作办公室

执行主编：张鸿文

执行副主编：李金华　陈幸良　李玉峰　尹发权

统筹协调：涂先喜　徐小英

主要撰稿人员

（以姓氏笔画为序）

毛峰	尹发权	尹刚强	孔卓	邓爱玲	邢红	刘文萍	刘金富	孙友
孙嘉伟	杨百瑾	苏为民	苏春雨	李玉峰	李金华	李智勇	吴今	何友均
汪绚	宋超	张蕾	张鸿文	陈昱	陈幸良	陈绍志	陈嘉文	金旻
胡章翠	封加平	赵荣	段亮红	袁卫国	徐小英	徐济德	唐红英	涂先喜
曹靖	韩学文	韩爱惠	彭有冬	覃鑫浩	程红	谢春华	蔡登谷	樊喜斌

主要摄影人员

（以姓氏笔画为序）

于怀	韦健康	冯晓光	朱永刚	刘杰	刘广平	刘卫兵	刘兆明	刘宏明
刘建生	刘晓玲	庄凯勋	牟景君	孙阁	杨颖	苏为民	李学仁	李惠均
宋锴	张健康	陈小川	陈建伟	林岩	周霄羽	郑升亮	俞言琳	饶爱民
	贺文佩	贾达明	黄海	黄敬文	曹森	谭雪梅	谭景涛	

编辑出版人员

责任编辑：徐小英　何鹏

审稿人员：金旻　刘东黎　沈登峰　杨长峰　刘慧　徐平

美术编辑：赵芳　曹慧　刘媚娜

责任校对：梁翔云

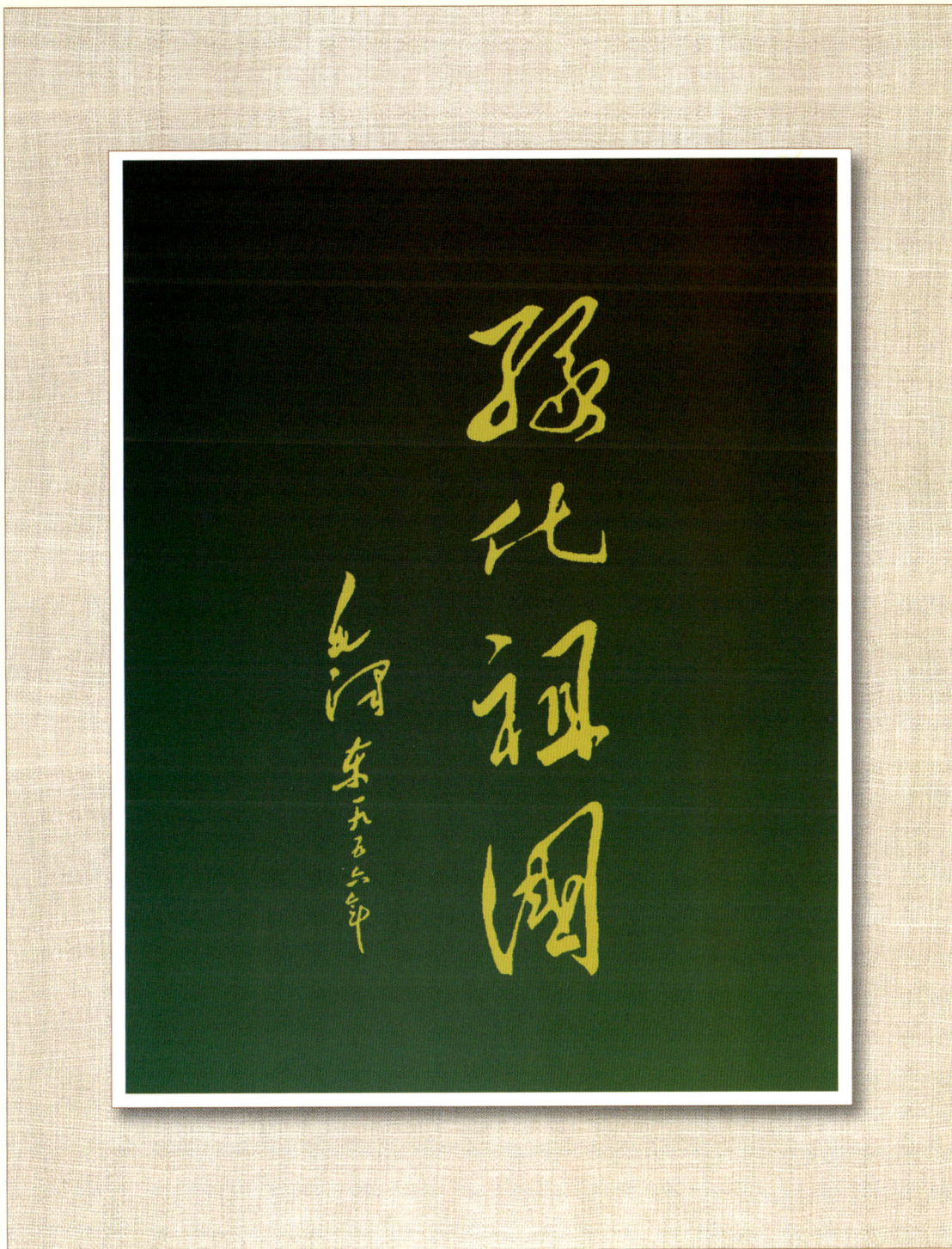

强化祖国

毛泽东
一九五六年

绿化祖国
造福万代

邓小平
一九九一年三月

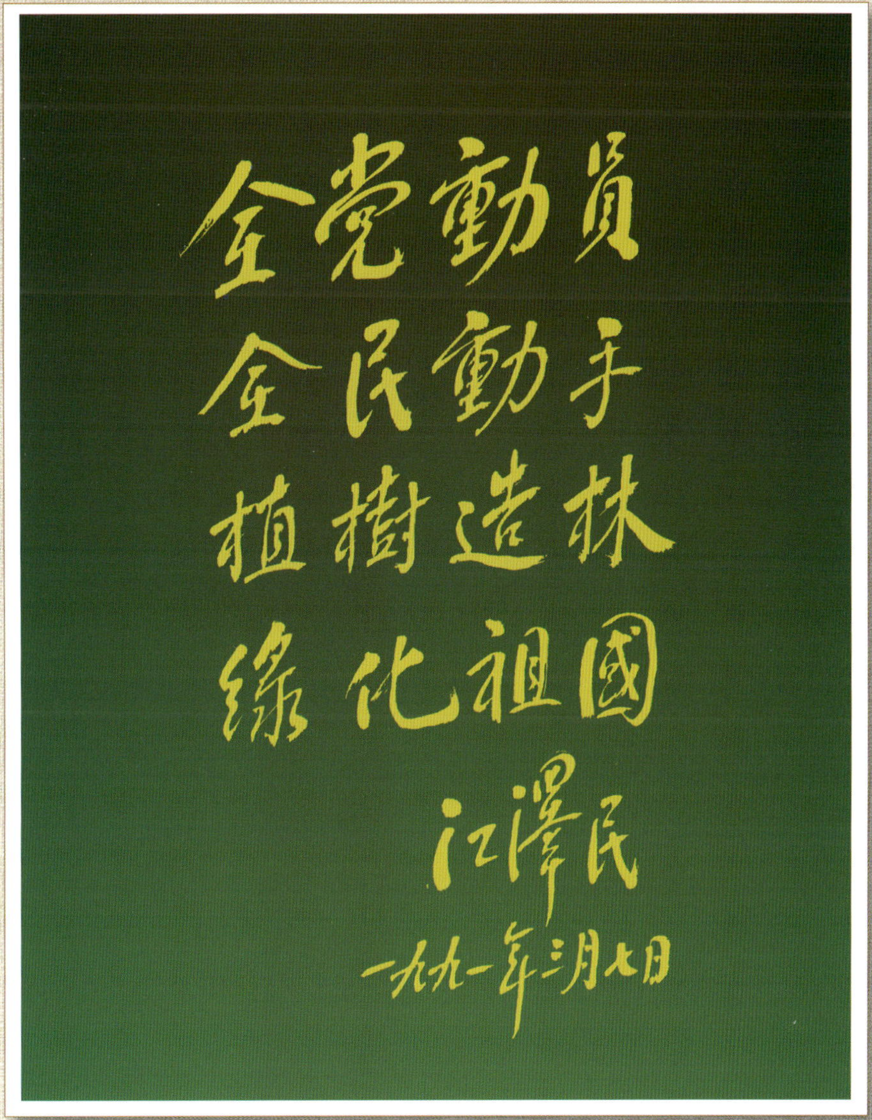
全党動員
全民動手
植樹造林
綠化祖國
江澤民
一九九一年三月七日

2011 年 9 月 6 日，国家主席胡锦涛在首届亚太经合组织林业部长级会议开幕式前
会见亚太经合组织各成员代表团团长（新华社记者　黄敬文　摄）

2011 年 4 月 2 日，中共中央政治局常委、全国人大常委会委员长吴邦国参加首都义务植树活动
（国家林业局宣传办公室提供）

2007 年 4 月 20 日，中共中央政治局常委、国务院总理温家宝视察江西林改工作（新华社记者 饶爱民 摄）

2009 年 12 月 23 日，中共中央政治局常委、全国政协主席贾庆林接见关注森林活动十周年总结表彰大会代表
（国家林业局宣传办公室提供）

2005年9月12日,中共中央政治局常委李长春在内蒙古呼伦贝尔市红花尔基林业局视察(红花尔基林业局提供)

2011 年 5 月 9 日，中共中央政治局常委、国家副主席习近平在贵州省黔南布衣族苗族自治州贵定县甘溪林场叮嘱干部职工要强化生态建设，保护好青山绿水（新华社记者 李学仁 摄）

2009年8月31日，中共中央政治局常委、国务院副总理李克强到吉林延边林业集团省级棚户区改造试点单位八家子林业局亲切看望棚户区改造回迁户（吉林日报记者 宋锴 摄）

2011年9月18日，中共中央政治局常委、中央纪委书记贺国强在广西阳朔县白沙镇冬瓜桥村金橘园考察
（新华社记者 黄敬文 摄）

2012年4月3日，中共中央政治局常委、中央政法委书记周永康参加首都义务植树活动（新华社记者 刘卫兵 摄）

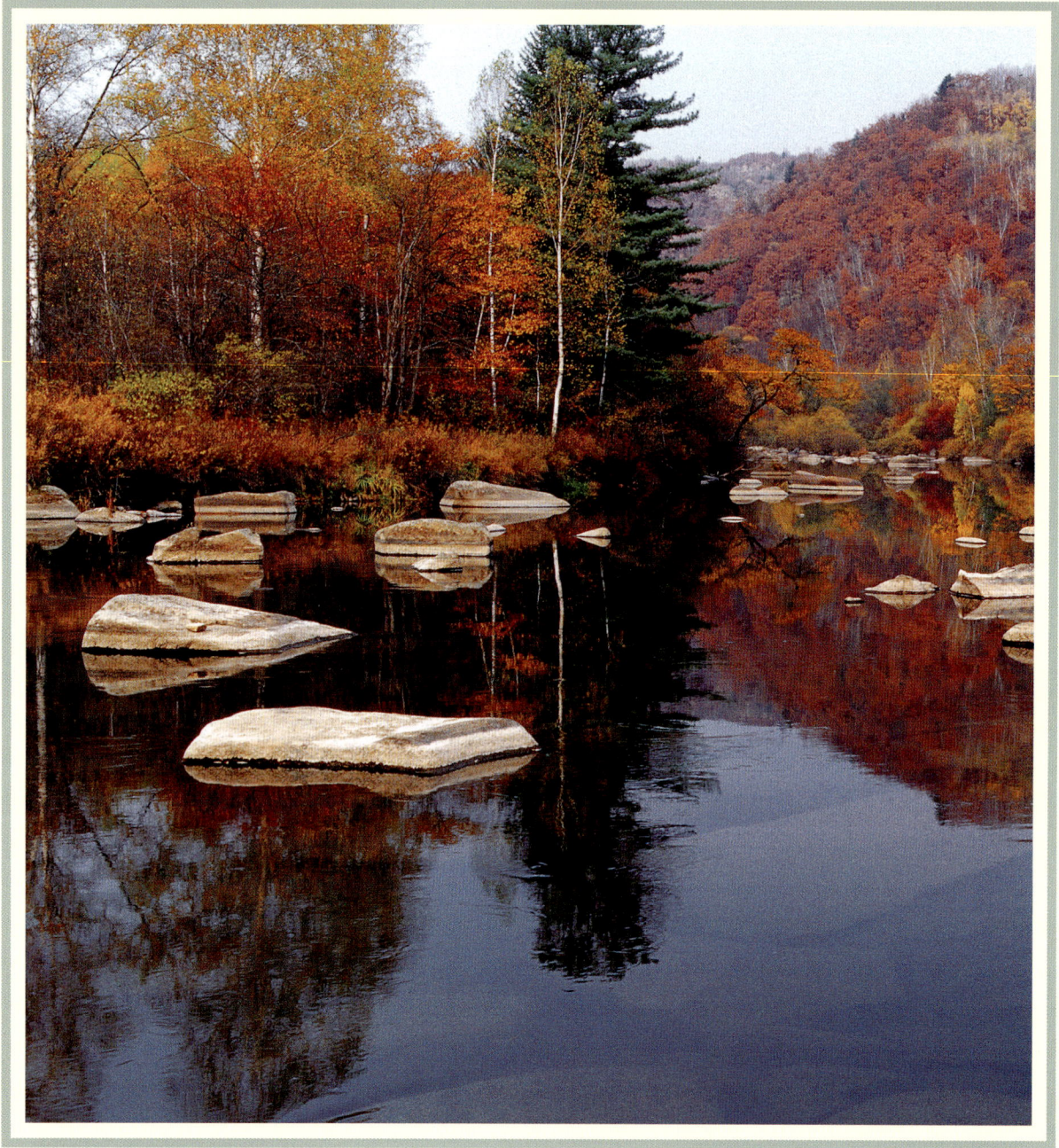

加强区域合作 实现绿色增长

——在首届亚太经合组织林业部长级会议开幕式上的致辞

胡锦涛

女士们，先生们：

金秋时节，来自亚太经合组织各成员的代表们相聚北京，举行首届亚太经合组织林业部长级会议，共同探讨林业发展和绿色增长。首先，我谨代表中国政府和人民，对会议的召开表示热烈的祝贺！向与会各位代表表示诚挚的欢迎！

当前，经济全球化继续发展，科技创新孕育新突破，经济合作持续推进，各国经济相互依存不断加深，全球经济治理出现新变革。亚太经济保持良好发展势头，成为世界经济复苏和可持续增长的重要推动力量。同时，国际金融危机深层次影响仍然存在，国际金融市场不稳定不确定因素增多，国际和地区热点此起彼伏，气候变化、生态恶化、能源资源安全、粮食安全、重大自然灾害等全球性挑战日益突出，全球金融治理任重道远。有效应对全球发展面临的挑战、实现共同发展已经成为国际社会普遍关注的重大课题。

女士们、先生们！

在去年举行的横滨会议上，为促进区域经济实现平衡、包容、可持续、创新、安全增长，我们通过了《亚太经合组织领导人增长战略》，提出了推动亚太经济发展的指导原则、行动计划、落实机制，绿色增长就是其中的重要内容。

森林在推动绿色增长中具有重要功能。森林是陆地生态系统的主体和维护生态安全的保障，对人类生存发展具有不可替代的作用。森林是重要而独特的战略资源，具有可再生性、多样性、多功能性，承载着潜力巨大的生态产业、可循环的林产工业、内容丰富的生物产业。森林是陆地上最大的碳储库，减少森林损毁、增加森林资源是应对气候变化的有效途径。

亚太地区拥有世界上最丰富最独特的森林生态系统，森林面积占全球一半以上。近年来，亚太地区林业呈现良好发展势头，森林面积持续增加，成为扭转全球森林资源下降趋势的主要力量。同时，亚太地区也面临着毁林、森林退化、林区相对贫困和林产品贸易保护主义等挑战。

为应对亚太林业发展面临的挑战、实现共同发展，亚太经合组织各成员高度重视林业在应对气候变化、实现绿色增长方面的重要作用，积极开展区域合作。2007年亚太经合组织领导人第十五次非正式会议通过的《气候变化、能源安全和清洁发展悉尼宣言》提出"到2020年，本地区各种森林面积净增长2000万公顷"的目标。2010年亚太经合组织领导人宣言进一步提出，各方应该共同努力，实现悉尼目标，推动森林恢复和可持续经营。这充分体现了亚太经合组织各成员加强林业合作的政治意愿。亚太经合组织林业合作虽然处于起步阶段，但潜力巨大、前景广阔。

首届亚太经合组织林业部长级会议的召开，为加强区域合作、加快林业发展提供了新的合作渠道。会议将围绕转变经济发展方式、应对气候变化、发展绿色经济、促进绿色增长进行深入探讨，意义重大。这里，我愿就区域林业发展和合作提出3点建议。

第一，加强林业建设。我们应该把林业发展纳入经济社会发展总体布局，完善林业政策，增加资金投入，推进科技创新，加大资源培育力度，创新管理模式，加强森林执法，提升森林资源数量和质量，优化资源配置，推动产业发展，突出生态建设。

第二，发挥森林多种功能。我们应该妥善处理发展和保护、产业和生态的关系，充分发挥森林在经济、社会、生态、文化等方面的多种效益，实现平衡发展。要合理利用森林资源，发展林业产业，壮大绿色经济，扩大就业，消除贫困。要挖掘林业潜力，发展木本粮油和生物质能源，维护粮食安全和能源安全。要加强生物多样性保护，涵养水源，防治荒漠化，增加森林碳吸收，应对气候变化，维护区域和全球生态安全。

第三，深化区域合作。我们应该本着平等互利原则，以务实态度开展区域合作。要推动亚太林业高层对话，加强林业政策协调，深化林业经济技术合作，减少或消除绿色贸易壁垒，积极参与全球森林问题磋商和对话，发挥区域林业合作机制作用，增加对发展中成员的支持。

女士们、先生们！

中国高度重视林业建设，把发展林业作为实现科学发展的重大举措、建设生态文明的首要任务、应对气候变化的战略选择。中国不断增加投入，加强森林生态系统、湿地生态系统、荒漠生态系统建设和生物多样性保护，全面实施退耕还林、天然林保护等重点生态工程，持续开展全民义务植树，深入推进集体林权制度改革，调动全社会发展林业积极性，实现了森林资源和林业产业协调发展。目前，中国森林面积达到 1.96 亿公顷，其中人工林面积达到 6168 万公顷，居世界首位，为促进绿色增长、推动可持续发展提供了有利条件。

中国将继续加快林业发展，力争到 2020 年森林面积比 2005 年增加 4000 万公顷、森林蓄积量比 2005 年增加 13 亿立方米，为绿色增长和可持续发展作出新的贡献。中国将继续通过亚太森林恢复与可持续管理组织，为亚太经合组织发展中成员提供力所能及的支持。

女士们、先生们！

亚太经济发展和区域合作正面临新的机遇。亚太经合组织各成员应该深化合作、携手共进，让森林永远造福人类，为亚太和世界人民创造更加美好的明天！

祝会议取得圆满成功！

谢谢各位。

2011 年 9 月 6 日

伟大的事业 辉煌的十年

（代 序）

回良玉

  党中央、国务院从战略和全局出发，历来高度重视林业发展和林业工作。毛泽东同志多次强调，"要发展林业，林业是个很了不起的事业"，"要重视林业、造林，这是我们将来的根本问题之一"。邓小平同志强调，"植树造林、绿化祖国是建设社会主义、造福子孙后代的伟大事业，要坚持二十年，坚持一百年，坚持一千年，一代一代永远干下去"。江泽民同志要求"全党动员，全民动手，植树造林，绿化祖国"，发出了"再造秀美山川"的号召。党的十六大以来，以胡锦涛同志为总书记的党中央确立了以生态建设为主的林业发展战略，作出了关于加快林业发展的决定，并首次召开中央林业工作会议，对新时期林业改革发展作出全面部署。10年来，在中央大政方针指引下，在各地区、各有关部门和广大干部群众共同努力下，我国林业建设取得了举世瞩目的巨大成就。

  过去的10年，是林业地位提升最快、多种功能全面发挥的10年。我们不断深化对新形势下林业地位和作用的认识，与时俱进地确立了林业在贯彻可持续发展战略中的重要地位，在生态建设中的首要地位，在西部大开发中的基础地位，在应对气候变化中的特殊地位。在这些新思想、新理念引领下，林业的内涵和功能发生很大变化，由主要保障木材等林产品供给向生态保障以及开发生物产业、森林观光、保健食品等多元化发展，由主要发挥防风固沙、水土保持等作用向森林固碳、物种保护、生态疗养等新领域延伸，由主要着眼发展经济向改善人居、传承文化、提升形象等高层次推进。林业在推动科学发展、转变经济发展方式、建设"两型"社会中的作用日益突出，在经济社会发展全局中的战略地位越发凸显，已经成为建设生态文明的战略所需、实现生态良好的民心所向、应对气候变化的大势所趋、解决"三农"问题的重点所在。

过去的10年，是林业发展形势最好、造林步伐全面加快的10年。我们坚持义务植树、林业重点工程建设、社会造林全面推进，全国累计完成造林面积8.63亿亩，比前一个10年增加近1亿亩，是历史上造林面积最多的10年。我们不断创新义务植树实现形式，努力为每个公民投身造林创造便利条件，形成了人民群众踊跃参与、相关部门密切配合、社会各界广泛响应的良好局面，适龄公民义务植树尽责率逐步提高。全国累计共有63亿人次参加义务植树，植树264亿株，比前一个10年增加18亿人次和24亿株。我们切实加强林业重点工程建设，适时延长退耕还林补助政策，及时启动天然林保护工程二期。重点工程累计完成造林面积6.6亿多亩，占全国同期造林总面积的近八成。我们积极鼓励社会力量参与造林，大力支持非公有制林业快速发展，不断壮大造林绿化的社会力量。

过去的10年，是林业改革力度最大、发展活力全面迸发的10年。在总结各地试点经验的基础上，我们全面推开了集体林权制度改革，将27亿多亩集体林地承包经营权和价值数万亿元的林木所有权确权到户，有8379万农户拿到林权证，4亿多农民直接受益，实现了"山定权、树定根、人定心"。集体林权制度改革，是农村生产关系的一次大调整，是农村生产力的一次大解放。随着改革的不断深入，各种生产要素加速向林业流动，林地、物种、市场和劳动力的潜力得到充分释放，林业发展更具活力、更有效率。

过去的10年，是林业资金投入最多、支持保护政策全面加强的10年。我们持续强化强林惠林政策，初步形成了林业支持保护体系。10年来，中央林业投入达到5324亿元，是前一个10年的9.6倍。我们建立了森林生态效益补偿机制，划定了近17亿亩国家级公益林，由中央财政进行补偿，广大务林人和农民期盼多年的森林生态效益补偿愿望成为现实。我们提高了营造林补贴标准，开展了造林、林木良种、森林抚育和森林保险保费等补贴试点，并将32种林业机具纳入农机购置补贴范围。金融扶持造林绿化政策取得重大突破，林权抵押贷款规模不断扩大，林业融资渠道不断拓宽。我们启动了林区棚户区和危旧房改造工程，林区基础设施建设明显加快，林区生产生活条件明显改善。我们科学制定造林绿化、林地保护、森林防火、防沙治沙等规划，修订和完善了一大批林业建设和管理的法律法规，加强了森林公安等执法队伍建设，提高了依法治林水平。

过去的10年，是森林资源增长最快、林业综合效益全面显现的10年。在全球森林资源持续减少的大背景下，我们实现了森林面积和森林蓄积量的双增长。全国森林面积由23.9亿亩增加到29.3亿亩，森林覆盖率由16.55%增加到20.36%，森林蓄积量由113亿立方米增加到137亿立方米，城市建成区绿化覆盖率由28.15%

增加到38.62%。随着森林资源的快速增加，林业的生态、经济、社会等效益不断提升，全国森林植被总碳储量达78.11亿吨；全国林业总产值从2002年的0.46万亿元增加到2011年的3.06万亿元，年均增速超过20%；林产品进出口贸易额由215亿美元增加到1204亿美元，成为世界林产品生产和贸易大国。

我国林业事业的快速发展，初步遏制了生态状况整体恶化的趋势，为促进农民增收、繁荣农村经济发挥了重要作用，为维护国家生态安全、应对气候变化、促进经济社会可持续发展作出了重要贡献。经过长期不懈的探索，我们积累了推进林业事业又好又快发展的宝贵经验，建立健全了支撑林业发展的长效机制，进一步拓宽了中国特色现代林业发展道路。

我们必须清醒地看到，我国仍然是一个缺林少绿、生态脆弱的国家。我国的森林覆盖率不到世界平均水平的2/3，人均森林面积不到世界平均水平的1/4，人均森林蓄积量仅为世界平均水平的1/7，沙化土地面积占国土总面积的近1/5，水土流失面积占国土面积的1/3以上，木材等林产品对外依存度比较高。可以说，生态差距依然是我国与发达国家存在差距的一个重要方面，生态问题依然是制约我国可持续发展的一个突出因素，生态建设依然是我国现代化建设的一个重大任务。当前，我国正处于全面建设小康社会、加快社会主义现代化建设的重要时期，也是加快现代林业发展的关键时期。我们要进一步增强责任感、紧迫感、使命感，抓住机遇，坚持把科学发展观的深刻内涵与林业发展的自身规律紧密结合起来，把转变经济发展方式的总体要求与林业建设的具体实践紧密结合起来，把建设资源节约型、环境友好型社会的重大任务与现代林业的多种功能紧密结合起来，努力推动我国现代林业又好又快发展。

要继续实施以生态建设为主的林业发展战略，切实把林业工作放在更加突出的位置。生态建设是林业发展的永恒主题和中心任务。要从维护国家生态安全、应对气候变化、保障林产品供给、增加民众福祉的战略高度，更加自觉地贯彻好生态优先的基本原则，加快造林绿化步伐，加强成果保护和巩固，全面构建以林草植被为主体的国土生态安全体系。要妥善处理保护与利用、生态与生产、兴林与富民的关系，科学利用森林资源，大力发展林业产业，不断壮大绿色经济，全面发挥森林的经济、社会、生态、文化等多种效益，努力满足人们日益增长的对林业的多样化需求。

要继续坚持全国动员、全民动手、全社会办林业的基本方针，形成共同推动林业发展的强大合力。林业是一项惠及当代、造福子孙的公益性、社会性事业，也是一项复杂的系统工程。推动林业大发展，需要各方面共同努力、合力推进。要继续深入开展全民义务植树运动，与时俱进地探索新理念、新思路、新办法，不断提高义务植树尽责率，努力让这项活动更有内涵、更具活力、更富成效。要加强造林绿化宣传教育，切实增强全社会绿化意识和生态意识，自觉抵制各种毁林毁草、破坏生态的行为。各级党政干部要切实把造林绿化摆到重要议事日程，做到为官一任，绿化一方。广大乡村、企事业单位、社区、学校、军队等要结合各自实际，创造性地开展造林绿化工作，进一步巩固和发展全国动员、全民动手、全社会办林业的良好局面。

要继续推进林业重点工程建设，着力加强造林绿化的薄弱环节。实施林业重点工程，对突出问题和薄弱环节进行集中治理，是加快造林绿化步伐、改善生态状况的有效举措。在近些年完成的造林任务中，林业重点工程造林不仅面积大，而且质量高、效果好。要继续加强天然林保护、退耕还林、三北防护林建设、京津风沙源治理、野生动植物保护及自然保护区建设以及速生丰产用材林基地建设，通过大工程带动林业大发展。认真研究生态建设中的重大问题，适时启动新工程，及时解决突出矛盾。加强规划编制，完善管理体系，提高建设质量，把林业重点工程建设成为经得起实践检验、人民检验、历史检验的工程。

要继续加快转变林业发展方式，全面提高造林绿化的质量效益。这是适应林业发展新阶段、加快造林绿化进程和实现兴林富民的迫切要求。必须把加快转变林业发展方式贯穿于造林绿化和兴林富民各领域各环节，以发展促转变，以转变推发展。坚持数量质量并重、造林管护并举，加强森林经营，提高森林质量。加强基础科学和应用技术研究，开展科技攻关，加强良种壮苗培育。尊重自然规律，针对不同地区情况，探索造林绿化新技术新模式，实现乔灌草合理配置，封飞造有机结合。加大科技成果和适用技术推广力度，加强科技培训，提升造林绿化管理者和建设者素质，提高造林绿化科技水平。加快林业结构调整，优化林业布局，提高林地产出率、资源利用率和劳动生产率，提升林业产业发展水平。

要继续深化林业改革，不断完善林业发展的体制机制。这是加快造林绿化和林业发展步伐的不竭动力。集体林权制度改革已经取得了巨大成效，要进一步完善政策措施，大力发展专业合作组织，健全社会化服务体系，充分释放集体林业发展活力。积极发展林下经济，多途径增加农民收入，帮助农民走上"不砍树也能致富"的可持续发展之路。要积极探索推进国有林场改革、国有林区改革，不断解放和发展林业生产力。不断强化林业支持保护政策，建立健全林业投入稳定增长机制，加快完善林业金融扶持政策，引导调动社会各方积极投资林业。强化林业法制保障，加强对森林资源和造林绿化主体权益保护，规范各种造林、管林、用林行为，全面巩固造林绿化成果。

要继续加强森林资源保护，夯实经济社会可持续发展的生态基础。普遍护林是林业建设的一个重要方针。随着我国森林面积和森林蓄积量大幅增长，必须把森林保护摆在突出位置，切实加强森林防火、森林病虫害防治和森林野生动植物保护，依法严厉打击盗伐滥伐和其他各种破坏森林资源的行为。近几年来，世界范围内森林火灾增多，许多国家都发生了历史罕见的森林大火。我们要保持清醒认识，坚持以人为本、预防为主、积极扑救，强化森林防火工作责任制，强化森林防火基础设施建设，强化森林消防队伍建设，强化各项防火措施落实，努力把森林火灾损失降到最低限度。各地务必加强对森林防火工作的组织领导，认真落实责任，加强隐患排查，严格火源管理，做好预警监控和应急值守，抓好防火物资储备，做到火患早排除，火情早发现，火灾早处置，确保不发生重大森林火灾，确保不发生重大人员伤亡。

　　回首过去，我们历经艰辛，在中国林业发展史上写下了浓墨重彩的一页；展望未来，我们满怀信心，林业事业必将创造新的更大辉煌。我相信，只要我们认真贯彻中央关于推进林业改革发展的决策部署，团结拼搏，锐意进取，就一定能开创新时期我国现代林业科学发展的新局面，为建设生态文明、推动科学发展、实现绿色增长作出新的更大贡献。

（本文系作者 2012 年 3 月 27 日在全国造林绿化表彰动员大会上的讲话，做了适当修改）

2012 年 9 月 18 日

前　言

　　党中央、国务院历来对林业建设十分重视，一直以战略眼光关注着与人类生存发展息息相关的森林问题、生态问题。新中国成立以来，以毛泽东同志为核心的党的第一代领导集体就向全国人民发出了"绿化祖国"的伟大号召。以邓小平同志为核心的第二代领导集体，在领导中国人民进行改革开放的同时，带领中国人民开展了一场规模浩大的植树造林运动。以江泽民同志为核心的党的第三代领导集体，发出了"全党动员，全民动手，植树造林，绿化祖国""再造秀美山川"的动员令，持续推动着我国生态建设取得历史性成就，为促进绿色增长和可持续发展奠定了坚实基础。

　　党的十六大以来，以胡锦涛同志为总书记的党中央高瞻远瞩，总揽全局，又对林业发展提出了一系列重大战略思想，作出了一系列重大战略决策，推动我国林业实现了大转折、大跨越、大改革和大发展，取得了举世瞩目的巨大成就，我国林业建设事业跨入了全新的发展阶段。

（一）

　　以党的十六大召开为新的起点，中国林业走过了极不平凡的十年。

　　十年来，我国林业发展战略作出历史性调整，果断改变了过去林业建设的基本定位，林业的地位与作用提升到前所未有的高度。过去很长时期，一直把林业当作一项基础产业，把林业部门当作一个产业部门，以木材生产为中心来组织和安排林业工作。2003年6月，《中共中央 国务院关于加快林业发展的决定》确立了"以生态建设为主的林业发展战略"，将林业定性为重要的公益事业和基础产业，把加强生态建设、维护生态安全、弘扬生态文明确定为林业部门的主要任务。2008年6月，《中共中央 国务院关于全面推进集体林权制度改革的意见》首次提出"建设生态文明、维护生态安全是林业发展的首要任务"。2009年6月，中央林业工作会议进一步明确了林业的"四大地位"和"四大使命"。同年，胡锦涛主席在联合国气候变化峰会上向全世界作出了"到2020年森林面积比2005年增加4000万公顷、森林蓄积量比2005年增加13亿立方米"的庄严承诺。2011年9月，胡锦涛主席在亚太经合组织林业部长级会议上再次强调，要"把发展林业作为实现科学发展的重大举措、建设生态文明的首要任务、应对气候变化的战略选择"，并指出，森林在推动绿色增长中具有重要功能，对人类生存发展具有不可替代的作用。我们党对林业发展的这一系列最新认识成果和重大战略思想，确定了新时期林业发展的新地位、新使命、新目标和新要求，指明了新世纪我国林业发展的方向和道路，实现了新阶段对林业认识的新飞跃和林业指导思想及发展战略的新升华。

十年来，我国林业政策措施实现历史性突破，党中央、国务院采取的一系列加快林业发展的战略举措，在古今中外历史上留下了浓墨重彩的一笔。十年中，持续开展了中国乃至人类历史上最宏伟的天然林资源保护、退耕还林、三北及长江流域等防护林体系建设、京津风沙源治理、野生动植物保护及自然保护区建设、湿地保护与恢复等20多项生态治理工程，建设范围之广、投资之巨、力度之大、影响之深，堪称世界之最；全面推进集体林权制度改革，拉开了新一轮农村改革大幕，约27亿亩集体林地落实到户，8700多万户农民直接获益，又一次极大地解放了农村生产力；初步建立了与社会主义市场经济相适应的林业投入机制，"十五""十一五"中央林业投入分别达到1632亿元、2979亿元，超过新中国成立以来前50年投资之和，中央财政建立了森林生态效益补偿机制，结束了无偿使用森林生态效益的历史，出台了林木良种、造林、森林抚育、森林保险保费、湿地保护补助等补贴政策，填补了林业政策的空白；制定、实施和完善了17部相关法律法规、42件部门规章，初步形成比较全面的林业法律法规体系；深入开展全民义务植树运动，党和国家领导人率先垂范，神州大地植绿、爱绿、护绿的热潮持续高涨。

十年来，我国林业发展实现历史性跨越，取得了举世瞩目的巨大成就，有力提升了我国国际形象和影响力。在全球森林资源总体减少的情况下，在经济高速增长的巨大压力下，我国成为世界上森林资源增长最快的国家，我国森林面积达到29.33亿亩，活立木蓄积量达到149.13亿立方米，森林覆盖率达到20.36%，人工林面积达到6168万公顷，居世界首位。森林植被总碳储量78.11亿吨，年生态服务价值10.01万亿元。全国3000万公顷湿地资源得到严格保护，国际社会授予我国全球首个湿地保护特别贡献奖。全国沙化土地面积由20世纪90年代后期年均扩展3436平方公里变为年均缩减1717平方公里，总体实现从"沙逼人退"向"人逼沙退"的历史性转变。生物多样性保护体系逐步完善，全国林业系统自然保护区达2126处，总面积1.23亿公顷，占到国土面积的12.7%。全国林业产业总产值连续跨上1万亿、2万亿、3万亿台阶，跃升为世界林产品生产贸易大国。林业应对气候变化积极推进，受到国际社会的高度赞誉。

这十年，是中国林业发展的黄金十年、辉煌十年，不仅为推动经济社会发展发挥了重要作用，也为造福中华民族子孙后代乃至全人类作出了重要贡献，必将永载史册，光耀后人。

（二）

　　林业之所以受到党中央、国务院的特别重视，是因为林业作为重要的公益事业和基础产业，具有生态、经济、碳汇、文化等多种功能，能够产生巨大的生态、经济和社会等多种效益，对人类生存与发展具有不可替代的重要作用。特别是进入新世纪以来，随着全球生态危机的日益加剧，充分发挥林业在推动绿色增长和可持续发展中的特殊功能，成为经济社会发展的必然选择，人类对林业功能的认识得到了空前深化。

　　林业具有强大的生态功能，在维护地球生态平衡中发挥着决定性作用，是促进绿色增长和可持续发展的重要基石。没有良好的生态，实现绿色增长和可持续发展就是无源之水、无根之木。森林是"地球之肺"，湿地是"地球之肾"，生物多样性是"地球的免疫系统"。它们不仅是地球上不可缺少的生命支持系统，而且是生态灾害的主要防御系统。一旦遭受严重破坏，地球健康就会受到威胁，人类生存就会丧失根基，社会发展就会走向绝境。

　　林业具有独特的碳汇功能，在应对气候变化中发挥着特殊作用，是促进绿色增长和可持续发展的重要保障。气候变化是人类面临的最大威胁和挑战。森林是陆地上最大的碳储库和最经济的吸碳器，森林植物通过光合作用吸收二氧化碳，放出氧气，为维护气候安全发挥着独特的"碳汇"功能。减少森林损毁、增加森林碳汇作为应对气候变化的有效途径，已经得到国际社会确认并纳入国际规则。

　　林业具有巨大的经济功能，在推动经济发展中发挥着重要作用，是促进绿色增长和可持续发展的重要增长极。森林是可再生的资源库、能源库、基因库，又是最大的循环经济体，具有"生产—消费—分解"可循环的基本属性。既可为人类创造巨大的物质财富，满足社会对木材、资源、能源等产品的多种需求，又可为人类创造巨大的经济价值，促进贫困地区解决就业、增加收入、改善民生。

　　林业具有重要的文化功能，在树立生态文明观念中发挥着引领作用，是促进绿色增长和可持续发展的文化源泉。森林是人类文明的摇篮，孕育了灿烂悠久、丰富多样的生态文化。大力发展林业，必然带来生态文化的大繁荣，进一步引领全社会了解生态知识，认识自然规律，树立人与自然和谐的观念，为促进绿色增长和可持续发展提供强有力的思想保障。

　　党的十六大以来，我国林业的多种功能得到有效挖掘和释放，已经为促进我国绿色增长和可持续发展作出了重大贡献，同时还有着巨大的发展潜力。加快林业发展，不仅可以继续为我国实现绿色增长和科学发展发挥着重要作用，而且可以继续为世界经济社会可持续发展作出更大贡献。

促进绿色增长是历史的选择，实现可持续发展是时代的呼唤。面向未来，我国林业已经展现出无限的生机和光明的前景。

<h2 style="text-align:center">（三）</h2>

在促进绿色增长和可持续发展中，我国林业肩负着无比光荣的使命，也面临着不少困难和挑战。

我国林业所承担的职责系统科学全面，属于典型的"大林业"。我国林业部门既负责森林生态系统的保护和建设，又负责湿地生态系统、荒漠生态系统和野生动植物的保护和管理，以森林这一陆地生态系统的主体为主线，统筹各生态系统的协调发展，肩负着国土面积一半以上区域的治理责任。而世界上多数国家包括发达国家受其政体制约，其国家林业部门往往只负责比例较小的国有林的管理，不负责地方林和私有林的管理，同时荒漠、湿地、野生动植物也分别由相应的单设机构负责。

特别是，我国人口众多，生态十分脆弱，发展林业的任务异常艰巨。我国森林资源问题相对不足，人均森林面积和蓄积分别不足世界的 1/4 和 1/7，森林覆盖率仅相当于世界平均水平的 2/3。全国沙化土地面积占国土面积的 1/5，水土流失面积约占国土面积的 1/3。未来一个时期，我国仍将处在经济社会快速发展阶段，经济发展与生态保护的矛盾十分突出。加强生态建设，维护生态安全，促进绿色增长，建设生态文明，任重而道远。

我国林业发展既面临着诸多困难和挑战，又面临着十分重要的历史机遇。当前，我国林业仍然处于一个大有可为的战略机遇期和黄金发展期，我们必须立足国情林情，着眼长远发展，高举生态和民生两面旗帜，着力加快林业转型升级，大力发展生态林业、民生林业，把现代林业建设全面推向科学发展的新阶段，更好地顺应我国发展的新要求，满足人民群众的新期待。

要大力发展生态林业。改善生态是林业的根本任务。生态是人类生存之本、发展之基，是林业的核心。党中央、国务院之所以确立以生态建设为主的林业发展战略，就是要求林业承担起生态建设的主要责任，真正发挥出对人类生存与发展不可替代的作用。我们必须按照党中央、国务院的要求，全面实施以生态建设为主的林业发展战略，把改善生态放在一切林业工作的首位，牢牢守住这个根本和底线，充分发挥林业在生态保护与建设中的主体功能，努力建立以森林植被为主体、林草结合的国土生态安全体系，建成山川秀美的生态文明社会。

要大力发展民生林业。改善民生是林业的主要目的，也是林业发展的根本出发点和落脚点。改善民生的核心是满足民生需求，包括生态需求、生存需求、生活需求、生产需求多个方面。林业地盘很大，产业种类很多，建设内容很丰富，与民生问题关系密切。我们必须把林业发展与改善民生结合起来，着力创造更丰富的生态产品，不断改善人民生产生活环境；着力提供更优质的林产品和生态文化产品，满足人民物质和精神需要；着力改善林区基础设施，使林业职工、广大林农与全国人民同步享受到全面建设小康社会的成果。

生态和民生是林业的一体两翼。高举生态和民生两面大旗，必须把改善生态和改善民生放在突出重要的位置，协同推进，良性互动。一要始终坚持抓生态就是抓民生的思想。真正把生态建设放在林业的核心位置，努力为祖国大地披上美丽绿装，为科学发展提供生态保障，为人民群众提供良好的生产生活环境。二要牢固树立服务民生抓生态、改善生态惠民生的思想。既要把改善民生作为林业工作的出发点和落脚点，让人民群众充分享受林业建设成果，也要让绿色发展的理念深入人心，激发广大人民群众投身林业生态建设的热情。三要牢固树立以人为本、统筹兼顾、全面协调可持续发展的思想。坚决反对"吃祖宗饭、断子孙路"的野蛮掠夺式开发和生产，坚决反对漠视群众生活、损害群众利益的行为。

21 世纪是绿色世纪，是生态文明世纪。过去十年，我们创造了新世纪第一个十年林业发展的光辉业绩，为推动绿色增长和可持续发展作出了重要贡献。《中国的绿色增长——党的十六大以来中国林业的发展》一书，让我们总结了成绩和经验，坚定了信心和决心。今后十年，林业发展的任务更加艰巨、使命更加光荣、责任更加重大。我们要认真贯彻落实党的十八大精神，切实担负起党中央、国务院赋予林业的历史使命，高举中国特色社会主义伟大旗帜，以邓小平理论和"三个代表"重要思想为指导，深入贯彻落实科学发展观，解放思想，改革开放，凝聚力量，攻坚克难，全面开创现代林业发展新局面，为促进绿色增长、建设生态文明、推动科学发展作出新的更大贡献。

编 者

2012 年 9 月

中国的绿色增长
——党的十六大以来中国林业的发展

总目录

Ⅰ 绿色的抉择

目录

I

绿色的抉择

综 述

　　21 世纪之初，人类为自身的生存与发展而忧虑：气候变暖、土地沙化、森林锐减、湿地消失、物种灭绝、水土流失、干旱缺水、洪涝灾害频发，已成为人类最严峻的挑战。党的十六大以来，以胡锦涛同志为总书记的党中央，审时度势，科学谋划，果断作出建设生态文明的重大决策，带领人民驾驶着中国这艘巨轮，奋力驶向科学发展的"轨道"，走上了中国绿色发展的新征程。

　　迄今为止，中国以对人类、对未来高度负责的精神，持续开展了中国历史上乃至人类历史上规模空前的林业生态建设，取得了举世瞩目的伟大成就，创造了一个又一个绿色奇迹。在全球森林锐减的情况下，中国森林覆盖率从 2003 年的 18.21% 增长到 2008 年的 20.36%，活立木蓄积量由 136.18 亿立方米增长到 149.13 亿立方米，森林面积由 17491 万公顷增加到 19545 万公顷。中国的林业发展像一颗耀眼的明星，吸引着全球的眼光。全世界从中国的绿色抉择中看到了希望，提振了信心。这条凝聚着众多心血和智慧的成功之路来之不易，是伟大的中国共产党带领全国人民经历艰辛探索、付出艰苦努力、扎实开拓奋进的结晶。

一、面对全球森林锐减与生态恶化

　　森林是陆地生态系统的主体，对维持生态平衡起着决定性作用。但是，人类对这一点的认识却经历了一个曲折的发展过程。农业革命的兴起，使大面积的森林被开垦成农田；工业革命的产生，使大面积的森林被采伐而成为工业原料；时至今日，毁林开垦、滥伐森林在许多地方仍然普遍存在。最近 100 多年来，人类对森林的破坏达到了十分惊人的程度。人类文明初期地球陆地的 2/3 被森林所覆盖，约为 76 亿公顷，19 世纪中期减少到 56 亿公顷，20 世纪末期锐减到 34.4 亿公顷，森林覆盖率下降到 27%，也就是说，地球上的森林已经减少了一大半。

　　20 世纪末期，森林锐减与全球变暖、臭氧层破坏、淡水资源危机、能源短缺、土地荒漠化、物种灭绝等许多生态问题交互影响，导致地球环境正在发生剧烈变化，世界各地气候变化异常，自然灾害频发，形成全球性生态危机，直接危及到人类生存与发展。

　　在全球气候变化方面，由于人类大量使用煤、石油等化石燃料，排放出大量二氧化碳等多种温室气体，加之由于毁林造成全球碳排放增加和自然碳储能力下降，近 100 多年来全球气温剧烈变化，冰川和冻土消融，海平面上升。这已成为全世界共同关注的热点问题。

　　在土地荒漠化方面，由于人类的干扰和过度利用，林草植被遭受破坏，目前全球荒漠化土地已达到 3600 万平方公里，占整个地球陆地面积的 1/4。尽管世界各国人民都在与荒漠化进行抗争，但荒漠化却仍然以每年 5 万 ~ 7 万平方公里的速度在扩大，12 亿多人口受到荒漠化的直接威胁，100 多个国家和地区受到荒漠化的影响。

在水土流失方面，全世界有 1/3 的土地受到严重侵蚀，每年约有 600 亿吨肥沃的表土流失，其中耕地土壤流失 250 多亿吨。全球地力衰退和养分缺乏的耕地面积已达 29.9 亿公顷，占陆地总面积的 23%。

在物种消失方面，由于生境遭受干扰和破坏，使物种灭绝速度加快。物种灭绝将对整个地球的生态造成重大威胁，给人类社会发展带来的损失及影响难以预料和挽回。

在资源能源短缺方面，人类可利用的资源能源日趋减少，剩余储量的开发难度越来越大，可持续资源能源开发进展缓慢，能源危机近在眼前，资源枯竭日渐迫近。

在淡水资源危机方面，由于湿地面积萎缩、功能下降，河流和湖泊干涸，世界上缺水现象十分普遍，目前世界上 100 多个国家和地区缺水，其中 28 个国家和地区已严重缺水。

面对地球生态不断恶化的局面，国际社会开始了反思与抉择的艰难历程。1972 年，联合国人类环境大会在瑞典斯德哥尔摩召开，发表了《人类环境宣言》与《世界环境行动计划》。1987 年，世界环境与发展委员会出版了《我们共同的未来》研究报告，系统阐述了可持续发展的战略构想。1992 年，联合国环境与发展大会在巴西里约热内卢召开，森林问题受到特别关注，大会讨论通过了《里约环境与发展宣言》《21 世纪议程》和《关于森林问题的原则声明》，并签署了《气候变化框架公约》和《生物多样性公约》，掀起了生态保护的热潮。2012 年 6 月 20 日，120 多个国家的元首和政府首脑再次聚集在巴西里约热内卢，共商全球可持续发展大计。联合国秘书长潘基文在开幕词中指出："现在我们面对着一份历史性的协议。我们不能错过这次机会。世界正在注视我们，看我们是否言出必行，我们知道这是必须的。"拯救地球成为人类的共同心声，但保护地球家园还任重而道远。

二、不断探索中国绿色发展道路

    中国是世界上生态环境脆弱的国家之一。由于长时期的不合理开发与利用，加之晚清以来国弱民贫，无力治理山河，再加上外国的侵略掠夺，植被破坏导致水土流失、土地荒漠化等生态问题十分严重。新中国成立前，森林覆盖率仅有8.6%，干旱、洪涝、滑坡、泥石流、台风、冰雹、霜冻、病虫鼠害等自然灾害频繁发生。

    新中国成立60多年来，党和政府在领导人民摆脱贫困、发展经济、建设现代化的历史进程中，高度重视森林和林业问题，坚持不懈地改善和治理生态环境，致力探索一条具有中国特色的绿色发展之路。

    新中国成立初期，百业待举，百废待兴。以毛泽东同志为核心的中国共产党第一代中央领导集体，就把目光聚集到森林问题上。1955年，毛泽东同志发出了"绿化祖国""实行大地园林化"的号召。1956年，中国开始了第一个"十二年绿化运动"。1958年，毛泽东同志进一步指出，"要看到林业、造林，这是我们将来的根本问题之一"。这一时期，中国政府确定了"普遍护林、重点造林"的方针和"青山常在、永续利用、越采越多、越采越好"的森林经营原则，有力地推动了森林资源恢复和发展。然而，从20世纪50年代到70年代末期，林业走过了一段艰难曲折的发展历程，经历了从森林资源过伐到逐步恢复和发展的过程。

　　党的十一届三中全会后，以邓小平同志为核心的党的第二代中央领导集体深谋远虑，从中华民族生存和发展的长远大计出发，组织开展了规模浩大的植树造林运动，开启了我国林业发展新纪元。1978年11月，我国决定在西北、华北北部、东北西部地区延绵4480公里的风沙线上，实施三北防护林体系建设工程，开创了我国生态工程建设的先河，成为世界上最大的生态建设工程。1979年，第五届全国人大常委会第六次会议原则通过了《中华人民共和国森林法（试行）》，并根据国务院的提议，决定3月12日为中国植树节。1980年，中共中央、国务院发布《关于大力开展植树造林的指示》。1981年，中共中央、国务院发布《关于保护森林发展林业若干问题的决定》。同年12月，在邓小平同志的倡议下，第五届全国人民代表大会第四次会议作出了《关于开展全民义务植树运动的决议》。邓小平同志写下了"绿化祖国，造福万代"的题词，并高瞻远瞩地指出，"植树造林，绿化祖国，是建设社会主义、造福子孙后代的伟大事业，要坚持二十年，坚持一百年，坚持一千年，要一代一代永远干下去"。从此，从中国最高领导人到亿万民众年复一年履行植树义务。改革开放推动着我国林业进入生态恢复建设的发展阶段。

　　在迈向21世纪的关键时刻，以江泽民同志为核心的党的第三代中央领导集体，果断作出了加快生态建设的重大战略决策，并从多方面对林业建设作出重要部署。1997年8月5日，江泽民同志作出了"经过一代一代人长期地持续地奋斗，再造一个山川秀美的西北地区，应该是可以实现的"重要批示，发出了"再造秀美山川"的伟大号召。同时，发出了"全党动员，全民动手，植树造林，绿化祖国"的重要指示，进一步动员全国人民植树造林、绿化祖国。相继又修订了《中华人民共和国森林法》，颁布了《中华人民共和国水土保持法》，诞生了世界上首部关于防沙治沙的法律——《中华人民共和国防沙治沙法》。针对1998年特大洪灾和旱灾连年加重、沙尘暴频繁发生的严重生态问题，党中央、国务院果断决策，规划实施了天然林资源保护、退耕还林、京津风沙源治理、三北及长江中下游地区等重点防护林体系建设、野生动植物保护及自然保护区建设、速生丰产用材林基地建设等六大林业重点工程，开始了人类历史上前所未有的大规模林业生态建设，创造了世界生态建设史上的奇迹。

　　党中央三代领导集体对林业的高度重视，使中国林业得到不断发展和前进，并为中国探索绿色发展之路和建设生态文明打下了坚实基础。

三、中国绿色发展的重大战略抉择

党的十六大以来，以胡锦涛同志为总书记的党中央领导集体，作出了牢固树立和落实科学发展观、构建社会主义和谐社会、建设生态文明等一系列重大决策，同时确立了以生态建设为主的林业发展战略。我国林业的地位空前提升，林业发展步入了黄金时期。

● 开展中国可持续发展林业战略研究

2001 ～ 2003 年，经温家宝同志亲自提议，几十名院士和几百名专家对我国林业发展战略进行了深入研究，提出了新世纪上半叶中国林业发展的总体战略思想。即"确立以生态建设为主的林业可持续发展道路，建立以森林植被为主体的国土生态安全体系，建设山川秀美的生态文明社会"（简称"三生态"）。同时，以"三生态"战略思想为统领，提出了与之配套的战略方针、战略布局、战略目标和战略途径，形成了完整、科学的林业战略思想体系。项目研究取得的重大成果，得到了党和国家领导人的充分肯定和高度评价，在社会上引起了强烈反响。正如在阶段性成果审定会上温家宝同志指出的："同志们交了一份很好的答卷。这份答卷是总结过去、反映现在、指导未来的一部力作，是发扬科学民主、多学科合作的成果，必将对新时期我国林业发展产生重要的指导作用。"

● 作出加快林业发展的决定

2003 年 6 月 25 日，中共中央、国务院颁发了《关于加快林业发展的决定》（中发〔2003〕9 号，以下简称《决定》）。《决定》明确指出，"在贯彻可持续发展战略中，

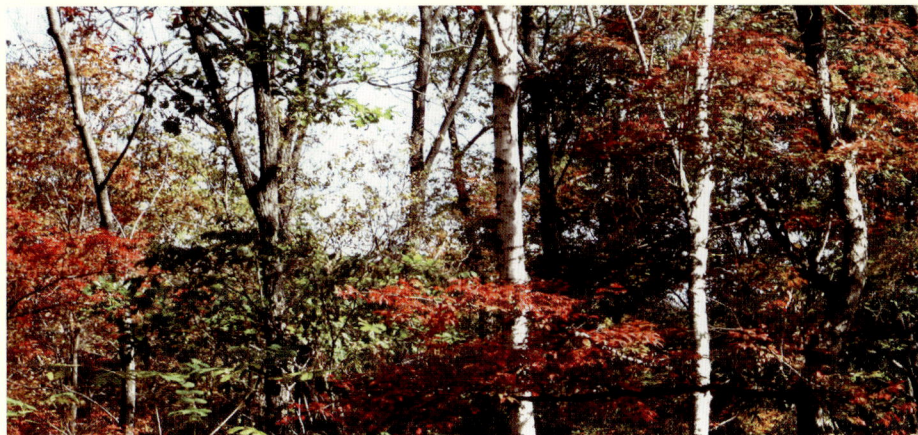

要赋予林业以重要地位；在生态建设中，要赋予林业以首要地位；在西部大开发中，要赋予林业以基础地位"。《决定》确立了新世纪林业以生态建设为主的指导思想、基本方针、战略目标和战略重点，优化重组了林业生产力布局，对林业体制、机制、政策作出了重大调整。《决定》的正式出台，表明了党中央、国务院改善中华民族生存与发展条件的坚定决心，对于我国加速实现山川秀美的宏伟目标，维护国家生态安全，全面建设小康社会，实现生态与经济协调发展，具有重大的现实意义和深远的历史意义。

● **确定建设生态文明的重大战略决策**

2007 年 10 月，党的十七大作出了建设生态文明的战略决策，形成了经济建设、政治建设、文化建设、社会建设和生态文明建设的中国特色社会主义事业总体布局，并把生态文明建设确定为全面建设小康社会的奋斗目标之一，明确提出到 2020 年要使我国成为生态环境良好的国家。贯彻实施这项重大决策，赋予了林业更加艰巨繁重的使命，凸显了林业作为生态文明建设主体的地位和责任。

● **全面推进集体林权制度改革**

2008 年 6 月 8 日，中共中央、国务院颁发了《关于全面推进集体林权制度改革的意见》（中发〔2008〕10 号，以下简称《意见》），标志着我国的集体林权制度改革在全国正式展开。集体林权制度改革是我党领导的农村生产关系的重大变革，是继"家庭联产承包责任制"之后，农村经营制度的又一次大调整。《意见》对集体林权制度改革的重要意义、指导思想、基本原则、总体目标、主要任务和政策措施等进行了全面的阐述和规定，是指导全国集体林权制度改革的纲领性文件。

● **召开首次中央林业工作会议**

2009 年 6 月 22 日～23 日，中共中央召开了首次林业工作会议，进一步明确了新时期林业的"四个地位"，即：林业在贯彻可持续发展战略中具有重要地位，在生态建设中具有首要地位，在西部大开发中具有基础地位，在应对气候变化中具有特殊地位。同时，会议明确了林业的"四大使命"，即：实现科学发展必须把发展林业作为重大举措，建设生态文明必须把发展林业作为首要任务，应对气候变化必须把发展林业作为战略选择，解决"三农"问题必须把发展林业作为重要途径。

● 坚定不移推进绿色增长

2011 年 9 月 6 日，国家主席胡锦涛在首届亚太经合组织林业部长级会议上，作了题为《加强区域合作 实现绿色增长》的重要讲话，阐述了森林在推动绿色增长、维护生态安全、应对气候变化中的重要功能，表明了加强林业建设、发挥森林多种功能、深化区域合作的重要主张，重申了到 2020 年中国森林面积比 2005 年增加 4000 万公顷、森林蓄积量比 2005 年增加 13 亿立方米的"双增"目标，发出了"让森林永远造福人类"的重要倡议。这对于发展现代林业、促进绿色增长、实现科学发展，具有十分重大的意义。

● 坚持用大工程带动大发展

21 世纪初，经国务院批准，启动和实施了六大林业重点工程，全面加快林业生态建设步伐。之后，又相继实施了湿地保护与恢复、石漠化综合治理等工程。林业重点工程被整体纳入了国家国民经济和社会发展"十一五""十二五"规划纲要。以此为标志，我国林业进入了大工程带动大发展的新阶段，加快林业发展成为全党、国家和人民的意志。

- **颁发《全国林地保护利用规划纲要》**

2012 年 6 月 9 日，国务院常务会议审议并原则通过《全国林地保护利用规划纲要（2010 ～ 2020 年）》（以下简称《纲要》），确定了今后 10 年全国林地保护利用的主要任务，规定了以严格保护为前提、确保林地规模适度增长的任务，提出了严格实施用途管制，科学利用林地，认真落实林地分级管理，切实保护现有森林，有效补充林地数量，引导节约使用林地，确保林地资源稳定增长。《纲要》的颁布，使林地的保护与利用更加规范、更加科学、更加严格。

- **建立林业投入政策体系**

2002 年以来，国家先后对林业的公共财政政策、重点工程政策、金融保险政策等进行了完善，中央财政建立了森林生态效益补偿制度，基本建立了公共财政支持下的林业政策体系框架，林业税收扶持政策更加完善，林业金融扶持政策取得重大突破，林业基本建设投资不断加大。各项强林惠林政策的出台和实施，使林业发展的支持保护制度逐步建立和日臻完善。

回顾党的十六大以来的十年，我们党为坚持科学发展、推动绿色增长进行了积极而有效的探索，取得了举世瞩目的伟大成就，走上了中国特色的绿色发展之路，为人类社会可持续发展作出了重要贡献，树立了光辉典范。

第一篇

开展中国可持续发展林业战略研究

——基于中华民族生存与发展的深刻反思

关于林业的发展

(本文是 2009 年 6 月 22 日中共中央政治局常委、国务院总理温家宝
在北京会见出席中央林业工作会议代表时的讲话摘要)

　　刚刚进入 21 世纪的时候，我曾组织 200 多名科学家，包括中国科学院院士和中国工程院院士，进行了为期一年的研究，提出了《中国可持续发展林业战略研究报告》，这份报告把林业发展提到战略高度。2003 年，党中央、国务院又作出了《关于加快林业发展的决定》，明确了林业发展的指导思想、基本方针、主要任务和政策措施，指出了林业发展要坚持以生态建设为主的可持续发展道路。在这份文件中，中央明确了林业的定位，即在贯彻可持续发展战略中林业具有重要地位，在生态建设中林业具有首要地位，在西部大开发中林业具有基础地位。这 3 句话我始终没有忘记。我还想加一句，就是在应对气候变化中林业具有特殊地位。中央把林业地位提到这样的高度，是前所未有的。那么林业发展应实行什么样的方针呢？第一，要全国动员，全民动手，全社会办林业，使林业更好地为国民经济和社会发展服务。要长期坚持植树造林、绿化祖国。第二，要大力推进林业重点工程建设。新中国成立 60 年来，我国林业取得了巨大发展，森林覆盖率大幅度提高，许多重大林业工程建设的成就是举世瞩目的，比如三北防护林建设、长江中上游防护林建设、防沙治沙、荒漠化治理、石漠化治理等。这些大的生态工程、林业工程要坚定不移地实施。我们还要继续搞好天然林保护，巩固退耕还林成果，加强重点地区、重点流域生态治理。第三，要全面加强林业基础设施建设，改善林区生产生活条件。第四，要大力发展林业产业，把兴林和富民紧密结合起来。不仅要发展林木产业，还要发展林下产业，打造林业的多种经营，正确处理好保护、利用和发展的关系。

千年更替，世纪之交。以江泽民同志为核心的党的第三代中央领导集体，以高度的智慧和宏伟的气魄，把可持续发展作为国家发展的基本战略，并贯穿于中国经济和社会发展的各个领域。改善生态，促进人与自然的协调与和谐，坚持走生产发展、生活富裕、生态良好的文明发展道路，这既是中国可持续发展的重大使命，也是新时期中国林业建设的必然选择。在这个重要历史时刻，"中国可持续发展林业战略研究"肩负起了破解发展难题的历史重任，开启了以生态建设为主的林业可持续发展新征程。

2000 年 9 月 6 日，联合国千年首脑会议在纽约联合国总部开幕，150 多位国家元首和政府首脑参加了此次举世瞩目的重要会议

一、面向 21 世纪的中国可持续发展林业战略思考

进入 21 世纪的中国林业，在经历了 50 年以木材生产为主的林业发展道路之后，正面临资源和生态难以承载经济快速增长的巨大压力以及重点国有林区资源危机、经济危困的严峻考验。如何站在国家发展战略与民族利益全局的高度，科学分析中国林业发展现状，确定中国林业发展未来走向，这是我们党和政府与全体林业建设者必须认真作答的首要问题。

（一）新千年人类生存与发展的深刻反思

当人类社会走过漫长的原始文明、农耕文明，进入工业文明以后，人类对自然资源的贪婪索取，对生态环境的过度破坏，已远远超过地球所能容忍和承载的程度，使得地球生命支持系统越来越脆弱，严重威胁着人类的生存与发展。为此，国际社会开始了反思与抉择的艰难历程。

从联合国人类环境会议的《人类环境宣言》（1972 年），到世界环境与发展委员会关于人类未来的报告——《我们共同的未来》和"可持续发展"概念的问世（1987年 2 月），直至联合国环境与发展大会通过的《里约环境与发展宣言》《21 世纪议程》《关于森林问题的原则声明》（1992 年 6 月），"可持续发展"逐步成为全球共识。

2000 年 9 月，在联合国千年首脑会议上，包括中国在内的 189 个国家共同签署了《联合国千年宣言》，确定了"千年发展目标"。保护资源、改善生态、消除贫困都与林业息息相关，森林问题成为全球关注的焦点。

2009 年 5 月 4 日～15 日，联合国可持续发展委员会第十七届会议在纽约联合国总部召开

（二）中华民族生存与发展的战略抉择

世界在思考，中国在思考。我国作为世界上最大的发展中国家，人口众多、资源短缺，特别是随着工业化、城市化的快速推进，资源消耗快速增长，生态的承载力与经济社会发展不相适应的问题尤为突出。虽然从改革开放以来，我们注重加强生态的治理，但到 20 世纪末，我国生态"局部治理、整体恶化"的趋势并未得到根本扭转，水土流失加剧、土地退化、生物多样性锐减、水旱灾害频发等问题依然十分严重。全国荒漠化和沙化土地分别占国土总面积的 27.33% 和 18.03%，水土流失面积占国土总面积的 37%。特别是水患、沙患，始终是中华民族的两大心腹之患，严重危及人民的生命财产安全。日益恶化的生态环境，严重地制约了我国的经济社会发展。改善生态，走可持续发展之路，已成为中国人民痛定思痛之后的抉择。

21 世纪初，以江泽民同志为核心的党的第三代中央领导集体高瞻远瞩，审时度势，从中国的基本国情和发展实际出发，以高度的智慧和宏伟的气魄，作出了一系列重大战略部署，明确了今后 10 年、20 年的战略目标和任务，描绘了一幅实现中华民族伟大复兴的宏伟蓝图。党的十六大报告明确提出了我国全面建设小康社会的奋斗目标和总体要求，把"可持续发展能力不断增强，生态环境得到改善，资源利用效率显著提高，促进人与自然的和谐，推动整个社会走上生产发展、生活富裕、生态良好的文明发展道路"作为全面建设小康社会的目标之一。

林业作为生态建设的主体，承担着改善生态、保护环境、促进发展的历史重任。随着我国经济的快速发展和人民生活的不断改善，林业的地位越来越重要，越来越受到全社会的普遍关注。加快林业发展，已成为我国 21 世纪紧迫而艰巨的任务，成为中华民族谋求生存与发展的根本大计。

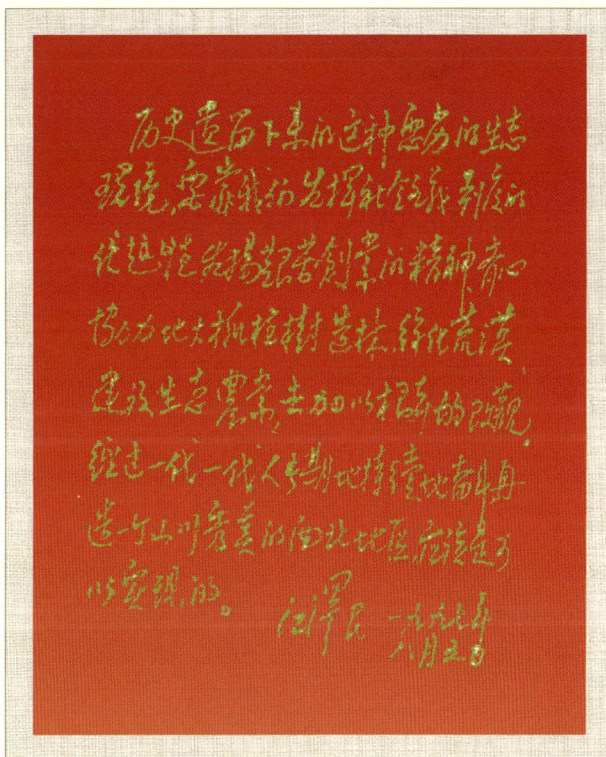

江泽民同志对姜春云同志《关于陕北地区治理水土流失、建设生态农业的调查报告》所作批示的一部分

（三）中国可持续发展林业战略研究应时而生

人类对林业的认识总是在不断地深化，林业对人类的贡献也在日益凸显。新中国成立后相当一个时期，由于经济建设的需要，我国的林业发展基本上是以木材生产为中心，这在当时是非常必要的。但是，由于对自然资源和生态的价值缺乏更加科学的认识，为此也付出了很大的代价。这期间，也研究探索并提出了"森林资源永续利用""林业分工论"等理论，但在巨大的木材需求下，难以受到广泛的重视。随着资源环境与经济发展矛盾的日益突出，党和政府对改善生态越来越重视，全社会对改善生态的呼声越来越高，人们对林业的认识不断加深，林业发展的指导思想也发生了根本性变化。林业不仅是经济社会可持续发展的重要公益性事业和基础产业，更是生态建设的主体。林业发展要实现从木材生产为中心转向兼顾经济、社会、生态效益，生态效益优先，迫切需要加强对林业发展战略的研究，进一步廓清林业发展的思路。

2001 年 6 月，中共中央政治局委员、国务院副总理温家宝同志在全国林业科学技术大会上，作出了开展林业战略研究的重要部署，提出了当时中国林业发展面临的诸多重大战略问题，主要是：全国林业布局和地区布局、农业结构调整中的林业发展、城市规划建设中的绿化、西部大开发中的退耕还林、森林保护和建设、治理水土流失和荒漠化的总体规划、林业发展与水资源合理配置等。要求组成多学科研究队伍，从民族生存大计和可持续发展的战略高度，科学分析林业发展所面临的多样化需求，通过深入研究、理论概括和实践总结，揭示出带有全局性、根本性和关键性的科学规律，提出林业发展和生态建设的指导思想、战略重点和总体规划，为党和政府决策提供科学依据。

二、中国可持续发展林业战略研究取得重大成果

　　2001 年 7 月，国家林业局认真落实温家宝同志重要指示精神，及时成立项目领导小组和专家领导小组，组建创新团队，联合有关部门，开展了多学科、宽领域、深层次的"中国可持续发展林业战略研究"。项目研究由近 60 名中国科学院、中国工程院院士和资深专家领衔，20 多个部门和 40 多个学科的近 300 名研究人员参加。在近两年的时间里，项目组先后召开 5 次大型综合性专家研讨会、3 次部门座谈会、70 余次专题讨论会、15 次项目领导小组及专家领导小组会、36 次项目秘书处会和 20 余次统稿会议；国家林业局组织开展 2 次国内大型调研和 2 次国外考察，形成调研报告 70 余篇。其间，温家宝同志先后于 2001 年 9 月和 12 月两次听取项目研究进展情况汇报，并于 2002 年 1 月 18 日和 9 月 28 日亲自主持召开研究大纲和阶段性成果汇报会，站在国家全局高度把握研究方向，审定研究成果。

　　项目研究定位国家战略，瞄准重大问题，跟踪国际前沿，采取自然科学与社会科学结合、林业学科与多学科结合、宏观与微观结合、国内与国际结合的科学方法，运用系统的科学依据，定量和定性的例证分析，揭示出了带有全局性、宏观性和根本性的科学规律，形成了符合世情、国情、林情的重大研究成果。

2001 年 10 月 16 日，召开"中国可持续发展林业战略研究"项目专家领导小组第一次会议

2001 年 10 月 30 日，"中国可持续发展林业战略研究"项目正式启动

"中国可持续发展林业战略研究"座谈会

"中国可持续发展林业战略研究"部门座谈会

2002 年 9 月 28 日，温家宝同志主持国务院会议听取"中国可持续发展林业战略研究"
成果汇报后与项目专家组成员合影

（一）提出了以"三生态"为核心的林业发展战略思想

通过深刻反思人类生存与发展的历史进程，系统总结国内外林业和生态建设的经验教训，立足解决中国可持续发展中的林业现实和长远问题，凝炼出了本项研究的重大核心成果——21 世纪上半叶中国林业发展的总体战略思想，即"确立以生态建设为主的林业可持续发展道路，建立以森林植被为主体的国土生态安全体系，建设山川秀美的生态文明社会"。这一以"生态建设、生态安全、生态文明"为基本内核的战略思想，被浓缩为"三生态"林业发展战略思想。

生态建设、生态安全、生态文明这三者之间是相互关联、相辅相成的关系。生态建设是生态安全的基础，生态安全是生态文明的保障，生态文明是生态建设所追求的最终目标。确立生态建设为主的林业可持续发展道路，就是要在生态优先的前提下，坚持森林可持续经营的理念，充分发挥林业的生态、经济、社会三大效益，正确认识和处理林业与农业、牧业、水利、气象等国民经济相关部门协调发展的关系，正确认识和处理资源保护与发展、培育与利用的关系，实现可再生资源的多目标经营与可持续利用。建设以森林植被为主体、乔灌草相结合的国土生态安全体系，就是要减缓温室效应，治理水土流失，遏制荒漠化，保护生物多样性，这是国家可持续发展赋予 21 世纪林业的重大历史使命。建设山川秀美的生态文明社会，就是要按照以人为本全面协调可持续的发展观、不侵害后代人生存发展权的道德观、人与自然和谐相处的价值观指导林业建设，弘扬森林文化，改善生态状况，实现山川秀美，推进我国的物质文明建设和精神文明建设，使人们在思想观念、科学教育、文学艺术、人文关怀诸方面都产生新的变化，在生产方式、消费方式、生活方式等各方面构建生态文明的新的社会形态。

以"三生态"战略思想为统领，项目研究提出了与之配套的"十六字"战略方针、"点线面"战略布局、"三步走"战略目标和"跨越式发展"战略途径，形成了完整、科学的林业战略思想体系。

在指导方针上，提出"严格保护，积极发展，科学经营，持续利用"。强调严格保护天然林、野生动植物以及湿地等典型生态系统；积极发展人工林、林产品精深加工、森林旅游等绿色产业；高新技术与传统技术相结合，加强森林科学经营；实现木质和非木质森林资源以及生态资源的持续利用。

在战略布局上，提出以天然林资源保护等六大林业重点工程为框架，构建"点、线、面"结合的全国森林生态网络体系，即以全国城镇绿化区、森林公园和周边自然保护区及典型生态区为"点"；以大江大河、主要山脉、海岸线、主干铁路公路为"线"；以东北、内蒙古国有林区，西北、华北北部和东北西部干旱半干旱地区，黄土高原区，华北及中原平原地区，南方集体林地区，东南沿海热带林地区，西南高山峡谷地区，青藏高原高寒地区等八大区为"面"，实现森林资源在空间布局上的均衡和合理配置。

在战略目标上，提出经过50年的不懈努力，到21世纪中叶，基本建成资源丰富、功能完善、效益显著、生态良好的现代林业，最大限度地满足国民经济与社会发展对林业的生态、经济和社会需求，实现我国林业可持续发展。到2010年，森林覆盖

"中国可持续发展林业战略研究"阶段性成果汇报会

率达到 20.3%；到 2020 年，森林覆盖率达到 23.4%；到 2050 年，森林覆盖率达到 28%。同时，提出了各阶段人工林供材率、全国自然保护区面积、治理荒漠化土地面积、城市林木覆盖率、人工林良种率、科技进步对林业经济增长的贡献率等指标。

在战略途径上，提出以工程为载体，以科技为先导，以改革为动力，推动林业跨越式发展，使中国林业从以木材生产为主跨入以生态建设为主的新阶段。我国的生态状况由局部治理、整体恶化转向生态稳定、良性发展，林业经济增长方式由粗放、低效、高耗转向集约、高效、低耗，林业科学技术由落后技术转向高新、实用技术，最终实现中国林业的可持续发展。

（二）明确了现代林业发展的十大战略重点

项目研究站在国民经济和社会发展全局的战略高度，针对 21 世纪我国林业可持续发展的十个重大问题，围绕定位、目标、重点和措施，深入剖析，集成创新，在丰富林业发展内涵、拓宽林业发展领域、提升林业多种功能等方面取得了重大突破。

1. 天然林资源保护战略问题

提出严格保护、积极培育、保育结合、休养生息，实现资源有效保护与合理利用的良性循环。近期以实施天然林资源保护工程为主，使长江上游、黄河上中游地区的天然林资源得到有效保护，东北、内蒙古等重点国有林区木材产量调减到位，富余职工妥善安置，森工企业完成战略性转移，天然林资源得到休养生息。中远期，以培育为主，利用封山育林、人工造林等措施，恢复天然林生态系统。

2. 退耕还林战略问题

提出以恢复林草植被、治理水土流失为重点，与生态移民、能源建设、结构调整、乡村发展相结合，宜乔则乔、宜灌则灌、宜草则草，完善相关政策，逐步建立长期稳定的生态效益价值补偿机制。到 2010 年，实现陡坡耕地基本退耕还林，30% 的沙化耕地得到治理；到 2020 年，需要退耕的坡耕地和沙化耕地基本实现退耕还林，生态环境明显改善。

3. 荒漠化防治战略问题

提出以防为主，保护优先，积极治理，合理利用，恢复植被，协调发展。重点实施京津风沙源治理工程和三北防护林体系建设工程。与荒漠化防治相适应，天然草场实行战略性调整，实施休牧轮牧、舍饲圈养、退耕减牧、封育飞播，恢复林草植被。用 10 年时间，初步遏制荒漠化扩展趋势，荒漠化地区生态环境初步改善。到 21 世纪中叶，适宜治理的荒漠化土地基本得到治理。

4. 野生动植物和湿地保护及自然保护区建设战略问题

提出保护、恢复和扩大野生动植物栖息地，实现濒危重要种质资源的充分保存与典型生态系统的有效保护，维护和丰富森林生物多样性。用 10 年时间，初步形成较为完善的自然保护区网络。到 21 世纪中叶，基本实现濒危物种生存安全，典型生态系统类型得到有效保护。通过建设国家级湿地保护区和国际重要湿地，退田退牧还湖，保护和恢复湿地生物多样性及栖息地，到 2010 年，60% 以上的国家重要湿地区域建立湿地自然保护区，确保天然湿地无净损失。到 21 世纪中叶，全国天然湿地得到有效保护和合理利用。

5. 科技发展战略问题

提出以科技为先导，以创新为动力，大幅度提高林业生态建设和产业发展的质量与效益。在基础研究、应用基础研究和高新技术研究方面实现创新，尽快突破生态工程建设、森林资源保育和林产品加工利用等关键技术瓶颈。实施人才、标准、专利战略。加强国家级重点实验室、国家级工程研究中心、高科技园区等科技能力建设，提高林业科技持续创新能力。到 21 世纪中叶，使我国林业科技总体水平跨入世界先进行列。

"中国可持续发展林业战略研究"项目研讨会

6. 农业和农村经济结构调整中的林业发展问题

提出围绕保障粮食安全、增加农民收入和实现农业现代化,大力发展农村林业。特别是按照林工一体化模式,大力培育工业原料林、林果、竹藤、花卉等,大力发展森林旅游业。在大力发展沼气、太阳能、风能等再生能源的同时,积极发展生物能源,改善农村人居环境。

7. 城市林业发展战略问题

提出加快城市林业发展,建设城区绿岛、城边绿带、城郊森林,使城市生态建设由单一绿化型向生态绿化型转变,创造安全、优美、自然、舒适的人居环境。城市林业建设纳入城市发展规划,构建以森林为主体、与其他植被有机结合的绿色生态圈,形成城市林网化、水网化以及近郊远郊森林公园、自然保护区协调配置的城市森林生态网络体系。

8. 植被建设与水资源合理配置战略问题

提出充分发挥森林植被涵养水源、调节水量、改善水质的作用,保证生态用水,建设为生态服务的水利配套设施。结合全国水资源综合规划,调整国家用水结构,分区安排生态用水规模,保障森林生态保护、恢复和建设对水资源的需求。大力发展水源涵养林,增强森林植被在水资源保护和配置中的作用。

9. 森林灾害防治战略问题

提出坚持"以防为主、综合治理"的森林灾害防治方针,加强国家和地方森林灾害防治队伍和基础设施建设,提升危机处理和快速反应能力,有效减少和控制森林病虫害、森林火灾的危害及损失。到 21 世纪中叶,将森林病虫害成灾率控制在 0.5% 以下,确保年均森林火灾受害率不超过 0.1‰。

10. 林业产业发展战略问题

提出以商品林大发展带动林业产业大发展,以林产加工业大发展带动森林资源培育业大发展,以森林旅游业大发展带动森林服务业大发展。积极培育工业原料林、经济果木林、竹藤花卉等商品林,大力发展林产品精深加工、林浆纸一体化以及可再生、可降解木质及非木质新型复合材料,加速推进森林旅游等服务业发展,提高森林资源综合利用率,建立起资源高效利用、具有国际竞争力的现代林业产业体系。

（三）提出了保障林业发展十项战略对策

项目研究从全局出发，解放思想，与时俱进，大胆探索，对制约林业发展的体制、机制和政策等，提出了重大调整和改革的对策建议。

1. 把生态建设指标列为国民经济社会发展的重要指标

积极加强森林生态效益及成本评估和核算指标体系建设，并将其纳入国民经济核算体系。进一步完善现行的森林生态效益补偿制度，逐步建立生态税机制。制定不同区域、不同类别的生态建设指标，并将其列为国民经济社会发展指标和干部政绩考核指标。

2. 建立以公共财政为主、多渠道融资的林业投入机制

建立稳定的以各级公共财政投入为主的林业投入体系，将生态建设纳入公共财政预算，设立专项资金，保证国家重点生态工程、林业科研、技术推广、资源管理、生态移民的投入。加大信贷投入，设立中长期专项债券支持林业。鼓励广大农民、企业和社会投资发展林业。扩大国内外多渠道融资，争取国际援助和社会捐赠。

"中国可持续发展林业战略研究"项目组
在芬兰考察森林经营

"中国可持续发展林业战略研究"项目组在新西兰
考察辐射松人工造林育苗基地

3. 对林业实行轻税赋政策

按照统一税法、公平税赋和有利于林业发展的原则，确立合理的林业税目、税基和税率。整顿税制，把切实减轻林农和林业企业的税收负担，作为政府税费改革的重要内容。调减林产品的农业特产税，企业以税前利润投资造林，国家免征所得税。改革育林基金制度。

4. 改革重点国有林区管理体制

抓住国家实施天然林资源保护工程的历史机遇，推进重点国有林区管理体制改革。在重点国有林区推进政府与企业分离；建立国家林业行政主管部门、国有森林资源经营机构、林业企业"三权分离"的机制。加速林区产业结构调整，完善社会保障制度，实现森工企业改制转型。

5. 大力发展非公有制林业

动员社会力量参与生态建设，公益林建设可实行公有民营或民有民营，培育和规范活立木市场。改革和简化商品林采伐管理程序。大力扶持、培养各类专业合作社和专业协会，把农民与市场连在一起。进一步深化林地制度改革，以林地使用权物权化为方向，稳定所有权，完善承包权，放活经营权，保护经营者的合法权益。

6. 大力推进林业新科技革命

建立适应社会主义市场经济体制和林业科技自身发展规律的林业科技创新体系。

2002 年 10 月 26 日，《中国可持续发展林业战略研究总论》首发式在北京人民大会堂举行。
中共中央政治局委员、全国人大常委会副委员长姜春云，全国人大常委会副委员长曹志，
全国政协副主席赵南起等出席首发式

进一步优化科技资源配置，建立精干高效的科研国家队，形成布局合理的区域性林业研究中心和林业科技推广体系。加大国家对社会公益性研究的支持力度。确保 3% 的工程建设科技支撑经费，以专项资金的形式落实到位。促进产学研结合和企业技术进步。

7. 实行积极的生态移民政策

对国家重点自然保护区和因植被破坏使当地居民丧失基本生存条件的生态极度脆弱区，政府实行积极的生态移民政策。将生态移民与小城镇建设结合，运用财政生态移民专项资金，妥善解决移民的生产生活安置问题，使这些区域生物多样性得到保护，植被得到恢复，生态得到改善。

8. 积极推进林业国际合作进程

面对经济全球化、贸易自由化以及我国加入世界贸易组织的机遇与挑战，充分利用"绿箱政策"，提高林业产业国际竞争力；充分利用国际国内两个市场、两种资源，加大林产品进口力度；充分利用国际资源，弥补国内需求缺口；认真履行与林业有关的国际公约，积极参与国际森林政策对话和区域进程，推进林业领域国际合作，扩大林业发展空间。

"中国可持续发展林业战略研究"项目成果系列专著

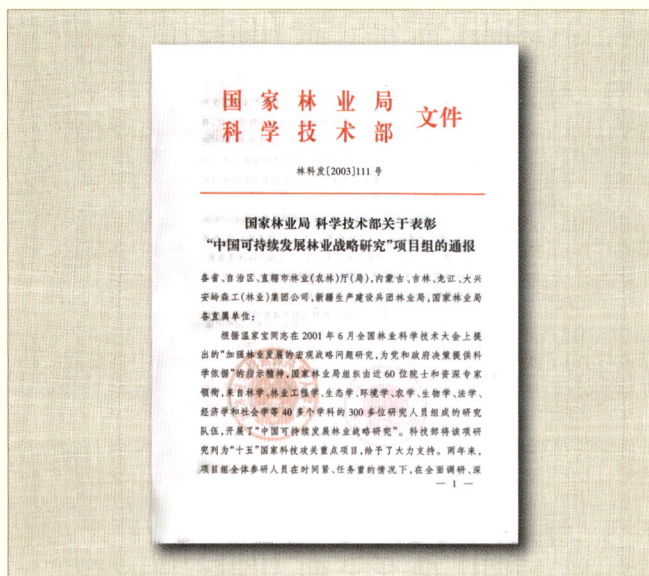

"中国可持续发展林业战略研究"项目组获得国家林业局、科学技术部联合表彰

9. 进一步加大生态文明宣传教育力度

把增强国民生态文明意识列入国民素质教育的重要内容。通过加强森林公园、自然保护区、生态科普基地建设，出版科普读物，开展群众性宣传教育活动，扩大生态文明宣传的深度和广度，增强国民生态忧患意识、参与意识和责任意识，树立国民的生态文明发展观、道德观、价值观，形成人与自然和谐相处的生产方式和生活方式。

10. 建立与林业建设任务和管理职能相适应的体制

我国林业建设的指导思想已由以木材生产为主转向以生态建设为主，林业行政管理部门也随之由专业经济管理部门转为执法监管、公共服务、宏观调控的部门。林业承担的生态建设和促进发展的双重使命，决定了政府要进一步强化与林业建设任务和管理职能相适应的机构建设，将其作为政府重要组成部门，以保障政府对森林资源的统一监督管理，完成艰巨的生态建设任务。

"中国可持续发展林业战略研究"成果宣讲河南报告会

2004年11月22日，中共中央政治局委员、国务院副总理、全国绿化委员会主任回良玉在林业科技重奖颁奖大会暨全国林业人才工作会议上，向获得重奖的"中国可持续发展林业战略研究"项目组颁奖，国家林业局党组成员、中国林业科学研究院院长江泽慧领奖

　　"中国可持续发展林业战略研究"项目研究成果得到了党中央、国务院领导的高度评价和充分肯定。为了扩大战略研究成果的宣传运用，国家林业局于2003年7月组织以10位院士和资深专家为主讲人、10位司局长为领队的"中国可持续发展林业战略研究"宣讲团，分赴31个省（自治区、直辖市）进行宣讲，在全国各地引起了强烈反响。2003年7月25日，国家林业局在北京人民大会堂隆重召开"中国可持续发展林业战略研究"总结大会，科学技术部与国家林业局联合对项目组给予了通报表彰。在2004年11月22日召开的林业科技重奖颁奖大会暨全国林业人才工作会议上，国家林业局授予项目组林业科技重奖。

　　为了进一步推进林业决策的科学化、民主化，在战略研究队伍的基础上成立了国家林业局专家咨询委员会。

国家林业局专家咨询委员会第一次会议

2003 年 4 月，时任国家林业局局长周生贤现场调研六大林业重点工程

三、中国可持续发展林业战略研究成果影响深远

"中国可持续发展林业战略研究"成果，作为里程碑意义的国家战略研究成果，对于加快林业发展、提升林业地位、推进绿色增长、建设生态文明具有重要的现实意义和深远的历史意义。

（一）有力促进了我国林业建设的历史性转变

项目研究提出的"三生态"林业战略思想、"十六字"战略方针、"三步走"战略目标、"跨越式发展"战略途径等具有前瞻性和可操作性的战略成果，为党中央、国务院制定和颁发《关于加快林业发展的决定》，确立以生态建设为主的林业发展战略提供了决策支持，使项目研究提出的对策上升为国家决策。同时，对于实现我国林业发展由以木材生产为主向以生态建设为主转变、由以采伐天然林为主向以采伐人工林为主转变、由毁林开荒向退耕还林转变、由无偿使用森林生态效益向有偿使用森林生态效益转变、由部门办林业向全社会办林业的转变具有重要意义。正如温家宝同志在 2002 年 9 月 28 日阶段性成果审定会上所指出的："同志们交了一份很好的答卷。这份答卷是总结过去、反映现在、指导未来的一部力作，是发扬科学民主、多学科合作的成果，必将对新时期我国林业发展产生重要的指导作用。"

（二）显著提升了林业在经济社会发展中的地位

进入 21 世纪的中国林业，有着 50 年发展的骄人成就，但仍难以满足经济社会发展和民生改善的需求。林业战略研究站在国家全局的战略高度，把林业发展与保障国土生态安全、建设生态文明、构建和谐社会紧密联系，其成果全面提升了新时期林业在国家经济社会可持续发展中的重要地位和作用，为此，《中共中央 国务院关于加快林业发展的决定》明确了"在贯彻可持续发展战略中，要赋予林业以重

2009 年 9 月 23 日，时任国家林业局局长贾治邦代表中国政府在联合国气候变化峰会上发言

要地位；在生态建设中，要赋予林业以首要地位；在西部大开发中，要赋予林业以基础地位"。这是我国林业发展史上首次从国家战略高度，对林业发展作出的科学定位。这一定位，深刻揭示了在社会对林业不断增长的多样化需求中，生态需求已经上升为第一需求。

（三）加快形成了我国林业发展的新格局

"三生态"林业战略思想和十大林业战略问题，不仅为推动我国林业加快发展，构建比较完备的林业生态体系、发达的林业产业体系和繁荣的生态文化体系提供了理论依据和技术支撑，而且助推了一批林业重大生态工程的启动和实施，特别是湿地建设与保护、农村林业、城市林业等战略问题的提出和林业新兴产业的快速发展，拓展了林业发展的新领域，进一步优化了林业生产力布局。与此同时，研究提出的深化林业改革、加大林业投资、建立生态补偿机制、将生态指标纳入政府绩效考核体系等政策建议，促进了林业投资的大幅度增加、集体林权制度改革的全面实施，调动了全社会办林业的积极性，形成了政府高度重视、部门大力支持、社会广泛参与的林业发展新格局，有力促进了我国城乡生态改善和兴林富民，为建设生态林业、民生林业奠定了坚实的基础。

（四）应时启动了我国林业的绿色发展征程

林业战略研究在围绕十大战略问题开展深入研究的同时，还紧密跟踪国际社会关注的焦点、热点问题，提出了开展绿色国民经济核算、森林固碳与气候变化等后续项目研究。其中，国家林业局与国家统计局联合开展的"中国森林资源核算及纳入绿色 GDP 研究"，提出了绿色国民经济的理念，在创新森林价值评价和绿色GDP 核算理论与方法的基础上，首次对我国森林资源经济价值和生态价值开展了具有权威性的核算，提出了完善我国绿色国民经济核算的政策建议，带动了地方森林资源价值核算的开展，促进了生态效益补偿制度的建立和完善，对增强绿色发展理念、树立生态文明意识、建立健全绿色发展机制发挥了重要作用，在推动绿色发展的道路上迈出了重要一步。

（五）大力推进了我国生态文明建设

千百年来，人类在认识和改造自然的过程中，曾经创造了许多辉煌的文明成果，同时也付出了沉重的代价。"建设山川秀美的生态文明社会"作为"三生态"战略构想的重要内容，对于推动传统文明的变革具有深远意义，正在影响并改变着人类的思维方式、生产方式、消费方式和生活方式。建设"生态文明"，要求我们必须按照以人为本的发展观、不侵害后代人生存发展权的道德观、人与自然和谐相处的价值观，指导我国林业发展和生态建设；必须把增强国民生态文明意识列入国民素质教育的重要内容，通过多种形式向广大人民群众特别是青少年展示丰富多彩的森林文化，扩大生态文明宣传的深度和广度，不断增强国民生态忧患意识、参与意识和责任意识。

"中国森林资源核算及纳入绿色 GDP 研究"项目成果专著

弹指间，21 世纪的第一个十年过去了。伴随着中国现代林业发展的进程，中国可持续发展林业战略研究的成果在树立科学发展理念上产生了深远影响，在林业生产实践中得到了广泛应用，在改善民生福祉中发挥了积极作用。十年来，在以胡锦涛同志为总书记的党中央正确领导下，中国林业始终坚持以邓小平理论和"三个代表"重要思想为指导，深入贯彻落实科学发展观，按照"发展现代林业、建设生态文明、推动科学发展"的总体要求，围绕三大体系建设的总体目标和任务，各项事业长足发展，取得了显著成效。

2012 年 7 月，国家林业局局长赵树丛在福建省长汀县调研考察

2012 年 7 月 23 日，胡锦涛总书记在省部级主要领导干部专题研讨班开班式上强调指出，推进生态文明建设，是涉及生产方式和生活方式根本性变革的战略任务，必须把生态文明建设的理念、原则、目标等深刻融入和全面贯穿到我国经济、政治、文化、社会建设的各方面和全过程，坚持节约资源和保护环境的基本国策，着力推进绿色发展、循环发展、低碳发展，为人民创造良好生产生活环境。这一重要论述，为加快现代林业发展、推进生态文明建设指明了方向。可以预见，"中国可持续发展林业战略研究"的成果将继续在 21 世纪第二个十年、第三个十年，直到 21 世纪中叶产生重要影响，在推进生态林业、民生林业的发展中不断得到新的深化和拓展。

第二篇

出台中央林业决定
——确立以生态建设为主的林业发展战略

2003 年 6 月 25 日，中共中央、国务院颁发了《关于加快林业发展的决定》（中发〔2003〕9 号，以下简称《决定》），正式确立了以生态建设为主的林业发展战略，赋予了林业在贯彻可持续发展战略中的重要地位，在生态建设中的首要地位，在西部大开发中的基础地位。同年 9 月 27 日～28 日，国务院在北京召开全国林业工作会议，对贯彻落实《决定》精神、加快林业发展作出全面部署。随后，国家林业局和各省（自治区、直辖市）迅速行动，在全国迅速掀起了加快林业发展、加强生态建设的热潮，我国林业进入了以生态建设为主的新阶段。

一、出台《决定》是加快林业转型发展的迫切需要

新中国成立后的很长一段时期，由于国民经济建设对林业的主导需求是木材，林业被定位为基础产业，首要任务是生产木材。半个多世纪以来，我国林业累计为国家生产木材 50 多亿立方米，消耗森林资源 86 亿立方米。在为国家经济建设作出重大贡献的同时，森林资源被长期过度消耗，也引发了严重的生态问题，影响了整个经济社会的可持续发展。以木材生产为中心的林业指导思想、政策措施已经明显不能适应我国的国情和林情，迫切需要作出相应调整。

进入 20 世纪 90 年代，尤其是 1992 年召开联合国环境与发展大会后，可持续发展成为各国共同选择的发展方式。森林作为重要的资源和生态的"晴雨表"，开始受到人们更多的关注，以经营森林资源为主要任务的林业显得越来越重要，它的重要地位得到了全世界的认同。党中央、国务院对我国林业和生态建设给予了高度重视。尤其是 1998 年特大洪涝灾害发生后，国家投入数千亿元相继启动了天然林资源保护、退耕还林等林业重点工程。同时，开始推进林业分类经营改革。2001 年，国家开始

2003 年 9 月 27 日～28 日，国务院在北京召开全国林业工作会议

2003 年 6 月 25 日，中共中央、国务院颁发《关于加快林业发展的决定》

了森林生态效益补助试点工作。这些措施，极大地带动和加快了林业由以木材生产为主向以生态建设为主转变。

党的十六大把可持续发展能力不断增强，生态环境得到改善，资源利用效率显著提高，促进人与自然和谐，推动整个社会走上生产发展、生活富裕、生态良好的文明发展道路，确定为全面建设社会主义小康社会的重要内容和奋斗目标。林业作为生态建设的主体，在经济社会可持续发展和全面建设社会主义小康社会的进程中肩负着重要使命，得到党和国家的进一步重视和全社会的密切关注。但当时，我国森林覆盖率仅为世界平均水平的 62%，人均占有森林面积和蓄积量分别只有世界平均水平的 20% 和 12%，总体上讲仍然是一个缺林少绿的国家。森林资源总量不足、质量不高、分布不均，森林生态功能十分脆弱，难以支撑国家经济社会持续快速发展的需要，必须果断调整林业发展战略，加大林业扶持力度，通过加快林业发展改善脆弱的生态环境。

基于这些分析和判断，出台一个文件，召开一次会议，成为当时加快林业发展的迫切需要和共同愿望。新中国成立后，全国林业工作会议只开过两次：一次是 1971 年 8 月，研究讨论了发展林业的方针政策和规划；另一次是 1981 年 2 月，会后中共中央、国务院发布了《关于保护森林发展林业若干问题的决定》。到 2003 年，

林业发展的形势与肩负的任务已发生了巨大变化，我国已进入全面建设小康社会、加速推进社会主义现代化的新阶段，生态需求已成为社会对林业的第一需求，我国林业在经历着由以木材生产为主向以生态建设为主的历史性转变，林业的战略定位、任务目标、建设布局、建设重点，乃至管理体制、运行机制、政策措施都已发生深刻变化。在这样一个关键时期，以中共中央、国务院名义颁发一个加快林业发展的文件，对于指导新时期林业改革发展是十分必要和非常紧迫的。

早在 1994 年，姜春云同志主持召开的中央农村工作领导小组会议上就确定要抓此事，但由于各种原因，会议一直没有开成。温家宝同志分管林业工作后，又多次表示要召开一次林业工作会议，出台一个林业决定，并为此作出了很多重要指示。为做好会议筹备和文件起草工作，国家林业局从 1999 年起连续 3 年召开党组扩大会议，集中研究林业改革发展的重大问题，全面规划我国林业发展的宏伟蓝图。2002 ~ 2003 年，先后组织 200 多个工作组深入基层，或到相关国家进行考察，对林业改革发展中的重大问题进行调查研究，形成了一批高质量的调研考察报告，为起草中央林业决定提供了有力支撑，基本做到了每个重大政策问题都有专题调研报告支持。同时，根据温家宝同志的提议，在国务院的支持下，由国家林业局牵头，从 2001 年开始，组织 60 位中国科学院、中国工程院院士和资深专家以及近 300 位研究人员，共同对林业长远发展的若干重大战略问题进行了深入研究。历时两年，完成了"中国可持续发展林业战略研究报告"，为中央作出林业决定提供了重要的科学依据。

在充分吸收调查研究成果的基础上，国家林业局围绕林业的定位定性、目标任务、规划布局、管理体制、机制政策、队伍建设等重大问题，研究起草了《决定》代拟稿，并广泛征求了林业系统、各省（自治区、直辖市）和 19 个中央有关部委的意见，先后修改了 30 多稿，形成了《决定》送审稿，于 2003 年 1 月正式报送中央农村工作领导小组办公室初审。2003 年 5 月 14 日，国务院副总理回良玉主持召开中央农村工作领导小组会议，审议并原则通过《决定》送审稿。6 月 5 日，回良玉副总理再次召集有关专家和部门负责同志进行座谈，对《决定》送审稿作了进一步修改。6 月 11 日，温家宝总理主持召开国务院第 11 次常务会议审议并原则通过了《决定》，在此基础上又按审议意见作了进一步完善。6 月 12 日，胡锦涛总书记主持召开中央政治局常委会议，审议并最终通过了《决定》。6 月 25 日，中央正式颁发了《决定》。

二、《决定》是指导我国林业改革发展的纲领性文件

　　《决定》是多年来我国林业理论探索和实践发展的深刻总结，是指导我国林业改革和发展的纲领性文件。《决定》确立了我国林业以生态建设为主的指导思想、基本方针、战略目标和战略重点，优化重组了林业生产力布局，对林业体制机制和政策措施作出了重大调整，破解了林业发展面临的一系列亟待解决的重大问题，指明了林业跨越式发展的方向。《决定》的发布，标志着我国林业结束了以木材生产为主的时代，进入了以生态建设为主的新阶段，表明了党中央、国务院改善中华民族生存与发展条件的坚定决心，对于推动我国林业跨越式发展，实现山川秀美的宏伟目标，维护国家生态安全，全面建设小康社会，具有重大的现实意义和深远的历史意义。

（一）对林业进行了重新定位

　　中共中央、国务院以世界眼光，从全局高度对林业的战略地位作出了科学判断。《决定》明确指出，林业既是一项重要的公益事业，又是一项重要的基础产业，不仅要满足社会对木材等林产品的多样化需求，更要满足改善生态状况、保障国土生态安全的需要，生态需求已成为社会对林业的第一需求；在贯彻可持续发展战略中，要赋予林业以重要地位；在生态建设中，要赋予林业以首要地位；在西部大开发中，要赋予林业以基础地位。这是党的文件首次对林业作出的全面的科学定位，进一步廓清了社会对林业的模糊认识，标志着我们党对林业的认识产生了一次质的飞跃，对推动整个社会走上生产发展、生活富裕、生态良好的文明发展道路具有重大战略意义。

（二）实现了林业建设指导思想的历史性转变

《决定》在全面分析、深刻总结我国林业发展历史经验教训的基础上，对我国以木材生产为主的林业建设指导思想作出了重大调整，确立了以生态建设为主的林业发展战略，即：确立以生态建设为主的林业可持续发展道路，建立以森林植被为主体、林草结合的国土生态安全体系，建设山川秀美的生态文明社会。这标志着我国林业以木材生产为主时代的结束，以生态建设为主时代的到来。根据林业建设指导思想的重大转变，《决定》进一步确立了加快林业建设要坚持"全国动员，全民动手，全社会办林业""生态效益、经济效益和社会效益相统一，生态效益优先"等7项基本方针。

（三）确定了加快林业发展的战略目标

《决定》按照十年战略机遇期、中国共产党建党一百年、中华人民共和国建国一百年三个标志性时段，科学勾画了我国加快林业发展的宏伟蓝图，确定了分"三步走"的战略目标。第一步，"到2010年，使我国森林覆盖率达到19%以上"；第二步，"到2020年，使森林覆盖率达到23%以上"；第三步，"到2050年，使森林覆盖率达到并稳定在26%以上，基本实现山川秀美"。这样的部署，是基于我国的基本国情和林情作出的科学决策。当时我国的森林覆盖率仅为16.55%。同时，我国是最大的发展中国家，经济社会发展对木材的需求形成了巨大压力。根据森林资源现状，我国林业要满足全面建设小康社会和经济社会可持续发展的要求，就必须采取超常规的发展模式，并分步实施。

（四）对林业生产力布局进行了优化重组

《决定》提出，林业生态建设要形成以六大林业重点工程为主体，全民义务植树和社会造林为基础的新布局。这不仅明确了我国国土生态安全体系建设的战略重点，而且确定了我国生态文明建设的战略重点，既可以发挥大工程带动大发展的强大优势，又可以发挥亿万人民积极参与生态文明建设的巨大潜力，为加快林业改革发展注入强大动力。在实施以生态建设为主的林业发展战略的同时，《决定》又按照统筹兼顾、协调发展的要求，明确提出要适应生态建设和市场需求的变化，形成以森林资源培育为基础、以精深加工为带动、以科技进步为支撑的林业产业发展新

格局。林业生产力布局的优化重组，正确处理了生态建设与产业发展的关系，既突出了生态建设这个重中之重，又对产业发展给予了高度重视，同时还分别明确了生态建设和产业发展的重点，这对于推动生态与产业协调发展、良性互动具有十分重要的指导意义。

（五）对林业体制机制作出了重大调整

《决定》以改革创新、与时俱进的精神，对林业的体制、机制作出了重大调整，在许多方面实现了突破。一是实行林业分类经营管理体制。分类经营是林业最大的体制改革，这是由市场经济体制和林业自身特点所决定的。《决定》在总结多年分类经营管理试点经验的基础上，第一次从国家层面上对林业经营管理体制进行了分类设计，"将全国林业区分为公益林业和商品林业两大类"。公益林业按照公益事业进行管理，以政府投资为主，吸引社会力量共同建设。商品林业按照基础产业进行管理，主要由市场配置资源，政府给予必要扶持。二是完善林业产权制度。《决定》提出要重点明晰农村林业产权，规范森林资源合理流转，调动社会各方面造林的积极性。同时，要放手发展非公有制林业，实行"谁造谁有、合造共有"的政策，创造各种经营主体公平竞争的环境。三是深化国有林业改革。重点国有林区、国有林场和苗圃要建立权责利相统一、管资产和管人、管事相结合的森林资源管理体制，把森林资源管理职能从森工企业中剥离出来，把由企业承担的社会管理职能逐步分离出来，转由政府承担，使企业真正成为独立的经营主体，把国有林场逐步界定为生态公益型林场和商品经营型林场。这些重大政策设计，为深化林业改革、加快林业发展指明了方向、奠定了基础。

（六）对完善林业发展支持保障措施提出了明确要求

为支持林业长期稳定发展，《决定》设计了林业支持保障措施，不仅对投入、金融、税费等方面的政策作了十分具体的规定，使加快林业发展有了坚实的物质保障，而且对科教兴林、依法治林，加强各级政府林业机构包括基层林业工作站建设，强化和完善林业行政管理、动态监测、推广服务三大体系也提出了明确要求，为加快林业发展提供了有力支撑。

三、《决定》极大地推动了我国林业改革发展

《决定》充分体现了中央对林业的高度重视，也表明林业肩负着更加艰巨的任务。《决定》正式颁发后，国家林业局立即行动，坚持一手抓《决定》精神的贯彻落实，一手抓全国林业工作会议的筹备工作。2003 年 9 月 27 日～28 日，国务院在北京召开全国林业工作会议，对贯彻落实《决定》精神和新时期林业工作进行了全面部署。中共中央政治局常委、国务院总理温家宝出席会议并作了重要讲话。中共中央政治局委员、国务院副总理回良玉作了题为《加强林业建设，再造秀美山川，实现林业的跨越式发展》的主题报告。

《决定》颁布和全国林业工作会议召开后，全国上下迅速掀起了深入贯彻落实《决定》精神、加快林业发展的热潮。国家林业局组织林业系统干部职工深入学习《决定》原文，吃透文件精神，及时细化分解《决定》的各项任务，全面推进相关政策措施和配套文件的落实，先后制定或修订了贯彻落实《决定》的 140 多个配套法规和文件，如：《森林病虫害防治条例》《人工商品林采伐管理办法》《森林可持续经营指南》《森林生态效益补偿基金管理办法》《科技贡献奖奖励暂行办法》等。同时，对全行业贯彻落实《决定》精神进行了全面部署安排，派出 10 个宣讲团分赴 31 个省（自治区、直辖市）宣讲《决定》的主要精神，并派出 31 个调研组赴各地调查了解《决定》精神贯彻落实情况。

全国 31 个省（自治区、直辖市）先后召开林业工作会议，出台了加快林业发展的政策性文件，全面贯彻落实《决定》和全国林业工作会议精神。各省（自治区、直辖市）对召开林业工作会议非常重视，作了认真研究和精心准备，党委和政府的主要负责同志出席会议并讲话，人大、政协和当地驻军的领导也出席会议，会议规格之高、规模之大，是前所未有的。各省（自治区、直辖市）通过召开林业工作会议，确定了加快林业发展的指导思想和奋斗目标，制定了具体政策措施。很多地区（市、自治州、盟）、县（市、区、自治县、旗）也纷纷召开林

2003 年 10 月 19 日，河南省委、省政府召开全省林业工作会议

2003 年 12 月 27 日，内蒙古自治区党委、政府召开全区林业工作会议

2003 年 11 月 26 日，河北省委、省政府召开河北省林业工作会议

2003 年 12 月 4 日，陕西省委、省政府召开全省林业工作会议

2003年9月27日～28日，在北京召开全国林业工作会议（国家林业局宣传办公室提供）

业工作会议，将中央关于加快林业发展的政策措施贯彻落实到了最基层，成为促进林业发展的重要推动力。

通过层层召开林业工作会议，出台加快林业发展的决定，使中央林业决定和全国林业工作会议精神变成了各级政府和部门的实际行动。加快林业发展成为社会共识，林业的影响和地位空前提高，为林业赢得了广泛的重视和支持，增强了林业发展活力，拓展了林业发展空间，林业建设取得了举世瞩目的伟大成就。

2002～2011年的十年间，中央林业投入达到5648亿元，是前一个10年的9.6倍。全国累计完成造林面积8.63亿亩，比前一个10年增加近1亿亩，是历史上造林面积最多的10年。全国累计63亿人次参加义务植树，植树264亿株，比前一个10年增加18亿人次和24亿株。在全球森林资源持续减少的大背景下，我国实现了森林面积和森林蓄积量的双增长。全国森林面积由23.84亿亩增加到29.32亿亩，森林覆盖率由16.55%增加到20.36%，森林蓄积量由113亿立方米增加到137亿立方米，城市建成区绿化覆盖率由28.15%增加到38.62%。随着森林资源的快速增加，林业的生态、经济、社会、文化、碳汇等多种功能不断提升，全国森林植被总碳储量达78.11亿吨；全国林业产业总产值从2002年的4600亿元增加到2011年的3万多亿元，年均增速超过20%；林产品进出口贸易额由215亿美元增加到1204.5亿美元，成为世界林产品生产和贸易大国。随着时间的推移，《决定》对于我国林业改革发展的重大推动作用还将进一步显现，必将指导我国林业建设取得新的更大成绩。

附 件

中共中央 国务院
关于加快林业发展的决定

中发〔2003〕9号   2003年6月25日

加强生态建设，维护生态安全，是二十一世纪人类面临的共同主题，也是我国经济社会可持续发展的重要基础。全面建设小康社会，加快推进社会主义现代化，必须走生产发展、生活富裕、生态良好的文明发展道路，实现经济发展与人口、资源、环境的协调，实现人与自然的和谐相处。森林是陆地生态系统的主体，林业是一项重要的公益事业和基础产业，承担着生态建设和林产品供给的重要任务，做好林业工作意义十分重大。为加快林业发展，实现山川秀美的宏伟目标，促进国民经济和社会发展，现作出如下决定。

一、加强林业建设是经济社会可持续发展的迫切要求

1. 我国林业建设取得了巨大成就。建国以来，特别是改革开放以来，党中央、国务院对林业工作十分重视，采取了一系列政策措施，有力地促进了林业发展。全民义务植树运动深入开展，全社会办林业、全民搞绿化的局面正在形成。"三北"防护林等生态工程建设成效明显，近几年实施的天然林保护、退耕还林、防沙治沙等重点工程进展顺利，部分地区的生态状况明显改善。森林、湿地和野生动植物资源保护得到加强。林业产业结构调整取得进展，各类商品林基地建设方兴未艾，林产工业得到加强，经济林、竹藤花卉产业和生态旅游快速发展，山区综合开发向纵深推进。森林资源的培育、管护和利用逐渐形成较为完整的组织、法制和工作体系。建国以来，林业累计提供木材50多亿立方米，目前全国森林覆盖率已达到16.55%，人工林面积居世界第一位。林业为国家经济建设和生态状况改善作出了重要贡献，对促进新阶段农业和农村经济的发展，扩大城乡就业，增加农民收入，发挥着越来越重要的作用。

2. 经济社会可持续发展迫切要求我国林业有一个大转变。随着经济发展、社会进步和人民生活水平的提高，社会对加快林业发展、改善生态状况的要求越来越迫切，林业在经济社会发展中的地位和作用越来越突出。林业不仅要满足社会对木材等林产品的多样化需求，更要满足改善生态状况、保障国土生态安全的需要，生态需求已成为社会对林业的第一需求。我国林业正处在一个重要的变革和转折时期，正经历着由以木材生产为主向以生态建设为主的历史性转变。

3. 加快林业发展面临的形势依然严峻。目前我国生态状况局部改善、整体恶化的趋势尚未根本扭转，土地沙化、湿地减少、生物多样性遭破坏等仍呈加剧趋势。乱砍滥伐林木、乱垦滥占林地、乱捕滥猎野生动物、乱采滥挖野生植物等现象屡禁不止，森林火灾和病虫害对林业的威胁仍很严重。林业管理和经营体制还不适应形势发展的需要。林业产业规模小、科技含量低、结构不合理，木材供需矛盾突出，林业职工和林区群众的收入增长缓慢，社会事业发展滞后。从整体上讲，我国仍然是一个林业资源缺乏的国家，森林资源总量严重不足，森林生态系统的整体功能还非常脆弱，与社会需求之间的矛盾日益尖锐，林业改革和发展的任务比以往任何时候都更加繁重。

4. 必须把林业建设放在更加突出的位置。在全面建设小康社会、加快推进社会主义现代化的进程中，必须高度重视和加强林业工作，努力使我国林业有一个大的发展。在贯彻可持续发展战略中，要赋予林业以重要地位；在生态建设中，要赋予林业以首要地位；在西部大开发中，要赋予林业以基础地位。

二、加快林业发展的指导思想、基本方针和主要任务

5. 指导思想。以邓小平理论和"三个代表"重要思想为指导，深入贯彻十六大精神，确立以生态建设为主的林业可持续发展道路，建立以森林植被为主体、林草结合的国土生态安全体系，建设山川秀美的生态文明社会，大力保护、培育和合理利用森林资源，实现林业跨越式发展，使林业更好地为国民经济和社会发展服务。

6. 基本方针。

——坚持全国动员，全民动手，全社会办林业。

——坚持生态效益、经济效益和社会效益相统一，生态效益优先。

——坚持严格保护、积极发展、科学经营、持续利用森林资源。

——坚持政府主导和市场调节相结合，实行林业分类经营和管理。

——坚持尊重自然和经济规律，因地制宜，乔灌草合理配置，城乡林业协调发展。

——坚持科教兴林。

——坚持依法治林。

7. 主要任务。通过管好现有林，扩大新造林，抓好退耕还林，优化林业结构，增加森林资源，增强森林生态系统的整体功能，增加林产品有效供给，增加林业职工和农民收入。力争到 2010 年，使我国森林覆盖率达到 19% 以上，大江大河流域的水土流失和主要风沙区的沙漠化有所缓解，全国生态状况整体恶化的趋势得到初步遏制，林业产业结构趋于合理；到 2020 年，使森林覆盖率达到 23% 以上，重点地区的生态问题基本解决，全国的生态状况明显改善，林业产业实力显著增强；到 2050 年，使森林覆盖率达到并稳定在 26% 以上，基本实现山川秀美，生态状况步入良性循环，林产品供需矛盾得到缓解，建成比较完备的森林生态体系和比较发达的林业产业体系。

实现上述目标，必须努力保护好天然林、野生动植物资源、湿地和古树名木；努力营造好主要流域、沙地边缘、沿海地带的水源涵养林、水土保持林、防风固沙林和堤岸防护林；努力绿化好宜林荒山、地埂田头、城乡周围和道渠两旁；努力建设好用材林、经济林、薪炭林和花卉等商品林基地；努力发展好森林公园、城市森林和其他游憩性森林。同时，要加快林业结构调整步伐，提高林业经济效益；加快林业管理体制和经营机制创新，调动社会各方面发展林业的积极性。

三、抓好重点工程，推动生态建设

8. 坚持不懈地搞好林业重点工程建设。要加大力度实施天然林保护工程，严格天然林采伐管理，进一步保护、恢复和发展长江上游、黄河上中游地区和东北、内蒙古等地区的天然林资源。认真抓好退耕还林（草）工程，切实落实对退耕农民的有关补偿政策，鼓励结合农业结构调整和特色产业开发，发展有市场、有潜力的后续产业，解决好退耕农民的长远生计问题。继续推进"三北"、长江等重点地区的防护林体系工程建设，因地制宜、因害设防，营造各种防护林体系，集中治理好这些地区不同类型的生态灾害。切实搞好京津风沙源治理等防沙治沙工程，通过划定封禁保护区、种树种草、小流域治理、舍饲圈养、生态移民、合理利用水资源等综合措施，保护和增加林草植被，尽快使首都及主要风沙区的风沙危害得到有效遏制。高度重视野生动植物保护及自然保护区工程建设，抓紧抢救濒危珍稀物种，修复典型生态系统，扩大自然保护面积，提高保护水平，切实保护好我国的野生动植物资源、湿地资源和生物多样性。加快建设以速生丰产用材林为主的林业产业基地工程，在条件具备的适宜地区，发展集约林业，加快建设各种用材林和其他商品林基地，增加木材等林产品的有效供给，减轻生态建设压力。

9. 深入开展全民义务植树运动，采取多种形式发展社会造林。不断丰富和完善义务植

树的形式，提高适龄公民履行义务的覆盖面，提高义务植树的实际成效。义务植树要实行属地管理，农村以乡镇为单位、城市以街道为单位，建立健全义务植树登记制度和考核制度。进一步明确部门和单位绿化的责任范围，落实分工负责制，并加强监督检查。绿色通道工程要与道路建设和河渠整治统筹规划，合理布局，加快建设。城市绿化要把美化环境与增强生态功能结合起来，逐步提高建设水平。鼓励军队、社会团体、外商造林和群众造林，形成多主体、多层次、多形式的造林绿化格局。

四、优化林业结构，促进产业发展

10. 加快推进林业产业结构升级。适应生态建设和市场需求的变化，推动产业重组，优化资源配置，加快形成以森林资源培育为基础、以精深加工为带动、以科技进步为支撑的林业产业发展新格局。鼓励以集约经营方式，发展原料林、用材林基地。积极发展木材加工业尤其是精深加工业，延长产业链，实现多次增值，提高木材综合利用率。突出发展名特优新经济林、生态旅游、竹藤花卉、森林食品、珍贵树种和药材培植以及野生动物驯养繁殖等新兴产品产业，培育新的林业经济增长点。充分发挥我国地域辽阔、生物资源和劳动力丰富的优势，大力发展特色出口林产品。

11. 加强对林业产业发展的引导和调控。根据市场需要、资源条件和产业基础，抓紧编制林业产业发展规划，制定产业政策，引导产业健康发展，避免低水平重复建设。鼓励培育名牌产品和龙头企业，推广公司带基地、基地连农户的经营形式，加快林业产业发展。扶持发展各种专业合作组织，完善社会化服务体系，培育、规范林产品和林业生产要素市场，对农民生产的木材允许产销直接见面，拓宽农民进入市场的渠道，增强林业产业发展活力。

12. 进一步扩大林业对外开放。充分利用国内外两个市场、两种资源，加快林业发展。针对我国林业基础薄弱、建设任务繁重的情况，要加大引进力度，着力引进资金、资源、良种、技术和管理经验。努力扩大林业利用外资规模，鼓励外商投资造林和发展林产品加工业。制定有利于扩大林产品出口的政策，完善林产品出口促进机制，提高我国林产品的国际竞争力。坚持实施"走出去"战略，加强海外林业开发。积极开展森林认证工作，尽快与国际接轨。采取有效措施，加强对我国种质资源的保护和输出管理，防止境外有害生物传入。认真履行有关国际公约，加强生态保护领域的国际交流与合作。

五、深化林业体制改革，增强林业发展活力

13. 进一步完善林业产权制度。这是调动社会各方面造林积极性，促进林业更好更快发展的重要基础。要依法严格保护林权所有者的财产权，维护其合法权益。对权属明确并已核发林权证的，要切实维护林权证的法律效力；对权属明确尚未核发林权证的，要尽快核发；对权属不清或有争议的，要抓紧明晰或调处，并尽快核发权属证明。退耕土地还林后，要依法及时办理相关手续。

已经划定的自留山，由农户长期无偿使用，不得强行收回。自留山上的林木，一律归农户所有。对目前仍未造林绿化的，要采取措施限期绿化。

分包到户的责任山，要保持承包关系稳定。上一轮承包到期后，原承包做法基本合理的，可直接续包；原承包做法经依法认定明显不合理的，可在完善有关做法的基础上继续承包。新一轮的承包，都要签定书面承包合同，承包期限按有关法律规定执行。对已经续签承包合同，但不到法定承包期限的，经履行有关手续，可延长至法定期限。农户不愿意继续承包的，可交回集体经济组织另行处置。

对目前仍由集体统一经营管理的山林，要区别对待，分类指导，积极探索有效的经营形式。凡群众比较满意、经营状况良好的股份合作林场、联办林场等，要继续保持经营形式的稳定，并不断完善。对其他集中连片的有林地，可采取"分股不分山、分利不分林"的形式，将产权逐步明晰到个人。对零星分散的有林地，可将林木所有权和林地使用权合理作价后，转让给个人经营。对宜林荒山荒地，可直接采取分包到户、招标、拍卖等形式确定经营主体，也可以由集体统一组织开发后，再以适当方式确定经营主体；对造林难度大的宜林荒山荒地，可通过公开招标的方式，将一定期限的使用权无偿转让给有能力的单位或个人开发经营，但必须限期绿化。不管采取哪种形式，都要经过本集体经济组织成员的民主决策，集体经济组织内部的成员享有优先经营权。

14. 加快推进森林、林木和林地使用权的合理流转。在明确权属的基础上，国家鼓励森林、林木和林地使用权的合理流转，各种社会主体都可通过承包、租赁、转让、拍卖、协商、划拨等形式参与流转。当前要重点推动国家和集体所有的宜林荒山荒地荒沙使用权的流转。对尚未确定经营者或其经营者一时无力造林的国有宜林荒山荒地荒沙，也可按国家有关规定，提供给附近的部队、生产建设兵团或其他单位进行植树造林，所造林木归造林者所有。森林、林木和林地使用权可依法继承、抵押、担保、入股和作为合资、合作的出资或条件。积极培育活立木市场，发展森林资源资产评估机构，促进林木合理流转，调动经营者投资开发的积极性。

要规范流转程序，加强流转管理。认真做好流转的各项服务工作，及时办理权属变更登记手续，保护当事人的合法权益。在流转过程中，要坚决防止出现乱砍滥伐、改变林地用途、改变公益林性质和公有资产流失等现象。要切实加强对流转后应当用于林业建设资金的监督管理。国务院林业主管部门要会同有关部门抓紧制定森林、林木和林地使用权流转的具体办法，报国务院批准后实施。

15. 放手发展非公有制林业。国家鼓励各种社会主体跨所有制、跨行业、跨地区投资发展林业。凡有能力的农户、城镇居民、科技人员、私营企业主、外国投资者、企事业单位和机关团体的干部职工等，都可单独或合伙参与林业开发，从事林业建设。要进一步明确非公有制林业的法律地位，切实落实"谁造谁有、合造共有"的政策。统一税费政策、资源利用政策和投融资政策，为各种林业经营主体创造公平竞争的环境。

16. 深化重点国有林区和国有林场、苗圃管理体制改革。建立权责利相统一，管资产和管人、管事相结合的森林资源管理体制。按照政企分开的原则，把森林资源管理职能从森工企业中剥离出来，由国有林管理机构代表国家行使，并履行出资人职责，享有所有者权益；把目前由企业承担的社会管理职能逐步分离出来，转由政府承担，使企业真正成为独立的经营主体，参与市场竞争。国有森工企业要按照专业化协作的原则，进行企业重组，妥善分流安置企业富余职工。国务院林业主管部门要会同有关省、自治区、直辖市人民政府和国务院有关部门研究制定具体改革方案，报国务院批准后实施。

深化国有林场改革，逐步将其分别界定为生态公益型林场和商品经营型林场，对其内部结构和运营机制作出相应调整。生态公益型林场要以保护和培育森林资源为主要任务，按从事公益事业单位管理，所需资金按行政隶属关系由同级政府承担。商品经营型林场和国有苗圃要全面推行企业化管理，按市场机制运作，自主经营，自负盈亏，在保护和培育森林资源、发挥生态和社会效益的同时，实行灵活多样的经营形式，积极发展多种经营，最大限度地挖掘生产经营潜力，增强发展活力。切实关心和解决贫困国有林场、苗圃职工生产生活中的困难和问题。加快公有制林业管理体制改革，鼓励打破行政区域界限，按照自愿互利原则，采取联合、兼并、股份制等形式组建跨地区的林场和苗圃联合体，实现规模经营，降低经营成本，提高经济效益。

17. 实行林业分类经营管理体制。在充分发挥森林多方面功能的前提下，按照主要用途的不同，将全国林业区分为公益林业和商品林业两大类，分别采取不同的管理体制、经营机制和政策措施。改革和完善林木限额采伐制度，对公益林业和商品林业采取不同的资源管理办法。公益林业要按照公益事业进行管理，以政府投资为主，吸引社会力量共同建设；商品林业要按照基础产业进行管理，主要由市场配置资源，政府给予必要扶持。凡纳入公益林管理的森林资源，政府将以多种方式对投资者给予合理补偿。要逐步改变现行的造林投入和管理方式，在进一步完善招投标制、报账制的同时，安排部分造林投资，探索直接收购各种社会主体营造的非国有公益林。公益林建设投资和森林生态效益补偿基金，按照事权划分，分别由中央政府和各级地方政府承担。加快建立公益林业认证体系。

六、加强政策扶持，保障林业长期稳定发展

18. 加大政府对林业建设的投入。要把公益林业建设、管理和重大林业基础设施建设的投资纳入各级政府的财政预算，并予以优先安排。对关系国计民生的重点生态工程建设，国家财政要重点保证；地方规划的区域性生态工程建设投资，要纳入地方财政预算；部门规划的配套生态工程建设投资，要纳入相关工程的总体预算。森林生态效益补偿基金分别纳入中央和地方财政预算，并逐步增加资金规模。以工代赈、农业综合开发等财政支农资金，也要适当增加对林业建设的投入。对重点地区速生丰产用材林基地建设和珍贵树种用材林建设中的森林防火、病虫害防治和优良种苗的开发推广等社会性、公益性建设，由国家安排部分投资。逐步规范各项生态工程建设的造林补助标准。随着重点国有林区改革的逐步深入，有关地方政府要承担起原来由森工企业承担的社会事业投入，国家给予必要支持。

19. 加强对林业发展的金融支持。国家继续对林业实行长期限、低利息的信贷扶持政策，具体贷款期限可根据林木的生长周期由银行和企业协商确定，并视情况给予一定的财政贴息。有关金融机构对个人造林育林，要适当放宽贷款条件，扩大面向农户和林业职工的小额信贷和联保贷款。林业经营者可依法以林木抵押申请银行贷款。鼓励林业企业上市融资。

20. 减轻林业税费负担。继续执行国家已经出台的各项林业税收优惠政策，并予以规范。按照农村税费改革的总体要求，逐步取消原木、原竹的农业特产税。取消对林农和其他林业生产经营者的各种不合理收费。改革育林基金征收、管理和使用办法，征收的育林基金要逐步全部返还给林业生产经营者，基层林业管理单位因此出现的经费缺口由财政解决。

七、强化科教兴林，坚持依法治林

21. 加强林业科技教育工作。要重视林业科学基础研究、应用研究和高新技术开发，提高林业的科技创新能力。重点研发林木良种选育、条件恶劣地区造林、重大森林病虫害防治、防沙治沙、森林资源与生态监测、种质资源保存与利用、林农复合经营、林火管理与控制及主要经济林产品加工转化等关键性技术。抓好林业重点实验室、野外重点观测台站、林业科学数据库和林业信息网络建设。林业重点工程建设与林业技术推广要同步设计、同步实施、同步验收。深化林业科技体制改革，国家在扶持基础性、公益性林业科学研究的同时，积极推动非公益性科学研究和技术推广走向市场。鼓励林业科研单位、大专院校和科技人员，通过创办科技型企业、建立科技示范点、开展科技承包和技术咨询服务等形式，加快科技成果转化。要加强林业技术推广服务体系建设，稳定科技工作队伍。对林业科学研究、新技术推广和新产品开发等方面有突出贡献的单位和个人，要给予重奖。完善相关政策，推动林科教、技工贸相结合。积极推进林业标准化工作，建立健全林业质量标准和检验检测体系。不断加强林业科技领域的国际合作。

根据林业建设特点，建立各类林业人才教育和培训体系。切实加大对林业职工的培训力度，提高林业建设者的整体素质。

22. 加强林业法制建设。加快林业立法工作，抓紧制定天然林保护、湿地保护、国有森林资源经营管理、森林林木和林地使用权流转、林业建设资金使用管理、林业工程质量监管、林业重点工程建设等方面的法律法规，并根据新情况对现有法律法规进行修订。加大林业执法力度，严格森林和野生动植物资源保护管理，严厉打击乱砍滥伐林木、乱垦滥占林地、乱捕滥猎野生动物等违法犯罪行为，严禁随意采挖野生植物。加强林业执法监管体系，充实执法监督力量，改善执法监督条件，提高执法监督队伍素质。加强林业法制教育和生态道德教育，为执法人员依法办事创造良好的社会氛围和执法环境。

八、切实加强对林业工作的领导

23. 各级党委和政府要高度重视林业工作。要充分认识加强林业建设对实施可持续发展战略、全面建设小康社会的重要性和紧迫性，将其纳入国民经济和社会发展规划，做到认识到位，责任到位，政策到位，工作到位。各有关部门要认真履行职责，密切配合，支持林业发展。根据加快林业发展的需要，强化林业行政管理体系，加强各级政府的林业行政机构建设。建立完善的林业动态监测体系，整合现有监测资源，对我国的森林资源、土地荒漠化及其他生态变化实行动态监测，定期向社会公布。健全林业推广和服务体系，乡镇林业工作站是对林业生产经营实施组织管理的最基层机构，要充分发挥政策宣传、资源管护、林政执法、生产组织、科技推广和社会化服务等职能和作用。林业行业要继续发扬艰苦奋斗、无私奉献的精神，为促进林业发展再立新功。

24. 坚持并完善林业建设任期目标管理责任制。要合理划分中央和地方政府在林业建设方面的事权。中央政府领导全国林业工作，主要负责制定林业法规、政策和国家林业发展规划，指导和协调解决全国性或跨省、自治区、直辖市的重大林业和生态问题，帮助地方加快林业发展。各级地方政府对本地区林业工作全面负责，政府主要负责同志是林业建设的第一责任人，分管负责同志是林业建设的主要责任人。对林业建设的主要指标，实行任期目标管理，严格考核、严格奖惩，并由同级人民代表大会监督执行。各级地方党委组织部门和纪检监察机关，要把责任制的落实情况作为干部政绩考核、选拔任用和奖惩的重要依据。国家林业重点工程建设，要坚持规划落实到省、任务分解到省、资金分配到省、责任明确到省的管理制度。工程建设的进展情况，要定期检查，定期通报。建立重大毁林案件、违规使用资金案件和工程质量事故责任追究制度，对违反规定的，要严格追究有关领导人的责任。

25. 动员全社会力量关心和支持林业工作。各级工会、妇联、共青团和民兵、青年、学生组织及其他社会团体，要发挥各自作用，动员社会各界力量，投身国土绿化事业。人民解放军和武警部队为保护森林、绿化祖国作出了重要贡献，要继续发扬优良传统，积极承担造林绿化任务。要大力加强林业宣传教育工作，不断提高全民族的生态安全意识。中小学教育要强化相关内容，普及林业和生态知识。新闻媒体要将林业宣传纳入公益性宣传范围。

各地区各部门要紧密团结在以胡锦涛同志为总书记的党中央周围，高举邓小平理论伟大旗帜，认真贯彻"三个代表"重要思想，动员和组织全国人民，积极投身林业建设的伟大事业，为把我国建设成为山川秀美、生态和谐、可持续发展的社会主义现代化国家而努力奋斗！

第三篇

提出建设生态文明战略任务

——延续人类文明的必由之路

　　人类的发展史，在一定意义上也是人与自然关系的变迁史。人类在创造巨大的物质财富、取得前所未有的辉煌成就的同时，也遇到了前所未有的生态危机。寻求一条新的发展道路，是人类所面临的重大课题。随着人类社会的不断探索，生态文明作为一种崭新的文明形态开始诞生。

　　2007 年，党的十七大作出了建设生态文明的重大战略决策，提出到 2020 年使我国成为生态良好的国家。林业作为生态建设的主体，在生态文明建设中肩负着重大使命，承担着光荣任务。只有深刻理解生态文明的发展历程和基本内涵，充分认识林业对建设生态文明的重大作用，大力推进现代林业建设，才能为生态文明建设作出应有贡献。

一、生态文明是人类发展的新选择

　　人类社会经历了数万年的原始文明、5000 多年的农业文明、300 多年的工业文明。在原始文明阶段，人类处在一个依附自然、完全受自然生态控制的阶段，人类和自然的关系处于稳定和谐的状态。在农业文明阶段，人类开始脱离自然生态的控制，对自然进行开发利用。大规模的农业生产使人类获得了比较丰富的物质财富，人口增加，生活水平提高，破坏了局部生态平衡，开始引发了局部生态问题。但是，由于社会生产力发展和科学技术进步水平的限制，人类有着原始的生态保护意识，强调的不是人与自然的对立，而是如何协调好人与自然的关系以及顺应自然，人与自然尚处于基本

森林是陆地生态系统的主体，与人类文明进程息息相关 （图为黑龙江省丰林国家级自然保护区）

和谐的状态。在工业文明阶段（18世纪60年代以后），随着英国蒸汽机的发明、应用，开创了人类历史的新纪元，人类社会开始进入工业化时代，并迅速创造了前所未有的物质财富和灿烂的科技文化，推动着人类社会的快速发展。工业文明的出现，使人类与自然的关系发生了根本性的改变，人类从臣服自然、亲近自然、利用自然，异化为主宰自然、征服自然。

（一）生态文明产生的历史背景

从19世纪中叶到20世纪的100多年间，在"人类中心主义"主导思想的支配下，大规模的工业化生产，使得人类在社会财富急剧增长的同时，严重破坏了自然生态系统的平衡，特别是作为陆地生态系统主体的森林，从地球上大面积消失，导致生态持续恶化，同时，无论是人口膨胀，还是能源资源危机、环境污染，都加剧了生态破坏，并逐步演变为全球性的生态危机，严重威胁着人类生存与发展的生态基础。

森林大面积消失，动摇了人类文明大厦。森林是陆地生态系统的主体，对维持陆地生态系统的平衡起着支持作用。由于人类对森林进行长期大规模的利用和破坏，森林从人类文明初期的约76亿公顷减少到20世纪末期的34.4公顷。联合国发布的《2000年全球生态环境展望》指出，人类对木材和耕地的需求，使全球森林减少了50%。科学家指出：由于大量森林被毁，已经使人类生存的地球出现了比任何问题都要难以对付的严重生态危机，成为人类面临的最大威胁。

土地荒漠化扩展，缩小了人类生存的空间。沙漠化被称为"地球的癌症"。目前，全球沙漠化土地总面积已达到3600万平方公里，并且仍在以每年5万～7万平方公里的速度扩展。随着沙漠化的扩展，人类可耕种的土地日益减少，严重危及世界粮食安全和人类生存空间。

物种加速灭绝，毁灭了人类未来的财富。专家研究，生物多样性对人类的贡献每年为33万亿美元；40%以上的全球经济和世界80%以上的贫困人口的生活来源于生物多样性；一个基因可以影响一个国家的兴衰，一个物种可以左右一个国家的经济命脉。生物多样性被誉为"地球的免疫系统"，是人类未来的财富。物种变化会打破整个生态系统的相对稳定，给其他物种带来严重影响，对于人类未来的发展，将造成无法挽回的损失。科学家指出，现在的物种灭绝速度是自然灭绝速度的1000倍。有许多物种在人类还未认识之前，就携带着他们特有的基因从地球上消失了，而他们对人类的价值很可能是难以估量的。

湿地大面积减少，损坏了"地球之肾"。湿地被誉为"地球之肾"，具有保持水源、蓄洪防旱、调节气候、净化水质和维护生物多样性等重要生态功能。据千年生态系统评估报告数据显示，20世纪以来，全球约有20%的珊瑚礁已丧失，由于过度开发、污染与淤积，大量的湿地已不复存在。在过去近20年的时间里，全球约有35%的红树林已经消失。

水土严重流失，削弱了人类生存根基。土地是财富之母，是人类生存的根基。目前全世界每年约有600亿吨肥沃的表土流失，地力衰退和养分缺乏的耕地已达29.9亿公顷，占陆地总面积的23%。

全球气候变暖，加剧了对人类的威胁。气候变暖已被列为21世纪人类面临的最大威胁之一。自19世纪以来，由于化石燃料使用和森林砍伐，大气中的二氧化碳含量增加了 30% 以上,北极地区的冰盖已减少了 42%,海平面上升了 50 厘米。同时还造成了极端气候频发、疫病流行等严重后果。

生态危机是人类对自然资源和生态系统进行近乎竭泽而渔的掠夺、粗放性的开发和无节制的高排放、高污染造成的,也是自然生态系统对人类的一种报复行为。早在 19 世纪,恩格斯就在《自然辩证法》中提出了警惕自然界报复的预言。

生态危机是工业文明总体危机的显著标志,人类不得不反思工业文明下的人类生存方式和发展模式。人类在饱尝了违背自然规律的苦果和灾难后得到警示:必须抛弃工业文明的"人类中心主义"支配下的生活方式和发展模式,选择一条既能保持经济增长,又能保证生态平衡、资源永续利用的科学发展道路。选择这样一种新的发展道路取代工业文明的发展模式,将导致一种新的文明形态——生态文明的产生。

虽然我国林业建设取得了巨大成就,但还是一个缺林少绿、生态脆弱的国家。特别是随着工业化、城市化的不断加快,造成了森林、湿地、荒漠三大生态系统和生物多样性受到严重破坏,引发了一系列生态危机,发展现代林业、建设生态文明形势严峻、任重道远。

森林资源总量严重不足。 森林覆盖率只有世界平均水平30.3%的2/3,人均森林面积只有世界平均水平9.36亩的1/4。

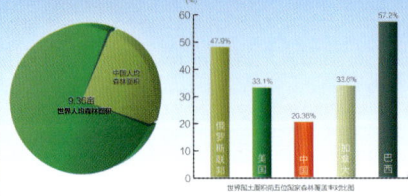

世界森林资源危机加剧。 根据联合国粮农组织的报告,全球的森林每年平均减少730万公顷——相当于比爱尔兰更大的面积。全球每两秒钟就有一个足球场大小的森林从地球上消失。

湿地面积大幅减少。 天然湖泊已从新中国成立时的2800多个减少到1800多个,总面积减少了近40%,开发北大荒使东北三江平原湿地面积减少了近60%

森林资源分布极为不均。 东北和西南5个省区的森林面积占全国的40%以上,黄河上游和西部地区森林资源极少,覆盖率不足1%

中国森林资源分布图

"十一五"期间,我国森林火灾受害面积301.05万亩,造成经济损失7.13亿元。

湿地污染十分 氧化,20%湖泊丧

森林资源破坏极其严重, 全国每年损失林地近3000万亩,相当于造林面积的1/3。森林火灾和病虫害年均发生面积已超过3000万亩。

湿地蓄洪能力显著下降。 长江流域承担蓄洪任务的8大湖泊面积比上世纪50年代减少33%,这是"98洪灾"损失惨重的重要原因。

（二）生态文明的发展历程

生态文明是人类反思工业文明下出现的生态危机后，在对待人与自然关系上的一次进步，也是人类文明发展史上的一次跃进和变革。生态文明与其他文明形态一样，也是人类在不断处理人与自然矛盾关系，理性、科学认识社会行为与自然界运动变化关系的过程中形成的。

20 世纪 60 年代，西方工业发达国家已进入工业社会的鼎盛时期。这种以资本为第一生产要素的社会化生产，使科学技术高度进步，生产力高度发展，人类文明高度发达，但同时人口、资源、环境的矛盾冲突和危机也在加剧。资源环境与经济发展之间不可回避的矛盾，以及怎样才能既满足当代人的需要，又不对后代人满足其需要的能力构成危害的发展，这一自人类诞生以来从未深入思考过的问题摆在了人类的面前。

1972 年 6 月，联合国在瑞典斯德哥尔摩召开首次人类环境会议。这次会议通过

荒漠化危害十分严重。全国荒漠化面积262.37万平方公里，占国土面积的27.33%，受荒漠化影响的人口近4亿，严重挤压了中华民族生存空间。

中国荒漠化现状图

外来物种入侵呈扩张之势。椰心叶甲、薇甘菊、紫茎泽兰在华南、西南等地疯狂扩散，严重影响林农的生产生活和当地的生态平衡，已成为一大生态灾难。

椰心叶甲　薇甘菊　紫茎泽兰

我国濒危物种比例居世界前列。我国处于濒危状态的动植物种为15%—20%，高于10%—15%的世界平均值。在《濒危野生动植物种国际贸易公约》列出的640个世界性濒危物种中，我国占156种，约占其总数的1/4。

荒漠化损失特别巨大。全国因荒漠化年均损失粮食超过30亿公斤，造成的直接经济损失达500亿元。

沙尘暴灾害相当深重。甘肃省一次特大沙尘暴降尘量高达1243.1万吨，相当于省内最大水泥厂15年的产量。

物种消亡速度急剧加快。生物物种已由19世纪的约2.5亿种减少到目前的500—3000万种。生物多样性的锐减，破坏了生态系统的稳定性，引发了禽流感、SARS等严重生态灾难。

（国家林业局宣传办公室提供）

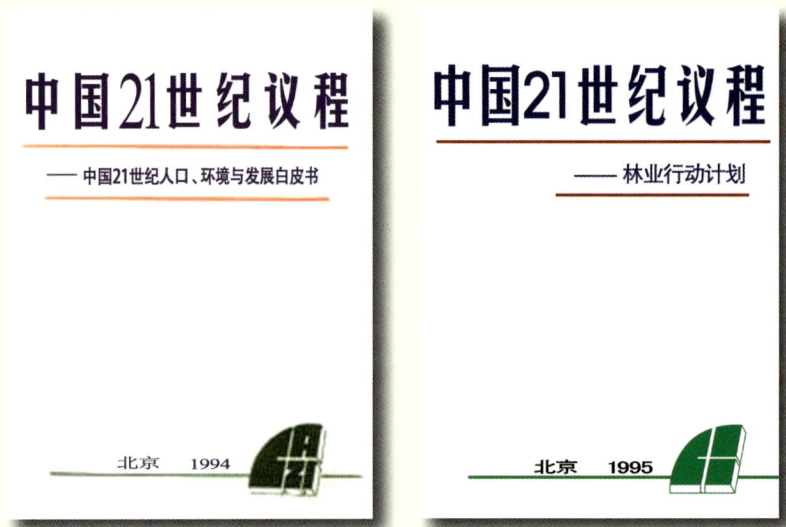

了《人类环境宣言》，将"为了这一代和将来的世世代代的利益"确立为人类治理生态环境的准则，把对生态文明的理论思考上升到了实际行动。1992 年 6 月，联合国在巴西里约热内卢召开联合国环境与发展大会，通过了《里约环境与发展宣言》《21 世纪议程》，把经济发展与生态保护结合起来，提出了可持续发展战略，成为全人类共同发展的战略。2002 年 8 月，联合国在南非约翰内斯堡召开可持续发展世界首脑会议，产生了《可持续发展世界首脑会议执行计划》和《约翰内斯堡宣言》两项重要成果。会议强调，经济发展、社会进步、环境保护是可持续发展的三大支柱，明确了经济社会发展必须与环境保护相结合，以确保世界的可持续发展和人类的繁荣。这次会议标志着人类向生态文明迈出了实质性的一步。2012 年 6 月，联合国在巴西里约热内卢召开联合国可持续发展大会，通过了《我们憧憬的未来》的成果文件，重申了"共同但有区别的责任"原则，强调可持续发展和消除贫困背景下的绿色经济是实现可持续发展的重要工具之一，敦促发达国家履行官方发展援助承诺，以优惠条件向发展中国家转让环境友好型技术，帮助发展中国家提高可持续发展能力，把通过绿色发展来消除贫困，并提高发展中国家可持续发展能力提上了议程。

从"既满足当代人的需要，又不对后代人满足其需要的能力构成危害的发展""为了这一代和将来的世世代代的利益"，到"实现可持续的发展"和可持续发展的"经济发展、社会进步、环境保护"三大支柱，再到实施可持续发展承担"共同但有区别的责任"，人类社会对生态环境问题的认识不断深化。这一系列新理念，又进一步丰富和深化了可持续发展理论，有利于人类社会在更高层次上推进文明进程。

（三）我国生态文明建设的提出

中国积极参与国际社会的可持续发展行动，积极探索生态文明发展之路。中国政府先后 4 次参加了在 1972 年至 2012 年期间召开的重要的国际环境与发展大会，积极发表意见，广泛参与进程，主动开展行动。1992 年联合国环境与发展大会后，我国发布了《中国关于环境与发展问题的十大对策》，把实施可持续发展确立为国家战略，并于 1994 年制定了《中国 21 世纪议程》，成为我国制定经济社会发展中长期规划的指导性文件。1995 年，《中国 21 世纪议程——林业行动计划》颁布，林业作为贯彻可持续发展战略的重要纽带，率先在中国实施行动。2003 年，《中共中央　国务院关于加快林业发展的决定》颁布，进一步加快了林业促进可持续发展的步伐，并提出建设山川秀美的生态文明社会。2007 年，党的十七大明确提出建设生态文明，基本形成节约能源资源和保护生态环境的产业结构、增长方式、消费模式，走上生产发展、生活富裕、生态良好的文明发展道路。这意味着，生态文明成了全面建设小康社会的重要目标，成了中国特色社会主义事业的重要内容。2012 年 7 月，胡锦涛总书记在省部级主要领导干部专题研讨班开班式上再次强调，推进生态文明建设，是涉及生产方式和生活方式根本性变革的战略任务，必须把生态文明建设的理念、原则、目标等深刻融入和全面贯穿到我国经济、政治、文化、社会建设的各方面和全过程，坚持节约资源和保护环境的基本国策，着力推进绿色发展、循环发展、低碳发展，为人民创造良好生产生活环境。这更加印证了中国共产党带领中国人民建设生态文明的坚定决心。

二、生态文明的丰富内涵

生态文明是人类遵循人、自然、社会和谐发展客观规律而取得的物质文明与精神文明成果的总和，是人类物质生产与精神生产高度发展，自然生态和人文生态和谐统一的文明形态。生态文明以绿色科技和生态生产为重要手段，以人、自然和社会共生共荣作为人类认知决策和行为实践的理论指南，以人对自然的亲切关怀和强烈的道德感、自觉的使命感为其内在约束机制，以合理的生产方式和先进的社会制度作为其坚强有力的物质、制度保障，以自然生态、人文生态的协调共生与同步进化为其理想目标。具体内涵如下。

（一）树立人与自然和谐的价值观

自然界的任何物种，在生存竞争中都实现着自身的生存价值，同时也创造着其他物种和生命个体生存的条件。从这个意义上讲，任何物种和生命个体对其他物种和生命个体都有价值，对生态系统整体功能的完善也具有价值。在地球生物圈的生态系统中，整体系统具有自我维护、自我调整、自我组织的功能，使系统呈现出稳定、平衡与协调性。人类只有在这种良性的生态条件中，才能获得生存与发展。人类必须尊重自然的价值，维护自然的秩序，保持自然生态系统的平衡和良性循环，建立人与自然和谐共处的关系。

（国家林业局宣传办公室提供）

茶园晨曲：人类科学地利用自然和享受自然

（二）树立可持续的发展观

　　工业文明造成的对人类生存发展的威胁，催生了可持续发展观的出现。可持续发展观认为，发展和环境同样重要，两者不可分割。"环境"是人类生存的地方，要求良好的生存环境，是人类的基本需求。"发展"是生存环境中的人类进一步谋求改善自己生存状态的行为，同样也是人类的基本需求。在促进经济增长的同时，必须保持和维护经济与人口、资源、环境的协调发展。可持续发展观是生态文明观念的理论基础，人类保护自然的实践是人类文明长盛不衰的根本保证。可持续发展观要求人类在推进文明发展的同时，必须合理控制人口的增长，防止人口膨胀导致资源短缺和生态恶化；必须保护和合理利用自然资源，充分利用和开发可再生资源，推动绿色发展、循环发展和低碳发展；必须控制废弃物排放，全面治理城乡环境。只有形成经济、人口、资源、环境的协调和良性循环，才能保持人类文明的持续发展，才能为后代人留下健康的环境和足够的财富，使后代人更好地发展。

（三）树立健康理性的消费观

　　过度的消费，给人类生存环境造成了巨大甚至是难以弥补的危害。可持续发展的今天，人们的消费不再是以消耗大量的能源资源求得生活上的舒适，而是在求得舒适的基础上，最大限度地节约资源和能源。人们的消费心理必须向崇尚自然、追求健康理性的状态转变。健康理性的消费，赋予了消费以全新的含义。首先，要求人们适度消费。适度消费是与生产力水平、发展阶段、生态环境相适应的消费方式。它既不是过量消费，也不是被迫消费不足，而是要在提高生活质量的基础上简朴生活。其次，要求人们绿色消费。绿色消费是指消费的内容和方式要符合生态系统的要求，要有利于保护生态，有利于消费者的健康。绿色消费是一种现代消费的新趋势，它可推动对生态技术的需求以及绿色生产的发展，并使经济发展向有利于保护生态的方式转变。第三，要求人们崇尚社会、心理和精神生活需求。这是超越物质消费更高层次的目标。

绿色消费符合生态系统的要求（图为柳编工艺品）

（四）树立生态伦理的道德观

传统的伦理道德，调整的是人与人之间、人与社会之间的相互关系。生态伦理道德既注意到了人对社会的依赖，又关注到了人对自然的依赖，是对人类生存的社会性和对自然的依赖性的双重照顾。生态伦理的构建，就是要促进人与人之间（包括代内人和代际人）以及人与自然之间的和谐，使人在行为时会发自内心地自觉考虑和顾忌自己行为对他人、社会、后人和生态环境的影响，从而实现相互的和谐和互惠共生。生态伦理道德行为规范和原则包括：平等公正原则，指人与人代内之间在利用自然资源及满足自身利益上要达到的机会的均等，以及人类世代之间对利益的享有也要达到机会均等；科学的原则，指在人与自然的关系上，既要尊重自然规律，科学地利用自然资源，又要在生产活动中以生态平衡的原则制约生产活动；节约的原则，指把节约作为一种社会美德和行为规范，贯穿到人类生产和生活的各个方面。

孩子们沉浸在白雪皑皑的童话世界里

人们在公园里乐享自然美景

三、建设生态文明的重大意义

党的十七大提出建设生态文明，对我国的现代化建设和构建和谐社会有着十分重要的意义，必将产生广泛而深远的影响。

（一）建设生态文明是深入贯彻落实科学发展观的伟大实践

科学发展观的核心是以人为本，实现经济发展与人口资源环境相协调。生态文明以和谐共生为宗旨，以建立可持续的生产方式和消费方式为内涵，引导人们走上持续和谐的发展道路。

建设生态文明是以人为本发展理念的体现。坚持以人为本，当物质的增长与人的生存发展相矛盾的时候，应当首先关注人的生存发展，不但要注重当代人的生存发展，也要考虑到子孙后代的生存发展。

建设生态文明是可持续发展的内在要求。可持续发展战略的核心是经济发展与保护资源、保护生态的协调一致，是为了让子孙后代能够享有充足的资源和良好的环境。随着经济快速增长和人口不断增加，能源、土地、矿产和水资源不足的矛盾日益尖锐，生态环境的严峻形势迫使我们必须加大推进生态文明建设的力度，尽快增强可持续发展能力。

（二）建设生态文明是顺应时代潮流的迫切需要

以胡锦涛同志为总书记的党中央，将建设生态文明确立为我党的一项重要战略任务，是从我国现阶段的基本国情出发作出的科学决策，顺应了时代潮流。

以和谐发展为核心的生态文明已逐渐成为全球共识。世界性的生态现代化正在形成。如果从 1972 年联合国首次人类环境会议算起，世界生态现代化已经有 40 年的历史，尤其是西欧、北欧等发达国家的生态现代化取得明显进步，一些发展中国家也有了实质性进展。

梅花鹿在森林里奔跑（图为黑龙江省森工总局平山风景区）

我国生态文明建设正呈现出良好的发展势头。党中央把建设生态文明写进党的代表大会报告，成为中国共产党的执政主张；我国政府在党的十六大以来实施林业生态建设的一系列重大举措及取得巨大成就和积极参与应对全球气候变化等行动，彰显了我国负责任大国的形象，昭示了我国政府建设生态文明社会的国家意志。同时，各地也适应生态现代化的新趋势，相继作出建设生态省、森林城市等决定，大力推动生态文明建设。

（三）建设生态文明是全面建设小康社会的重要内容

在全面建设小康社会进程中，必须以资源环境承载力为基础，加快转变发展方式，促进全面建设小康社会目标的实现。如果继续沿用原有粗放型增长方式，资源难以为继，环境难以承载，全面建设小康社会和实现现代化的目标将难以完成。

改革开放以来我国经济快速发展，创造了举世罕见的奇迹。但发展中付出的资源、环境代价过大，发展不平衡、不协调的矛盾突出；城乡差别、地区差别、收益分配差别扩大；生态退化、环境污染加重等，严重制约了现代化宏伟目标的顺利实

适宜人居的森林城市——沈阳市

生活和谐享受自然的幸福家庭

现。如何破解难题，走出困境，实现良性循环，事关改革发展大局。这些矛盾和问题都是传统工业化带来的，若靠工业文明理念和思路应对，不但于事无补，还会使困境日益深化。唯有以生态文明超越传统工业文明，坚持生态文明的理念和思路，对发展中的矛盾、问题作统筹评估、理性调控、综合治理，化逆为顺，方能举一反三，突破瓶颈制约，在新的起点上实现又好又快发展、可持续发展。

建设生态文明是解决我国发展中的突出矛盾、实现可持续发展的战略举措。当前，我国发展中最突出问题，是能源资源的高消耗和生态的高污染，生态的严重破坏。走建设生态文明之路，正是解决这一突出问题、实现可持续发展的关键举措。

建设生态文明是人民群众提高幸福生活水平的共同愿望。随着经济社会发展步伐的加快，人民群众提高自身物质文化生活水平的愿望更加强烈。必须适应广大人民群众的新期待，把更多的精力用在解决民生问题上，用在为人民群众创造舒适、优美的生活环境上，不断增强他们的幸福感。

四、发展现代林业是建设生态文明的首要任务

建设生态文明的核心是科学认识人与自然的关系,着力推进绿色发展、循环发展、低碳发展,为人民创造良好的生产生活环境,实现人与自然的和谐发展。森林是陆地生态系统的主体,林业在生态建设中处于首要地位,在建设生态文明中肩负着重大使命。

(一)林业在推进绿色发展中发挥着巨大作用

绿色发展是 21 世纪新经济社会发展模式。"十二五"是我国经济社会转向科学发展模式承上启下的关键时期,绿色发展将推动中国率先实现 2015 年联合国千年发展目标。在这个转型过程中,林业将在推进中国绿色发展中发挥巨大作用。

1.良好的生态条件保证绿色发展

林业具有强大的生态功能,能够有效保护人类生存的基础,构建生态良好的发展空间。森林生态系统、湿地生态系统、荒漠生态系统和生物多样性,是支撑人类生存发展的基础,决定着地球的生态状况和经济社会发展的生态条件。森林和湿地是陆地上最主要的两大生态系统,被称为"地球之肺"和"地球之肾",它们参与和影响着地球化学循环过程,在生物界和非生物界的物质交换和能量流动中扮演着重要角色,对保持陆地生态系统整体功能、维护全球生态平衡、促进经济与生态协调发展发挥着中枢和杠杆作用。森林还维护了全球陆地 90% 的生物物种,我国湿地维持了全国可利用淡水总量的 96%。人类如果失去森林、湿地,生态系统就会遭到彻底破坏,人类就会失去生存和发展的空间。在解决我国生态问题、实现生态良好的进程中,林业承担着建设森林生态系统、保护湿地生态系统、改善荒漠生态系统、维护生物多样性的重大使命。要解决我国面临的重大生态问题,提高我国生态承载力和可持续发展能力,必须加强生态建设,发展现代林业,构建良好的国土生态安全屏障,为绿色发展创造良好的生态条件。

完美和谐的森林生态循环圈(图为内蒙古自治区大兴安岭莫尔道嘎国家森林公园)

中国国际林业产业博览会上的木制品展销（贾达明 摄）

2. 发展绿色经济实现绿色发展

林业是重要的资源库和能源库。森林资源可生产木材及制品、工业原料、木本粮油、食品药材等数以万计的绿色产品。森林是仅次于煤炭、石油、天然气的能源资源，已成为人类能源替代的重要选择。林业有潜力巨大的生态产业、生物产业，是最大的绿色经济体。林业产业是缓解资源能源困境，促进经济结构调整的绿色产业。国家实施转变发展方式、扩大国内需求、发展绿色经济等重大战略，为林业产业发展带来了良好机遇，也为林业产业发展提出了新要求。全面提升林业产业整体素质，不断提高林产品供给能力，才能为壮大绿色经济、推动绿色增长作出更大的贡献。

3. 城乡协调发展推动绿色发展

林业为改善人居环境、扩大社会就业、增加农民收入、促进区域协调发展提供了有效途径。我国山区占国土总面积的 69%，山区人口约占全国总人口的 56%，这些地区经济社会发展相对滞后，民生问题更为突出。我国现有林地面积 46 亿亩，是耕地面积的 2.3 倍。依托山区丰富的林地资源和森林资源，大力发展林业产业，可以加快山区经济发展，促进农民就业增收，有效解决"三农"问题，促进城乡协调发展。森林能为城市居民提供良好的生存空间，改善人居环境。我国城市化率已达到 51.27%，居民生活和人居环境对生态的需求日益迫切。据科学研究，人视野中的绿色达到 25% 时，能消除眼睛和心理的疲劳，缓解人的精神和心理压力。要发挥林

城乡协调发展（图为辽宁省本溪市林业职工小区）

森林是陆地上最大的"碳储库"和最经济的"吸碳器"，减少森林损毁、增加森林资源是应对气候变化的有效途径。

全球森林及其土壤和湿地的碳贮量为12000多亿吨，约占全球陆地生态系统碳储量的一半。

近20年我国森林共净吸收约4.5亿吨碳，相当于20世纪90年代中期我国工业二氧化碳年均排放量的一半。

约吸收1.83吨二氧化碳

森林每生长1立方米蓄积

释放1.62吨氧气

一辆汽车一年排放的二氧化碳，只需要14亩人工林就能够吸收。

森林资源对气候变化的作用示意图（国家林业局宣传办公室提供）

业的这些社会功能，必须发展民生林业，让林业在兴林富民惠民、统筹城乡发展中发挥越来越大的作用。

（二）林业在推进循环发展中发挥着巨大作用

自然界的生态系统经过复杂多变的演替，形成了一个完美和谐的循环圈。森林生态系统是陆地上最大的可再生的资源库和可循环的能源复合体。森林是绿色的原材料资源。木材是世界公认的四大材料中唯一的绿色、可再生、可降解的原材料，是支持经济发展的重要战略资源，越来越受到各国民众和政府的青睐，需求量越来越大。我国有3.8亿公顷林地和沙地资源，有8000多种木本植物，1000多个经济价值较高的树种资源，2400多种陆生野生脊椎动物。充分利用好这些森林和物种资源，完全能满足经济社会发展对木材和林产品的巨大需求。森林是可再生的生物质能源，林木生物质能源正在逐渐成为各国新能源开发的重点。目前，我国已发现果实含油量超过40%的树种有150多个，开发生物柴油的潜力巨大。生物燃油不含硫，不会造成酸雨，是一种绿色、清洁的可再生能源。每燃烧1吨柴油要排放2.15吨二氧化碳，如果用生物燃油替代2亿吨石油，每年可减少二氧化碳排放4.3亿吨。在建设生态文明、促进可持续发展的新形势下，必须加快培育森林资源，发展林木等生物质能源，积极促进循环经济发展。

（三）林业在推进低碳发展中发挥着巨大作用

应对气候变化，推进低碳发展，是人类社会共同面临的严峻挑战，也是我国建设生态文明必须着力解决的重大问题。森林通过光合作用，可以吸收二氧化碳，放出氧气，这就是森林的碳汇功能。森林每生长 1 立方米木材，约吸收 1.83 吨二氧化碳，释放 1.62 吨氧气。全球陆地生态系统中约储存了 2.48 万亿吨碳，其中 1.15 万亿吨碳储存在森林生态系统中，5000 亿吨储存在湿地生态系统中。《京都议定书》明确规定了工业直接减排和森林碳汇间接减排两个途径。专家测算，如果将我国煤的使用比重降低 1 个百分点，二氧化碳排放量可减少 0.74%，而 GDP 会下降 0.64%，居民福利将降低 0.6%，就业岗位将减少 470 万个。直接减排对于我们这样的发展中国家，必将产生十分不利的影响。与工业减排相比，森林固碳间接减排具有投资少、代价低、综合效益大等优点，能为我国争取宝贵的发展权。近年来我国森林资源不断增长，1980 ~ 2005 年，我国造林累计净吸收 30.6 亿吨二氧化碳，森林管理累计净吸收 16.2 亿吨二氧化碳，减少毁林排放 4.3 亿吨二氧化碳。目前，我国森林植被总碳储量已达到 78.11 亿吨。因此，发展碳汇林业，积极植树造林，减少毁林，防止森林退化，是我国提高应对气候变化能力、促进低碳发展的必然选择。

（四）林业在引领社会树立生态文明观念中发挥着巨大作用

以尊重自然、保护生态、节约能源资源，实现人与人、人与自然和谐发展为价值取向的生态文化，是生态文明建设的基础。森林孕育的文化内涵，集中反映了人类与自然和谐相处的生产方式和科学文明的生活方式，以及实践生态文明的价值观。森林是一部科学的教科书，吸引人们去探索自然、认识自然、热爱自然、保护自然。森林是一座取之不尽、用之不竭的精神宝库，其独特的森林景观美和森林人文精神，对人们的审美情趣和道德情操起着潜移默化的作用。大力发展生态文化，可以引领全社会认识和热爱自然，倡导生态伦理道德，树立生态价值观念，形成生态行为规范，为建设生态文明提供强大的精神动力。大力发展生态文化，可以引导政府部门的决策行为更加有利于促进人与自然和谐，可以推动科学技术不断创新发展，提高资源利用效率，有力地促进生态文明建设。林业建设和管理的自然保护区、森林公园、湿地公园等，是生态文化的主要源泉和重要阵地，承担着繁荣生态文化、弘扬生态文明的先锋任务，可以为全社会牢固树立生态文明观发挥积极的促进作用。

游人在森林里载歌载舞，沉浸在欢乐之中
（图为甘肃省官鹅沟国家森林公园）

森林和湿地生态系统
（图为内蒙古自治区大兴安岭莫尔道嘎林区）

专栏 —— 全球十大生态危机

（一）森林锐减

据推算，史前时期的地球森林占陆地面积的60%以上。由于人类活动，特别是农业化、工业化和城镇化的推进，森林面积逐渐缩小。目前，世界上每年减少的森林面积达1000万～1500万公顷，平均每2秒钟就有1个足球场那么大面积的森林消失。全球现有森林面积39.52亿公顷，仅占地球陆地面积的1/3。中国现有森林面积1.95亿公顷，人均0.145公顷，不足世界人均占有量的1/4；森林覆盖率20.36%，只有世界平均水平的2/3；森林蓄积量137.21亿立方米，人均10.15立方米，只有世界人均占有量的1/7。

（二）湿地退化

由于人类对湿地重要性认识的偏差，全球湿地遭受了严重破坏。最早受到破坏的湿地是美索不达米亚平原沼泽（位于伊拉克南部底格里斯河与幼发拉底河之间），面积从10世纪50年代的15000～20000平方公里减少到今天的不足400平方公里。到现在，美国丧失湿地54%，法国丧失湿地67%，德国丧失湿地57%。有近40%具有全球意义的湿地正受到中度或重度污染威胁。

近40年来，我国有50%的滨海滩涂湿地不复存在，约13%的湖泊已经消失，长江流域的湖泊从20世纪50年代的1066个减少到90年代的182个，黑龙江三江平原78%的天然沼泽湿地丧失。洪湖水生植物种类减少24种，鱼类减少约50种。七大水系63.1%的河段因污染失去了饮用水功能。

（三）土地沙漠化

据联合国统计，全球沙漠化土地3600万平方公里，约占地球陆地总面积的1/4，而且还在以每年5万～7万平方公里的速度扩展，严重威胁着人类生存空间。同时，每年还有2700万公顷土地退化为荒漠化土地，危及世界粮食安全。目前全世界饥民已增至9.25亿。土地沙化还导致人类文明转移。古巴比伦、古埃及、古印度以及中国黄河文明的发祥地，都曾是森林茂密、水草丰盛之地。后来，由于森林植被破坏、土地沙漠化，导致了文明衰落和转移。我国是受沙漠化危害严重的国家之一，现有荒漠化土地262.37万平方公里，占国土面积的27.33%；有沙化土地173.11万平方公里，占国土面积的18.03%。

（四）物种灭绝

生物多样性是地球的"免疫系统"和人类未来的财富。据科学报告，40%以上的全球经济和全世界80%以上的贫困人口的生活需要来源于生物多样性。但是，由于人类不合理地干预自然生态系统，物种正在以惊人的速度灭绝。20世纪70年代，地球上每周丧失1个物种，80年代达到每天至少有1个物种灭绝，90年代几乎1小时就有1种生物灭绝，许多物种在人类还未认识之前，就携带着它们特有的基因从地球上消失了，给人类造成了无法挽回的损失。一项在189个国家和地区的研究表明，有31万～42万种植物濒临灭绝的危险，约占这些国家和地区植物种类的22%～47%。近50年来，我国约有200种植物灭绝，有4600多种高等植物、400种野生动物处于濒危和受到威胁。

（五）水土流失

在自然力作用下，形成 1 厘米厚的土壤需要100～400年的时间。由于生态的破坏，肥沃的表土不断流失。目前，全世界每年约有600亿吨肥沃的表土流失，地力衰退和养分缺乏的耕地已达29.9亿公顷，占陆地总面积的23%。据统计，黄河、恒河、雅鲁藏布江、长江、印度河、亚马孙河、密西西比河、红河、尼罗河等16条河流，每年流失土壤表层肥土75亿多吨，相当于冲走了90万公顷农田耕作层的全部土壤。20世纪90年代末，我国水土流失面积为356万平方公里，每年流失的土壤总量达50亿吨。黄土高原水土流失尤为严重，每年输入黄河的16亿吨泥沙中，约有80%来自这一地区。

（六）干旱缺水

据联合国统计，全球淡水消耗量自20世纪以来增加了6～7倍，比人口增长高出2倍。特别是由于对生态的破坏，水资源的缺乏愈加严重。据统计，全球60%的陆地淡水资源不足，100多个国家严重缺水，20年后全球将有65个国家必须依靠其他国家的淡水才能生存。我国人均占有水资源2700立方米，是全球13个人均水资源最贫乏的国家之一。由于频繁干旱，20世纪90年代以来，全国耕地每年减少灌溉面积47万～53万公顷，6000万农村人口和数以千万计的牲畜缺乏饮水。全国地下水超采导致地下水位下降，已形成区域性地下水降落漏斗100多个，面积达15万平方公里。江河径流量减少，甚至断流，长江、黄河、珠江等七大流域年径流量整体呈减少趋势。黄河在1972～1998年间，有21年出现断流现象，断流天数累计达1050天。

（七）洪涝灾害

在各种自然灾难中，洪水造成死亡的人口占75%，经济损失占40%。统计表明，1971～1995年，洪水影响了全球15亿以上人口，约32万人因洪水而死亡，8100多万人无家可归。20世纪，死亡人数超过10万的水灾多数发生在中国。1931年长江发生特大洪水，殃及7省205县，受灾人口达2860万，死亡14.5万人，随之而来的饥饿、瘟疫致使300万人惨死。1998年长江流域和松辽流域的特大洪水涉及29个省（自治区、直辖市）受灾，受灾农田3.34亿亩，倒塌房屋685万间，受灾人口2.23亿人，死亡4150人，直接经济损失2551亿元。

（八）水污染

水污染是世界性的环境治理难题。早在18世纪，英国大量的工业废水、废渣倾入江河，造成泰晤士河污染，经过百余年治理，直到20世纪70年代，泰晤士河水质才得到改善。19世纪初，德国莱茵河也发生严重污染，德国政府经过数十年不懈努力，并在莱茵河流经的国家及欧盟共同合作治理下，才使莱茵河碧水畅流。我国城镇每天至少有1亿吨污水未经处理直接排入水体。2001～2007年，全国废水年排放总量在400亿吨以上，并逐年增加。主要污染物中，化学需氧量的年排放量都大于1300万吨，氨氮的排放量也在120万吨以上。2008年，全国地表水环境质量总体为中度污染，七大水系劣五类水质比例为23.1%，总体呈中度污染，其中黄河支流、海河干流和支流均为重度污染。

（九）大气污染

大气污染可超越国界，危害全球。第一，臭氧层破坏。科学家发现，在地球南、北两极上空的臭氧减少，天空坍塌了一个空洞——"臭氧洞"。紫外线通过"臭氧洞"进入大气，危害人类和自然界的其他生物。"臭氧洞"的出现，同广泛使用氟利昂作制冷剂有关。第二，酸雨腐蚀。酸雨导致水质恶化和土壤污染，危害动植物及人类健康。据估计，酸雨每年夺走 7500～12000 人的生命。酸雨危害遍及欧洲和北美洲，我国主要分布在长江以南地区。2003～2007 年，我国二氧化硫排放量在 2000 吨以上，2007 年有 281 个城市出现酸雨。第三，粉尘污染。2003～2007 年，我国烟尘年排放量超过 1000 万吨，工业粉尘也超过 700 万吨，还有沙尘暴造成的沙尘污染，导致空气中的可吸入颗粒物浓度较高，严重危害人民的健康和生活。

（十）气候变暖

气候变暖已被列为 21 世纪人类面临的最大威胁之一。两大因素导致气候变暖：一是人类大量使用化石燃料，使排放到大气中的二氧化碳大量增加；二是森林大面积毁灭，原来贮存在森林生态系统中的碳被释放出来。据科学家计算，19 世纪以来大气中二氧化碳含量增加了 30% 以上，达到 150 多年来的最高水平。20 世纪全球气温比 19 世纪平均上升 0.6℃。全球气候变暖对人类造成了严重影响：其一，近 100 年来，北极地区的冰盖减少了 42%。我国喜马拉雅山、祁连山雪线在加速上升。若不控制碳排放，预计到 2050 年新疆维吾尔自治区天山、阿尔泰山的冰川将消失，西藏高原的冰川在 21 世纪末也将基本消融。其二，由于全球冰川大面积消融，海平面上升了 50 厘米，对沿海国家安全造成了严重威胁。如果按照现在的海平面上升速度，马尔代夫的所有小岛在 10 年后将被完全淹没。其三，极端气候频发。2008 年 5 月缅甸发生的强热带风暴，还有希腊、俄罗斯首都莫斯科、美国加利福尼亚州发生的森林大火等，均为气候变暖导致的极端气候灾害，造成了重大的人员和财产损失。

第四篇

全面推进集体林权制度改革

——实现中国农村的第二次革命

关于林业的改革

(本文是2009年6月22日中共中央政治局常委、国务院总理温家宝
在北京会见出席中央林业工作会议代表时的讲话摘要)

我国林业正在进行一场史无前例的集体林权制度改革。这场改革是农民的创造,是基层的经验,它同土地家庭承包经营一样,具有重要而深远的历史意义。前两年,我到江西、辽宁等省份调研,看到那里的基层干部和农民自发地开展了集体林权制度改革。他们把这场改革用3句话来概括,叫作"山定权、树定根、人定心"。这场改革极大地激发了林区农民的生产积极性。我们国家的一个基本国情是,耕地面积少、但林地面积大。全国有林地43亿亩,属于集体所有的林地有25亿亩,超过了耕地的数量。在全国43亿亩林地中蕴藏着极大的林业发展潜力和空间。因此,我们应该高度重视林业的改革和发展。

集体林权制度改革是农村生产关系的一次重大变革,也是农村生产力的又一次大解放。它不仅有利于促进林业发展、农民增收,而且有利于改善生态环境。我认为,这场改革的重大意义还没有完全展现出来,也就是说它刚刚开始,方兴未艾。我去江西考察之前,对林业改革中有些问题如何解决还不是很清楚,可这些疑问在实地考察中都有了答案,是农民和基层用他们自己的智慧解决了这些问题,而且建立和完善了制度。比如说,集体林地当中有珍贵树种,农民知道这些树种要保护,他们在每棵树上都挂上了铁制的标签,标明树种名称,一律不准砍伐。原来每年森林防火要靠干部动员,现在不用了,农民认为是自己的事情。就是回良玉同志报告中讲的一句话,变"要我干"为"我要干",这就是"有恒产者有恒心"。只要给予农民长期、稳定、有保障的林地承包经营权,他们就会像经营和爱护自己的财产一样经营和爱护林地。他们从中看到了致富的希望,因此焕发出极大的积极性,这是农民和基层的创造。林地所有权还是集体的,但是经营权是农民的,而且这个经营权是长久不变的。我们依据林业的特点规定了比农村土地承包经营权更长的时间,70年不变。过去我讲过,农村土地承包经营权30年不变就是长久不变,70年不变更是长久不变。这样,才能真正做到"人定心"。

集体林权制度改革非常重要,它在国家经济建设特别是在农业发展中,在农民增收致富中,在改善生态、应对气候变化中,都将会产生无

可比拟的巨大作用。我们要坚决贯彻党中央、国务院发布的《关于全面推进集体林权制度改革的意见》，毫不动摇。这个文件要求，用5年左右的时间基本完成集体林地明晰产权、承包到户的改革任务。农民的心情是迫切的，但我们工作既要坚决、又要细致扎实地做好。第一，明晰产权，切实给予农民平等的集体林地承包经营权。要给农民吃"定心丸"，让农民感到他们拥有的林地承包经营权是长期、稳定、有保障的，不会改变。第二，放活经营，切实让农民在林地经营中得到实惠。既达到保护生态和绿化国土的目的，又使农民增产增收。农民种什么、怎么种，应该由农民自己决定。政府可以提出要求，给予引导，但是要确保农民对林地的自主经营权。只要把经营放开搞活，农民就能在这25亿亩的集体林地上做出林业发展的大文章。对此，我坚信不疑。第三，加强扶持，切实给农民提供良好的政策环境。当农民获得林地承包经营权以后，政府绝不是撒手不管，而要给予他们政策上的支持，当前最为重要的是金融、保险和财政支持。也就是说，帮助农民首先把林木种好。这些不是一时的，都要建立制度。第四，搞好服务，切实为农民提供便捷的技术、信息、林地承包经营权流转等服务。集体林权制度改革以后，服务体系必须尽快跟上，农民最需要的就是科技服务，从种苗、管护到防治病虫害等。农民还需要森林防火服务，因为对大面积林地威胁最大的就是火灾。当发展到一定的程度，农民还需要对林地承包经营权流转的引导和服务，也会有一个由经营数量少到适度规模经营的过程。这四个方面最重要的就是政策的稳定、完善，使农民感到放心、安心、舒心。

当前应对国际金融危机，我们采取的一项关键性的措施就是扩大需求，特别是统筹城乡发展，提高农民的消费水平。搞好集体林权制度改革，农民通过发展林业和林下产业增加收入，会提高农民的购买力。从这个角度来说，这也是应对国际金融危机的一项重要举措。我国的林地大部分在山区或者丘陵地带，很多地方也是贫困地区。集体林权制度改革后，农民除了农业以外，又增加了林业，实行多种经营，能够比较快地脱贫致富，这也是扶贫工作的一项重要措施。

总之，集体林权制度改革是一个系统工程，要处理好经济效益、社会效益和生态效益三者之间的关系，最终目的是实现资源增长，搞活农村经济，促进农民增收，改善生态环境。要随时注意总结经验，重视研究新情况、解决新问题，不断完善政策和制度。此外，我们还要探索推进国有林场改革和林业管理体制改革。

我国集体林地面积 1.82 亿公顷，占全国林地总面积的 60.06%，涉及 5.6 亿农民。我国山区面积占国土总面积的 69%，拥有全国 90% 左右的林地资源。山区人口占全国的 56%，全国 2000 多个行政县有 70% 是山区县。山区、林区又是贫困人口聚集的地区。全国 596 个贫困县，有 490 多个在山区、林区。理顺集体林地生产关系，对于提高土地资源综合利用率，提高林业生产效率，拓宽农民就业增收渠道，具有十分重要的意义。

一、集体林权制度的历史沿革

新中国成立以来，集体林权制度在"分与合""统与放"中经四次调整，始终没有解决好广大农民对于林地和林木的产权问题，农民没有成为真正意义上的经营主体。四次调整，体现了不同时期的林地政策变化情况。

（一）土改时期：分山分林到户

1950 年，为了尽快组织农民发展生产，中央政府采取了强大的行政手段，将没收的土地和林地，按照"均田地"的思想分给农民，实行农民土地所有制，通过土地改革，广大农民分得了林地和林木。1950 年 6 月颁布的《中华人民共和国土地改革法》，是土地改革中山林权属处理的最初法律依据。为了在土地改革中做好山林的没收、征收和分配工作，1951 年 4 月，中央政府发布了《关于适当处理林权、明确管理保护责任的指示》。

（二）农业合作化时期：山林入社

1953 年，农村开展了山林入社工作，对农民个体所有的山权、林权进行改造，农民个人仅保留自留山上的林木及房前屋后零星树木的所有权，山权及成片林木所有权通过折价入社，转为合作社集体所有。这是进入合作化初期，由初级合作社逐渐向高级合作社转化的一个时期。农民具有的权益状况是个人拥有林地和林木的所有权，合作社拥有部分林木所有权和林地的使用权，收益权在林地所有者和合作社之间分配，森林资源产权主体并不是仅仅局限于农民。农业合作社虽然不具有所有权，但是对主体的收益权有很大的影响，林权的排他性进一步降低。

（三）人民公社时期：山林集体所有、统一经营

1958 年 8 月，中共中央通过了《关于农村建立人民公社的决议》，人民公社化运动迅速兴起，农业合作社所有的林权并入人民公社集体所有，形成了集体所有、统一经营的产权结构，实行了政社合一的管理体制。1960 年，《中共中央关于农村人民公社当前政策问题的紧急指示信》提出以队为基础的三级所有制，对农村劳动力、土地、耕畜、农具必须实行"四固定"，固定给生产小队使用，并且登记造册。

（四）改革开放时期：林权改革探索

　　1981 年，中共中央、国务院颁布《关于保护森林发展林业若干问题的决定》，在全国开展了以稳定山权林权、划定自留山和确定林业生产责任制为主要内容的林业"三定"工作。1985 年，中共中央、国务院颁布《关于进一步活跃农村经济十项政策》，确定"取消木材统购，放开木材市场，允许林农和集体的木材自由上市，实行议购议销"。1987 年，中共中央、国务院发出《关于加强南方集体林区森林资源管理，坚决制止乱砍滥伐的指示》，要求"集体所有集中成片的用材林，凡没有分到户的不得再分""重点产材县，由林业部门统一管理和进山收购"。1992 年，党的十四大明确提出，中国经济改革的目标是建立社会主义市场经济体制。相关地方尝试开展以山地开发、资源林政管理、木材税费、林产品流通市场、林业股份合作等不同类型的改革试验，为推进集体林权制度改革探索了路子、积累了经验。

　　集体林权制度经历的这四次变动，既有经验也有教训。但这四次变动均没有触及产权，林地使用权和林木所有权不明晰、经营主体不落实、经营机制不灵活、利益分配不合理，加上管理和政策不配套等，制约了林业生产力发展。2003 年，《中共中央　国务院关于加快林业发展的决定》和《中华人民共和国农村土地承包法》颁布实施以后，福建、江西、浙江、辽宁等省率先开展了以"明晰产权、放活经营、落实处置、保障收益"为主要内容的新一轮集体林权制度改革，取得了明显成效，为在全国范围内推进集体林权制度改革积累了经验。2008 年 6 月，中共中央、国务院在总结先行试点省份经验的基础上，颁发了《关于全面推进集体林权制度改革的意见》，全面开启了农村经营体制的又一次重大变革，掀起了一场涉及广大农村的绿色革命，为现代林业科学发展注入了新的活力。

2011 年 10 月 10 日，全国集体林权制度改革百县经验交流会在北京召开（刘广平　摄）

专栏 洪田——中国林改第一村

　　洪田村隶属福建省永安市洪田镇，是福建省中部山区一个普普通通的村庄。全村林业用地 18908 亩，森林覆盖率 81.4%。1998 年，洪田村敢为人先，大胆实践，把土地承包责任制引向山林，成功推行了集体林权制度改革，被誉为中国林改的"小岗村"。

逼出来的改革

　　1984 年，洪田村曾进行过林业股份合作制改革，把集体山林按人口折股到户。由于未按股份合作制要求规范管理，作为股东的林农，既没有处置权也没有收益权，经营权实际上掌握在少数人手中，加之当时林业税费负担过重，股东们根本无"红"可分。一些村民不满现状，便进山砍树，发展到后来，乱砍滥伐现象已十分严重。胆大的白天砍，胆小的晚上盗。到后来，盗伐从个体发展到了专业队。

　　眼看着一座座山头就要被砍光，村干部多次召集村民代表商量解决办法。大家说，山上的林木人人有份，但不知道自己的那一份究竟在哪里，不法分子偷了谁的也说不清楚。如果把山林分到户，就不会出现这样的情况了。于是，1998 年 5 月～9 月，村里先后召开 20 多次会议，讨论如何分山到户。因为分山到户事关每个人的切身利益，大家立场不一，意见无法统一。村两委最后决定：把村民小组长和村民代表共 27 人，全部集中到镇企管办的会议室开专题会，统一办伙食，一定要弄出个结果来！最后，经过无记名投票，21 人同意，6 人不同意。按照少数服从多数的原则，于 1998 年 9 月 29 日最终通过了"分山到户"的决议。洪田村由此成了中国林改的第一村。

福建省永安市洪田村在全国率先实行集体林权制度改革

人民群众的首创

没有上级的红头文件，也没有可供借鉴的改革经验。洪田村充分发挥全体村民的聪明才智，创造出了一套分山到户的好办法。

第一步，将集体山林全部收回。对原承包户林子保护得好的，平调回村他们不甘心。村里按照质量好坏，每亩一次性给予一定的补偿。原有承包林的村干部主动无条件退出。

第二步，对集体山林进行调查。村里组成评估小组，在技术人员帮助下，翻山越岭，跑遍了全村的林地，认真调查估价，彻底摸清了家底：全村有商品林面积12812亩，除去外村插花山和被征占用林地，可分配山林面积9109亩，木材蓄积量2.1万立方米。

第三步，按在册法定人口分山到户。经过全村代表们充分讨论确定，成年村民，经民政或计生部门批准领养、生育的孩子，本村籍服兵役青年，大中专在校学生，劳教、劳改服刑人员，每人可分得山地6.2亩，木材蓄积量16立方米。

为利于经营管护，最后确定实行联户经营。全村把参与分山的人口均分为三大片群，每个片群分成两队，每个队又分成两组，有的组再细分，最终形成16个经营小组，成员自由组合。将山林好坏搭配，抓阄确定各组承包山林，签订为期30年承包合同。

洪田村集群众智慧，大胆探索，解决了一道道难题。例如，率先成立护林联防协会，率先组建家庭林场，率先提出用林权证进行抵押贷款……这一系列的尝试，为后来全国各地的集体林改提供了可贵的借鉴。

翻天覆地的变化

通过改革，调整了生产关系，解放了生产力，促进了新农村建设，洪田村呈现出风正气顺、人和业兴的喜人景象。

森林资源增加了。农民造林护林积极性高涨，1998年以来全村造林更新面积累计达2979亩。森林资源得到有效保护，没有发生一起森林火灾和盗伐、滥伐案件。森林资源总量由改革前的10.2万立方米，增加到2008年年底的12.53万立方米，增长了22.8%。

乡村富裕了。2008年，全村人均收入6657元，村财收入87万元，分别是1998年的2.3倍和5.8倍。全村拥有电话由1998年的25部增至662部，手机426部，大小汽车63辆，摩托车318辆，上网电脑72台。

乡风文明了。林改化解了一系列社会问题，村集体利用林改增加的收入，制订完善了特殊群体补助制度，有效解决了农村合作医疗、扶贫济困等难题。

村容村貌整洁了。林改后，全部自然村公路换成了水泥路面，完成了村与组、组与组间的路网工程。建设了5个新住宅示范小区、202座小别墅式住宅。

村务管理民主了。林改后，村里建立了林地使用费收支台账，制订了村民公约，对林地使用费的分配实行民主决策。完善了村务公开制度，村务管理民主了，干群关系融洽了，基层组织巩固了。

二、集体林权制度改革决策过程

自 2003 年中共中央、国务院作出加快林业发展的决定，到 2008 年作出全面推进集体林权制度改革的重大决策后，集体林权制度改革成为了我国全面建设小康社会、深化农村经营制度改革的一面旗帜，是推动我国林业改革发展新的里程碑，对我国农村发展乃至整个经济社会发展产生了广泛而深远的影响。

（一）全面推进集体林权制度改革的背景

1998 年，福建省永安市洪田村将山林承包到户，全村人均林业收入成倍增加，这是新时期林改的成功探索。2003 年，《中共中央 国务院关于加快林业发展的决定》明确提出"确立以生态建设为主的林业可持续发展道路，建立以森林植被为主体、林草结合的国土生态安全体系，建设山川秀美的生态文明社会"，要求"进一步完善林业产权制度""要依法严格保护林权所有者的财产权，维护其合法权益。对权属明确并已核发林权证的，要切实维护林权证的法律效力；对权属明确尚未核发林权证的，要尽快核发；对权属不清或有争议的，要抓紧明晰或调处，并尽快核发权属证明"。

根据《中共中央 国务院关于加快林业发展的决定》提出的要求，福建、江西、浙江、辽宁等省相继开展了新一轮集体林权制度改革，取得了明显成效，为在全国范围内推进集体林权制度改革积累了经验。胡锦涛总书记、温家宝总理、回良玉副总理多次对集体林权制度改革作出重要指示，并深入改革试点地区考察指导。2006 年 1 月，胡锦涛总书记在福建省永安市考察时指出，林权制度改革是当前农村经营制度的又一重大改变，意义确实很重大。2007 年，温家宝总理在辽宁、江西省考察时指出，林业产权制度改革是继家庭联产承包改革后农村的第二次革命，它的意义不亚于当年小岗村的分田到户。

2006 年 5 月 13 日 ~ 14 日，全国集体林权制度改革高峰论坛在福建省三明市召开

2008 年 6 月 8 日，《中共中央 国务院关于全面推进集体林权制度改革的意见》出台

　　多年来，国家林业局会同中央农村工作领导小组办公室、财政部等部门，对试点情况进行了深入调研，并先后在福建、江西省召开全国集体林权制度改革高峰论坛和现场经验交流会，指导各地做好改革试点工作。在认真总结试点经验的基础上，2008 年 6 月，《中共中央 国务院关于全面推进集体林权制度改革的意见》出台。2009 年 6 月，召开首次中央林业工作会议，对集体林权制度改革作出全面部署，开启了农村经营体制的又一次重大变革，掀起了一场涉及广大农村的绿色革命。

（二）全面推进集体林权制度改革的主要内容

　　集体林权制度改革是明晰林地使用权和林木所有权、放活经营权、落实处置权、保障收益权的综合性改革。主要包括两层涵义：一是依法实行农村集体林地承包经营制度，确立本集体经济组织的农户作为林地承包经营权和林木所有权的主体，逐步解决集体林权纠纷和林权流转等历史遗留问题，维护农民和其他林业经营者的合法权益；二是依照《中华人民共和国物权法》《中华人民共和国森林法》等法律规定，完善法律制度建设和深化林业体制机制改革，保障农民和其他林业经营者依法占有、使用、收益、处分林地林木的权利。通常也将明晰集体林地使用权和林木所有权简称为主体改革，将放活经营权、落实处置权、保障收益权简称为配套改革。

1. 集体林权制度改革的指导思想、基本原则和总体目标

集体林权制度改革的指导思想是：全面贯彻党的十七大精神，高举中国特色社会主义伟大旗帜，以邓小平理论和"三个代表"重要思想为指导，深入贯彻落实科学发展观，大力实施以生态建设为主的林业发展战略，不断创新集体林业经营的体制机制，依法明晰产权、放活经营、规范流转、减轻税费，进一步解放和发展林业生产力，促进传统林业向现代林业转变，为建设社会主义新农村和构建社会主义和谐社会作出贡献。

集体林权制度改革的基本原则是：坚持农村基本经营制度，确保农民平等享有集体林地承包经营权；坚持统筹兼顾各方利益，确保农民得实惠、生态受保护；坚持尊重农民意愿，确保农民的知情权、参与权、决策权；坚持依法办事，确保改革规范有序；坚持分类指导，确保改革符合实际。

集体林权制度改革的总体目标是：用5年左右时间，基本完成明晰产权、承包到户的改革任务。在此基础上，通过深化改革，放活经营，完善服务，规范管理，形成集体林业的良性发展机制，逐步实现资源增长、农民增收、生态良好、林区和谐的目标。

2. 集体林权制度改革的主要任务

改革主要有五个环节：一是明晰产权。以均山到户为主，以均股、均利为补充，把林地使用权和林木所有权承包到农户，也就是通常所说的"按户承包、按人分地"，也叫"人人有份、均山到户"。不宜采取家庭承包经营的林地，可以采取招标、拍卖、公开协商等其他方式承包。林地的承包期为70年。承包期届满，由林地承包经营权人按照国家有关规定继续承包。二是勘界发证。在勘验"四至"的基础上，核发全国统一式样的林权证，做到林权登记内容齐全规范，数据准确无误，图、表、册一致，人、地、证相符。三是放活经营权。对商品林，农民可依法自主决定经营方向和经营模式。对公益林，在不破坏生态功能的前提下，可依法合理利用林地资源。四是落实处置权。在不改变集体林地所有权和林地用途的前提下，允许林木所有权和林地使用权依法出租、入股、抵押和转让。五是保障收益权。承包经营的收益，除按国家规定和合同约定交纳的费用外，归农户和经营者所有。

这次改革具有四个鲜明特性。一是物权性。《中华人民共和国物权法》明确规定林地承包经营权为用益物权。赋予农民的经营权、处置权、收益权都要依法保护

海南省儋州市兰洋镇农民在庆祝林权证发放

农民拿到了林权证

"山定权、树定根、人定心"雕塑

和落实。二是长期性。《中共中央　国务院关于全面推进集体林权制度改革的意见》明确规定林地承包期为 70 年，承包期届满还可继续承包，真正实现了"山定权、树定根、人定心"。三是流转性。在不改变林地用途和依法自愿有偿的前提下，林地承包经营权人对林地经营权和林木所有权可采取多种方式流转，依法进行转包、出租。四是资本性。农民在改革中获得的林地经营权和林木所有权具有资本功能，可作为入股、抵押或出资、合作的条件。这是农村土地经营制度的重大突破，也是农村金融改革的重大突破，有效破解了农业发展融资难的问题，促进了金融资本向农村流动。

3．集体林权制度改革的政策措施

完善林木采伐管理机制。编制森林经营方案，改进商品林采伐限额管理，实行林木采伐公示制度，简化审批程序，提供便捷服务。严格控制公益林采伐，依法进行抚育和更新性质的采伐，合理控制采伐方式和强度。

规范集体林地、林木流转。林地承包经营权人在依法、自愿、有偿的前提下，可依法采取多种方式流转林地承包经营权和林木所有权。流转期限不得超过承包期

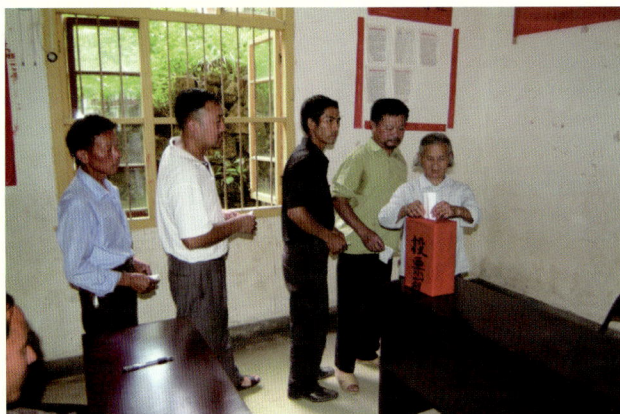

村民投票表决改革方案

集体林权制度改革勘界确权、发放林权证

的剩余期限，流转后不得改变林地用途。集体统一经营管理的林地经营权和林木所有权需要流转的，要在本集体经济组织内提前公示，依法经本集体经济组织成员的村民会议三分之二以上成员或者三分之二以上村民代表同意。集体林地、林木流转的收益应用于本集体经济组织内部成员分配和公益事业。加快制定林地、林木流转条例。加强林权流转管理，引导依法流转，保障公平交易，防止农民失山失地。加强森林资源资产评估管理，健全评估制度，规范评估行为。

建立支持集体林业发展的公共财政制度。各级政府建立和完善森林生态效益补偿基金制度，按照"谁开发谁保护、谁受益谁补偿"的原则，多渠道筹集公益林补偿基金，逐步提高中央和地方财政对森林生态效益的补偿标准。建立造林、抚育、保护、管理投入补贴制度，对森林防火、病虫害防治、林木良种、沼气建设给予补贴，对森林抚育、木本粮油林、生物质能源林、珍贵树种及大径材培育给予扶持。改革育林基金管理办法，逐步降低育林基金征收比例、规范用途，各级政府将林业部门行政事业经费纳入财政预算。森林防火、病虫害防治以及林业行政执法体系等基础设施建设纳入各级政府基本建设规划，林区的交通、供水、供电、通讯等基础设施建设依法纳入相关行业的发展规划，特别要加大对偏远山区、沙区和少数民族地区林业基础设施的投入。集体林权制度改革工作经费，主要由地方财政承担，中央财政给予适当补助。对财政困难县、困难乡，中央和省级财政加大转移支付力度。

推进林业投融资改革。金融机构拓宽林业融资渠道，开发适合林业特点的信贷产品，完善林业财政贴息政策，加大林业信贷投放，大力发展对林业的小额贷款。

举办集体林权制度改革培训班

安徽省黄山市焦村镇山河村林权证发放仪式

江西省林业厅与省人保公司签订协议，江西省5100万亩公益林实行统保

甘肃省泾川县坡头林业专业合作社章程

2006年5月25日，国家林业局副局长张建龙在江西省调研林改时与林农亲切交谈

探索林业信贷担保方式，健全林权抵押贷款制度，加快建立政策性森林保险制度，提高农户抵御自然灾害的能力。妥善处理林业债务。

加强林业社会化服务。扶持发展农民专业合作组织，培育一批辐射面广、带动力强的龙头企业，促进林业规模化、标准化、集约化经营。发展林业专业协会，充分发挥政策咨询、信息服务、科技推广、行业自律等作用。引导和规范森林资源资产评估、森林经营方案编制等中介服务机构发展。

（三）集体林权制度改革的主要措施

集体林权制度改革是一项复杂的系统工程，政策性强，涉及面广，工作难度大。在党中央、国务院的有力领导下，各地党委政府高度重视，各部门大力支持，基层单位扎实工作，广大农户积极参与，确保了改革健康顺利推进。

1．各级党委政府把集体林权制度改革作为贯彻落实科学发展观的重大实践，真正摆上全局工作的重要位置

各级党委政府认真贯彻落实中央林业工作会议精神，把集体林权制度改革作为生态立省、生态强省、生态兴省的战略举措，作为破解"三农"问题的重要途径，

林改让村民成了林地的主人

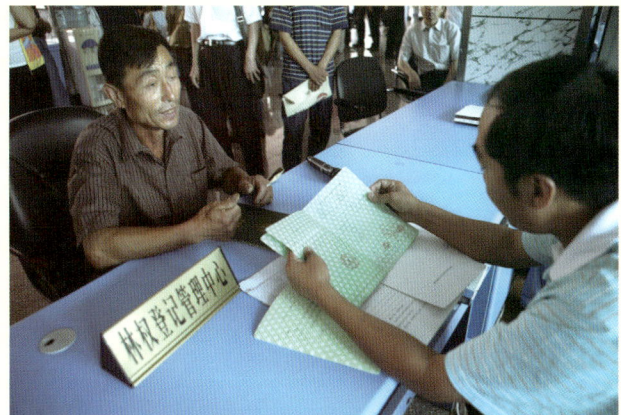
林权登记管理中心

作为贯彻落实科学发展观、推动经济社会全面发展的重要内容，采取了一系列扎实有效的措施。特别是各省（自治区、直辖市）党政一把手亲自调研、谋划、部署，形成了五级书记抓林业、五大班子搞林改的生动局面。

2. 各级林业部门大力加强工作指导和宣传培训，为推进改革提供强有力的保障

一是实行分类指导。在西北地区，针对林业特点与南方地区不同的实际，提出了有利于保护生态的改革办法，农民表现出与南方农民一样的热情和积极性。在西北、西南少数民族地区，遵循了"积极稳妥、确保稳定"的原则，做到了发扬民主更加充分、工作程序更加细致，呈现出少数民族衷心拥护改革、积极投身改革、以改革促和谐的生动景象。二是加强宣传培训。编写培训教材和实践案例，累计培训林改骨干2300多万人次。三是深入一线服务。广大林改工作人员不辞千辛万苦，走进千家万户，深入宣讲政策，指导方案制订，解答疑难问题，调处林权纠纷，进行现场勘界，规范档案管理，强化了对关键环节的指导与服务。

3. 各有关部门认真落实支持林业改革发展的政策措施，形成推动林改、服务林改的强大合力

各部门高度重视，积极主动围绕集体林权制度改革开展工作，提供服务。国务院办公厅对中央10号文件和中央林业工作会议精神贯彻落实情况开展专项督查。中央农村工作领导小组办公室认真研究，积极协调有关政策；国家发展和改革委员会、财政部等部门主动支持，落实林改工作经费，启动中幼林抚育和森林保险保费补贴

林改激发了农民学林果技术的热情

大力发展藤加工业

林农把山当田种、把竹当菜种

2004 年 8 月 15 日，国家林业局副局长雷加富在江西省调研林改

试点，完善林业贷款中央财政贴息政策，降低育林基金征收比例，提高森林生态效益补偿标准；中国人民银行、财政部、中国银行业监督管理委员会、中国保险监督管理委员会等部门联合发布关于加强金融服务工作的指导意见。这些政策含金量高、扶持力度大，形成了推进集体林权制度改革的强大合力。

4．广大基层干部和农民群众衷心拥护、积极参与，确保集体林权制度改革顺利推进

农村基层干部是林改的实施者，广大农民群众是林改的主力军。他们普遍认为，30 年前农村实行耕地承包到户，让农民解决了温饱问题，30 年后又实行林地承包到户，实现"山有其主、主有其权、权有其责、责有其利"，为农民开辟了发家致富的广阔空间。各地坚持尊重农民意愿，把改革的知情权、参与权、决策

林下经济大发展

权和监督权交给农民,创造了"干部深入到户、资料发放到户、法规宣传到户、政策解释到户、问题解决到户"等鲜活经验。农民群众积极拥护,自主决定方案、自主确权勘界、自主调处纠纷,充分行使当家做主的权利,确保了集体林权制度改革稳妥、顺利推进。

5.始终坚持依法依规办事,做到公开、公平、公正、有序实施改革

严格按照《中华人民共和国森林法》《中华人民共和国农村土地承包法》《中华人民共和国物权法》《中华人民共和国村民委员会组织法》和中央关于林业的一系列方针政策操作,坚持严格依法办事不违规,严格执行政策不走样,严格按程序操作不缺项,坚持群众不了解政策不实施,情况不明不动手,公示有异议方案不审批。广泛推行"六签名"(村民小组会议通知签名、村民小组会议报到签名、村民小组实施方案签名、林地界限确认书签名、合同签名、村民委员会对村民小组实施方案决议签名)"四公示"(村民小组实施方案公示、林改工作程序公示、林权现状公示、林改结果公示)制度。各地还充分运用现代信息技术开展勘界确权、林权档案管理等工作,不仅保证了公平客观,而且提高了工作效率和科学化、精细化水平。

三、全面推进集体林权制度改革的重大意义

集体林权制度改革是一项涉及广大农民群众切身利益的深刻变革，对解决"三农"问题、推进新农村建设、构建和谐社会、实现经济社会可持续发展都具有十分重大的意义。温家宝总理在河南考察农业生产时明确提出：集体林权制度改革的生命力十分旺盛，潜力还没有充分挖掘出来。河南有不少山区、荒山荒坡、宜林地带，要落实农民承包权利，调动农民积极性。只要努力，集体林权制度改革产生的效益无法估量。

（一）集体林权制度改革是农村经营制度的又一重大变革

集体林权制度改革是农村经营制度改革在林地上的拓展和延伸，是农村家庭承包经营制度在林业上的丰富和发展，掀开了农村改革新的历史篇章。推进集体林权制度改革，真正实现"山有其主，主有其权，权有其责，责有其利"，可以从根本上解决过去长期存在的产权归属不清晰、经营主体不落实、经营机制不灵活、利益

集体林权制度改革取得重大成果
为林业和农村发展注入了强大活力

林地承包期
70年不变

"十一五"以来，党和政府作出全面推进集体林权制度改革的决策部署，在坚持集体林地所有权不变的前提下，依法将林地承包经营权和林木所有权，通过家庭承包方式落实到本集体经济组织的农户，确立农民作为林地承包经营权人的主体地位，林地承包期70年不变。此项改革成为继土地家庭承包之后我国农村经营制度的又一重大变革和经济体制改革的又一突出亮点，受到了广大农民的热烈拥护。

明晰产权、承包到户取得重大进展
　　截止2011年底，26个省区市基本完成明晰产权任务，勘界确权1.73亿公顷集体林地，占全国集体林地总面积的95%，8379万农户拿到林权证，4亿多农民直接受益。

完善政策、创新机制取得重大突破
　　公共财政支持制度、林业金融支撑制度、林权保护和流转制度、林木采伐管理制度和林业社会化服务体系正在逐步建立。

兴林富民、农村发展取得重大成效
　　全国林地直接产出率已由2003年的1260元/公顷提高到2010年的2970元/公顷，2550个林改县农民林业收入占人均年收入的比重，由2009年的12.96%增加到20%以上，重点林区县县超过60%。

（国家林业局宣传办公室提供）

分配不可理等问题。由于我国集体林地面积远远大于耕地，林地及林木财产价值较高，林权的物权性质更强，其意义不亚于当年的耕地承包。

（二）集体林权制度改革是一项惠及亿万农民的民心工程

集体林权制度改革是农村分配关系的重大调整，其实质是"还山于民"、"还权于民"、"还利于民"。通过集体林权制度改革，把27亿亩集体林地承包到户，把数以万亿元的林地林木资产落实到户，不仅使亿万农民获得了大量的生产资料和可观的家庭财产，而且为农民能提供了重要的创业平台和广阔的致富空间。这项改革顺民意、得民心、增民利、惠民生，是一项兴林富民的德政工程，是一项利国利民的民心工程，得到了亿万农民的衷心拥护和社会各界的广泛赞誉。

（三）集体林权制度改革是建设生态文明的生动实践

这场改革的出发点和落脚点就是生态得保护、农民得实惠，充分体现了全面协调可持续发展的要求。当前，生态问题已成为制约我国经济社会科学发展最突出的问题之一。通过集体林权制度改革，极大地调动了农民造林育林护林的积极性，可以全面提升林地经营水平，增加森林资源总量，优化森林资源结构，提高森林资源质量，全面增强森林的生态功能和应对气候变化的能力，促进人与自然和谐，有效解决我国的生态问题。

（四）集体林权制度改革是拉动国内需求的战略举措

扩大国内需求，最大潜力在农村；保障和改善民生，重点难点在农民；促进农民就业增收，广阔空间在林业。实行集体林权制度改革能够扩大林业的"容人之量"，培育更多的林业经营主体，对农民就业形成"磁吸效应"，对农民增收形成"倍数效应"，从而全面提升农村购买力，有效拉动国内需求，为国家经济社会发展注入持久动力。

2008年9月28日，全国政协常委、北京大学光华管理学院名誉院长厉以宁教授在集体林权制度改革论坛上发言

2010年9月24日～25日，林权改革国际研讨会在北京市召开

2010 年 1 月 23 日，全国集体林权制度改革厅局长座谈会在广州市召开

2009 年 11 月 12 日，北方地区集体林权制度改革现场会在甘肃省泾川县召开

（五）集体林权制度改革是发展现代林业的强大动力

动力不足、效益不高是林业面临的最大问题，体制不顺、机制不活是制约现代林业发展的最大障碍。发展现代林业，就是要创新林业运行机制和管理机制，强化现代科学技术支撑，加快构建完善的林业生态体系、发达的林业产业体系、繁荣的生态文化体系，有效发挥林业的多种功能、多种作用、多种效益，不断满足社会的多样需求。实行集体林权制度改革，有利于发挥市场配置林业资源的基础性作用，充分释放林地资源、物种资源、人力资源的巨大潜力；有利于从根本上增强林业发展活力，充分引导各种生产要素向林业聚集；有利于从整体上增强林业发展动力，全面提升林地产出率、资源利用率、劳动生产率和市场竞争力。

（六）集体林权制度改革是促进农村和谐稳定的有力保障

集体林权制度改革，是农民群众广泛参与、自主决策的过程，也是推进依法行政、科学管理的过程。全面推进集体林权制度改革，有利于解决农民最关心的林地权属和利益分配问题，化解长期存在的历史遗留问题和矛盾纠纷，推进农村基层民主政治建设，进一步融洽党群干群关系，营造农民安居乐业的良好氛围。各地借集体林权制度改革的契机，普遍修订了乡规民约，完善了村务管理，健全了村务公开制度，消除了农村大量不稳定因素。由于农民潜心林业经营，许多"贫困村"变成了"富裕村"，一些"上访村"变成了"稳定村"。同时，集体林权制度改革还催生了多种新型林业专业合作组织，对帮助农民形成互助合作的良好风气也产生了推动作用。

附 件

中共中央 国务院
关于全面推进集体林权制度改革的意见

中发〔2008〕10号　　2008年6月8日

新中国成立后，特别是改革开放以来，我国集体林业建设取得了较大成效，对经济社会发展和生态建设作出了重要贡献。集体林权制度虽经数次变革，但产权不明晰、经营主体不落实、经营机制不灵活、利益分配不合理等问题仍普遍存在，制约了林业的发展。为进一步解放和发展林业生产力，发展现代林业，增加农民收入，建设生态文明，现就全面推进集体林权制度改革提出如下意见。

一、充分认识集体林权制度改革的重大意义

（一）集体林权制度改革是稳定和完善农村基本经营制度的必然要求。集体林地是国家重要的土地资源，是林业重要的生产要素，是农民重要的生活保障。实行集体林权制度改革，把集体林地经营权和林木所有权落实到农户，确立农民的经营主体地位，是将农村家庭承包经营制度从耕地向林地的拓展和延伸，是对农村土地经营制度的丰富和完善，必将进一步解放和发展农村生产力。

（二）集体林权制度改革是促进农民就业增收的战略举措。林业产业链条长，市场需求大，就业空间广。实行集体林权制度改革，让农民获得重要的生产资料，激发农民发展林业生产经营的积极性，有利于促进农民特别是山区农民脱贫致富，破解"三农"问题，推进社会主义新农村建设。

（三）集体林权制度改革是建设生态文明的重要内容。建设生态文明、维护生态安全是林业发展的首要任务。实行集体林权制度改革，建立责权利明晰的林业经营制度，有利于调动广大农民造林育林的积极性和爱林护林的自觉性，增加森林数量，提升森林质量，增强森林生态功能和应对气候变化的能力，繁荣生态文化，促进人与自然和谐，推动经济社会可持续发展。

（四）集体林权制度改革是推进现代林业发展的强大动力。林业是国民经济和社会发展的重要公益事业和基础产业。实行集体林权制度改革，培育林业发展的市场主体，发挥市场在林业生产要素配置中的基础性作用，有利于发挥林业的生态、经济、社会和文化等多种功能，满足社会对林业的多样化需求，促进现代林业发展。

二、集体林权制度改革的指导思想、基本原则和总体目标

（五）指导思想。全面贯彻党的十七大精神，高举中国特色社会主义伟大旗帜，以邓小平理论和"三个代表"重要思想为指导，深入贯彻落实科学发展观，大力实施以生态建设为主的林业发展战略，不断创新集体林业经营的体制机制，依法明晰产权、放活经营、规范流转、减轻税费，进一步解放和发展林业生产力，促进传统林业向现代林业转变，为建设社会主义新农村和构建社会主义和谐社会作出贡献。

（六）基本原则。坚持农村基本经营制度，确保农民平等享有集体林地承包经营权；坚持统筹兼顾各方利益，确保农民得实惠、生态受保护；坚持尊重农民意愿，确保农民的知情权、参与权、

决策权；坚持依法办事，确保改革规范有序；坚持分类指导，确保改革符合实际。

（七）总体目标。用 5 年左右时间，基本完成明晰产权、承包到户的改革任务。在此基础上，通过深化改革，完善政策，健全服务，规范管理，逐步形成集体林业的良性发展机制，实现资源增长、农民增收、生态良好、林区和谐的目标。

三、明确集体林权制度改革的主要任务

（八）明晰产权。在坚持集体林地所有权不变的前提下，依法将林地承包经营权和林木所有权，通过家庭承包方式落实到本集体经济组织的农户，确立农民作为林地承包经营权人的主体地位。对不宜实行家庭承包经营的林地，依法经本集体经济组织成员同意，可以通过均股、均利等其他方式落实产权。村集体经济组织可保留少量的集体林地，由本集体经济组织依法实行民主经营管理。

林地的承包期为 70 年。承包期届满，可以按照国家有关规定继续承包。已经承包到户或流转的集体林地，符合法律规定、承包或流转合同规范的，要予以维护；承包或流转合同不规范的，要予以完善；不符合法律规定的，要依法纠正。对权属有争议的林地、林木，要依法调处，纠纷解决后再落实经营主体。自留山由农户长期无偿使用，不得强行收回，不得随意调整。承包方案必须依法经本集体经济组织成员同意。

自然保护区、森林公园、风景名胜区、河道湖泊等管理机构和国有林（农）场、垦殖场等单位经营管理的集体林地、林木，要明晰权属关系，依法维护经营管理区的稳定和林权权利人的合法权益。

（九）勘界发证。明确承包关系后，要依法进行实地勘界、登记，核发全国统一式样的林权证，做到林权登记内容齐全规范，数据准确无误，图、表、册一致，人、地、证相符。各级林业主管部门应明确专门的林权管理机构，承办同级人民政府交办的林权登记造册、核发证书、档案管理、流转管理、林地承包争议仲裁、林权纠纷调处等工作。

（十）放活经营权。实行商品林、公益林分类经营管理。依法把立地条件好、采伐和经营利用不会对生态平衡和生物多样性造成危害区域的森林和林木，划定为商品林；把生态区位重要或生态脆弱区域的森林和林木，划定为公益林。对商品林，农民可依法自主决定经营方向和经营模式，生产的木材自主销售。对公益林，在不破坏生态功能的前提下，可依法合理利用林地资源，开发林下种养业，利用森林景观发展森林旅游业等。

（十一）落实处置权。在不改变林地用途的前提下，林地承包经营权人可依法对拥有的林地承包经营权和林木所有权进行转包、出租、转让、入股、抵押或作为出资、合作条件，对其承包的林地、林木可依法开发利用。

（十二）保障收益权。农户承包经营林地的收益，归农户所有。征收集体所有的林地，要依法足额支付林地补偿费、安置补助费、地上附着物和林木的补偿费等费用，安排被征林地农民的社会保障费用。经政府划定的公益林，已承包到农户的，森林生态效益补偿要落实到户；未承包到农户的，要确定管护主体，明确管护责任，森林生态效益补偿要落实到本集体经济组织的农户。严格禁止乱收费、乱摊派。

（十三）落实责任。承包集体林地，要签订书面承包合同，合同中要明确规定并落实承包方、发包方的造林育林、保护管理、森林防火、病虫害防治等责任，促进森林资源可持续经营。基层林业主管部门要加强对承包合同的规范化管理。

四、完善集体林权制度改革的政策措施

（十四）完善林木采伐管理机制。编制森林经营方案，改革商品林采伐限额管理，实行林木采伐审批公示制度，简化审批程序，提供便捷服务。严格控制公益林采伐，依法进行抚育和更新性质的采伐，合理控制采伐方式和强度。

（十五）规范林地、林木流转。在依法、自愿、有偿的前提下，林地承包经营权人可采取多种方式流转林地经营权和林木所有权。流转期限不得超过承包期的剩余期限，流转后不得改变林地用途。集体统一经营管理的林地经营权和林木所有权的流转，要在本集体经济组织内提前公示，依法经本集体经济组织成员同意，收益应纳入农村集体财务管理，用于本集体经济组织内部成员分配和公益事业。

加快林地、林木流转制度建设，建立健全产权交易平台，加强流转管理，依法规范流转，保障公平交易，防止农民失山失地。加强森林资源资产评估管理，加快建立森林资源资产评估师制度和评估制度，规范评估行为，维护交易各方合法权益。

（十六）建立支持集体林业发展的公共财政制度。各级政府要建立和完善森林生态效益补偿基金制度，按照"谁开发谁保护、谁受益谁补偿"的原则，多渠道筹集公益林补偿基金，逐步提高中央和地方财政对森林生态效益的补偿标准。建立造林、抚育、保护、管理投入补贴制度，对森林防火、病虫害防治、林木良种、沼气建设给予补贴，对森林抚育、木本粮油、生物质能源林、珍贵树种及大径材培育给予扶持。改革育林基金管理办法，逐步降低育林基金征收比例，规范用途，各级政府要将林业部门行政事业经费纳入财政预算。森林防火、病虫害防治以及林业行政执法体系等方面的基础设施建设要纳入各级政府基本建设规划，林区的交通、供水、供电、通信等基础设施建设要依法纳入相关行业的发展规划，特别是要加大对偏远山区、沙区和少数民族地区林业基础设施的投入。集体林权制度改革工作经费，主要由地方财政承担，中央财政给予适当补助。对财政困难的县乡，中央和省级财政要加大转移支付力度。

（十七）推进林业投融资改革。金融机构要开发适合林业特点的信贷产品，拓宽林业融资渠道。加大林业信贷投放，完善林业贷款财政贴息政策，大力发展对林业的小额贷款。完善林业信贷担保方式，健全林权抵押贷款制度。加快建立政策性森林保险制度，提高农户抵御自然灾害的能力。妥善处理农村林业债务。

（十八）加强林业社会化服务。扶持发展林业专业合作组织，培育一批辐射面广、带动力强的龙头企业，促进林业规模化、标准化、集约化经营。发展林业专业协会，充分发挥政策咨询、信息服务、科技推广、行业自律等作用。引导和规范森林资源资产评估、森林经营方案编制等中介服务健康发展。

五、加强对集体林权制度改革的组织领导

（十九）高度重视集体林权制度改革。各级党委、政府要把集体林权制度改革作为一件大事来抓，摆上重要位置，精心组织，周密安排，因势利导，确保改革扎实推进。要实行主要领导负责制，层层落实领导责任。建立县（市）直接领导、乡镇组织实施、村组具体操作、部门搞好服务的工作机制，充分发挥农村基层党组织的作用。改革方案的制定要依照法律、尊重民意、因地制宜，改革的内容和具体操作程序要公开、公平、公正。在坚持改革基本原则的前提下，鼓励各地积极探索，确保改革符合实际、取得实效。要加强对领导干部、林改工作人员包括农村基层干部的培训，强化调度、统计、检查、督导和档案管理工作。要严肃工作纪律，党员干

部特别是各级领导干部，要以身作则，决不允许借改革之机，为本人和亲友谋取私利。要健全纠纷调处工作机制，妥善解决林权纠纷，及时化解矛盾，维护农村稳定。

（二十）切实加强和改进林业管理。各级林业主管部门要适应改革新形势，进一步转变职能，加强林业宏观管理、公共服务、行政执法和监督。要深入调查研究，认真总结经验，加强工作指导，改进服务方式。推行林业综合行政执法，严厉打击破坏森林资源的违法行为。要加强森林防火、病虫害防治等公共服务体系建设，健全政府主导、群防群治的森林防火、防病虫害、防乱砍滥伐的工作机制。建立科技推广激励机制，加大培训力度，实施林业科技入户工程。加强基层林业工作机构建设，乡镇林业工作站经费纳入地方财政预算。

（二十一）努力形成各方面支持改革的合力。集体林权制度改革涉及面广、政策性强。各有关部门要各司其职，密切配合，通力协作，积极参与改革，主动支持改革。各群众团体和社会组织要发挥各自作用，为推进集体林权制度改革贡献力量。加强舆论宣传，努力营造有利于集体林权制度改革的社会氛围。

集体林权制度改革是农村生产关系的重大变革，事关全局、影响深远。我们要紧密团结在以胡锦涛同志为总书记的党中央周围，高举中国特色社会主义伟大旗帜，以邓小平理论和"三个代表"重要思想为指导，深入贯彻落实科学发展观，解放思想，坚定信心，开拓进取，扎实推进集体林权制度改革，为夺取全面建设小康社会新胜利作出新的贡献。

第五篇

召开首次中央林业
工作会议

——开创中国林业改革
发展新纪元

2009 年 6 月 22 日～23 日，在北京市召开了首次中央林业工作会议。党中央、国务院高度重视这次会议。中共中央政治局常委、国务院总理温家宝会见了出席会议的全体代表并发表重要讲话。中共中央政治局委员、国务院副总理回良玉出席会议并讲话。会议的主要任务是：全面贯彻党的十七大、十七届三中全会和《中共中央 国务院关于全面推进集体林权制度改革的意见》（中发〔2008〕10 号）精神，高举中国特色社会主义伟大旗帜，以邓小平理论和"三个代表"重要思想为指导，深入贯彻落实科学发展观，进一步统一思想认识，系统研究新形势下林业改革发展问题，全面部署推进集体林权制度改革工作，为推动林业又好又快发展、全面建设小康社会作出新贡献。

一、深刻认识林业的战略地位和重要作用

林业是生态文明建设的主体，在应对气候变化、维护生态安全等方面，肩负着重大的历史使命，已成为国际社会关注的焦点之一。会议明确指出，在贯彻可持续发展战略中林业具有重要地位，在生态建设中林业具有首要地位，在西部大开发中林业具有基础地位，在应对气候变化中林业具有特殊地位。会议明确要求，实现科学发展必须把发展林业作为重大举措，建设生态文明必须把发展林业作为首要任务，应对气候变化必须把发展林业作为战略选择，解决"三农"问题必须把发展林业作为重要途径。会议指出，全社会对林业的认识不断深化，林业的作用愈加凸显，功能更加多样。会议提出了发展现代林业的总体要求。这充分体现了党和政府对现代林业发展的科学定位，是对我国林业改革发展实践的最新理论总结，对进一步指导

2009 年 6 月 22 日～23 日，中央林业工作会议在北京召开

2009年6月22日，中共中央政治局委员、国务院副总理回良玉在中央林业工作会议上讲话

我国现代林业科学发展具有重大的现实意义和深远的历史意义。中央林业工作会议的召开，为林业改革发展带来了前所未有的机遇。各级党委、政府高度重视林业，把推进集体林权制度改革、促进林业发展，作为贯彻落实科学发展观、统筹城乡发展、建设生态文明、增加农民收入的重要手段，列入重要议事日程，以高度的责任感和使命感，全面开展集体林权制度改革，扎实推进植树造林，大力发展林业产业和林下经济，为实现2020年林业"双增"目标开创了良好的局面。

（国家林业局宣传办公室提供）

二、准确判断和把握新形势下林业改革发展的任务

当前和今后一个时期，我国林业仍将处于重要的战略机遇期和黄金发展期，社会对林业的多样化需求更加突出，林业必将肩负更加光荣的使命、承担更加繁重的任务。根据当前外部形势的发展变化和林业改革发展实践的逐步深入，必须紧紧围绕国际国内战略大局，准确判断和把握林业的新形势新任务。

（一）发展林业已成为深入贯彻落实科学发展观的重大实践和全党全国工作的战略重点

林业是一项重要的公益事业和基础产业，在生态建设、经济建设、社会建设和文化建设中具有重要地位，在实现经济社会科学发展中具有不可替代的独特作用。实现科学发展必须把发展林业作为重大举措，这是中央林业工作会议赋予新时期林业的首要使命。首先，集体林权制度改革是统筹城乡发展的战略举措，是深入贯彻落实科学发展观的生动实践。农村和城市发展的不协调，是当前我国经济社会发展最大的不协调。推进集体林权制度改革，充分释放亿万农民群众的巨大潜能和集体林地的巨大潜力，不仅可以极大地解放和发展农村生产力，加快实现农民特别是山区农民的小康目标，而且可以极大地推动城市经济的发展。其次，林业是一项重要的基础产业和公益事业，承担着物质产品和生态产品的供给任务。在全面建设小康社会进程中，发展林业已成为全党全国工作的战略重点，必须加快林业发展，才能推动整个社会走上生产发展、生活富裕、生态良好的文明发展道路，才能建设好资源节约型和环境友好型社会，才能全面提升生态承载力，实现人口、资源、环境协调发展，人与自然和谐共进。

（国家林业局宣传办公室提供）

（二）发展林业已成为建设生态文明的首要任务，林业部门已成为生态文明建设的主体部门

　　森林是陆地生态系统的主体，在维护生态平衡中起着决定作用。林业部门承担着建设和保护"三个系统一个多样性"的重要职能，即：建设和保护森林生态系统、管理和恢复湿地生态系统、改善和治理荒漠生态系统、维护和发展生物多样性。这"三个系统一个多样性"，对保持陆地生态系统的整体功能起着中枢和杠杆作用。只有建设和保护好这些生态系统，维护和发展好生物多样性，人类才能永远地在地球这一共同的美丽家园里繁衍生息、发展进步。林业是发展循环经济、低碳经济的必然选择。森林既是一个巨大的资源库，又是一个最大的循环经济体，具有"生产—消费—分解"可循环的基本属性。木材是经济建设不可缺少的、世界公认的三大传统原材料之一，具有可再生、可降解、环保、绿色的独特优势。同时，森林又是一种仅次于煤炭、石油、天然气的第四大战略性能源。利用林木的枝丫发电和林木的果实炼油，不仅潜力巨大，而且再生力强。在化石能源日益枯竭的情况下，发展森林生物质能源，已成为世界各国能源替代的重大战略，也是我国开发替代能源的战略选择。

（国家林业局宣传办公室提供）

（三）发展林业已成为全球政治的重大议题，成为应对气候变化的战略选择

森林在应对气候变化中具有三大功能。一是吸收功能。森林是陆地上最大的吸碳器，它通过光合作用，吸收二氧化碳，放出氧气，形成碳汇。二是贮存功能。森林是陆地上最大的储碳库，陆地生态系统一半以上的碳储存在森林生态系统中。三是替代功能。据国际能源机构测算，用木结构代替钢筋混凝土结构，单位能耗可从800降到100。由于森林在应对气候变化中具有的这些特殊功能，《京都议定书》规定了工业直接减排和森林间接减排两条途径。我国是二氧化碳排放大国，随着经济的高速增长，二氧化碳排放总量必然继续增加。加快林业发展，增加森林碳汇，已成为我国应对气候变化的战略选择，成为争取发展空间、维护国家形象的战略制高点。

（国家林业局宣传办公室提供）

（四）发展林业已成为增加农民收入的重要途径，成为拉动国内需求的战略举措

经济发展的永恒动力是消费，扩大内需的关键是扩大消费。如果消费上不去，投资过快形成的产能就释放不出来。我国扩大消费的潜力在农村，广大农民和部分城市低收入者消费意愿强，消费倾向高，但没有钱消费，购买力低，而高收入者虽然购买力强，但消费倾向低，这就出现了购买能力和消费意愿的错位。要解决这一症结，就要扩大农民消费，根本措施是增加农民收入，而增加农民收入的希望和潜力在山、在林业。因此，各级党委政府都把全面推进集体林权制度改革、大力发展林业产业，作为破解"三农"问题的重要途径和拉动国内需求的重大举措来抓。

旅游业促进了林特产品开发与销售

休闲氧吧游和山林农家乐

三、全面部署集体林权制度改革

30 年前，一场由农民发起的包产到户，真正实现了"地有其主"，极大地解放和发展了农村社会生产力，农民的积极性空前迸发，一举解决了全国人民的温饱问题。30 年后，一场仍然起源于基层探索、来源于农民创造的集体林权制度改革，真正实现了"山有其主"，农村社会生产力迎来了又一次大解放，再次激发了亿万农民的创业热情，必将为推进农村全面小康建设注入新的活力。

集体林权制度改革既有内在的动力和要求，也有社会的认同和支持；既有实践的探索和经验，也有推进的实力和条件。中央关于全面推进集体林权制度改革的大政方针已定。中央林业工作会议要求，各地区各部门要继续认真学习贯彻落实中发〔2008〕10 号文件精神，加大工作力度，加快改革进程，确保改革质量，重点把握以下几项基本要求。

（一）必须确保实现两个基本目标

实现资源增长、农民增收、生态良好、林区和谐，是集体林权制度改革的目标，其中最重要的是资源增长和农民增收，也就是生态受保护、农民得实惠，这是改革的出发点和落脚点。决不能以破坏森林、牺牲生态为代价，这是集体林权制度改革必须坚守的一条底线。保障农民的物质利益、尊重农民的民主权利是做好整个"三农"工作的重要准则，也是推进集体林权制度改革必须遵循的基本要求，必须着眼于让农民得到实实在在的利益，激发农民造林护林营林的积极性，使林业真正成为农民创业就业、增收致富的重要门路。

2005 年 6 月 26 日~29 日，中国集体林产权制度改革研讨会在福建省三明市召开（黄海提供）

（二）必须建立两项根本制度

创新集体林业体制机制，必须依法明晰产权、放活经营、规范流转、强化支持，根本是建立以家庭承包经营为基础的现代林业产权制度和支持林业发展的公共财政制度，这是加快集体林业发展的内在动力和外部保障。集体林权制度改革，必须坚持和完善农村基本经营制度，赋予农民更加充分而有保障的林地承包经营权，做到放活经营权、落实处置权、保障收益权，让农民吃下长效"定心丸"。各地要因地制宜，根据不同条件，研究制定科学的改革方案。林业是公益性、基础性、战略性很强的产业。加快集体林业发展，需要亿万农民的辛勤劳动，也需要政府的支持保护。只有建立起以公共财政为基础、社会力量广泛参与的林业支持保护机制，才能保障集体林业又好又快发展。

林改后林农耕山育林积极性空前高涨

竹叶

竹叶黄酮　　竹康宁胶囊　　饮品竹啤

竹产业转型升级

（三）必须坚持两项重要原则

尊重农民意愿、坚持依法办事，是确保集体林权制度改革规范有序推进的两大法宝。农民群众是集体林权制度改革的参与主体和受益主体，也是决策主体和监督主体。在改革过程中，必须充分尊重农民意愿，加强集体林权制度改革政策宣传，把政策和办法交给农民，让农民自己说了算，切实保障农民的知情权、参与权、决策权、监督权，不能包办代替，更不能强迫命令、强制推行。同时，推进集体林权制度改革必须坚持依法办事，严格执行有关法律法规，确保改革的内容、方法、程序与法律规定相符合、相一致。改革方案必须依法经本集体经济组织成员同意，做到内容、程序、方法、结果四公开，严禁暗箱操作、以权谋私。

（四）必须抓住两个关键环节

在集体林权制度改革的诸多步骤和环节中，勘界发证和落实责任最为关键。勘界是明晰产权的基础，林权证是落实产权的法律文书。必须依法进行实地勘界、明确"四至"、准确登记，核发全国统一式样的林权证，确保登记的内容齐全规范、数据准确无误，做到图、表、册一致，人、地、证相符。对承包方、发包方，既要赋予应有权利，又要明确应尽责任。要签订书面承包合同，明确规定并落实双方在造林育林、保护管理、森林防火、病虫害防治等方面的责任。承包方不能改变林地用途，不得损毁林地。发包方要尊重承包方的承包经营权，不得非法变更、解除承包合同，不得干涉承包方的生产经营活动，并努力为承包方提供生产、技术、信息等服务。

丈量土地

确认地块

农民手里的林权证和城里人的房产证一样可以抵押贷款

向各族群众宣传林改好处

黑龙江省伊春市乌马河经营所林权制度改革试点
林木流转林地承包启动仪式

林权制度改革让群众吃上"定心丸"，山东省莱芜市
群众手捧林权证喜上眉梢（赵坤提供）

（五）必须处理好两个重要关系

能否处理好改革与稳定、放活与管理的关系，是决定集体林权制度改革成败的关键。稳定是改革的前提和保证，没有农村社会稳定，集体林权制度改革就不可能取得成功。推进集体林权制度改革，必须有利于促进农村社会和谐稳定，坚决防止因工作不到位而引发新的不稳定因素。改革要严格按规范程序和方法步骤组织实施，进度服从质量，不图形式、不赶进度、不走过场。要妥善处置历史遗留问题，防止出现新的矛盾，避免留下各种隐患。

会议提出，在集中精力抓好集体林权制度改革的同时，也要高度重视国有林区和国有林场改革工作。继续搞好国有林场和伊春国有林区林权制度改革试点，并认真总结改革试点经验，及时研究解决遇到的困难和问题，确保改革试点取得预期效果。

黑龙江省清河林场职工晾晒五味子（贾达明 摄）

林下种植养殖业快速发展

四、建立健全支持林业改革发展的政策机制

会议提出，全面推进集体林权制度改革，发展现代林业，要始终牢牢把握完善政策、创新机制这个关键，建立健全林业支持保护制度、林业金融支撑制度、林木采伐管理制度、集体林权流转制度、林业社会化体系，不断优化集体林业发展的外部环境，让农民增强持续发展能力，不断扩大发展成果。

（一）建立健全林业支持保护制度

完善林业投入保障、生态效益补偿、林业补贴、税费扶持等制度，为现代林业和生态文明建设提供有力保障。各级政府要将林业部门行政事业经费纳入财政预算，将森林防火、病虫害防治以及林业行政执法体系等方面的基础设施建设纳入各级政府基本建设规划，将林区道路、供水、供电、通信等基础设施建设纳入相关行业发展规划，继续加大对重点生态工程建设投入。各级政府要尽快建立健全森林生态效益补偿基金制度，并随着财力的增长逐步提高补偿标准，地方财政也要根据实际加大补偿力度。建立造林、抚育、苗木等补贴制度。将育林基金征收标准由林木产品销售收入的20%降至10%以下。育林基金减少后，林业部门行政事业经费，由同级财政通过部门预算予以核拨。继续对以林区"三剩物"和次小薪材为原料生产加工的综合利用产品实行增值税即征即退政策。

（二）建立健全林业金融支持制度

延长贷款期限，降低贷款利率，简化贷款程序，放宽贷款条件，开展森林保险，全面增强金融对林业发展的服务能力。从2009年开始，中央财政已在福建、江西、湖南3省开展森林保险保费补贴试点工作，在省级财政至少补贴25%保费的基础上，中央财政再补贴30%的保费。

（三）建立健全林木采伐管理制度

赋予森林经营者更充分的林木处置权。实行林木采伐分类管理，非林业用地林木不纳入采伐限额管理，由经营者自主采伐；商品林采伐指标，5年内可结转使用。

（四）建立健全集体林权流转制度

规范林地承包经营权、林木所有权的流转。要求加快建立健全林权流转市场，为林权流转提供信息发布、市场交易、法律服务、政策咨询等综合服务。尽快建立森林资源资产评估师制度和评估制度，制定评估机构准入条件，启动评估师认定工作。

（五）建立健全林业社会化服务体系

加快构建公益性和经营性服务相结合、专业服务和综合服务相协调的新型林业社会化服务体系。国家支持农民林业合作社承担林业和山区经济发展建设项目，林业专业合作社同等享受农民专业合作社的有关扶持政策。

这次会议发布的新政策之多、含金量之大、对林业的影响之深远，都是历史性的，必将为发展现代林业提供强大动力。

五、大力加强对林业改革发展的组织领导

会议明确要求进一步加强对林业工作的领导，建立齐抓共管的工作机制，形成共同推进的工作格局，努力开创林业改革发展新局面。要求各地区各部门要切实把林业工作摆上更加突出的位置，要像重视农业生产一样重视林业发展，像关注粮食安全一样关注生态安全，在政策制定、工作部署、财力投放等方面切实体现重视林业的战略意图。切实加强党政领导，强化推动林业工作的组织保障，党委、政府主要领导要亲自抓、负总责，分管领导要直接抓、负主要责任。要真正把集体林权制度改革作为一件大事来抓，建立健全党委领导、政府主导、部门支持、农民为主、社会参与的林改工作机制。认真履行部门职责，形成支持林业工作的强大合力，该出的政策要早出台，该定的办法要早制定，该给的经费要早下达。统筹生态建设与产业发展，推进"生态建设产业化、产业发展生态化"，实现生态建设与产业发展良性互动，构建林业协调发展的科学格局。严密防控重大林业灾害，把林业灾害防控纳入政府应急管理，科学制订防控方案，确保森林资源和人民生命财产安全。要突出抓好夏季森林防火工作，确保不发生重特大森林火灾。强化科技和人才支撑，提升林业建设的质量效益。

中央林业工作会议的胜利召开不仅是全面推进集体林权制度改革、进一步解放和发展农村生产力、建设社会主义新农村的一个里程碑，而且对发展现代林业、建设生态文明、推动科学发展、促进社会和谐都将产生巨大的推动作用，必将载入中国林业发展和农村改革发展的史册。正如回良玉副总理说的那样，这次会议具有历史意义、里程碑意义、划时代意义。

第六篇

转变发展方式
实现绿色增长

——发展现代林业的
重大使命

　　绿色增长是当今人类社会为应对资源、生态、环境以及人口问题的严峻挑战而作出的抉择。它已经成为世界经济社会发展的大趋势。站在全球视角上看，绿色增长是一种资源节约、环境友好、人与自然和谐的发展模式，是一条低排放、低能耗、低污染的可持续发展道路。2011年9月6日，中国国家主席胡锦涛出席首届亚太经合组织林业部长级会议开幕式并发表题为《加强区域合作 实现绿色增长》的重要讲话，强调森林在推动绿色增长中具有重要功能，提出中国将进一步加快林业发展，为实现绿色增长和可持续发展作出新的贡献。这是中国国家最高领导人对全世界的郑重承诺，是党和国家寄予中国林业的殷切期望，也是发展中国现代林业的重大使命。

对外开放加速推进　　国际影响明显提升

首届亚太经合组织林业部长级会议
First APEC Meeting of Ministers Responsible for Forestry
中国·北京　2011年9月6-8日
Beijing China　6-8 September 2011

积极实施"引进来"和"走出去"战略
引进实施国际合作项目2000多个，实际利用外资30多亿美元。湿地生物多样性保护和世行、亚行、欧投行等国际金融组织贷款项目顺利实施，援助欠发达国家生态建设起步良好，林业"走出去"步伐加快。利用两种资源、服务两个市场的能力明显增强。

森林应对气候变化成为重大国家战略
2007年，国家主席胡锦涛在亚太经合组织第十五次领导人非正式会议上提议，建立亚太森林恢复与可持续管理网络；2009年，胡锦涛在联合国气候变化峰会上向全世界作出了"争取到2020年森林面积比2005年增加4000万公顷，森林蓄积量比2005年增加13亿立方米"的庄严承诺；2011年，胡锦涛在首届亚太经合组织林业部长级会议上指出，加强区域合作，实现绿色增长，加快林业发展，增加森林碳汇已成为我国政府应对气候变化的战略选择。

深入开展各领域国际合作
开展了大熊猫、朱鹮、东北虎等外交工作，成功参与"老虎峰会"和《濒危野生动植物种国际贸易公约》第十五届缔约国大会，妥善处理老虎保护、木材非法采伐等敏感问题，认真履行国际公约，与美、英、日、澳、德、印等国就林业相关议题展开了双边磋商与合作。

（国家林业局宣传办公室提供）

出席联合国可持续发展大会的各国领导人合影

一、憧憬绿色未来——林业在全球绿色增长中的战略地位

工业革命以来，由于生产力的不断提高，大大促进了人类社会的发展。但与此同时，过度的资源消耗所造成的生态系统退化、生物多样性锐减和气候变化等生态问题，在不断地吞噬着人类生存和发展的空间，引起了国际社会的高度关注。在系统探讨了人类面临的一系列重大经济、社会和生态问题之后，世界各国确立了新的发展道路——"可持续发展"。在探索发展道路的过程中，森林的生态功能、经济功能和社会功能得以认知，林业在应对和解决上述生态问题的有效作用得以利用。联合国三次关于发展问题的会议，更是确立了林业在可持续发展和绿色增长中的战略地位。

（一）联合国三次关于发展问题的会议——确定林业在绿色增长中的战略地位

联合国 1992 年在巴西里约热内卢召开了划时代意义的环境与发展大会，并在随后的 2002 年、2012 年召开可持续发展世界首脑会议和可持续发展大会。这三次以发展为主题的会议，确立了以绿色增长为核心要素的可持续发展方向和林业在绿色增长中的战略地位。1992 年，联合国环境与发展大会在巴西里约热内卢召开，森林问题受到特别关注，大会讨论通过了《里约环境与发展宣言》《21 世纪议程》和《关于森林问题的原则声明》，并签署了《气候变化框架公约》和《生物多样性公约》。2002 年，联合国可持续发展世界首脑会议强调"林业是当今国际政治议程的重要内容，在实现可持续发展中占有重要地位"。2012 年，联合国再次在巴西里约热内卢召开可持续发展大会，最终形成的成果报告《我们憧憬的未来》进一步强调了森林在可持续发展和绿色增长中的重要地位和作用。

（二）《国际森林文书》——国际社会为发挥森林在绿色增长中的作用持续努力

1992 年《关于森林问题的原则声明》通过后，为早日达成国际森林公约，联合国先后成立政府间森林特设工作组、政府间森林论坛和联合国森林论坛，就国际森林问题进行谈判。2007 年，第 62 届联合国大会最终通过《关于所有类型森林的无法律约束力文书》（简称《国际森林文书》），呼吁国际社会和各国政府：履行对林业可持续发展的政治承诺，制定和实施国家林业发展战略和规划，将林业发展纳入国家经济社会发展总体规划；加强林业立法和执法，强化林业行政管理和林业机构能力建设；加强森林保护，减少毁林，遏制森林退化，加快已毁森林的恢复进程；增加林业投入，扭转林业建设资金不足的局面；促进技术交流，提高森林可持续经营水平。

专栏一 《关于所有类型森林的无法律约束力文书》（摘要）

一、宗 旨

1. 加强所有级别的政治承诺和行动，以有效实行所有类型森林的可持续经营，实现共同的全球森林目标。

2. 使森林为实现全球可持续发展目标方面作出更大贡献，特别是在消除贫穷和环境可持续发展领域。

3. 为林业国家行动和国际合作提供框架。

二、原 则

1. 自愿性质，无法律约束力。

2. 各国负责本国森林的可持续管理以及本国森林法的实施。

3. 各利益群体、地方社区、森林所有者和其他利益攸关方可以为实现可持续森林管理作出贡献，他们应按照国家立法，以透明和参与性的方式，参加对其有影响的森林问题决策过程以及实施森林可持续经营。

4. 实现森林可持续经营，特别是在发展中国家和经济转型国家，取决于大幅增加新的和额外的资金。

5. 实现森林可持续经营还取决于在各级实行良政。

6. 国际合作（包括财政支持、技术转让、能力建设和教育），在支持所有国家特别是发展中国家和经济转型国家努力实现森林可持续经营方面发挥重要作用。

三、森林可持续经营的定义

森林可持续经营是一个动态和不断发展的概念，目的是保持和增强所有类型森林的经济、社会和环境价值，为当代和后代造福。

四、全球森林目标

1. 通过森林可持续经营，包括保护、恢复、植树造林和再造林，扭转世界各地森林覆盖丧失的趋势，更加努力地防止森林退化。

2. 增强森林的经济、社会和环境效益，包括改善依靠森林为生者的生计。

3. 大幅增加世界各地林业保护区和其他可持续经营林区的面积，以及可持续管理林区森林产品所占比例。

4. 扭转在森林可持续经营方面官方发展援助减少的趋势，从各种来源大幅增加新的、额外的金融资源，用于实行森林可持续经营。

五、国家政策和措施

1. 制定、执行、公布并适时更新国家林业发展规划。

2. 把国家林业发展规划纳入国家可持续发展战略、减贫战略及相关行动。

3. 加强跨部门合作与协调，把林业纳入国家决策的过程。

4. 制定支持森林可持续经营的资金战略。

5. 回顾并改进林业立法，加强森林执法，促进良政。

6. 鼓励对森林可能产生影响的项目进行评估管理（如环评）。

7. 鼓励通过森林可持续经营获取森林的产品与服务，并致力于减贫和农村发展。

8. 鼓励承认在市场中反映森林的各种产品和服务价值。

9. 促进森林健康，解决火灾、污染、虫害、病害和外来物种侵害所造成的威胁。

10. 帮助林业社区，通过森林可持续经营更好地利用森林资源和相关市场，实现收入多样化。

11. 把七个可持续森林管理专题要点作为评估森林可持续经营水平的参照框架。

12. 进一步制定并执行森林可持续经营标准和指标。

13. 鼓励开展森林认证。

14. 加强科学研究在促进森林可持续经营中的作用。

15. 促进各类林业科技创新发展以及应用。

16. 在森林经营中，保护和使用传统知识与做法，并公平、公正地分享产生的效益。

17. 促进林产品高效生产和加工，减少废物，加强循环利用。

18. 建立、发展、扩大并维护林业保护区网络。

19. 评估并改进现有保护区的状况和管理有效性。

20. 鼓励相关利益群体积极有效地参与制定、实施和评价林业相关国家政策、措施和方案。

21. 鼓励私营部门投资林业，并鼓励相关利益群体参与森林可持续经营。

22. 建立并加强伙伴关系，并与相关利益方制定合作方案，共同推动森林可持续经营。

23. 促进公众对森林可持续经营及其效益的认识。

24. 鼓励并推广在森林持续经营领域的教育和培训。

25. 支持相关利益群体参与森林可持续经营领域教育和培训。

六、国际合作主要原则

发达国家应为发展中国家开展森林可持续经营提供资金、技术转让，并建立信息共享平台；鼓励开展南南合作，国际森林伙伴关系成员应为履行《国际森林文书》提供支持。

七、监测、评估和报告

成员国应监测、评估实现本文书的进展，应自愿向联合国提交国家进展报告。

联合国森林论坛第九次全会 ——《国际森林文书》谈判会场（国家林业局国际合作司提供）

（三）林业应对全球气候变化——国际社会为推动绿色增长达成重要共识

为应对全球气候变化，1992 年《联合国气候变化框架公约》正式签署。1997 年通过《京都议定书》，确定了温室气体量化减排指标，启动了具体减排措施和日程表谈判。鉴于森林的固碳作用，世界各国普遍认识到了林业减排的巨大潜力并达成协议，林业碳汇成为了除工业减排之外的重要减排手段。2011 年，在南非德班召开的联合国气候变化大会达成了"减少发展中国家毁林排放等行动的激励政策机制议题"和"土地利用、土地利用变化与林业议题"两大林业减排议题。这体现了国际社会对林业应对气候变化重要作用的认识不断深化，标志着国际社会对林业推动可持续发展和绿色增长重要作用的认识进一步提升。

联合国气候变化谈判第十五次缔约方大会全会会场

联合国气候变化谈判第十七次缔约方大会全会会场

专栏二　减少发展中国家毁林排放等行动的激励政策机制议题（REDD+）

这是在气候变化公约第 11 次缔约方大会期间，根据巴布亚新几内亚和哥斯达黎加提议而确立的谈判议题。在 2007 年年底印度尼西亚巴厘岛召开的气候公约第 13 次缔约方大会期间，在非洲集团、中国和印度的要求下，该议题讨论的林业活动范围由早先仅关注减少发展中国家毁林活动导致的碳排放，扩展到包括减少发展中国家森林退化导致的碳排放，以及保护森林、可持续经营森林、增加森林碳汇的活动，并被纳入到了"巴厘路线图"，成为"巴厘路线图"谈判的重要内容之一。谈判重点是讨论如何建立有效的激励机制和政策，支持发展中国家采取行动，减少森林碳排放和增加森林碳吸收。经过一系列谈判，已就以下方面达成了一致：

1. 在获得发达国家资金、技术支持基础上，发展中国家可根据本国国情和能力：

（1）开展减少毁林、森林退化导致的碳排放，以及保护森林碳储量、可持续经营森林、

提高森林碳储量的行动，以减少、阻止和扭转森林面积和碳的损失；

（2）组织制定国家战略或行动计划，在国家层面建立计量减少森林碳排放量或稳定和增加的森林碳储量的参照水平（或基准线），要建立一套有效而透明的森林监测体系，对行动结果进行测量、报告和核实。

2. 发达国家同意通过多种渠道提供资金支持，在推进发展国家采取减少森林碳排放和增加森林碳吸收时：

（1）要尊重发展中国家主权、国情和能力；

（2）要与发展中国家可持续发展、减贫、应对气候变化的目标和在适应气候变化方面的需求保持一致；

（3）要有利于推进森林可持续经营，发达国家提供的资金、技术和能力建设支持要和发展中国家的行动结果挂钩；

（4）要注意保护生物多样性、尊重当地权益，确保当地人受益等。

专栏三　土地利用、土地利用变化和林业议题（LULUCF）

本议题是《京都议定书》二期减排谈判中的一个技术性议题，是 2005 年年底启动《京都议定书》第二承诺期发达国家减排承诺谈判后，发达国家要求谈判的议题。发达国家认为现行核算土地利用、土地利用变化和林业活动碳源／碳汇的技术规则不合理，限制了他们利用土地利用、土地利用变化和林业活动的减排潜力，主张大幅度修改现行核算规则。

2011 年底，德班会议针对《京都议定书》第二承诺期 LULUCF 活动碳源／碳汇变化的核算规则所作决定主要解决了以下问题：①延续了《京都议定书》第一承诺期基于活动的核算方式。②除造林、再造林、毁林必须纳入核算

外，森林管理也纳入了强制核算，但新增了湿地排干与还湿、采伐木质林产品作为可选择的核算活动。③确定了用参考水平（或基准线）方法核算森林管理活动碳源／碳汇变化情况，对核算结果可用于抵消源排放的森林管理活动的碳汇设定了使用上限，即不超过发达国家基年源排放量的 3.5%。④将采伐部分人工林活动作为森林管理活动进行碳源／碳汇变化的核算。⑤确定了采伐木质林产品碳排放的核算方法。⑥确定了从森林管理活动碳源／碳汇变化的核算结果中剔除自然干扰（主要是森林火灾）影响的方法。

二、发展现代林业——中国为推动绿色增长作出的战略决策

中共中央、国务院高度重视林业问题，为加快林业发展、推动绿色增长作出了一系列重大决策和部署。2003年，中共中央、国务院作出了《关于加快林业发展的决定》，确立了以生态建设为主的林业发展战略。2008年，中共中央、国务院颁发了《关于全面推进集体林权制度改革的意见》，并召开首次中央林业工作会议，明确了林业的"四个地位""四大使命"，作出了发展现代林业的重要部署。2011年9月，国家主席胡锦涛在首届亚太经合组织林业部长级会议上，提出了加强林业建设、发挥森林多种功能、深化区域合作的三点建议，明确指出要重视林业发展，推动绿色增长。中共中央、国务院的一系列重大举措，赋予了现代林业在推动绿色增长中的重大使命。现代林业是坚持以人为本、全面协调可持续发展的林业，其核心是用现代科学技术构建完备的林业生态体系、发达的林业产业体系和繁荣的生态文化体系，全面开发和不断提升林业的多种功能，努力提高林业的生态、经济、社会效益，满足经济社会日益增长的对林业的多样化需求。

联合国可持续发展大会 —— 边会"中国林业与绿色增长"（国家林业局国际合作司提供）

（一）发展现代林业的目标之一：努力构建完备的林业生态体系

森林作为陆地生态系统的主体，是维护国土生态安全，促进人与自然和谐发展的重要保障。林业是生态建设的主体，承担着建设和保护"三个系统一个多样性"的重要职能，即建设和保护森林生态系统、管理和恢复湿地生态系统、改善和治理荒漠生态系统、维护和发展生物多样性。实践证明，森林生态系统、湿地生态系统、荒漠生态系统和生物多样性，在维护地球生态平衡中起着决定性作用，无论损害和破坏哪一个系统，都会影响地球的生态平衡，影响地球的健康"长寿"，危及人类的生存根基。构建完备的林业生态体系，就是要建设和保护好这"三个系统一个多样性"，努力构建以森林植被为主体、林草结合的国土生态安全体系，这是现代林业建设的根本任务。我国的森林覆盖率排在世界各国的第130位。自然湿地仅占国土面积的3.77%，远低于世界6%的平均水平。我国是世界上土地沙化和水土流失最严重的国家之一。生态产品已成为我国当今社会最短缺的产品之一，生态问题已成为我国经济社会可持续发展的最大障碍之一，生态差距已成为我国与发达国家的最

亚太经合组织第十五次领导人会议合影

大差距之一，生态承载力低与经济高速增长的不协调已成为落实科学发展观、建设生态文明最突出的问题之一。为实现中央确定的生态文明建设的重要目标，到2020年使我国成为生态环境良好的国家，走中国的绿色发展道路，必须加快构建完备的林业生态体系。只有把这"三个系统一个多样性"建设保护好了，才能有效应对生态危机，维护国土生态安全；才能有效增强我国可持续发展的能力，改善中华民族和后代的生存发展空间；才能最终建成生态文明社会，实现生态良好；才能保障我国经济社会可持续发展，实现绿色增长。

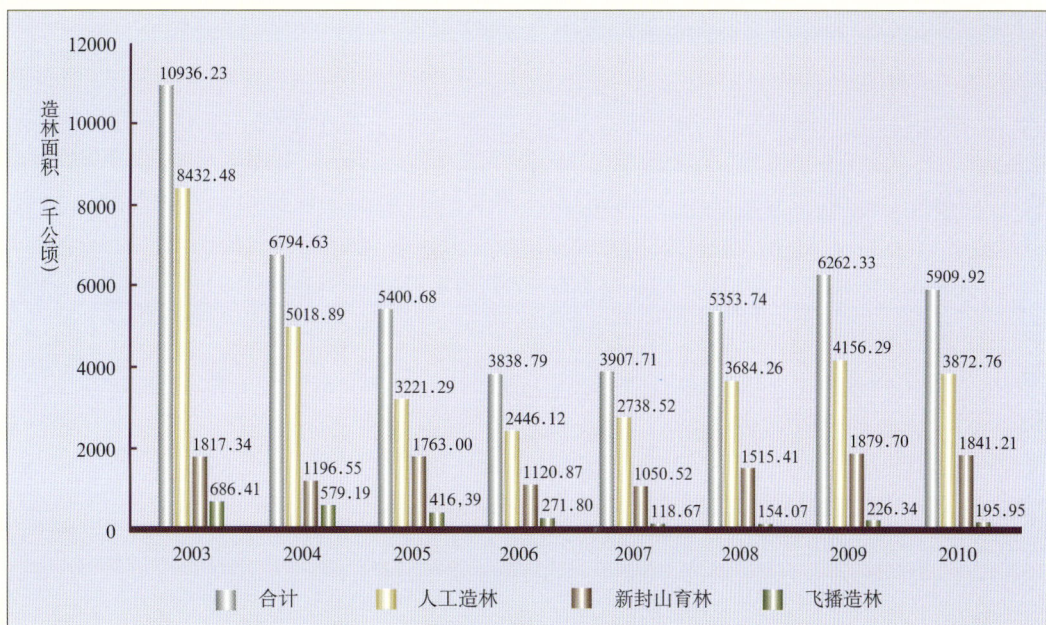

2003～2010年全国造林情况（国家林业局宣传办公室提供）

专栏四　亚太森林恢复与可持续管理组织

APFNet

亚太森林恢复与可持续管理组织的建立

2007年9月，在澳大利亚悉尼举行的亚太经合组织（APEC）第十五次领导人非正式会议上，胡锦涛主席提出了建立亚太森林恢复与可持续管理组织（简称"亚太森林组织"）的倡议，美国与澳大利亚作为共提方响应发起。倡议得到与会各方一致赞同，写入了领导人《悉尼宣言》。次年9月，中国、美国、澳大利亚三方在北京达成了指导亚太森林组织前期发展的框架文件，组织秘书处投入运行。经过初期的筹备和发展，2011年4月亚太森林组织在中国正式注册为国际性组织。同年9月，在首届亚太经合组织林业部长级会议上，在回良玉副总理的见证下，中国、美国、澳大利亚三方和亚太经合组织代表正式为亚太森林组织揭牌。

亚太森林组织的目标和功能

亚太森林组织致力于促进亚太区域的森林恢复，提高森林可持续管理水平。具体目标为：

1. 为实现"2020年之前达到APEC区域内各种类型森林面积增长2000万公顷"的宏伟目标作出贡献。

2. 通过促进区域内退化森林的恢复和植树造林，协助改善森林生态系统的质量和生产力，增加森林碳储存。

3. 通过加强森林可持续经营，以减少森林流失和退化及相关的碳排放。

4. 协助提高区域内森林的社会经济效益，加强生物多样性保护。

亚太森林组织的主要功能：

1. 增强能力建设。

2. 推动信息共享。

3. 支持区域政策对话。

4. 开展示范项目，促进务实合作。

亚太森林组织的发展成果

经过几年快速发展，亚太森林恢复与可持续组织建设取得了丰硕成果，主要体现在几个方面：

1. 组织机构建设初见成效。建立了亚太森林组织联络员工作机制，形成了由临时指导委员会、秘书处、秘书长、项目技术评选专家组组成的管理机构，确保了亚太森林组织高效、透明运行。

2. 能力建设显著加强。举办"林业与乡村发展"和"森林资源管理"两大主题培训班；成功实施奖学金项目。

3. 示范项目初见规模。组织实施示范项目14个，项目范围覆盖了区域内的21个经济体；目前，已实施项目进展良好，项目管理不断加强，项目合作领域不断拓宽，与合作伙伴关系得到加强。

4. 支持政策对话，积极参与区域活动。资助和承办了首届亚太经合组织林业部长级会议，深度参与第二届亚太林业周暨24届亚太林委会等重要区域活动的承办工作。

5. 信息共享力度加大。积极总结亚太森林组织各项活动和区域林业成功做法，编辑出版《中国林权改革经验和成效（中英文）》《森林资源管理各经济体报告》《首届亚太经合组织林业部长级会议成果文件》等书籍及宣传材料20余种，依托网站实现信息共享。

（二）发展现代林业的目标之二：努力构建发达的林业产业体系

"三个系统一个多样性"也是巨大的资源库，可以生产木材、能源、工业原料、木本粮油、食品药材等上万种林产品，因此林业也是重要的基础产业和最大的绿色经济体，直接关系到经济社会发展和人民群众的物质需求和福祉。林业产业作为重要的基础产业，除具有一般产业的共同属性外，还有自身的四大特性，即资源的可再生性、产品的可降解性、三大效益的统一性和第一、第二、第三产业的同体性。以森林资源为基础的林业产业，既是一项传统产业，也是一项新兴产业。作为传统产业，它具有分布广、门类多和劳动力密集等优势，是适合我国当前发展阶段特别是农村发展的重要产业。作为新兴产业，它能够不断拓展林业发展领域，丰富林业发展内容，增强林业发展功能。推进现代林业建设，必须加快构建发达的林业产业体系，最大限度地满足经济社会发展对林业的多种需求。构建发达的林业产业体系，就是要切实加强第一产业，全面提升第二产业，大力发展第三产业，不断培育新的增长点，积极转变增长方式，着力建立起以木材及其他原料林培育、林产工业、木本粮油和特色经济林、森林旅游、林下经济、竹产业、花卉苗木、林业生物、野生动植物繁育利用、沙产业等十大产业为支柱的林业产业体系，全面提升林业对现代化建设的经济贡献率。只有大力发展林业产业，建立起发达的林业产业体系，充分发挥林业巨大的经济功能，我国以生态建设为主的林业发展战略目标才能得以真正实现。

（三）发展现代林业的目标之三：努力构建繁荣的生态文化体系

生态文化是反映人与自然和谐相处的生态价值观的文化。建设生态文化体系，是全社会牢固树立生态文明观念的基本途径，也是建设林业生态体系和林业产业体系的基本保障。没有生态文明观念的建立，就难以建成完备的林业生态体系和发达的林业产业体系。森林是人类文明的发祥地，孕育了如森林文化、竹文化、茶文化、野生动物文化等灿烂悠久、丰富多样的生态文化，集中反映了人类热爱自然、与自然和谐相处的共同价值观。林业作为生态文化建设的主阵地，必须大力发展生态文化，创造丰富的生态文化成果，努力构建繁荣的生态文化体系，倡导全社会生态文明观，为推动生态文明建设、实现绿色发展作出积极贡献。构建繁荣的生态文化体系，就是要普及生态知识，宣传生态典型，增强生态意识，繁荣生态文化，树立生态道德，弘扬生态文明，倡导人与自然和谐的重要价值观，努力构建主题突出、内容丰富、贴近生活、富有感染力的生态文化体系，全面提升林业对现代文明发展的引领作用。只有努力从更深的思想文化层面，让全社会牢固树立生态文明观，才能从根本上消除生态危机，建设好生态文明，推动经济社会可持续发展，实现绿色发展的目标。

现代林业建设的这三大体系是互相联系、互相促进的有机整体。没有完备的林业生态体系，林业产业就是无源之水；没有发达的林业产业体系，生态建设就没有活力和动力；没有生态文化体系的发展，人们的生态文明观就难以建立，生态意识就难以增强，生态建设和林业产业发展就没有坚实的思想保障。只有林业的这三大体系实现了全面协调可持续发展，才能真正建设好现代林业，为建设生态文明、推动科学发展、实现绿色增长作出应有贡献。

2011年9月6日，首届亚太经合组织林业部长级会议在北京人民大会堂开幕（贾达明 摄）

专栏五　首届亚太经合组织林业部长级会议《北京宣言》

北京，2011年9月7日

我们，出席2011年9月6日～7日在中国北京召开的"首届APEC林业部长级会议"的各经济体林业部长和高官，认识到世界经济正在从全球金融危机中逐渐复苏，但仍面临着资源和能源短缺、气候变化、生物多样性丧失、贫困和粮食安全等挑战。加强森林保护、恢复和管理将对实现APEC经济体的经济、社会、环境发展重点和目标迫切需要加强国际合作应对上述挑战，作出重要贡献。

忆及2007年悉尼《APEC领导人宣言》，承诺到2020年努力实现本区域所有类型森林面积至少增加2000万公顷的目标，同时建立亚太森林恢复与可持续管理组织。

还忆及2010年横滨《APEC领导人宣言》，强调了"要努力实现悉尼目标，并指示各自政府官员为此采取具体行动，加强合作应对非法采伐和相关贸易问题，推动森林恢复与可持续管理"。

重申联合国环境与发展大会通过的《关于森林问题的原则声明》和《关于所有类型森林的无法律约束力文书》，注意到它们使国际社会更加清楚地认识到森林在经济、社会和环境可持续发展，生态保护，消除贫困，绿色增长，特别是应对气候变化等方面具有重要的作用和贡献。"绿色增长"将是APEC第19次领导人非正式会议的重要内容之一。

认识到林业以其独特的作用和对可持续发展的贡献，有潜力成为实现绿色增长的领军行业。

欢迎坎昆有关协议中减少发展中国家由于毁林和森林退化产生的温室气体排放的政策措施和奖励机制，以及森林保护和可持续经营、增加森林碳汇在发展中国家的重要作用。

谨记APEC经济体在自然、经济和社会发展方面具有的丰富多样性，各自不同的发展需求和目标，以及在保护、可持续管理和恢复本区域森林以实现绿色增长和可持续发展中面临的巨大挑战。我们要努力：

1. 保持和进一步增强支持森林保护、恢复和可持续经营管理的政治意愿。

2. 通过现有国际进程，如联合国森林论坛、国际热带木材组织、关于温带寒温带森林的保护与可持续经营标准指标的蒙特利尔进程，促进林业相关协议的执行并增强对森林可持续经营的共识。

3. 加强森林可持续经营领域的国际合作，包括考虑运用创新的资金机制，促进绿色增长。

4. 加强APEC各经济体林业政策和管理的协

2011 年 9 月 8 日，中共中央政治局委员、国务院副总理回良玉出席首届亚太经合组织林业部长级会议闭幕式并代表中国政府致闭幕辞（新华社记者　黄敬文　摄）

调与合作，特别是促进对可持续的林产品投资和贸易，深化林业经济技术合作，促进森林的多种利用，提供各类产品和服务；打击非法采伐，促进合法采伐的林产品贸易，并通过 APEC 设立的专家组加强此领域的能力建设。

5. 推进务实合作，保护、恢复和可持续利用森林资源，特别是通过原著居民和乡村社区等利益群体，积极参与区域林业倡议、技术合作以及其他旨在加强本区域森林可持续管理的各项举措。

6. 推动现有区域林业组织和进程，开展更加密切的合作并采取有效行动，特别是联合国粮食及农业组织亚太林业委员会，亚洲森林伙伴关系和亚太森林恢复和可持续管理网络，交流信息和经验，加强各经济体间的合作，推动森林可持续经营。

7. 鼓励 APEC 经济体大力植树造林，防止毁林和森林退化，增加森林面积，提高森林质量，考虑以社会、环境、经济可持续发展的最佳方式，实现2007年悉尼《APEC领导人宣言》确立的目标。

8. 鼓励开展森林在减轻自然灾害影响以及灾后恢复方面的信息交流；以及加强监测和预防跨界森林病虫害和外来物种领域的信息交流，防止森林退化。

9. 进一步加强林业机构建设，提升林业管理能力和加大林业资金的筹措力度，以适应经济、社会、环境快速发展对林业提出的新要求。

10. 积极推进林业法律和政策的制定与完善，以加强森林治理和林地保护，建立稳定的林权制度；加强林业执法。

11. 鼓励保护、恢复和合理利用森林资源，提高森林质量，增加森林碳汇功能以应对气候变化；保护与合理利用野生动植物和湿地资源，防治土地退化和荒漠化，保护生物多样性。

12. 发展林业产业，扩大就业，提高原著居民和当地社区可持续经营森林和参与林产品贸易和加工的能力，加快林区发展，改善民生，实现绿色增长。

13. 加强跨部门合作，建立跨部门政策协调机制，倡导参与式森林管理，减少政策冲突对林业的影响。

14. 鼓励科技创新，加快林业科技与经济的融合，加强林业领域的能力建设和研发，包括通过技术转让、信息分享、科技会议和创新融资机制，加强新技术和科研成果的应用，促进创新增长。

15. 加强公众意识宣传教育，特别是对林业法规、生态保护的重要性以及可持续林业实践的认识。

三、让森林造福人类——中国努力为全球绿色增长作贡献

通过发展现代林业，一方面建设我国生态文明，推动自身科学发展，实现自身绿色增长；另一方面，也以积极开放的思维，加强林业领域的国际交流与合作，携手共进，促进绿色增长，让林业造福人类。

（一）倡导建立亚太森林恢复与可持续管理组织

2007年9月8日，国家主席胡锦涛在亚太经合组织第十五次领导人非正式会议上强调，保护森林可以在应对气候变化方面发挥重要作用。胡锦涛主席倡议，建立"亚太森林恢复与可持续管理组织"（简称"亚太森林组织"），搭建亚太地区各成员就森林恢复和管理开展经验交流、政策对话、人员培训等活动的平台，共同促进亚太地区森林恢复和增长，增加碳汇，减缓气候变化。倡议得到与会各方一致赞同，写入了领导人《悉尼宣言》。2011年4月，亚太森林组织在中国正式注册为国际性组织。它旨在通过能力建设、示范项目、政策对话和信息共享促进亚太区域的森林恢复，提高森林可持续管理水平。通过这个平台，促进了亚太区域的林业合作，提升了中国负责任大国的形象。

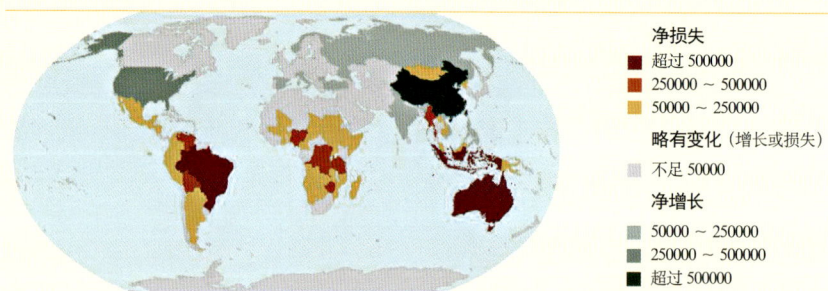

全球森林面积2005～2010年增长情况（公顷／年）（引自联合国粮食及农业组织网站）

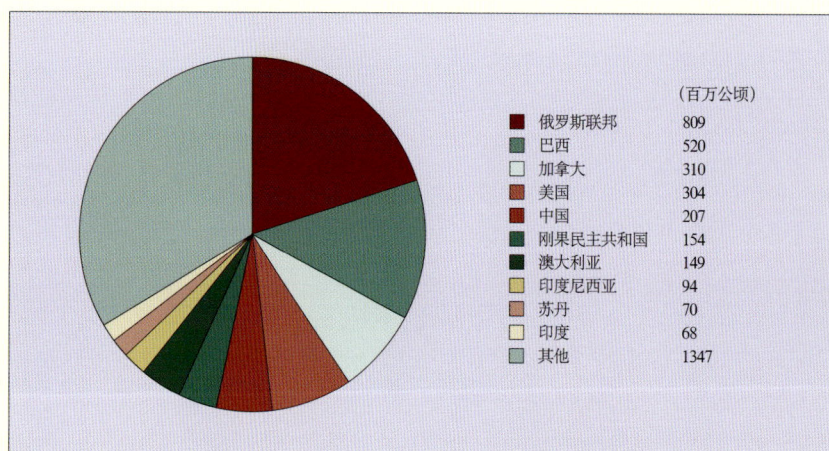

全球森林面积最大的10个国家排名（引自联合国粮食及农业组织网站）

2007 年 6 月 5 日，世界自然基金会总干事詹姆士·李普向中国国家林业局局长
贾治邦颁发"自然保护杰出领导奖"

（二）增加森林碳汇，积极应对气候变化

2009 年 9 月 22 日，国家主席胡锦涛在联合国气候变化峰会开幕式上强调，中国
将进一步把应对气候变化纳入经济社会发展规划，并继续采取强有力措施，"大力
增加森林碳汇，争取到 2020 年森林面积比 2005 年增加 4000 万公顷，森林蓄积量比
2005 年增加 13 亿立方米"。这是中国对世界各国的郑重承诺。2010 年 11 月 14 日，
在亚太经合组织第十八次领导人非正式会议上，胡锦涛主席强调促进可持续增长、
努力实现经济长期发展，并提出进一步推动亚太区域林业合作。亚太经合组织各成
员国高度评价中国林业对于区域发展的贡献和在推动绿色增长中的重要作用，并积
极借鉴中国的绿色增长模式。

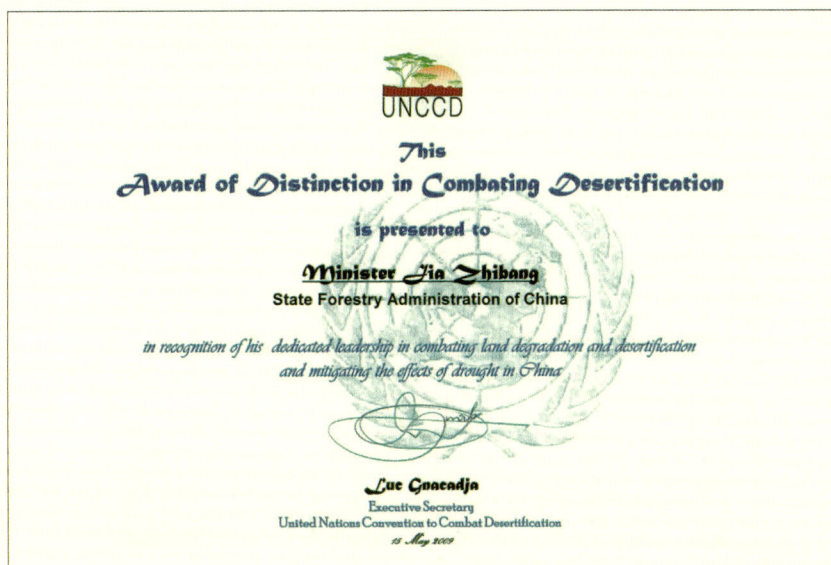

2009 年 5 月 15 日，联合国防治荒漠化公约秘书长吕克·尼亚卡贾授予
中国国家林业局局长贾治邦"防治荒漠化杰出贡献奖"

（三）加强区域合作，促进绿色增长

2011 年 9 月 6 日～8 日，首届亚太经合组织林业部长级会议在北京市召开。会议的主题是"加强区域合作，促进绿色增长，实现亚太林业可持续发展"。国家主席胡锦涛出席首届亚太经合组织林业部长级会议，并发表题为《加强区域合作 实现绿色增长》的重要讲话，深刻论述了森林在推动绿色增长中的重要功能以及林业与绿色增长的关系，并提出了加强林业建设、发挥森林多种功能和深化区域合作的三点建议。这既是中国政府积极推动亚太区域林业合作、促进绿色增长的承诺，也是推动我国现代林业科学发展的指针。与会的亚太经合组织成员国代表一致赞扬了中国维护区域生态安全、促进区域绿色增长的积极行动。会议在林业与经济发展、林业与气候变化、林业与民生改善等许多领域达成广泛共识，并通过了《北京宣言》。

（四）中国林业对全球绿色增长的贡献

在以生态建设为主的林业可持续发展战略思想指导下，我国的现代林业建设取得了举世瞩目的成就，赢得了国际社会的广泛认可和赞赏。在全世界面临森林面积减少、沙化土地扩张、湿地退化的严峻形势下，我国的森林面积和蓄积持续增加，沙化土地面积每年净减少，湿地得到积极保护。联合国粮食及农业组织在《2010 年全球森林资源评估报告》中高度评价了中国在扭转全球森林资源持续减少和退化、减缓全球气候变化中所作的重大贡献。在近年来出版的《世界森林状况》中指出，中国通过实施植树造林和严格土地利用制度，发展防护林，增强森林环境服务功能，改善生态环境的同时，大力培育速生用材，为亚太地区乃至全球木材生产提供了重要资源；作为林产品主要生产国和贸易国，林业产业快速发展，成为了全球林业发展的主要推动力。

　　加强生态建设，促进绿色增长，已经成为全人类的共识和国际社会的共同行动。中国作为一个负责任的发展中大国，解决好自身的生态和发展问题，是增加中国人民福祉的要求，也是维护全人类共同利益的要求。中国林业创造的绿色奇迹，其本身就是对全世界、全人类作出了巨大贡献。实现绿色发展是发展中国现代林业的重大使命，发展现代林业是实现中国绿色增长的现实选择。中国人民将继续在中国共产党的正确领导下，同世界各国人民一道，为维护全球生态安全、推进绿色增长作出新的更大贡献。

第七篇

实行大工程
带动大发展

——彰显中国的
力量与特色

　　实施林业重点工程是我国林业转变发展方式、实施可持续发展战略的成功范例。1978 年 11 月，被世界誉为中国绿色长城的三北防护林体系建设工程正式启动，拉开了我国实施林业重点工程的序幕。1979 ~ 2001 年的 20 多年间，长江、黄河、珠江等防护林以及平原绿化等一系列林业工程相继启动，为我国林业发展和生态保护建设打下了良好基础。党的十六大以来，国家实施了六大林业重点工程。随后，国务院又相继批准实施沿海防护林体系建设、湿地保护与恢复、石漠化综合治理等工程。林业重点工程被整体纳入国家国民经济和社会发展"十五"计划纲要和"十一五""十二五"规划纲要。从此，我国林业开始进入大工程带动大发展，由传统林业向现代林业转变，全面实施以生态建设为主的林业发展战略的新时期。

祖国北疆的绿色长城
——三北防护林体系建设工程

　　工程覆盖东起黑龙江西至新疆的 13 个省（自治区、直辖市）的 551 个县（旗、市、区），绵延 4480 公里，主要解决我国东北、华北和西北地区的防沙治沙、水土保持和农田牧场防护问题。工程自 1978 年实施以来，累计完成造林 4153.33 万公顷，工程区森林覆盖率由 5.05% 提高到 12.4%，治理沙化土地 27.8 万平方公里、水土流失面积 38.6 万平方公里，保护农田 2248.6 万公顷。

（国家林业局宣传办公室提供）

一、大工程彰显中国绿色发展力量

进入21世纪以来,针对我国生态状况"局部治理、整体恶化"的趋势尚未根本扭转,中共中央、国务院决定利用十几年的时间,投资数千亿元改善生态,相继批准实施了天然林资源保护、退耕还林、京津风沙源治理、沿海防护林体系建设、野生动植物保护及自然保护区建设、湿地保护与恢复、石漠化综合治理等国家林业重点工程,充分体现了党和政府带领全国人民改善生态的战略眼光和坚定意志,为中国绿色发展之路奠定了良好的生态基础。

恢复天然林的战略之举
——天然林资源保护工程

工程覆盖我国长江上游、黄河上中游、东北内蒙古等重点国有林区17个省(自治区、直辖市)的734个县和167个林业局(场),主要通过禁止和调减木材商业性采伐,解决我国天然林资源的休养生息和恢复发展问题。工程自1998年实施以来,有效保护森林资源1.08亿公顷,工程区森林面积净增1000万公顷,累计少砍木材2.2亿立方米,森林蓄积净增7.25亿立方米,一次性分流安置68万多名林业职工,实现了由砍树人向护林人的转变。

(国家林业局宣传办公室提供)

（一）生态警钟持续敲响

受人类活动、自然因素和气候变化等影响，进入 21 世纪，我国生态恶化的趋势仍然没有根本好转，生态问题依然严重。2002 年全国第二次水土流失遥感调查结果显示，我国水土流失总面积达 356 万平方公里，占国土面积的 37.1%，年均土壤侵蚀量高达 45 亿吨，损失耕地约 6.7 万公顷。2005 年第三次全国荒漠化监测结果表明，我国沙化土地面积达 174 万平方公里，占国土面积的 18.1%，影响着近 4 亿人口的生产和生活，土地沙化每年造成的直接经济损失达 500 多亿元。2005 年第一次石漠化监测结果显示，石漠化土地面积 12.96 万平方公里，占岩溶地区国土面积的 28.7%，潜在石漠化面积 12.4 万平方公里，石漠化仍以每年 2% ~ 4% 的速度扩展，已成为西南地区最为严重的生态问题。天然湿地急剧减少，蓄水调洪能力、净水、贮碳功能下降。同时，台风、暴雨、洪涝、干旱、风沙、泥石流等自然灾害频繁发生。日益严峻的生态问题，威胁着中华民族的生存与发展，制约着经济社会可持续发展，已成为我国面临的最紧迫、最重要的问题之一。

水土流失的治本之策
——退耕还林工程

工程覆盖我国 25 个省（自治区、直辖市）和新疆生产建设兵团的 2279 个县级单位，主要解决我国重点地区的水土流失及风沙危害问题。工程自 1999 年实施以来，累计退耕还林 2893.33 万公顷，荒山荒地造林及封山育林 1967 万公顷，使工程区森林覆盖率提高 3 个多百分点，相当于再造一个东北内蒙古国有林区。工程的实施，从根本上结束了我国毁林开荒的历史，促进了工程区生态状况的改善和农民的就业增收。

（国家林业局宣传办公室提供）

2009年10月，中央纪委驻国家林业局纪检组组长、国家林业局党组成员
陈述贤在湖北省秭归县考察退耕还林工作

首都北京的生态屏障
——京津风沙源治理工程

　　工程覆盖北京、天津、河北、山西、内蒙古5个省区市的75个县（旗、市、区），主要解决京津周边地区的风沙危害问题。工程自2000年实施以来，累计完成治理任务1839.94万公顷，工程区林草植被盖度提高了20%—30%，有效减少了风沙危害。

（国家林业局宣传办公室提供）

（二）作出实施林业重点工程的重大决策

　　中共中央、国务院对我国生态持续恶化的状况高度重视，从民族生存和国家发展的高度作出了一系列改善生态的战略决策。1998年，长江、松花江、嫩江流域发生特大洪涝灾害之后，中共中央、国务院在《关于灾后重建、整治江湖、兴修水利的若干意见》中，把"封山植树，退耕还林"放在了32字治理措施的首位。1998年8月，在四川省率先启动了天然林资源保护工程。1998年11月，国务院制定并下发了《全国生态环境建设规划》，明确了我国生态环境建设的总体目标，提出用大约50年的时间，动员和组织全国人民，依靠科学技术，加强对现有天然林及野生动植物资源的保护，大力开展植树种草，治理水土流失，防治荒漠化，改善生产和生活条件，加强综合治理力度，完成一批对改善全国生态环境有重要影响的工程，扭转生态环境恶化的势头。力争到21世纪中叶，大部分地区生态环境明显改善，基本实现中华大地山川秀美。1999年，中共中央、国务院作出实施西部大开发、加快中西部地区发展的重大决策，把生态建设作为西部大开发的根本点和切入点，并对长江上游、黄河中上游、风沙区等生态极度脆弱地区的生态治理作出了一系列重大部署。根据国民经济和社会发展状况以及生态建设的总体要求，国家决定实施六大林业重点工程，即天然林资源保护工程、退耕还林工程、三北及长江中下游地区等重点防

万里海疆的绿色长城
——沿海防护林体系建设工程

　　工程覆盖北起辽宁南至广西的11个省区市、221个县，绵延1.83万公里。工程自1991年实施以来，累计完成营造林386.4万公顷，工程区森林覆盖率增加10.6个百分点，使海岸基干林带达到1.7万多公里，有效改善了沿海地区生态状况，对减少风暴潮造成的损失发挥了重要作用。

（国家林业局宣传办公室提供）

护林体系建设工程、京津风沙源治理工程、野生动植物保护及自然保护区建设工程、重点地区速生丰产用材林基地建设工程，计划斥资数千亿元，在覆盖全国 97% 以上县的区域实施林业重点工程，从根本上改善中华民族的生存条件。国家实施的六大林业重点工程，被纳入了国家国民经济和社会发展第十个五年计划纲要。推进六大林业重点工程，是中共中央、国务院对我国生态建设作出的重大战略决策之一，充分体现了"改善生态环境，促进可持续发展"的国家意志，标志着林业建设进入了一个以大工程带动大发展的新阶段。

　　2003 年 6 月 25 日，中共中央、国务院颁发了《关于加快林业发展的决定》，确立了以生态建设为主的林业发展战略，在战略布局上以林业六大重点工程为框架，构建点、线、面结合的全国森林生态网络体系。随后，国务院于 2005 年 8 月 27 日批准了《全国湿地保护工程实施规划（2005 ~ 2010 年）》，2007 年 12 月 10 日批准了《全国沿海防护林体系建设工程规划（2006 ~ 2015 年）》，2008 年 2 月批复了《岩溶地区石漠化综合治理规划大纲（2006 ~ 2015 年）》。从此，我国林业进入了一个全新发展的战略机遇期，林业重点工程被整体纳入到国家国民经济和社会发展"十一五""十二五"规划纲要，林业重点工程成为发展现代林业、建设生态文明、推动科学发展的强大引擎。

野生物种的拯救行动
——野生动植物保护及自然保护区建设工程

工程主要通过拯救濒危珍稀物种、强化栖息地保护、恢复典型生态系统等措施，解决我国生物多样性保护问题。工程自 2001 年实施以来，建成自然保护区 1000 多处，建立野生植物种质资源保育或基因保存中心 400 多处，建立野生动物拯救繁育基地 200 多处，使珍稀濒危的上千种野生植物和 200 多种野生动物建立起稳定的人工种，国家重点保护野生动物种群总体上呈现稳中有升的良好发展态势。

（国家林业局宣传办公室提供）

专栏一　林业重点工程纳入国家国民经济和社会发展"十五"计划纲要

　　组织实施重点地区生态环境建设综合治理工程，长江上游、黄河上中游和东北内蒙古等地区的天然林保护工程，以及退耕还林还草工程。加强以京津风沙源和水源为重点的治理与保护，建设环京津生态圈。在过牧地区实行退牧，封地育草，实施"三化"草地治理工程。加快小流域治理，减少水土流失。推进黔桂滇岩溶地区石漠化综合治理。加快矿山生态恢复与治理。继续建设三北、沿海、珠江等防护林体系，加速营造速生丰产林和工业原料林。加快"绿色通道"建设，大力开展植树种草和城市绿化。加强自然保护区建设。保护珍稀、濒危生物资源和湿地资源，实施野生动物及其栖息地保护建设工程，恢复生态功能和生物多样性。"十五"期间，新增治理水土流失面积 2500 万公顷，治理"三化"草地面积 1650 万公顷。

　　　　　　　　　　　　　——摘自《中华人民共和国国民经济和社会发展第十个五年计划纲要》

专栏二　林业重点工程纳入国家国民经济和社会发展"十一五"规划纲要

　　天然林资源保护　对工程区内 9418 万公顷天然林和其他森林实行全面有效管护，在长江上游、黄河上中游工程区造林 579 万公顷。

　　退耕还林还草　在长江、黄河流域水土流失以及北方风沙地区等继续实施退耕还林还草。

　　京津风沙源治理　退耕还林 34 万公顷，在宜林荒山荒沙地区造林 29 万公顷，人工造林 127 万公顷，飞播造林 145 万公顷，封沙育林育草 95 万公顷，草地治理 291 万公顷。

　　防护林体系建设　实施三北防护林体系四期工程，长江、珠江防护林和太行山绿化、平原绿化及沿海防护林体系工程。推进三峡库区绿化带建设。

　　湿地保护与修复　建设 222 个湿地保护区，其中国家级湿地保护区 49 个，通过对水资源的合理调配和管理等措施恢复重要湿地。

　　三江源自然保护区生态保护和建设　退牧还草 644 万公顷，退耕还林还草 0.65 万公顷，封山育林、沙漠化土地防治、湿地保护、黑土滩治理 80 万公顷，鼠害治理 209 万公顷，水土流失治理 5 万公顷。

　　野生动植物保护及自然保护区建设　建设和完善一批自然保护区，继续实施对极度濒危野生动植物物种的拯救工程。

　　石漠化地区综合治理　通过植被保护、退耕还林、封山育林育草、种草养畜、合理开发利用水资源、土地整治和水土保持、改变耕作制度、建设农村沼气、易地扶贫等措施，加大石漠化地区治理力度。

　　　　　　　　　　　　　——摘自《中华人民共和国国民经济和社会发展第十一个五年规划纲要》

专栏三　林业重点工程纳入国家国民经济和社会发展"十二五"规划纲要

天然林资源保护二期工程　对天然林资源保护工程区内 1.07 亿公顷森林实行全面有效管护,加强公益林建设和后备资源培育。

退耕还林还草　在重点生态脆弱区和重要生态区位继续实施退耕还林还草,重点治理 25 度以上坡耕地。

防护林体系建设　继续实施三北、沿海、长江流域、珠江流域等防护林工程,增加森林植被。

京津风沙源治理　完成一期工程,启动二期工程,进一步治理沙化土地。

重点自然生态系统保护　依法划建一批国家级沙化土地封禁保护区,开展野生动植物保护及自然保护区建设,加强湿地保护与恢复。

岩溶地区石漠化综合治理　逐步扩大石漠化综合治理试点县规模,通过加强林草植被保护和建设、合理开发利用草地资源等措施,加大石漠化综合治理力度。

黄土高原地区综合治理　通过水土保持及土地整治、森林植被保护和建设、草食畜牧业发展等措施,加大水土流失以及荒漠化严重地区综合治理力度。

西藏生态安全屏障保护与建设　通过天然植被保护、退牧还草、防沙治沙、水土保持等措施,使全区 30% 以上中度和重度退化草地得到有效治理,重点区域 30% 的可治理沙化土地和 20% 的水土侵蚀面积得到治理。

三江源自然保护区生态保护与建设　保护和恢复林草植被,遏制草地植被退化、沙化,增强保持水土和涵养水源能力。

祁连山水源涵养区生态保护和综合治理　加强森林、草原、湿地的保护和修复,增强生态系统稳定性,涵养水源,保持水土。

甘南黄河重要水源补给生态功能区生态保护与建设　通过退牧还草、沙化草原综合治理、草原鼠虫害综合防治等措施,提高黄河水源涵养能力。

青藏高原东南缘生态环境保护　实施森林、草原、湿地生态系统保护与建设工程,治理沙化面积 250 万亩。

————摘自《中华人民共和国国民经济和社会发展第十二个五年规划纲要》

（三）大工程战略不断完善

中共中央、国务院高度重视林业重点工程建设。2006年以来，胡锦涛总书记多次到三北地区考察，肯定了三北工程建设所取得的重大成果，明确提出要实现从"沙逼人退"到"人逼沙退"的转变。2008年，胡锦涛总书记在海南省考察时明确指出，要加强海防生态建设，构筑沿海生态屏障。2012年，胡锦涛总书记在参加首都义务植树时强调，要积极扩大绿化面积，努力巩固植树成果，为祖国大地披上美丽绿装，为科学发展提供生态保障。

淡水安全的维护行动
——湿地保护工程

工程主要通过采取保护现有湿地、恢复退化湿地等措施，遏制我国湿地资源下降趋势，维护湿地生态系统的生态特性和基本功能。工程自2006年启动以来，实施了200多个保护和恢复示范项目，有力地带动和促进了我国湿地保护。

（国家林业局宣传办公室提供）

　　为了充分发挥林业在改善生态中的主体作用，国务院多次召开专门会议，研究林业生态工程建设问题。2007年6月20日，温家宝总理主持召开国务院常务会议，决定进一步巩固退耕还林成果，延长退耕还林政策补助期。2007年8月9日，国务院下发《关于完善退耕还林政策的通知》，明确了"确保退耕还林成果切实得到巩固""确保退耕农户长远生计得到有效解决"两项目标任务，确定了对原政策补助到期的退耕还林农户继续进行补助，同时建立巩固退耕还林成果专项资金两项完善政策的内容，进一步表明中共中央、国务院对改善生态状况以及解决"三农"问题的信心和决心。

农业生产的生态屏障

——平原绿化工程

工程是以平原农区农田林网为主体，结合"四旁"（宅旁、村旁、路旁、水旁）植树，农林间作，成片造林形成的网、带、片、点相结合的农田综合防护林体系。工程自1988年实施以来，累计造林710万公顷，工程区森林覆盖率由1987年的7.3%提高到现在的15.8%，农田林网控制率由1987年的59.6%增加到现在的74%。

（国家林业局宣传办公室提供）

为了巩固天然林保护成果，维护国家木材安全与林区和谐稳定，党的十七届三中全会通过的《中共中央关于推进农村改革发展若干重大问题的决定》作出了"延长天然林保护工程实施期限"的部署。2010年，国务院决定实施天然林资源保护二期工程。

与此同时，全国人民代表大会常务委员会将林业作为关注的重点领域，不断加强对林业工作的指导，多次听取国家林业局的工作汇报。中国人民政治协商会议全国委员会把生态建设作为参政议政的重点领域。多位政协领导分别带队深入各地对六大林业重点工程建设进行实地调研。

万里长江安澜的基础保障
——长江流域防护林体系建设工程

工程覆盖长江源头青海至入海口上海的17个省区市、1035个县。自1989年实施以来，累计造林1558万公顷，全流域有林地面积由1989年的3974.40万公顷增加到目前的6267.27万公顷，森林覆盖率由19.9%提高到38.0%，森林蓄积由29.78亿立方米增加到37.67亿立方米，以水源涵养林、水土保持林，以及农田、牧场、道路、堤岸防护林为主体的防护林体系框架初步形成。

（国家林业局宣传办公室提供）

国家木材安全的基础保障
——重点地区速生丰产用材林基地建设工程

工程建设重点在600毫米等雨量线以东范围内的18个省区，886个县（市、区）、114个林业局（场）实施，主要缓解国内木材供需矛盾。目前，累计营造林882万公顷。工程的实施，增加了后备森林资源，有效缓解了国内木材供给不足，增加了林农收入，带动了区域经济，林地生产力潜力得到释放，形成工业原料林产业带，促进了林业产业发展。

（国家林业局宣传办公室提供）

二、大工程体现中国特色社会主义制度优越性

以林业重点工程为基本框架的林业发展战略布局,是我国以超常规的发展方式,走一条"集中国家财力和人力,以大工程带动大发展"道路的生动实践,在当时综合国力还不是很强的情况下,能够集中力量抓大事、抓重点、抓全局,充分体现了中国特色社会主义制度的优越性。

陕西省飞播造林成效(国家林业局天然林保护工程管理中心提供)

(一)大工程带动中央资金集中投入林业建设

"十五"期间,投入林业的中央资金大幅度增加,达到1631亿元,是新中国成立以来林业投资总和的1.5倍。"十一五"时期,国家林业投入达2979亿元,与"十五"期间林业投资相比,林业基本建设投入由389亿元增加到479亿元,财政资金由1242亿元增加到2500亿元,有效解决了长期以来困扰林业发展资金不足的问题,为林业加快发展提供了强有力的资金保障。

林业重点工程成为中央林业投资的主战场和重点投入对象。从2001年开始,中央投资转向以工程资金形式注入林业,力推林业快速发展。2010年,中央投入天然林资源保护、退耕还林等5项工程的资金总量达450.42亿元,比2001年增长195%。从林业重点工程投资占全部中央林业投资的比重看,2001 ~ 2010年期间的平均投资比重为79%。可见,林业重点工程已经成为林业生态建设的重点和核心,成为改善生态状况和实现绿色增长的重要战略途径。

(二)大工程带动各级政府加强林业建设

林业重点工程得到地方各级党委、政府的高度重视。地方各级党委、政府将林业重点工程作为"一把手工程",作为考核政绩的重要指标,将发展林业作为加强社会主义新农村建设、调整农村产业结构、加快农民脱贫致富步伐、拉动区域经济发展、改善生态状况和建设生态文明的战略措施来抓,有力促进了地方经济可持续

发展。在林业重点工程带动下，"生态立省""生态立市""生态立县""既要金山银山，更要绿水青山"成为各级党委、政府的执政理念，加强生态建设、加快林业发展成为地方各级规划的重要内容。同时，为了配合林业重点工程建设，地方各级政府对林业投资规模也达到了空前，"十一五"共投入1900多亿元，为"十五"的3.4倍，有力支持了林业事业快速发展。

在国家重点工程带动下，各地相继规划启动了适应地方发展要求的生态工程，逐步形成了以国家生态建设工程为主、地方工程配合，合力推进生态建设的新格局。广东省启动了生态景观林带建设工程，部分地区将其作为当地政府的"民心工程"之一，所需资金纳入政府财政预算。广西壮族自治区实施了"绿满八桂"造林绿化工程，着力抓好通道绿化、城镇绿化和村屯绿化。浙江省开展了"1818"平原绿化行动，将其作为生态文明建设的重要目标之一。北京市的"平原造林"力度之大前所未有。辽宁省的"青山工程"、山西省的"身边增绿"、江西省的"一大四小"、湖南省的"三边"造林工程等，也都极具地方特色和时代特征，有力配合了国家林业重点工程建设。

（三）大工程带动人民群众参与林业建设

广泛发动和充分依靠广大人民群众进行社会主义建设，是我们党的政治优势和社会主义制度优越性的生动体现，也是搞好林业建设的必由之路。实施林业重点工程使林业真正走向了全社会、走进了人们的心中，极大地提高了林业的社会吸引力。天然林资源保护、退耕还林、京津风沙源治理等林业重点工程都包含了各种补助性、补偿性政策，不仅解决了人民群众的生计和后续经济来源问题，还极大地改善了生态状况和生存空间，人民群众参与林业建设的自觉性得到了极大提高。特别是集体林权制度改革以来，通过明晰产权、明确责任，创新经营机制，促进资金、劳动力、林地等生产要素向林业建设聚集，涌现出了一大批参与林业重点工程建设的典范。适应社会主义市场经济发展的要求，在林业建设中最大限度地引入利益驱动机制，采取拍卖、承包、租赁、入股、合资、合作等多种形式，明确造林主体，落实责权利，制定优惠政策，调动了各种社会力量参与林业建设的积极性，极大地鼓舞了广大人民群众投身生态建设的热情，拓宽了林业发展空间。速生丰产用材林工程从2003年开始，农户、外资、龙头企业逐渐成为工程建设主体。同时，在市场机制的驱动和林业重点工程的带动下，非公有制林业经济造林比重逐年增加，2011年，非公有制造林所占比重达到50.8%。

广东省全民义务植树初见成效

三、大工程推动林业发展机制创新

随着林业重点工程的深入实施，林业管理、投入和政策机制不断创新，提升了林业管理水平，优化了林业投入机制，形成了一整套有利于林业发展的政策体系，为林业加快发展提供了有力保障。

（一）大工程提升了林业管理水平

林业重点工程提升了林业建设的组织领导管理机制、工程建设管理机制和项目资金管理机制，为加快现代林业发展积累了经验。

1．加强机构建设和组织领导

随着林业重点工程的启动实施，国家林业局先后成立各大林业工程管理机构，地方政府也成立相应管理机构，负责加强对林业重点工程的规划、设计、组织、实施和管理。各地纷纷把林业重点工程纳入地方领导目标责任制，并作为年度政绩考核的重要内容，保证了工程项目建设的顺利实施。

2．强化工程建设管理

在林业重点工程建设中，坚持以质量管理为主线，以改革为动力，不断强化工程管理，提高了工程科学管理水平。结合工程管理的要求和实际，相继出台了一系

河北省荒山造林工程

列法规文件、技术标准和管理办法，使工程建设逐步进入规范化管理轨道。推广了工程建设责任制，实施了目标明确到省、任务分配到省、投资下达到省、责任落实到省的"四到省"制度，明确了责任主体。积极推行招标制，对一些重点建设项目公开招标，专家评议，民主决策，择优扶持。推行了合同制管理，层层签订建设任务合同书，明确项目规模、内容、质量、建设期限及职责。实行工程建设报账制，根据任务完成情况兑现国家补助资金，做到任务、资金和责任三落实。实行监理制，对工程建设实行全过程监管，加强质量监督。落实检查验收或通报制，对计划执行落实情况定期或不定期进行检查，并将检查结果及时予以通报。

3. 严格项目资金管理

中央和地方相继出台了一系列规范项目资金管理的办法和制度，既满足了大规模资金投入的管理需要，也保证了林业建设资金的有效安全运行。对工程建设资金实行专款、专账、专用，单独管理。定期或不定期对工程专项资金的管理和使用情况进行检查，发现问题及时纠正。开展专项资金专项审计，杜绝挤占、挪用、改变投向等现象。通过严格管理项目资金，加强对林业重点工程资金的监督力度，实现了林业重点工程建设资金监督管理的专业化、经常化和规范化。

（二）大工程优化了林业投入机制

随着国家投资管理体制的改革，在林业重点工程的带动下，我国林业投入机制得到极大的优化。

打破了传统计划经济体制下主要依靠群众投工投劳、国家财政拨款的单一投资模式。除预算内基本建设投资外，中央投资还相继增加了林业贴息贷款、农业综合开发资金、财政专项造林补助资金等。

打破了由政府为单一投资主体的传统格局。地方财政、银行贷款、私营投资、国外资本等纷纷向林业流动和聚集。林业重点工程项目建设在投入机制上以中央投资为主，地方配套为辅。部分林业工程推行"国家、集体、个人一起上"和"谁造谁有、允许继承和转让"，以及招标、拍卖、股份制和股份合作制，大量吸引社会

资金和劳动力投入林业建设。

实现了由过去的重视微观管理向注重宏观管理的转变。从年度计划安排方式看，按照"四到省"原则要求，年度投资计划均按林业重点工程分别落实到省。林业投入机制的改革、优化，极大地促进了林业生产力布局的战略性调整，调动了社会投入林业建设的积极性。

（三）大工程创新了林业政策体系

通过林业重点工程建设，创新了有利于林业良性发展的政策机制，形成了从良种培育、植树造林、森林经营管护到加工利用的林业政策体系，为林业快速发展提供了有力保障。

中央财政对天然林资源保护工程区森工企业职工参加"四险"和混岗职工安置给予专项补助。国家对符合条件的天然林资源保护工程区企业在破产过程中，给予债务和相关担保责任免除。国家调整天然林资源保护工程财政资金支出项目，简化资金申请程序，允许省级财政部门统筹使用各项专项资金。国家逐步完善工程造林补助政策，人工造林补助标准由 2008 年的每亩 100 元提高到 300 元。国家提出了开展防沙治沙综合示范区建设的政策措施，探索和实践不同沙化类型区防沙治沙政策机制、技术模式、产业发展和管理体制，以点带面全力推进防沙治沙工作。国家提出了加强自然保护区资源管理的政策意见。

随着林业重点工程的实施，还促进了林业公共财政支持制度的建立。森林生态效益补偿、造林、林木良种、森林抚育和湿地保护补贴等试点相继启动实施。32 种林业机具纳入农机购置补贴范围。建立了财政支持下的森林保险试点，探索中央财政对森林保险的补贴规模、范围和保费补贴标准。完善了林业税费扶持政策。以林区"三剩物"和次小薪材为原料生产加工的综合利用产品，增值税即征即退政策得到执行。育林基金征收标准从 20% 降至 10% 以下，农民涉林负担进一步减轻。林业部门行政事业经费纳入同级财政预算，改变了靠收费养人的状况。

四、大工程带动绿色大发展

　　林业重点工程的实施，全面加强了生态建设和保护，为维护国家生态安全作出了突出贡献；有力促进了山区经济的发展和农村经济结构调整，为农村繁荣、农业发展、农民增收和就业作出了不可磨灭的贡献；极大改善了农业生产环境，培育了木材后备资源，为维护国家粮食安全和木材安全作出了重要贡献。同时，林业重点工程的实施，扎实推进了林区民生改善和生态文化体系建设，生态文明观念日益增强。

（一）生态建设成效显著

　　实施林业重点工程，在以生态建设为主的林业发展战略指引下，紧紧围绕"三个系统一个多样性"，全面加强生态建设和保护，取得了显著成效，为维护国家生态安全作出了突出贡献。

1. 森林资源快速增长

　　第七次全国森林资源清查（2004～2008年）显示，全国森林面积1.95亿公顷，森林覆盖率20.36%，森林蓄积量137.21亿立方米。人工林保存面积达6200万公顷，居世界首位。据专家测算，森林植被总碳储量达78.11亿吨，年生态服务价值10.01万亿元。天然林资源保护工程一期，累计少采伐木材2.2亿立方米，有效保护森林资源1.08亿公顷，完成公益林建设1633万公顷，森林面积净增加1000万公顷。退

四川省成都市天然林资源保护工程区

黑龙江省湿地景观

耕还林工程已累计完成退耕地造林种草 926.41 万公顷，配套荒山荒地造林 1534.0 万
公顷，新封山育林 246.8 万公顷，工程区水土流失和风沙危害明显减轻。三北防护
林体系建设工程使工程区森林覆盖率由原来的 5.05% 提高到 10.51%，治理沙化土地
27.8 万平方公里，控制水土流失面积 38.6 万平方公里，营造农田防护林 253 万公顷。
长江流域防护林体系建设工程使全流域有林地面积由 1989 年的 3974.40 万公顷增
加到 2009 年的 5145.04 万公顷。沿海防护林体系建设工程累计新建和改造基干林带
9384 公里，基干林带总长度达到 17300 公里。太行山绿化工程累计完成造林 184.6
万公顷。

2. 湿地生态系统保护全面加强

实施了《全国湿地保护工程实施规划（2005 ～ 2010 年）》，完成湿地保护与恢
复工程项目 205 个，8 万多公顷湿地得到恢复。2010 年年底，全国已累计建立湿地自
然保护区约 550 处，国家湿地公园 213 处，国际重要湿地 41 处，自然湿地保护率超
过 50%。启动了第二次全国湿地资源调查。建立了长江、黑龙江等流域湿地保护网络。

3. 荒漠生态系统明显改善

"十一五"时期，国务院召开了全国防沙治沙大会，国家林业局与各重点省
份签订了防沙治沙责任书，全面实行了省级政府防沙治沙目标责任制。启动了石
漠化治理工程和 38 个全国防沙治沙综合示范区建设。全国完成沙化土地治理面积
1081.41 万公顷。2011 年公布的第四次全国荒漠化沙化监测结果显示，2005 ～ 2009 年，
全国荒漠化土地面积年均减少 2491 平方公里，全国沙化土地面积年均缩减 1717 平方

新疆维吾尔自治区阿勒泰治沙工程

新疆维吾尔自治区沙漠公路防护林带

公里，比上个监测期年均多缩减 434 平方公里，沙化土地减少的省份增加到 29 个。监测表明，我国土地荒漠化和沙化整体得到初步遏制，荒漠化、沙化土地持续减少。

4. 生物多样性保护成效明显

大熊猫等 50 多个濒危野生动物种群持续扩大；苏铁等 1000 余种珍稀野生植物人工种群基本建立；野马等物种回归自然进展顺利；野生动物损害补偿试点有序推进。2011 年年底，全国林业系统已累计建立森林生态、湿地、荒漠、野生动植物等各级各类自然保护区 2126 处，总面积达 1.23 亿公顷，占国土面积的 12.77%。90% 的陆地生态系统类型、85% 的陆生野生动物种群和 65% 的高等植物群落得到有效保护。

浙江省凤阳山－百山祖国家级自然保护区

（二）促进区域经济协调发展

天然林资源保护、退耕还林、防沙治沙等林业重点工程的全面实施，有力促进了山区经济的发展和农村经济结构的调整，为农村繁荣、农业发展、农民增收和就业作出了不可磨灭的贡献。

天然林资源保护工程的实施，使一部分人群转产转岗。政策性补助和工程性工资增加了职工和农民收入。2008 年，工程区林业职工人均工资 1.2 万元，为 2000 年的 2.37 倍。国有职工基本养老、医疗保险参保率分别达 98% 和 89%。通过实施退耕还林工程，大大加快了农业产业结构调整步伐，改变了传统的广种薄收的小农经济方式和以破坏生态为代价的经济增长方式。退耕农户户均获得 7000 元的补助，是迄今为止我国最大的惠农项目。后续产业成为农民增收的新途径，新疆维吾尔自治区若羌县农牧民退耕后改为种枣，2010 年人均红枣收入就达 3 万元。三北及长江等防护林体系建设工程实施以来，始终把生态治理同地方经济发展和农民群众脱贫致富结合起来，建设了一批用材林、经济林、薪炭林等生态型防护林。一大批农户通过直接参加工程建设和发展经济林果走上致富路。1999 ~ 2010 年期间，京津风沙源治理工程区 GDP 总量由 1999 年的 1041.1 亿元增加到 2010 年的 6096.3 亿元，年均增长 17.4%。工程区农民人均纯收入从 1956.3 元增加到 4084.8 元，年均增长 6.9%。石漠化综合治理工程对农民增收起到了一定促进作用。2010 年工程区农民人均纯收入从治理前的 3916.13 元增加到 4394.88 元，增幅 12.48%。

（三）保障粮食安全，提高木材供给能力

实施林业重点工程调整了土地利用结构，改善了农业生产环境，促进了农业生产要素的转移和集中，提高了复种指数和粮食单产，有力维护了国家粮食安全。据国家统计局数据，2010年全国粮食总产量比1998年增产341.8亿公斤，其中6个非退耕还林省份减产179.5亿公斤，而25个退耕还林省份增产521.3亿公斤。根据对长江中上游防护林工程区160个县的调查统计，粮食产量由工程实施前的1749万吨增加到2667万吨，增幅52.5%。三北地区的粮食单产由1977年的每亩118公斤提高到2007年的311公斤，总产量由0.6亿吨提高到1.53亿吨。平原农田林网建设使所保护的耕地粮食产量增加10%～20%，为保障国家粮食供给安全作出了重要贡献。

天然林资源保护工程实施以来，通过木材产量调减和公益林建设，使长江上游、黄河上中游地区和东北、内蒙古等重点国有林区天然林资源得到有效保护，实现了森林覆盖率和蓄积量的"双增长"，为国家提供了后备木材资源。退耕还林工程造林占同期全国林业重点工程造林总面积的一半以上，造林面积相当于东北、内蒙古国有林区。三北防护林体系建设工程区森林蓄积量由1977年的7.2亿立方米增加到13.9亿立方米，净增6.7亿立方米；营造的农田防护林和用材林活立木蓄积量高达4亿立方

黑龙江省克东县营造的农田防护林网

米，已具备年产 2000 万立方米的木材生产能力。通过实施平原绿化工程，原来无林少林的平原地区现在已成为我国重要的木材生产基地，木材产量占全国的 43.7%；竹材产量近 3 亿根，占 26.1%。通过重点地区速生丰产用材林基地建设工程，建设了一大批速生丰产林、工业原料林、珍贵树种培育和战略储备基地，维护了国家木材安全。

（四）促进林区民生改善，生态文明观念得到强化

通过实施林业重点工程，扎实推进了林区民生工程和基础设施建设。启动实施了国有林区棚户区和危旧房改造工程。将林区 150 万户列入全国保障性住房建设规划。目前已安排中央投资 176 亿元，已完成林业棚户区（危旧房）改造任务 70 万户，成为新中国成立 60 多年来惠及林区上百万林业职工、数百万人口的一项最大的民生工程。实施林业重点工程改善了林区生产生活条件，林区职工收入不断提高，基本养老、医疗等社会保障覆盖林区职工。林区安全饮水、道路、供电、广播电视等基础设施建设也取得新进展，为进一步改善林区民生奠定了良好基础，促进了林区社会和谐和社会主义新林区建设。

同时，通过林业重点工程建设，建设和维护了"三个系统一个多样性"，在全社会逐步形成了有利于改善生态的绿色生产和生活方式，增强了全社会的生态文明意识和生态道德水平。建设了一批以自然保护区、森林公园、湿地公园、博物馆等为依托的生态文明和生态文化教育基地。2012 年 7 月 9 日，国家林业局、教育部、共青团中央、中国生态文化协会授予武汉大学等 10 单位"国家生态文明教育基地"称号，"国家生态文明教育基地"达到 41 处。

五、大工程树立了中国负责任大国形象

随着世界经济的发展和人口膨胀，气候变化、生态恶化、能源资源安全、重大自然灾害等全球性挑战日益突出，有效保护和发展森林资源、应对全球发展面临的挑战已经成为国际社会的普遍共识。中国实施林业大工程战略，不仅创造了林业工程的全球之最，而且使中国的森林面积和蓄积量连续20年实现了"双增长"，为减缓世界森林资源总体减少趋势作出了积极贡献，得到国际社会的广泛赞扬，彰显了中国政府和人民改善人类生态环境、维护地球生态安全的坚定决心，在世界上树立了中国负责任大国形象。

（一）大工程创造了世界生态工程之最

林业生态工程是随着生态建设的发展而逐渐兴起的。世界上最早的大型林业生态工程始于1934年的美国"罗斯福工程"，随后一些国家先后实施了一批在国际上有显著影响的林业生态工程。我国林业重点工程与世界林业生态工程相比，从单项指标看，三北及长江等防护林体系建设工程的规划建设年限和取得的巨大成就、天然林资源保护工程的保护面积、退耕还林工程的投资规模和群众参与程度、野生动植物保护和自然保护区建设工程保护的范围创下四项世界之最。从建设规模、工程范围、投入资金等重要指标看，仅我国的退耕还林工程就已经超过前苏联的"斯大林改造大自然计划"、美国的"罗斯福工程"、加拿大的"绿色计划"、日本的"治山计划"等世界著名生态工程，作为世界林业生态工程之最载入了史册。同时，在林业重点工程带动下，我国的人工造林面积和人工林保存面积也创下了两项全新的世界纪录。

2010 年 8 月 31 日中国绿色碳汇基金会成立大会（贾达明　摄）

（二）大工程为维护全球生态安全作出了重大贡献

联合国粮食及农业组织发布的《2010 年全球森林资源评估》显示，2000 ～ 2010 年期间，全球森林面积的净变化率估计为每年减少 520 万公顷。而中国大规模植树造林年均增加森林面积 400 多万公顷，为扭转全球森林资源持续减少的趋势作出了重大贡献。天然林资源保护、退耕还林、三北及长江等防护林体系建设工程不仅促

2007年6月5日～6日，全球生态保护论坛在北京召开

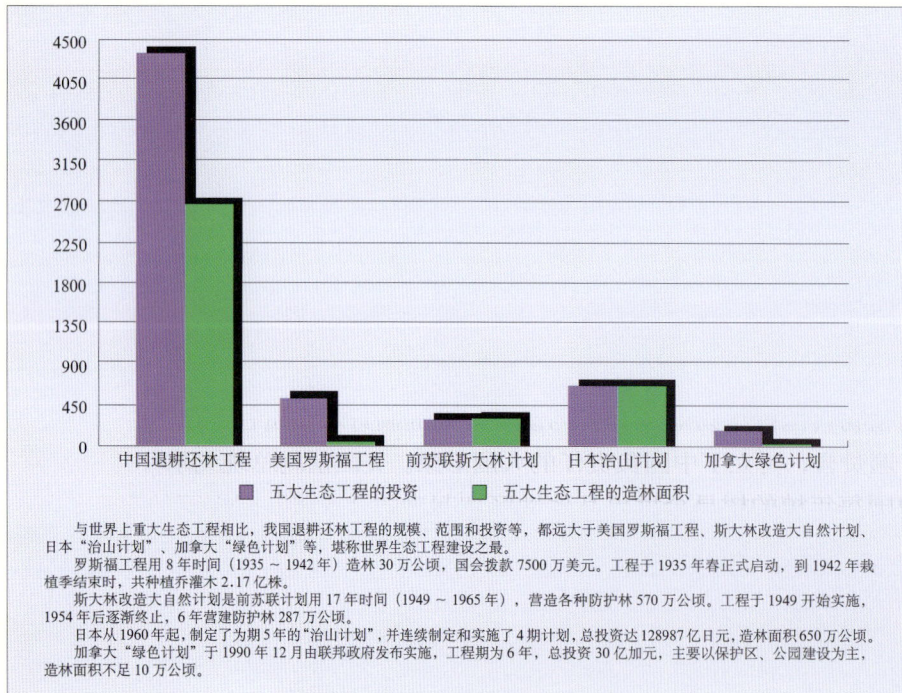

■ 五大生态工程的投资　　■ 五大生态工程的造林面积

与世界上重大生态工程相比，我国退耕还林工程的规模、范围和投资等，都远大于美国罗斯福工程、斯大林改造大自然计划、日本"治山计划"、加拿大"绿色计划"等，堪称世界生态工程建设之最。
罗斯福工程用8年时间（1935～1942年）造林30万公顷，国会拨款7500万美元。工程于1935年春正式启动，到1942年栽植季结束时，共种植乔灌木2.17亿株。
斯大林改造大自然计划是前苏联计划用17年时间（1949～1965年），营造各种防护林570万公顷。工程于1949开始实施，1954年后逐渐终止，6年营建防护林287万公顷。
日本从1960年起，制定了为期5年的"治山计划"，并连续制定和实施了4期计划，总投资达128987亿日元，造林面积650万公顷。
加拿大"绿色计划"于1990年12月由联邦政府发布实施，工程期为6年，总投资30亿加元，主要以保护区、公园建设为主，造林面积不足10万公顷。

世界五大生态工程的投资和造林面积

进了森林资源增长，而且在防止水土流失、涵养水源、抵御海啸等自然灾害方面发挥了重要作用，对保护我国东北、西北、西南等区域跨国度河流的生态安全起到了至关重要的作用。通过实施野生动植物及自然保护区建设和湿地保护工程，拯救了一批国家重点、国际濒危的野生动植物，保护了生物多样性和世界物种基因库。我国政府坚持把荒漠化防治和石漠化治理作为保护生态、改善生存条件和拓展发展空间的重要战略举措。经过多年不懈的努力，荒漠化和沙化的土地面积持续净减少，

2011 年 4 月 8 日，中国加入《濒危野生动植物种国际贸易公约》30 周年座谈会

减轻了对周边国家的沙尘危害，形成了可供世界借鉴的沙漠化防治和土地治理的经验与模式。中国林业在减缓和适应气候变化方面发挥了不可替代的作用。我国通过成立应对气候变化的专门机构、建立亚太森林恢复与可持续管理网络、启动清洁发展机制（CDM）造林再造林碳汇试点项目、建立和运行中国绿色碳汇基金会、发布《应对气候变化林业行动计划》等具体行动，为全球应对气候变化作出了积极贡献。

（三）大工程赢得了国际社会的普遍赞誉

林业重点工程已经成为我国政府高度重视生态建设、认真履行国际公约的标志性工程，并且通过应对气候变化、荒漠化防治、生物多样性保护、湿地保护、濒危野生动植物种国际贸易等国际公约谈判规则的制订和负责任的履约，赢得了国际社会的普遍赞誉，树立了中国负责任的大国形象。美国前副总统戈尔称赞中国说，"近年来中国每年植的树是全世界其他地区加起来的 2.5 倍""中国的表率作用令人印象深刻"。三北防护林体系建设工程被国际上誉为"世界林业生态工程之最""改造大自然的伟大壮举"。国家林业局三北防护林建设局等单位被联合国环境规划署授予"全球 500 佳"称号。美国、日本、澳大利亚及欧盟等 30 多个国家和国际组织，都对我国的退耕还林工程给予了高度评价。2007 年 7 月，美国前财长鲍尔森在甘肃、青海省对退耕还林工程大加赞赏。2011 年 5 月，美国斯坦福大学教授、自然资本项目负责人格蕾琴·戴利认为，退耕还林是一个极大的创新项目，在中国取得了"显而易见的胜利"，其他国家应重视并学习中国的经验，将中国当成一面镜子。我国积极推进防治荒漠化国际履约和中非荒漠化治理合作，受到了联合国等国际机构和非政府组织的高度赞赏。在湿地保护方面，我国政府先后获得"献给地球的礼物特别奖""全球湿地保护与合理利用杰出成就奖""湿地保护科学奖""自然保护杰出领导奖"等国际荣誉。

六、大工程继续谱写林业发展新篇章

21 世纪以来，我国按照"确定以生态建设为主的林业可持续发展道路，建立以森林植被为主体、林草结合的国土生态安全体系，建设秀美山川的生态文明社会"的要求，紧紧围绕森林、湿地、荒漠和野生动植物这三个生态系统、一个生物多样性，通过实施林业重点工程带动了林业全面快速发展，基本形成了国家生态安全屏障框架。但是，我国当前面临的生态问题依然严峻，生态建设依然是现代化建设的一个紧迫任务，党的十七届五中全会和全国主体功能区规划都明确要求构建国土生态安全屏障。林业作为生态建设的主体，必须义不容辞地承担起这一重大历史任务，必须始终把维护生态安全作为林业建设的首要任务，毫不动摇地坚持生态优先的原则，深入推进林业重点工程建设，全面构建以森林植被为主体的国土生态安全体系。《林业发展"十二五"规划》充分吸纳《中国可持续发展林业战略研究》《全国林业发展区划》《全国主体功能区规划》的成果，明确提出要实施国土生态安全屏障战略，构筑国土生态安全体系，按照国家推进形成主体功能区的要求，以重点工程为依托，加快在东北森林区、西北风沙区、沿海、西部高原区等构筑十大生态屏障，形成维护国土生态安全的保障体系。这是对国家生态安全屏障框架的进一步升华，是深化大工程战略、优化国家生态安全布局的具体体现。

东北森林屏障　以天然林保育为重点，着力提高森林资源的总量和质量。

北方防风固沙屏障　以防护林体系建设和现有植被保护为重点，着力解决风沙危害和水土流失问题。

沿海防护林屏障　以营造防风消浪林带、海岸基干林带和纵深防护林为重点，尽快建成沿海综合防护林体系。

西部高原生态屏障　以高原植被和高寒湿地保护修复为重点，着力建设以林草植被为主体的高原防护林体系。

长江流域生态屏障　以防护林体系建设和流域湿地保护为重点，切实维护三峡库区和长江中下游生态安全。

黄河流域生态屏障　以增强水源涵养能力和防治水土流失为重点，进一步减少黄河泥沙含量。

珠江流域生态屏障　以水源涵养林建设和石漠化防治为重点，全面改善珠江流域生态状况。

中小河流及库区生态屏障　以防治水土流失和山洪、泥石流灾害及涵养水源、净化水质为重点，全面提升中小河流及库区周边森林生态系统的功能。

平原农区生态屏障　以平原绿化和农田林网建设为重点，为平原农区粮食稳产高产和农村生产生活提供坚实的生态保障。

城市森林生态屏障　以发展城市森林和加强郊区绿化为重点，全面增强城市生态功能。

中共中央、国务院关于实施林业重点工程，以大工程带动大发展的战略决策是一项具有远见卓识的英明决策，顺应了经济社会发展的规律，是统筹人与自然和谐发展的卓越实践，必将成为人类重建生态系统、维护生态安全、建设生态文明、推动可持续发展的成功典范。当前，我国现代林业建设正处在加快发展的战略机遇期和大有作为的黄金发展期，但同样也面临着改革进入攻坚期，巩固成果、深化改革的难度加大和生态脆弱等现实问题。面对新的形势和挑战，我们必须紧紧抓住改善生态和改善民生这两大根本任务，努力解决林业改革发展中出现的新情况、新矛盾、新问题，继续按照大工程带动大发展的思路，全面推动现代林业科学发展，为建设生态文明、实现绿色增长、全面建设小康社会作出新的更大贡献。

第八篇

颁布全国林地保护
利用规划纲要

——划定不可逾越的
生态红线

2010 年 6 月 9 日，国务院总理温家宝主持召开国务院常务会议，审议并原则通过《全国林地保护利用规划纲要（2010～2020 年）》（以下简称《纲要》），7 月25 日国务院正式批复。《纲要》作为我国第一个中长期林地保护利用规划，它的批复和实施具有重要的战略意义。《纲要》将林业"双增"目标、林地保有量、占用征收林地定额等指标，作为林地保护利用的目标进行层层分解落实，并制定了切实有效的保障措施。犹如划定确保国家粮食安全的耕地红线一样，《纲要》划定了确保国家生态安全的林地保护红线，为中华民族的生存发展提供了必需的绿色空间和资源贮备。《纲要》充分体现了党和国家全面加强生态建设、促进绿色增长、应对全球气候变化的意志和决心，再次赢得了世界各国的高度评价，增加了我国在国际应对气候变化谈判上的话语权。

《纲要》的制定和批复实施，是中国林业发展史上具有里程碑意义的重要事件。它在我国建立并实施了林地保护利用规划制度，构建了国家、省、县三级林地保护利用规划体系，提出了全国林地"一张图"和"以规划管地、以图管地"的创新思路。它标志着我国林地保护利用管理迈入了科学化、制度化轨道，必将推动我国以林地为根基的森林资源管理监督和调查监测事业进入一个崭新的阶段。

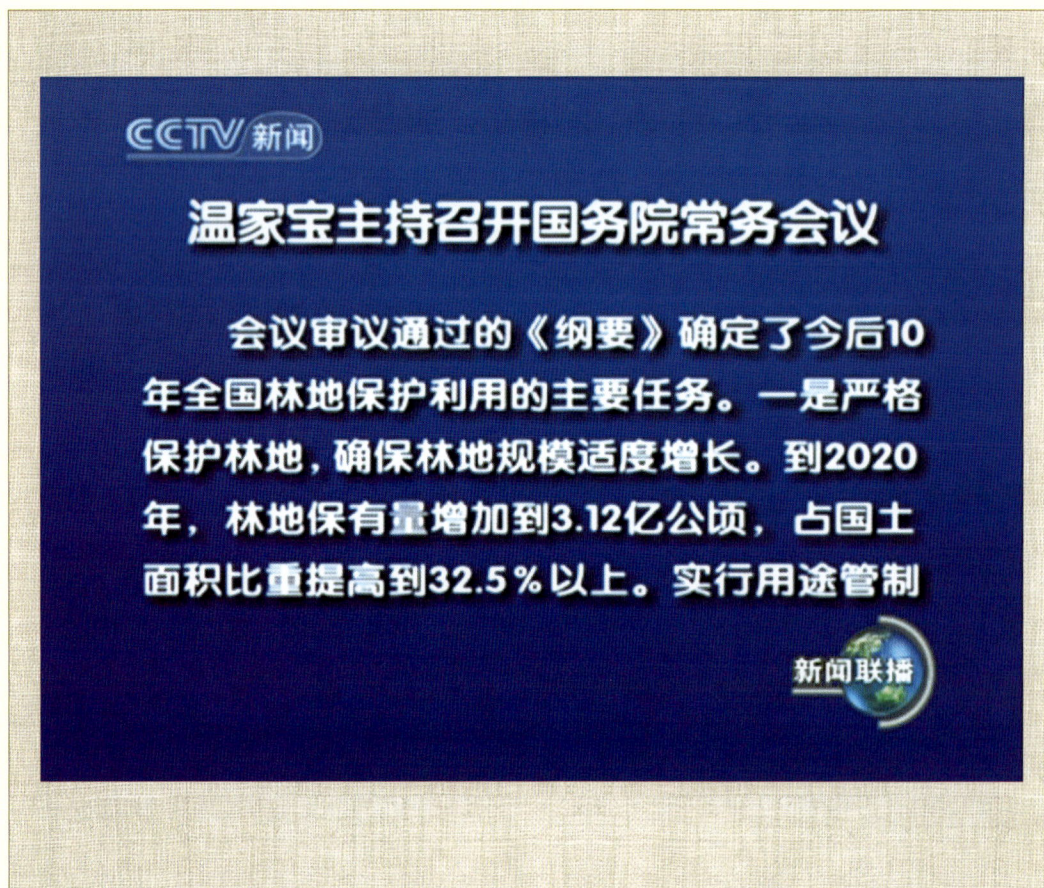

2010 年 6 月 9 日国务院总理温家宝主持国务院常务会议审议《全国林地保护利用规划纲要（2010～2020 年）》
（图为 CCTV 新闻联播播报《全国林地保护利用规划纲要》通过国务院常务会议审议新闻截图）

一、《纲要》开启了"以规划管地"的新篇章

林地是国家重要的自然资源和战略资源，是森林赖以生存和发展的根基，是野生动植物栖息繁衍和生物多样性保护的物质基础。科学家形象地把森林生态系统喻为"地球之肺"，把湿地生态系统喻为"地球之肾"，而湿地的维护、荒漠化的治理以及生物多样性的保护又都与森林息息相关，森林资源成为维系人与自然和谐统一的纽带，是林业的"命脉"和载体。"皮之不存，毛将焉附。"林地是林业发展和生态建设的载体，是实现我国林业"双增"目标的基础保障。严格保护和合理利用林地，是发展森林资源，保障国家木材和林产品供给，维护国土生态安全，保护生物多样性，促进人与自然和谐发展，构建社会主义和谐社会的重要基础。

（一）《纲要》启动的历史背景

党中央、国务院高度重视生态建设和林业发展，各级地方党委、政府认真贯彻落实《中华人民共和国森林法》等有关法律法规和党中央、国务院的林业发展方针政策，林地保护利用取得了明显成效，国土绿化和森林资源持续增长，局部生态明显改善。第七次全国森林资源清查结果显示，我国林地总面积30378.19万公顷，占国土面积的31.6%；森林覆盖率达到20.36%，比2002年的16.55%提高了3.81个百分点，比新中国成立初期的8.6%提高了11.76个百分点。

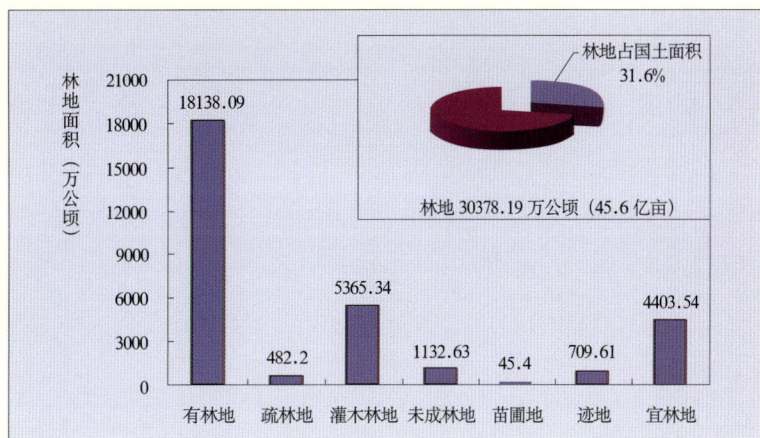

全国林地利用现状统计图（根据第七次全国森林资源清查结果统计，国家林业局森林资源管理司提供）

但是，我国仍然是一个少林国家，森林总量不足，质量不高。特别是林地总量不足，质量不高，生产力低下，利用率不高，流失严重，治理难度越来越大，生态系统整体功能脆弱。我国用占全球4.7%的森林支撑着占全世界23%的人口对生态和林产品的基本需求。我国人均有林地面积0.13公顷，仅为世界人均水平（0.6公顷）的22%。而且，我国60%的宜林地分布于三北干旱半干旱地区，造林和植被恢复难度越来越大。一些地方的林地退化明显，第六次和第七次全国森林资源清查间隔期内，因毁林开垦、自然灾害、工程建设等导致林地转为非林地的面积达832万公顷，其中近85%为毁林开垦，流失的多为优质林地，林地保护管理形势非常严峻。近年来，虽然各地的林地保护管理工作不断加强，依法建立了一系列的管理制度和管理措施，加大了违法使用林地和擅自改变林地用途行为的打击力度，林地保护管理工作取得

了积极成效，但是，林地逆转仍呈上升趋势。一方面，毁林开垦、违法使用林地、擅自改变林地用途致使林地面积减少；另一方面，粗放经营、不合理利用致使林地质量下降，并且这种破坏和退化往往是不可逆转的。产生这些问题的原因是多方面的。客观上，有经济社会发展对林地需求和林地保护矛盾突出的原因；主观上，一些地方政府和部门法制意识淡薄，对林地的重要性认识不足。归根结底，是因为长期以来我国缺少林地保护利用专门规划，致使林地保护利用缺乏前瞻性、战略性和统筹性，林地科学管理、森林分类经营、提高林地利用效率和林地保护执法难以落到实处。

为进一步加强林地保护利用管理，提高林地利用效率和森林资源承载能力，实现森林资源可持续发展，国务院副总理回良玉于 2008 年 1 月 5 日批示，"请国家林业局抓紧编制全国林地保护利用规划"。

为落实党中央、国务院重要部署和中央领导同志批示精神，促进林地保护利用工作更好地适应现代林业发展的需要，依据《中华人民共和国森林法》第十六条"各级人民政府应当制定林业长远规划"，《中华人民共和国森林法实施条例》第十三条、第十四条"林业长远规划包括林地保护利用规划""全国林业长远规划由国务院林业

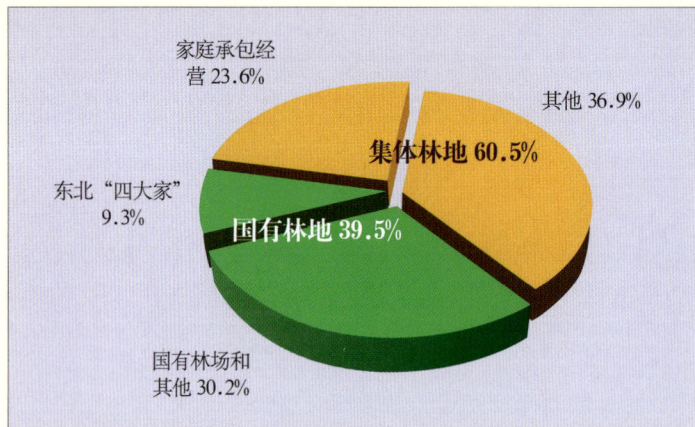

国有林地与集体林地统计图（国家林业局森林资源管理司提供）

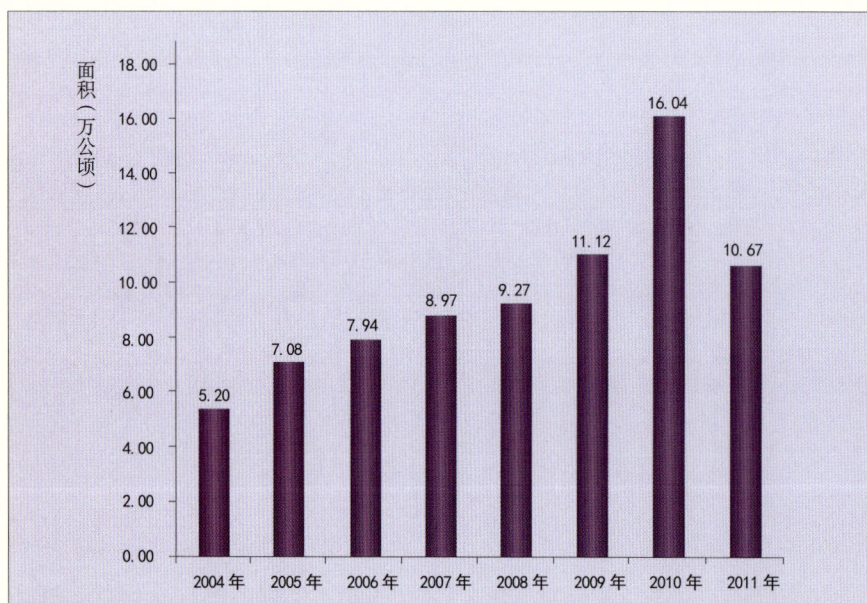

2004～2011 年建设项目占用征收林地面积（国家林业局森林资源管理司提供）

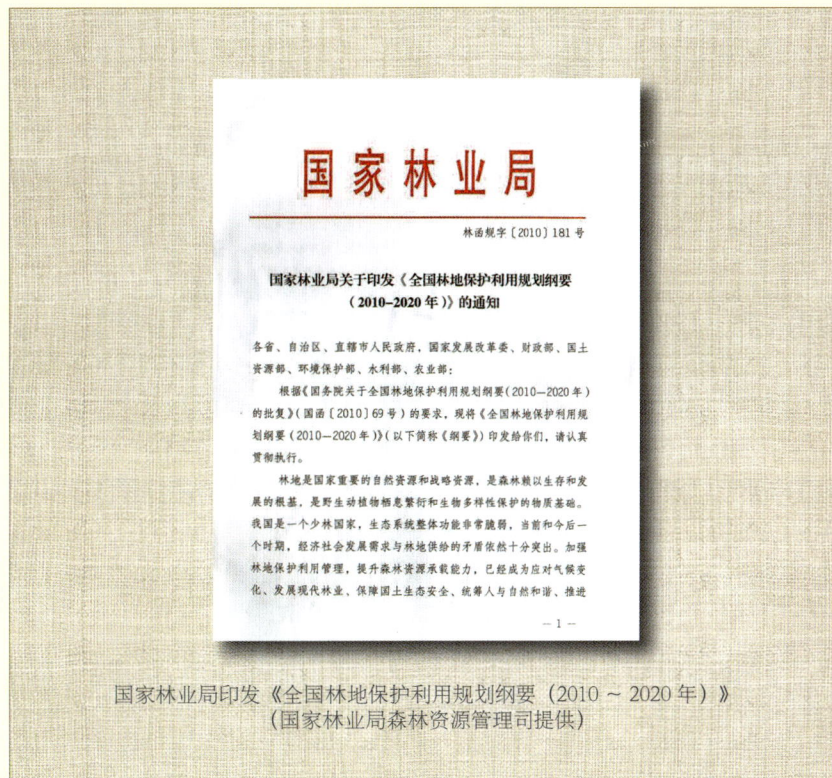

国家林业局印发《全国林地保护利用规划纲要（2010～2020年）》
（国家林业局森林资源管理司提供）

主管部门会同有关部门编制，报国务院批准后执行"的规定，国家林业局作出了编制全国林地保护利用规划的决定，并经国务院同意，国家发展和改革委员会将其列入国务院 2008 年专项规划审批计划。

（二）《纲要》的编制过程

2008 年初，国家林业局正式启动《纲要》编制工作。经过近两年时间，编制工作组深入规划试点省调研，完成了全国林地资源状况、规划指标体系、林地质量评价指标体系、林地保护等级划分指标体系和林地保护利用管理政策机制等 5 个专题研究报告，系统论证了林地保护利用规划的指标体系，其中包括森林保有量、林地保有量、占用征收林地定额、林地生产率、重点公益林地与重点商品林地比率等，并测算了到 2020 年可达到的目标值。同时，对林地分区、分类、分级、分等的方法和关键技术进行了深入探索，全面系统地研究了现代林地管理政策和措施、技术保障措施和实现途径，为编制科学合理、具有前瞻性和可操作性的全国林地保护利用战略规划奠定了坚实基础。

在这些专题研究的基础上，国家林业局编制形成了《纲要》文本，在广泛征求有关单位和相关部委意见基础上，经过国家林业局科学技术委员会组织的专家论证会论证后，于 2009 年 11 月上报国务院审批。2010 年 6 月 9 日，国务院常务会议审议并原则通过了《纲要》，7 月 25 日以《国务院关于全国林地保护利用规划纲要（2010～2020 年）的批复》（国函〔2010〕69 号）正式批复了《纲要》。

《纲要》以邓小平理论和"三个代表"重要思想为指导，深入贯彻落实科学发展观，坚持"严格保护、积极发展、科学经营、持续利用"的方针，从严格保护林地、合理利用林地、节约集约用地的角度，提出了适应新形势要求的林地"分区施策、分类管理、分级保护、分等利用"的管理战略。提出了通过实行用途管制和分级保护，以占用征收林地定额管理和建设项目占用征收林地审核审批管理为抓手，加大执法检查力度，严厉打击毁林开垦和违法占用林地，严格保护管理现有林地；通过生态自我修复和加强沙化石漠化土地、工矿废弃地治理，实行生态重要区域陡坡耕地和生态脆弱区域沙化耕地退耕还林，补充林地数量；通过植树造林和加大森林保护力度，实现林地总量和森林保有量适度增长等具体的重大措施。

《纲要》的批复和出台，确立了"以规划管地"的现代林地管理模式，为拓展林业发展空间、维护国土生态安全、促进绿色增长奠定了坚实的基础。

（三）《纲要》划定了林业建设的"生态红线"

《纲要》是指导我国未来十年林地保护和利用工作的纲领性文件，确定了我国未来十年林地保护与利用战略，初步确立了林地保护利用管理从规划到实施、到监管的现代管理模式，自始至终贯穿了差别化管理和适应性管理的理念，将极大地提升我国林地管理水平，成为中国林业发展史上一个新的里程碑。

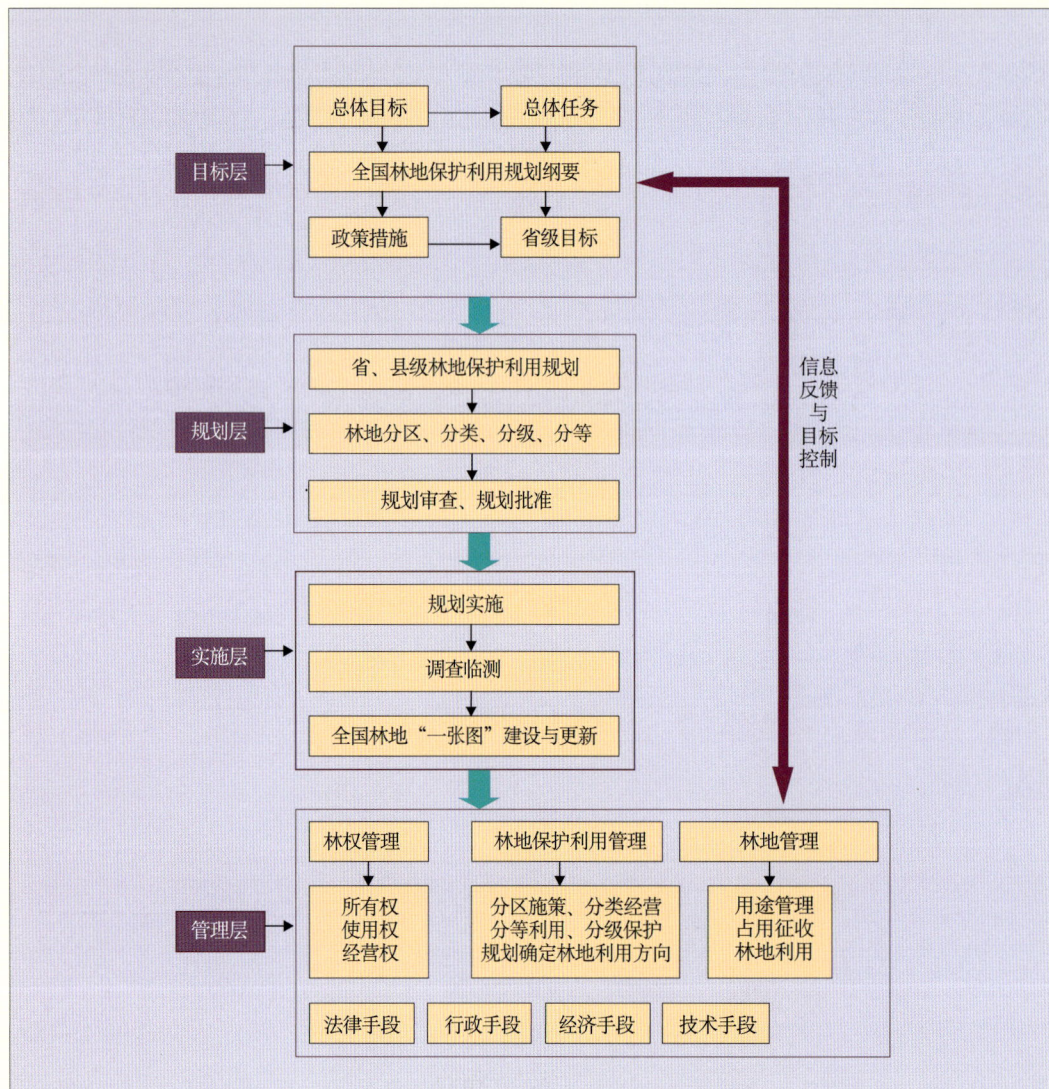

我国"以规划管地"的现代林地管理模式

《纲要》遵循"严格保护，突出重点；持续利用，提高效益；优化结构，合理布局；强化调控，科学管理"的原则，立足解决林地不足、质量不高、利用率低、流失严重的突出问题，以森林保有量和林地保有量指标为核心，确定了我国到 2020 年林地保护利用的战略目标："林地保有量增加到 31230 万公顷，占国土面积的比重提高到 32.5% 以上。全国森林保有量达到 22300 万公顷以上，比 2005 年增加 4200 万公顷左右，比 2010 年增加 2230 万公顷左右，森林覆盖率达到 23% 以上；现有乔木林地的生产率力争达到 102 立方米／公顷，森林蓄积量增加到 150 亿立方米以上，比 2005 年增加 23 亿立方米左右，比 2010 年增加 12 亿立方米左右。重点公益林地和重点商品林地比率分别达到 40% 和 16.1%。2011 ～ 2020 年，全国占用征收林地总额控制在 105.5 万公顷以内。"

《纲要》以统筹林地保护与利用、实现森林资源可持续经营为根本，明确了我国未来 10 年林地保护利用的主要任务："以严格保护为前提，确保林地规模适度增长；以增加森林面积为重点，确保森林覆盖率目标实现；以科学经营为核心，大力提高森林质量和综合效益；以优化结构布局为手段，统筹区域林地保护利用；以创新管理制度为突破，形成林地保护利用管理新机制。"同时，从完善规划体系、健全管理制度、强化调节机制、加强基础建设等方面提出了明确的规划实施保障措施，其中明确将森林保有量、占用征收林地定额作为政府目标考核的重要内容，增强了地方政府实现规划目标的积极性和约束力。《纲要》不仅描绘了我国未来林地保护利用的美好蓝图，也为全国林业生态建设确定了不可逾越的红线。

专栏　林地保护利用的主要规划指标

属　性	指　标	涵　义	2020 年
约束性	森林保有量（万公顷）	一定时期确保森林覆盖率目标实现的最低森林面积	22300
	征占用林地定额（万公顷）	各类建设用地征用、占用林地面积上限	105.5
预期性	林地保有量（万公顷）	一定时期确保实现森林覆盖率等战略目标的最小林地面积	31230
	林地生产率（立方米／公顷）	森林（乔木林）单位面积蓄积量，是反映林地生产潜力的重要指标	102
	重点公益林地比率(%)	重点公益林地面积与林地总面积之比	40
	重点商品林地比率(%)	国家和地方建设的用材林、木本粮油林、生物能源林基地面积之和与林地总面积之比	16.1

（摘自《全国林地保护利用规划纲要（2010 ～ 2020 年）》）

二、《纲要》推动了"以图管地"的历史性跨越

　　守住生态红线，科学的监管方法是关键。遥感等现代信息技术为林地保护利用监管提供了有效手段。通过遥感等信息技术，将林地落实到山头地块，将林地保护利用规划落实到山头地块，这是实现林地全面监管的前提和关键。2010年8月26日，国家林业局在北京召开贯彻落实《纲要》工作会议，全面启动省、县级林地保护利用规划编制工作，第一次提出以遥感和地理信息技术为支撑构建全国林地"一张图"，将林地管理提升到"以图管地"的战略高度。

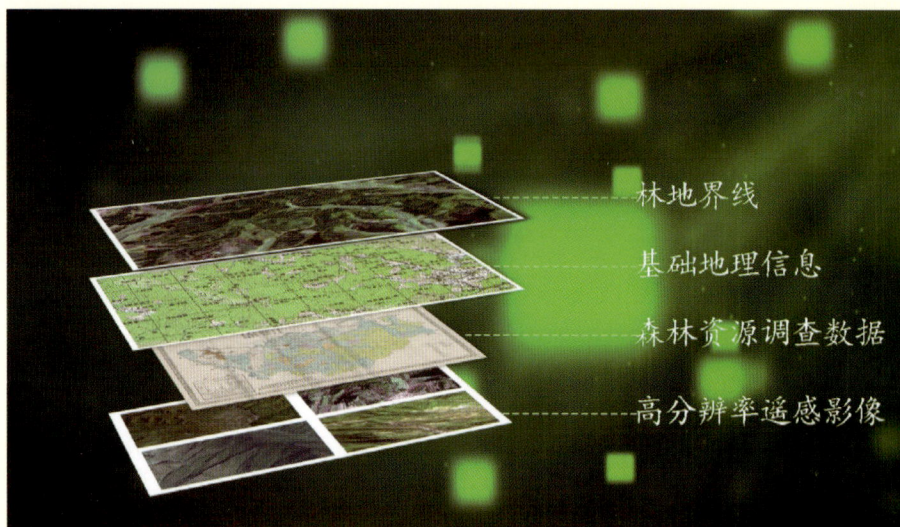

全国林地"一张图"数据库构成结构（国家林业局调查规划设计院提供）

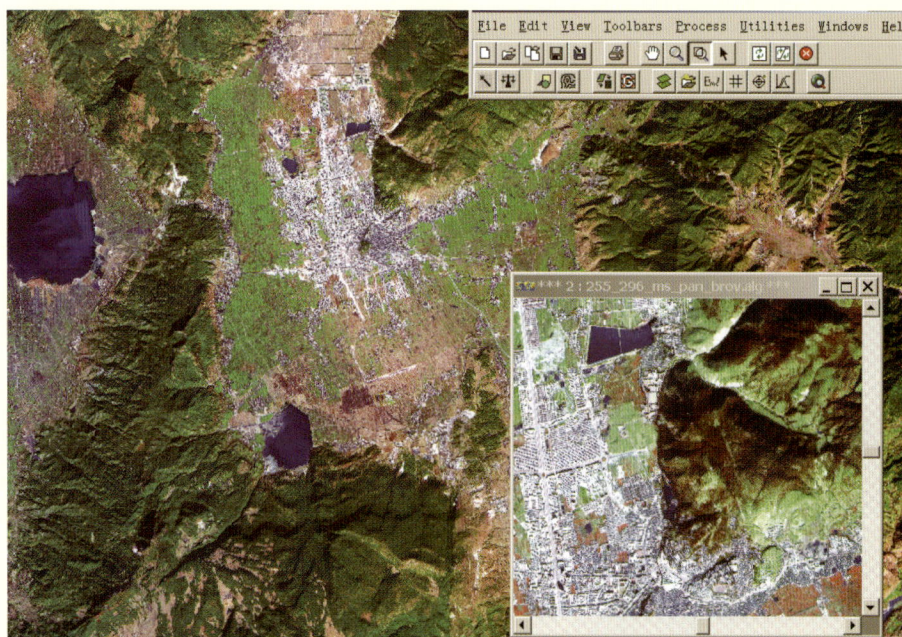

高分辨率遥感影像处理工作界面（国家林业局调查规划设计院提供）

（一）开启全国林地"一张图"建设

全国林地"一张图"建设是以 SPOT5、ALOS、Rapideye 等高分辨率遥感影像和地方森林资源二类调查数据等为基础，结合现地核实调查，建立以林地界线为核心内容的多源数据库。全国林地"一张图"建设，主要包括遥感底图制作、林地落界、汇总建库 3 个主体技术流程。

遥感底图制作是实现全国林地"一张图"无缝拼接最关键的工作，主要包括高分辨率遥感影像数据的正射校正、融合增强、镶嵌拼接、分幅整饰等工作环节。全国采用统一的技术标准，统一集中处理各省（自治区、直辖市）高分辨率遥感影像共计 4000 多景，按 1：10000 或 1：50000 比例尺制作了底图，共计 20 余万幅。

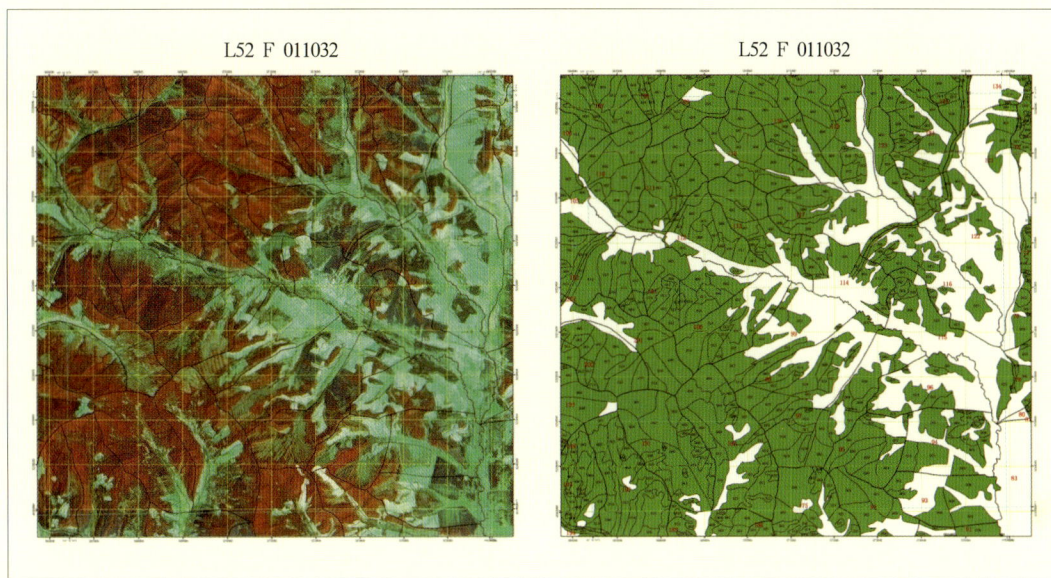

1：25000 分幅的遥感工作底图与林地落界图

林地落界是构建林地"一张图"最艰巨的工作。各省级林业部门以遥感底图和森林资源二类调查数据为基础，结合现地核实，逐块落实林地边界，逐块记录属性因子，全国共需区划近 2 亿个图斑，林地"一张图"数据库属性因子共 40 余项。

汇总建库是构建林地"一张图"最核心的工作。由国家林业局对各省（自治区、直辖市）林地落界成果进行检查验收、拼接处理、汇总建成全国林地"一张图"数据库，最终数据总量将达到 150TB。

为加强林地林权管理，2012 年 4 月 12 日国家林业局召开全国林地林权管理工作会议，国家林业局局长赵树丛再次部署全国林地"一张图"建设工作，要求牢固树立科学监管意识，加快建设林地"一张图"工作，确保 2012 年年底完成全部任务。

全国林地"一张图"建成后，将实现中央与地方共有林地"一套数"，同时为各级林业部门提供数字信息和图面信息，逐步完成由"以数字管地"到"以图管地"的战略转变；建立全面、直观的林地和森林资源监管平台，逐步实现林地和森林资源监管方式由抽样检查到全面监管的转变，总体提升森林资源监管质量和水平。

黑龙江省林地落界内业工作现场（黑龙江省林业厅提供）

黑龙江省林地落界现地核实工作现场（黑龙江省林业厅提供）

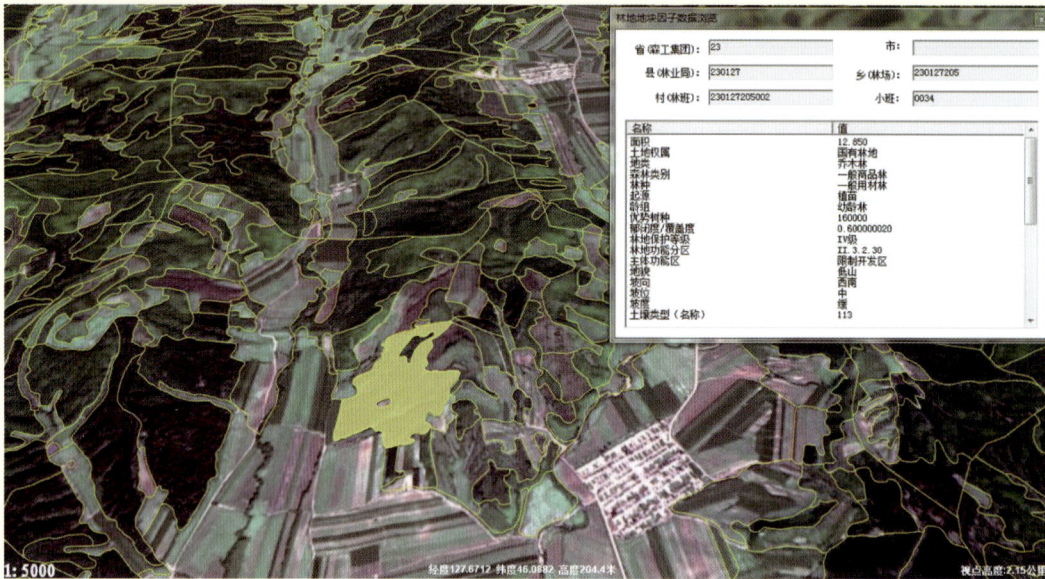
全国林地"一张图"数据库可查询每个地块属性信息（国家林业局调查规划设计院提供）

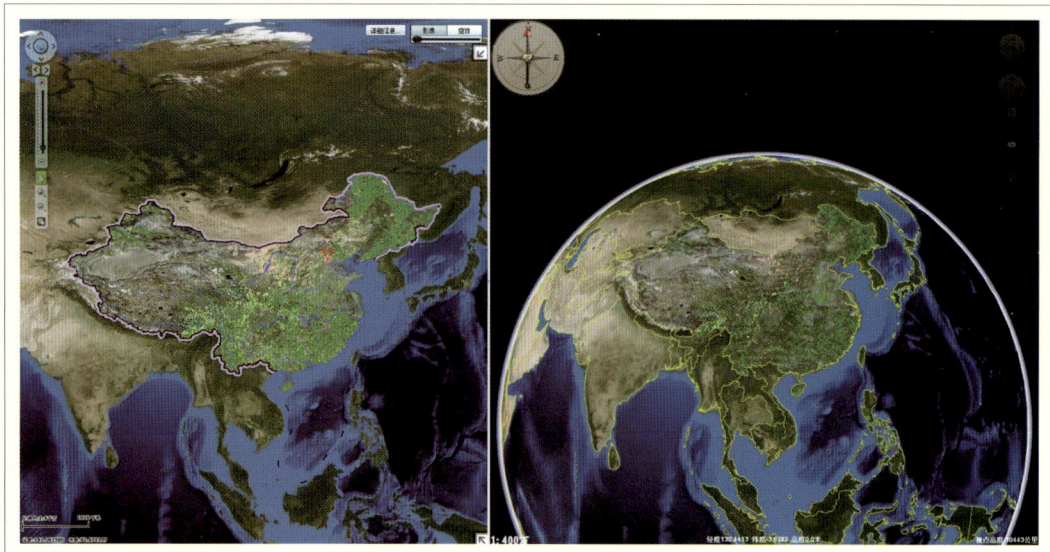
全国林地"一张图"数据库三维显示界面（国家林业局调查规划设计院提供）

（二）"一张图"年度更新调查推动林地管理再上新台阶

数据适时更新是科学有效监管的前提。全国林地"一张图"建成后，如果不及时更新，将会失去现实性和时效性，成为一张"死图"。要激活林地"一张图"，使其保持生命力和实用价值，只有通过及时调查监测，更新全国林地"一张图"。同时，只有通过全国林地"一张图"年度更新调查，才能及时全面掌握林地和森林资源消长变化，科学实现森林资源年度出数，为考核地方政府年度森林增长指标提供最直接的依据，将"以规划管地、以图管地"的要求落到实处，确保林地红线稳定；才能为科学评估国家级公益林建设成效、林业重点工程建设成效、森林生态服务功能监测评估和森林灾害损失评估等提供最有效的信息；才能提高调查数据的时效性，实现全覆盖调查，推进中央与地方协调一致的森林资源一体化监测，为调整和制定林业方针政策提供最及时的决策依据。

林地落界成果检查入库技术流程（国家林业局调查规划设计院提供）

北京市林地 "一张图"基本图（国家林业局调查规划设计院提供）

全国林地"一张图"年度更新调查，是以林地"一张图"为本底，采用高分辨率遥感影像，辅以适当的地面核实调查，将林地和森林转入转出的变化地块更新到林地"一张图"上，按年度产出林地和森林资源现状及变化情况。这项工作将采取三级联动、两级汇交的工作方式：由县级或市级林业部门负责落实变化地块，省级林业部门负责本省调查工作的质量检查和全省汇总拼接，国家林业局负责对各省（自治区、直辖市）调查工作的抽样核查、汇总拼接、全国林地"一张图"数据库更新和管理维护。为使全国林地"一张图"年度更新调查方法科学严谨、可操作性强，

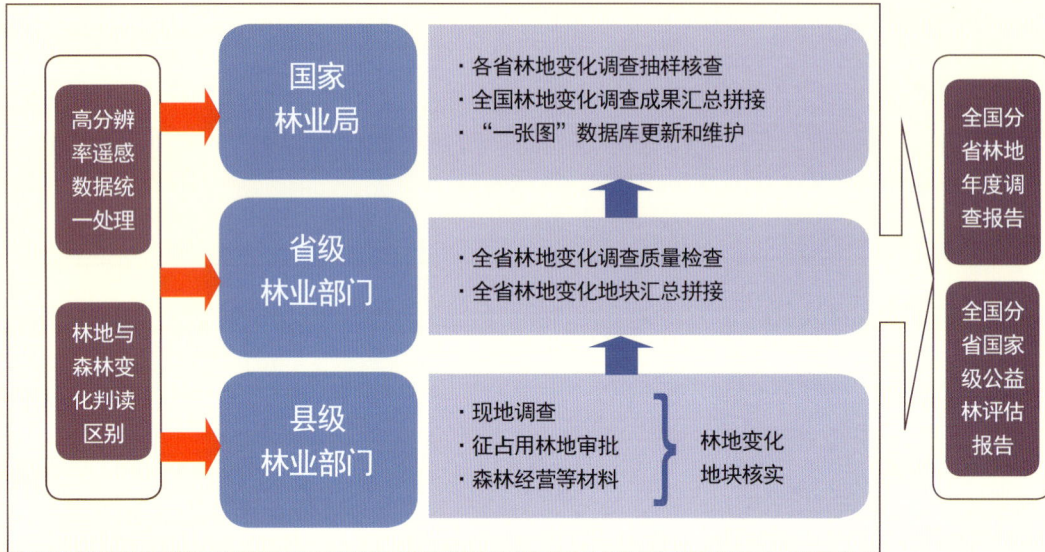

全国林地"一张图"年度更新调查组织方式（国家林业局森林资源管理司提供）

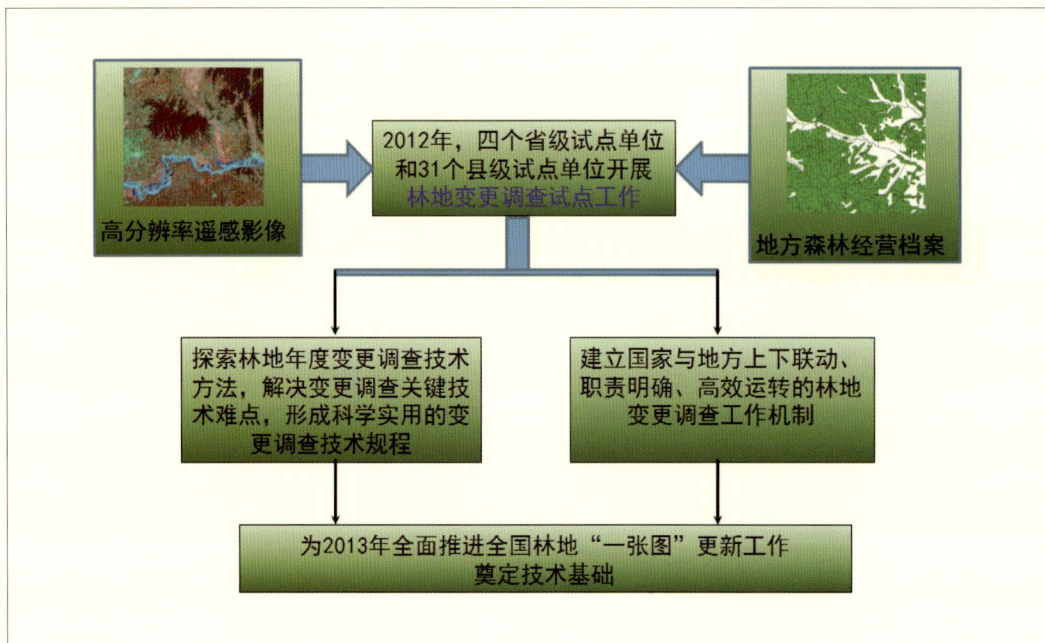

全国林地"一张图"年度更新调查试点先行流程图（国家林业局调查规划设计院提供）

2012 年 4 月 12 日，国家林业局局长赵树丛在全国林地林权管理工作会议上再次部署
全国林地"一张图"建设工作（国家林业局调查规划设计院提供）

2012 年 4 月 12 日，国家林业局召开全国林地林权管理工作会议
（国家林业局调查规划设计院提供）

　　这项工作采取了"试点先行、分步实施"的策略。2012 年，分别在东北、华东、中南、西北各选一个试点省份，以及其他省（自治区、直辖市）各选一个试点县，率先开展林地年度变更调查试点，探索和实践林地"一张图"年度更新调查技术方法，为在全国全面开展林地"一张图"年度更新调查工作奠定基础。

　　通过全国林地"一张图"年度更新调查，将建成全面、直观的林地和森林资源监管平台，逐步实现林地和森林资源监管方式由抽样检查到全面监管的转变，推动林地保护利用管理实现"以规划管地""以图管地"的历史性跨越。

三、实施《纲要》的关键和重点

保护生态红线，中央与地方的协调是关键。《纲要》的颁布实施，确定了"以规划管地、以图管地"的科学管理模式，确立了国家、省、县三级规划体系，要求国家、省、县三个层次分别编制林地保护利用规划，并与主体功能区规划、土地利用总体规划相衔接，按照法定程序进行论证、审核、报批，确保规划编制程序合法，维护规划的严肃性和权威性。

2010 年 8 月 26 日，国家林业局召开贯彻落实《全国林地保护利用规划纲要》工作会议
（国家林业局调查规划设计院提供）

（一）启动省、县级林地保护利用规划编制

2010 年 8 月 26 日，在国家林业局召开的贯彻落实《纲要》工作会议上，国家林业局以及全国各省（自治区、直辖市）、森工集团、新疆生产建设兵团林业主管部门进一步统一了思想，充分认识了贯彻落实《纲要》是统筹林地保护利用、推动现代林业科学发展的具体行动，是实现中国政府庄严承诺的重要保障，明确了编制省级、县级林地保护利用规划是实现《纲要》确定的目标和任务的重要环节和根本措施，全面启动了省、县级林地保护利用规划编制工作。同时，明确省级规划要强化战略性和政策性，重点确定本行政区域林地保护利用的目标、指标、任务和政策措施；县级规划要划定林地范围，进行功能区划，突出空间性、结构性和可操作性，要将林地保护利用措施落实到现地。

为了规范规划编制和审批程序、统一技术标准，国家林业局编制印发了《省级林地保护利用规划编制指导意见》《县级林地保护利用规划编制要点》《林地保护利用规划编制审查办法》《省级林地保护利用规划大纲审查要点》《林地保护利用规划林地落界成果验收检查办法》等规范性文件，制定了《县级林地保护利用规划编制技术规程》《森林资源调查卫星遥感影像图制作技术规程》《林地保护利用规划林地落界技术规程》《县级林地保护利用规划制图规范》等 4 个行业标准，统一了林地保护利用规划和全国林地"一张图"建设技术方法和技术标准。同时，国家林业局共举办了 6 期技术培训班，为各省（自治区、直辖市）培训了近 600 名技术骨干。各省（自治区、直辖市）又对省、市、县级林地规划技术人员进行实地培训。据统计，全国共培训技术人员近 5 万人。

（二）省、县级林地保护利用规划审查报批

省级林地保护利用规划，以《纲要》为指导和总控，以省级单位为单位进行编制，其中包括内蒙古、吉林、龙江、大兴安岭森工（林业）集团公司、新疆生产建设兵团共36个省级单位。省级林地保护利用规划是对本管辖范围内的林地保护利用作出的宏观性、战略性规划，重点确定未来10年林地保护利用的目标指标、主要任务、林地结构布局、林地保护和利用的主要措施。省级规划是在开展基础调查、重大问题研究的基础上编制的，一般经过省级规划大纲和规划文本编制两个阶段。省级规划大纲经过国务院林业主管部门审查同意后，省级林业主管部门依据省级规划大纲编制省级规划文本。省级规划成果经过国务院林业主管部门审查同意后，报省人民政府批准实施，其中：内蒙古、吉林、龙江、大兴安岭森工（林业）集团公司省级规划，经国务院林业主管部门审批后，汇交到其所在地的省级规划；新疆生产建设兵团省级规划，由国务院林业主管部门审查，由兵团批准实施，其规划成果汇交到新疆维吾尔自治区省级规划。

县级林地保护利用规划，在省级林地保护利用规划总控下编制，科学合理地界定林地范围，对林地进行分区、分类、分级、分等并落实到山头地块。县级规划的重点是落实省级规划任务和指标，具体安排林地规模、保护分级、利用方向、林地结构、功能分区，并落实到具体地块，制定林地保护和利用的具体措施，落实国家、省级林业重点工程规模、分布和实施措施。县级规划一般经过规划框架和规划文本编制两个阶段。县级林地保护利用规划成果经省级林业主管部门审查同意后，报县级人民政府批准实施。内蒙古、吉林、龙江、大兴安岭森工（林业）集团公司所属林业局的县级规划，经国务院林业主管部门审批后，汇交到其所在地的县级规划；新疆生产建设兵团所属团场的县级规划经兵团审批后，汇交到其所在地的县级规划。其中，林地落界将县级规划具体落实到山头地块，县级林地落界成果与县级规划文本同步报批，保障林地落界成果的权威性和法律效力，进一步明确林地范围、稳定林权，为林地保护利用规划的具体实施提供根本保障。

林地保护利用是林业生态建设中最根本的工作。以国务院批准《全国林地保护利用规划纲要（2010～2020年）》为标志，正式建立了林地保护利用规划制度。同时，国家、省、县三级林地保护利用规划的编制实施和全国林地"一张图"的年度更新调查，将进一步推进全国森林资源监管"一盘棋"工作，总体提升森林资源监管水平，为确保林业生态建设"红线"保驾护航。这对于发展现代林业、促进绿色增长、确保实现林业"双增"目标、提高应对气候变化能力，具有重大而深远的战略意义。

全国林地保护利用规划编制培训班（国家林业局森林资源管理司提供）　　贵州省县级林地保护利用规划成果审查会（贵州省林业厅提供）

第九篇

构筑林业投入政策体系

——建立林业发展的保障机制

党的十六大以来，我国林业实现了由以木材生产为主向以生态建设为主的历史性转变，林业以其公益特性和在绿色增长中的优先位置，纳入了国家经济社会发展总体布局。林业投入政策也实现了由"多取少予"到"少取多予"，并向建立长期稳定的"多予"政策体系转变。特别是随着集体林权制度改革的深入推进和生态建设力度的不断加大，各项强林惠林政策相继出台，扶持林业发展的财政金融税收政策体系框架初步建立，"三个生态系统建设"和"一个生物多样性保护"基本纳入了公共财政支持范围，为林业发展建立了政策保障和资金投入的长效机制。据统计，2002 年中央投入林业的资金为 295 亿元，2011 年达到 1220 亿元，是 2002 年的 4 倍多。2002 ~ 2011 年的 10 年间，中央投入林业的资金共计 5648 亿元，年均增长 15.25%。

一、林业公共财政政策体系框架基本形成

根据党中央、国务院的决策部署，在国家有关部门的大力支持下，林业公共财政支持政策不断取得新的突破，先后出台了一系列有力的政策措施支持林业改革与发展。特别是森林生态系统的建设和保护，从种苗、造林，到抚育、保护、管理每个环节都设计了财政补贴机制，建立并不断完善森林生态效益补偿基金制度，相继出台了森林抚育补贴试点、造林补贴试点、林木良种补贴试点、湿地保护补助等财政支持政策。

（一）建立健全森林生态效益补偿制度

1998 年修订后的《中华人民共和国森林法》明确规定："国家设立森林生态效益补偿基金，用于提供生态效益的防护林和特种用途林的森林资源、林木的营造、抚育、保护和管理。"从此，我国开始了森林生态有偿使用的探索与尝试。2001 年 11 月 20 日，森林生态效益补助试点启动工作会在北京召开，森林生态效益补偿开始在辽宁等 11 个省份试点，当年中央财政安排 10 亿元，对 2 亿亩重点公益林保护和管理按每亩每年 5 元的标准进行补助。经过 3 年试点，2004 年我国正式建立中央财政森林生态效益补偿基金，当年中央财政安排 20 亿元，对国家级公益林按每亩每年

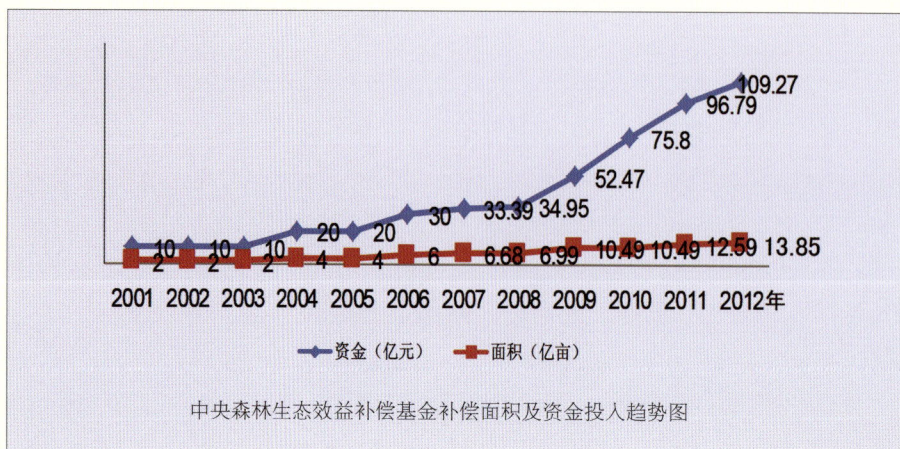

中央森林生态效益补偿基金补偿面积及资金投入趋势图

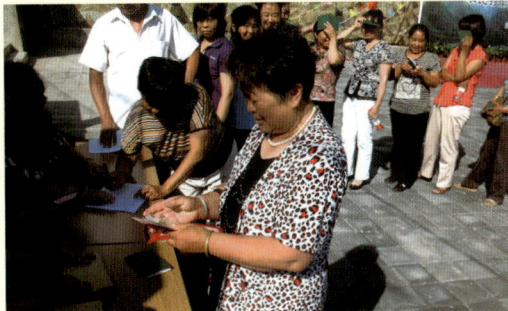

2011 年 7 月 8 日，北京市门头沟区集体林权制度改革
生态补偿金发放仪式在永定镇北区进行（郝健 摄）

2005 年 3 月 19 日，浙江省台州市黄岩区平田乡外岙村
发放生态效益补偿金（张健康 摄）

5 元的标准补偿，补偿范围由 11 个省份扩大到全国，补偿面积由 2 亿亩扩大到 4 亿亩。2006 年以来，中央财政不断加大资金投入力度，增加补偿面积，扩大补偿基金规模。2010 年，对属于集体和个人的国家级公益林的补偿标准从每亩每年 5 元提高到 10 元。根据修改后的《国家级公益林区划界定办法》，全国共区划认定国家级公益林总面积 18.67 亿亩，结合国务院批准的《天然林资源保护工程二期实施方案》，2012 年补偿基金规模已经达到了 109.3 亿元。据统计，2001 ～ 2012 年，中央财政累计安排森林生态效益补偿基金 505 亿元。中央森林生态效益补偿基金的建立，是党中央、国务院加强生态建设的重大举措，体现了中国政府在经济社会发展中的战略思想和现实选择，对维护公益林经营者、所有者的切身利益，促进山区农民增收，维护生态安全，促进绿色增长具有深远的意义。

（二）开展森林抚育补贴试点

2009 年，中央财政在内蒙古、吉林、黑龙江等重点国有林区及部分集体林区开展了森林抚育补贴试点工作，这是中央财政支持现代林业发展，从以数量扩张为主向数量扩张和质量提升并重的主要标志之一。当年中央财政安排资金 5 亿元，抚育补贴试点任务 500 万亩，平均每亩补贴 100 元。2010 年，补贴试点资金增加到 20 亿元，

2009 ～ 2012 年森林抚育补贴试点情况

年 度	2009 年	2010 年	2011 年	2012 年
补贴资金（亿元）	5	20	51.3	56.76
试点任务（万亩）	500	2000	4604	5150
试点范围	11 省份	27 省份	全国	全国

试点任务增加到 2000 万亩，试点范围扩大到全国 27 个省（自治区），确定森林抚育补贴对象是国有中幼林（含公益林、商品林）以及集体和个人所有公益林中的人工林，其中东北、内蒙古重点国有林区公益林抚育仅限于限伐区。2011 年，天然林资源保护工程区内的国有中幼林抚育补贴标准由每亩 100 元提高到 120 元。当年补贴试点资金 51.3 亿元，试点任务 4604 万亩，试点范围扩大到全国所有省份。2012 年，补贴试点资金增加到 56.76 亿元，试点任务 5150 万亩。同时，为确保森林抚育补贴试点工作规范有序推进，先后出台了《森林抚育补贴试点资金管理暂行办法》《森林抚育补贴试点管理办法》《森林抚育补贴试点作业设计规定》《森林抚育补贴试

实施森林抚育作业

重庆市万州区植树造林现场

点检查验收办法》《森林抚育补贴试点成效监测办法》等指导性文件。

实施森林抚育补贴试点，对改善林分结构、提高林地生产力、带动林业产业发展、促进社会就业、增加林业职工和林农劳务收入都具有十分重要的作用。通过实施森林抚育补贴，在中央财政政策的有力带动下，调动了各地对森林抚育的积极性，加大了对森林抚育的投入力度，为实现林业"双增"目标奠定了基础。据测算，如果对全国中幼林及时进行抚育，全国森林蓄积量可年均多增加 1.4 亿立方米，10 年可多增加 14 亿立方米。

（三）开展造林补贴试点

为进一步激发社会造林的积极性，加快造林绿化步伐，实现 2020 年比 2005 年森林面积增加 4000 万公顷的战略目标，推进现代林业又好又快发展，2010 年中央财政启动了造林补贴试点工作。当年安排造林补贴试点资金 3.15 亿元，选择在西南、西北造林任务重，已经完成集体林权制度主体改革，以及地方政府支持造林力度大的三类省份，包括河北、山西等 20 个省份进行试点。补助标准为：乔木林每亩 200 元，灌木林 120 元，木本油料经济林 160 元，水果、木本药材等其他经济林 100 元，新造竹林 100 元，迹地人工更新 100 元。2011 年，造林补贴试点资金增加到 5.5 亿元，并将营造木本油料经济林的补助标准由每亩 160 元提高到 200 元，补贴范围扩大到全国。2012 年，造林补贴试点资金大幅度增加，达到 25.4 亿元，为 2011 年的 4.6 倍。中央财政造林补贴政策，是继建立森林生态效益补偿制度、森林抚育补贴制度后我国林业财政政策的又一重大突破。通过这项补贴政策，进一步完善了造林投入模式，取得了积极成效。原来无法纳入林业重点工程的地区纷纷加大造林投资，处于观望状态的造林主体积极投工投劳。由于坚持了验收后拨付，而且补贴资金的发放是在幼林管护的关键时期，造林主体管护的积极性大大增强，造林质量显著提高，造林成活率明显提升。同时，造林补贴政策鼓励各地因地制宜地种植本地适生树种和经济树种，丰富了造林的树种和生物多样性，提升了林业的综合效益。

（四）开展林木良种补贴试点

为加强林木良种基地种质资源保护，提升良种产量和质量，降低良种生产使用成本，加快林木良种化进程，为建立适合我国国情的林木良种补贴制度积累经验，2010 年中央财政开展了林木良种补贴试点工作，对国家重点林木良种基地和林木良种苗木培育给予补贴。一是对国家重点林木良种基地予以补贴，补贴标准为：种子园、种质资源库每亩补贴 600 元，采穗圃 300 元，母树林、试验林 100 元。二是对林木良种苗木培育予以补贴，主要对国有育苗单位使用良种、采用先进技术培育良种苗木所增加成本的补贴，补贴标准为每株 0.2 元，2011 年将木本油料树种苗木培育补贴标准提高到每株 0.5 元。

2010 ~ 2012 年，中央财政共安排林木良种补贴试点资金 8.48 亿元。2010 年、2011 年林木良种补贴对象为 131 处国家重点林木良种基地，2012 年补贴对象增加了14 个集中连片贫困地区和沙生、核桃树种的 26 处国家重点良种基地，共计 157 处。据统计，131 处国家重点林木良种基地种子园 2010 年生产林木良种 28.2 万公斤、2011 年生产 34.6 万公斤，分别比 2009 年提高 20% 和 47%；131 处国家重点林木良种基地采穗圃 2010 年生产穗条 2.69 亿条、2011 年生产 3.91 亿条，分别比 2009 年提高 97% 和 187%。

林木种苗培育基地

林木良种苗木培育的调控作用已初见成效。通过对培育良种苗木给予补贴，极大地提高了国有育苗单位采用先进育苗技术培育良种苗木的积极性，增加了良种苗木供应。同时，采取限价销售措施，缩小了良种苗木与普种苗木之间的价格差异，提高了林农使用良种苗木的积极性，为提高林木良种使用率奠定了基础。

（五）开展湿地保护补助

为加强湿地保护，2010 年中央财政启动了湿地保护补助工作，首次安排专项资金 2 亿元，用于补助 20 个国际重要湿地、16 个湿地自然保护区和 7 个国家湿地公园开展湿地监控监测和生态恢复项目。2011 年，《中央财政湿地保护补助资金管理暂行办法》出台，建立了湿地保护补助的长效机制。2010 ~ 2012 年，中央财政共安排湿地保护补助资金 6 亿元。中央财政湿地保护补助资金补助对象主要是林业系统管理的国际重要湿地、湿地类型自然保护区及国家湿地公园。开展湿地保护补助工作，加快了湿地保护和恢复进程，提高了湿地监测监控和科研水平，改善了周边社区居民的生活和生存条件，促进了湿地生态功能恢复。这是维护国家生态安全和实现经济社会可持续发展的必然选择，是完善公共财政支持林业生态建设政策体系的重要内容，也是履行国际公约、树立负责任大国形象的迫切需要。

二、林业基本建设投资成倍增加

党的十六大以来，国家不断加大了对林业投资的支持力度，2002～2012年累计安排中央预算内林业基本建设投资1161亿元，启动实施了一批事关国计民生的林业重点工程，林业生态建设快速推进，基础设施建设不断完善。

（一）林业重点工程投资规模快速增长

2002～2012年国家累计安排林业重点工程中央预算内林业基本建设投资1060亿元，占中央林业基本建设投资的91%。近10年来，三北防护林工程安排投资115.3亿元，是1991～2001年投资的7.7倍。坚持实施以生态建设为主的林业发展战略，林业重点生态工程稳步推进，生态建设成效显著，为经济社会又好又快提供了良好的支撑保障。2002～2011年，全国共完成造林面积5739.47万公顷，其中：人工造林4453.23万公顷，飞播造林372.07万公顷，无林地和疏林地新封914.17万公顷。林业重点工程完成造林面积4325.58万公顷，其中：天然林资源保护工程792.73万公顷，退耕还林工程2164.53万公顷，京津风沙源治理工程499.52万公顷，三北及长江流域等重点防护林体系建设工程855.03万公顷。

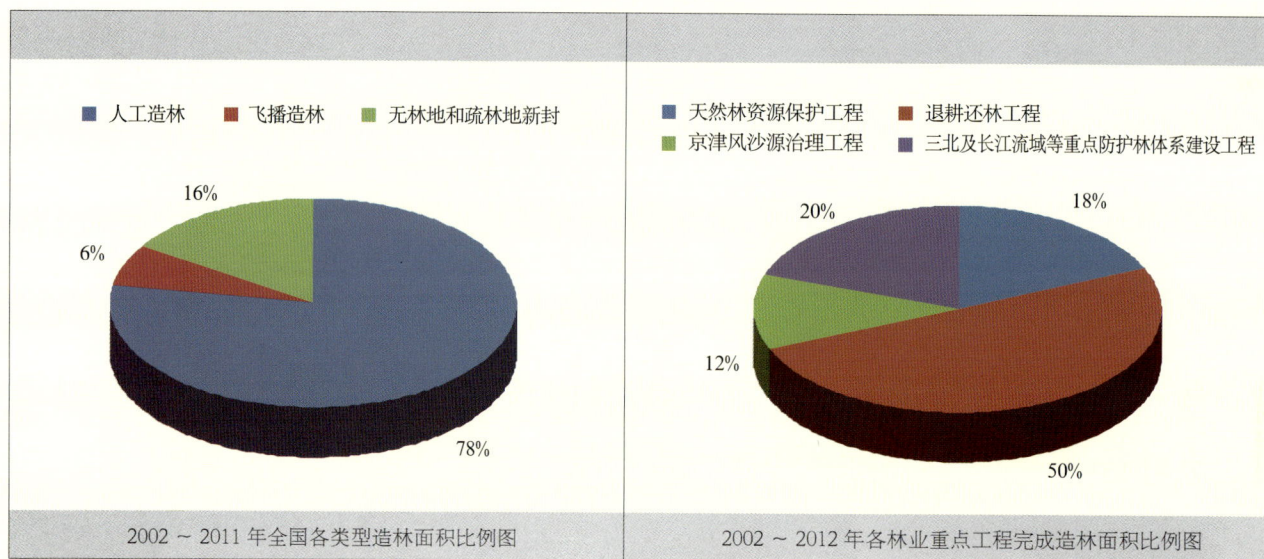

2002～2011年全国各类型造林面积比例图 | 2002～2012年各林业重点工程完成造林面积比例图

（二）林业投资结构不断优化

直接用于营造林投资达到735亿元，占63%。林业生态建设国家投资补助标准较大幅度提高，人工造林国家投资补助标准由2002年的每亩100元提高到目前的300元。按照"突出重点、规模治理、集中突破"的原则，启动实施了47个重点区域综合治理项目。充分发挥预算内投资对加强薄弱环节的作用，新开辟了林业棚户区和危旧房改造、石漠化综合治理、林业血防、油茶产业发展、湿地恢复保护工程、青海湖综合治理、三江源保护、西藏生态屏障、生态教育文化示范基地、珍稀及特殊林木培育、生态定位站、林产品质检站、中西部地区基层森林公安派出所、林权制度改革服务管理等新领域，林业投资覆盖面进一步扩大，建设领域不断拓展。

（三）林业基础保障功能不断完善

林业基础设施建设严重滞后的短板，在 2002 年以来得到了有效补长。围绕建设和保护并重，着力加强能力建设，不断加大林业科技、森林防火、有害生物防治、林木种苗和国有林区基础设施建设等方面投资力度，夯实了林业发展基础，增强了发展后劲。据统计，2002 年以来累计安排基础设施建设投资 435.8 亿元，极大地改善了落后的林业基础设施条件，其中：投资 163.6 亿元用于林业棚户区和危旧房改造以及社会性基础设施建设，已累计改造棚户区 132 万户，林区饮水、学校、医院等国有林区社会性公益设施条件极大改善，林区人民群众最关心、最直接、最现实的民生需求得到了有效解决；投资 63.6 亿元建设了 500 多个重点火险区综合治理项目及 200 多个森林火险预警、通信和信息指挥、森林航空消防、物资储备库等项目；投资 22 亿元建设了 1400 个良种基地、采种基地、种质资源保存库、苗圃等种苗项目，林木种苗基础设施建设水平全面提升，林木良种使用率、基地供种率分别达到 51%、63%；投资 22.8 亿元建设了以 9 大虫种为主的危险性森林病虫害防治项目和预测预报网络项目，提高了森林病虫害防治预测预报能力和防治成效；投资 9 亿元完善了近 15000 个林业工作站、4000 多个林业技术推广站及木材检查站建设；投资 7.84 亿元建设完成了 3827 个基层森林公安派出所建设项目，改善了森林公安基础设施条件；安排部门自身建设投资 21 亿元，南京森林公安高等专科学校（现为南京森林警察学院）扩建工程项目等一批重大林业工程项目相继建成投入使用，完善和增强了局直属单位对行业建设的服务保障能力。

三、林业税费扶持政策更加完善

多年来，林业在税费政策方面一直受到国家扶持和保护，与国家税收制度改革相适应，林业税收政策相继进行了一系列调整和改革。

（一）实施优惠的税收政策

为支持林业发展，中央在不断增加对林业投入的同时，进一步完善税收扶持政策。

1. 农业特产税减免政策

为减轻农民负担，促进农村经济发展，国务院从 2000 年开始实行农村税费改革试点，2002 年将试点范围扩大到河北、内蒙古等 16 个省（自治区），2003 年在全国全面实施农村税费改革。2004 年，经国务院批准，财政部、国家税务总局联合印发《关于取消除烟叶外的农业特产税有关问题的通知》（财税〔2004〕120 号），明确规定除对烟叶仍征收农业特产税外，取消其他农业特产的农业特产税，对林业生产的原木、原竹产品不再征收农业特产税，也不征收农业税。

2. 所得税减免政策

2007 年 3 月 16 日，第十届全国人民代表大会五次会议审议通过的《中华人民共和国企业所得税法》第二十七条规定，企业从事农、林、牧、渔业项目可以免征、减征企业所得税。2007 年 11 月 28 日，国务院第 197 次常务会议通过的《中华人民共和国企业所得税法实施条例》第八十六条规定了企业从事农、林、牧、渔业项目的所得可以免征、减征企业所得税的范围。2008 年 10 月 17 日，国家税务总局发布《关于贯彻落实从事农、林、牧、渔业项目企业所得税优惠政策有关事项的通知》（国税函〔2008〕850 号），明确规定《企业所得税法实施条例》第八十六条规定的农、林、牧、渔业项目企业所得税优惠政策，各地可直接贯彻执行。2008 年 11 月 26 日，《财政部、国家税务总局关于发布享受企业所得税优惠政策的农产品初加工范围（试行）的通知》（财税〔2008〕149 号）公布了享受企业所得税优惠政策的农产品初加工范围。规定享受企业所得税优惠范围的林木产品初加工产品，包括"通过将伐倒的乔木、竹（含活立木、竹）去枝、去梢、去皮、去叶、锯段等简单加工处理，制成的原木、原竹、锯材"。

3. 增值税优惠政策

2006 年 8 月，《财政部、国家税务总局关于以三剩物和次小薪材为原料生产加工的综合利用产品增值税即征即退政策的通知》（财税〔2006〕102 号）规定，自 2006 年 1 月 1 日起至 2008 年 12 月 31 日止，对纳税人以三剩物和次小薪材为原料生产加工的综合利用产品由税务部门实行增值税即征即退办法。这是国家鼓励木材综合利用的一项重要政策。2009 年 12 月，《财政部、国家税务总局关于以农林剩余物为原料的综合利用产品增值税政策的通知》（财税〔2009〕148 号）再次明确，自 2009 年 1 月 1 日起至 2010 年 12 月 31 日，对纳税人销售的以三剩物、次小薪材、农作物秸秆、蔗渣等 4 类农林剩余物为原料自产的综合利用产品由税务机关继续实行增值税即征即退办法，具体退税比例 2009 年为 100%、2010 年为 80%。从 2011 年开始，该项政策不再设定实施期限，长期实行。

进口种子（苗）、非盈利性野生动植物种源等免征进口环节增值税优惠政策。"十五""十一五""十二五"期间，国家延续了对进口种子（苗）、非盈利性野生动植物种源等免征进口环节增值税的优惠政策。

4. 天保工程实施企业和单位房产税、城镇土地使用税减免政策

财政部、国家税务总局《关于天然林保护工程实施企业和单位有关税收政策的通知》（财税〔2004〕37 号）规定，自 2004 年 1 月 1 日至 2010 年 12 月 31 日期间，对长江上游、黄河中上游地区，东北、内蒙古等国有林区天然林资源保护工程实施企业和单位用于天然林资源保护工程的房产、土地分别免征房产税、城镇土地使用税。对上述企业和单位用于天然林资源保护工程以外其他生产经营活动的房产、土地仍按规定征收房产税、城镇土地使用税。对由于国家实行天然林资源保护工程造成森工企业的房产、土地闲置一年以上不用的，暂免征收房产税、城镇土地使用税；闲置房产和土地用于出租或企业重新用于天然林资源保护工程之外的其他生产经营的，应依照规定征收房产税和城镇土地使用税；用于国家天然林资源保护工程的免税房

产、土地应单独划分，与其他应税房产、土地划分不清的，应按规定征税。根据财政部、国家税务总局《关于天然林保护工程（二期）实施企业和单位房产税 城镇土地使用税政策的通知》（财税〔2011〕90号）规定，自2011年1月1日至2020年12月31日该项政策继续执行。

（二）完善育林基金制度

育林基金制度建立于新中国成立初期，是为了保证森林采伐迹地及时更新，实行以林养林，并有计划地发展营林事业，不断扩大森林资源而建立的一种林业生产性专用基金制度。这一制度规定，国有森工、国有及集体林场从木材、竹材和一部分林副产品的销售收入中提取或征收一定数额的育林基金，专门用于迹地更新和营林事业发展。1954年，在总结各地经验的基础上，林业部颁发了《育林基金管理办法》。1972年5月，农林部、财政部联合颁布《育林基金管理暂行办法》，以后除了在提取标准、管理体制等方面的局部变化外，《育林基金管理暂行办法》一直沿用到2009年。2009年6月，为适应林业体制改革的要求，财政部会同国家林业局修订出台了《育林基金征收使用管理办法》。一是将育林基金征收标准由过去的20%降为10%，赋予了地方一定权限，在全国统一规定的10%上限征收标准之内，由各省、自治区、直辖市考虑林业生产经营者的经济承受能力确定本地区征收标准，具备条件的地区可以将育林基金征收标准确定为零。二是明确了育林基金的计征依据和征收环节，规范了育林基金的使用和管理，将林业基层单位行政事业经费纳入了地方财政预算，妥善解决了林业部门履行职能所需的经费开支。2010年起，财政部又对降低育林基金征收标准后带来的地方财政减收实行了转移支付政策，中央财政每年安排育林基金减收转移支付资金13.95亿元。

四、林业金融扶持政策取得重大突破

1986 年，中央财政建立了林业贷款贴息政策，之后近 20 年又在贴息范围、贴息年限、贴息率方面不断完善。2009 年 5 月，中国人民银行、财政部、中国银行业监督管理委员会、中国保险监督管理委员会、国家林业局联合印发了《关于做好集体林权制度改革与林业发展金融服务工作的指导意见》（银发〔2009〕170 号），我国林业金融扶持政策取得了重大突破，以林业中央财政贴息、林权抵押贷款以及中央财政森林保险保费补贴等政策为主要内容的林业金融扶持体系逐步建立。

（一）推行林业贷款中央财政贴息政策

2005 年，财政部、国家林业局联合出台《林业贷款中央财政贴息资金管理规定》，首次将各类银行发放的林业贷款、非公有制林业龙头企业林业贷款，以及天然林资源保护、退耕还林等重点生态工程后续产业项目纳入贴息范围，建立起市场经济条件下国家扶持、鼓励各种市场经营主体积极参与林业建设的林业信贷扶持政策。2009 年，修订出台了《林业贷款中央财政贴息资金管理办法》，将小额贷款公司林业贷款等纳入贴息范围，提高贴息率，延长贴息期限。林业小额造林贷款贴息期限可达 5 年，逐步建立起与市场经济相适应的林业信贷扶持政策长效机制。2003 ~ 2011 年，中央财政安排贴息资金 37 亿元，带动了 817 亿元银行贷款和约 300 亿元社会资本投入到林业建设领域，其中：非公有制贷款 555 亿元，占贴息贷款总额的 68%；落实林业小额贴息贷款 120 亿元，中央财政贴息 3.5 亿元，落实速生丰产林基地项目贴息贷款 306 亿元，占贴息贷款总额的 38%，落实天然林资源保护

林业要素市场举行林木林权拍卖现场会

山林可以流转，不仅盘活了林业投入资金，也使大量社会资金进入林业

林业要素市场使山林完成了由资源到资本的转换

等林业重点工程后续产业项目建设贴息贷款 45 亿元。2003 ～ 2011 年，各地利用林业贴息贷款营造速生丰产林 316 万公顷，抚育 311 万公顷·次；新造改造经济林 161 万公顷，种植沙生植物和其他经济植物 94 万公顷，多种经营建设项目创产值 1412 亿元，实现利税 159 亿元，安置就业人员 73 万人。林业贴息贷款政策的实施，促进了林业投资主体多元化，优化了林业产业结构，推动了速生丰产林基地、天然林资源保护等重点生态工程后续产业项目建设，带动了林农通过投资林业提高林地生产力、实现兴林致富的积极性，巩固了林业生态建设成果。

（二）开展林权抵押贷款

以林权作抵押进行融资是农村金融史上的重大创新，开展以林权抵押贷款为主要内容的林业投融资改革成为林业拓宽融资渠道、满足发展资金需要的重要途径。截至 2011 年年末，我国金融机构林权抵押贷款余额 406 亿元，是 2009 年的 2.2 倍；涉林贷款 1533 亿元，是 2009 年的 2 倍。目前，除天津市、上海市和西藏自治区外，全国共有 28 个省（自治区、直辖市）开展林权抵押贷款业务，覆盖率 90% 以上，其中 12 个省份的林权抵押贷款余额均超过 10 亿元。林权抵押贷款业务的开展，找到了破解"三农"融资难问题的有效途径，实现了"三农"融资中抵押资产的突破，促进了金融业与林业协调发展。

（三）建立和完善森林保险制度

党的十六大以来，中央不断探索支持农业和农村发展的途径和方式。2007年中央一号文件提出，要积极发展农业保险，建立完善农业保险体系，扩大农业政策性保险试点范围。2009年，财政部、国家林业局、中国保险监督管理委员会联合下发《关于做好森林保险试点工作有关事项的通知》（财金〔2009〕165号），提出从2009年起，按照"政府引导、市场运作、自主自愿、协同推进"的原则，开展中央财政森林保险保费补贴试点工作，逐步建立和完善森林保险制度。试点从江西、福建、湖南3省开始，公益林和商品林统一按中央财政30%、省级财政按不低于25%的比例进行保费补贴。2010年，试点地区增加浙江、辽宁、云南3省，将公益林中央财政保费补贴比例提高到50%，省级财政对公益林和商品林补贴比例不低于25%，地方财政对公益林补贴比例不低于40%，也即市县财政对公益林补贴比例不低于15%。2011年，试点地区又增加了广东省、四川省、广西壮族自治区。2012年，财政部将中央财政森林保险保费补贴政策扩大到全国。截至2011年年底，试点省份森林保险投保面积7.69亿亩，其中：公益林4.06亿亩，商品林3.63亿亩；公益林保额平均每亩415元，商品林平均每亩423元；各省（自治区、直辖市）公益林和商品林保险费率分别为1‰～4‰和1‰～8‰。交纳保费总计6.61亿元，其中：中央财政支付保费2.69亿元，省、市县支付2.71亿元，林业经营单位和林农个人支付1.21亿元，所占比例分别为40.7%、41%和18.3%。赔付金额共计1.57亿元，占保费的23.7%。财政支持下森林保险制度的建立，极大地促进了森林保险业务发展，提高了林农和林业经营者抵御风险能力，改善了农村金融环境，增强了金融支持林业的信心，推动了农村经济繁荣。

专栏　林业公共财政政策

中央财政森林生态效益补偿基金　森林生态效益补偿基金，是指各级政府依法设立用于公益林营造、抚育、保护和管理的资金。中央财政补偿基金重点用于国家级公益林的保护和管理。国有的国家级公益林平均补偿标准为每亩每年 5 元，其中管护补助支出 4.75 元、公共管护支出 0.25 元；集体和个人所有的国家级公益林补偿标准为每亩每年 10 元，其中管护补助支出 9.75 元、公共管护支出 0.25 元。

森林抚育补贴试点资金　中央财政安排的对承担森林抚育试点任务的国有森工企业、国有林场等国有林业单位，以及村集体、林业职工和农民给予的森林抚育补贴。用于森林抚育有关费用支出，包括间伐、修枝、除草、割灌、采伐剩余物清理运输、简易作业道路修建等生产作业的劳务用工和机械燃油等直接费用，以及作业设计、检查验收、档案管理、成效监测等间接费用。

造林补贴试点资金　造林补贴的对象为使用先进技术培育的良种苗木在宜林荒山荒地、沙荒地人工造林和迹地人工更新，面积不小于 1 亩（含 1 亩）的农民、林业合作组织，以及承包经营国有林的林业职工。补贴试点资金包括造林直接补贴和间接费用补贴，其中：造林直接补贴是对造林主体造林所需费用的补贴，标准为：乔木林和木本油料经济林每亩补助 200 元，灌木林每亩补助 120 元，水果、木本药材等其他经济林每亩补助 100 元，新造竹林每亩补助 100 元，迹地人工更新每亩补助 100 元。间接费用补贴是对试点县有关政策宣传、作业设计、技术指导、检查验收、档案管理等工作所需费用的补贴，标准为中央财政造林补贴总额的 5%。

林木良种补贴试点资金　林木良种补贴试点资金包括对国家重点林木良种基地的补贴和林木良种苗木培育的补贴。国家重点林木良种基地补贴对象是认定的国家重点林木良种基地。补贴标准为：种子园、种质资源库每亩补贴 600 元，采穗圃每亩补贴 300 元，母树林、试验林每亩补贴 100 元。资金主要用于良种培育、采集、处理、检验、贮藏等方面的人工费、材料费、简易设施设备购置和维护费，以及调查设计、技术支撑、档案管理、人员培训等管理费用和必要的设备购置费用。林木良种苗木培育补贴对象是国有育苗单位使用林木良种，采用组织培养、轻型基质、无纺布和穴盘容器育苗，幼化处理等先进技术培育的良种苗木。补贴标准：每株良种苗木平均补贴 0.2 元。2011 年，为做好整合统筹资金支持木本油料产业发展工作，对油茶、核桃、油橄榄每株良种苗木平均补贴 0.5 元。补贴资金主要是对国有育苗单位因使用良种、采用先进技术培育良种苗木所增加成本的补贴。

林业有害生物防治专项资金　中央财政安排用于林业有害生物防治的专项经费。用于为防治林业有害生物，购置药剂、药械、工具的开支，除害处理的人工费补助，治理区发生检疫检验的材料费、小型器具费。

边境森林防火隔离带补贴资金　中央财政为支持边境草原、森林生态环境建设，预防外火入境、内火出境而设立的专项资金。用于在国界线内侧开设、营造草原、森林防火隔离带。补助对象为承担边境草原森林防火隔离带开设、营造任务的防火站、草原站、林业场站、森林消防队等单位。

林业国家级自然保护区补贴资金　中央财政安排用于林业部门管理的国家级自然保护区的专项补助资金。主要用于：一是保护区自然资源本底调查、社会经济情况专项调查，以及自然保护区主要保护对象、典型生态系统、重点保护野生动植物资源等野外专项调查所需要的专用材料费、小型设备购置费、人工费、燃料费等支出；二是保护区主要保护对象、典型生态系统、重点保护野生动植物等自然资源及区内生态环境监测所需的专用材料费、小型设备购置费、人工费、燃料费等支出；三是珍稀濒危野生动植物保护和救护所需的简易救护设施、药品器械、饲料、燃料费等支出；四是与保护区保护、监测、管理等相关的设施维护，以及简易设施建设、小型设备购置费等支出；五是保护区管理人员管理培训、业务人员技术培训所需的培训费，以及科普宣传教育等公众教育所需的印刷费等支出。

湿地保护补贴资金 中央财政安排用于国际重要湿地、湿地类型保护区和湿地公园保护的专项补助资金，用于湿地监控、监测设备购置和湿地生态恢复以及聘用管护人员劳务支出等。

中央财政林业科技推广示范资金 中央财政安排的支持林业科技成果推广与示范的补助资金。用于林木新品种繁育、新品种新技术的应用示范、与科技推广和示范项目相关的简易基础设施建设，必需的专用材料及小型仪器设备购置、技术培训、技术咨询等方面的支出。支持对象为承担林业科技成果推广与示范任务的林业技术推广站（中心）、科研院所、大专院校、林业专业合作社、国有森工企业、国有林场和国有苗圃等单位和组织。

国有贫困林场扶贫资金 中央财政安排用于支持国有贫困林场扶贫开发的专项补助资金，是中央财政扶贫资金的组成部分。用于支持贫困林场改善生产生活条件，利用林场或当地资源发展生产。

林业成品油价格补助专项资金 中央预算安排用于补助国有林业企业、林场和苗圃，因成品油价格调整而增加的成品油消耗成本而设立的专项资金。补助对象为国有林业企业、林场和苗圃。

香格里拉的黑颈鹤（张武 摄）

雄雉竞飞图（赵电亮 摄）

天池之晨（朱慧丽 摄）

博格达生物圈（孙国富 摄）

绿色的
抉择

国家出版基金项目
NATIONAL PUBLICATION FOUNDATION

新闻出版总署
迎接党的十八大主题出版重点出版物

中国的绿色增长

——党的十六大以来中国林业的发展

绿色的壮举

国家林业局　编

中国林业出版社

图书在版编目（CIP）数据

中国的绿色增长：党的十六大以来中国林业的发展 . 第 2 卷，绿色的壮举／国家林业局编 .
－北京：中国林业出版社，2012.9

ISBN 978-7-5038-6774-3

Ⅰ . ①中 ...　Ⅱ . ①国 ...　Ⅲ . ①林业－生态环境建设－中国　Ⅳ . ① S718.5

中国版本图书馆 CIP 数据核字（2012）第 228539 号

《中国的绿色增长——党的十六大以来中国林业的发展》

编辑委员会

主　编

赵树丛

副主编

张建龙　印　红　孙扎根

陈述贤　张永利　陈凤学　杜永胜

委　员

张鸿文	刘永范	王祝雄	郝燕湘	张希武	张　蕾
王海忠	封加平	彭有冬	苏春雨	谭光明	高红电
张习文	孙传玉	王永海	李世东	杨　超	潘世学
孔　明	程　红	孟宪林	孙国吉	潘迎珍	周鸿升
刘　拓	闫　振	刘东生	马广仁	张守攻	柏章良
厉建祝	柳学军	金　旻	岳永德	赵良平	臧春林
	刘　红	王　满	李怒云	马爱国	

《中国的绿色增长——党的十六大以来中国林业的发展》

编撰工作领导小组

组　　长：陈述贤

顾　　问：卓榕生

副组长：封加平（常务）　张鸿文　程　红　金　旻

成　　员：汪　绚　厉建祝　李金华　汤晓文　郝育军　李青松

　　　　　陈幸良　李玉峰　尹发权　樊喜斌　金志成

文字组：曹　靖　刘建杰　涂先喜　黄祥云

图片组：周霄羽　陈建伟　张　炜　贾达明　李惠均

　　　　刘广平　刘宏明

编辑组：徐小英　刘先银　杨长峰　沈登峰　赵　芳

　　　　李　伟　何　鹏　刘香瑞　曹　慧

Ⅱ 绿色的壮举

编撰工作办公室

执行主编：封加平

执行副主编：郝育军　汤晓文　金志成

统筹协调：黄祥云　刘建杰　杨长峰

主要撰稿人员
（以姓氏笔画为序）

丁付林	马广仁	马育明	王岩	王楠	王祝雄	王海忠	王逸群	王常青	王福田
王福祥	云天昊	白建华	邢红	闫振	闫峻	刘道平	刘建杰	江天法	汤晓文
许晶	孙启祥	孙国吉	孙嘉伟	杜书翰	杨超	李杰	李树一	李瑞林	吴坚
吴友苗	吴红军	邱胜荣	汪飞跃	初冬	张蕾	张翼	张子辉	张云毅	张会华
张利明	张希武	罗斌	罗颖	岳太青	金旻	金志成	周力军	周鸿升	封加平
郝健	郝育军	赵宇翔	赵良平	段兆刚	莫沫	柴守权	徐钰	徐鹏	高尚仁
姬文元	黄东	黄祥云	隗合飞	韩文兵	董冶	曾伟生	曾宪芷	谢春华	潘迎珍

主要摄影人员
（以姓氏笔画为序）

王龙	王忠宝	韦健康	文俊峰	叶晓林	关克	许鹏	许玉梅	孙启祥
李晓南	张明祥	周霄羽	周卫平	孟宪毅	胡学兵	俞言琳	姚建明	耿玉娟
	贾达明	郭增江	黄海	黄锦添	崔海鸥	康成福	蒋俊民	

编辑出版人员

责任编辑：杨长峰　李伟　刘香瑞

审稿人员：李玉峰　邵权熙　徐小英　刘先银　沈登峰　刘慧

温晋　徐平　郑铁志　卢灵

美术编辑：赵芳　曹慧　孙瑶

责任校对：苏梅

中国的绿色增长
——党的十六大以来中国林业的发展

总目录

II 绿色的壮举

目录

II
绿色的壮举

白桦林（于怀提供）

综　述

　　世纪之交，特大洪水、沙尘暴等生态灾害的发生，造成了永远的民族之痛，生态问题成为社会特别关注的热点之一，受到党中央、国务院的高度重视。

　　面对日益严峻的生态问题，2003 年 6 月，党中央、国务院及时作出了《关于加快林业发展的决定》，果断提出全面实施以生态建设为主的林业发展战略，明确要求：力争到 2010 年，森林覆盖率达到 19%以上；到 2020 年，森林覆盖率达到 23% 以上；到 2050 年，森林覆盖率达到并稳定在 26% 以上，基本实现山川秀美，生态状况步入良性循环。

　　"加快发展"，成为《中共中央 国务院关于加快林业发展的决定》的关键词，在这个《决定》全文中，共出现了 23 处"加快"的字眼。每一个"加快"，都力重千钧，传递着中央的迫切要求；每一个"加快"，都振奋人心，催促着我们不懈奋进。

　　但是，如果按照当时的林业发展速度，确保森林覆盖率达到 26%以上、基本实现山川秀美的目标，至少需要上百年才能完成。

　　如何用 50 年时间完成上百年的任务？党中央、国务院创造性地采取了一系列重大战略举措，用气势磅礴的实际行动和举世瞩目的伟大成就，向全世界充分展示了加快林业发展、绿化祖国山河、改善脆弱生态的无比决心和信心。

一、持续深入开展全民义务植树运动，造就世界上参与人数最多的绿色行动

这是世界上参加人数最多、持续时间最长、声势最浩大、影响最深远的一项独特的群众性运动。它以特有的法定性、全民性、公益性和义务性，在中华大地上蓬勃开展了 30 余年。

党的十六大以来，以胡锦涛同志为总书记的党中央，坚持深化行动，创新形式，广泛动员全社会投身林业建设，充分发挥了亿万人民参与林业建设的巨大潜力，不断把全民义务植树运动推向深入。

胡锦涛总书记等党和国家领导人，年年带头参加义务植树，风雨无阻，从未间断。每次参加植树，胡锦涛总书记都要作出重要指示，号召全党动员、全民动手、全社会办林业，为推动全民义务植树运动深入发展提供了强大动力。

在中央领导同志的率先垂范下，十年来，每到植树季节，神州大地人潮涌动，亿万群众热情参与，处处新绿盎然生长。

共和国部长植树、百名将军植树、地方四套班子植树等活动此起彼伏。

中国人民解放军、武警部队广泛开展营区绿化美化，大力营造国防林，积极支援地方飞播造林。

各级共青团组织积极开展保护母亲河行动，各级妇女联合会精心组织"三八林"建设等造林绿化活动。

石油、石化、冶金、煤炭等行业不断加大厂区绿化和矿山造林治理力度。

义务植树内容也由挖坑栽树向植树、管护、认建、认养等全过程、多模式延伸，由零散组织向基地化、规模化转变；工作主战场由主攻荒山荒地造林，发展到推进荒山荒地造林与推行"身边增绿"并重；组织发动方式由主要依靠行政部门组织推动，发展到行政组织推动与单位、个人主动参与并进；追求的目标由只注重造林绿化成果，发展到既注重造林绿化建设成果，又注重激发爱国热忱，培养低碳理念，强化生态意识。

十年来，全国参加义务植树人数累计达 63 亿人次，义务植树 264 亿株。全民义务植树运动的持续深入开展，推进了乡村绿化和城市森林建设，极大地改善了城乡面貌和人居环境，也有力促进了爱绿植绿护绿良好社会风尚的形成和全社会生态文明观念的树立，谱写了全民植树造林、绿化祖国的壮丽诗篇。

天池潜龙渊步道苔鲜（孙国富提供）

广东省高桥红树林（全凌锋提供）

河北省张家口市坝头山地防护林（康成福提供）

二、坚持大工程带动大发展，
着力打造推动中国林业快速发展的航母

用大工程带动大发展，这是中国政府开展生态建设的重大创新。

过去的十年，在国家财政并不富裕的情况下，中央克服困难，集中财力物力，实施了天然林资源保护、退耕还林、京津风沙源治理等一批国家重点生态工程，发起了一场前所未有的生态建设攻坚战、持久战。

这一个个工程，都可以成为一个个传奇，铸就一座座丰碑。

——**天然林资源保护工程**。被誉为"天"字号工程，主要解决我国大江大河和重点生态地区天然林资源保护、休养生息和恢复发展问题，是构建最优森林生态系统、维护国土生态安全、守住中华民族生命线的基础工程。工程从1998年开始试点，2000年正式启动，实施范围包括：长江上游、黄河上中游地区和东北、内蒙古等重点国有林区的17个省（自治区、直辖市）的734个县和167个森工局。工程实施后，长江上游、黄河上中游地区实行天然林禁伐，东北、内蒙古重点国有林区大幅度调减采伐量，百万伐木工人悲壮告别斧锯，众多的"砍树人"成了"种树人"和"护树人"。天然林资源得到休养生息，工程区生态环境明显改善。2011年，在天然林资源保护工程实施期满后，党中央、国务院又决定再延长10年。

——**退耕还林工程**。被誉为民心工程、德政工程，主要解决重点地区的水土流失问题。1999年开始试点，2000年正式启动，范围覆盖25个省（自治区、直辖市）及新疆生产建设兵团。工程的实施，实现了从毁林开荒向退耕还林的历史性转变，创造了涉及面最广、政策性最强、资金投入最多、群众参与度最高的历史纪录和世界纪录。十年来，全国累计完成退耕还林和荒山造林任务4.03亿亩，相当于再造了一个东北、内蒙古国有林区。2010年，在工程实施期满后，党中央、国务院决定将退耕还林政策再延长一个周期。

——**三北防护林和京津风沙源治理工程**。主要解决防沙治沙问题。这两大工程，是在我国植被最少、生态最为恶劣、建设条件最为艰苦、经济欠发达地区进行的生态建设工程。我国83%的荒漠化土地、85%的沙化土地都在三北地区。三北防护林体系工程实施期限73年，目前正在实

橙腹叶鹎

施五期工程，被誉为"绿色长城"和世界防沙治沙的典范。在这两项工程的推动下，我国土地沙化治理实现了由"沙进人退"到"人进沙退"的历史性转变。

——野生动植物保护及自然保护区建设工程。主要解决物种保护、自然保护等问题。工程实施范围包括具有典型性代表性的自然生态系统、珍稀濒危野生动植物的天然分布区、生态脆弱地区等。截至 2011 年年末，全国林业系统自然保护区总数达到 2126 个，其中国家级自然保护区 263 个，自然保护区面积占国土面积的比例达到 12.77%。

——湿地保护与恢复工程。国务院批复了国家林业局等 10 个部门编制的《全国湿地保护工程规划（2002～2030 年）》《全国湿地保护工程实施规划（2005～2010 年）》《全国湿地保护工程"十二五"实施规划》。建立了三江源国家级自然保护区，计划投资 75 亿元。中国湿地保护虽然起步较晚，但保护力度大、措施有力，许多工作已经走在世界的前列，受到国际社会的高度赞誉。我国政府先后获得"'献给地球的礼物'特别奖""全球湿地保护与合理利用杰出成就奖""湿地保护科学奖""自然保护杰出领导奖"等国际荣誉。

……

这些国家重点生态工程，覆盖了全国 97% 以上的县，规划造林面积超过 11 亿亩，总投资超过 1 万亿元，投资之巨、规模之大、周期之长为中外历史所罕见，其中有四项工程的单项规模都超过了世界著名的生态工程——美国的罗斯福工程、前苏联的斯大林改造大自然计划、北非五国的绿色坝工程，成为世界生态工程之最和我国新世纪再造秀美山川的伟大壮举。

湖北洪湖国际重要湿地（温峰提供）

三、空前加大基础建设力度，真正夯实中国林业发展根基

林业历史欠账多，基础十分薄弱。党中央、国务院在加快林业发展速度的同时，采取有力措施，全面加强林业基础建设。

建立了具有中国特色的森林资源管护制度。国务院批复了《全国林地保护利用规划纲要（2010～2020年）》。建立了森林资源监督机构和以森林限额采伐、林权登记发证、林地用途管制、占征用林地定额管理、森林资源定期清查为主要内容的森林资源管理制度。成立了国家森林防火指挥部，实行了地方各级人民政府行政领导森林防火负责制，组建了武警森林部队和专业扑火队伍，制定了扑救应急预案，我国森林火灾受害率低于世界同期平均水平。森林病虫害防治坚持"预防为主、综合防治"的方针，初步形成了以生物防治为基础，生物、仿生和化学防治相结合的森林病虫害防治体系，防治率达到67%，其中无公害防治率达到70%。

形成了比较完善的林业法律法规体系。制定了世界上第一部《防沙治沙法》，颁布了《退耕还林条例》《中华人民共和国濒危野生动植物进出口管理条例》，修订了《森林防火条例》，构建了以8部相关法律和20多件行政法规为主体的林业法律法规体系。建立了林业执法机构和队伍，依法治林步伐不断加快。

加强了林业科技和信息化建设。林业科技投入大幅增加，林业科技推广明显加强，荣获国家科技进步和技术发展奖44项。建立林业系统第一个国家重点实验室，实现了零的突破。建立林业生态效益监测定位观测研究网络，林业科技进步贡献率已由"九五"初期的27.3%提高到43%，科技成果应用率超过50%。坚持以林业信息化带动林业现代化发展，颁布了《全国林业信息化建设纲要》及《全国林业信息化技术指南》，建成了全国林业信息高速公路主干网，启动中国林业云、资源监管等工程建设，开展了中国林业信息化发展战略研究，推动林业信息化实现了历史性跨越。

贵州省赤水市竹海（国家林业局宣传办公室提供）

　　强化了林业基础设施建设。实施了林业棚户区改造和国有林场危旧房改造工程，林区约 150 万户列入全国保障性住房建设规划，已竣工入住 70 万户，成为新中国成立以来惠及林区上百万林业职工、数百万人口的一项最大的民生工程。林区安全饮水全部纳入全国农村饮水安全工程规划，林区道路、供电、广播电视等基础设施建设取得重要进展，有效改善了林区民生。国有林场和森林公园成为经济社会发展最重要的基础设施，建设得到全面加强。

广东省湛江红树林（林术提供）

　　提升了林木种苗管理水平。把林木种苗工作提到战略高度，开展了国家级重点林木良种基地、国家级林木种质资源库和各类林木良种基地建设，累计达到 700 多处，面积 380 多万亩，采种基地 1360 多万亩。开展了 70 多个主要造林树种和部分珍稀濒危树种良种选育工作，审（认）定推广了 2776 个林木良种。规范林木种苗繁育、运输、市场交易等活动。出台了良种壮苗繁育补贴政策。十年来，全国累计提供林木种子 2.3 亿多公斤，其中林木良种 2200 多万公斤，供应合格苗木 3000 多亿株，有效保障了 7

江苏大丰麋鹿国际重要湿地（杨国美提供）

亿多亩人工造林和飞播造林的种苗需求。全国主要造林树种良种使用率由 2002 年的 20% 提高到 51%。

　　加快推进林业机构队伍建设。国务院赋予林业部门承担构建我国生态系统主体的森林、湿地、荒漠化生态系统和野生动植物的保护发展与监督管理任务，形成了以保护和发展"三个系统一个多样性"为主体的职能体系。各地林业机构得到普遍加强，湖北、广西、浙江、广东、山东、新疆、西藏、河北 8 省（自治区）林业局恢复为林业厅，青海、海南省设立林业厅，江苏省设立林业局，全国 31 个省（自治区、直辖市）均单独设立了林业行政管理机构。中央批准成立了中华人民共和国湿地公约履约办公室、国家森林防火指挥部等管理机构。全面实施"人才兴林"战略，颁布了《进一步加强林业人才工作的意见》《全国林业人才发展"十二五"规划》，为林业发展提供坚实的人才和智力保障。

　　伟大的构想，伟大的战略，正在党中央、国务院的坚强领导和全国人民不懈努力下逐步化为现实。我国森林面积快速增长，人工林保存面积达 9 亿亩，稳居世界首位，森林覆盖率持续提升至 20.36%。据联合国粮食及农业组织全球森林资源最新评估，全球年均减少森林面积约 1 亿亩，而中国年均增加森林面积 6000 多万亩，人工林面积年均增量占全球年均增量的 53.2%，成为世界上森林资源增长最快的国家。

　　十年来，中国所创造的一系列生态建设的伟大成就，已经绘就中国林业以及世界林业史上最为精彩的一页；中国林业这十年所做出的探索实践，为新世纪的林业发展和生态建设开创了良好局面，也为全球生态建设做出了生动的示范。

　　党中央、国务院的英明决策和丰功伟绩必将永载史册！

群众参加首都义务植树活动（《国土绿化》杂志社提供）

第十篇

为世界
树立了榜样
——全民义务植树运动述评

胡锦涛总书记历年参加义务植树活动时的指示

2003 年

植树造林，绿化祖国，加强生态建设，是一件利国利民的大事。我们要一年一年、一代一代坚持干下去，让祖国的山川更加秀美，使我们的国家走上生产发展、生活富裕、生态良好的文明发展道路。

2004 年

北京市坚持开展全民义务植树活动，首都的城市面貌和生态环境有了明显改善，为加快经济社会发展营造了更好的环境。植树造林，绿化祖国，加强生态建设，是促进人与自然和谐发展的重要任务，是功在当代、利在千秋、造福人民的大事。要高度重视，常抓不懈，不断取得新的成效。

2005 年

环境是经济社会可持续发展的依托，是我们共同生存的家园。加强环境保护和建设，是树立和落实科学发展观的必然要求，是坚持以人为本的具体体现。全社会都要坚持不懈地做好爱护环境、保护环境、建设环境的工作，努力实现人与自然和谐发展的目标。

2006 年

全民义务植树活动开展 25 年来，植树造林事业取得了可喜的成绩，绿化美化环境已经成为全社会的广泛共识和自觉行动。各级党委、政府要从全面落实科学发展观的高度，持之以恒地抓好生态环境保护和建设工作，着力解决生态环境保护和建设方面存在的突出问题，切实为人民群众创造良好的生产生活环境。要通过全社会长期不懈的努力，使我们的祖国天更蓝、地更绿、水更清、空气更洁净，人与自然的关系更和谐。

2007 年

保护生态、美化环境，是全面落实科学发展观的必然要求，也是关系人民群众切身利益的一件大事，一定要坚持不懈、年复一年地抓好。我们每一个公民都要把植树造林、绿化祖国作为自己的义务和责任，积极投身全民义务植树活动。

2008 年

全民义务植树活动,是动员全社会参与生态文明建设的一种有效形式。我们今天多种一棵树,祖国明天就会多添一片绿。全国人民持之以恒地开展植树造林,我国生态环境就一定能够不断得到改善。

2009 年

深入开展义务植树活动,不断扩大国土绿化面积,是实现科学发展的必然要求,也是建设生态文明的重要举措。希望全社会大力弘扬植绿、护绿、爱绿的文明新风,积极参与义务植树活动,注重科学、提高质量、加强管护,确保种一棵、活一棵、成材一棵。要通过一代又一代人的不懈努力,使祖国大地变得更加秀美。

2010 年

开展全民义务植树活动,对于改善环境质量、建设生态文明、应对气候变化、推动科学发展,都具有重要意义。我们要持之以恒地把这项活动开展下去,动员全社会为建设祖国秀美山川作出不懈努力,为广大人民群众创造一个优美宜居的生活环境。

2011 年

前不久召开的全国两会,明确了"十二五"时期经济社会发展的目标任务,对生态文明建设提出了新的更高要求。我们要在新的起点上进一步推进植树造林工作,坚持依靠群众、依靠科技、依靠改革,不断提高生态文明建设成效,努力促进经济社会可持续发展。

2012 年

开展全民义务植树活动,是应对气候变化、改善生态环境、实现绿色增长的有效途径。我们要年复一年地把全民义务植树活动开展下去,广泛动员干部群众,充分发挥科技作用,积极扩大绿化面积,努力巩固植树成果,为祖国大地披上美丽绿装,为科学发展提供生态保障。

133 亿人次参加，植树 614 亿株。这组令世人惊叹的数字，充分显示了亿万人民在神州大地坚持不懈开展生态建设，追求可持续发展的执着理念。

坚持全党动员、全民动手，坚持各级领导率先垂范，坚持发动各界群众普遍参与，全民义务植树运动已经成为世界上参与人数最多、持续时间最长、影响范围最大的生态文明实践活动。

党的十六大以来，全民义务植树运动进一步蓬勃发展。十年来，参加人数达 63 亿人次，植树 264 亿株，取得了物质文明、精神文明和生态文明建设的丰硕成果，受到国际社会广泛赞誉，为世界林业发展史增添了光辉的一页。

一、开启国土绿化事业的新纪元

开展全民义务植树运动，是我们党和政府在发展林业和推进生态建设进程中的一项伟大创造，是社会主义制度优越性的重要体现。

党和政府一直将群众性植树运动作为解决生态问题的一个主要途径和重要手段，主要领导亲自倡导、组织、发动。

我们党早在建立江西赣南革命根据地期间，就组织发动群众每年春季植树造林，绿化当地荒山秃岭。

1932 年 3 月，毛泽东同志签署颁布了《中华苏维埃共和国临时中央政府人民委员会对于植树运动的决议》，发动苏区群众每年春季植树造林。抗日战争期间，毛泽东同志提出要制订群众植树计划，并号召延安人民每户种活 100 株树。

新中国成立后，党和政府对国土绿化事业更为重视，各界群众热情踊跃参加植树劳动，城乡造林绿化事业蓬勃开展，山川面貌日益改善。

1981 年夏天，我国四川、陕西等省先后发生历史上罕见的特大洪涝灾害，给人民群众生命财产和国家经济建设造成巨大损失。为根治洪涝等自然灾害，加快生态建设步伐，在邓小平同志的亲自倡导下，1981 年 12 月 13 日五届全国人大四次会议通过了《关于开展全民义务植树运动的决议》。1982 年，国务院出台《关于开展全民义务植树运动的实施办法》，以国家法律形式将这项群众性植树活动确定下来。

从此，全民义务植树作为各级党委、政府的重要职责和我国适龄公民的法定义务，以其特有的公益性、全民性、义务性、法定性在中华大地蓬勃开展起来，开启了我国国土绿化事业的新纪元。

1991 年以后，以江泽民同志为核心的党的第三代中央领导集体，发出了"全党动员，全民动手，植树造林，绿化祖国""再造秀美山川"的号召，进一步动员全国人民植树造林、保护森林，把全民义务植树运动不断推向深入。

党的十六大以来，以胡锦涛同志为总书记的党中央提出了推动科学发展、建设生态文明、实现绿色增长等一系列重大战略思想，给全民义务植树运动的深入开展带来了新动力，也对全民义务植树运动提出了新要求。

  2003 年 6 月，中共中央、国务院颁发的《关于加快林业发展的决定》，将"坚持全国动员，全民动手，全社会办林业"作为新时期加快林业发展的基本方针，将全民义务植树与林业重点工程并列为新时期林业建设的两个重点，明确提出丰富义务植树形式，实行属地管理，建立健全义务植树登记考核制度的要求，为新时期推进全民义务植树深入开展提供了政策保障。

  胡锦涛总书记等党和国家领导人率先垂范，每年植树节都参加首都义务植树活动，带头履行植树义务。胡锦涛总书记年年参加义务植树，年年强调植树造林。2012 年 4 月，胡锦涛总书记在参加首都义务植树活动时指出："开展全民义务植树活动，是应对气候变化、改善生态环境、实现绿色增长的有效途径。我们要年复一年地把全民义务植树活动开展下去，广泛动员干部群众，充分发挥科技作用，积极扩大绿化面积，努力巩固植树成果，为祖国大地披上美丽绿装，为科学发展提供生态保障。"

  中央领导同志身体力行，对全民义务植树运动起到了关键的示范、引领和推动作用。

  自 2002 年开始，全国绿化委员会、中共中央直属机关绿化委员会、中央国家机关绿化委员会、首都绿化委员会每年组织开展"共和国部长义务植树活动"，十年来共有 1500 多名（次）部级领导参加，栽植树木 2.1 万多株，在北京市朝阳、丰台、门头沟、房山、通州、大兴等区建立了 9 处"共和国部长林"，面积达 550 亩。

2011 年百名共和国部长在北京市通州区参加义务植树（《国土绿化》杂志社提供）

全国人大、全国政协、中国人民解放军每年都分别组织开展人大常委、政协委员、百名将军义务植树活动，发挥了示范和表率作用。

地方各级党政军领导，在各地植树季节来临之际纷纷带头参加义务植树，有力地推动了当地群众性植树活动的深入开展。

2009年全国政协在北京市八达岭参加义务植树活动
（北京市园林绿化局宣传中心提供）

2010年中国人民解放军百名将军在北京市昌平区参加
义务植树活动（北京市园林绿化局宣传中心提供）

二、形成全社会搞绿化的生动局面

在这场广泛、持久的群众性植树运动中，各有关部门（系统）结合实际，健全机构队伍、明确发展目标、制订推进措施、落实工作责任，深入开展部门义务植树活动，成为国土绿化的重要组成部分。

中共中央直属机关、中央国家机关通过制定机关单位义务植树管理办法、发展山区义务植树基地、开展部门单位与郊区乡村义务植树共建等措施，使义务植树工作始终走在全国前列。

机关干部参加义务植树（广西壮族自治区绿化委员会办公室提供）

北京市小学生参加义务植树
（北京市园林绿化局宣传中心提供）

北京市中学生参加义务植树（贾达明提供）

交通、铁路、水利部门积极创新绿色通道建设机制，采取部门出苗木费，沿线各地政府组织群众义务整地、栽植、管护等办法，推进通道绿化和沿线生态建设。十年来，公路绿化里程由 95.8 万公里增至 204.45 万公里，铁路宜林线路绿化里程由 2.6 万公里增至 3.5 万公里；湖泊、水库周边绿化面积 1.86 万公顷，江河沿岸绿化里程 2.54 万公里。

农业部门积极开展草原生态建设，实施草原生态补贴政策，落实草原承包责任制，调动了牧民种草的自觉性和经营草原的积极性，全国草原生态加速恶化的势头得到初步遏制，局部地区明显改善。

教育系统将绿化列为各级各类学校建设的重要指标，努力巩固、增加校园绿化面积，积极开展绿色校园建设，全国学校绿化率已近 30%，一批学校被评为全国绿化模范单位。同时，坚持生态文明教育与绿色实践相结合，积极发动广大师生参加地方组织的义务植树、植绿护绿志愿者行动等活动，青少年绿化意识和生态文明观念显著增强。

中国人民解放军、武警部队通过加强组织领导、巩固绿化专职机构、完善绿化法规制度、实行绿化责任制等措施，官兵义务植树活动、营区绿化美化建设、军事

北京军区参加义务植树活动仪式（贾达明提供）

管理区"三荒"造林和森林保护同步推进。十年来，部队组织了大批兵力、车辆、飞机，通过义务植树、义务飞播造林，积极支援地方生态建设，充分发挥生力军作用，全军义务植树尽责率达90%，涌现出北京军区商都义务植树先进典型等。完成军事管理区"三荒"造林80余万公顷，森林防火等森林资源管护能力明显增强，一大批营区成为绿色营区、生态营区。

保护母亲河行动（山西省偏关县）
（中共中央直属机关绿化委员会办公室提供）

广西壮族自治区妇女代表在南宁市五象新区滨江公园
参加植树活动（何乃缘提供）

各级共青团组织青少年开展形式多样的义务植树活动，积极营造青年林，建设青少年绿化基地，推进"保护母亲河行动"。"保护母亲河行动"开展以来，共有青少年和社会公众5.1亿人次参与，造林超过33万公顷。2005年"保护母亲河行动"荣获联合国首届"地球卫士奖"。

各级妇女联合会以"三八绿色工程"为载体，动员组织广大妇女通过营造"三八林"等义务植树活动，积极参与林业重点工程、绿色通道、小流域治理和城乡环境绿化美化建设。据统计，十年累计造林绿化面积约45万公顷。

石油、石化、冶金、煤炭企业把绿化美化、节能减排、生态建设列为实现可持续发展、提升企业整体形象的重要工作，坚持把造林绿化完成情况作为考核各单位领导业绩的重要内容。在积极组织单位职工参加义务植树的同时，不断加大厂区、矿区绿化和矿山复垦造林力度，努力提升绿化种植、养护和管理水平。中国石油天然气集团公司通过强化各级绿化机构、完善厂区矿区绿化管理办法和技术规范、加大绿化资金投入力度、强化检查考评工作等措施，全面推进企业绿化上新水平，2011年年末厂区矿区绿化覆盖率达到33.17%，2009年荣获"中国生态贡献奖"。

绿荫环抱下的太原钢铁（集团）有限公司（武强提供）

三、从宣传发动到细化制度

各级义务植树组织部门从注重实效出发，科学谋划，积极做好发动组织工作，做到了宣传有声势，活动有内容，措施有特点，工作有遵循。

每年植树节，全国绿化委员会、国家林业局都要发布《中国国土绿化状况公报》，新闻媒体、网站及时报道春季义务植树和造林绿化进展情况，营造浓厚的社会舆论氛围。北京、内蒙古、吉林、广东等省（自治区、直辖市）以全民义务植树日、造林绿化宣传月为载体，举行义务植树新闻发布会，开通义务植树热线，公布义务植树点、报名方式、实现形式等；河北、西藏、新疆等省（自治区）通过地方广播、电视和手机短信等方式播发义务植树公益广告；江苏、甘肃、青海等省在城市广场举行义务植树大型宣传咨询活动，采用政策法规咨询、发放宣传资料、现场知识竞答等多种形式，提高宣传成效。其他各地也都通过各种新闻媒体，采取多种形式，及时宣传报道春季义务植树和造林绿化开展情况，并在植树现场悬挂横幅、彩旗，设置宣传展板，共同营造全民参与植树造林的社会氛围。

上海市市民"植树护绿志愿活动"报名踊跃
（上海市绿化委员会办公室提供）

义务植树宣传（上海市绿化委员会办公室提供）

2006年中国国际广播电台宣传植树活动（国家广播电影电视总局绿化委员会办公室提供）

2012年1月29日，春节后上班第一天，广西壮族自治区开展春节植树活动（雷超铭提供）

　　浙江、江西、广西、河南等省（自治区）将义务植树与转变机关工作作风相结合，用义务植树活动取代了以往相互走访拜年习俗，春节后上班第一天义务植树活动在各地同时启动，拉开春季造林绿化序幕。福建、广西、海南等省（自治区）将义务植树与调整树种结构、促进农民增收相结合，连年组织开展"千万家农户种植千万株珍贵树"义务植树活动，省级财政安排专项苗木补助费，各部门参与，各级领导亲自下乡赠送珍贵树种苗木，组织农民在房前屋后种植珍贵树木。上海市将义务植树与环境美化相结合，开展"绿化你我阳台、扮靓幸福家园"义务植树活动。河北、吉林、黑龙江、山东等省将义务植树与林业重点工程、城乡绿化相结合，实行义务植树"定任务、定地点、定期限""包栽、包活、包管护"，组织各部门、各单位建立义务植树基地，承担造林绿化任务，提高了义务植树成效。

森林缠绕，生态宜人（河南省郑州市绿化委员会办公室提供）

　　内蒙古、河南、甘肃等省（自治区）颁布了地方义务植树条例；江西、河北、新疆等省（自治区）重新修订了义务植树条例。截至 2011 年年末，累计有 11 个省（自治区、直辖市）颁布了义务植树条例。上海、海南等省（直辖市）在出台的绿化条例中，对义务植树责任主体、组织单位、实现形式等作出了明确规定。一些地方相继制定了义务植树管理办法。北京市制定了《首都义务植树责任区和基地管理办法》《首都义务植树登记考核管理办法》和《首都义务植树验收办法》。辽宁、福建、四川、贵州、云南、陕西、青海等省建立健全义务植树目标责任制度，加强对地方各级人民政府和有关部门的考核。山东、湖北、西藏等省（自治区）坚持义务植树检查验收制度，对成绩优异的单位予以表彰，对没有完成任务的单位通报批评。浙江、湖南、广东等省制定公布了义务植树实现形式折算标准、义务植树绿化费征收使用管理办法、树木绿地认建认养办法等。新疆维吾尔自治区等省份出台了义务植树属地管理办法，加强基层组织发动工作，拓宽义务植树参与面，提高义务植树尽责率。

共青团中央绿化基地（中共中央直属机关绿化委员会办公室提供）

共青团组织义务植树活动（《国土绿化》杂志社提供）

河南省郑州市邙岭绿化成效（河南省郑州市绿化委员会办公室提供）

2010年3月29日，第二届"中国网络植树节"大型全民在线互动植树公益活动在人民大会堂启动。图为全国人大常委会原副委员长、中国绿化基金会顾问布赫为2009年"幸福家园—西部绿化行动"卓越合作伙伴颁奖

四、不断创新义务植树机制

各地区、各部门努力创造条件，各界群众积极主动支持，全民义务植树机制越来越活，形式越来越多，效果越来越好。

在农村，随着集体林权制度改革的深入推进，农民成为山林的主人，广大农民造林育林护林的积极性空前高涨，培育特色花卉苗木、名特优经济林、珍贵用材树成为农民的自觉行动，农村义务植树尽责率不断提高。

在城市，履行植树义务，购买森林碳汇，消除碳足迹，成为新的时尚。各种植树护绿事迹不断涌现，各界绿化志愿者队伍不断壮大。

各地区、各部门大力推行栽植树木与抚育管护、认建认养、以资代劳、网络植树等多种方式相结合的尽责形式，义务植树实现形式更加丰富，时间地点更加灵活，渠道更加畅通，尽责更加便利。北京市将尽责形式拓展到认建认养、节日摆花、屋顶绿化、购买碳汇等18种。广东、江西等省将尽责形式丰富为绿化公益宣传、城市社区绿地养护、农村房前屋后植树、林木抚育管护等十几种。辽宁、吉林等省规定，无法直接参加义务植树的城镇成年适龄公民，可采取缴纳义务植树绿化费、街头认养绿地、保护古树名木等方式履行植树义务；院校学生，可通过参加校园绿化美化活动及绿化公益宣传活动等方式履行植树义务；农村适龄公民，可通过直接参加林业重点工程造林、通道绿化、"四旁"植树劳动等方式履行植树义务。黑龙江、安徽、云南、甘肃等省在城乡周边为各单位划定造林绿化责任区，通过组织干部职工、社会群众完成责任区造林绿化任务来履行植树义务。

河北省张家口市"增绿添彩工程"建设成效
（河北省绿化委员会办公室提供）

新婚夫妇参加"绿色家园爱之林"义务植树活动
（北京市园林绿化局宣传中心提供）

河北省张家口市营造的"共产党员先锋林"
（河北省绿化委员会办公室提供）

内蒙古自治区通辽市营造的"中国记者林"
（中共中央直属机关绿化委员会办公室提供）

　　各地区各部门把组织义务植树与倡导社会文明新风、移风易俗相结合，广泛组织开展植纪念树造纪念林活动。人们铭志于树，寄情于林。同心树、同龄树、幸福树、长寿树、长城树、先锋林、青年林、"三八林"、成才林等各种植纪念树造纪念林活动蓬勃开展。越来越多的人士选择在过世的亲人墓前坟边栽种常青树，寄托怀念之情。许多社会人士通过义务植树营造碳汇林，努力消除碳足迹，实现"零排放"，爱绿、植绿、护绿蔚然成风。

绿化荒山，涵养水源（河南省郑州市绿化委员会办公室提供）

五、收获的不仅仅是生态效益

全民义务植树的开展，在中华大地上形成了一道独特的风景，也产生了巨大的综合效益。

进入 21 世纪，国家先后启动实施了一系列重点生态工程。各地坚持将工程实施区域作为义务植树的主战场，通过发动群众义务整地、栽植树木及抚育、管护等多种形式，推动重点工程造林，加快了宜林荒山荒地绿化步伐，为实现森林资源增长、维护国土生态安全作出了积极贡献。

伴随新城镇、新农村建设，城乡社区、街道绿化、村屯绿化普遍得到加强，公园绿地迅速增加，绿化模范市（县）、森林城市、森林乡村不断涌现。与十年前相比，全国城市建成区绿化覆盖面积由 77.27 万公顷提高到 161.2 万公顷，增加 1 倍多；绿化覆盖率由 29.75% 提高到 38.62%，提高近 9 个百分点；人均公园绿地由 5.36 平方米提高到 11.18 平方米，增加近 6 平方米。一大批乡村展现出生产发展、生活富裕、生态良好的新农村风貌。

绿色城市——福建省莆田市（庄晨辉提供）

屋顶绿化（中共中央直属机关绿化委员会办公室提供）

　　随着全民义务植树运动的深入开展，"植树造林，造福当代、荫及子孙""植树就是积德，造林就是造福"等生态福祉观受到广泛认同，全民生态意识明显提高，实现了由"要我植树"到"我要植树"的重大转变。绿化祖国，人人有责，成为人们的普遍共识；实现生态良好、人与自然和谐，成为全社会的共同追求。

　　生态兴国、生态立省、生态立市、生态立县，推行绿色新政、促进绿色增长、实现科学发展的执政观念普遍树立。植树造林、绿化祖国提到了维护生态安全、建设生态文明、推动科学发展的战略高度，形成了全国动员、全民动手、全社会办林业的良好局面，体现了中国共产党和中国政府对生态建设的高度重视，展示了全体中国人民高度的社会责任感，树立了中国作为负责任大国积极应对气候变化的良好形象。

　　早在1981年，中国开展全民义务植树运动的第一年，一位关注世界森林的当代著名林学家理查德·迈克尔就评价说，中国的义务植树，为全世界树立了光辉的榜样。

　　中国，当之无愧。

河北省邯郸市滏阳公园绿化成效（河北省绿化委员会办公室提供）

隽秀灵逸的江南水榭——郑州·中国绿化博览园（河南省郑州市绿化委员会办公室提供）

第十一篇

让自然焕发
无限生机

——天然林资源保护
工程建设述评

天然林是森林资源的精华，是大自然留给人类的珍贵礼物。

专家指出，天然林是自然界中群落最稳定、生物多样性最丰富、结构最复杂的陆地生态系统，具有强大的保持水土、涵养水源等生态功能，在维护地球生态平衡中发挥着重要作用。

21世纪之初，我国政府站在维护中华民族生存发展空间和全球生态安全的高度，作出了实施天然林资源保护工程的重大战略决策，宣布在长江、黄河上中游全面停止天然林资源的商品性采伐，东北、内蒙古重点国有林区实施严格限伐，令全世界为之瞩目。

十多年来，我国投入1000多亿元保护天然林，分流安置近百万林业职工，积极推进林区体制机制转变，取得显著成效，天然林资源得到休养生息，国有重点林区开始焕发新的生机。

天然林资源保护工程确保一江碧水两岸青山（国家林业局天保中心提供）

1998 年，国家作出实施天然林资源保护工程重大战略决策，四川省率先进行试点（国家林业局天保中心提供）

一、新中国建设的重要贡献者

在人类发展历史长河中，天然林与人类生存发展相伴相随，一直为人们的生产生活提供着重要支撑。

新中国成立之初，满目疮痍，一穷二白，经济基础薄弱，建设任务繁重。木材与钢材、水泥一起，成为国家当时的三大重要战略物资。

林业建设就是生产木材！这是新中国交给林业的重要历史使命。而生产木材，主要采伐的就是宝贵的天然林。

1950 年 5 月 16 日，中央人民政府政务院总理周恩来和林垦部部长梁希以联合署名的形式发布《关于全国林业工作的指示》："……为着发展交通，需要枕木电杆，为着恢复建设，需用大批木材……"以总理和部长联合署名发布指示，在共和国历史上实属少见，可见当时木材供应之重要。

1954 年，东北森林工业劳动模范大会召开。毛泽东主席亲自发去贺电给予充分肯定："几年来，你们在恢复与发展东北的森林工业和供应国家与人民需要的木材工作中，起了巨大作用……"1956 年，当听到林业每年为捉襟见肘的国家财政上缴资金五六亿元时，毛泽东主席为之兴奋，为之动容。1958 年，在中央工作会议上，毛泽东主席提出："要发展林业，林业是个很了不起的事业。"

周恩来总理对全国木材供应亲自把关，亲自督办。第一个五年计划期间，木材供应 1 亿立方米；第二个五年计划期间，木材供应 1.6 亿立方米；第三个五年计划期间，木材供应 1.1 亿立方米。1961 年，当木材供应出现紧张状况时，周恩来总理在中央工作会议上发出了"木材是最大的短线"的警示，并要求"各地要保证生产计划"。

天然林是自然界中群落最稳定、生物多样性最丰富、结构最复杂的陆地生态系统（国家林业局天保中心提供）

林业战线广大建设者不辱使命。1949～1979年，全国累计生产国家计划内商品木材10亿立方米，为建设社会主义新中国创造了巨大财富，为人民共和国完成原始积累作出了重要贡献。

历史不容回避，历史阶段不容逾越。在当时特定的历史条件下，让林业生产更多的木材，是尊重国情、尊重历史的必然选择。否则，我们就可能要付出更大的代价。

但是，我们也必须正视：在大规模开发林区、采伐森林之后，留给后人的，是天然林资源的过度消耗，是森林功能的退化，是生态的恶化！同时也让中国林业背上了沉重的包袱。

天然林资源保护工程实施前的木材水运
（国家林业局天保中心提供）

巍巍兴安岭（赵武提供）

二、不堪重负的天然林

林业发展的重负，林业潜藏的危机，共和国领导人一直保持着高度的警觉。

1961年，国家主席刘少奇在赴东北、内蒙古林区调研前，找林业部负责同志谈话时指出："最大的问题是怕老林子砍光了，新的林子没有造起来。为此，必须解决更新问题，这个问题不解决不行。"

1965年，为了在黄河上游黄土高原造林种草，搞好水土保持，周恩来总理协调中央批准建立中国人民解放军西北林业建设兵团。1966年，周总理语重心长地指出："我最担心的，一个是治水治错了，一个是林子砍多了。治水治错了，树砍多了，下一代人也要说你。""工业犯了错误，一二年就可能转过来，林业和水利上犯了错误，多少年也翻不过身来。"他还说："我国森林覆盖率只有百分之十多一点。十六年来，全国砍多于造，是亏了。二十世纪还剩下三十几年，再亏下去不得了。造林是百年大计，要好好搞。"

林业问题让以邓小平同志为核心的第二代中央领导集体倍感忧虑。1981年7月~8月，四川省暴发特大水灾，135个县（市）、1180万人口的广大地区受灾。9月16日，邓小平同志在与国务院副总理万里谈话时说："最近发生的洪灾涉及林业问题，涉及森林的过量采伐。看来宁可进口一点木材，也要少砍一点树。""中国的林业要上去，不采取一些有力措施不行。"也就是在这次谈话中，邓小平同志提出了开展全民义务植树运动的重要倡议。

然而，刚刚从"十年动乱"中走出来的中国，经济的复苏与振兴同样需要木材。森林资源特别是天然林资源仍然在过度采伐，承受着不堪的重负。

以江泽民同志为核心的第三代党的领导集体，已经深刻认识到了我国生态问题的严峻性，正在酝酿着一系列重大战略举措。

1996年10月，朱镕基总理视察川西林区，指出要"少砍树，多栽树"，"把森老虎请下山"。1997年5月28日，四川省省委书记谢世杰、省长宋宝瑞进京向朱镕基总理作专题汇报，朱镕基总理指示搞出方案，报国务院批准先试点启动。之后，又多次就四川省停止砍伐森林、保护天然林作出指示。

1997年8月5日，江泽民同志在姜春云同志《关于陕北地区治理水土流失、建设生态农业的调查报告》上作出长篇批示，发出"再造一个山川秀美的西北地区"的伟大号召。

四川省雅砻江木材水运局顶推木排
（国家林业局天保中心提供）

四川省白玉林业局拉龙林场天然林资源保护工程实施前木材装车
（国家林业局天保中心提供）

1998 年 6 月 24 日，洪水逞凶之前，朱镕基总理在国家林业局和四川省人民政府上报的保护天然林方案上批示："同意各方面协调一致的意见，可先行启动。早动手，早提供经验。同时，抓紧编制全国天然林保护实施方案，报国务院审批后全面启动。"

6 月 27 日，嫩江出现第一次洪峰。7 月 2 日，长江上游出现第一次洪峰。7 月 16 日，黄河出现第一次洪峰。松花江也先后发生大洪峰，珠江流域的西江和福建省闽江也一度发生大洪水。

这一年全国性的特大洪水，损失惨重，震惊中外，也给中华民族敲响了生态危机的警钟，促使国人痛下决心，建设生态，重整河山。

8 月 5 日，国务院发出《关于保护森林资源制止毁林开垦和乱占林地的通知》，强调必须采取严厉措施，坚决制止毁林开垦和乱占林地的行为，抢救和保护森林资源。

8 月 20 日，四川省政府做出禁伐决定，3 万份布告分发各地。9 月 1 日起，四川省西部的阿坝、甘孜、凉山三州，攀枝花、乐山两市和雅安地区，计 460 万公顷天然林全面停止采伐。

8 月 31 日，大洪水还没退却，国务院总理朱镕基在会见全国劳模马永顺时表示："我们党和政府历来十分重视植树造林、水土保持工作，但是这些政策落实得还不够好。"天然林林区"要逐步实行减伐、停伐以至禁伐，下决心把砍树人变成种树人，把伐木职工手中的油锯变成种树的锹镐"。

10 月 20 日，中共中央、国务院发布《关于灾后重建、整治江湖、兴修水利的若干意见》，明确提出：从现在起，全面停止长江、黄河流域上中游的天然林采伐，森工企业转向营林管护。

禁伐天然林，一朝令下，四海瞩目。

森工企业伐木工人封存采伐工具
（国家林业局天保中心提供）

查处滥伐林木案件（国家林业局天保中心提供）

林业职工在林区巡查（国家林业局天保中心提供）

管护人员在巡山护林（国家林业局天保中心提供）

湖北省宜昌市对 1274 万亩森林实行禁伐，关闭木材加工企业 153 家（国家林业局天保中心提供）

重庆市巴南区天然林资源保护工程管护碑
（国家林业局天保中心提供）

秦岭冷杉原始森林（国家林业局宣传办公室提供）

三、林区"两危"日益凸显

林区"两危"，是指"资源危机"与"经济危困"。资源危机，就是林子就要砍没了；经济危困，就是林区人的日子越过越穷。

20 世纪 80 年代，经济学家吴象先生到林区调查，敏锐地发现了这个问题，并专门撰写了一篇调查报告，向国务院领导报告了这一情况。

"两危"成为当时林区的现状。

20 世纪末，我国森林总面积有 13370 万公顷，其中，天然林面积 8727 万公顷。当时，全国林区人口 500 余万，林区林业职工 150 余万。

这 500 余万的林区人口，经济来源主要靠采伐这 8727 万公顷的天然林。

天然林越采越少，地处偏远的林区经济普遍困难，民生问题十分突出，一些地方职工工资拖欠严重，群体性上访事件频繁发生。

大兴安岭林区成、过熟林蓄积量由开发初期的 4.6 亿立方米急剧减少到 1.3 亿立方米，林区林缘由南向北退缩了 140 公里，可采森林资源捉襟见肘。天然林资源保护工程实施后，大兴安岭林区林木采伐量得到大幅调减，但在所采伐的林木中 70% 是中、幼龄林。

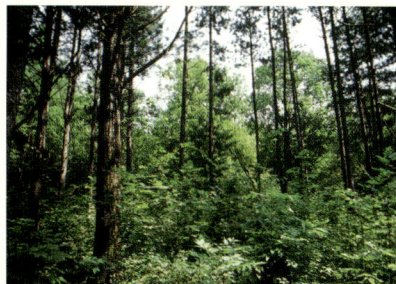

黑龙江省天然林
（国家林业局宣传办公室提供）

同时，林业发展背负沉重的社会负担。东北、内蒙古四大森工企业，每年支付的社会费用高达 30.04 亿元。企业承担 13.88 亿元，社会负担几乎吃掉企业的全部利润，削弱了企业竞争力和再生产能力。

林业职工生活达到了举步维艰的地步。东北、内蒙古国有林区森工企业在岗职工 2006 年平均工资只有 5238 元，仅为全国国有单位职工平均水平的 27%。甘肃省白龙江国有林区职工困难户和特困户家庭，占林区职工家庭总数近 80%。内蒙古自治区大兴安岭林区道路网达不到标准密度的一半，仍有 2.4 万户居民还住在没有供暖、供水条件的"板夹泥"平房里。

"两危"如同恶魔一般困扰着林区。依靠林木采伐这条路已成穷途末路。

面对特大洪水的无情冲击，面对林区"两危"的无奈窘境，天然林必须得到有力保护，国有林区必须加快转型。

这些，都在急切呼唤着党中央、国务院作出科学的应对决策。

湖北省神农架林区借实施天然林资源保护工程
实现绿色大发展（国家林业局天保中心提供）

云南省天然林资源保护工程区——普达措国家公园
（国家林业局天保中心提供）

新疆维吾尔自治区天山中部乌苏待甫僧森林公园（俞言琳提供）

四、天然林资源保护工程全速启航

　　停止天然林采伐，保护天然林资源，天然林资源大省——四川省最早提出这项举措并酝酿了近十年。

　　一场世纪洪水加速了这项举措的出台，也加速把这项举措推向全国。

　　1998 年 9 月 1 日，天然林资源保护工程率先在四川省启动试点工作。到 1998 年年末，共有 12 个省（自治区）国有林区开展试点。

　　2000 年 10 月，国务院批准《长江上游、黄河上中游地区天然林资源保护工程实施方案》《东北、内蒙古等重点国有林区天然林资源保护工程实施方案》，天然林资源保护工程进入全面实施阶段。

　　天然林资源保护工程实施范围涵盖了长江上游、黄河上中游和东北、内蒙古等重点国有林区 17 个省（自治区、直辖市）的 734 个县和 167 个森工局。

　　长江上游地区以三峡库区为界，包括云南、四川、贵州、重庆、湖北、西藏 6 省（自治区、直辖市）；黄河上中游地区以小浪底库区为界，包括陕西、甘肃、青海、宁夏、内蒙古、山西、河南 7 省（自治区）；东北、内蒙古等重点国有林区包括吉林、黑龙江、内蒙古、海南、新疆 5 省（自治区）。

　　工程规划在 1998 ~ 1999 年两年试点的基础上，建设期为 2000 ~ 2010 年，规划总投资 962 亿元，其中中央补助 80%，地方配套 20%。

天然林资源保护工程区孕育着丰富的生物资源（国家林业局天保中心提供）

云南省红河哈尼族彝族自治州 2001 年、2010 年工程实施效果对比（谢会学提供）

四川省攀枝花市三堆子天然林资源保护工程实施前后效果对比（国家林业局天保中心提供）

工程要求：一是切实保护好长江上游、黄河上中游地区 9.18 亿亩现有森林，全面停止天然林资源的商品性采伐，新增森林面积 1.3 亿亩，森林覆盖率增加 3.72 个百分点；分流安置 25.6 万名富余职工。二是东北、内蒙古等重点国有林区的木材产量每年调减 751.5 万立方米，保护好 4.95 亿亩森林，分流安置 48.4 万名富余职工，实现森工企业的战略性转移和产业结构的合理调整。

随着工程的启动，锯封斧存，昔日林区的伐木声销声匿迹，百万伐木工人悲壮转产或下岗分流，大批职工由"砍树人"转为"种树人"，完成了一个时代的更替。

天然林资源保护工程的实施，在国际社会引起强烈反响，赢得广泛赞誉。2000 年 12 月 19 日，联合国粮食及农业组织驻华代表凯文·坎普评价说："中国政府在今后 11 年投入 110 亿美元用于天然林保护，我为你们的国家感到骄傲。"

天然林资源保护工程区森林管护效果十分明显（国家林业局天保中心提供）

五、天然林资源保护工程区发生巨变

如今，天然林资源保护工程已经按照当年的规划如期完成所有建设任务。

十年间，天然林资源保护工程实际总投入达 1186 亿元（中央投入 1119 亿元，地方配套 67 亿元），化减债务 118 亿元。

新疆维吾尔自治区天然林资源保护工程区建设成效（贾殿周提供）

工程管护森林面积 16.19 亿亩，建成了有效的森林管护网络体系；累计完成公益林建设任务约 2.23 亿亩，其中人工造林 3496 万亩，飞播造林 5088 万亩，封山育林 1.37 亿亩。

长江上游、黄河上中游 13 个省（自治区、直辖市）已从 2000 年起全面停止天然林的商品性采伐。东北、内蒙古等重点国有林区木材产量已由 1997 年的 1854 万立方米按计划调减到 2003 年的 1102 万立方米以下，木材产量按计划调减到位。

贵州省都匀市马鞍山天然林资源保护工程管护区
（国家林业局天保中心提供）

西藏自治区天然林资源保护工程封山育林
（国家林业局天保中心提供）

河南省卢氏县良好的森林涵养水源效益
（国家林业局天保中心提供）

东北白桦林
（国家林业局天保中心提供）

热带雨林——海南省霸王岭天然林区
（国家林业局天保中心提供）

青海省互助土族自治县天然林资源保护工程区
（国家林业局天保中心提供）

2011 年，国务院副总理回良玉在全国天然林资源保护工程会议上指出，党的十六大以来，工程区取得了森林资源由过度消耗向恢复性增长转变、生态状况由持续恶化向逐步改善转变、经济社会由举步维艰向全面发展转变的三大成效。并对十年天然林资源保护工作给予了充分肯定和高度评价。

综观十年，天然林资源保护工程的实施，确确实实给工程区资源、生态、经济、社会都带来了全方位的历史性变化。

——天然林得到有效保护，森林资源呈现恢复性增长。工程建设期间累计少砍木材 2.2 亿立方米，由此减少森林资源消耗 3.79 亿立方米；森林面积净增 1.5 亿亩；森林蓄积量净增 7.25 亿立方米，仅按 63% 的出材率计算，折合经济价值为 3654 亿元，为工程投入的 3.08 倍。森林覆盖率增加 3.7 个百分点。乔木林每公顷蓄积量增加 2.90 立方米，平均郁闭度提高 14%；乔木林幼龄和近、成、过熟林面积比例普遍提高，近、成、过熟林增幅较大，林龄组结构逐步改善。森林健康状况较好，健康等级的乔木林面积占 68%，亚健康等级的乔木林面积占 25.4%。

——工程区生态状况明显改善，水土流失减轻，输入长江、黄河泥沙量明显减少。长江宜昌段的泥沙含量比十年前下降 30%，并正以每年 1% 的速度递减。据河南省花园口水文站监测，黄河含沙量 2007 年比 2000 年减少了 38%。重庆市水土流失面积比工程实施前减少了 20%，减少的区县数达 91%。水土流失的减少，有效降低了三峡、小浪底等重点水利工程的泥沙淤积量。

绿头鸭及幼鸟（国家林业局天保中心提供）

水鸭子在嬉游（国家林业局天保中心提供）

——动植物生境不断改善，生物多样性得到有效保护。野外大熊猫数量从 20 世纪 80 年代的 1000 多只增加到现在的 1590 多只，陕西省秦岭大熊猫栖息地"岛屿化"现象初步得到消除。过去多年不见的东北虎在吉林省珲春地区多次出现。珍稀褐马鸡数量比工程实施初期增加了 1 倍多，达到 2000 多只。珙桐、苏铁、红豆杉等国家重点保护野生植物数量明显增加。

——产业结构得到有效调整，林区经济总量不断增加。据国家林业局对 44 个天然林资源保护工程县经济社会效益监测表明，一、二、三产业构成已由 2003 年的 86∶3∶11 调整为 2009 年的 62∶18∶20。到 2010 年末，大兴安岭林区对木材的依存度已由天然林资源保护工程实施初期的 90% 下降到 52.9%，特色产业产值年均增长速度在 20% 以上。中国龙江森林工业（集团）总公司大力发展以绿色食品和北药开发为主的多种经营产业，2009 年多种经营产值达 157.8 亿元，为 1997 年的 5.3 倍。

白鹭（李新茂提供）

矶鹬（国家林业局天保中心提供）

生态旅游——大海林雪乡（国家林业局天保中心提供）

游客乘森铁小火车在林中观光（国家林业局天保中心提供）

——林区就业呈现多元化，民生问题逐步得到改善。在国家政策的支持下，通过森林管护、公益林建设转岗安置职工27.6万人，吸纳20多万农民直接参与森林管护。国有林业职工年平均工资由2000年的5178元提高到2010年的17000多元，增加2.28倍。分流安置企业职工95.6万人，其中一次性安置68万人；职工养老、医疗、工伤、失业、生育等五项保险补助政策基本得到落实，参保率分别为98%、89%、84%、93%和84%；教育、医疗卫生、公检法司等政社性人员补助政策落实到位。

——森工企业改革取得突破，管理体制和经营机制不断创新。中国内蒙古森工集团有限公司森工企业办社会职能全部剥离移交给政府，企业辅业改制实现国有资产和国有职工身份"双退出"，社会保险全面理顺全员覆盖，管理机关机构合并人员精简。山西省加强森工企业主辅分离改革，实现减员增效，逐步建立现代企业制度。

华北落叶松（张兴元提供）

按照"强一线，精二线，优三线"的原则，优化管理、执法、管护三支队伍，使管理人员由原来的 1680 人减少为 992 人。甘肃省 2010 年全面完成省属森工企业、市属直辖的林业局、总场以及所辖林场的事业单位改革，68 个县（市、区）已全部完成公益性国有林场事业单位改革。新疆维吾尔自治区天山西部林业局和阿尔泰山林业局、青海省玛可河林业局、甘肃省白龙江林管局等，都已由森工企业转为事业单位。

林间栽培黑木耳（国家林业局天保中心提供）

黑龙江省塔河县木材精深加工
（国家林业局天保中心提供）

重庆市万州区林下养羊
（国家林业局天保中心提供）

河南省嵩县旧县镇河南村的千亩柿园丰收
（国家林业局天保中心提供）

天然林资源保护工程实施十年，甘肃省祁连山林区森林资源得到有效保护（国家林业局天保中心提供）

六、英明决策：天然林资源保护工程延期十年

十年天然林资源保护工程，硕果累累。但遵循林业发展自然规律，天然林保护区的森林绝大多数正处于恢复性增长的关键期。

党的十六大以来，以胡锦涛同志为总书记的党中央高瞻远瞩，总揽全局，根据新形势、新情况、新要求，赋予林业"四大地位"和"四大使命"，提出林业"双增"目标，对林业发展提出了前所未有的新要求。

已到规划实施期限的天然林资源保护工程，仍然担当着重大责任。

2010年12月29日，温家宝总理主持召开国务院第138次常务会议，决定继续实施天然林资源保护工程二期，规划时间为10年，即2011～2020年，规划总投资2440.2亿元，其中：中央财政投入1936亿元，中央基本建设投入259.2亿元，地方投入245亿元。同时明确，在工程实施过程中，根据工资水平和物价变动等因素，适时调整有关补助标准。

中国政府再次拿出2400多亿元继续实施天然林资源保护工程，再次向世界昭示了中国政府保护天然林资源的坚定决心。

天然林资源保护工程二期实施范围在一期基础上增加丹江口库区的11个县（市、区）。

工程二期确定的目标是：森林资源从恢复性增长进一步向质量提高转变，到2020年新增森林面积7800万亩，森林蓄积量净增11亿立方米，增加森林碳汇4.16亿吨；生态状况从逐步好转进一步向明显改善转变，工程区水土流失明显减少，生物多样性明显增加；林区经济社会发展由稳步复苏进一步向和谐发展转变，为林区提供就业岗位64.85万个，基本解决转岗就业问题，确保林区社会和谐稳定。

工程二期主要任务是：长江上游、黄河上中游地区继续停止天然林商品性采伐；东北、内蒙古等重点国有林区进一步调减木材产量，由一期定产的年均 1094.1 万立方米，在"十二五"期间分 3 年调减到 402.5 万立方米；强化森林管护，管护森林面积 17.32 亿亩；继续加强公益林建设，建设任务 1.16 亿亩；加强森林经营，国有林区中幼林抚育 2.63 亿亩，后备资源培育 4890 万亩；保障和改善民生，增加林区就业，提高职工收入，完善社会保障，使职工收入和社会保障接近或达到社会平均水平。

天然林资源保护工程二期政策与一期相比，最大的特点主要体现在"五个更加"。

——更加关注西部经济发展。天然林资源保护工程加快重点地区生态建设，也拉动西部区域经济增长。工程二期取消地方配套资金后，使西部省份可以腾出资金加快区域经济发展。

——更加关注资源培育。加强国有林抚育，东北、内蒙古等重点林区进行中幼林抚育和低效林改造，大幅度提高林木生长量和林分质量。

——更加关注民生改善。大幅度提高基本养老统筹等五项社会保险补助标准。通过继续实施公益林建设、森林管护，以及新增中幼林抚育、低产低效林改造等任务，增加就业岗位。解决了纳入国家级和地方公益林的集体林补偿和管护费问题，增加林农收入，维护农民利益。

——更加注重企业改革。森工企业负担的社区管理等公益事业，凡移交地方政府统一管理的，中央财政将给予补助，先改先补。

——更加注重动态调整。改变一期投入标准一定多年不变的办法，根据社会工资增长、物价变化等因素对投入标准进行动态调整。

我国生态建设取得的重大成就，为减缓气候变化作出了重大贡献（国家林业局天保中心提供）

　　2011 年 5 月 20 日，国务院在北京市召开全国天然林资源保护工程工作会议，认真总结天然林资源保护工程建设成就和经验，安排部署天然林资源保护工程二期建设工作。国务院副总理回良玉围绕"保生态、强民生、促改革"的三大任务，对今后十年的工作提出了明确要求。

　　这次会议，是党中央、国务院对我国天然林资源保护工作的又一次重大部署和又一次重要动员。

　　站在新的历史起点上，我们有理由相信，随着天然林资源保护工程的深入实施，再过 10 年，我国的天然林资源一定会更加郁郁葱葱、生机勃发，伟大祖国的山川一定会更加壮丽秀美、绿色永驻。

国务院召开全国天然林资源保护工程工作会议
（国家林业局天保中心提供）

全国天然林资源保护工程二期工作部署会议
（国家林业局天保中心提供）

吉林省天然林资源保护工程区内秋季美丽的红叶
（国家林业局天保中心提供）

重庆市开县雪宝山国家森林公园（国家林业局天保中心提供）

第十二篇

生态建设奇迹
永载世界史册

——退耕还林工程
建设述评

人类农耕史，也是一部毁林开荒史。

"开一片片荒地脱一层层皮，下一场场大雨流一回回泥，累死累活饿肚皮。"朴素的民谣，生动揭示了人类肆意开荒垦殖，陷入越垦越穷、越穷越垦恶性循环的道理。

20世纪末，在经历特大洪水等自然灾害后，党中央、国务院审时度势，总揽全局，果断做出了实施退耕还林工程的重大战略决策。

党的十六大以来的十年，是退耕还林工程实施力度最大的十年。十年间，工程创造了资金投入最多、建设规模最大、政策性最强、工程范围最广、成效最为显著、社会关注度最高等一系列世界之最，成为世界生态史上新的奇迹。

陕西省延长县退耕还林成效（国家林业局退耕办提供）

一、历史性的抉择

毁林开荒，是我国发展农业生产常见的一种方式。"山之悬崖峭壁，无尽寸不耕。"历数朝代，毁林开荒势头有增无减。

毁林开荒的直接后果是导致水土流失和旱涝灾害加剧。数据显示，全国水土流失面积和沙化土地面积已分别达到 356 万平方公里（2002 年全国第二次水土流失遥感调查结果）和 174 万平方公里（1999 年全国第二次荒漠化沙化监测结果），分别占国土面积的 37.1% 和 18.1%，成为中华民族生存和发展的心腹之患。

将坡耕地退耕还林，减少水土流失和风沙危害，已经成为中华民族无法回避的历史抉择。

（一）特大洪水敲响警钟

1998 年，长江、松花江、嫩江流域发生特大洪灾，泛滥区域之大，持续时间之长，水位之高，为历史所罕见。

这场大水，造成全国受灾面积 2229 万公顷，受灾人口 2.23 亿人，倒塌房屋 685 万间，死亡 4150 人，各地估报直接经济损失 2551 亿元。

这场大水，冲击了中国的经济轴心，打乱了国家经济发展规划，使当年全国国民经济增长速度降低了 2 个百分点，损失十分严重。

分析这场罕见洪灾的成因，气候异常、降雨集中是直接和重要因素，而由于对坡地过度开垦、乱砍滥伐森林，导致水土流失加剧是主要原因。

泥石流（国家林业局退耕办提供）

长江流域洞庭湖、鄱阳湖等几大湖泊，60% 以上的泥沙来自上中游开垦的坡地。仅四川省、重庆市每年流入长江的泥沙就达 5.33 亿吨。陕西省每年流入黄河的泥沙在 5 亿吨以上。云南、贵州、内蒙古、甘肃、宁夏等省（自治区）的水土流失也相当严重。一旦水土流失失控，长江、黄河将永无宁日。

这场特大洪水灾害敲响了生态保护的警钟，唤起了人们对林业的重视，坚定了党和政府"治水必先治山、治山必先兴林"的决心。

1998 年特大洪水灾害后（国家林业局退耕办提供）

（二） 几代人的凤愿

我们党在领导经济工作中很早就认识到，应当保护森林植被，减少开荒种地，有条件的地方应当退耕还林。

新中国成立前夕的 1949 年 4 月，晋西北行政公署发布的《保护与发展林木业暂行条例（草案）》就规定，已开垦而又荒芜了的林地应该还林。森林附近已开林地，如易于造林，应停止耕种而造林，林中小块耕地应停耕还林。

新中国成立后的 1952 年 12 月，由周恩来总理签发的《中央人民政府政务院关于发动群众继续开展防旱抗旱运动并大力推行水土保持工作的指示》中要求，由于过去山林长期遭受破坏和无计划地在陡坡开荒，使很多山区失去涵蓄雨水的能力……应在山区丘陵和高原地带有计划地封山、造林、种草和禁开陡坡，以涵蓄水流和巩固表土。

1963 年，国务院发布的《关于黄河中游地区水土保持工作的决定》要求："陡坡开荒，毁林开荒，破坏水土极为严重，必须坚决制止，无论个人、集体，或者是机关生产和国营农场开垦的陡坡荒地，都要严肃处理，停止耕种；毁林开荒的，还要由开荒的单位和个人负责植树造林，并且保证成活。"

改革开放以后，党和政府在发展农村经济时，并没有放松保护生态，在粮食问题还没有根本解决的情况下，提出了减少坡耕地的政策。

1984 年 3 月，《中共中央 国务院关于深入扎实地开展绿化祖国运动的指示》中规定："在宜林地区，要调整粮食的征购、供销政策，处理好农业和林业的矛盾，有计划有步骤地退耕还林还牧。"

1985 年 1 月，《中共中央 国务院关于进一步活跃农村经济的十项政策》中规定，山区 25° 以上的坡耕地要有计划有步骤地退耕还林还牧。口粮不足的，由国家销售或赊销。

然而，20 世纪 90 年代以前，由于我国农业生产力低下，粮食紧缺，解决十几亿人口的吃饭问题，始终是一个重要的问题。退耕还林的设想，最终由于缺乏有力政策支持而无法大规模实施。

2003 年内蒙古自治区多伦县大西山退耕还林工程现场
（国家林业局退耕办提供）

2012 年内蒙古自治区多伦县大西山实施退耕还林
工程后成效显著（国家林业局退耕办提供）

草地退化（国家林业局退耕办提供）

被洪水冲毁的堤岸（国家林业局退耕办提供）

陕西省平利县退耕还林初期（詹永桂提供）

四川省西昌市退耕还林山地（四川省林业厅提供）

（三）势在必行的选择

道法自然，万物才能和谐共存。

1998 年 8 月，洪水刚刚退去，国务院在《关于保护森林资源制止毁林开垦和乱占林地的通知》中指出："各地要在清查的基础上，按照谁批准谁负责、谁破坏谁恢复的原则，对毁林开垦的林地，限期全部还林。"

同年 10 月 20 日，中共中央、国务院《关于灾后重建、整治江湖、兴修水利的若干意见》把"封山植树、退耕还林"放在灾后重建三十二字综合措施的首位，并指出："积极推行封山植树，对过度开垦的土地，有计划有步骤地退耕还林，加快林草植被的恢复建设，是改善生态环境、防治江河水患的重大措施。"

生态灾害的频繁发生，人民群众的迫切期盼，要求必须尽快实施退耕还林。改革开放取得的巨大成就，综合国力的显著增强，为当时开展退耕还林提供了必要条件。大规模实施退耕还林工程的时机和条件，已经成熟。

二、不平凡的历程

退耕还林是一项创新性的工作，也是一项复杂的系统工程。历经 13 年不平凡的建设历程，取得了卓越的成果，积累了宝贵的经验，在世界生态建设史上写下了浓墨重彩的一笔。

甘肃省白银市退耕还林工程成效（甘肃省林业厅提供）

（一）试点启动

1999 年 8 月 5 日～9 日，朱镕基总理在陕西省考察治理水土流失、改善生态环境和黄河防汛工作。当朱镕基总理站在延安一个叫做燕沟的山峁上，看着眼前黄土地上经过治理长出来的碧草绿树时，果断提出了"退耕还林（草）、封山绿化、个体承包、以粮代赈"的政策，并要求延安在退耕还林工作上先走一步，为全国做出榜样。

1999 年，四川、陕西、甘肃 3 省率先启动了退耕还林试点。

2000 年 1 月，中央批准国家计划委员会关于实施西部大开发战略的初步设想，即中央 2 号文件。实施退耕还林等生态建设工程被写入这一文件，提出了"长江流域 5 年初见成效，10 年大见成效；黄河流域 10 年初见成效，20 年大见成效"的奋斗目标。

2000年3月9日，经国务院批准，国家林业局、国家计划委员会、财政部联合下发《关于开展2000年长江上游、黄河上中游地区退耕还林（草）试点示范工作的通知》，提出了试点示范的主要原则、任务、政策及投入，试点示范工作在中西部地区13个省（自治区、直辖市）的174个县正式启动。

2000年9月10日，国务院下发《关于进一步做好退耕还林还草试点工作的若干意见》（国发〔2000〕24号），进一步规范了试点工作。

2001年，经国务院批准，退耕还林试点又增加了湖南洞庭湖流域、江西鄱阳湖流域、湖北丹江口库区、广西红水河梯级电站库区、陕西延安地区、新疆和田地区、辽宁西部风沙区等水土流失、风沙危害严重的部分地区。

退耕还林试点展开后，试点地区各级政府精心组织，有关部门密切配合，试点工作进展顺利。1999～2001年，20个试点省（自治区、直辖市）的224个县共完成坡耕地退耕还林120.61万公顷，宜林荒山荒地造林109.73万公顷，造林成活率达到国家规定标准，粮款补助基本兑现到户。

（二）全面实施

2002年1月，国务院决定全面启动退耕还林工程，将范围扩大到25个省（自治区、直辖市）和新疆生产建设兵团。4月11日，国务院根据试点期间出现的一些需要研究和解决的实际问题，对退耕还林政策措施作了进一步完善，下发了《关于进一步完善退耕还林政策措施的若干意见》。12月14日，国务院第367号令颁布了《退耕还林条例》，于2003年1月20日施行，标志着退耕还林工程建设步入法制化轨道。

贵州省黎平县高屯镇退耕还茶建设成效（贵州省林业厅提供）

（三）政策调整

根据宏观经济形势和全国粮食供求关系的变化，从 2004 年开始，国家对退耕还林年度任务进行了结构性调整，调减了退耕地造林任务，增加了荒山荒地造林所占比重。

在工程实施中，国家实行资金和粮食补助制度，按照核定的退耕地还林面积，在一定期限内无偿向退耕还林者提供适当的补助粮食、种苗造林费和现金（生活费）补助。长江流域及南方地区、黄河流域及北方地区每亩退耕地每年补助原粮分别为 150 公斤和 100 公斤，生活补助费 20 元；还生态林暂补助 8 年，还经济林补助 5 年，还草补助 2 年。每亩退耕地和宜林荒山荒地补助种苗造林费 50 元。

针对有些退耕农户余粮过多、出现将国家补助粮卖掉换取现金的现象，经国务院西部地区开发工作会议讨论后，国务院办公厅下发通知，要求从 2004 年起原则上将向退耕户补助的粮食改为现金补助。中央按每公斤粮食（原粮）1.40 元计算，包干给各省（自治区、直辖市）。

签订退耕还林合同
（国家林业局退耕办提供）

广西壮族自治区东兰县农民喜领退耕粮
（广西壮族自治区林业厅提供）

黑龙江省海林市环城山退耕还林成效
（黑龙江省林业厅提供）

山西省永和县 2003 年营造的红枣林（山西省林业厅提供）

（四）巩固成果

中央领导同志对巩固退耕还林成果高度重视。胡锦涛总书记多次到西部地区考察退耕还林工程，特别是 2006 年、2007 年连续两个春节期间慰问基层干部群众时都专门视察了退耕还林现场。每次他都详细询问退耕还林后农民口粮、收入、补偿款落实等情况，充分肯定了退耕还林工程建设成效，并对巩固成果和继续推进作出重要指示。

2006 年 4 月 18 日，温家宝总理主持召开国务院西部地区开发领导小组第四次全体会议时强调，要按照巩固成果、稳步推进的要求，进一步做好退耕还林工作。着力提高造林质量，强化后期管护。完善退耕还林政策，突出加强基本口粮田建设，积极发展后续产业，妥善解决好特殊困难地区退耕农户的吃饭、烧柴和长远生计等问题。会议责成国家发展和改革委员会牵头，会同国务院西部开发办公室、财政部、国家林业局等有关部门和单位，在深入调查、摸清情况的基础上，进一步统筹研究"十一五"退耕还林工作的政策措施，形成正式意见报国务院。

根据国务院领导同志的批示和有关会议精神，国家发展和改革委员会同财政部、国家林业局等 16 个部门和单位，组织各地开展了调查摸底，并深入实地进行了广泛调研，进一步摸清了底数，理清了问题，对退耕还林工程建设的总体形势做出了客观的分析评价，向国务院上报了《关于完善退耕还林政策的请示》。

内蒙古自治区清水河县 2005 年退耕还林工程成效
（孟宪毅提供）

2007 年 6 月 20 日，国务院第 181 次常务会议研究决定将退耕还林补助政策再延长一个周期，继续对退耕农户给予适当补偿。补助标准为：长江流域及南方地区每亩退耕地每年补助现金 105 元；黄河流域及北方地区 70 元。原每亩退耕地每年 20 元生活补助费，继续直接补助给退耕农户，并与管护任务挂钩。补助期为：还生态林补助 8 年，还经济林补助 5 年，还草补助 2 年。

宁夏回族自治区彭阳县退耕还林工程成效
（宁夏回族自治区林业局提供）

2007 年 7 月下旬，国务院在北京召开退耕还林补助政策座谈会。会后，国务院随即下发《关于完善退耕还林政策的通知》，明确现行退耕还林补助政策期满后，中央财政安排资金，继续对退耕农户给予适当的现金补助。同时，中央财政安排一定规模的资金，作为巩固退耕还林成果专项资金。这次完善政策，中央对退耕还林工程的投入增加 2066 亿元，使退耕还林工程的总投入达 4300 多亿元。

重庆市荒山造林成效（重庆市林业局提供）

广西壮族自治区都安瑶族自治县岩溶石漠化地区退耕种植任豆树
（广西壮族自治区林业厅提供）

2008 年以来，按照《关于完善退耕还林政策的通知》要求，各有关部门通力合作，开展了一系列联合行动。审核批复了各地编制的巩固退耕还林成果专项规划并逐年审核下达了 2008 ～ 2011 年的巩固成果专项建设任务；建立了由 10 部门组成的巩固退耕还林成果部际联席会议制度；出台了《巩固退耕还林成果专项规划建设项目管理办法》《巩固退耕还林成果专项资金使用和管理办法》和《退耕还林财政资金预算管理办法》。2010 年和 2011 年连续两年对工程省（自治区、直辖市）巩固成果专项规划建设项目进展情况进行了联合检查，并针对检查所发现的问题指导各地对巩固成果专项规划进行了适当调整。

根据国家统计局对全国 24 个省（自治区、直辖市）2.95 万户退耕农户的监测调查，2011 年年末退耕还林面积保存率为 98.9%。国家林业局组织开展的阶段验收结果显示，1999 ～ 2003 年退耕还生态林和 1999 ～ 2006 年退耕还经济林国家计划面积保存率达 99.27%，退耕还林成果得到了较好巩固。

青海省大通河流域退耕还林工程成效（青海省林业厅提供）

三、一"退"一"还"展新颜

1999 ～ 2011 年，全国累计完成退耕还林工程建设任务 2894.4 万公顷，其中退耕地造林 926.4 万公顷，宜林荒山荒地造林 1698 万公顷，封山育林 270 万公顷，相当于再造了一个东北、内蒙古国有林区，占国土面积 82% 的工程区森林覆盖率平均提高 3 个百分点以上，昔日荒山秃岭、满目黄沙、水土横流的面貌得到了改观，曾经远离的绿色正在大步回归。

陕西省吴起县，过去站在高处看，群山就像一笼蒸熟的馒头，黄秃秃、光溜溜。1999 年秋季，吴起县一次性退耕 10.37 万公顷，目前已累计完成退耕地造林和荒山荒地造林 15.8 万公顷，林草覆盖率由 1997 年的 19.2% 提高到目前的 65%。如今，吴起县披上了郁郁葱葱的绿装，在卫星遥感地图上就像贴着一枚绿色的邮票，成为西北地区一颗夺目的绿色明珠。

　　湖南省湘西土家族苗族自治州，由于长期毁林开垦、刀耕火种，造成严重的水土流失，付出了沉重的生态代价。到2010年，湘西土家族苗族自治州累计完成退耕还林工程建设任务27.06万公顷，其中退耕地造林13.18万公顷，荒山荒地造林和封山育林13.88万公顷，全州森林覆盖率提高15个百分点。吉首市退耕还林效益监测点的监测结果表明，土壤侵蚀模数由退耕前的每平方公里3150吨下降到1450吨，水土保持效果显著。

　　陕西省吴起县和湖南省湘西土家族苗族自治州分别是退耕还林在北方和南方的缩影。退耕还林工程造林占同期全国林业重点工程造林总面积的一半以上，大大加快了国土绿化进程，扭转了治理区生态恶化的趋势。

　　陕西省是全国退耕地造林任务最多的省份，森林覆盖率由退耕还林前的30.92%增长到37.26%，净增6.34个百分点，是历史上增幅最大、增长最快的时期。

　　内蒙古自治区是全国退耕还林总任务及配套荒山荒地造林任务最多的省份，工程区林草覆盖率由15%提高到70%以上，水土流失和风蚀沙化得到遏制，扬尘和风沙天气减少，局部地区小气候形成，生态状况明显改善。

　　据四川省定位监测，通过实施退耕还林工程，10年累计减少土壤侵蚀3.2亿吨，涵养水源288亿吨，减少土壤有机质损失量0.36亿吨，减少土壤氮、磷、钾损失量0.21亿吨，境内长江一级支流的年输沙量大幅度下降，年均提供的生态服务价值达134.5亿元。

陕西省吴起县薛岔乡退耕还林前（2000年）后（2009年）对比（国家林业局退耕办提供）

贵州省大方县羊场镇穿岩村沙坝组退耕还林工程前后对比（贵州省林业厅提供）

　　贵州省对 10 个县的连续定位监测表明，退耕地植被平均总盖度从退耕前的 12.4% 增加到 2010 年的 92%，提高 79.6 个百分点；年均土壤侵蚀模数由退耕前每平方公里 3325 吨减少到 2010 年的 931 吨，下降了 72%。

　　据长江水利委员会水文局监测，年均进入洞庭湖的泥沙量由 2003 年以前的 1.67 亿吨减少到现在的 0.38 亿吨，减少 77%。长江水利委员会的专家认为，长江输沙量减少，退耕还林工程功不可没。

　　退耕还林扭住了我国生态建设的"牛鼻子"，对陡坡耕地和严重沙化耕地实施退耕和还林，对改善生态环境、维护国土生态安全发挥了无可替代的重要作用。

　　"一退一还"完成了垦殖史上的重大转折，创造了中华民族发展史上的辉煌业绩；"一退一还"赢得了江河安澜五洲同春，实现了人与自然和谐统一。

湖南省花垣县 2001 年、2007 年、2012 年退耕还林工程成效对比
（湖南省林业厅提供）

北京市西郊环城绿化带退耕还林种植的生态林
（国家林业局退耕办提供）

内蒙古自治区乌兰察布市四子王旗 2003 年退耕还林工程成效（内蒙古自治区林业厅提供）

四、我国最大的强农惠农工程

退耕还林工程根植农村，服务农业，惠及农民，是党中央、国务院强农惠农工作的重要组成部分，是迄今为止我国最大的强农惠农工程。

退耕还林工程的实施，不仅使3200万农户、1.24亿农民从政策补助中直接受益，比较稳定地解决了温饱问题，而且改变了农民的思想认识，调整了农业产业结构，培育了生态经济型的后续产业，促进了农村富余劳动力的转移，为增加农民收入开辟了新途径。

（一）开辟了农民增收新途径

截至2011年年末，退耕农户户均累计得到7000多元的补助。尤其是西部地区、高寒地区、少数民族地区和贫困地区，退耕还林补助一定程度上缓解了当地农民的贫困问题，生活普遍得到改善。

许多地方在退耕还林过程中，按照可持续发展的要求，探索培育了具有区域比较优势和市场前景好的生态经济型产业，为农民增收开辟了新途径。内蒙古自治区鄂尔多斯市积极发展退耕还林后续产业，形成了林板、林纸、林饲、林能、林景和饮品、药品、保健品一体化的林业产业格局，建成规模以上龙头企业20多家。截至2008年年末，鄂尔多斯全市林沙产业增加值达到12.31亿元，农牧民来自林沙产业的人均纯收入达到1900元，部分乡镇农牧民人均纯收入中林沙产业收入超过50%。

退耕还林的实施，逐步使当地农民形成多种经营、精耕细作、产业化经营的现代农业生产方式。林果、草畜、棚栽业成为西部许多农村重点发展的产业。农民说，退耕还林以来，树栽得多了，地种得少了；技术学得多了，农闲时间少了；钱比过去赚得多了，生活条件比过去好多了。

退耕还林还促进了农民思想观念的转变，使大量农民走出山区、沙区，开阔了眼界，拓宽了致富门路。据四川省对丘陵地区的调查，每退耕0.2公顷坡耕地可转移1个劳动力，全省丘陵、盆地周围地区有200多万个劳动力因实施退耕还林得以转移，年创收约100亿元。

据国家统计局监测，2011年退耕农户人均纯收入5247元，比2007年增加2275元，年均实际增长11%，比全国平均水平高1.4个百分点。

北京市密云县经济林栽植项目
（北京市园林绿化局提供）

四川省雅安市天全县退耕还林现场（四川省林业厅提供）

天津市蓟县西龙虎峪镇林下栽培木耳
（天津市林业局提供）

江西省峡江县退耕地种植的杨梅喜获丰收
（江西省林业厅提供）

海南省陵水黎族自治县三才镇花石村退耕地
种植的杜果（海南省林业厅提供）

湖北省秭归县不断壮大的茶叶产业
（湖北省林业厅提供）

辽宁省凤城市退耕地种植的寒富苹果
（辽宁省林业厅提供）

河南省淅川县西簧乡新建村千亩核桃基地
（河南省林业厅提供）

（二）实现了林茂粮丰

"退耕还林后，县里统一对农田进行了改造，我家的田少了一半，但粮食产量却比以前还高呢。"贵州省遵义市正安县新洲镇农民王栓民说。

遵义市在退耕还林后，着力加强基本农田建设，几年来，全市共改造中低产田6.66万多公顷，新增、恢复灌溉面积3.33万多公顷，人均有效灌溉面积超过0.5亩。随着农业科学技术的大力推广，全市粮食产量在退耕9.83万公顷的情况下，仍然保持了连续增长的态势。

据国家统计局统计，2010年全国、退耕还林工程区、非退耕还林省份谷物单产分别为5524千克／公顷、5395千克／公顷、6131千克／公顷，分别比1998年增长11.5%、12.8%和9.9%，退耕还林工程区增长较快。

在2000～2003年全国粮食大减产期间，25个退耕还林工程省份粮食减产量仅占全国减产总量的59.7%。在2004年以后全国粮食持续增产期间，退耕还林工程区粮食增产量占全国粮食增产总量的87.1%。

特别是，在全国耕地面积逐年减少、全国粮食作物播种面积比1998年下降3.4%的情况下，退耕还林工程区粮食总产量2010年比1998年增产5213万吨，而非退耕还林6省份却减产1795万吨。

内蒙古自治区在退耕地造林92.2万公顷的情况下，谷物单产由1998年的3877千克／公顷提高到2010年的4912千克／公顷，粮食产量由1575.4万吨增加到2158.2万吨，分别增长26.7%和37.0%。

内蒙古自治区赤峰市和乌兰察布市、四川省凉山彝族自治州、陕西省延安市、甘肃省定西市和陇南市、宁夏回族自治区南部山区等退耕还林重点地区都实现了地减粮增。同时，通过退耕还林，大大增加了木本粮油、干鲜果品产量，有效改善了食物和营养结构。

贵州省仁怀市赤水河两岸退耕地种植的竹林
（贵州省林业厅提供）

（三）农村生产生活方式得到有效调整

退耕还林工程区从前大多穷山恶水，不仅人民生活困苦，而且生存环境极其恶劣。特别是山区、沙区农民广种薄收，农业产业结构单一，许多潜力发挥不出来。

退耕还林工程的实施，使许多沟壑纵横的耕地长满了郁郁葱葱的林木，使许多泥沙俱下的河流变得清澈见底，人们从"穷山恶水"的恶性循环中走出，迈上了"青山绿水"的良性循环之路。陕西延安、贵州毕节、甘肃定西、宁夏固原等生态恶劣、经济贫困的地区逐步走上了"粮下川、林上山、羊进圈"的良性发展道路。

同时，通过基本农田建设、农村能源建设、生态移民、禁牧舍饲、发展后续产业等各项配套措施的落实，使工程区政府也开始有人力、财力、物力去开展通路、通水、通电、通网等基础设施建设，促进了开放、开发，工程区"生产发展、生活宽裕、乡风文明、村容整洁、管理民主"的新农村建设格局逐步形成。

在内蒙古、广西、西藏、宁夏、新疆等5个少数民族自治区，退耕还林被当地政府称为"维稳"工程。退耕还林工程在少数民族地区实施800万公顷，超过全国总任务的四分之一。对于加强民族团结、维护边疆稳定有着极其重要的战略意义。

很多基层干部和专家学者认为，退耕还林不仅仅是中国生态建设史上的历史性突破，也是中国文明发展史上的重要里程碑，给我国农村带来了一场广泛而又深刻的变革，对我国经济社会发展产生了十分深远的影响。

2009年10月，温家宝总理在甘肃省定西市考察退耕还林情况时，语重心长地说："历史上说的陇东苦瘠甲天下，指的就是定西等地。这些年，定西经济社会发展出现可喜变化，主要得益于退耕还林，得益于产业结构调整，得益于农民外出打工。"这是对退耕还林在解决"三农"问题方面的贡献的高度概括。

云南省凤庆县安石村退耕还林生态村
（国家林业局退耕办提供）

安徽省黄山市黄山区太平湖镇新农村建设
（国家林业局退耕办提供）

五、中国生态建设的一面旗帜

退耕还林工程现有建设规模及投资都已大大超过前苏联斯大林改造大自然计划、美国罗斯福工程、北非五国绿色坝工程等世界重大生态工程，是迄今为止世界上最大的生态建设工程。

按我国人工林平均每公顷蓄积量46.5立方米测算，退耕还林工程造林成林后，林分蓄积量将达13亿立方米，能固定二氧化碳近10亿吨，将为应对全球气候变化、解决全球生态问题作出巨大贡献。

退耕还林工程已成为中国政府高度重视生态建设、认真履行国际公约的标志性工程，受到国际社会的一致好评，美国、日本、澳大利亚及欧盟等30多个国家和国际组织都对我国的退耕还林工程给予了高度评价。

美国《国家科学院学报》发表调查报告说，中国的退耕还林工程整体来看取得成功，如果能继续推进，将成为世界其他国家可借鉴的典范。

日本早稻田大学十分重视对中国退耕还林工程建设的研究，其研究报告指出，中国的退耕还林工程实现了三大效益共赢，值得亚洲各国效仿。

英国《新科学家》周刊网站发表题为《中国领导绿色经济征程》的报道说，从1999年开始，中国政府已在"生态补偿"计划中投入了1000多亿美元，绝大多数集中在森林和水资源管理方面。

退耕还林工程让世界看到了中国作为负责任大国的重大行动，让世界听到了中国铿锵有力的声音！

青海省三江源地区退耕还林工程成效（青海省林业厅提供）

河北省沙河市退耕还林工程成效（河北省林业厅提供）

甘肃省定西市安定区响河流域荒山造林（甘肃省林业厅提供）

六、吹响新的号角

当历史行进至"十二五"时期，退耕还林工程建设迎来新的起航年。

2011 年，国家将"巩固和扩大退耕还林还草、退牧还草等成果"纳入国民经济和社会发展"十二五"规划，要求在重点生态脆弱区和重要生态区继续实施退耕还林还草，重点治理 25° 以上坡耕地。

2012 年，《中共中央　国务院关于加快推进农业科技创新持续增强农产品供给保障能力的若干意见》又进一步要求："巩固退耕还林成果，在江河源头、湖库周围等国家重点生态功能区适当扩大退耕还林规模。"

根据现有退耕还林政策标准和已完成任务测算，退耕还林中央总投入将有 4300 多亿元，其中到 2011 年年末中央已投入 2980 亿元，2012 ~ 2021 年中央还将继续投入 1400 多亿元。

退耕还林工程已经吹响新的号角，必将有力推动中国走上绿色增长之路。

云南省连片退耕地（云南省林业厅提供）

新疆维吾尔自治区广袤的胡杨林（俞言琳提供）

第十三篇

世界生态工程之最

——三北防护林体系工程建设述评

　　我国的西北、华北和东北地区，是中华民族的重要发祥地。千百年来，我们的先祖在这里繁衍生息，创造了辉煌的历史和灿烂的文化。这里曾经是历代政治、经济、文化的重要活动区，万里长城、丝绸之路、敦煌石窟、黄帝陵寝、古楼兰国遗址……演绎了多少王朝的兴衰成败；这里曾经森林密布、草原肥美、绿野千里，孕育了一代又一代中华儿女。

　　沧海桑田，世事变迁。随着人口的剧增、资源的掠夺式开发、战争的绵延以及气候的变迁等因素影响，绿色渐渐远离这片古老的土地。森林消失，草原退缩，大自然带来的不再是安详、和谐，而是惩罚和灾害。肆虐的风沙吞噬了丰饶的土地，蚕食着人们的生存空间，侵害着人们美丽的家园和美好的生活。

　　当历史进入到 20 世纪 70 年代，漫漫黄沙、断壁残垣、沟壑纵横已经成为三北大地各族人民每天必须面对的最严峻的现实！这时的三北地区，分布着我国的八大沙漠、四大沙地和广袤的戈壁，沙漠化土地面积以每年 15.6 万公顷的速度在扩展，年风沙日数长达 80 天，形成了从新疆到黑龙江绵延万里的风沙线。流沙压埋农田、牧场和水库，切断铁路、公路。从 20 世纪 60 年代初到 70 年代末的近 20 年间，有 667 万公顷土地沙漠化，有 1300 多万公顷农田遭受风沙危害，有 1000 多万公顷草场

沙漠（谢锋提供）

严重退化，有数以百计的水库变成沙库。在水土流失最严重的黄土高原丘陵沟壑区，每年每平方公里侵蚀模数达万吨以上。全区每年冲走氮、磷、钾肥2800万吨。在每年流入黄河的16亿吨泥沙中，有80%来自这一区域。每年有3.2亿吨泥沙淤积于下游河道，使下游河床每年以10厘米的速度上升。新加坡著名作家、教育家路易·艾黎不禁大声呼吁："黄河流走的不是泥沙，而是中华民族的血液；不是微血管出血，而是主动脉破裂。"

　　失去绿色，大地就失去了生机和活力，人们的生存就会受到威胁。20世纪70年代，三北地区森林覆盖率仅为5.05%，土地生产力极低，人民生活十分困难，每公顷农田粮食产量仅为2000公斤，远低于全国平均水平。陕西、甘肃、宁夏、青海4省（自治区）平均每年调入粮食达1.3亿公斤。干旱草原年平均产青草量为700公斤，荒漠草原仅产300公斤，全区农牧业人口年平均收入334元，其中三分之一的县农民收入不足200元，十分之一的农民温饱问题尚未解决。生态灾害时时威胁着千百年来生活在这片土地上的各族人民。期盼重建绿色家园，成为长年饱受生态之苦的各族人民的共同心声，也成为了党中央、国务院的揪心牵挂！

甘肃省民勤县沙漠里的三角城遗址（王晓雷提供）

一、开创我国生态工程建设先河

建设三北防护林工程，改善三北地区的生态面貌，改变各族人民群众的生产生活条件，是共和国几代领导人的心结。早在 20 世纪 50 年代，毛泽东主席就指示："我看特别是北方荒山应当绿化，也完全可以绿化。"周恩来总理曾指示："林业要以营林为基础。造林要把重点放在水土流失、风沙危害严重的地区，有阵地、有重点、有步骤地前进。"根据中央领导同志的指示精神，林业部门组织专家、学者和基层工作同志很快深入沙区、山区进行调研，在 1966 年前夕形成了在我国西北、华北、东北西部万里干旱、风沙危害、水土流失地带建设大型防护林工程的构想。

1978 年，在邓小平同志的关怀下，党中央、国务院从中华民族生存与发展的长远大计出发，做出了在我国西北、华北、东北风沙危害和水土流失重点地区建设大型防护林（简称"三北工程"）的战略决策，开创了我国生态建设的先河，揭开了我国大规模生态建设的序幕。三北人民翘首盼绿的愿望变成了现实，从此踏上了建设绿色家园的新征程。

黄河岸边（文俊峰提供）

根据总体规划，三北工程建设范围西起新疆维吾尔自治区的乌孜别里山口，东至黑龙江省的宾县，北达国界线，南沿天津、汾河、渭河、洮河下游，东西长 4480 公里，南北宽 560 ～ 1460 公里。包括北京、天津、河北、山西、内蒙古、辽宁、吉林、黑龙江、陕西、甘肃、宁夏、青海、新疆 13 个省（自治区、直辖市）的 551 个县（旗、市、区）和新疆生产建设兵团。工程区面积 406.9 万平方公里，占我国陆地总面积的 42.4%。工程建设期为 73 年，从 1978 年开始到 2050 年结束，分三个阶段（1978 ～ 2000 年、2001 ～ 2020 年、2021 ～ 2050 年）八期（1978 ～ 1985 年、1986 ～ 1995 年、1996 ～ 2000 年，以后每 10 年为一期）进行建设。主要战略目标是：林地总面积由

1977年的2314万公顷扩大到6084万公顷，增加3770万公顷；森林覆盖率由5.05%提高到14.95%；林木蓄积量由7.2亿立方米增加到42.7亿立方米；平原和绿洲的农田全部实现林网化；大部分地区的水土流失侵蚀模数降低到轻度以下；沙地和沙化土地得到有效治理，沙漠面积不再扩大；风沙危害和水土流失得到有效控制，生态环境和人民群众的生产生活条件从根本上得到改善。

三北工程启动实施后，始终得到党中央、国务院的高度重视和亲切关怀。1979年，国务院成立了三北防护林建设领导小组，协调解决工程建设重大问题，为推动工程建设持续快速健康发展提供了有力保障。1988年，邓小平同志为三北工程亲笔题词"绿色长城"。1991年以后，以江泽民同志为核心的党的第三代中央领导集体又发出了"全党动员，全民动手，植树造林，绿化祖国""再造一个山川秀美的西北地区"的号召。党的十五届五中全会明确指出："加强生态建设，遏制生态恶化。大力植树种草，推进东北、华北、西北防护林体系建设。"成功地把三北工程推向了21世纪。

进入新世纪，三北工程历经第一阶段的一、二、三期建设，累计完成造林保存面积2203.72万公顷，防护林体系粗具规模，重点治理区生态环境和生存条件得到明显改善，风沙危害和水土流失得到初步控制，平原农区初步实现了林网化，从总体上缓解了生态环境恶化的速度，建立了一批用材林和经济林基地，带动了相关产业发展和农村经济结构调整，增加了农民收入，有力地促进了三北地区社会和经济的健康发展，在国内外产生了重大影响。

内蒙古自治区额济纳红柳（孟宪毅提供）

二、绿色的接力赛

党的十六大以来，党中央、国务院更加注重保障和改善民生，更加重视生态环境建设，着力统筹人与自然和谐，提出了建设生态文明的战略部署，并将"成为生态环境良好国家"确定为全面建设小康社会的重要目标，描绘了新世纪中国生态建设的宏伟蓝图，引领三北工程建设开创了新局面。

（一）关怀备至

2005 年以来，胡锦涛总书记多次深入到三北地区考察生态建设，明确指示："要大力加强防沙治沙工作，努力实现由'沙逼人退'到'人逼沙退'。""构筑祖国北方绿色生态屏障"。2006 年 10 月，温家宝总理强调，要"继续推进三北防护林为重点的防护林体系建设，提高森林覆盖率"。《中共中央 国务院关于加快林业发展的决定》提出："继续推进'三北'、长江等重点地区的防护林体系工程建设，因地制宜、因害设防；营造各种防护林体系，集中治理好这些地区不同类型的生态灾害。"2009 年，国务院办公厅颁发了《关于进一步推进三北防护林体系建设的意见》，表明了党中央、国务院持续推进三北工程建设的坚定决心。

（二）政策给力

近 10 年来，国家大力倡导发展非公有制林业，坚持以"明晰林木所有权、放开使用权、搞活经营权、落实处置权、保障收益权"为主线，全面落实"谁造谁有、合造共有"的政策，推行了集体林权制度改革，初步建立了生态效益补偿机制，有计划地实施封山（沙）禁牧，明确了各类社会主体投入林业建设的法律地位，调动了民营企业、社会团体、个人投入工程建设的积极性，极大释放了农民群众植树造林的潜能和林地的潜力，增加了三北工程建设持续健康发展的动力。

（三）加大投入

随着国家经济实力的不断增强，近十年，中央累计投入三北工程建设资金 120 亿元，是前 20 年（1978 ~ 2000 年）16 亿元的近 8 倍，投资标准也由 2000 年前的每亩 10 元左右提高到现在的每亩 300 元。拉动地方、社会及群众投工投劳投入 120 亿元，解决了 1000 多万农民季节性就业，为持续推进工程建设提供了坚实的物质保障。

党的十六大以来的十年，是三北工程建设投入最多的时期，也是区域内生态环境改善最明显、群众参与工程建设得实惠最多的时期。三北工程已经成为我国生态建设的标志工程，改善三北地区生态面貌的骨干工程，农民群众增加收入的致富工程，统筹区域经济社会可持续发展的保障工程，促进人与自然和谐的基础工程。

辽宁省朝阳县三北工程建设成效（辽宁省林业厅提供）

三、改变了中国版图的基色

　　三北工程建设在党中央、国务院的坚强领导下，近十年来，经过各族干部群众自力更生，艰苦奋斗，战天斗地，三北大地山河巨变，绿荫遍地，演奏了由黄变绿的绿色交响曲，谱写了人与自然重修旧好的动人篇章。截至目前，三北工程已累计完成造林保存面积 2647 万公顷，三北地区森林覆盖率达到 12.40%，使区域内生态环境发生了显著变化，土地生产力明显提高，保障了粮食稳产高产，开辟了农民增收的新渠道，强化了全社会的生态绿化意识，提高了我国在国际生态环保领域的地位。中国人民用自己的勤劳和智慧，在世界生态文明建设史上写下了浓墨重彩的一页。

（一）"绿色长城"降伏了漫漫黄沙

　　沙漠化是三北地区乃至我国危害最大的生态灾害。三北工程建设以来，三北人民鏖战沙漠，创造出了感天动地的人间奇迹。人们采取封、飞、造相结合的办法，营造防风固沙林 561 万公顷，治理沙化土地 27.8 万平方公里，保护和恢复沙化、盐碱化草原、牧场 1000 多万公顷，新辟农田牧场 1534 万公顷，在祖国北疆建起了一道逶迤葡匐的绿色屏障，成为抵御风沙灾害的坚实防线。据第四次荒漠化和沙化土地监测结果表明，与 2004 年相比，陕西、甘肃、宁夏、内蒙古、青海、山西、河北、黑龙江等 8 省（自治区）沙化土地净减少 7327 平方公里，占全国净减少总面积的 85.3%；沙化程度持续减轻，毛乌素、科尔沁、呼伦贝尔三大沙地全部实现了沙漠

塔克拉玛干第二条沙漠公路沙障（俞言琳提供）

塔克拉玛干沙漠公路采用节水灌溉（俞言琳提供）

甘肃省古浪县马路滩经过治理的腾格里沙漠（甘肃省林业厅提供）

化土地净减少的根本性逆转，进入了改造利用沙漠的新阶段。陕西省榆林沙区林草植被达到 373.78 万公顷，林草覆盖率由工程建设前的 15.6% 提高到现在的 33.5%，建成了以陕蒙边界、古长城沿线、白于山北麓、榆定公路、黄河沿岸为骨架，总长 2000 多公里的大型防风固沙林带。与 20 世纪末相比，沙化土地减少了 2.08 万公顷，流动沙地和半固定沙地的比重由 29.9% 下降到 15.9%，实现了由"整体恶化"到"整体遏制"的转变，沙区面貌发生了巨大变化。位于科尔沁沙地的内蒙古自治区通辽市，通过三北工程建设，有 166.67 万公顷的沙地得到有效治理，53.33 万公顷的农田和 73.33 万公顷的草牧场得到了林网保护，森林覆盖率由工程建设前的 8.9% 提高到现在的 20.89%，沙化土地净减少 77 万公顷，实现了治理速度大于沙化速度。甘肃省河西走廊的 5 地（市）坚持"南保青龙、北锁黄龙、中建绿洲"的方针，累计完成造林保存面积 87.64 万公顷，41% 的沙化土地得到初步治理，在走廊北部长达 1600 公里的风沙线上，建起了长达 1200 公里、面积约 30.7 万公顷的大型基干防风固沙林带，控制流沙面积 20 多万公顷，堵住大小风沙口 470 处，使 1400 多个村庄免遭流沙侵害。新疆维吾尔自治区在三北工程建设中，完成造林 274 万公顷，在巩固绿洲的基础上，不断拓展发展空间，绿洲面积由工程建设前的 4 万多平方公里扩大到 7 万多平方公里，扩大了四分之三。

内蒙古自治区赤峰市工程造林（孟宪毅提供）

毛乌素沙地（文俊峰提供）

黑龙江省杜尔伯特蒙古族自治县治沙造林（牟景君提供）

陕西省河流固沙林（陕西省林业厅提供）

（二）山川披上了绿色盛装

水土流失是三北地区人民的心腹之患。在三北工程建设中，各族群众治山治水，坚持以保持水土、涵养水源为重点，山水田林路统一规划，生物措施与工程措施相结合，按山系、分流域综合治理，绘就了一个又一个山水田园和谐相处的美丽图画。营造水土保持林和水源涵养林 723 万公顷，治理水土流失面积由工程建设前的 5.4 万平方公里增加到现在的 38.6 万平方公里，区域内水土流失面积和侵蚀强度呈"双减"趋势。重点治理的黄土高原造林 779.1 万公顷，新增治理水土流失面积 15 万平方公里，使黄土高原治理水土流失面积达到 23 万平方公里，约有 50% 的水土流失面积得到不同程度治理，水土流失面积减少 2 万多平方公里，土壤侵蚀模数大幅度下降，年流入黄河的泥沙减少 4 亿吨左右。河北省燕山山区通过三北工程建设，森林覆盖率达到 42.3%，比工程实施前提高了 15.5 个百分点，新增控制和减轻水土流失面积 1.11 万平方公里，重点工程区土壤侵蚀模数较对照下降 88%，地表径流减少 92%，一般年份地表径流能全部拦蓄利用，做到了"小雨中雨不下山，大雨暴雨缓出川"。辽宁省营造水土保持林 53 万公顷，控制水土流失面积达 150 万公顷，使地表径流和冲刷侵蚀明显减轻。据测算，土壤侵蚀模数从过去平均 4500 ～ 5000 吨／（年·平方公里），下降到 1500 ～ 2191 吨／（年·平方公里），大大提高了蓄水保土能力。

山西省永和县大寨岭（孙常春提供）

河北省丰宁满族自治县草原防护林（河北省林业厅提供）

贺兰山综合治理成效（孟宪毅提供）

山西省柳林县山区绿化（李锐提供）

陕西省渭北地区城镇周围绿化（关克提供）

柯克牙的今日（新疆维吾尔自治区林业厅提供）

黄土高原治理成效（关克提供）

（三）人与自然和谐相处

通过防护林工程建设，乔灌草、多林种、多树种相结合的近自然森林生态系统正在修复和形成，野生动物、植物的种群和数量稳中有升，有效保护了生物多样性，促进了生态系统平衡。据全国野生动植物调查结果表明，三北地区稳中有升的陆生野生动物占55.7%，其中野马、藏羚羊等种群快速增加，189种国家重点保护的野生植物，有71%达到野外种群稳定标准。山西省通过防护林建设，地方野生动植物数量明显增多，稳中有升的陆生野生动物占65%；濒危度较高的9种野生动物中，达到野外种群稳定标准的占89%。以前很少见的遗鸥、小天鹅、蓝尾石龙子、王锦蛇、隆肛蛙等相继被发现。甘肃省瓜州县通过工程建设，生态系统的生物资源得到有效保护。荒漠区内生物种数明显增加：新增野生植物15种，绝迹多年的蒙古野驴又现身影，岩羊、雪鸡种群数量明显增加，红羊成群出现，人与自然文明相处的和谐局面已经在三北大地上演。

北京市密云水库周边绿化（何建勇提供）

四、沙漠是财富，不是包袱

三北工程建设，让大自然五彩缤纷、绚丽多姿的雄浑美丽重新展现在世人面前，使三北大地焕发出勃勃生机，绽放出绿色希望。三北人民植绿树，拔穷根，把生态治理同自己脱贫致富结合起来，造一片林子，绿一处荒沙，富一方百姓，荒沙秃岭变成了金沙银山、财富之源，实现了生态建设与经济发展的良性互动。

（一）由荒凉贫瘠到林果飘香

目前，工程区乔木林和灌木林面积分别达到 2775 万公顷和 1962 万公顷，比 1977 年的 1276 万公顷和 709 万公顷扩大了 2 倍多，森林蓄积量由 1977 年的 7.2 亿立方米增加到 13.9 亿立方米。工程建设营造的农田防护林和用材林，活立木蓄积量高达 4 亿立方米，已具备年产 2000 万立方米的木材生产能力。营造各种经济林 400 万公顷，建成了苹果、红枣、香梨、枸杞、板栗等一大批特色突出、布局合理、具有较强竞争优势的产业带，年产干鲜果品 3600 万吨。营造薪炭林 92.7 万公顷，年产薪材 800 多万吨。营造灌木饲料林 500 多万公顷，为畜牧业发展提供了丰富饲料的来源，三北地区四料俱缺的状况得到了根本性改善，绿色带来了物阜民丰，奠定了经济社会发展的坚实基础。

（二）由粮食欠收到林茂粮丰

三北工程建设使一棵棵树木成为保护禾苗的卫士，一条条林带成为守卫农田的前哨，一片片绿荫成为守望家园的屏障。在东北、华北、黄河河套等平原农区，以保障粮食生产安全为目标，营造了带片网相结合、集中连片、规模宏大的区域性农田防护林 253 万公顷，有效庇护农田 2248.6 万公顷，平原农区实现了农田林网化，一些低产低质农田变成了稳产高产田，昔日的荒沙荒滩变成了基本农田，新增农田、牧场 1534 万公顷。三北地区的粮食单产由 1977 年的 118 公斤／亩，提高到 2007 年的 311 公斤／亩，总产量由 0.59 亿吨提高到 1.53 亿吨，粮食产量和农田面积呈"双增"趋势。据东北林业大学测定，由于农田防护林的作用，粮食增产 15% ～ 20%，仅此一项，三北地区增产粮食 187.6 万吨。东北平原共营造农田防护林 70.02 万公顷，保护农田 776.16 万公顷，林网化程度达到 72.24%，根除了危害农业生产的"三刮四种"现象，改善了农业生产条件，增加了无霜期 10 ～ 15 天，延长了生长周期，保证了粮食稳

新疆维吾尔自治区阿克苏地区的林果业
（新疆维吾尔自治区林业厅提供）

新疆维吾尔自治区木纳格葡萄
（阿不力克木·艾买提供）

山西省隰县的林果业（郭增江提供）

产高产。新疆维吾尔自治区有 12 个地（州）、82 个县（市）和新疆生产建设兵团的 134 个团场基本实现了农田林网化，全区 403.3 万公顷耕地中的 95% 受到林网庇护，粮食单产由工程建设前的 100 公斤增加到 427.5 公斤，总产量达到 816 万吨，是工程建设前的 3 倍。河北省三北工程建设区 154 万公顷农田和 73.9 万公顷牧场实现了林网保护，工程建设区农作物年均增产 3 亿公斤以上，其中防护林贡献率 20% 以上，农民增收 2.4 亿元以上。

新疆维吾尔自治区防护林（阿不力克木·艾买提提供）

新疆维吾尔自治区农田林网（阿不力克木·艾买提提供）

（三）由贫困落后到林兴民富

三北工程建设让各族群众告别了在恶劣生态环境中苦熬的窘境，他们奋起抗争，在增绿中大力发展了特色林副产品生产、销售、流通和加工业，得到了实实在在的收益，成为其增加收入的稳定来源。三北地区建成了以黄土高原为主的优质苹果基地、黄河沿岸红枣基地和新疆的香梨、宁夏的枸杞、河北的板栗等一大批果品基地，年产干鲜果品 3600 万吨，产值达到 537 亿元。陕西省和山西省黄河沿岸的红枣基地发展到了 40 多万公顷，产值近 10 亿元。河北省三北工程建设在浅山丘陵区及部分平原区发展以板栗、杏、核桃、柿子等为主的经济林 20.6 万公顷，年增加果品 67.5 万吨，成为经济收入和发展产业的重要来源。新疆维吾尔自治区经济林总面积达 86.67 万公顷，年产果品 450 多万吨，产值突破 200 亿元，基本形成了南疆环塔里木盆地、东疆、北疆三大各具特色的林果生产基地，重点地区林果收入已占农民纯收入的 50% 以上。

林下养鹅（辽宁省林业厅提供）

林间蜂房（天津市林业局提供）

（四） 由缺林少柴到加工增值

过去三北地区木材、烧柴奇缺。三北工程建设增加了森林资源，增强了区域生态产品供给能力，满足了经济社会发展和人民群众日益增长的物质、精神、生态和文化需求，促进了人们生活方式和消费模式的转变，提升了工程建设区社会经济发展的软实力，加快了社会生产要素的流动聚集和社会资源的再分配，人们生活水平得到了显著提高。目前，苹果、梨、大枣、板栗、核桃、仁用杏等干鲜果品以及各类林间食用菌、山野菜成为老百姓餐桌上不可缺少的美味佳肴，极大地丰富了人们的食物资源，优化了食物结构。据统计，三北地区分布了以人造板、家具制造、造纸等为主的木材加工企业 5248 个，安排就业人员 73.14 万人，产值 224.60 亿万元。河北省三北工程建设区木材经营加工业产值已达 79.8 亿元，木材及产品经营单位达到 7979 家，年成交额 20.5 亿元。甘肃省平凉市把农田林网、绿色通道、村镇绿化作为建设社会主义新农村的突破口来抓。全市 37.13 万公顷耕地得到了林网的庇护，绿化省、县、乡、村四级公路 2000 多公里，绿化面积达 3 万多公顷。建设公共绿地 0.11 万公顷，城镇绿化率达 33.6%，人均公共绿地面积达 7 平方米。全市共建成"百村绿色致富工程" 100 个，培育新农村示范点 35 个。

民营速生丰产林基地（天津市林业局提供）

高速公路两侧绿化工程（天津市林业局提供）

柠条饲料林基地（吕学军提供）

五、伟大的"三北"精神

三北工程是我国政府兴建的第一个大型林业生态工程，广大干部群众在工程建设实践中，紧紧围绕让大地绿起来、生态好起来、环境美起来的宗旨，不断探索创新，不断砥砺奋进，形成了感天动地的"三北"精神，成为推进生态文明建设的宝贵精神财富。

（一）震撼世人的"三北"精神

三北人民既是三北工程的建设者，也是三北工程的直接受益者，他们长期饱受生态恶化之苦，充满着对改善生存环境的强烈期望。他们把这种期望化为建设绿色家园的强大动力，积极投身于三北工程，涌现出了一大批以王有德、石光银、牛玉琴等为代表的英雄模范，培育了陕西榆林、内蒙古通辽、山西临汾、黑龙江齐齐哈尔等一大批先进典型，形成了"艰苦奋斗、顽强拼搏，团结协作、锲而不舍，求真务实、开拓创新，以人为本、造福人类"的"三北"精神，实践了社会主义核心价值体系，弘扬和丰富了生态文明建设的理念和道德内涵，凝聚和升华了中华民族优良传统与时代精神。"三北"精

林棉结合（新疆生产建设兵团林业局提供）

神，是中华民族百折不挠、自强不息的民族精神的具体表现，是建设生态文明、改造自然面貌的强大精神力量。实现生态根本好转，不仅需要物质保障，更需要精神支撑。日月更替，精神永存，"三北"精神来源于三北工程实践，根植于三北人民，她将以特有的魅力和震撼人心的力量鼓舞我们在建设生态文明进程中自强不息、锐意进取、奋勇前进。

陕西省飞播造林（陕西省林业厅提供）

三北防护林建设局服务于社会（文俊峰提供）

（二）生态文明建设的先行者

三北工程与改革开放同步，随着中国特色社会主义事业的深入推进，造就了一批作风扎实、热爱林业、关注民生的党政干部队伍；成长了一大批懂业务、会管理、敬业献身的林业管理团队；培养了一批潜心钻研科学技术、勇于探索和实践的林业科技工作者；涌现出了一批懂技术、善管理的农民带头人；丰富和实践了生态学、经济学、社会学理论，探索出了一套适合三北地区的生态治理技术路线，走出了一条国家引导、群众参与的具有中国特色的防护林体系建设道路，为建设生态文明探索了路子，积累了宝贵经验，成为推动我国生态建设的"孵化器"。

（三）一面凝心聚力的绿色旗帜

建设三北工程，体现了党和国家改善国土生态面貌的决心和意志，符合三北地区广大干部群众的愿望，激发了建设区广大干部群众投身建设绿色家园的积极性，他们发扬愚公移山的精神，积极投身到改变自然的伟大实践中，涌现出了一个个可歌可泣的英雄事迹，谱写了一篇篇总把山河披绿装的壮丽诗篇，创造出了感天动地的人间奇迹。三北地区的绿色成果是在三北工程这面旗帜的号召下领导苦抓、群众苦干、社会力顶的结果，凝聚了三北地区广大干部的心血，凝聚了广大科技工作者的智慧，凝聚了广大劳动人民的汗水。在新疆维吾尔自治区，三北工程既改善了环境，又富裕了群众，深得人心，被称为"生命工程""富民工程""鱼水工程"，筑牢了发展之基，密切了党群、干群关系。新疆生产建设兵团农八师150团抓住三北工程建设机遇，采取生物治沙和开辟农田相结合的方式，30年如一日，硬是让古尔班通古特沙漠后退了60公里，创造了人进沙退的人间奇迹。甘肃省在三北工程建设中，明确提出"治穷必先治山治沙，治山治沙必先兴林"，并号召全省人民要发扬"人一之，我十之；人十之，我百之"的拼搏精神，坚持不懈地植树造林、改善生态。

内蒙古自治区模拟飞播造林（孟宪毅提供）

六、世界生态建设的丰碑

　　三北工程是我国政府启动实施的第一项旨在改善生态、促进发展的生态建设项目。其建设规模之大、时间之长、条件之艰难、效果之显著，远远超过美国的罗斯福工程、前苏联的斯大林改造大自然计划和北非五国的绿色坝工程，被誉为世界生态工程之最。三北工程30多年坚持不懈、坚定不移的建设，向世界充分展现了中国政府对全人类负责任的大国风范，体现了中国政府保护环境、实施可持续发展战略的能力和坚定决心，在国际上产生了巨大影响。1987年以来，先后有三北防护林建设局、新疆和田等十几个单位被联合国环境规划署授予"全球500佳"称号。1992年，国务院总理李鹏同志在联合国环境与发展大会首脑会议上郑重宣布："我国三北防护林体系长达4480公里，已成为阻止风沙南侵的绿色长城。"2000年，汉诺威世博会专门为三北工程建设开辟了专栏。近十年来，先后有70多个国家、地区和国际组织的官员、专家、学者、新闻记者前来三北地区考察、访问和学习，一致给予三北工程很高的评价，赞誉三北工程是"改造大自然的伟大壮举""世界生态环境建设的

联合国粮食及农业组织代表及有关驻华使节考察
三北地区（郭增江提供）

中国科学院院士唐守正考察三北地区（郭增江提供）

黑龙江省水源涵养林（牟景君提供）

重要组成部分"。三北工程由此成为我国在国际生态建设领域的重要标志和窗口。英国《泰晤士报》称赞这一规划构想宏伟，将成为人类历史上征服自然的壮举！

三北工程是中华民族关怀地球、心系人类的造福工程，体现和展示了中国政府对事关人类共同命运的国际事务高度负责的强烈责任感。她的建设成就，奠定了经济社会全面振兴和持续健康增长的生态基础；她的建设历程，培育了人与自然和谐共处的文明道德风尚；她的建设实践，奠定了经济社会全面协调可持续发展的坚实基础。她的历程证明，三北工程建设合乎民心、顺应民意，是坚持以人为本、执政为民、改善民生的生动体现。三北工程已经朝着规划蓝图迈出了坚实的步伐，如一道坚如磐石的绿色万里长城守卫在祖国的北方，守护着我们的家园。

当时光再次聚集"三北"的片刻，我们看到，这里仍然是生态环境最脆弱、生态治理最艰巨、生态建设最繁重的地方。没有三北地区生态环境的改善，就没有全国生态环境的改善。展望未来，三北工程任重道远。建设生态文明、实现生态良好，重点在"三北"，难点在"三北"。实现胡锦涛总书记在联合国气候变化峰会上向世界庄严承诺的到 2020 年我国森林面积比 2005 年增加 4000 万公顷和森林蓄积量比 2005 年增加 13 亿立方米的"双增"目标，潜力在三北地区，关键在三北地区。

"长风破浪会有时，直挂云帆济沧海。"时代发展潮流赋予了三北工程更为艰巨、更为光荣的历史使命！三北工程必将在改革开放和社会主义现代化建设的宏伟事业中，在中华大地建设生态文明战略的伟大进程中，在中华民族伟大复兴的历史潮流中，发挥出更加夺目的光辉，"绿色长城"必将彪炳于中华民族和谐发展的光辉史册，流芳万代。

绿满长城（韩广奇提供）

北京市门头沟区神泉峡风景区（北京市园林绿化局提供）

第十四篇

还首都一片蓝天

——京津风沙源治理
工程建设述评

北京，千年古都，周边地区曾绿树成荫，水草丰腴。随着近代人口迅速膨胀，人为活动急剧扩张，以及不合理的土地利用和对资源的过度索取，北京周边的茫茫草原早已胜景不再，"风吹草低见牛羊"也成为遥远的追忆。取而代之的，是严重的土地退化、沙化。

这些黄沙，像不断疯长的舌头，一步步延伸至京津地区。1979年3月16日，《人民日报》惊呼"风沙紧逼北京城"，敲响了风沙逼近北京的警钟！之后，差不多每年春天，北京都会遭受风沙之害，人们也饱尝风沙之苦。

2000年春，短短一个多月时间，北京地区连续遭受七起沙尘暴的袭击。共和国的首都度过了一个惨淡的"昏黄春天"。

风沙频袭京畿重地，在吸引全世界眼球的同时，也引起了党中央、国务院的高度重视。

2000年治理前的河北省宣化县黄羊滩（姚建明提供）

一、在沙尘侵扰中紧急启动

2000 年 3 月，人类刚刚跨入新世纪的第一个春天。中国北方大部分地区就连遭多次大风扬尘和沙尘暴天气。强劲的西北风裹挟着大量沙尘，席卷内蒙古、山西、河北等地，一路袭向京津地区。

内蒙古自治区浑善达克沙地治理前后对比（内蒙古自治区正蓝旗林业局提供）

4 月 6 日，一股强劲的沙暴再次袭击中国。西起西北 5 省（自治区），北及东北的吉林、辽宁省，南至江淮地区的江苏、安徽等省，半个中国漫天昏黄，摩天大楼一座座"消失"。沙尘来势凶猛，风速惊人，能见度极低，为历史所罕见。

这一天，首都北京市也未能幸免。清晨，黄沙漫漫掩京师，推开窗子是厚厚的尘土，仰望天空是昏黄的沙帐。中午，风力达到七八级，沙借风势，四处肆虐，天昏地暗，令人窒息，给人们的生产生活和健康造成极大的危害。

4 月 27 日，一场严重的沙尘灾害之后，国务院副总理温家宝同志亲自主持召开专题会议，请有关部门的负责同志和有关专家一起认真研究，商讨对策。专家们一致认为，北京市及周边地区扬尘和沙尘暴天气的形成，主要是由风沙源区植被稀疏、土地沙化严重造成的。要解决京津地区的沙尘问题，首先要解决风沙源地的沙漠化治理难题。

5 月中旬，国务院总理朱镕基同志亲自带领有关部门的负责同志，到河北、内蒙古等地视察防沙治沙工作，明确指出："防沙止漠刻不容缓，生态屏障势在必建。"

经过一系列紧急协商、考察，6 月 5 日，国务院召开会议，听取国家林业局关于京津风沙源治理工作思路的汇报，决定紧急启动京津风沙源治理工程示范工作，先期在北京、天津、河北、山西、内蒙古 5 省（自治区、直辖市）的 65 个县（市、区、旗）进行试点。

这是一次时间上略显仓促但又恰逢其时的决策。决策者亲力亲为，相关职能部门通力合作，专家学者建言献策，在最短的时间内寻找到了一条治理京津风沙的最佳途径。

内蒙古自治区赤峰市巴林右旗生物沙障治沙效果明显
（内蒙古自治区巴林右旗林业局提供）

二、科学规划治理沙源

　　形成沙尘暴有两个条件，一是气候因素，二是沙尘源。气候因素，人为难以控制。减少沙尘源，却可以实现。

　　京津风沙源治理工程的设计者通过认真谋划、细致勘察、周密部署，在很短的时间内，研究出了一份科学的治沙路线图。

　　研究指出，内蒙古自治区浑善达克沙地、乌兰察布市后山地区以及河北省坝上、山西省雁北地区，是京津地区重要的风沙源地。大风一起，这些地区沙尘飞扬，气流裹挟着沙尘一路向东奔袭，沿着河北坝上、洋河河谷、永定河河谷直达北京地区。这些沙化的土地、流动的沙丘，就像高悬在京畿西北方的锋利匕首，时刻威胁着北京及周边地区的生态安全。

　　京津风沙源治理工程的重点，就是要守住浑善达克沙地等京津风沙源地以及沙尘进京的通道。

　　设计者始终坚持分类指导，分区施策，综合治理的科学治沙原则，研究制订具有科学性、针对性、可操作性的政策措施。

河北省京津风沙源治理工程区"再造三个塞罕坝林场"成效显著（康成福提供）

2002 年 3 月 3 日，国务院正式批准《京津风沙源治理工程规划》，在总结两年试点工作的基础上，全面启动了京津风沙源治理工程，吹响了向京津风沙源地进军的冲锋号。工程范围涉及北京、天津、河北、山西及内蒙古 5 省（自治区、直辖市）的 75 个县（市、区、旗），治理区国土总面积为 45.8 万平方公里，其中沙化土地面积 10.18 万平方公里。

工程建设总任务为 1960.6 万公顷（含禁牧 568.4 万公顷）。具体建设项目与任务为：退耕还林 265.7 万公顷；营造林 582.8 万公顷；草地治理 947 万公顷（含禁牧 568.4 万公顷），建暖棚 1115.44 万平方米，购买饲料机械 126970 套；建水源工程 109082 处，节水灌溉 102172 处，小流域综合治理 165.1 万公顷；生态移民 18 万人。

工程规划期限为 10 年，即 2001 ～ 2010 年，分两个阶段进行，2001 ～ 2005 年为第一阶段，2006 ～ 2010 年为第二阶段。2008 年，经报请国务院同意，工程展期两年。

工程总体目标是：到 2010 年，通过对现有植被的保护、封沙育林、飞播造林、人工造林、退耕还林、草地治理等生物措施和小流域综合治理等工程措施，使工程区可治理的沙化土地得到基本治理，生态环境明显好转，风沙天气和沙尘暴天气明显减少，从总体上遏制沙化土地的扩展趋势，使北京地区周围生态环境得到明显改善。

工程明确了封、造、退、治、移相结合的多种治沙措施：

——全面封禁保护现有林草植被，杜绝一切人为破坏行为。

——大力营造防风固沙林带，建立稳固的防风阻沙体系，在现有荒山荒地上营造乔灌草相结合的复合型水土保持林和水源涵养林。

——对区域内陡坡耕地和粮食产量低而不稳的沙化耕地实行退耕还林还草。

——加快水土流失综合防治步伐，减少入库泥沙。

——对生态极其恶劣，不具备人居条件的地区，实行生态移民，促进生态自然修复。

内蒙古自治区多伦县蔡木山乡上都河村京津风沙源治理工程建设成效
（国家林业局防沙治沙办公室提供）

三、治理前后两重天

相隔 12 年，京津风沙源治理工程区已今非昔比。

目前，工程区已初步形成"人畜下山，让草灌长起来；封山禁牧，让山川绿起来；舍饲圈养，让农民富起来；产业发展，让经济强起来"的发展格局，实现了规划确定的工程建设目标。

（一）四道屏障锁沙龙

在工程启动之初，内蒙古自治区浑善达克沙地、乌兰察布市后山地区以及河北省坝上、山西省雁北地区，就被纳入规划治理的重点和难点区域。如今，12 年过去了，曾经的浩瀚沙海逐渐被一排排新绿覆盖，四道生态屏障就像四条不断生长的绿色长城，矗立在风沙侵袭京津的道路上，紧紧扼住风沙的咽喉，守卫着京津的蓝天白云。

这四道生态屏障包括：在内蒙古自治区锡林郭勒盟初步建立的长 420 公里、平均宽 3 公里、横跨 5 个县（旗）的浑善达克沙地南缘防护林带；在乌兰察布市阴山北麓形成的长 300 公里、宽 50 公里的绿色生态屏障；在河北省冀蒙边界建成的 13 万多公顷的防风固沙林带；在山西省毛乌素沙地东缘地带建起的长 147 公里、平均宽 30 公里、横跨 3 个县（区）的乔灌草、带网片结合的防护林体系。

在山西省朔州市朔城区、怀仁县、山阴县，集中连片上百万亩的京津风沙源工程林沿着洪涛山脉悄然延展，形成了一片绿色的海洋。这是四道生态屏障中位于毛乌素沙地东缘的防护林带，高的刺槐、樟子松、油松已经超过成人的身高，矮的则贴近地面还不及膝盖高度。但是无论高矮，在这片曾经的荒凉之地，它们就像战士一样屹立着，阻击着风沙，维护着京津的生态安全。

当然不仅是这四道生态屏障。在屏障之外的广大工程治理区，绿色在与黄沙的一次次交锋中摧城拔寨，占得先机。据京津风沙源治理工程生态效益监测数据，工程区森林覆盖率从 2000 年的 12.4%，提高到 2009 年的 18.2%，增加了 5.8 个百分点，相当于新增森林面积 215.3 万公顷。

山西省朔州市朔城区西山治沙造林工程（李俊恒提供）

内蒙古自治区赤峰市巴林右旗工程项目区内外对比（丁荣提供）

北京市平谷区京津风沙源治理工程退耕还林项目区
（北京市园林绿化局防沙治沙办公室提供）

北京市延庆县爆破造林现场
（北京市园林绿化局防沙治沙办公室提供）

（二）再现青山、碧水、蓝天

"京津风沙源治理工程的各项措施与开展的其他生态建设工程措施，共同使工程区生态环境发生了根本性的变化，对于改善首都生态环境，实现青山、碧水、绿地、蓝天的绿色奥运目标起到了重要作用。"北京市市委常委、海淀区区委书记赵凤桐在北京奥运会举行前夕这样对媒体表述。

监测数据印证了赵凤桐的说法。据统计，2000年以来，北京市沙尘天气发生日数呈减少趋势。2000～2002年连续3年沙尘天气发生日数均在13天以上，2002年高达17天，2003年以后虽然仍有波动，但基本呈减少趋势。2000～2010年，工程区内22个气象站的监测数据也显示，有19个站扬沙和沙尘暴日数呈减少趋势，其中有10个站呈明显减少趋势。

北京市环境保护局研究数据表明：北京市大气可吸入颗粒物浓度从2000年的0.102毫克／立方米，下降到2009年的0.075毫克／立方米；大气可吸入颗粒物中的尘含量从2000年春季的63.2%下降到2009年同期的32.0%。北京市空气质量二级以上天数由2000年的177天提高到2009年的285天，十年间年优良天气数量增加了108天，增加61.0%，空气质量明显改善。

经过十多年的努力，北京如今的春日，"迷"人的不再是风沙，而是满眼的青山绿树、蓝天白云。

北京市山区绿色生态屏障（北京市园林绿化局防沙治沙办公室提供）

（三）从"沙逼人退"到"人进沙退"

河北省承德市丰宁满族自治县小坝子乡，2000年以前是"种粮不打粮，种树干死苗，秋天收秸秆，冬天一片荒"的荒凉景象。工程实施以来，共治理沙化面积4866公顷，占全乡总面积36%的沙化土地得到有效治理，植被盖度提高了28%，过去的不毛之地又呈现出勃勃生机。

内蒙古自治区多伦县在工程实施后，向土地沙化宣战，开始了大规模的植树造林行动，森林覆盖率也由2000年前后的6.8%大幅度提高到2009年的28.73%，林草综合盖度由不足30%提高到80%以上，全县210万亩严重沙化土地70%得到有效治理，基本遏制了沙化土地扩展蔓延。

由过去的"沙中找绿"变成现在的"绿中找沙"，这是工程区发生的喜人变化。随着林草植被的恢复和植被盖度的逐步提高，工程区逐渐实现了从"沙逼人退"向"人进沙退"的历史性转变。

河北省承德市丰宁满族自治县小坝子乡沙化治理前后对比（河北省林业厅防沙治沙办公室提供）

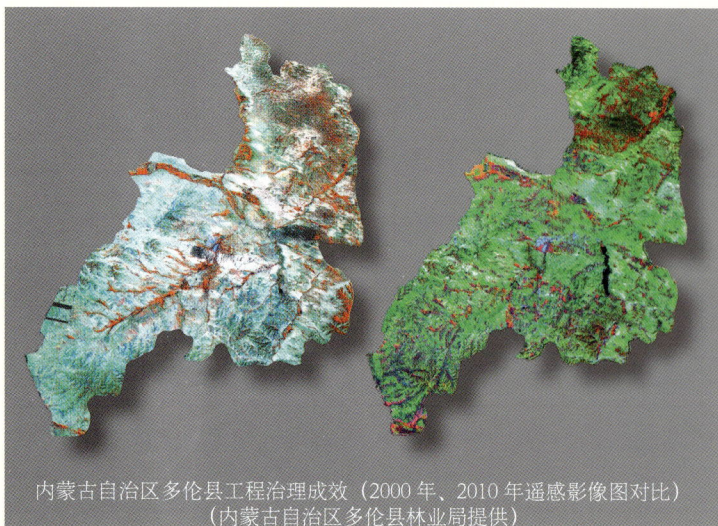

内蒙古自治区多伦县工程治理成效（2000年、2010年遥感影像图对比）
（内蒙古自治区多伦县林业局提供）

内蒙古自治区克什克腾旗莲花山防护林网（丁荣提供）

内蒙古自治区赤峰市草方格沙障治沙（董海军提供）

沙滩工程治理成效（康成福提供）

第四次全国荒漠化和沙化土地监测结果显示，1999～2009年，京津风沙源治理工程区涉及的5省（自治区）沙化土地总面积减少116.3万公顷，占沙化土地总面积的2.56%。一期工程区流动沙地面积从2004年的33.54万公顷减少到2009年的23.25万公顷，减幅达30.68%。森林植被质量明显提高，单位有林地森林蓄积量平均值由2000年的15.94立方米／公顷提高到2009年的29.32立方米／公顷，提高了83.9%。

从"沙逼人退"到"人进沙退"，工程区林草植被迅速增加，生态效益不断显现，森林碳汇明显增加。据估算，2009年工程区植被固碳量为1.166亿吨，比2001年净增1100万吨。前期新建设的人工植被正处于中幼龄期，随着人工林不断生长，固碳量将迅速增加，为应对气候变化和节能减排作出贡献。

内蒙古自治区多伦县大河口乡曲家湾万亩樟子松造林基地（孟宪毅提供）

四、治沙兴林惠民生

京津风沙源治理工程不仅仅是一项单纯的生态工程，也是一项富民工程。在发挥巨大生态效益的同时，工程的产业带动、富民效益凸显，成为兴林与富民、生态与产业完美结合的典范。

河北省兴隆县京津风沙源治理工程中丰收的山楂
（河北省林业厅防沙治沙办公室提供）

天津市蓟县西龙虎峪镇食用菌种植基地
（付志鸿提供）

内蒙古自治区多伦县特色大雁养殖
（左鸿飞提供）

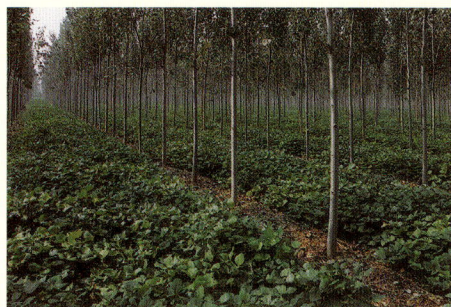

天津市蓟县尤古庄镇林粮间作（付志鸿提供）

（一）林沙产业方兴未艾

位于河北省、辽宁省、内蒙古自治区交界的河北省平泉县，距内蒙古自治区浑善达克和科尔沁两大沙地仅400公里，是风沙南侵的必经之路。工程实施以来，平泉县大力营造刺槐等食用菌原料林，发展食用菌产业，初步形成了全县最具优势和特色、农民从中受益最多的朝阳产业，建成了北部滑子菇生产区、中部香菇生产区、东南部草腐菌生产区、环大集镇平菇生产区"四大食用菌生产区域"。全县从事食用菌科研、生产、加工、销售的专业公司达48家，农民合作经济组织86家。2011年，全县食用菌总量已达2.6亿袋，直接带动农户9.8万户，人均纯收入6150元，高于全县人均纯收入24%。

"山顶松树戴帽，板栗刺槐山杏缠腰，依托生态抓产业，发展食用菌生产，富裕全县人民。在京津风沙源治理中，我们打绿色牌，走特色路，通过发展食用菌产业，促进了农民增收，拉动了地方经济发展。"河北省平泉县县长蔡福浩说。

当然，不止在平泉县，北京市的黄芩加工、天津市的葡萄产业、河北省的刺槐食用菌、山西省的山杏、内蒙古自治区的沙棘……几乎每一个京津风沙源治理工程区都形成了具有相当规模的沙产业。沙产业遍地开花，成为工程区农民增收致富、促进区域经济发展的支柱产业。

工程区社会经济效益监测结果显示，通过生态治理与产业带动，京津风沙源治理工程在消除贫困、改善民生方面发挥了积极作用。2010年，抽样调查的21个样本县（市、区、旗）农村低收入人口78.30万人，比2000年减少43.57%，农村低收入人口比重由2000年的27.97%下降到2010年的16.07%。

（二）产业生态良性互促

"有了沙产业，农民有了稳定的收入，林草管护也不像以前那样难了。"全国治沙劳动模范、山西省

河北省涿鹿县好地洼村葡萄经济沟（康成福提供）

大同县林业局局长赵德清说。过去，当地沙产业几乎是空白，老百姓要生存生活，只好扒草皮、挖草药，有的甚至将刚栽上的树连根拔掉，拿回家当柴火，形成恶性循环。"如今，随着山杏等沙产业的兴起，老百姓对来之不易的绿色财富保护还来不及，哪里舍得破坏？"

赵德清道出了工程区众多治沙人的心声。通过沙产业发展，农民逐渐有了稳定的收入来源，对林草植被的保护意识显著增强，沙产业发展成为巩固工程治理成果最有效的措施之一。

其实，早在工程启动之初，国家林业局及相关部门就对沙产业的发展进行了规划。2004年，国家林业局印发了《关于加快京津风沙源治理工程区沙产业发展的指导意见》，提出工程区要在不断优化和切实巩固生态建设成果的前提下，经过5～10年的发展，建立竞争力强、区域分工合理、种养加销统筹、覆盖优势产品的沙产业体系，提高沙产业现代化水平，稳步提升沙产业增加值在国内生产总值中的比重，为全面建设小康社会奠定基础。

如今，在工程区种植业发展迅速，养殖业不断优化，精深产品加工业粗具规模，生态旅游业方兴未艾，林下经济呈快速增长态势。北京市依托京津风沙源治理工程，目前已形成了林菌、林禽、林药、林草、林花、林粮、林蔬、林桑、林油、林瓜等10多种模式，使生态建设与农民增收致富紧密结合，成为农民增收致富的亮点。据统计，近几年来，北京市林下经济总产值已达到17亿元。2011年林下经济实现产值近2亿元，户均收入1.4万元。

山西省大同市南郊区云冈综合治沙工程成效（张兴元提供）

山西省山阴县西山综合治理工程前后对比（周长东提供）

河北省张家口市清水河上游风沙源治理整地作业
（康成福提供）

（三）发展能力稳步提升

生态状况的持续改善，沙产业的蓬勃发展，给工程区带来的变化不仅是人们眼前看到的，而是更深层次的，是对这一地区发展潜力和发展后劲的发掘，是内生动力的改变，显著提高了可持续发展能力。

监测显示，京津风沙源治理一期工程通过改善和优化京津及其周边地区生态环境，减轻了风沙危害，也带动了区域经济发展，取得了良好的经济和社会效益。据统计，1999 ～ 2010 年工程区 5 省（自治区、直辖市）75 个县（市、区、旗）GDP 总值逐年增长，总量由 1999 年的 1041.1 亿元增长到 2010 年的 6096.3 亿元，增长 4.9 倍，年均增长 17.4%。工程区人均 GDP 从 1999 年的 4687 元增加到 2010 年的 27192.7 元，增长 5.8 倍，年均增长 17.3%。虽然人均 GDP 仍然低于全国平均水平，但年均增长速度高于全国平均水平的 15%。工程建设不仅没有减少农牧民收入，而且成为其收入的重要来源。扣除物价影响因素后，工程区农民人均纯收入从 1999 年 1956.3 元增长到 2010 年的 4084.8 元，增长了 1.09 倍，年均增长 6.9%，增速与全国平均水平持平。

北京师范大学对内蒙古自治区乌兰察布、锡林郭勒、赤峰以及河北省承德、张家口等 5 市（盟）进行的可持续发展能力评价也显示，这 5 个市（盟）可持续发展能力综合评价得分由 2001 年的 56.4 上升到 2009 年的 71.2，其中工程建设对区域可持续发展贡献率达到 23.0% ～ 28.3%。

工程实施以来，工程区产业结构发生了重大变化，结构更趋合理。种植业占第一产业的比重明显下降，从 1999 年的 47.9% 下降到 2010 年的 25.9%。工程建设在调整工程区产业结构、改变经济发展方式、促进地区可持续发展中发挥了重要的促进作用。

河北省张家口市坝头山地水土保持林工程（康成福提供）

五、从生态行动到生态理念的升华

京津风沙源治理工程的实施，不仅带来了生态环境的巨大变化，为地方经济社会发展注入了强大活力，使人民群众的生产生活水平得到了大幅度提高，而且还产生了良好的辐射与衍生效果。

内蒙古自治区浑善达克沙地治理成效（李景章提供）

（一）生态文明理念深入人心

工程建设带动了村屯绿化美化，村容村貌得到改善，农牧民的生产、生活方式也发生了明显改变，实现了从游牧散养到舍饲圈养、从毁林开荒到植树种草、从传统农业向设施农业的三大转变，促进了乡村文明建设。

保护与改善生态成为地方各级政府、干部群众的自觉行动，爱绿、护绿、增绿的生态文明氛围日益浓厚，工程区涌现出唐臣、白俊杰、鲍永新等全国治沙标兵，以及内蒙古自治区赤峰市敖汉旗全球环境500佳。同时，也涌现出"治多伦一亩沙地，还北京一片蓝天"大型防沙治沙公益活动、河北省张家口市护卫京津党员增绿添彩行动等生态文明建设的典范。

（二）社会参与热情高涨

值得一提的是，由于工程的带动，再加上广泛的宣传发动，社会各界纷纷投入到防沙治沙活动中来，形成了全社会参与防沙治沙的生动局面。

2001年，内蒙古自治区多伦县与北京人民广播电台、北京绿化基金会共同开展了"治多伦一亩沙地，还北京一片蓝天"大型公益活动。截至目前，已连续实施八期工程，共捐助资金700多万元，累计治理沙化土地5333公顷。

北京市政协、北京国际电力开发投资公司、北京市燕莎友谊商城、北京市友谊医院、北京市朝阳公园、中国建设银行北京支行、中国航天科工集团、北京市公安局刑侦总队、北京市朝阳区伊斯兰教协会等400个单位和数万个家庭参加了捐助和治沙活动。

2009年内蒙古自治区商都县军民共建绿色生态屏障
（孟宪毅提供）

2001年及2005年河北省宣化县黄羊滩工程治理效果（姚建明提供）

此外，由北京博士林公司营造的"北京博士林"67公顷，天津人民广播电台和天津市体育协会组织营造的"饮水思源林"67公顷，由天津市青少年基金会、内蒙古自治区青少年基金会等组织的"保护母亲河，构建京北绿色生态屏障世纪林"667公顷以及"中国国际广播电台青年林""天津情侣林""今晚报林""每日新报林"等纷纷落户多伦县，共有数十个单位与社团在多伦县参与治沙造林。

河北省张家口市宣化县黄羊滩沙地综合治理工程按照"谁治理、谁开发、谁投资、谁受益"的原则，在实施京津风沙源治理工程的同时，得到中信集团的资金支持，治理规模达到4333公顷，林草植被盖度提高45个百分点，有效改善了当地的生产生活条件，其成功的融资模式、管理经验、科技措施为河北省沙地治理提供了借鉴。2010年6月，中央电视台《朝闻天下》栏目对宣化县黄羊滩治理成效进行了深入报道，引起社会广泛关注。

六、赢得国际社会广泛赞誉

京津风沙源治理工程的实施，不仅受到国内瞩目，也受到国际关注。国际新闻媒体记者赴工程区考察采访活动连年不断。

在 2007 年，国家林业局与外交部联合组织了英国路透社、俄罗斯新闻社、日本共同社、美国之音等媒体的 30 余名记者到工程区的张家口市采访，工程建设的成效令记者们赞叹不止，发表了近百篇新闻报道，对工程给予了高度评价。

2011 年 7 月，参加中非合作论坛荒漠化防治高级研修班的非洲 12 个国家 35 名司处级官员和联合国防治荒漠化公约非洲联络处官员希斯·库巴卡先生，在考察河北省京津风沙源治理工程后评价说："河北省多年来坚持不懈开展防沙治沙工作，做到了荒漠化防治理论与实践的很好结合，产生了很好的生态效益、经济效益和社会效益，成效令人震惊。河北省特别是塞罕坝是一个世界防治荒漠化的大学校，防治经验和措施值得世界各国特别是非洲国家学习。"

12 年过去了，人们已经迎来了日益减少的沙尘天气和重新回归的碧水蓝天。

如今，在风和日丽的周末，驱车三四个小时，从北京市到山西省的雁北地区做一次短暂的旅行，一路上陪伴你的是大片大片的樟子松、油松、刺槐等京津风沙源工程林，吃的是林下天然的黄花菜，吸着富含负氧离子的清新空气，漫步在树木密布的朔州金沙滩，或者欣赏着葱茏绿意包围中的千年云冈石窟，这将是一次充满惊奇的绿色之旅。

其实，无论是山西省、河北省丰宁，还是内蒙古自治区赤峰、多伦，前往京津风沙源治理工程区的任何一个地方，你都会惊奇地发现，曾经风沙漫天的旅途正被满是诗意的绿树红花所取代。

一座座绿色长城，一道道生态屏障，已经崛起在曾经的茫茫风沙线上，这其中，每一点绿色都书写着中国治理荒漠化的历史，记录着治沙人的辛勤和汗水。

十二年一个轮回，从 2000 年启动至今，京津风沙源治理一期工程圆满完成了既定治理任务，向党和人民交出了一份满意的答卷。如今，风沙源区的人们，正满怀信心，斗志昂扬，准备投入京津风沙源二期工程的战役！

河北省赤城县黑河流域黑龙山林区（康成福提供）

河南省沁阳市农田林网（赵金录提供）

第十五篇

农业生产守护神
木材生产新基地
——平原绿化工程建设述评

平原绿化工程，是我国建设较早、规模较大的防护林工程之一。

这项工程，先由平原地区沙荒造林、"四旁"植树、农林间作起步，逐步发展到以建设农田林网为主，结合"四旁"植树、农林间作、成片造林、城乡绿化、河渠、道路绿化，"点、带、片、网"相结合的多林种、多树种、多功能的平原地区综合防护林体系。

党中央、国务院高度重视平原绿化工程建设，特别是党的十六大以来，工程建设进程明显加快，并启动了三期工程，取得了令人瞩目的成就。

今天，在我国辽阔的平原大地上，网、带、片、点相结合的区域性综合防护林体系相继建成，大面积的片状人工林到处可见。"白天不见村庄，晚上不见灯光"，已成为这项工程显著成效的真实写照。

新疆维吾尔自治区阿克苏地区柯克牙平原绿化工程成效（国家林业局造林司提供）

一、中央历来重视平原绿化

平原地区是我国重要的粮、棉、油等生产基地，在国民经济建设和社会发展中具有极其重要的地位。平原地区的土地面积、耕地面积以及人口分别占全国的22.3%、47.9%和43.8%。

历史上，平原地区森林植被稀少，干旱、洪涝、风沙、霜冻等自然灾害频发，水土流失、土地沙化、土壤盐渍化严重。

新中国成立后，党中央、国务院为加快平原地区林业建设，先后发布了一系列指示，广泛动员广大群众开展植树造林运动。

中共中央在《1956～1967年全国农业发展纲要（草案）》中提出："在一切宅旁、村旁、路旁、水旁以及荒地上荒山上，只要是可能的，都要求有计划地种起树来。"

当时，林业部为贯彻中共中央的指示，派出工作组深入到山西省夏县、山东省鄄城县、河南省鄢陵县，调查研究"四旁"植树问题，相继在全国有步骤地组织开展"四旁"植树和平原绿化运动，积极建立农田林网和网、片、带、点相结合的农田综合防护林体系。

昔日垃圾填埋场，今日变"绿洲"（刘慧君提供）

1978年党的十一届三中全会以来，至21世纪初，林业部（国家林业局）先后召开了八次全国平原绿化会议，研究和推动平原绿化建设工作。

1987年、1988年，林业部先后颁布了《华北中原平原县绿化标准》《南方平原县绿化标准》和《北方平原县绿化标准》，编制了《全国平原绿化"五、七、九"达标规划》，并将平原绿化纳入《1989～2000年全国造林绿化规划纲要》，实行整体推进。

　　《1989～2000年全国造林绿化规划纲要》要求，"七五"期间，我国要有500个县（市、区、旗）达到林业部颁发的平原绿化标准；"八五"期末有700个县（市、区、旗）达到标准；到2000年，918个平原、半平原、部分平原县（市、区、旗）全部达到平原县绿化标准。《1989～2000年全国造林绿化规划纲要》的实施，在全国进一步掀起了平原绿化达标热潮，平原绿化建设开始进入一个蓬勃发展的新阶段。

　　20世纪90年代，为适应发展社会主义市场经济的新形势，林业部又先后在全国37个县（市、区、旗）开展高标准平原绿化试点。通过几年试点，已带动部分地区在实现绿化达标基础上，进一步开展了美化、香化、净化及产、加、销一体化平原林业产业建设，积极推进平原绿化再上新台阶。

　　截至1998年年末，在全国918个平原、半平原、部分平原县（市、区、旗）中，有850个达到林业部颁发的平原县绿化标准，占规划数的92%。

山西省长治县八义村农舍四旁植树
（山西省长治县林业局提供）

山西省长治县西申家庄村小游园绿化
（山西省长治县林业局提供）

河南省淮滨县林牧复合经营（毛瑞龙提供）

二、新世纪平原绿化承担双重使命

进入 21 世纪，特别是党的十六大以来，按照党中央、国务院关于加强生态建设的决策部署，围绕实现平原农区可持续发展的战略目标，国家林业局对平原绿化工作进行了积极调整，赋予平原绿化工程双重使命。

（一）维护粮食安全

平原地区是我国的粮仓，平原地区粮食的稳定高产关系国家粮食安全。国内外的实践证明，发展平原林业，构筑良好的平原农田防护林体系，对于改良土壤、提高土壤肥力，改善农田小气候，减轻干热风、倒春寒、霜冻、沙尘暴等灾害性天气的危害，保障粮食稳产增产，作用十分显著。

山西省新绛县平原林网（自由恒提供）

内蒙古自治区赤峰市太平地农田防护林（孟宪毅提供）

河南省商丘市农桐间作示范区（尤利亚提供）

山西省屯留县西贾乡平原绿化工程建设成效（刘晓红提供）

据国内外研究，有防护林网的农田与无防护林网的农田相比，一般地表风速降低 20%～30%，土壤有效含水量增加 20%，温度降低 1.6～1.9℃，在干旱区可降低 3～5℃，相对湿度提高 10%～20%，蒸发量减少 8%～12%，粮食产量增加 10%～20%。

据河南省林业科学研究院 2007 年在新乡市、开封市测定，按 250 米×300 米、350 米×400 米配置农田林网的小麦田，减产区占 8.6%～18.1%，平产区占 12.8%～18.1%，增产区占 63.8%～78.6%，单产平均增加 12.3%～15.2%。实践证明，农田防护林胁地效应微弱，而增产效果却非常明显。老百姓俗称："胁地一条线，增产一大片。"

（二）提升木材供给能力

平原是我国木材生产的重要基地。实施天然林资源保护工程后，长江上游、黄河中上游的天然林已全面停止商品性采伐，东北、内蒙古等重点国有林区的木材产量大幅度调减，我国木材供需矛盾尤为突出。

由于平原地区土地肥沃，水利条件优良，树木生长迅速，轮伐期相对较短，加上劳动力充足和交通方便等优越条件，过去无林少林的平原地区，已成为重要的木材生产基地，平原地区木材产出占全国木材产出的比重呈现逐年上升趋势。

粮食安全、木材安全，关系国家全局，关系社会发展，关系民生大计。在新形势新需求下，实施好平原绿化工程意义十分重大。

进入 21 世纪以来，国家林业局分别在山东省、河南省召开全国平原绿化工作现场会，着眼于维护粮食安全和木材安全等大局，安排部署平原绿化工作，有力推进了平原绿化的深入开展。

山西省中部潇河林带绿化工程（裴晓军提供）

河南省农田防护林为农田构建了绿色屏障（河南省林业厅提供）

山西省潞城市公路改线绿化工程
（山西省潞城市林业局提供）

山西省平顺县西沟村村庄绿化（张永胜提供）

三、平原农区森林生态系统初步建成

从2006年开始，国家林业局组织实施了《全国平原绿化工程建设规划（2006～2010年）》，建设范围涉及26个省（自治区、直辖市）的958个县（市、区、旗）。

工程规划总任务为427.54万公顷。其中，新建农田防护林带折合面积36.46万公顷，改良提高现有林带折合面积84.78万公顷，园林化乡镇建设21.24万公顷，村屯绿化78.91万公顷，荒滩、荒沙、荒地绿化206.15万公顷。

工程规划总投资为188.35亿元。其中，新建农田防护林投资10.94亿元，原有林带改造投资25.43亿元，园林化乡镇建设投资19.11亿元，村屯绿化投资71.02亿元，荒沙、荒滩、荒地绿化投资61.85亿元。

工程建设的目标是：建立起比较完善的平原农田防护林体系，已建成的等级以上公路、铁路、河渠等的沿线得到全面绿化，平原地区的森林质量得到有效改善，

山西省屯留县麟绛镇刘家坪村工程建设成效（山西省林业厅提供）

初步建成由点、带、片、网组成的平原农区森林生态系统，使广大的农田得到有效庇护，粮食高产稳产得到有效保障，区域木材及林产品供给显著增加，村镇人居环境得到显著改善，有效促进区域和谐社会建设。

至 2010 年年末，工程建设任务全面完成。全国平原绿化工程累计完成造林 710 万公顷，平原地区森林覆盖率由 1987 年的 7.3% 提高到 15.8%，增加了 8.5 个百分点；新造农田防护林 377 万公顷，保护农田 3356 万公顷，农田林网控制率由 1987 年的 59.6% 增加到 74%，提高 14.4 个百分点。

山西省中部汾河介休段绿化工程（李立新提供）

四、踏上三期工程建设新征程

如今，我国经济社会发展已经进入"十二五"时期。《国家粮食安全中长期规划纲要（2008～2020年）》指出，到2020年，全国粮食消费量将达到5727亿公斤，比2008年粮食产量增加约500亿公斤。为实现这一目标，国家在专门出台的《全国新增1000亿斤粮食生产能力规划（2009～2020年）》中，把农田防护林网体系建设作为重要保障措施之一。

2012年，国务院印发《全国现代农业发展规划（2011～2015年）》，提出完善高标准农田基础设施的要求，并将农田防护林建设列为我国"十二五"期间现代农业发展的重点任务和重大工程之一。

国家林业局制定的《林业发展"十二五"规划》，明确要构筑平原农区生态屏障，继续实施平原绿化工程。

山西省长子县通道绿化精细管护样板（来根会提供）

三期工程规划期限为2011～2020年，分两个建设期，前期为2011～2015年，后期为2016～2020年。

工程建设规划范围覆盖北京、天津、河北、山西、内蒙古、辽宁、吉林、黑龙江、江苏、浙江、安徽、福建、山东、河南、湖北、湖南、广东、广西、海南、四川、陕西、宁夏、新疆、甘肃等24省（自治区、直辖市）924个平原、半平原、部分平原县（市、区、旗）。

工程以全国粮食主产省和粮食主产区为重点建设区域，通过加快农田防护林网建设和村镇绿化、开展退化林带的生态修复和中幼龄林带抚育建设，提高平原农区防护林体系综合功能，使平原农区防护林体系成为农业稳产高产的生态屏障、农民脱贫致富的有效途径、全国木材安全战略储备基地和农村产业结构调整的重要内容以及社会主义新农村建设的重要载体。

三期工程的实施，必将进一步把平原绿化工程建设提高到一个新水平。

山西省运城市稷山县枣粮间作（王宝军提供）

河南省商丘市平原林网下套种油菜（刘勤学提供）

五、林茂粮丰、五业兴旺

平原绿化工程取得了显著的生态、经济和社会效益，展现出林茂粮丰、五业兴旺的新景象。

建立了比较完善的平原农田防护林体系，使大面积农田得到有效庇护，粮食高产稳产得到有效保障。河南省9.3万平方公里的平原大地上林网如织、林带纵横，多林种、多树种合理配置的综合农田防护林体系已成为平原地区的绿色屏障，守护着粮仓。2006年、2007年连续两年粮食产量突破千亿斤大关，成为全国第一产粮大省，赢得了"中国粮仓"的美誉。山东省齐河县2003年以后的3年间，全县造林5.67万公顷，使有林地面积达到6.67万公顷，粮食产量从4.81亿公斤增加到8.62亿公斤。

初步建成由"点、线、面""带、片、网"组成的平原农区森林生态系统，村镇人居环境得到显著改善。目前，全国平原地区通道绿化率已达75%，村镇绿化总面积335.5万公顷，绿化率达28.4%，城区绿化覆盖率达到35.1%，人均公共绿地8.3平方米，极大地改善了平原地区的面貌，为建设农村生态文明奠定了良好基础。

海南省平原绿化文明生态村
（海南省海口市绿化委员会提供）

山东省济宁市林药间作（张继坤提供）

山西省洪洞县乡村公路绿化（山西省洪洞县林业局提供）

山西省祁县农田林网（山西省祁县林业局提供）

山东省东阿县农田林网（赵坤提供）

　　区域木材及林副产品供给显著增加，对于缓解我国木材及林产品供需矛盾起到了重要作用。据统计，全国平原地区活立木蓄积量已达 10.03 亿立方米，占全国的7.4%；木材产量占全国的 43.7%；竹材产量近 3 亿根，占全国的 26.1%。山东省菏泽市有林地面积发展到 32 万公顷，林木覆盖率达 32%；林木蓄积量近 2000 万立方米，占全省的五分之一；年加工木材 1080 万立方米，林业总产值突破 180 亿元，从业人员达 60 万人，农民人均收入的 31%、市财政收入的 24% 来自于平原林业。

　　林业资源优势转化为产业优势和经济优势，有效地促进了农村经济发展和农民增收。2007 年全国平原地区林业总产值已达到 5000 多亿元，占全国林业总产值的40%，为农村经济发展作出了重要贡献。平原林业已提供就业岗位 1066 多万个，平原地区农民人均纯收入超全国平均水平。目前，平原地区经济林面积达到 350 万公顷，约占全国经济林总面积的 17.1%，红枣、核桃、苹果、香梨等一大批特色鲜明、布局合理的林业特色产业成为地方经济支柱产业。

河南省漯河市农田林网（赵坤提供）

湖北省秭归县长防护林建设成效（周卫平提供）

第十六篇

为了长江的安澜

——长江流域防护林体系
工程建设述评

长江流域防护林体系工程是我国最早实施的林业重点工程之一，目的是恢复长江流域森林植被、涵养水源、保持水土，维护长江流域的生态安全和人民的和谐安康。

一、长江之痛

长江是中华民族的母亲河。长江流域横跨中国东部、中部和西部三大经济区，共计 19 个省（自治区、直辖市）；流域总面积 180 万平方公里，占我国国土面积的 18.8%。长江干流全长 6300 余公里，支流众多，其中支流长度 500 公里以上的有 18 条，流域面积超过 1000 平方公里的支流达 437 条；长江流域湖泊众多，湖泊总面积 1.52 万平方公里，约为全国湖泊总面积的五分之一。

长江流域具有独特的生态系统，拥有众多稀有动植物，生物多样性居中国七大流域首位。长江流域年均水资源总量 9960 亿立方米，全流域水能理论蕴藏量约 2.8 亿千瓦，可开发量约 2.6 亿千瓦。森林资源、矿产资源丰富。经济总量约占全国的 45%，人口占全国的 38.5%，在国家经济社会发展全局中具有重要的战略地位。

然而，由于长期以来对长江流域的过度索取和破坏，给母亲河带来了十分严重的生态灾难。

长江流域防护林体系工程建设前后对比（国家林业局宣传办公室提供）

（一）森林资源破坏严重

长江流域由于人口密度大，土地负载过重，人地、人粮矛盾及资源利用与生态保护的矛盾十分突出。尤其是长江中上游地区，过去森林资源十分丰富，由于长期的不合理开发和乱砍滥伐，导致森林资源锐减。据历史记载，长江上游地区森林覆盖率在 50% 以上，20 世纪 60 年代初期下降到 10% 左右。1989 年森林覆盖率虽然提高到 19.9%，但森林资源总量仍然很少，质量不高，生态功能低下，成为制约长江流域经济社会可持续发展最主要的因素。

（二）水土流失严重

20 世纪 50 年代，长江流域的水土流失面积为 36 万平方公里，80 年代达到 62 万平方公里，年土壤侵蚀量达到 24 亿吨，其中长江上游地区水土流失面积达 45.24 万平方公里，年侵蚀量 19.48 亿吨，分别占全流域的 80% 和 87%。严重的水土流失

江西省宁都县赖村镇安嵊脑造林前（2001年）后（2008年）对比（江西省宁都县林业局提供）

造成了水利工程和江河湖泊的严重淤积，全流域每年损失的水库库容量达12亿立方米，相当于报废12座水库。20世纪50～80年代，流域内的湖泊面积由2.2万平方公里锐减到1.2万平方公里，损失调蓄能力100亿立方米。

（三）旱涝和泥石流等灾害频繁发生

生态的恶化，使洪涝、干旱、泥石流成为长江流域的三大灾害，并且发生频率不断加快、灾害强度不断加重、成灾范围不断扩大。洪涝灾害是长江流域危害最大的自然灾害，灾害次数和强度居我国七大流域之首。1981年7月四川省特大洪水，造成全省119个县（市）1500万人受灾，数座县城被淹，仅工业直接经济损失就达75亿元。长江上游地区是我国滑坡、泥石流等地质灾害最为集中、危害最为严重的地区之一。据统计，长江上游地区潜在滑坡危险地段、泥石流沟分别达到15万处和1万条，面积超过10万平方公里，受害县（市）多达135个，其中嘉陵江上游、三峡库区和金沙江下游就有滑坡危险地段1.6万多处、泥石流沟4000余条。1994年重庆市武隆县兴顺乡发生了530万立方米的岩体崩塌，30万立方米岩体坠入乌江，形成110米长、100米宽、100米高的碎石坝，造成4人死亡、12人失踪，导致乌江断航达数月之久。2010年8月甘肃省舟曲县发生的特大泥石流，损失更加惨重，造成1434人遇难，331人失踪。

严重的生态灾难成为长江之痛，已危及长江流域数亿人口的生命财产安全，严重制约着长江流域经济社会的发展。

江西省井冈山封山育林效果（江西省林业厅提供）

二、长江之根

　　没有森林，就没有长江的安澜。恢复森林是根治长江水患和维护三峡大坝安全的根本之策。为改善长江流域日益恶化的生态环境，1986 年 4 月全国人大六届四次会议通过的《国民经济和社会发展第七个五年计划》中，明确提出要"积极营造长江中上游水源涵养林和水土保持林"，林业部组织编制了《长江中上游防护林体系建设一期工程总体规划》，1989 年 6 月，国家计划委员会批复该总体规划，并在长江中上游地区的安徽、江西等 12 个省份 271 个县（市、区）全面实施，工程区总土地面积 160 万平方公里，占流域面积的 85%，重点是恢复森林植被。到 2000 年末，一期工程完成后，国家又批复并实施了《长江流域防护林体系建设二期工程规划（2001～2010 年）》。工程建设区域包括长江、淮河流域，17 个省（自治区、直辖市）的 1035 个县（市、区、旗），总面积 216.15 万平方公里。长江防护林二期工程以增加森林资源、优化体系结构和增强体系功能为重点，以全面改善长江、淮河流域生态环境、促进社会经济可持续发展为目标。目前正在实施第三期（2011～2020 年）工程规划。

　　党的十六大以来，为加快长江流域防护林体系工程建设，各地采取了一系列重要措施。

浙江省德清县建设成效（虞国强提供）

（一）强化舆论，广泛宣传

长江流域防护林工程既是一项保护国土、惠及子孙的生态工程，又是一项造福当代、惠及百姓的民生工程。各项目区把舆论宣传作为深化广大干部群众和全社会对工程建设认识的重要手段，作为工程建设的第一道工序来抓，并贯穿于工程建设的全过程，采取多种多样形式，增强宣传效果，形成了支持工程建设、参与工程建设的良好氛围。

湖北省十堰市直属机关干部参加防护林植树活动
（周卫平提供）

重庆市市民捐款绿化长江（重庆市林业局提供）

（二）加强领导，落实责任

一是落实领导责任。地方各级党委政府把长江防护林建设作为造林绿化的龙头工程、农村经济发展的致富工程来抓，坚持把工程建设纳入岗位目标管理，层层签订责任状，做到政府换届规划不变，领导换人工作不松，一届一届地交好"接力棒"，保障了工程高水准实施。二是落实部门责任。地方发展和改革委员会、财政等有关部门参与到项目资金配套落实、规划设计、工程实施等工程管理中，形成了由政府牵头、部门齐抓共管的工作机制。三是落实工程实施责任。项目县实行业绩考核制，把造林任务、造林成活率与保存率作为干部考核的主要指标，与晋级奖励挂钩，以确保林业技术人员深入山头地块指导工程施工。四是落实奖惩制度，奖罚分明。

（三）加强管理，确保质量

长江流域防护林体系建设工程涉及面广，工作难度大，为确保工程建设质量，在工程建设中严格把好"四关"：一是科学规划，严把设计关。在项目实施之初，由林业部门实地摸清各乡（镇）情况，因地制宜搞好规划设计。二是精心组织，严把种苗调配关。为确保项目工程种苗的数量和质量，当地林业部门按照规划作业设计的树种数量和质量要求，建立了种苗繁育基地，并与育苗大户签订了合同，同时对本地苗木生产基地进行全面的质量检查和产地检疫，对合格苗木发放"一签两证"，统一种苗规格、质量标准。三是加强技术服务，严把工程质量关。认真抓好技术培训工作，严把施工质量，仔细排查问题和不足，及时督促整改，确保工程质量。四是明确专人管护，严把幼林管护关。项目实施后，各项目村与乡（镇）签订管护协议，并在交通要道设置管护公约固定牌，明确专人管护，实行管护工资与管护成效挂钩，确保造一片、成一片、受益一片。

湖北省赤壁市官塘驿林场抽槽整地模式（周卫平提供）

江西省樟树市吴城乡营造的黄栀子（药材）防护林基地
（江西省樟树市林业局提供）

（四）创新机制，产业带动

各地坚持"谁造林，谁所有，谁受益"的原则，采取租赁、承包、拍卖、转让等灵活多样形式，鼓励单位、集体、个人参与工程建设；在经营方向上以营造生态林为主鼓励发展兼用林，与楠竹、油茶等产业建设相结合，以提升长江防护林工程综合效益，为工程建设注入了活力。在工程实施过程中，培育了一批大户承包造林、专业队造林以及机械化整地造林等经营模式，涌现了一批造林专业户和专业营林公司。湖北省潜江、洪湖、公安、监利、天门等一批平原县（市），实行"林水结合"，对所辖区域大沟、大渠的清淤实行招标拍卖，由获得清淤权的个人或企业负责清淤和造林，造林后的收益全部归清淤者所有或按比例分成，实现了林业、水利和投资人"三赢"。湖南省湘西土家族苗族自治州在长江防护林工程实施过程中建立了山地流转机制和新的投入机制，积极引导和大力创办股份合作制林场和大户经营林场。据统计，2009年年末湘西土家族苗族自治州共有乡村林场总数1579个，经营面积178.96万亩，林木蓄积量506.78万立方米，毛竹蓄积量69.4万株。

湖北省咸宁市咸安区双溪镇李沛村泡桐防护林基地（周卫平提供）

三、长江之变

经过 20 多年的建设，尤其是党的十六大以来的十年建设，长江流域防护林体系工程取得了显著的生态、经济和社会效益。

（一）森林资源明显增长

2002 ～ 2011 年，工程累计完成投资 57.24 亿元，完成造林 117.1 万公顷，其中人工造林 95.7 万公顷，封山育林 21.0 万公顷，飞播造林 0.4 万公顷，工程区森林覆盖率达到 38%，林木绿化率达到 45.4%。江苏省在工程建设中，地方配套、自筹资金 86 亿元，总投资 90 亿元，完成营造林 31.9 万公顷，封山育林 1.3 万公顷，中幼林抚育 17.9 万公顷，低效林改造 5.4 万公顷，完成园林化乡镇建设 14 个、绿化合格村（示范村）建设 13200 个，成为全省历史上规模最大、投资最多、实施时间最长、成效最好的生态建设工程。

江西省信丰县封山育林前后对比（江西省信丰县林业局提供）

湖北省咸宁市咸安区汀泗镇营造的毛竹防护林基地（周卫平提供）

十年来，工程建设质量明显提高，每年营造林合格率和核实率平均在 90% 以上。各地在营造林工作中尤其注重提高林分质量。通过新造针阔混交林、针叶纯林补阔及封山育林，工程区内针叶纯林面积不断减少，阔叶纯林和针阔混交林面积不断增加。江西省混交林比例由十年前的 22.1% 提高到目前的 31.9%，林分结构明显优化，林分质量、林地生产力和生态防护功能显著提高。

（二）水土流失明显减轻

森林植被增加，减轻了水土流失，增强了抵御自然灾害的能力。湖南省工程建设区水土流失面积由十年前的 60 余万公顷，下降到目前的 46.7 万公顷，土壤侵蚀总量由十年前的 5115 万吨／年降低到目前的 2615 万吨／年。江西省瑞金市的主要河流绵江河每立方米洪水的含沙量已由十年前的 0.324 公斤下降到目前的 0.273 公斤。

2010 年湖北省秭归县防护林造林成效
（湖北省林业厅提供）

江西省兴国县永丰乡实施长江流域防护林体系工程建设前后对比
（江西省兴国县林业局提供）

（三）生物多样性明显改善

原来许多寸草不生的荒山野岭，现已郁郁葱葱，植物种类逐渐增加，动物栖息地得到保护，多年不见的鸟兽重新出现，物种多样性指数明显提高。一些地方利用滩涂河洲及湖泊周围造林，不仅保护了湖泊湿地，为珍稀野生禽鸟提供栖息和越冬场所，还有效地抑制钉螺孳生，减少血吸虫孳生场所，改善了疫区人民群众生产和生活环境。

（四）人民生活水平明显提高

在坚持生态优先的前提下，各地创新建设理念，丰富建设内涵，挖掘建设工程的内在经济潜能，优化林种、树种结构，选择一些既有较高生态防护功能，又具有较好经济效益的树种，建设了一批用材林、经济林、薪炭林基地，一大批农户走上了致富之路。江苏省通过大力发展意杨、梨果、银杏等一批市场前景广阔、经济效益好的树种以及苗木花卉产业，取得了明显的经济效益。徐州市、宿迁市、淮安市的杨树产业已成为拉动当地经济发展的主导产业。地处江汉平原的湖北省石首市，以长江流域防护林体系工程为龙头，带动全市杨树加工业快速发展，2009 年全市林业产业税收达到 9000 万元，占到全市财政收入的四分之一，林业成为了全市的支柱产业、特色产业和富民产业。浙江省坚持以市场为导向，大力调整产业结构，积极发展竹子、油茶、花卉苗木、森林旅游、山核桃、香榧等高效生态产业，积极引导农民投身第二、第三产业，加快了兴林富民步伐。江西省 2010 年工程区农民人均年纯收入为 5075 元，是 10 年前的 2.4 倍。

湖北省南漳县城关镇杨树防护林基地（黄维军提供）

太行山绿化成效（国家林业局造林司提供）

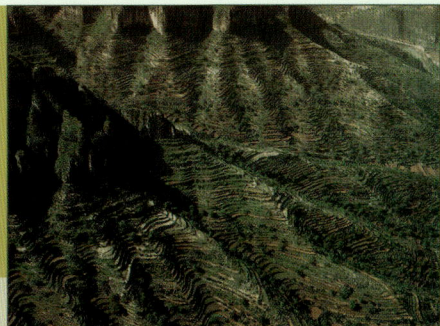

第十七篇

构筑华北平原
生态屏障

——太行山绿化工程
建设述评

提起太行山，人们便会想起《在太行山上》中唱到的"……山高林又密，兵强马又壮……"，然而 30 年前这里却出现了另一番景象。

一、消失的密林

太行山区位于我国地形第二阶梯东缘，南起黄河，北至桑干河、连接恒燕山脉，西濒汾河，东接华北平原，是海河流域的主要发源地，是京津和华北平原的天然屏障，具有为首都堵沙源、为京津保水源的特殊的生态区位和作用。海河水系由北运河、永定河、大清河、子牙河和南运河五条河流组成，这 5 条河流均发源于太行山脉。

历史上太行山区曾是森林茂密、美丽富饶之地。《水经注》对太行山有过这样的描述："古木参天，山清水秀""大山乔松，连跨数郡"。唐诗宋词对太行山的森林也有许多赞美篇章。太行山还为抗日战争和中国革命作出过巨大贡献。然而由于历史上多年的战乱、毁林开荒等原因，太行山森林资源遭到严重破坏，到新中国成立初期，已经是童山濯濯、遍地裸岩，森林覆盖率不足 5%。新中国成立后，国家虽然加大了太行山的治理力度，但由于多种原因，建设步伐缓慢。据 1984 年统计，森林覆盖率只有 11.1%。由于太行山区年降水量 60% 以上集中在 7、8 两个月，雨量集中，且多暴雨，雨多时，不仅引起水土流失，而且还会引起山洪暴发，造成水灾；而在雨少时，河川干枯断流，十年九旱，由于森林植被稀少，涵养水资源以及调蓄洪水能力低下，水旱灾害频繁，太行山区以及下游群众的生产生活深受生态破坏的危害。

2008 年山西省平顺县太行山绿化工程成效（张永胜提供）

二、为了那片密林

　　1983 年，胡耀邦同志在河北省易县视察时，看到太行山区人民解放 30 多年来，还生活在如此恶劣的环境中，提出了太行山区建设的"两个根本转变"，即从单纯抓粮食生产转变到同时狠抓多种经营，从单纯抓农田水利建设转变到同时大力抓水土保持，增加土地植被，并指出要加速太行山绿化，使太行山"黄龙"变"绿龙"。1984 年林业部组织编制了《太行山绿化总体规划》，同年 12 月，国家计划委员会批

北京市千灵山绿化成效（北京市园林绿化局提供）

山西省壶关县十里岭低效林改造工程（李清方提供）

准了这一规划，工程于 1987 ～ 1993 年开展试点，1994 年全面启动，一期工程实施期为 1994 ～ 2000 年，建设范围涉及北京、河北、山西、河南 4 省（直辖市）的 110 个县（市、区）。

　　特别是党的十六大以来，在党中央、国务院的高度重视下，地方各级党委政府、国家有关部门进一步加大了太行山绿化二期工程的建设力度，投资由一期工程的 9.8 亿元（含农民投工投劳折资 4.7 亿元）增加到二期工程的 32.8 亿元，太行山人民持续艰苦奋斗，工程建设进程明显加快。截至 2010 年，太行山绿化已经实施了第一、二期工程规划，目前正在实施第三期（2011 ～ 2020 年）工程规划。

山西省灵丘县蝴蝶山和团山连线绿化成效（山西省造林局提供）

河南省沁阳县太行山区造林初见成效（河南省林业厅提供）

三、重现的密林

一分耕耘一分收获，工程启动的 20 多年来，特别是党的十六大以来，太行山区的广大干部职工坚持不懈造林绿化，使太行山自然面貌发生了翻天覆地的变化，树多了，山绿了，水清了，再现了"山高林又密"的景象。

（一）实施人工造林，森林资源快速增长

十年来，太行山绿化工程经过不懈努力，森林资源总量不断增长。截至 2011 年年末，工程累计完成造林 90.3 万公顷，其中：人工造林 30.7 万公顷，封山育林 47.2 万公顷，飞播造林 12.4 万公顷，森林覆盖率达到 21%，林木绿化率达到 30.6%。森林资源的不断增长，为当地经济建设、社会发展和人民生活提供了良好的生态环境，为林业可持续发展奠定了坚实的基础。十年来，山西省共完成营造林 20 余万公顷，森林覆盖率由 2000 年年末的 17.50% 增加到目前的 20.96%，提高 3.46 个百分点，涌现了一大批林分质量高、景观效果好、综合效益佳的优质精品工程。北京市太行山区近十年来新增森林面积近 5 万公顷，森林覆盖率从 2000 年的 18.2% 增加到目前的 27.22%，林木绿化率由 47.2% 增加到 49.65%。河北省紧紧围绕"战太行、绿太行、富太行"的目标，认真落实"三抓"（抓质量、抓进度、抓管护）"两保"（保成活、保效益）措施，以林果基地建设为龙头，飞、封、造相结合，加快了太行山造林绿化步伐，使太行山区森林覆盖率达到 25.2%，为新中国成立初期的 7.3 倍，彻底改变了过去"近山光、远山荒"的荒凉面貌。

（二）林分结构不断优化，森林质量明显提高

工程建设更加注重科技攻关和技术组装配套，大面积营造了针阔混交林，包括五角枫、山皂角、山桃、山杏、火炬树等阔叶树种，同时，通过林间空地的块状造林，

河北省临城县赵庄乡封山育林效果（河北省林业厅提供）

山西省安泽县红叶岭封山育林成效（山西省造林局提供）

山西省灵丘县示范封育工程成效（山西省造林局提供）

改造纯林，使林分结构更加趋于稳定。项目区混交林面积已占有林地面积的20%，有林地中防护林占68.9%，林种比例趋于合理。山西省壶关县在一、二期太行山绿化工程建设中，营造了近7万公顷以油松为主的大面积纯林，近十年来，通过"林边围阔、林中补阔、抽针换阔"等措施，改造纯林1万多公顷，调整了林分结构，提高了森林质量，改善了生态系统，增强了抗灾能力。

（三）生态状况显著改善，综合效益逐渐发挥

随着太行山绿化工程建设的不断推进，森林的多种功能得以发挥，区域生态状况明显改善。太行山区水土流失面积和流失强度大幅度减少和下降，地表径流量降低，干旱、洪涝等自然灾害也明显减少，彻底改变了过去"土易失、水易流"的状况。同时，改善了区域农业生产条件，促进了农业综合生产能力的提高。太行山不再是贫瘠、荒凉的颜色，初步实现了"黄龙"变"绿龙"，展现出绿色、优美、和谐、文明的景象。河南省林州市森林覆盖率比1985年增长20个百分点，达到40.8%；据林州市水利部门统计，全市水土流失面积减少2.3万公顷，每年减少土壤流失量3万多吨，森林覆盖率较高的西部山区年降水量比附近其他地区多50毫米左右，生态状况得到极大改善。

太行山绿化工程针阔混交林（许鹏提供）

四、密林的生机

俗话说"靠山吃山",太行山绿化工程在实施过程中,不仅实现了"绿起来",还实现了"活起来、富起来",茂密的森林展现出无限的生机。

(一)绿色景观价值提升

太行山区名胜古迹众多,旅游资源丰富。各地在大力加强太行山区道路绿化、荒山绿化、城乡结合部环城绿化的同时,按照一城一森林公园的布局,建设了一批精品示范绿化工程,打造了一批绿色景观,提升了区域的经济价值。

河南省安阳市飞播造林成效(河南省林业厅提供)

北京市太行山区,如联合国世界文化遗产云居寺、周口店北京猿人遗址和十渡世界地质公园、香山、北宫国家森林公园等著名景区,大多处在植被稀疏、裸岩多、立地条件极差的"前山脸"地区。北京市把这一地区的绿化作为难点攻坚,加大科技支撑力度,广泛应用节水抗旱造林技术,注重植物搭配,突出生态景观效果。如今云居寺、周口店、十渡地区已经绿树成荫,昔日的荒山披上了绿装。房山区的十渡地区,丰台区的北宫、千灵山和海淀区的百旺山、凤凰岭地区秋季已经呈现出"万山红遍、层林尽染"的优美景观。

河南省太行山区良好的森林生态环境,极大地拓展了森林生态旅游的发展空间。林州红旗渠、淇县云梦山、淇滨区淇河天然太极图、辉县八里沟、修武云台山、博爱青天河等已成为省内外知名的森林旅游区。2008年焦作市接待游客高达1452万人,

山西省长子县陶鬲坛杨树、板蓝根林药间作（许鹏提供）

山西省广灵县林下栽培木耳（山西省造林局提供）

门票收入 4.46 亿元，综合收入 112.7 亿元，分别为 1999 年的 28 倍、125 倍和 76 倍；全市旅游总收入占 GDP 的 11%，比 1999 年提高 10 个百分点；全市旅游从业总人数达到 28.6 万人，为 1999 年的 95 倍。辉县市森林旅游景区家庭旅馆已达 500 余家，床位 1.1 万余张，每年家庭旅馆的营业额达 500 万元，成为山里人的主要收入来源，太行山区深山农民的年人均收入由 2000 年的 1000 多元增长到目前的 1.5 万多元。

河北省太行山区已建立五岳寨、洛河源、前南峪、驼梁、天生桥等 30 多个森林公园，每年有 100 多万人次到森林公园休闲旅游，年收入达到 1.5 亿元。

（二）兴林与富民有机结合

通过市场和政府的引导，农户积极发展核桃、大枣、花椒等干果经济林产业，既为国家贡献了生态，又为农民增加了收入，还促进了当地以林副产品为主要原料的加工、储运、包装、服务等第三产业的发展。通过太行山绿化工程的育苗、整地、栽植、抚育、管护等建设任务，给当地农民和国有林场提供了大量的就业机会，消化了农村大量剩余劳动力，农民不出村就有活干，靠着荒山就把钱赚，既绿了家乡的山头，又鼓了自家的腰包。通过森林公园、自然保护区和森林生态休闲景区、景点等建设，促进了森林旅游业的发展，区域内农民人均收入已由 2000 年的 2100 元提高到目前的 5100 多元。

山西省黎城县核粮间作（山西省造林局提供）

山西省平顺县太行山绿化示范工程石坎条田花椒沟（刘徐师提供）

高山寨一角——山西省壶关县高山寨绿化成效
（李清方提供）

河南省焦作林场绿化工程建设成效
（河南省林业厅提供）

（三）生态文明理念深入人心

实施太行山绿化工程，实现了太行山区群众改善生产生活环境的愿望，激发了工程区人民投身建设绿色家园的积极性，尤其是实行集体林权制度改革后，社会参与造林绿化的积极性空前高涨，涌现出一大批积极参与造林绿化的企业、公司和造林大户。太行山区人民从绿化太行中享受到了更多实惠，生态意识进一步提高，一个"爱绿、植绿、护绿、享绿"、崇尚生态、崇尚自然的和谐氛围正在形成，生态文明的理念已经深入人心。

山西省广灵县太行山绿化示范封育工程成效（山西省造林局提供）

五、密林探秘

总结太行山绿化工程的成功实践，有五大秘诀：

（一）国家工程建设是太行山绿化的有力支撑

自 1994 年国家正式启动实施太行山绿化工程后，太行山绿化作为一项国家重点生态工程上升为国家意志。《中共中央 国务院关于加快林业发展的决定》进一步提出了实施好太行山绿化工程的明确要求。十年来，在国家资金的扶持下，太行山区人民心往一处想，劲往一处使，有钱出钱，有力出力，为太行山绿起来提供了有力支撑。

（二）艰苦奋斗是太行山绿化的灵魂

老区人民面对太行山区立地条件十分艰苦的挑战，坚守着"人要文化、山要绿化"的理念，传承着太行山艰苦奋斗的精神，在干石山上搞绿化，在深山沟里办林业，创造了我国林业建设史上一个又一个奇迹。先后涌现出李顺达、申纪兰、王五全、桑林虎、路爱平等一大批全国林业劳动模范和艰苦创业的林业功臣。有了这些劳动模范、林业功臣和山区人民几十年如一日的艰苦奋斗，昔日穷山恶水的太行山终于变成了山清、水秀、民富的花果山。

山西省广灵县太行山绿化工程成效（许鹏提供）　　河南省辉县市高庄乡火岔沟荒山造林（河南省林业厅提供）

（三）行政推动是太行山绿化的保证

太行山绿化工程国家造林补助资金少，任务十分艰巨，各级政府采取了各种行之有效的措施确保工程的顺利实施。一是目标责任推动。实行领导任期造林绿化目标责任制，省、市、县（市、区）、乡（镇）、村五级，一级对一级负责，逐级签订绿化目标责任状，形成"一级抓一级"的管理体系。二是制度约束推动。制定造林绿化决定、封山育林条例、家畜禁止放牧实行圈养规定等，对工程建设的资金、规划设计、施工质量、造林保存、检查验收、档案归整、技术责任等都进行了明确规定。三是资金投入推动。工程建设中，各级党委、政府千方百计筹措资金，加大资金投入。四是实绩考核推动。各地实施党政领导班子和主要领导干部工作实绩综合考核办法，将森林覆盖率净增量列为政绩考核的硬指标。"四推动"形成了"一把手"领导高度重视、分管领导亲自谋划、地方财政大力支持的良好局面，初步实现了造林由部门行为向政府行为和社会行为的转变。

（四）科技支撑是太行山绿化的关键

太行山区土少石多、降水量少，立地条件差，造林难、成活更难，没有科技的支撑就没有绿化的成果。北京、河北、山西、河南4省（直辖市）积极与生产单位、科研院校联合探索，大力推广先进实用技术和科研成果，不断提高工程建设的科技含量。爆破、鱼鳞坑、水平沟、石坝梯田等多形式整地技术，"就地育苗就地栽"造林技术、大容器育苗造林技术、根宝溶液施用造林技术、混交林营造技术、覆盖林业技术、丘陵区干果经济林营造技术等得到推广应用，突破了干旱阳坡及困难立地条件造林的禁区，造林成效不断提高。

（五）强化管护是太行山绿化的根本

由于太行山石多土少，幼苗生长慢，抗干旱和抗鼠兔害的能力弱，造林后三年一直需要不断补植补造才能达到国家保存率的标准，在造林后8～10年内，必须坚持造林、封育相结合，将造林地纳入地方封山禁牧范围，实行"封山禁牧、舍饲圈养"，死封死禁，才能确保新造林成林。各地充分认识到造林后期管护的重要性，把管护作为太行山造林绿化成功的根本措施，采取"工程补一点、政府挤一点、集体拿一点"的办法，积极筹措管护人员的工资，落实管护责任。

　　太行山现有的 150 多万公顷的可造林地，是我国"十二五"及今后十年造林绿化的重要战场之一。随着太行山绿化工程建设的深入推进，将会为实现我国森林面积、蓄积量双增长，保障京津和华北地区生态安全，促进革命老区经济社会发展、增加农民收入，提高太行山人民生活品质作出更大的贡献。

山西省平顺县太行山绿化工程成效（张永胜提供）

山西省壶关县高山寨工程建设成效（山西省造林局提供）

山东省威海市沿海防护林（国家林业局宣传办公室提供）

第十八篇

营造万里海疆绿色屏障

——沿海防护林体系工程建设述评

我国海岸线北起辽宁省鸭绿江口，南至广西壮族自治区北仑河口，大陆海岸线长 18340 公里，岛屿海岸线长 11559 公里。

沿海地区是我国经济最发达、城市化进程最快、人口最稠密的地区，分布有 100 多个中心城市和 600 多个港口，13% 的国土面积上集中了 70% 以上的大中城市，2010 年地区生产总值达 10.7 万亿元、地方财政收入 1.3 万亿元、城镇居民年均收入 2.3 万元、农村人口年均收入 1.6 万元，是带动我国经济社会快速发展的"火车头"，在全国具有举足轻重的地位和作用。

但是，受地理位置和自然条件等因素影响，沿海地区又是台风、风暴潮、暴雨、洪涝、干旱、风沙等自然灾害多发区域，严重威胁着经济社会发展和人民群众生命财产安全。

党中央、国务院历来高度重视沿海地区的防灾减灾和人民生命财产安全。早在 1988 年就启动实施了沿海防护林体系建设工程，沿海地区各级林业部门按照党中央、国务院和地方党委、政府的总体部署，着力构建以消浪林带、海岸基干林带、纵深防护林等为框架的多层次的防护林体系，增强了抵御台风、风暴潮等重大突发性自然灾害的能力，改善了人居环境，为维护国土生态安全作出了巨大贡献。

山东省威海市东山沿海防护林带（山东省林业厅提供）

一、台风的威胁与海啸的教训

沿海地区极易受台风、海啸、风暴潮等重大突发性自然灾害的影响，造成巨大的生命财产损失。

（一）台风的威胁

台风给我国广大地区带来了充足的雨水，是与人们生产生活关系密切的降雨系统。台风过境时常带来狂风暴雨天气，引起海面巨浪，严重威胁航海安全；登陆后，可摧毁庄稼、各种建筑设施等。如果形成风暴潮，能使沿海水位上升 5 ～ 6 米，导致潮水漫溢，海堤溃决，冲毁房屋和各类建筑设施，淹没城镇和农田，造成大量人员伤亡和财产损失，还会因海岸侵蚀、海水倒灌造成土地盐渍化等。台风突发性强、破坏力大，是世界上最严重的自然灾害之一。

山东省青岛市黄岛区西环岛路沿海防护林带（薛飞提供）

山东省莱州市海滩尾矿造林工程（司继跃提供）

据统计，1989 年以来，我国沿海地区发生台风、风暴潮（含近岸浪）250 余次，形成灾害 100 余次，累计受灾人口近 2 亿人次，死亡（含失踪）3000 余人，直接经济损失 2300 多亿元。2004 年 14 号强台风"云娜"登陆我国东南沿海，造成 164 人死亡、24 人失踪，直接经济损失达 181 亿元；2005 年 9 号强台风"麦莎"，导致 40 万人撤离，上海地铁停运，仅浙江省直接经济损失就达 65 亿元。

（二）海啸的教训

2004 年 12 月 26 日，一场暴虐的地震海啸刹那间夺去了印度洋沿岸近 20 万人的生命，海边的度假胜地和村庄变成了人间地狱，留在人们记忆深处的是孩子们无助的眼神和凄厉的哭声。在万变的自然面前，人类显得那么渺小和无助。

当人们感叹印度洋地震和海啸破坏力如此巨大时，科学家指出，人类违背自然规律的许多做法是加重海啸损失的"罪魁祸首"。比如近海修建密集的居住区，破坏了能减弱海浪的红树林和珊瑚礁的生长环境等。国际自然保护联盟首席科学家杰夫·麦克尼利说："本来应该是无人区的地区有人居住，这加剧了灾难。"海滩是削弱海啸破坏力的一道屏障。在海滩上，尤其是与沿海岸线平行的方向修建居住区，有很多不安全因素，违背了科学常识和自然规律。正是在这次受灾严重的地区，当地人为了吸引游客，在海边盖起了密集的旅馆和别墅。

与此相反，泰国拉廊红树林自然保护区在广袤的红树林保护下，岸边房屋完好无损，居民生活未受大的影响，而与它相距仅 70 公里、没有红树林保护的地区，村庄、民宅被夷为平地，70% 的居民遇难。

广东省恩平市红树林防护林带（黄锦添提供）

还有，印度南部的泰米尔纳德邦是这次海啸的重灾区之一，而瑟纳尔索普等4个村子，由于海边有茂密的红树林，400多个家庭安然无恙。灾区中8块国际重要湿地反馈的信息表明，海啸的能量经过湿地中红树林、珊瑚礁、基干林带后，进入村庄的海水缓缓上涨，随后徐徐退却，与瞬间席卷无数村庄的凶猛海啸形成鲜明对比。

事实告诉我们，沿海森林植被的好坏，对降低海啸的破坏力起到了至关重要的作用。虽然人类对台风、海啸等自然灾害难以进行有效控制，但可以通过建设防护林等方法，来减轻甚至抵消这些灾害的破坏力；虽然我们不能改变过去，但可以改变未来。

山东省威海市沿海防护林带（山东省林业厅提供）

海南省春园湾沿海防护林带（李儒法提供）

（三）教训后的新目标

党中央、国务院历来十分重视沿海地区的防灾减灾和人民生命财产安全。早在20世纪80年代，邓小平、万里等中央领导同志先后就沿海地区防护林建设作出过重要指示。1983年，邓小平同志在视察大连时就多次指示：要加快沿海的绿化速度。1987年，万里同志在约见林业部领导时指出："沿海防护林很重要，要用建设三北防护林的办法，营造起沿海绿色万里长城，这要当作一件大事去抓。"

20世纪80年代，为落实好中央领导同志的指示精神，彻底改善沿海地区生态环境，有效减轻自然灾害危害程度，保障人民生命财产安全，促进沿海地区经济社会可持续发展，林业部多次召开沿海防护林建设座谈会，认真分析沿海防护林建设现状以及面临的问题。1988年，国家计划委员会批复了《全国沿海防护林体系建设工程总体规划》，一期工程正式启动。经过10多年的建设，取得了巨大成就，但限于当时的经济实力，国家投入的资金有限，标准较低，抵御自然灾害的能力不强，解决沿海地区生态问题仍是我国生态建设中一项长期而艰巨的任务。2000年，国家林业局又编制了二期工程规划。

印度洋海啸发生后，温家宝总理、回良玉副总理对沿海防护林体系建设都作出过明确指示。2005年4月30日，回良玉副总理在《国家林业局关于近期沿海防护林体系建设工作汇报》上批示："此事抓得很好。沿海防护林是我国生态建设的重要内容，是海啸和风暴潮等自然灾害防御体系的重要组成部分。望进一步明确任务，突出重点，采取有力的措施，切实把沿海的绿色屏障建设好。"2005年5月28日，温家宝

海南省椰子林防护林带（邢饴蕉提供）

总理在《国家林业局关于加强我国沿海防护林体系建设有关情况的报告》上批示："沿海防护林建设是我国生态建设的重要内容，是沿海地区防灾减灾体系建设的重要组成部分，应列入'十一五'规划。《全国沿海防护林体系二期规划》的修订工作和《全国红树林保护和发展规划》的编制及相关立法工作要抓紧进行。"

按照中央领导的指示，国家林业局立即组织修编，2007 年 12 月 10 日，国务院批复了《全国沿海防护林体系建设工程规划（2006 ～ 2015 年）》。规划目标是：到 2015 年，森林覆盖率达到 37.3%，林木覆盖率达到 37.8%，基干林带达标率达到 92.3%，红树林恢复率达到 95.1%，造林保存率达到 90% 以上，农田林网控制率达到 85.0%，村屯绿化率达到 90.0%；建成与沿海地区经济社会发展水平相适应、生态功能完善的海岸保护发展带，率先实现林业现代化的主导目标，森林资源全面得到有效保护，森林质量和生态功能进一步提高，生态建设步入良性循环，基本建成生态结构稳定、防灾减灾功能强大的生态防护林体系。

上海市海湾国家森林公园防护林（张永平提供）

山东省莱州市沿海防护林带（山东省莱州市宣传部提供）

二、严密的体系与精细的实施

近十年来，中央投资 27 亿元用于工程建设，各级地方政府、社团、企业等也积极投入，累计完成营造林总面积 245 万公顷，为规划任务的 110%。其中人工造林 147 万公顷，封山育林 71 万公顷，低效林改造（含基干林带修复）27 万公顷，工程建设取得了重大进展，积累了重要经验。

（一）构筑三层防护体系

工程启动以来，通过一期、二期建设，逐步形成了从浅海水域向内陆延伸的三个层次的防护体系。第一层是位于海岸线以下的浅水水域、潮间带、近海滩涂，由红树林、柽柳、芦苇等灌草植被和湿地构成消浪林带；第二层是位于最高潮位以上、宜林的近海岸陆地，主要由乔木树种组成具有一定宽度的海岸基干林带；第三层是位于海岸基干林带向内延伸到沿海工程县的广大区域，包括农田防护林、护路林、村镇绿化等构成的纵深防护林体系。沿海防护林在布局上充分考虑了自然地理条件、主要灾害特点，为万里海疆绿色生态屏障生态功能的不断增强和经济社会可持续发展创造了有利条件。

福建省厦门市环岛路沿海防护林带（福建省厦门市林业局提供）

广西壮族自治区合浦县党江镇 2002 年沿海防护林工程
营造的秋茄红树林（广西壮族自治区林业厅提供）

山东省日照市沿海防护林建设取得了明显成效，改善了
当地生态环境，促进了生态旅游业的发展
（山东省林业厅提供）

（二）分区治理，创新造林模式

根据海岸地貌特征、海岸基质类型和防护林体系的主要功能，将工程区划分为沙质海岸为主的台地丘陵防风固沙、水土保持治理类型区，淤泥质海岸为主的平原风、潮、旱、涝、盐、碱等治理类型区，以基岩海岸为主的山地丘陵水土保持、水源涵养治理类型区。针对不同地域人工造林特点，总结推广了基干林带 9 种营造典型模式、红树林 3 种营造典型模式和纵深防护林 7 种营造典型模式。针对工程建设的老化低效林带更新改造、沙地抗旱造林、盐碱地治理、红树林恢复等关键技术，工程区各建设单位积极开展科学研究，联合攻关，取得了高分子吸水剂等保墒促活造林技术及林粮、林果等林农复合经营模式等一批重大科技成果。

（三）政府主导形成合力

为确保工程建设顺利推进，工程区各省（自治区、直辖市）及计划单列市积极编制了相应的工程建设规划，成立了管理机构，落实人员，制定和完善了工程管理制度。各级政府大力推行林业建设任期目标责任制，实行目标管理，严格考核，奖惩分明，将沿海防护林建设纳入政绩考核；将沿海防护林建设与森林生态、林业产业、森林文化等建设相结合，通过森林城镇、森林村庄、"三网"绿化、特色产业基地、生态科普基地建设等形式，鼓励多种造林主体参与，建设进程不断加快。

福建省沿海防护林带（福建省林业厅提供）

三、重大的成效与意外的收获

在党中央、国务院正确领导和有关部门的大力支持下，经过沿海地区各级党委、政府和广大人民群众长期不懈的共同努力，沿海防护林建设取得了重大成效，并收获了不少意外的惊喜。

（一）万里海疆绿色生态屏障基本形成

目前，沿海地区森林覆盖率达 36.9%，林木覆盖率达 39%，初步实现了基干林带合拢，并形成了以村屯和城镇绿化为"点"，以海岸基干林带建设为"线"，以荒山荒滩绿化和农田林网建设为"面"的点线面相结合的防护林体系框架。

广东省湛江市沿海滩涂营造的红树林（黄锦添提供）

广西壮族自治区钦州市 2007 年营造的红树林（罗宇兴提供）

广西壮族自治区山口红树林（广西壮族自治区林业厅提供）

江苏省南通市沿海防护林带（江苏省林业局提供）

工程区现有红树林成林面积 3 万公顷，建立了 29 处红树林自然保护区，其中海南东寨港等 5 处湿地列入国际重要湿地名录。同时，大力推广红树林新品种、新技术，建设了一批定位监测站点，配合生态恢复建立了一批红树林良种繁育基地，一大批濒危物种得到有效保护，野生动植物种群数量明显回升，生物多样性更加丰富。

沿海地区水土流失面积减少 94 万公顷，林分年固土量达 3.76 亿吨，年保肥量 4.76 亿吨，年调节水量 276 亿吨。沙化土地得到有效治理，一些地区的流动、半流动沙丘得到基本控制。村镇绿化面积 12 万公顷，营造农田防护林 10 万公顷，农田林网控制面积 415 万公顷，控制率达到 83%，增强了农业综合生产能力，为粮食稳产增产作出了积极贡献。

结合区域绿化美化，加快了城乡绿化一体化进程，极大地改善了沿海地区的人居环境。不少地区基本实现了农田林网化、城市园林化、通道林荫化、庭院花果化，呈现出人与自然和谐相处的生动景象。特别是很多滨海城市已经成为林带纵横、绿树成荫、人居适宜、经济繁荣的现代化城市，提升了我国城市的建设水平。随着生态环境逐步改善，森林旅游业蓬勃发展，2010 年工程区森林旅游达 1.3 亿人次，比 2000 年增加 1 亿人次。

福建省东山县沿海基干林带（黄海提供）

（二）每年创造综合经济价值超过 1 万亿元

沿海防护林工程建设取得了明显的生态效益、经济效益和社会效益。经测算，2010 年沿海防护林工程建设综合效益总价值达 12697 亿元。其中，生态效益价值8185 亿元，经济效益价值 4492 亿元，社会效益价值 20 亿元。

（三）为国际沿海防护林建设提供重要借鉴

我国林学专家朱志淞在《美国林业》上发表的《南中国的绿色长城》一文中，介绍了广东省海岸木麻黄防护林的营造技术，引起世界各国林学家的关注。联合国教科文组织和粮食及农业组织、美国、巴基斯坦等 17 个国家（地区）组织的高级官员、专家学者先后 24 次参观考察广东省吴川市沿海防护林建设，对该市取得的经验和成果给予充分肯定和好评，其中联合国教科文组织把吴川市沿海防护林基干林带定为"人与自然生物圈观测点"。

据统计，1990 ~ 2010 年世界防护林面积增加了 5900 万公顷，主要归结于 20 世纪 90 年代以来，中国大面积营造防风固沙林、水土保持林、水源涵养林和其他防护林。沿海防护林体系建设工程作为我国的一项重要防护林建设工程，作出了重大贡献。

随着沿海防护林体系工程建设的不断深入，一个高定位、高质量、可持续的生态工程构筑起来的万里海疆绿色生态屏障，必将世代守卫着我国沿海边疆，也必将为世界沿海防护林建设作出新的贡献。

福建省泉州湾新营造的红树林（刘宝生提供）

广东省防护林工程建设成效（黄锦添提供）

第十九篇

为了流向香港澳门的清水

——珠江流域防护林体系工程建设述评

水是一切生命的源泉，水是大自然赋予人类的宝贵资源。

珠江是贯穿我国东西的第二条"黄金水道"，也是香港、澳门饮用水的重要水源。

加快珠江流域防护林体系工程建设，对于改善流域生态状况，提升珠江水源水质，保障流域和香港、澳门的饮水安全，具有十分重要的意义。

一、水：香港、澳门的命脉

香港和澳门作为我国的两个特别行政区，被誉为中国版图上的两颗明珠，也是我国国际舞台上两张靓丽的名片。

回到祖国怀抱后，香港和澳门这两个国际化大都市，在中央政府的正确领导下，在对外发展和对内建设中，取得了举世瞩目的成就，发挥了重要且不可替代的作用。

由于自身的地理位置和气候环境所限，加之人口密度大，城市化水平高，香港、澳门的自身供水远远不能满足日常生活和生产需求。

对于香港和澳门而言，水，特别是一江清水，是其可持续发展的命脉所在，也是其经济社会稳健发展的根基。

广东省韶关市防护林建设成效——"绿色长城"（黄锦添提供）

广西壮族自治区宜州市防护林建设成效（韦健康提供）

二、珠江：香港、澳门的源泉

珠江是我国七大河流之一，流经我国南方云南、贵州、广西、广东、湖南、江西等省（自治区），干线全长 2214 公里，年平均径流量 3360 亿立方米，流域总面积 45.37 万平方公里，与长江航运干线并列成为我国高等级航道体系的"两横"，也是大西南出海最便捷的水路通道。

珠江流域水系支流众多，主要由西江、北江、东江及珠江三角洲诸河等几个水系组成。香港地区 70% 以上的供水来自珠江，澳门对珠江水源的依赖度更是达到 98%。

这里山水秀美、森林密布、绿野千里，亮丽的山川和纵横交错的河流，交相辉映，孕育了多民族的独特风俗和灿烂文化，哺育了一代又一代的中华儿女。

贵州省三都水族自治县拉揽林场防护林建设成效（国家林业局造林司长防办提供）

云南省个旧市防护林建设成效
（国家林业局造林司长防办提供）

广西壮族自治区田阳县防护林建设成效
（韦健康提供）

曾几何时，珠江流域森林植被遭到严重破坏，生态状况日益恶化，中上游地区石漠化和水土流失面积逐年增加，洪灾、旱灾、泥石流等自然灾害频繁发生，不仅严重威胁着当地工农业生产和人民生命财产的安全，而且对下游经济发达地区，特别是对香港、澳门的安全供水以及对珠江三角洲地区经济社会的可持续发展造成严重影响。

据统计，珠江流域在"七五""八五"和"九五"期间共发生洪涝灾害1778次，旱灾571次，其他灾害757次，造成直接经济损失836亿元。

人们逐渐认识到，缺少了森林的呵护，珠江流域地区森林生态功能急剧退化，土地生产力低下，水量水质明显下降，对污染的承载力减弱，抗击自然灾害能力锐减。

过度的毁林开荒和不合理的耕作方式是直接导致植被减少、水土流失和生物多样性减弱的原因。尽快启动实施珠江流域防护林体系建设工程，大力增加森林植被，治理水土流失，缓解泥沙危害，减少滑坡、崩塌等自然灾害的发生，有效发挥防护林对珠江流域的生态保护功能，改善珠江流域的生态状况，确保一江清水向东流，至关重要，意义深远。

广东省从化市流溪河防护林建设成效（黄锦添提供）

三、防护林：一项治理珠江的宏伟工程

为改善珠江流域生态状况，满足全流域，特别是香港、澳门地区的公共饮水安全和供水总量，国家启动实施了珠江流域防护林体系建设工程。20 年来，特别是党的十六大以来，珠江流域防护林体系工程建设力度不断加大，速度不断加快。

1993 年，林业部先后编制并组织实施了《珠江流域综合治理防护林体系建设工程总体规划（1993～2000 年）》《珠江流域防护林体系建设工程二期规划（2001～2010 年）》。2003 年，《中共中央 国务院关于加快林业发展的决定》中提出，要继续推进重点地区的防护林体系工程建设，因地制宜、因害设防，营造各种防护林体系，集中治理好这些地区不同类型的生态灾害。根据《中华人民共和国国民经济和社会发展第十二个五年规划纲要》和《林业发展"十二五"规划》关于生态建设的总体部署，国家林业局在认真总结一期、二期工程建设成效和经验的基础上，又编制了《珠江流域防护林体系建设工程三期规划（2011～2020 年）》。

珠江流域防护林体系建设工程一期规划范围涉及云南、贵州、广西、广东、湖南、江西 6 省（自治区）的 56 个县（市、区），二期规划实施县增加到 187 个县（市、区），三期规划建设范围扩大到 216 个县（市、区、直属林场），工程区域土地总面积 4166.7 万公顷，占我国国土总面积的 4.34%。建设内容主要包括人工造林、封山育林和低效林改造 3 部分。规划总任务 393 万公顷，其中人工造林 94.8 万公顷，占 24.12%；封山育林 166.6 万公顷，占 42.39%；低效林改造 131.6 万公顷，占 33.49%。

广西壮族自治区融水苗族自治县防护林工程造林现场
（国家林业局造林司长防办提供）

广西壮族自治区融水苗族自治县 2003 年防护林工程封山育林成效（国家林业局造林司长防办提供）

　　三期规划依据珠江干流各河段及一级支流集水区范围，在保持县级行政边界完整的前提下，按流域划分为南、北盘江流域水源涵养、水土流失及石漠化治理区，左、右江流域水土流失及石漠化治理区，红水河流域水源涵养、水土流失及石漠化治理区，珠江中下游水土流失治理区，东、北江流域水源涵养、水土流失治理区等5大治理区。在此基础上，又划分出8个重点建设项目，重点加强水土流失和石漠化治理，在保护现有植被的基础上，加快营林步伐，提高林分质量，增强森林保土蓄水的生态功能。

广东省河源市防护林工程人工造林三年林相
（黄锦添提供）

贵州省独山县防护林工程造竹林地（国家林业局造林司长防办提供）

广西壮族自治区苍梧县共青林场2004年防护林工程营造的马尾松林（国家林业局造林司长防办提供）

贵州省兴义市红星村防护林工程荒山绿化前（90年代）后（2009年）对比（墙忠元提供）

　　三期工程共分为两个阶段。其中2011～2015年为建设前期（"十二五"时期），2016～2020年为建设后期（"十三五"时期）。到2015年，新增森林面积92.8万公顷，森林覆盖率由56.80%提高到59.03%以上；森林蓄积量由8.30亿立方米提高到8.86亿立方米；工程区内占61.7%的低效林得到有效改造，林种、树种进一步优化，水土流失、石漠化得到初步治理。到2020年，新增森林面积153万公顷，森林覆盖率提高到60.48%以上；森林蓄积量由8.86亿立方米提高到9.22亿立方米；工程区内全部低效林得到有效改造，林种、树种结构进一步优化，各类防护林面积由1026.7万公顷提高到1248.8万公顷，森林保持水土、涵养水源、防御洪灾、泥石流等自然灾害的能力显著增强。

　　珠江流域防护林体系工程实施至今，各工程区各级林业部门切实加强组织领导，认真落实目标责任制，成立相应管理机构，坚持把珠江流域防护林体系工程建设纳入地方领导目标责任制和年度考核的重要内容，将工程建设任务、责任、资金层层分解，逐级落实。在工程实施过程中，坚持把防护林体系建设与石漠化治理、农业产业结构调整及农民增收相结合，大力推行生态经济型的工程治理模式，根据立地条件，结合当地产业发展，合理布局，积极发展名特优新经果林、薪炭林，探索林竹、林药、林果、林草、林菜、林畜结合等多种经营模式，有效调动了广大农民造林绿化的积极性。

广东省防护林工程建设成效（黄锦添提供）

广西壮族自治区融水苗族自治县滚贝乡群众抚育防护林
工程营造的柳杉林（何绍宁提供）

广东省梅州市 2011 年防护林工程造林现场
（黄锦添提供）

　　为了使工程建设达到"高标准、高质量、高水平、高效益"的要求，各地坚持
把规范工程管理、提高建设质量摆在工程建设首位，保障了工程建设持续健康推进。
一是建章立制，严格标准。贵州省、云南省出台了《珠江防护林体系建设工程管理
办法》，广西壮族自治区制定了《广西林业生态工程造林检查验收办法（暂行）》，
广东省、广西壮族自治区先后印发了《广东省造林工程规划设计、施工、监理单位
资质认定办法（暂行）》《广西壮族自治区重点防护林工程县级作业设计操作规程（试
行）》等一系列工程管理规定、标准。二是按章办事，全程监管。坚持按照工程项
目管理对防护林建设实行全过程监管，不断加强工程建设科技支撑，坚持"没有作
业设计不施工、不是适生良种不使用、苗木不合格不出圃、整地不合格不栽植、造
林不合格不验收"的"五项制度"和"县自查、市（州、地）复查、省抽查"的"三
项制度"，有效提高了工程建设质量。三是积极培育，综合管护。在工程后期管护方面，
各工程区认真贯彻执行《中华人民共和国森林法》《中华人民共和国森林法实施条例》
等法律法规，采取"坚决保护，积极培育，综合管护"的方针，重点加强木材采伐管理、
森林防火和病虫害防治工作等，林木保存率逐年提高。

云南省富宁县那能乡防护林建设基地（黄志彪提供）

四、综合效益：港澳同胞喝上了放心水，
山区农民鼓起了钱袋子

珠江流域防护林体系建设二期工程国家投入造林资金 12.2 亿元，地方配套及自筹资金 6.4 亿元，完成珠江流域防护林建设任务 95.50 万公顷，其中人工造林 47.43 万公顷，封山育林 38.97 万公顷，飞播造林 0.05 万公顷，低效林改造 9.05 万公顷，获得了巨大的综合效益。

（一）一江清水又回到了珠江

截至 2010 年，工程区有林地面积 1912.9 万公顷，比 2000 年增加 108.2 万公顷；森林覆盖率 56.80%，比 2000 年增加 12 个百分点。森林面积的不断增加，增强了保持水土、涵养水源及减少洪灾、泥石流、滑坡等自然灾害的能力，使治理区域生态恶化、水土流失和石漠化严重的状况得到明显改善。据水利部监测，珠江流域水土流失面积 6.27 万平方公里，占全流域国土面积 14.2%，经过治理水土流失面积下降，土壤侵蚀总量明显下降，其中西江流域（包括南盘江、北盘江）、北江流域土壤侵蚀量下降尤为明显。广东省东江、西江、北江中上游水质持续保持在二类以上，新丰水库等大型水库水质持续保持一类水质标准。一江清水又回到了珠江。

云南省富宁县板仑乡布中村培育防护林苗木基地
（黄志彪提供）

贵州省安龙县防护林工程种植金银花
（国家林业局造林司长防办提供）

水源涵养林得到有效保护（国家林业局宣传办公室提供）

（二）农民增加了绿色财富

各地坚持以防护林建设为主体，生态建设与经济发展统筹兼顾，防护林、用材林、经济林有机结合，培植了一批林业产业基地，增加了农民的财富和收入。据调查统计，工程区森林蓄积量已达到8.3亿立方米，比2000年增加2.7亿立方米，仅木材价值一项，就增加2000多亿元。除此之外，农民发展特色林业产业的收入也明显增加。贵州省工程区林农年均纯收入由2000年的1327元提高到2009年的2541元，增加91.5%，林业产值由2000年的5.25亿元提高到2009年的8.83亿元，增长68.2%；云南省河口瑶族自治县的橡胶、绿春县的八角、弥勒县及石屏县的大杨梅等都产生了良好的经济效益。

（三）绿色家园更加秀美

珠江流域防护林体系工程建设，受益最大的还是当地居民。森林资源的大幅度增加，把绿色的家园装扮得更加美丽，减轻了自然灾害的危害，提升了幸福指数。在工程建设中，吸纳了农村富余劳动力，提供了就业机会，通过建立林业产业基地，为农民带来了经济收益。这些显著变化让广大干部群众进一步增强了保护生态环境、建设美好家园的信心和决心。

经过20年的建设，特别是香港、澳门回归以来，珠江流域生态环境质量得到明显改善，不仅使港澳同胞喝上了放心水，而且整个流域的山更美、水更清、空气更净，对区域生态、经济和社会发展产生了巨大而深远的影响。

广东省南雄市航拍防护林工程建设成效（黄锦添提供）

第十九篇　为了流向香港澳门的清水
——珠江流域防护林体系工程建设述评

彩虹大道——京沈高速公路通州段两侧绿化（首都绿化委员会办公室提供）

第二十篇

绿色长龙在
中华大地上
不断延伸

——绿色通道工程建设述评

建设绿色通道是我国国土绿化战略的重要组成部分，目的是构建公路、铁路、河渠、堤坝等沿线绿化网络体系，实现沿线绿化美化，维护交通、水利设施的安全，改善沿线生态状况，优化沿线地区社会经济环境，促进生态文明建设和绿色发展。

京沈高速公路北京段（首都绿化委员会办公室提供）

一、国家把绿色通道建设纳入生态建设战略布局

从 1998 年开始，我国就将绿色通道建设纳入了国家生态建设战略布局。2000 年，国务院发出了《关于进一步推进全国绿色通道建设的通知》，提出力争全国所有可绿化的公路、铁路、河渠、堤坝全面绿化，形成带、网、片、点相结合，层次多样、结构合理、功能完备的绿色长廊，使绿色通道与生态环境、城乡绿化美化融为一体。

（一）摆上重要位置

党中央、国务院高度重视绿色通道建设，把绿色通道建设摆上重要位置。1998 年 1 月 27 日，全国绿化委员会、林业部、交通部、铁道部联合下发了《关于在全国范围内大力开展绿色通道工程建设的通知》。2000 年 2 月 5 日，国务院副总理温家宝对绿色通道建设作出批示："绿色通道建设是绿化工作的一种形式，要从实际出发，因地制宜，讲求实效；建立激励机制，调动群众的积极性，把建设、管护与物质利益结合起来，使责权利相统一；通过示范，总结经验，加以引导。"2003 年，《中共中央 国务院关于加快林业发展的决定》进一步明确绿色通道工程要与道路建设和河渠整治统筹规划，合理布局，加快建设。

福建省厦门高速公路互通绿化（雷雨亭提供）

北京市东二环路旁绿化（首都绿化委员会办公室提供）

（二）科学规划布局

绿色通道建设范围涉及全国 31 个省（自治区、直辖市），主要分为三个层次：以铁路、国道、省道为骨架，构建绿色通道基础景区；以县道、乡道、河渠、堤防绿化为网络，构建绿色通道网络景区；以车站、服务区、重点城镇的绿化美化为衬托，通过高标准的园林绿化，构建绿化精品景区，提高绿色通道建设的品位和质量。国务院要求绿色通道建设要纳入全国生态环境建设规划、全国造林绿化规划和城市总体规划，绿色通道建设用地规划应当与各级土地利用总体规划相衔接，并纳入年度土地利用计划。

（三）完善政策措施

绿色通道建设主要以地方、部门投入为主。各级政府创新体制机制，将绿色通道建设列入基本建设投资计划，采取有力措施，加大投入力度。林业、交通、铁路、水利等部门，按照各自的责任，安排相应的资金用于绿色通道工程建设。同时，鼓励单位、部门、个人采取承包、租赁、入股等形式参与绿色通道建设，有条件的地方，还可利用信贷、外资、捐助等形式加快工程建设，广泛拓宽融资渠道，建立多元化的资金投入机制。

同时，中央建立了有效的资金投入保障机制和奖励机制。从 2006 年起，中央每年拿出 1000 万元资金"以奖代补"，用于对绿色通道工作做得好的省（自治区、直辖市）实行奖励，调动各地、各部门建设绿色通道的积极性，加速推进全国绿色通道工程建设。

二、林业、铁路、公路、水利部门齐心编织绿色网络

绿色通道建设离不开铁路、公路和水利部门的支持与配合，工程实施以来，各部门加强领导、齐心协力、加大投入、联合攻关，创造了绿色通道建设史上一个又一个绿色奇迹。

（一）公路：200 多万公里实现全面绿化

截至 2011 年年末，全国公路总里程 410.64 万公里，可绿化公路里程 345.68 万公里，占总里程的 84.2%，已绿化里程 204.45 万公里，比 1981 年的 20.4 万公里增长约 9 倍；公路绿化率达 59%。到 2005 年年末，我国已有 16 万公里公路实施了公路美化标准化（GBM）工程，40% 的国省干线公路达到了 GBM 工程标准。全国公路基本实现了边坡绿化与隔离带绿化相结合，主线绿化与两侧环境相融合，景点绿化与绿色通道建设同时进行，形成了点、带、网、片相结合，乔、灌、花、草融为一体，层次多样、结构合理、功能完备的绿色长廊。

104 国道湖州段百里香樟大道（浙江省绿化委员会办公室提供）　广东省东莞市的绿色通道（广东省绿化委员会办公室提供）

为加快公路绿化建设步伐，提高公路绿化的质量，各地在实际工作中大胆改革，探索了一些灵活多样的管理办法，创新了一批公路绿化经营方式和管理模式。一是公开招投标。北京、湖北、河南、山东、江苏等省（直辖市）允许社会上有资质、有实力的绿化企业参与公路绿化，既降低了成本，又提高了成活率。二是承包经营。将公路绿化全面推向市场，将责、权、利紧密结合在一起，鼓励各类经济主体以拍卖、租赁、股份合作、个人承包等形式参与公路绿化。江西、新疆、浙江、吉林等省（自治区）由公路部门提供苗木，并与沿线政府或村民签订承包合同，实行包栽、包活责任制，既保证了保存率，又增加了农民收入。三是收益分成。河北、陕西、山西等省实行民栽、民管、民收益，或乡镇政府、沿线村民负责栽植，共同管理，收益按比例分成，既充分调动了广大群众参与公路绿化的积极性，又增强了群众护林、爱路的责任意识。

北京市对 3950 多个行政村的乡道都实行了不同等级的绿化，绿色通道网基本形成，在北京奥运会召开前提前全部兑现了北京市向国际奥委会郑重承诺的奥运绿化 7 项指标；山西省实施了交通沿线绿化省级十大造林工程，完成交通沿线荒山、

山东省青岛市流亭立交桥绿化带
（山东省青岛市绿化委员会办公室提供）

浙江省湖州市太湖路绿化（浙江省绿化委员会办公室提供）

矿山绿化 15.7 万公顷；内蒙古自治区的包头市、兴安盟、巴彦淖尔市、通辽市，在"十一五"期间共完成绿色通道建设 2235 公里；辽宁省县级以上公路绿化率已达 92%；安徽省林业、交通、铁路、水利等部门密切配合，累计完成绿色长廊工程建设 8.3 万公里；江西省累计完成通道绿化近 2.6 万公里，其中县、乡道绿化里程 1.5 万多公里；广东省认真落实绿化责任制，营造多树种、多层次、多色彩的环城林带，平均绿化率达 91%；重庆市已完成通道森林工程 2.8 万公顷，绿化里程达 2 万公里，实现了"通车即见绿"的目标；云南省充分发动全社会力量参与绿色通道建设，"十一五"期间共完成绿色通道造林绿化 2.2 万公里；西藏自治区相继启动了拉萨市环城绿化带、日喀则市周边及大竹卡至日喀则市沿 318 线绿化带、山南泽当镇周边环城绿化带和桑耶寺外围防风固沙林工程，2001～2008 年累计完成通道工程造林 1.6 万公顷，成活率在 80% 以上；青海省"十一五"期间共完成绿色通道绿化 6482.9 公里。

广西壮族自治区北海市西南大道绿化（雷超铭提供）

河南省三门峡市通道绿化（河南省三门峡市绿化委员会办公室提供）

值得一提的是，在公路绿化工程建设中，在各部门强力攻关下，攻克了沙漠公路绿化的技术难题。中国石油天然气集团公司在油田开发建设的同时，加强油田主干道和生产专用道路的绿化，推动了矿区绿化由线到面的发展，实现了绿色与道路同步延伸、环境与生产同步发展。塔里木油田在建设举世闻名的塔里木沙漠公路防护林工程中，与中国科学院新疆生态研究所、兰州沙漠研究所开展了长达十年的联合攻关，攻克了制约沙漠地区人工绿地建设的植物选种、配置模式、咸水育苗、咸水灌溉、林带结构布局、流沙地种植、抚育管护等技术难题，建成了总长 436 公里、面积 3400 公顷的沙漠公路防护林带，种植苗木 2000 多万株，成为世界上流动沙漠中最长的一条"沙漠绿色走廊"。这一工程获得中国石油天然气集团公司科技创新一等奖，2006 年被中国科学院和中国工程院列入中国十大科技进步项目，2008 年 6 月被评为国家科技进步二等奖。

（二）铁路：钢铁巨龙成了"生态屏障"和"景观长廊"

全国铁路系统把绿色通道建设作为铁路生态文明建设的首要任务，经过十多年的努力，不仅把铁路通道建成了功能完备的"安全屏障"，而且把铁路建成了四季如画的"景观长廊"、天人合一的"生态网络"。中国铁路绿色通道绿化面积达到30 万公顷；8 亿株中国铁路绿色通道林木，其固碳释氧、净化大气环境等森林生态服务功能价值上千亿元；3.5 万公里中国铁路绿色通道里程，为世界铁路建设增添了异彩。

京津城际高铁、武广高铁和京沪高铁等沿线展现了世界独有的高铁绿色长廊倩影。为适应高比例桥梁和高速度视觉感受，高铁沿线绿化做到了千米视野远近兼顾、视觉单元层次分明、投影面积郁郁葱葱，"色块艺术"和"边坡艺术"交相辉映。高速列车演绎着"和谐的风"与"绿色的网"的交响乐。大秦线、侯月线、京包线、包兰线……1.6 万公里刚劲粗犷的重载铁路线上，绵延的绿色与滚滚的乌金，搏动着雄浑的重载韵律。杨树、油松、火炬树、紫穗槐，默默地守望着负重而行的国家重点物资运输通道，为曾经荒凉贫瘠的重载铁路沿线增添了无限风光。

胶新铁路绿色通道（山东省济南市铁路局提供）

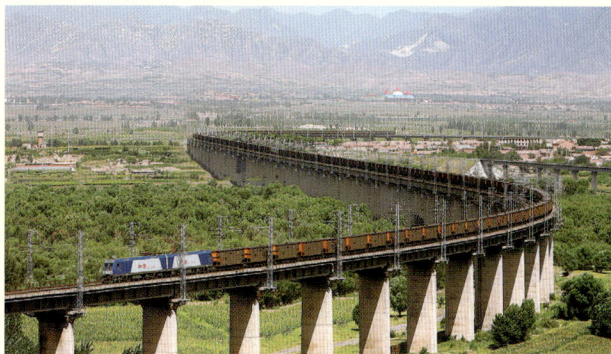

重载铁路绿色长廊（大秦线）（乔力提供）

　　海拔 4000 米以上的青藏铁路沿线，高原植被恢复与再造成果令人惊叹。从线路两侧边坡延伸到护栏的多变"网格"中，破土而出的嫩芽，勃发着世界一流高原铁路的绿色生机。绿色小草铺满青藏线安多至拉萨段 447 公里路基边坡，高海拔植被保护在高原铁路实现了零的突破。

　　胶（州）新（沂）铁路绿色通道是"十五"期间国家铁路建设重点项目，2003 年 12 月提前一年建成并投入运营，被世界公认是采用喷播植草、喷混植生、三维植被网护坡等多种国际先进的生物防护新技术、新工艺建成的铁路，是世界第一条一次建成的最长的绿色长廊。

　　图佳线、长吉线，高大挺拔的黑松、油松，枝叶繁茂的紫丁香、紫穗槐，高低错落、疏密相间。伟岸厚实的防雪林，演绎高寒铁路绿色长廊的别样精彩。桀骜不驯的狂风暴雪在防雪林带构成的绿色屏障面前乖乖偃旗息鼓。

　　包兰线、京包线、集二线、通霍线、太中银铁路，中国人民发明的由"草方格"、"石方格"构建的"五带一体"治沙防护体系，成功阻击了流沙对铁路的袭扰，创造了世界铁路治沙史上的奇迹。花棒、刺槐、沙枣、柠条、沙打旺……这些具有顽强生命力的沙生植物堪称沙漠铁路绿色长廊的经典样本。

沪宁城际高速铁路绿色通道（陆应果提供）

（三）水系沿岸：变成了林水相依的绿色走廊

水利系统高度重视绿色通道建设，把绿色通道建设与水利建设、水利综合经营、水土保持相结合，坚持不懈地推进水利工程及河道、湖泊沿线、沿岸的绿化美化，在河渠、堤坝等沿线筑起了一道道绿色长城。目前，已累计完成义务植树 2360 多万株，绿化荒山、荒沟、荒丘、荒滩 1780 多万公顷，湖泊、水库绿化 18590 公顷，江河沿岸绿化 25370 公里，取得了显著的生态效益、经济效益和社会效益。

江苏省太湖沿湖绿化（江苏省绿化委员会办公室提供）

湖北省荆门市漳河水库库区绿化（湖北省荆门市绿化委员会办公室提供）

北京市通州区运河绿化（首都绿化委员会办公室提供）

湖北省荆江大堤林带
(湖北省荆门市绿化委员会办公室提供)

重庆市长寿湖水系森林工程
(重庆市绿化委员会办公室提供)

    天津市经过十多年的建设，对全市大部分一、二级河道进行了高标准绿化；吉林省绿色通道工程共完成江河绿化 2.1 万公里，许多通道实现一次栽植、一次成型的高标准绿化；江苏省所有干线航道均达到绿色通道标准；山东省统一规划，分级负责，加大投入，全省高标准绿化河渠 2113 公里；河南省在河渠、堤坝等沿线构筑绿色长廊 13.3 万公里；湖北省把环"一江两山"交通沿线绿色通道建设列为提升湖北形象的战略工程；湖南省开展"同饮湘江水，共造平安林"活动，以"三边"造林为抓手，构建联通城乡的绿色廊道；海南省自 1998 年启动绿色通道工程建设以来，共完成绿化里程 5887.3 公里，其中河流渠道 370.2 公里，环岛椰树成林、绿树成荫、鲜花盛开，形成了乔灌花草多层覆盖的生态景观长廊；四川省建成江河、渠系等绿色通道 20 多万公里；贵州省"十一五"期间共完成河渠绿化 1260 公里，一条条绿色风景线逐步形成；甘肃省积极开展湖泊、水库、江河沿岸、渠道两侧绿化，折合绿化面积 213.3 公顷；新疆维吾尔自治区将绿色通道绿化补助费标准由原来的每公顷 3750 元提高到 4500 元，保证了通道绿化的持续开展，"十一五"期间，新疆维吾尔自治区共完成绿色通道建设里程 1530 公里，其中河渠、堤坝等绿化 625 公里。

湖南省长沙市年嘉湖畔绿化 (湖南省绿化委员会办公室提供)

三、把绿色通道建成绿化线、风景线、致富线

　　通过十几年的建设，在公路、铁路、河渠、堤坝沿线以及附近的城镇、乡村，林木连线织成了纵横交错的绿色网络，生态林层林尽染，经济林花果飘香，空气清新、环境优美的通道两旁，为出行的人们带来了美的享受，感受到社会的进步和生活的美好。一条条绿色通道成了一条条绿化线、风景线、致富线。截至2011年年末，全国公路绿化总里程204.45万公里，高速公路已基本实现全绿化；全国铁路绿化达标里程3.5万公里，占宜林线路绿化的73%；全国湖泊、水库周边绿化10.7万公顷，江河沿岸绿化5.61万公里。这些绿色通道中的乔灌花草，日复一日地释放出氧气，吸收二氧化碳；日复一日地减少设备故障、行车事故、生命损失；日复一日地给和谐生态、和谐社会带来巨大福祉，计不完，算不尽！

河北省廊坊市丛林茂密的廊霸路
（河北省廊坊市绿化委员会办公室提供）

浙江省临安市公路绿色通道
（浙江省绿化委员会办公室提供）

北京市绿色通道——北六环（何建勇提供）

福建省龙岩市山区公路绿化（戴乐文提供）

重庆市永川区成渝高速公路景观绿化带工程
（重庆市绿化委员会办公室提供）

（一）长长的绿化线

通过十几年的建设，绿色通道现已形成巨大的绿色网络，推进了全国城乡绿化美化向纵深发展，构筑了以林业重点工程为骨架，以城乡绿化一体化为依托，以绿色通道为网络的国土绿化新格局。绿色通道建设进一步提升了我国国土绿化美化水平，加快了建设秀美山川的步伐，推进了我国社会主义物质文明和生态文明建设。

绿色通道建设不仅使公路、铁路、河渠、堤防得到了有效保护，优化了沿线环境，增加了森林覆盖率，而且还有利于形成以绿化带建设为主体，乔、灌、花、草合理配置，绿化美化融为一体，带、网、片、点相结合的绿色长廊，提高了我国国土绿化的总体水平。

（二）优美的风景线

在绿色通道建设中，坚持"因地制宜，因路制宜，适地适树，宜林则林，宜草则草"的原则，综合考虑不同路段的技术等级、地貌特征、自然条件等因素，采取不同的绿化模式，明确不同的标准要求，实行乔灌结合、树木与花草结合、防护与观赏结合，形成了一批富有地域特色和人文特色的一路一景、路移景异、三季有花、四季常绿以及车在景中行、人在画中游的绿化效果，使生态景观更加秀美。在公路、铁路、河渠、堤坝沿线的一道道绿色长廊间，人们不难发现，野兔、松鼠跳跃，各种鸟雀栖息，甚至一些濒临绝迹的珍稀动物也重现踪迹，宛如一幅祥和美丽的风景画。

广西壮族自治区绿林高速路（广西壮族自治区绿化委员会办公室提供）

河南省郑州市机场高速绿色通道（河南省郑州市绿化委员会办公室提供）

（三）幸福的致富线

许多地方把绿色通道建设与增加农民收入、增加绿色财富、促进经济发展结合起来。昔日被称为"魔鬼城堡"的宁夏回族自治区中卫市，经过铁路固沙林场干部职工几十年不懈努力，硬是阻挡住了流动的沙丘，确保了包兰铁路畅通无阻，也使3000多公顷荒漠变成了良田。曾有预言将被流沙吞没的城市，如今已成为工厂林立、稻谷飘香、百姓安居乐业的幸福家园。

浙江省竹乡交通（浙江省绿化委员会办公室提供）

浙江省湖州市河道绿化（杭火根提供）

上海市崇明县国际公路自行车赛赛道绿化
（上海市崇明县绿化委员会办公室提供）

河北省廊坊市和平路绿化
（河北省廊坊市林业局提供）

　　绿色通道建设还创造了巨大的生态价值。国外学者研究显示：一棵50年树龄的树木，累计产生的氧气价值约合31200美元；吸收有毒气体、防止大气污染价值约合62500美元；增加土壤肥力、涵养水源等总计价值约合196000美元。

　　通过绿色通道工程建设，一条绿色长龙在中华大地上不断延伸，不仅有效减轻了自然灾害的危害程度，改善了沿线地区经济社会发展环境，还创造了巨大的绿色财富，它将继续延伸，把祖国装扮得更加美丽，为人民增加更多的福祉。

浙江省湖州市境内申苏浙皖高速公路绿化（浙江省绿化委员会办公室提供）

综合治理后延安地区现状（国家林业局宣传办公室提供）

第二十一篇

黄土高原的
历史性变迁

——黄土高原综合治理
工程建设述评

黄土高原是一个广袤的地理区域。它东起太行山，西至青海省日月山，南界秦岭，北抵鄂尔多斯高原，包括山西、内蒙古、河南、陕西、甘肃、宁夏、青海共7个省（自治区）341个县（市），总面积64.87万平方公里，占国土面积的6.76%。

黄土高原又是一片神奇圣灵的土地。这里曾经树木繁茂，土地肥沃，经济繁荣，文明璀璨。早在5000多年前，中华民族就在这里繁衍生息。黄河是中华民族的母亲河，她养育了中华子孙，孕育了中华文明，是中华民族的摇篮和发祥地。

黄土高原历经沧桑。由于人类千百年无休止的索取和掠夺式的开发，加上全球气候变化，这片繁荣富庶之地沉沦了，绿色被黄色替代，植被稀少，大地裸露，水土流失，土地贫瘠，滚滚洪水裹卷泥沙冲入黄河，随之而来的是自然灾害频发，人民生活贫困，社会发展受阻。

为了实现在黄土高原上再造秀美山川的伟大目标，2010年国务院批复了《黄土高原地区综合治理规划大纲》，开启了黄土高原生态建设的新篇章。

黄土高原（陕西省）(关克提供)

一、黄土高原深重的三大生态灾害

黄土高原地区特殊的地理结构和气候特征，加上持续不断的乱砍滥伐、过度放牧、陡坡开垦、不合理资源开发等人为因素影响，导致生态严重恶化，引发了深重的生态灾害。

（一）土地荒漠化深重

黄土高原区域内土地荒漠化和沙化主要集中分布在内蒙古、宁夏、青海、陕西4省（自治区）。据调查数据显示，仅宁夏回族自治区就有荒漠化土地面积297.4万公顷，其中沙化土地面积118.3万公顷。青海省黄土高原地区有荒漠化土地140多万公顷，占土地总面积的40%以上。全区域土地荒漠化以每年9.67万公顷的速度扩展，给当地经济发展和人民生产生活带来严重危害。

（二）草原退化深重

由于干旱少雨、超载过牧等自然和人为因素的影响，黄土高原地区的草原退化加剧。据调查，20世纪60年代以来，90%的草原处于不同程度的退化之中。内蒙古自治区鄂尔多斯市草原退化达50%。黄土高原地区的草原退化使产草量急剧下降，产草量下降幅度普遍在20%以上。产草量下降幅度较大的是内蒙古、宁夏、青海、甘肃4省（自治区），分别达到27.6%、25.35%、24.6%、20.2%。草原退化严重影响到畜牧业的发展和牧区群众生活水平的提高。

（三）水土流失深重

黄土高原全区有长15公里以上的沟壑27万多条，水土流失面积达47.2万平方公里，占该区总面积的72.77%，年均输入黄河的泥沙达16亿吨，是我国乃至世界上水土流失最严重地区之一。水土流失给当地经济发展和人民生产生活带来严重影响：一是土地贫瘠。黄土高原坡耕地每年因水力侵蚀损失土层厚度0.2～1.0厘米，严重的可达2～3厘米。黄土丘陵沟壑区90%的耕地是坡耕地，每年每公顷流失水量300～450立方米，流失土壤5～10吨，耕地肥力下降，粮食减收，群众为了生存，大量开垦坡地，形成了"越穷越垦、越垦越穷"的恶性循环。二是旱灾、

20世纪70年代末陕西省淳化县"万人大会战"植树活动
（陕西省林业厅提供）

洪涝灾害频发。新中国成立以来，黄土高原地区平均每年受旱面积66.7万公顷，最大成灾面积达233.3万公顷。三是河道、水库大量泥沙淤积。黄河干支流上建有147座大中型水库，其中84座因泥沙淤积处于严重的"病害"状态，失去了调洪能力。注入黄河的泥沙，约有4亿吨淤积在下游河道，泥沙淤积使河道抬高，成为"悬河"。

二、黄土高原综合治理工程的三大目标

让黄土高原变绿，让黄河水变清，让黄沙后退，是黄土高原生态建设的三大目标，也是中华民族多年的夙愿。为了实现这一美好的愿望，我国人民进行了长期不懈的努力。

（一）持续加强黄土高原生态治理

毛泽东主席曾指示："要把黄河的事情办好。"改革开放以来，党中央、国务院加快了黄土高原的治理步伐。1983年初，中央军委主席邓小平同志对部队领导说："要下决心拿出20年时间，协助地方搞好西北高原的绿化，改变西北的自然面貌，为子孙后代造福。"江泽民同志强调："历史遗留下来的这种恶劣的生态环境，要靠我们发挥社会主义制度的优越性，发扬艰苦创业的精神，齐心协力地大抓植树造林，绿化荒漠，建设生态农业去加以根本的改观。经过一代一代人长期地、持续地奋斗，再造一个山川秀美的西北地区，应该是可以实现的。"党的十六大以来，以胡锦涛为总书记的党中央，坚持和落实科学发展观，大力实施西部大开发战略，有力地推动了黄土高原生态治理进程。

山西省永和县保水造林模式（孙常春提供）

甘肃省定西市综合治理成效（文俊峰提供）

2002 年 9 月 23 日，中共中央政治局委员、全国人大常委会副委员长姜春云在延安
考察陕北水土保持生态示范区

（二）实施黄土高原综合治理工程

为了加强黄土高原的生态建设，国务院于 2010 年批复了《黄土高原地区综合治理规划大纲》，使黄土高原走上了工程治理的新阶段。

根据《黄土高原地区综合治理规划大纲》，黄土高原综合治理规划建设期为 2010 ～ 2030 年，分两期进行，其中 2010 ～ 2015 年为近期，2016 ～ 2030 年为远期。治理总目标是，到 2030 年，黄土高原地区新增水土流失治理面积 12.84 万平方公里，使适宜治理的水土流失区基本得到治理，年减少流入黄河的泥沙 6.5 亿吨；建设和保护林草植被 21.63 万平方公里；农业综合生产能力稳定提高，农业与农村产业结构不断优化，草食畜牧业和特色产业得到发展，人民生活水平持续稳步提高，生态文明建设取得显著成效，农村经济逐渐步入稳定协调可持续发展的轨道。其中到 2015 年的近期目标是：新增治理水土流失面积 4.09 万平方公里，完成粗泥沙集中来源区的拦沙工程建设；进一步搞好高标准、林网化农田建设和特色果园建设，兴建一批节水农业、旱作农业工程，使生态脆弱区的农业生产条件明显改善；草地退化治理取得进展，草畜矛盾得到缓解；建设和保护林草植被 6.88 万平方公里，生态恶化趋势逐步好转。

河北省张家口市综合治理成效（河北省林业局提供）

甘肃省通渭县榜罗乡综合治理成效
（甘肃省林业厅提供）

山西省永和县综合治理成效（孙常春提供）

（三）实施综合治理工程的基本模式

　　黄土高原综合治理工程较为普遍的治理模式主要有4种：一是林业工程治理模式。通过三北防护林体系建设工程、天然林资源保护工程、退耕还林工程、防沙治沙工程等，实施造林绿化，增加植被覆盖，从而达到增绿保土、遏制水土流失、改善生态环境的目的。二是生态产业模式。大力发展经济林，把特色林果产业与生态治理结合起来。通过种植苹果、大枣、核桃、板栗、花椒、砂仁、枸杞等经济林，实现生态增绿与农民增收双赢。三是小流域综合治理模式。在进行植树造林生物治理的同时，采取建坝、坡改梯等保水保土措施，实施"山、水、林、田、路综合治理"。四是封禁模式。实行封山禁伐、封草禁牧。

　　各地根据实际，积极探索，多措并举，总结经验，开拓创新，创造了许多富有实效的生态治理模式，有力地推动了综合治理工程。

陕西省韩城市综合治理后种植的花椒（陕西省林业厅提供）

三、黄土高原焕发绿色生机

各级党委、政府把治山治水、为大地增绿作为共同职责，把生态建设作为经济社会发展的首要任务，列入各级党委、政府的工作日程，带领群众整治河山，绿化家园，使黄土高原重新焕发了勃勃生机，加快了绿色增长。

陕西省延安市宝塔山综合治理成效（关克提供）

（一）森林覆盖率显著提高

三北防护林体系建设工程在黄土高原完成造林779.1万公顷，加之其他生态工程的植树造林，黄土高原森林覆盖率由1977年的11%提高到目前的19.55%，形成了区域性防护林体系框架。山西省三北防护林建设体系工程黄土高原地区造林153.4万公顷，森林覆盖率达到27.8%。甘肃省三北防护林建设体系工程黄土高原地区完成造林248万公顷，森林覆盖率达到18.6%。陕西省三北防护林体系建设工程黄土高原地区完成造林293.4万公顷，森林覆盖率达到32.74%。宁夏回族自治区黄土高原地区森林覆盖率由1977年的1.1%提高到现在的9.84%。

陕西省延安市通过持续治理，林草覆盖率达到57.9%，比2000年前提高了15个百分点，森林覆盖率达到36.6%，实现了由黄变绿的历史性转变，"红色延安""绿色延安"成为延安的两大品牌。

（二）粮食产量明显增加

实施生态综合治理工程，增加了土地植被覆盖率，减少了水土流失，"三跑田"变成了"三保田"；农田防护林网建设，减少了风沙灾害，减轻了干热风对农作物造成的损失；森林覆盖率的提高增加了降水量，减少了旱涝灾害，改善了土壤结构，

黄土高原添新绿（陕西省）（关克提供）

增强了农业综合生产能力。甘肃省庆阳市通过植树造林，形成了带、片、网结合的防护林体系，全市 28.93 万公顷的耕地受到林网庇护，仅此一项，全市每年可增产粮食 1570 万公斤。

（三）农民收入大幅度提高

各地大力发展经济林、生态旅游等特色产业，增加了农民收入。陕西省经济林面积已达 135.6 万公顷，年产各类干鲜果品约 1000 万吨，产值超过 100 亿元。陕西省韩城市把花椒作为支柱产业来抓，以花椒为主的经济林总面积达到 3 万公顷，栽植总株数 4000 万株，建成了全国规模最大的花椒商品生产基地，花椒总产量 1.6 万吨，收入 3.75 亿元，全市农民人均林业收入 1358 元，占当年农民人均纯收入的 42%。山西省临汾市干鲜果品由 1978 年前的 0.794 万公顷发展到 5.66 万公顷，增加了 7.1 倍，果品产量达 16335 万公斤，比 1978 年的 1248 万公斤增长 13 倍多，人均果品收入占农民人均总收入的 32%。

山西省吕梁市石楼县红枣基地（山西省林业厅提供）

陕西省白于山区的经济林和生态林基地（关克提供）

甘肃省定西市梯田绿化（文俊峰提供）

（四）可持续发展能力不断增强

黄土高原综合治理工程有力地促进了区域经济社会的可持续发展。青海省西宁市通过实施"西宁南北山绿化工程"项目，共完成造林 9.4 万亩，栽植各类树木 7500 余万株，每天吸收二氧化碳 6700 吨、释放氧气 4900 吨，每年涵养水源 200 万立方米，市区降尘量、烟雾日明显减少，大气质量明显改善，改变了城市面貌，提升了城市形象，促进了经济发展。内蒙古自治区乌审旗通过工程治理，森林面积达到 36.7 万公顷，其中灌木林 31 万公顷，为产业发展提供了资源，形成了以人造板、饲料加工、生态旅游和生物质发电为主的林业产业体系，农牧民来自林业的人均纯收入达 1700 元，走出了一条沙漠增绿、资源增值、农牧民增收、企业增效、地方财政增税的治黄兴绿之路。

山西省偏关县黄土峁综合治理成效（郭增江提供）

甘肃省定西市黄土峁综合治理成效（文俊峰提供）

广西壮族自治区德天瀑布（贾达明提供）

第二十二篇

向石头进军
向贫困宣战

——岩溶地区石漠化
综合治理工程建设述评

　　我国是世界三大岩溶地貌集中分布区之一，岩溶面积约 45 万平方公里。岩溶地区群山叠嶂，坡陡谷深，地块破碎，石多土少，在自然因素和人为因素的作用下，形成了严重的石漠化。截至 2005 年年末，我国石漠化土地总面积达 12.96 万平方公里，潜在石漠化土地面积达 12.4 万平方公里，分别占岩溶地区国土总面积的 28.7% 和 27.4%。石漠化造成水土流失、干旱缺水、洪涝灾害、耕地减少、生态恶化，严重制约当地的经济社会发展和人民生活水平的提高，并危及长江、珠江流域的生态安全。遏制石漠化的快速扩展，改善岩溶地区的生态状况，促进岩溶地区的经济发展，成为我国生态建设的一项重要而紧迫的任务。

　　党中央、国务院高度重视岩溶地区石漠化治理工作，2008 年 2 月，国务院批复了《岩溶地区石漠化综合治理规划大纲》，启动了石漠化综合治理工程。一场向石头进军、向贫困宣战、与"石魔"争土争绿的生态保卫战，从此拉开了序幕。

石漠化治理目标令人向往（广西壮族自治区林业厅营林处提供）

一、石漠化是我国岩溶地区最大的生态问题

随着全球气候变暖趋势的加剧，土地荒漠化成为全球生态危机的首要问题。土地荒漠化被称为"地球的癌症"，它的快速蔓延、扩展，使全球耕地数量锐减，直接危及人类的生存与发展。土地荒漠化在我国突出表现为北方地区的土地沙漠化和南方、西南岩溶地区的石漠化。加快石漠化治理，是我国岩溶地区生态建设的重大战略任务。

（一）石漠化地域广阔、扩展迅速

我国石漠化主要分布在湖北、湖南、广东、广西、贵州、云南、重庆、四川8省（自治区、直辖市）的451个县（市、区），截至2005年年末，石漠化土地总面积为12.96万平方公里，占岩溶面积的28.7%，并以每年2%～4%的速度扩展。

石漠化土地面积最大的是贵州省，达331.6万公顷，占全国岩溶地区石漠化土地总面积的25.6%，以下依次为云南、广西、湖南、湖北、重庆、四川和广东7省（自治区、直辖市），分别为288.1万公顷、237.9万公顷、147.9万公顷、112.5万公顷、92.6万公顷、77.5万公顷和8.1万公顷，分别占全国岩溶地区石漠化土地总面积的22.2%、18.4%、11.4%、8.7%、7.1%、6.0%和0.6%。贵州、云南和广西3省（自治区）石漠化发生最为严重，石漠化土地总面积为857.6万公顷，占全国岩溶地区石漠化土地总面积的66.2%。

石漠化发生和快速扩展的原因有两点：一是自然因素。岩溶地区特殊的地质结构造成自然成土速度缓慢，在水热条件较好的情况下，其成土速度每年只有10.4～26吨／平方公里，也就是说需要600～1500年才能溶蚀30厘米厚的岩石，积累1厘米的成土母质。加上这些地区坡陡沟深、土层瘠薄、降雨冲刷力强，水土流失非常严重，导致了石漠化的发生与扩展。如贵州省、广西壮族自治区岩溶地区平均年土壤侵蚀模数为170吨／（年·平方公里），是其成土速度的6.5～17倍，土壤流失速度大大超过成土速度。二是人为因素。随着人口不断增多，岩溶地区耕地和生活用柴日趋不足，当地群众为了生存，开始陡坡开垦、乱砍滥伐、乱樵采、乱放牧，加上这些地区大多为少数民族聚居区，有刀耕火种、广种薄收的传统，致使有限而宝贵的森林植被遭受破坏。千百年积累形成的薄土失去植被包裹，因雨水冲刷而流失殆尽，造成土地严重石漠化。据调查，石漠化地区在能源结构中，36%的县薪柴比重大于50%，一户人家平均一年因烧柴而破坏植被7～10亩。岩溶地区散养牲畜，不仅毁坏林草植被，且造成土壤易被冲蚀。据测算，一只山羊在一年内可以将10亩3～5年生的石山植被吃光。

贵州省黔南布依族苗族自治州惠水县石漠化状况
（贵州省林业厅营林总站提供）

云南省石漠化状况
（张伏全提供）

（二）石漠化危害严重

石漠化给当地的经济发展和人民的生产生活带来极大危害。一是自然灾害频繁发生。据统计，1999 年，贵州、广西、云南 3 省（自治区）的 200 多个县（市）因遭受干旱、洪涝，造成 6450 万亩农作物受灾，损坏耕地 90 万亩，因灾减产粮食 300 万吨，损坏房屋 37 万间，损坏公路、铁路 300 多公里，直接经济损失达 121 亿元。2000 年 6 月，贵州省有 49 个县（市）发生洪涝灾害，给人民生命财产造成巨大损失，有 548 万人受灾，破坏房屋 7.72 万间，直接经济损失达 14.1 亿元。2010 年云南、贵州、四川、广西、重庆 5 省（自治区、直辖市）遭遇特大旱灾，据不完全统计，有 6000 多万人受灾，农作物受灾面积近 500 万公顷，其中 40 万公顷良田颗粒无收，2000 万人面临无水可饮的绝境，经济损失超 350 亿元。二是水土流失加剧。据 2000 年贵州省第二次遥感调查土壤侵蚀资料，流域内水土流失面积 21137.19 平方公里，占全流域总面积的 35%，年土壤侵蚀量 2328.09 万吨，侵蚀模数 1101.42 吨／（年·平方公里）。由于土地石漠化，20 世纪 70 年代后期贵州省年均减少耕地近 20 万亩。此外，由于石漠化中心区分布在贵州、广西、云南 3 省（自治区）交界的高原地区，位于长江、珠江水系的分水岭地带，严重的水土流失危及长江、珠江流域各项水利工程设施的安全运行。三是贫困加剧。由于生存条件恶化，人地矛盾、人水矛盾不断加剧，粮食不能自给，经济收入来源少，许多石漠化地区陷入了"越穷越垦，越垦越穷"的恶性循环，成为生态最恶劣、经济最贫困的地区。石漠化地区有 152 个国家级贫困县，贫困人口超过 1000 万人。2004 年，石漠化地区农民人均收入只占全国平均水平的 74.6%。2007 年，广西壮族自治区岩溶地区贫困人口约 290 万人，占广西壮族自治区贫困人口的 90%。四是影响到民族团结与社会稳定。石漠化地区是我国少数民族聚居区，在这里居住着 45 个少数民族、约 4537 万人，占全国少数民族总人口的 28%。在这里居住的人民群众，长期生存在生态恶劣、生活困难的环境中，如不采取措施，改变现状，与发达地区的差距还将逐步加大。

广西壮族自治区柳州市融水苗族自治县石漠化治理成效（贺歌提供）

（三）石漠化治理任务艰巨

石漠化治理投入大，见效慢。石漠化治理主要是通过植被覆盖，减少水土流失，增绿保土。而在山高坡陡、石多土少、交通不便的地区种树种草，实施生态建设工程，其投入成本和实施难度将是一般地区植树造林的几倍甚至几十倍。我国岩溶地区石漠化面积大，石漠化和潜在石漠化土地面积分别占岩溶土地总面积的 28.7% 和 27.4%，遏制石漠化蔓延，需要满足多种条件，需要经过长期不懈的努力。石漠化地区多数是边远、贫困和少数民族集中居住的欠发达地区，给石漠化治理增添了诸多困难。

广西壮族自治区来宾市忻城县石山区林下种植金银花（韦健康提供）

土地石漠化制约着岩溶地区的经济发展、社会进步和人民富裕，成为我国岩溶地区最突出的生态问题。治理石漠化，刻不容缓，势在必行，影响深远，意义重大。

二、治理石漠化的务实之策

无数生态灾害的严酷事实，引发了人类对人与自然关系的深入思考。加强生态保护，加快生态建设，实现人与自然的和谐，已成为现代社会的共识。在"建设生态文明"旗帜的引领下，各级党委、政府把石漠化治理摆上了重要位置，采取了一系列务实之策。

（一）制定规划，加大投入

党中央、国务院对石漠化防治工作高度重视，2001 年 3 月，《国民经济和社会发展第十个五年计划纲要》中提出要"加快小流域治理，减少水土流失，推进黔桂滇岩溶地区石漠化综合治理"。2004 年 3 月，温家宝总理在第十届全国人民代表大会第二次会议上作政府工作报告时，再次强调要"扎实搞好退耕还林、退牧还草、天然林保护、风沙源和石漠化治理等重点生态工程"。2005 年 10 月，党的十六届五中全会审议通过的《中共中央关于制定国民经济和社会发展第十一个五年规划的建议》明确提出"继续推进荒漠化石漠化治理生态工程，促进自然生态恢复"。2006 年 3 月，《中华人民共和国国民经济和社会发展第十一个五年计划纲要》将"石漠化地区综合治理"列入国家"十一五"期间的 11 个"生态保护重点工程"中。2007 年 10 月，胡锦涛总书记在党的十七大报告中指出："加强水利、林业、草原建设，加强荒漠化石漠化治理，促进生态修复。" 2008 年 2 月，国务院批复了《岩溶地区石漠化综合治理规划大纲（2006 ～ 2015 年）》，岩溶地区石漠化综合治理工程正式启动，全面打响了石漠化综合治理攻坚战。

　　工程建设范围涉及贵州、云南、广西、湖南、湖北、四川、重庆、广东8省（自治区、直辖市）的451个县（市、区）。工程区土地总面积为105.45万平方公里，岩溶面积44.99万平方公里，其中石漠化面积12.96万平方公里，总人口约2.24亿人，其中农业人口约1.79亿人，少数民族约4537万人。工程区既是我国生态环境脆弱地区，也是典型的"老、少、边、山、穷"地区。2005年农业生产总值为5513亿元，粮食总产量9397万吨，农民人均纯收入2547元，相当于当年全国平均水平的78%。有国家扶贫工作重点县166个，占8省（自治区、直辖市）国家扶贫工作重点县的67%，占全国国家扶贫工作重点县数的28%。

　　工程建设期限为10年，从2006年开始到2015年结束。2008～2010年启动实施了100个试点县综合治理工作，探索石漠化综合治理模式和不同条件的治理方式。2011年石漠化综合重点治理县扩大到200个。工程的战略目标是：到2015年，完成石漠化治理面积约7万平方公里，占工程区石漠化总面积的54%；新增林草植被面积942万公顷，植被覆盖度提高8.9个百分点；建设和改造坡耕地77万公顷，每年减少土壤侵蚀量2.8亿吨。控制住人为因素可能产生的新的石漠化现象，生态恶化的态势得到根本改变，土地利用结构和农业生产结构不断优化，草食畜牧业和特色产业得到发展，人民生活水平持续稳步提高，农村经济逐渐步入稳定协调可持续发展的轨道。

　　国家林业、农业、水利等部门结合各自职责，编制了本行业的石漠化综合治理专项规划。8省（自治区、直辖市）200个石漠化综合治理重点县都结合本地实际，编制了石漠化综合治理实施方案。到2011年，国家已累计安排专项治理资金38亿元。在国家加大岩溶地区石漠化综合治理工程专项投资的同时，各地也加大资金整合力度。据初步统计，2008～2010年，100个试点县共整合农业、林业、水利、气象、扶贫、农业综合开发等相关方面中央资金166亿元，约是中央专项投资的7倍多。云南省三年试点阶段投入专项资金2.64亿元，整合的资金量近30亿元；湖北省三年试点阶段投入专项资金1.1亿元，整合的资金量是28亿元。

石漠化综合治理人工造林现场（湖北省林业厅造林处提供）

湖南省石漠化治理造林成效（湖南省林业厅造林处提供）

（二）多种模式，综合治理

工程区在实施石漠化治理中，积极探索，不断创新，形成了多种治理模式，积累了丰富的经验。

湖北省勇于实践，积极探索治理模式。建始县为推动工程开展，积极探索造林新模式，县林业局与有关公司、企业协调，由农户与公司签订造林协议，农户出工出地栽树，公司免费提供种苗，林木成材后，在市场同等条件下优先销售给公司；林业部门负责监督采伐。这样既解决了企业原材料供应和可持续发展问题，又解决了农民资金困难，实现了农民、公司、国家"三赢"。谷城县依托石漠化治理大力发展油茶产业，创新造林机制，以公司造林推动油茶基地建设，逐步形成企业＋基地、合作社＋基地、联户＋基地、大户＋基地等发展模式，全县油茶种植规模不断发展壮大，石漠化治理不断加快。目前，全县新建油茶基地达到7万亩，进入盛产期后，每年产值可达11200万元。

湖南省依靠科技，不断提升治理成效。在工程区大力推广隆回县"石山造林"的成功技术，把石漠化治理与农村产业结构调整、新农村建设和农民脱贫致富有机结合，取得明显成效。桑植县因地制宜发展木瓜、核桃、光皮树等特色林业产业，

湖北省丹江口市石漠化治理种植的有机茶园（湖北省林业厅造林处提供）

筛选出林药、林果、林油造林模式，并培育形成产业链，实现了生态经济双赢。永顺县根据小流域的实际，探索出了针阔混交、林油一体、林化一体等石漠化植被恢复模式。洞口县坚持实施以造林和封山育林为主的生物治理措施，营造生态型柏木－枫香混交林，注重发展林果、林药、林漆、林油、林薪、林材、林化和林竹等造林模式，全县石漠化乡（镇）、村数由原来的15个乡（镇）501个村减少到14个乡（镇）461个村，石漠化坡耕地减少3333公顷，林地相应增加3333公顷。

广东省在石漠化综合治理中，针对石漠化地区造林难度大，技术要求高的问题，组织华南农业大学、广东省林业科学研究院等科研部门联合攻关，筛选出了银合欢、任豆、黎蒴、杜英、枫香、酸枣等一批适合石漠化地区的乡土阔叶树种，形成了比较成熟的栽培技术。乐昌市针对石灰岩地区土层薄、旱、瘠的特点，通过不断摸索，成功选取了适合当地种植的经济植物金银花，既能够保持水土、改良土壤、涵养水源，又能够获取一定的经济效益。

广西壮族自治区总结出了石漠化综合治理林业建设"六字"方针，即"封"（封山育林）"造"（人工造林、退耕还林）"管"（加强林木管护）"沼"（建设沼气池）"补"（对石山灌木林进行生态效益补偿）"用"（木材资源加工利用），筛选了降香黄檀、柚木、吊丝竹、任豆、苏木、山葡萄等一大批石山造林树种，探索出了"竹子＋任豆""任豆＋金银花"等10多种治理模式，建立了100多个治理示范点。马山县总结推广了

广西壮族自治区石漠化治理成效显著（广西壮族自治区林业厅营林处提供）

云南省建水县面甸镇红田村大路能山造林半年后与1年后状况对比（黄春良提供）

治理石漠化的"弄拉模式"，该县的弄拉屯石漠化区，从20世纪60年代，开始封山育林，保护植被；同时栽竹种果，移植中草药，修建沼气池等，使这里原有的灌丛、荒山恢复成繁茂的森林，并逐渐形成"山顶林，山腰竹，山脚药和果，低洼粮和桑"的立体生态发展模式。原来恶劣的石漠化区变成了一片绿洲，即使遇上大旱，也从不缺水，成为远近闻名的天然氧吧。

云南省大力发扬"等不是办法，干才有希望"和"搬家不如搬石头"的"西畴精神"，开展石漠化综合治理，探索出了"山顶戴帽子、山腰系带子、山脚搭台子、平地铺毯子、入户建池子、村庄移位子"的"六子登科"治理模式，获得了良好的效果。"山顶戴帽子"，开展植树造林，恢复森林植被，改善生态环境；"山腰系带子"，大力发展核桃、油茶等特色经济林产业，切实增加农民收入；"山脚搭台子"，对坡度小于25°的缓坡耕地进行"坡改梯"，改善耕作条件，提高土地产出率；"平地铺毯子"，着力开展高产稳产农田建设和中低产田地改造，切实提高农业综合生产能力，大力发展优势特色产业；"入户建池子"，大力发展户用沼气池、小水窖、小水池建设，改善农民生产生活条件；"村庄移位子"，对丧失生存条件的石漠化严重地区农户实施异地搬迁，增强农民自我发展能力。

广西壮族自治区来宾市任豆树种植模式（韦健康提供）

（三）进展顺利，成效显著

到 2011 年年末，石漠化综合治理工程累计完成营造林任务 79.68 万公顷，其中，人工造林 22.11 万公顷，封山育林 57.57 万公顷。与此同时，国家在岩溶地区实施了退耕还林、天然林资源保护和长江、珠江防护林体系建设等生态工程，建立健全了森林生态效益补偿机制，2005 ～ 2011 年，岩溶地区累计治理石漠化土地面积 197.5 万公顷，石漠化整体扩展的趋势得到初步遏制。据 2011 年国家林业局开展的第二次石漠化监测，截至 2011 年，我国石漠化土地面积为 1200.2 万公顷，占岩溶面积的 26.5%。与 2005 年相比，石漠化土地面积净减少 96 万公顷，减少 7.4%。

四川省按照"统筹规划，分步实施，生态修复，综合防治，科学实用，经济合理，以人为本，突出效益"的治理要求，以林草植被恢复为核心，辅以工程配套措施综合治理，遏制了石漠化扩展态势。华蓥市天池镇仁和村采取石漠化治理与生态旅游相结合，村民由山上经营转变为山下经营，由粮食生产转变为经营林果和旅游服务业，石漠化扩展趋势得到有效遏制，群众生产、生活条件明显改善，项目区森林覆盖率提高 6 个百分点，贫困人口从 20 世纪 90 年代初的 1220 人减少到 103 人，人均纯收入由 625 元提高到现在的 2700 多元，土壤侵蚀量减少 85% 以上。

四川省石漠化治理人工造林成效（四川省林业厅提供）

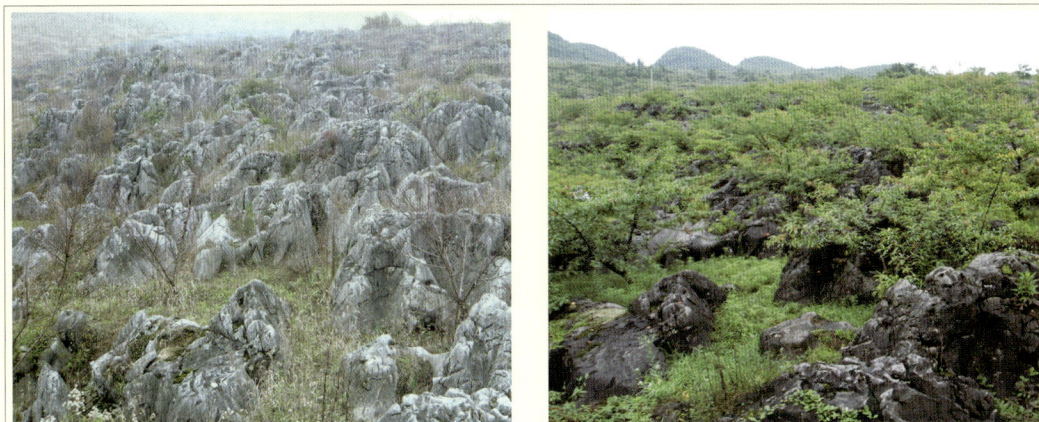

贵州省毕节地区官寨乡官寨村石漠化治理初期（2008 年）与治理 4 年后（2012 年）状况对比（蔡发江提供）

　　贵州省石漠化综合治理始终坚持统筹兼顾的原则，紧紧围绕生态恢复、农民脱贫致富和地区经济社会发展三大目标，以林草植被恢复建设为主体，实行生态经济紧密结合、综合治理，取得了良好的生态效益、经济效益和社会效益。贞丰县顶坛片区把石漠化治理与发展花椒产业结合起来，投资 800 余万元，种植花椒 5 万多亩，95% 以上农户种植花椒，户均种植 5 亩以上。2008 年花椒产值 1000 多万元，农民人均纯收入从原来的 200 元增加到 3000 多元，仅此一项收入超过 5 万元的农户就有 70 多户，收入 3 万～5 万元的 200 多户，其余农户年收入都在 1 万～3 万元之间，过去的荒山石山变成了"金山银山"。

贵州省威宁彝族回族苗族自治县石漠化治理造林成效
（贵州省林业厅营林总站提供）

石漠化生态经济型治理模式

石漠化生态型治理模式

贵州省贞丰县枇杷种植（贵州省林业厅营林总站提供）

（国家林业局宣传办公室提供）

　　重庆市奉节县通过山水田林路综合治理，在石漠化较严重地区促进自然生态系统的逐步恢复，有效改善了农户生产生活条件，促进了农户增收致富。巫溪县将石漠化治理与山区高效生态农业示范园区建设结合起来，整合部门项目资金8865万元，吸纳社会资金2980万元，群众筹资4760万元，加大治理力度，农业生产条件明显改善，生产能力明显提升，平均每亩农田直接增产粮食约100公斤。草地建设项目区养殖户每户种植3～5亩优质牧草、喂养20只种母羊，一年产羔40只左右，当年就可出栏商品羊40只，年收入4万元以上，有效地促进了当地林农增收致富。

重庆市奉节县九盘河小流域石漠化综合治理成效（重庆市林业局提供）

重庆市巫山县曲尺乡村镇治理成效显著（重庆市林业局提供）

三、我国岩溶地区生态恶化态势开始扭转

在党中央、国务院及各部门、各级党委、政府的高度重视与积极努力下，各工程区积极落实国务院《岩溶地区石漠化综合治理规划大纲》，石漠化治理取得了显著成效，并得到了中央领导同志的充分肯定和高度评价。2012 年 6 月底至 7 月初，中共中央政治局常委、全国人大常委会委员长吴邦国，中共中央政治局常委、国务院总理温家宝，中共中央政治局常委、国家副主席习近平，中共中央政治局常委、国务院副总理李克强，中共中央政治局委员、国务院副总理回良玉等中央领导同志在对石漠化防治工作的重要批示中指出，我国石漠化土地面积减少，证明我国生态建设的努力是成功的，国家林业局功不可没；但石漠化防治形势仍很严峻，要继续将石漠化防治作为今后工作重点，结合重点生态工程建设，采取科学有效措施，不断加大防治力度，扩大防治覆盖面；要巩固成果，坚持石漠化综合防治不放松，促进我国生态建设取得新进步。

（一）生态状况趋向好转

据监测，2010 年与 2007 年相比，工程治理区林草植被盖度平均提高了 15 个百分点。生物量明显增加，群落结构进一步优化，植被生物量比治理前净增 115 万吨。群落植物丰富度提高，生物多样性指数从治理前的 0.735 提高到 1.521，植被固碳量比治理前增加了 51.29 万吨，相当于比治理前多吸收二氧化碳 188.05 万吨。土壤侵蚀量减少，治理区水土流失总量从治理前的 511 万吨减少到 170.31 万吨，减幅达 66.68%。贵州省通过石漠化综合治理，工程区林地面积增加了 7.16 万公顷，植被覆盖率由原来的 33.44% 提高到 39.6%，提高 6.16 个百分点。云南省通过人工造林、封山育林等治理措施，石漠化面积减少 6.2 万公顷，减幅为 2.2%，岩溶生态系统呈现顺向演替趋势。广西壮族自治区石漠化地区每年增加森林覆盖率 1 个百分点以上，许多地方重现了青山绿水的喜人景象。

云南省文山县石漠化综合治理现场（张伏全提供）

（二）特色产业快速发展

　　各地在石漠化治理中，大力提倡发展林果业、木本粮油产业和林下经济等特色产业，让老百姓一次栽植、长期受益。目前，工程培育的经济林、用材林、竹林已陆续产生效益，成为农民收入增加的重要来源。广西壮族自治区树立"石山也是宝"的发展理念，因地制宜发展了降香黄檀、柚木、任豆等珍贵树种以及核桃、板栗、竹子、山葡萄、金银花等经济林木和中草药，实现了生态与经济的双赢。贵州省毕节地区坚持"以林克石""以药治石"，探索出了一条既可治理石漠化，又可产生经济效益、社会效益、生态效益的综合治理石漠化道路。过去的"荒山、石山、乱石山"，如今变成了"金山、银山、花果山"。

贵州省大方县林药结合治理石漠化（李登陆提供）

广西壮族自治区河池市凤山县种植核桃治理石漠化（韦健康提供）

石漠化地区发展金银花产业
（广西壮族自治区林业厅营林处提供）

重庆市丰都县虎威镇人和村林下种菌（曾德生提供）

广西壮族自治区百色市田阳县石山种植竹子
（韦健康提供）

广西壮族自治区河池市都安瑶族自治县的竹编产业
（广西壮族自治区林业厅营林处提供）

（三）人民生活明显改善

在石漠化综合治理工程的有力推动下，岩溶地区的生态环境开始改善，农业生产条件、群众生活水平明显提高。广西壮族自治区田阳县大路村实施石漠化治理以来，竹子种植面积已近 427 公顷，每年的竹业产品收入达 86.8 万元，全村 258 户都已建起新楼房。贵州省黔西县把生态建设与民族风情旅游有机结合起来，绿化美化了景区环境，打造"乌江源百里画廊"旅游精品线路，极大地提升了旅游价值，促进了旅游业发展。农民人均收入从 2004 年的 965 元增加到 2010 年的 2600 多元。云南省西畴县江龙村经过多年的石漠化治理，生态环境有效恢复，干涸的"龙泉"涌出了清泉，"山上绿起来，村庄亮起来，群众富起来"，森林覆盖率从 1990 年的 32% 提高到 2010 年 80.4%，农民人均纯收入从 1990 年的 208 元增加到 2010 年的 5600 元，实现了由"救济村"到"富裕村"的巨变。

石漠化治理改善了人们的生产生活条件（云南省文山壮族苗族自治州林业局提供）

广西壮族自治区钦州滨海湿地（李景生提供）

第二十三篇

保护生态的
新壮举
——湿地保护与恢复
工程建设述评

　　湿地，既是珍贵的自然资源，又具有独特的生态功能，与森林、海洋一样成为地球上人类生存与发展不可或缺的生态系统。湿地有保持水源、净化水质、调洪蓄水、储碳固碳、调节气候、保护生物多样性等功能。湿地还为人类的生存与发展提供多种资源。因而被誉为"地球之肾""淡水之源""生命的摇篮"。

　　我国是世界上湿地资源最为丰富的国家之一，据 2003 年公布的全国第一次湿地资源调查显示，我国单块面积在 100 公顷以上的湿地总面积为 3848.55 万公顷，其中自然湿地 3620 万公顷，占国土面积的 3.77%，位居亚洲第一位、世界第四位。我国湿地类型丰富，分布广泛，区域差异显著，《关于特别是作为水禽栖息地的国际重要湿地公约》划分的 40 多类湿地在我国均有分布，东部地区河流湿地多，东北部地区沼泽湿地多，长江中下游和青藏高原湖泊湿地多。丰富的湿地资源为我国经济社会发展提供了重要的资源保障。

大兴安岭南瓮河国际重要湿地（庄凯勋提供）

　　然而，由于自然因素和人类活动的影响，我国湿地面积减少、功能减退、生物多样性降低等问题日益严重。保护和恢复湿地，充分发挥湿地的生态功能和经济功能，为经济社会的发展服务，成为我国生态建设的战略任务之一。

　　党中央、国务院高度重视湿地保护与恢复工作，于 2003 年、2005 年和 2012 年先后批准了《全国湿地保护工程规划（2002～2030 年）》《全国湿地保护工程实施规划（2005～2010 年）》和《全国湿地保护工程"十二五"实施规划》。2006 年，国家湿地保护与恢复工程正式启动，掀开了我国湿地生态系统保护与恢复的新篇章。

黑龙江安邦河沼泽湿地（黄明阁提供）

江西鄱阳湖湿地（姜萍提供）

一、湿地的特殊生态功能

湿地作为一个完整的生态概念，被人们逐步认识，始于 20 世纪 70 年代初。我国湿地保护起步较晚，1992 年我国加入了《关于特别是作为水禽栖息地的国际重要湿地公约》，随着湿地保护工作的加强，湿地理论研究不断取得新的成果，人们对湿地与生态安全、湿地与经济社会发展等关系的认识不断深化。研究结果表明，湿地具有以下功能：

（一）湿地是蓄水库

湖泊、沼泽、库塘等湿地，具有巨大的蓄水能力。我国沼泽湿地面积达 1370 万公顷，储存了大量淡水。据研究，三江平原沼泽湿地，最大蓄水量可达每公顷 8100 立方米。全国有 8.4 万座大中小型水库，总库容为 4600 亿立方米。湿地巨大的蓄水功能，在维护生态安全中发挥着重要作用。一是调洪减灾。在汛期洪水到来时，可以储蓄洪水，消减洪峰，调节江河水位，减少洪水给人民的生命财产造成的损失。二是为生产生活储存淡水。我国湿地保存了全国 96% 的可利用淡水资源。据估算，我国仅湖泊淡水储量就达 225 亿立方米。三是为江河提供水源。仅青海三江源湿地每年就给长江、黄河、澜沧江供水 600 亿立方米。

青海三江源湿地（张明祥提供）

（二）湿地是储碳库

湿地生态系统具有巨大的储碳、固碳能力，占全球陆地总面积 6% 的湿地，储存了 7700 亿吨碳，占陆地生态系统储碳总量的 35%。我国各类沼泽湿地固碳能力平均达每公顷 4.91 吨。据测算，仅若尔盖湿地储碳量就高达 19 亿吨；长江口典型芦苇湿地固碳能力达每平方米 4.2 公斤。

四川若尔盖湿地（于宁提供）

（三）湿地是基因库

占全球陆地面积 6% 的湿地，为地球上 20% 的已知物种提供生存环境，湿地在保护动植物物种、维护生物多样性中具有不可替代的作用。据统计，我国湿地有野生植物 2270 多种；有鸟类、两栖类、爬行类、兽类等野生动物 720 多种，其中鸟类 270 多种，还有鱼类 1000 多种。这些物种不仅具有重要的经济价值，还具有重要的生态价值和科研价值。

东方白鹳（刘月良提供）

野大豆（柳旭提供）

黑脸琵鹭（江西省林业厅
湿地保护管理办公室提供）

丹顶鹤（赵俊提供）

新疆河狸（董智敏提供）

白鹤（张明祥提供）

（四）湿地是水质净化器

湿地通过土壤、水、植被及微生物的物理、化学及生物的综合反应，有效去除污水及农田退水中的重金属污染物和氮、磷等元素，使水质得到净化。江苏省实施湖滨带湿地保护与恢复示范工程治理太湖污染的初步监测表明，每公顷湿地每年可去除氮1000多公斤、磷130多公斤。湿地与区域地下水联系密切，湿地的地表水渗入地下蓄水层，就成为地下水的补充水源。湿地的净化作用，保证了人类水源安全。

（五）湿地是气候调节器

湿地通过固碳、减少大气中的温室气体、增加降雨、调节湿度和温度等来影响气候。湿地在太阳的照射下，通过蒸发和湿地植物蒸腾，大量水汽上升，形成云层，在一定的温度下形成降雨，补充地表水，起到调节气候的作用。湿地周边的温度一般较其他地区低 2～3℃，湿度比其他地区高 5%～20%。

江西鄱阳湖湿地航拍效果（纪伟涛提供）

云南纳帕海国际重要湿地（赵贵华提供）

二、我国湿地存在的主要问题

从新中国成立到 20 世纪 80 年代，由于粮食生产的需要和对湿地功能认识不足，湿地遭到大量开垦、破坏。近年来，湿地问题日益凸显，严重影响着我国的生态安全。

（一）面积缩减

新中国成立以来，我国湿地退化和丧失速度惊人。据统计，我国滨海湿地累计丧失 119 万公顷，占全国滨海湿地总面积的 50%；全国围垦湖泊面积达 130 万公顷以上，湖泊消失 1000 多个。被誉为"千湖"之省的湖北省，面积在 100 公顷以上的湖泊，消失了 477 个。据 2003 年"通江湖泊"调查，长江中下游原有的 100 多个通江湖泊，只剩下洞庭湖、鄱阳湖、石臼湖 3 个。黑龙江省三江平原的自然湿地，由新中国成立初期的 500 万公顷减少到目前的 91 万公顷，湿地丧失面积约 82%。

江汉平原湿地缩减变化示意（张明祥提供）

（二）功能退化

长期以来，由于不合理的开发利用和工业排放，许多重要湿地受到污染，造成湿地植被减少，功能退化。调查显示，全国三分之二以上的湖泊受到氮、磷等物质的污染；10% 的湖泊富营养化污染严重，太湖、云南滇池污染，给周边地区人民的生产生活、地区经济发展带来严重影响和重大损失；全国七大水系中 63% 的河段因严重污染而失去了饮用水的功能，严重影响到周边地区的饮水安全和农业用水安全。同时，湿地功能退化，造成土地荒漠化加剧，干旱、洪涝灾害频发。

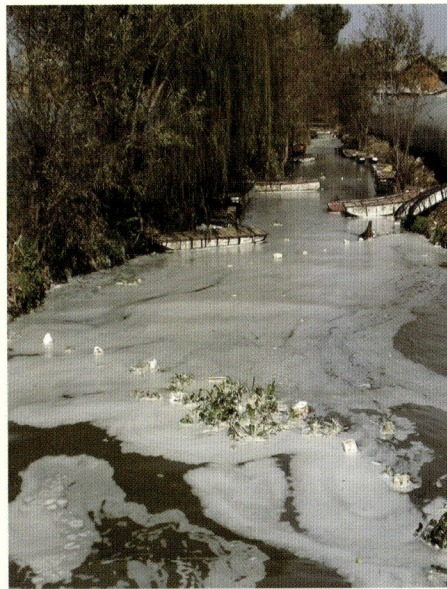

云南省滇池面源污染（蒋柱檀提供）

（三）生物物种减少

湿地的萎缩和严重污染，对生物物种的保护构成严重威胁。湿地中动物物种量最大的是鱼类和鸟类，调查显示，洪湖湿地鱼类由20世纪50年代的100多种，减少到目前的50多种。另据北京市科学技术委员会调查显示，北京地区湿地鱼类由原来的80多种减少到不足10种。

三、湿地保护和恢复的宏伟蓝图

党中央、国务院高度重视湿地保护工作。2003年，国务院批准了《全国湿地保护工程规划（2002～2030年）》；2004年，国务院办公厅发出了《关于加强湿地保护管理的通知》；2005年，中央机构编制委员会办公室批准成立了国家林业局湿地保护管理中心（中华人民共和国国际湿地公约履约办公室）；2006年，启动了全国湿地保护与恢复工程。从此，我国湿地保护工作进入了一个新的历史阶段。

《全国湿地保护工程规划（2002～2030年）》把工程建设分为三个阶段：近期为2002～2010年，中期为2011～2020年，远期为2021～2030年。

工程建设的总体目标是：通过工程建设，全面维护湿地生态系统的生态特性和基本功能，使我国天然湿地下降的趋势得到遏制，使丧失的湿地面积得到较大恢复，使湿地生态系统进入一种良性状态；通过加强湿地管理的能力建设，使我国湿地保护和利用进入良性循环，最大限度地发挥湿地生态系统的各种功能和效益，实现湿地资源的可持续利用。

工程建设的重点是：东北湿地区、黄河中下游湿地区、长江中下游湿地区、滨海湿地区、东南华南湿地区、云贵高原湿地区、西北干旱湿地区以及青藏高寒湿地区等八大湿地区。

工程近期目标：根据国务院批准的《全国湿地保护工程实施规划（2005～2010年）》，到2010年，基本形成自然湿地保护网络体系。建设内容包括：湿地保护工程、湿地恢复工程、可持续利用示范工程和能力建设工程。规划总投资90.04亿元，其中：中央投资42.36亿元，地方投资47.68亿元。

工程中期目标：根据国务院批准的《全国湿地保护工程"十二五"实施规划》，到"十二五"末，初步建立起以湿地自然保护区、国家湿地公园为主体的湿地保护管理体系，基本形成自然湿地保护网络、实施围垦湿地退还、湿地补水、污染防控、外来入侵物种生物防治、栖息地恢复等综合治理工程，恢复、修复湿地11.65万公顷，初步扭转自然湿地面积萎缩和重要湿地区生态功能退化的趋势。规划总投资129.87亿元，其中：中央投资55.85亿元，地方投资74.02亿元。

贵州草海湿地（周秋亮提供）

工程远期目标：到 2030 年，全国湿地保护区达到 713 个，国际重要湿地达到 80 个；完成湿地恢复工程 140.4 万公顷，在全国建成 53 个国家湿地保护与合理利用示范区；建立比较完善的湿地保护、管理与利用的法律、政策和监测科研体系；形成较为完整的湿地保护、管理、建设体系，使我国成为湿地保护、管理的先进国家。

山东黄河三角洲湿地（刘月良提供）

新疆伊利河谷湿地（王民斌提供）

江苏大丰麋鹿国际重要湿地（杨国美提供）

四、湿地保护与恢复的进展与成效

湿地保护与恢复工程自2006年实施以来，重点开展了湿地保护、湿地恢复、可持续利用示范、能力建设等4大项15个分项工程项目，实施各类湿地保护项目205个，其中湿地保护项目138个，湿地恢复项目24个，湿地可持续利用示范项目43个。

通过工程建设，在一些生态地位重要的地区相继建立了一系列的自然保护区、湿地公园、自然保护小区，初步形成了较完善的湿地保护体系。全国湿地自然保护区550多处，建立国家湿地公园213处，公布国家重要湿地173处，指定国际重要湿地41处。

通过工程建设，恢复各类湿地8万公顷，新增湿地保护面积150万公顷，防治湿地污染近2100公顷。

通过工程建设，完善了湿地管理、监测的体系建设，其中建立湿地监测站点245处、污染源头控制示范区1100多个、湿地管护区40处、保护管理站点401处、湿地瞭望塔129座、管护码头75座、野生植物原生境保护点126个、水生动物保护区104个。科技支撑得到加强，在湿地基础理论和保护恢复技术研究等方面形成了一批重要成果。

湿地保护与恢复工程的实施，已经取得了重大成效。

治理前的洪湖湿地（卢山提供）

洪湖湿地拆围（卢山提供）

治理后的洪湖湿地（卢山提供）

（一）重要湿地得到了抢救性保护

近年来，全国每年新增湿地保护面积超过了20万公顷，恢复湿地近2万公顷，自然湿地保护率平均每年增加1个多百分点，约50%的自然湿地得到有效保护。青藏高寒湿地、黑龙江三江平原湿地、长江中下游湖泊湿地等重要湿地，经过工程治理，使湿地得到恢复，在维护国家生态安全中发挥了重要作用。黑龙江省三江平原共建立国家级和省级湿地自然保护区22处，国家湿地公园5处，湿地保护总面积达60.7万公顷，形成了较为完善的流域和区域湿地保护网络。湖北洪湖湿地通过拆除围网、安置渔民就业，使4万多公顷湿地得到有效保护和恢复。

（二）湿地生态功能明显增强

长江流域湿地通过建立保护网络，使1600多万公顷湿地得到有效保护与合理利用。据长江中游多个断面水质监测显示，泥沙含量减少了54%。湿地功能的增强，有效抵御了自然灾害。在广东湛江、海南东寨港、福建闽江河口、广西北仑河口等地，通过工程措施保护和恢复了大量的红树林湿地，这些沿海区域在历次台风和风暴潮中，受害程度明显降低。湿地功能的增强，有效保护了湿地生物。甘肃尕海－则岔国家级自然保护区，通过实施湿地保

2011 年 12 月 18 日，全国人大常委会原副委员长曹志考察微山湖湿地公园

护恢复项目，尕海湖区周边 60% 以上已经干涸的山泉恢复出水，湖面面积由 20 世纪 90 年代的 480 公顷恢复到 2170 公顷，增加了 3 倍多，保护区黑颈鹤由 2004 年的 13 只增加到 2009 年的 86 只，黑鹳从 2004 年的不足 10 只增加到 2009 年的 319 只。云南拉什海湿地通过实施国家湿地保护与恢复工程，鸟类物种数量从 2005 年的 199 种增加到 2008 年年末的 225 种。

甘肃尕海－则岔国际重要湿地（国家林业局宣传办公室提供）

（三）湿地资源促进了经济发展

湿地丰富的物产资源，为湿地经济的发展提供了条件。在工程示范带动下，湿地种植业、养殖业得到进一步发展，湿地生态旅游成为绿色增长的重要方式。湖北洪湖湿地保护与恢复项目，使莲的种植面积从 2667 公顷增加到 5333 公顷，菱、芡的种植面积分别增加了 1467 公顷和 867 公顷。同时，鱼类种类由原来的 40 多种上升为 50 多种，促进了渔业发展。据不完全统计，2010 年，我国国家湿地公园的游客数量达 2000 万人次，旅游收入近 50 亿元。2010 年，浙江杭州西溪国家湿地公园游客数量达 360 万人次，旅游收入 1.2 亿元，2011 年达到了 1.5 亿元，增长 25%。

安徽升金湖湿地（钱斌提供）

新疆天池高山湿地（王春亮提供）

（四）湿地保护的社会影响进一步扩大

　　许多地方政府通过工程建设的实践，采取了一系列湿地保护的重大行动。江苏省政府把自然湿地保护率作为该省八项生态工程的考核指标之一，像森林覆盖率一样，对各级政府进行考核，使湿地保护成为各地的硬任务。黑龙江及广东省建立了湿地保护的专项经费。辽宁省盘锦市开展了建设"湿地城市"的重要实践。在工程建设中，各地通过开展持久的社区宣传教育和技能培训，许多农牧民和渔民自觉地投入到湿地保护中，广大的科学家、企业家、记者等主动关心湿地，献策湿地，湿地保护的社会基础进一步扩大。通过项目建设，湿地独特的美学、教育和文化功能得以有效发挥，为人们艺术创作提供了丰富的源泉，为传承人类文明提供了重要载体。

宁夏银川国家湿地公园（高鹏提供）

浙江西溪国家湿地公园（江庆琪提供）

长江源冰川（杨欣提供）

第二十四篇

拯救中华水塔的 一号行动

——三江源生态保护和 建设工程述评

三江源是长江、黄河、澜沧江的发源地，位于青藏高原腹地，总面积 36.3 万平方公里，平均海拔 4000 多米。这里雪山巍峨，冰川林立，河湖密布，沼泽连天，万道溪流汇集，注入江河湖泊，润泽苍茫大地；这里有高原湿地、森林、草原，有高原精灵——藏羚羊、藏野驴等珍稀动物，也保存着数以千计的高原特有植物物种。这一集三江源头、物种宝库于一身的生态要地，以其特有的生态功能，让万里神州血脉长流、中华民族生生不息。

三江源的生态状况，直接影响到三大江河流域及周边地区的经济发展和人民生活，以及全国经济社会的可持续发展。保护和建设好三江源，关系我国的水资源安全和经济安全，关系中华民族的长远发展。

三江源区上空大气（李晓南提供）

一、三江源——中华民族的生命之源

三江源特殊的地理地位和高海拔的气候环境，形成了独特的生态系统，在孕育中华文明、保障经济发展、促进社会进步的历史长河中，始终发挥着无可替代的重要作用。

（一）三江源——中华水塔

三江源具有极其丰富的水资源。这里雪山、冰川面积 2400 多平方公里，冰川资源总储量为 2000 亿立方米；有 0.5 平方公里以上的湖泊 188 个，中小河流 180 多条，沼泽地 6.66 万平方公里，湿地总面积 7.33 万平方公里。此外，三江源地区还有丰富的地下水，仅玉树藏族自治州地下水储量就达 115 亿立方米。正是有了这些极为珍贵的水资源，三江源才成为江河之源，被誉为"中华水塔"。三江源每年为三大江河供水总量达到 600 亿立方米，其中长江水量的 25%、黄河水量的 49%、澜沧江水量的 15% 来自三江源。三大江河从三江源的冰川、雪山之下流出，绵延万里，日夜咆哮，奔腾不息，东流到海，灌溉着三江流域的沃野良田，滋润着神州大地的万物生灵。三江源是名副其实的中华水塔、生命之源。

青海三江源湿地——久治县年保玉则神山风景区（张胜邦提供）

（二）三江源——物种基因库

青海三江源国家级自然保护区面积达 15.23 万平方公里，是我国高寒地区生物多样性最丰富的自然保护区，由于独特的地理位置和海拔高度的影响，三江源地区不仅保存了许多珍贵的孑遗物种，而且在适应高寒生态的过程中，进化发育形成了一批高原特有物种，使该地区成为生物多样性宝库。这里有海拔最高、面积最大、类型最丰富的高原湿地，有 9 个植被类型，保存着植物物种 2238 种，约占全国植物种数的 8%；有兽类 85 种，鸟类 237 种；有藏羚羊、野牦牛、雪豹等国家重点保护动物 69 种，其中国家一级保护动物 16 种，国家二级保护动物 53 种，不愧为高寒生物自然种质的资源库、基因库。

（三）三江源——国家生态屏障

青藏高原阻挡了西太平洋的暖湿气流，在大气环流的作用下，西北地区的冷空气与东南暖湿气流交汇，形成雨雪，而高海拔的气候条件又使雨雪形成了雪山、冰川。同时，大面积的天然湿地发挥了巨大的蓄水功能，形成湖泊、小溪，汇成江河，从青藏高原流向东方，为我国 20 多个省（自治区、直辖市）提供淡水资源。三江源的生态变化，直接影响到三江中下游地区的生态安全，影响到三大江河中下游及周边地区经济社会的可持续发展。长江全长 6300 多公里，流经 11 个省（自治区、直辖市），流域面积 187 万平方公里；黄河全长 5400 多公里，流经 9 个省（自治区），流域面积 75 万平方公里；这两大江河流域的面积占国土总面积的 24%，人口占全国的 50%，国内生产总值占全国的 65%。三江源的生态状况与这些地区的经济发展和人民生活息息相关。保护三江源，意义十分重大。

通天河峡谷（三江源国家级自然保护区管理局提供）

通过治理，三江源地区"千湖景观"再现（李晓南提供）

二、生态恶化——江河之源的危机

由于全球气候变暖和人类活动的影响，三江源地区的生态状况日趋恶化，出现了生态危机。

（一）水资源存量缩减

长江、黄河源头出现明显的冰川萎缩、雪线上升现象，长江源头的岗加曲巴冰川，1970 ~ 1990 年年均后退 25 米。受冰川萎缩和气候的影响，三江源地区向江河供水量减少，黄河上游连续 7 年出现枯水期。雪山、冰川萎缩，导致湿地面积锐减，湖泊大量消失，全国湖泊最多的玛多县境内大小湖泊从 4000 多个减少到 2000 多个。

（二）草场退化、沙化

由于气候变暖，干旱少雨，以及过牧、鼠害和人类活动的影响，三江源地区草场 50% ~ 60% 出现不同程度的退化。高寒草甸，由 20 世纪 80 年代前的年均退化率 3.9%，上升到 90 年代的 7.6%；黄河源区、长江源区草场退化面积分别是可利用草场总面积的 68% 和 22.4%。三江源地区有沙化土地 253 万公顷，占青海省沙化土地总面积的 20%，面积大、程度深、治理难，而且每年以 5200 公顷的速度扩展。草场退化、沙化造成三江源地区严重的水土流失。据 2000 年普查，三江源水土流水面积 950 万公顷，占总面积的 31.09%，每年新增水土流失面积 2100 公顷。水土流失严重，造成江河在源区输沙量增加。1987 年前，黄河源区向黄河年均输沙 6.365 万吨，2002 年达到 9.32 万吨，增加了约 46%。

（三）濒危物种锐减

由于生态恶化和人类非法捕猎、乱采滥挖，造成生物物种分布区缩小，生物多样性种类和数量锐减。国家一级保护动物藏羚羊，由原来的 10 万多只下降到 3 万多只；马鹿、雪豹等国家级野生保护动物数量锐减。玛多县在适度放牧的草场植物种类达 108 种，过度放牧的草场植物种类降至 10 种左右。

三、拯救行动——让中华水塔永不枯竭

三江源的生态问题，引起了党中央、国务院和社会各界的高度关注。近十年来，党中央、国务院把保护三江源摆上重要位置，不断加大力度，开启了三江源保护与建设的新篇章。

（一）深切关怀

2000 年 2 月，国家林业局向青海省行文，要求尽快建立青海三江源自然保护区。2000 年 5 月，三江源省级自然保护区建立。2000 年 7 月，中共中央总书记江泽民同志亲笔题写了"三江源自然保护区"碑名，全国人大常委会副委员长布赫题写了碑文。2003 年 1 月，经国务院批准，三江源晋升为国家级自然保护区。2005 年 1 月 26 日，国务院批准《青海三江源自然保护区生态保护和建设总体规划》。2010 年 4 月 29 日，胡锦涛总书记在参观世博会青海馆时强调，"青海是三江源的发源地，在全国的生态地位非常重要，保护好三江源责任重大"，要"保护好三江源、保护好母亲河，让三江源地区生态环境建设迈上一个大台阶"。2011 年 11 月 16 日，温家宝总理主持国务院常务会议，决定建立"青海三江源国家生态保护综合实验区"，并批准实施《青海三江源国家生态保护综合实验区总体方案》。方案要求按照尊重文化、保护生态、保障民生的原则，坚持生态保护、绿色发展与提高人民生活水平相结合，科学规划，改革创新，形成符合三江源地区功能定位的保护发展模式，建成生态文明先行区。

2010 年度三江源生态保护和建设工程实施动员会（青海省三江源办公室提供）

技术人员在三江源地区进行人工草地测产
（青海省农牧厅提供）

技术人员在三江源地区进行土壤监测
（青海省农牧厅提供）

（二）宏大工程

三江源自然保护区生态保护和建设的规划期限为 2004 ~ 2010 年，展望到 2020 年，规划 2004 ~ 2010 年总投资 75.07 亿元。工程规划内容包括生态保护和建设项目、农牧民生产生活基础设施建设项目、科技和监测项目 3 个大类 22 个子项目。规划确定的建设范围为三江源国家级自然保护区，总面积 15.23 万平方公里，占三江源地区总面积的 42%。工程于 2005 年 8 月启动。按照"统筹规划、突出重点、分步实施"的原则，重点实施以下生态治理项目：退耕还林（草）0.653 万公顷，封山育林 30.133 万公顷，沙漠化土地治理 4.4 万公顷，湿地保护 10.67 万公顷，水土流失治理 500 平方公里，退牧还草 643.87 万公顷，生态移民 10140 户，以及能源建设、人畜饮水工程、科技支撑和生态监测项目。

工程启动以来，项目区各级党委、政府、部门通力合作，优化布局，健全制度，强化管理，注重科技支撑，落实惠民政策，极大调动了工程区内广大干部群众的积极性，保证了工程顺利实施。

澜沧江（三江源国家级自然保护区管理局提供）

通过技能培训后三江源地区牧民有规模地进行
玛尼石雕刻（三江源国家级自然保护区管理局提供）

通过技能培训后三江源地区牧民种植的蔬菜
（青海省三江源办公室提供）

（三）综合治理

三江源生态治理有它的特殊性：一是三江源地区涉及玉树、果洛、黄南、海南
4个藏族自治州，藏族居民占90%。由以牧为生，变为生态移民，生产生活方式需要
随之改变，实施难度很大。二是三江源区涉及的16
个县中，有7个贫困县，贫困人口占三江源地区牧
民的75.5%，既要保护生态，又要考虑群众的生计
和致富，矛盾十分突出。

在三江源生态治理中，当地干部群众从各地实
际出发，不断探索总结，积累了综合治理的重要经
验：一是以政府为主导，以政策为引导，以生态工
程为先导，把生态治理工程建成惠民工程。坚持实
行退耕还林、天然林资源保护、退牧还草、生态移
民并积极落实中央的补贴政策。同时，青海省政府
制定并落实了11项生态补助政策，即草畜平衡补偿、
牧民生产性补贴、农牧民基本生活燃料费补助、农

三江源地区繁育基地欧拉羊生长情况
（青海省三江源办公室提供）

牧民技能培训及转移就业补偿、异地办学奖补、生态环境日常监测经费保障等，让
牧民在三江源生态保护和建设中得到实惠。二是把生态建设和社会建设结合起来，

青海省扎凌湖（李家盛提供）

三江源地区石方格治沙（张德海提供）

三江源地区生物鼠害防治（青海省三江源办公室提供）

在改变三江源生态状况的同时改变三江源的社会面貌，使当地群众向现代文明跨进。加强生产生活基础设施建设，提高社会教育水平，加强城镇建设，夯实维护生态安全的社会基础。三是多策并举，把破坏程度降到最低。人为因素是破坏生态的主要因素。在工程实施中，落实计划生育政策，控制人口增长，改变生产生活方式，减少乱砍滥伐、乱捕滥猎、乱采滥挖，减少对自然的索取。畜牧业是三江源地区的主要产业，过牧是造成草场退化、沙化的重要原因之一。在工程实施中，实行按草定畜，禁牧还草，恢复草原。鼠害也是草场退化、沙化的因素之一。严重破坏的草场，每平方公里鼠洞多达 4000 多个。在工程实施中，广大干部群众积极探索，不断创新工程实施模式，总结推广成功经验，对推进工程建设发挥了巨大作用。

四、焕发生机——高原明珠重放异彩

实施三江源生态保护与建设工程十年来，已取得了显著成效。到 2010 年年末，完成退牧还草 329.07 万公顷、黑土滩治理 9.23 万公顷、鼠害防治 586.43 万公顷、退耕还林 0.654 万公顷、封山育林 19.47 万公顷、沙漠化土地防治 4.41 万公顷、湿地保护 3.87 万公顷、治理水土流失 75.2 平方公里、建设灌溉饲草料基地建设 0.17 万公顷，实行舍饲养畜 28588 户，生态移民 10733 户 55773 人，推广新能源 30421 户，解决 94757 人饮水困难，培训管理干部和专业技术人员 5746 人（次）、农牧民 33341 人（次），建立示范户 1228 户。规划项目中，能源建设、森林草原防火、鼠害防治、退耕还林（草）、沙漠化土地防治、人工增雨、小城镇建设、生态移民等工程目标已全面完成。通过工程实施，三江源地区的生态状况和社会面貌都发生了巨大变化。

在三江源地区实施人工增雨作业的运－8飞机（青海省气象局提供）

在三江源地区进行人工影响天气的雷达（青海省气象局提供）

三江源生态保护和建设工程育苗基地（李晓南提供）

（一）水源涵养能力整体提高

通过治理，增强了三江源的水资源涵养能力，水源总量增加，供水能力提升，年供水量增加了 12 亿立方米。2005 ~ 2010 年三江源地区平均径流量为 498.4 亿立方米，与 2004 年相比增加了 92.6 亿立方米，增幅达 22.8%。主要湖泊净增加面积 245 平方公里。水量水质条件持续保持良好，河流健康水平逐年改善。2010 年对三江源地区 11 个水环境断面年度监测显示，其水质均达到国家 II 类标准。黄河源头"千湖"湿地开始整体恢复，湿地生态特征日趋明显，湿地功能增强。

（二）草地退化趋势初步遏制

通过治理，工程区 12508 平方公里的退化草地开始明显好转，高覆盖度草地以每年 2387 平方公里的速度增加。黑土滩治理区植被覆盖度由治理前的 20% 增加到 80% 以上。2010 年与 2005 年相比，三江源保护区植被平均覆盖度提高 3.08 个百分点，

三江源地区水量逐年增多（李晓南提供）

青海省果洛藏族自治州大武镇治理2年后与8年后的黑土滩人工植被对比（三江源国家级自然保护区管理局提供）

黄河源和长江源重点工程区的植被覆盖度提高10个百分点左右。三江源地区荒漠面积净减少95.63平方公里，植被覆盖度由治理前的不到15%增加到了38.2%，河流含沙量减少了11.4%～60.3%，草地、林地的水土保持功能整体呈上升趋势。

（三）森林生态功能增强

2010年同2005年相比，三江源地区森林面积净增加150平方公里，达到2317平方公里；乔木林郁闭度年均增长0.007，工程区较非工程区高12.5%；灌木林平均盖度工程区比非工程区高0.8%；有林地蓄积量年均增长1.37%，工程区比非工程区年均增长34.2%。

（四）生物多样性增加

通过治理，野生动物种群、数量明显增加。观测比较，6年来30只左右的藏野驴种群和10只左右的藏原羚种群明显增多；岩羊出现了多达144只的种群；藏羚羊从20世纪80年代的3万多只，恢复到目前的6万多只；野牦牛也多次观测到了53只以上的种群。

（五）群众生活水平明显提高

2005～2010年，三江源地区牧民纯收入年均增长10%左右。广大牧民群众从传统的游牧方式开始向定居或半定居转变，由单一的靠天养畜

三江源生态治理区森林面积增加
（三江源国家级自然保护区管理局提供）

白唇鹿（三江源国家级自然保护区管理局提供）　雪豹（三江源国家级自然保护区管理局提供）　　藏野驴（李家盛提供）

三江源地区农牧民即将搬入新居（李晓南提供）

向建设养畜转变，由粗放畜牧业生产向生态畜牧业转变。随着生态条件和生产生活方式的改变，保护区呈现出经济发展、社会安定、人民富裕、和谐进步的良好局面。

生态建设与保护工程的实施，有力推进了三江源地区的全面发展，这一绿色丰碑将永远矗立在青藏高原之上。

星星海湖泊（三江源国家级自然保护区管理局提供）

血防林林间种植的油菜（孙启祥提供）

第二十五篇

呵护生命的
绿色工程

——林业血防工程建设述评

  "千村薜荔人遗矢，万户萧疏鬼唱歌"的悲惨景象在中华民族的历史上留下了深深的烙印。血吸虫病这种严重危害人民身心健康和生命财产安全、影响经济社会发展的重大传染病，给包括我国在内的世界各国人民造成了深重的灾难。

  据世界卫生组织（WHO）1995年统计，全球有75个国家和地区流行血吸虫病，受威胁人口高达6.25亿，血吸虫病患者多达1.93亿。我国是深受血吸虫病严重危害的国家，从马王堆一号汉墓发掘的女尸中发现血吸虫虫卵，由此推断出我国血吸虫病流行的历史可追溯到2000多年前的西汉。从长江到珠江、从洞庭湖区到鄱阳湖区，我国的血吸虫病疫区遍布长江流域及其以南12个省（自治区、直辖市）的广大地区。新中国成立初期，我国身患此疾的病人多达1200多万，常常一家老小、全村老少无一幸免。血吸虫病在我国的流行历史之久远、流行区域之广泛、流行危害之严重空前绝后。正如毛泽东主席在《七律·送瘟神》诗词"后记"中写道："就血吸虫毁灭我们的生命而言远强于过去打过我们的任何一个或几个帝国主义。"消灭血吸虫病，赶走"瘟神"，成为疫区广大人民群众长久以来的共同期盼和我国政府的重大行动。

  新中国成立以来，防治血吸虫病一直是党中央、国务院高度重视的重大问题。20世纪50年代党中央发出了"一定要消灭血吸虫病"的伟大号召，从此，我国血吸虫病防治工作不断加强，不断创新。经过半个世纪的艰苦努力，我国有5个省份先后消灭了血吸虫病，血吸虫病病人减少到80多万，我国的血吸虫病防治取得了举世瞩目的巨大成就。

血吸虫病流行区原貌（孙启祥提供）

一、勇辟蹊径抗"瘟神"

早在 20 世纪 80 年代中期，著名生态学家彭镇华教授经过野外调查，以其科学家特有的智慧，敏锐地察觉到林业在血防方面可能具有一定作用。正是这一科学发现，令彭镇华先生从此与血防结下不解之缘。怀着对科学的极大兴趣和对疫区群众的高度责任感，彭镇华先生带领自己的团队，不顾他人的不解甚至质疑，不顾疫区的艰苦条件甚至感染血吸虫病的危险，走遍了疫区的山山水水，进行了大量的调查和长期的研究，取得了丰硕的创新成果。林业人涉足卫生领域的这次跨界行动，勇敢地走出了一条血防新路径，创造性地将林业和血防嫁接为一体，将林业生态工程建设应用于血吸虫病防治，开创了林业血防这一崭新的领域。

2004 年 7 月，温家宝总理专门对林业血防工作做出重要批示："血防工作要坚持标本兼治、综合治理的方针，采取林业与卫生、灭螺与治病、技术与经济相结合的措施，建立多部门的协调机制，充分发挥各方面的积极性，以求达到遏制血吸虫病疫情，控制血吸虫病流行，保护疫区人民群众身体健康，促进疫区经济、社会协调发展的目的。"这是对林业血防的高度肯定与极大鼓励。在朝着保护疫区人民群

林业血防林研究——生态定位观测塔
（孙启祥提供）

专家调研林业血防工作
（孙启祥提供）

现有流行区复杂的自然条件——具有间歇性水淹的
湖沼型滩地（孙启祥提供）

现有流行区复杂的自然条件——地类复杂的山丘区
（孙启祥提供）

众身体健康，促进疫区经济、社会协调发展的目标中，林业部门充分发挥自身作用与优势，在新时期的血防工作中产生了积极影响。林业血防工作的开展是贯彻落实科学发展观的具体行动，是构建社会主义和谐社会的生动实践。既顺应时势、又与时俱进，既顺乎民意、又合乎民心，既符合规律、又突破创新。其所具有的勇于创新的精神、以人为本的追求以及独特的技术作用，是人类科学探索中创造的宝贵财富。

（一）　学科交叉的融合创新

林业血防，是林业与卫生、生态工程与疾病防治相融合的重要结晶，是一条血防工作的创新之路和一项林业工程的原创性实践。林业血防，这个看上去最一般的组合词，却有着太多不一般的含义，拥有自己独特的一整套理论与方法：综合治理与综合开发相结合等工程建设"六个结合"的指导思想；生态法、生物法、覆盖法、隔离法、联合法等独特的技术方法；宽行距顺水流的配置方式、抑螺高效的化感植物栽培模式、大量凋落物的有效覆盖种植模式、退田退耕还林的种植结构调整模式以及特色经济林的集约经营等高效技术模式。凡此种种，都是对林业理论与实践的极大丰富与重大创新。

林农复合经营模式（刘国华提供）

丰收的花椒（蒋俊民提供）

（二）　林业功能的深刻诠释

　　林业血防，生态、生活、生命的完美结合。在以人为本、健康第一、生命至上的准则下，林业血防的目标就是通过实施生态工程建设，努力实现生态改善、生活良好、生命健康。安徽省安庆市大观区海口镇南埂村在血防林建设前曾是1年急性血吸虫病感染达百人的重疫区。血防林建设后疫情大幅下降，螺越来越少了，甚至很难找到了，病人也越来越少了，直至多年来没有了。这是林业多功能的又一深刻诠释。

抑螺树种——乌桕的种苗培育（孙启祥提供）

抑螺树种——枫杨的种苗培育（孙启祥提供）

抑螺药用植物益母草林下间种模式（孙启祥提供）

山丘区退田还林种植高效经济林核桃模式（孙启祥提供）

（三） 不可替代的独特功效

  林业血防在血吸虫病防治方面有着自身鲜明的特点和难以替代的独特功用。林业血防着力于最为根本的综合预防。林业血防发挥利用了森林可以有效改善环境，持续改良生态的巨大优势，科学把握血防规律，从血吸虫、中间宿主——钉螺、终宿主——人、畜传染源等流行环节的每个方面入手。通过血防林经营，改变血吸虫及其钉螺的滋生环境，抑制螺、虫的生长繁育；有效隔离家畜，控制传染源的污染与感染；调整产业结构，提高群众收入，带动群众形成更为健康的生产生活方式。

其科学的技术途径，着力于血吸虫病的有效预防和根本防治，反映了改善疫区复杂环境条件的切实需要。我国的血吸虫病疫区目前主要是自然条件较为复杂的江湖滩地和山丘区，多数区域其他血防措施很难实施，而林业血防恰好可以发挥作用，这些区域无疑成为难以替代的林业血防主战场。良好效益是林业血防的强大推动器。林业血防注重治理与开发紧密结合，通过构建实施以林为主，林、农、副、渔等有机结合的科学模式，既实现了抑螺防病，又取得了良好收益，这种效益成为疫区广大民众积极参与工程建设的一个重要动力。林业血防作为最具活力的环境友好型血防、效益型血防，其鲜明的生态性、持续性、适宜性、协调性、高效性特征，确立了其在我国血防工作中不可或缺的重要位置。

山丘区竹林凋落物覆盖模式（刘国华提供）

挖沟抬垄林农复合经营技术（胡兴宜提供）

隔离措施有效控制传染源（孙启祥提供）

二、科学工程开新篇

实现好、维护好、发展好最广大人民的根本利益是我们党和国家一切工作的出发点和落脚点。面对新的血防形势，胡锦涛总书记指示："做好血防工作关系到人民的身体健康和生命安全，关系到经济社会发展和社会稳定，要依靠科学，综合治理；发动群众，联防联控。"中共中央政治局常委、国务院副总理李克强等领导同志，都对血防工作倾注了大量心血。同时，我国政府将血吸虫病列为重点防治的三大传染病之一，始终给予了高度关注。

（一）有力的组织领导

重视组织机构建设：国家层面，成立了由国务院副总理任组长的国务院血吸虫病防治工作领导小组，国家林业局为领导小组成员之一。地方层面，疫区各地都成立了分管领导任组长，有关部门负责人为成员的血防工作领导小组。林业系统本身，从国家林业局到疫区各省（自治区、直辖市）林业厅（局），专门成立了林业血防工作领导小组。

健全血防工作机制：国务院建立了包括国家发展和改革委员会、财政部、林业、卫生等在内的10部委组成的血吸虫病防治工作部际联席会议制度，实施多部门联合、综合防治、整体推进。每年开展多部门共同参与的"春查秋会"，加强督导检查，严格考核评估。

强化工程科技支撑：林业血防工程来源于科研，对科学技术尤为重视。国家林业局及疫区各省林业厅（局），还成立了林业血防技术专家指导组，经常开展工程建设指导，为工程建设出谋划策，同时各地林业血防科研人员不断深入开展科学研究，为工程建设技术水平的持续升级提供了有力支撑。

（二）有效的工程推动

面对血防工作的新形势、新情况、新特点，就如何做好新时期的血防工作这一重大问题，我国政府在高度重视的同时，通过广泛协商、科学论证，采取了一系列切实可行的具体举措。其中最为重要的是我国政府连续下发了《国务院关于进一步加强血吸虫病防治工作的通知》和《国务院办公厅关于转发卫生部等部门全国预防控制血吸虫病中长期规划纲要（2004～2015年）的通知》等一系列重要文件，国家发展和改革委员会、财政部、水利部、农业部、卫生部、国家林业局共同编制了《血吸虫病综合治理重点项目规划纲要（2004～2008年）》，一场史无前例的血防综合治理工程在2004年拉开序幕，这是对血防新难题的最佳破解。

在这项重大的血防综合治理工程中，林业血防成为其中的重要内容，也

水中血防林（陆凯蒂提供）

成为破解难题的一把关键钥匙。为贯彻落实党中央、国务院的要求，国家林业局编制了《全国林业血防工程规划（2006～2015年）》，并于2006年6月由国家发展和改革委员会批复实施。以此为标志，一场直接面对人民生命健康、抗击"瘟神"、呵护生命的绿色行动——全国林业血防工程正式启动实施，林业血防工作由试验示范进入了工程治理、规模推进、快速发展的新阶段。工程实施范围包括湖南、湖北、江西、安徽、江苏、四川、云南等7省的194个县（市、区）。规划主要建设任务包括营造抑螺防病林48.75万公顷，退耕还林6.75万公顷，重点防护林13.23万公顷。

林业和卫生、农业、水利等部门密切合作、多措并举、共同推进，2008年，我国血吸虫病病人数减少到41.3万，比2003年（84.3万）下降了51.0%；报告急性感染病例56例，比2003年（1114例）下降了95.0%，流行程度与范围也有较大程度减小。疫情降至新中国成立以来最低水平。2006～2011年，国家累计安排专项资金12.3亿元用于抑螺防病林建设，累计建设抑螺防病林29.8万公顷，林业血防工程建设快速推进，不仅有效防治了血吸虫病、保障了人民生命安全，同时又改善了生态环境、增加了群众收益，在调整产业结构、建设社会主义新农村、促进疫区社会经济可持续发展中发挥了重要作用。

为继续巩固和扩大防治成果，实现《全国预防控制血吸虫病中长期规划纲要（2004～2015年）》确定的2015年长期目标，国家林业局深入贯彻落实国家7部委发布的《血吸虫病综合治理重点项目规划纲要（2009～2015年）》精神，修编了《全国林业血防工程规划》，进一步优化了工程布局，突出了建设重点，为新时期林业血防工程建设指明了方向。

（三）持续的投入保障

林业血防工程启动实施以来，中央和地方各级政府安排专项投资，不断加大投资力度，为林业血防工作持续开展和取得实效提供了有力保障。在工程建设过程中，注重发挥地方政府和社会的积极性，鼓励农民、企业等积极参与，形成了多部门合作、多方力量参与、多渠道投入、合力推进血防林建设的良好局面。2006～2011年，中央及地方各级政府共计安排林业血防专项投资30余亿元，其中中央财政投资12.3亿元，地方政府投资18亿元。今后，还将继续加大对这项工作的投入力度和规模。

林业血防工程试验示范区建设（孙启祥提供）

林业血防工程建设现场（孙启祥提供）

三、工程建设结硕果

　　林业血防工程作为一项特殊的工程，一直贯彻与社会、经济、生态效益相结合、综合治理与综合开发相结合、项目与地方经济建设相结合的指导思想，不仅实现了良好的抑螺防病效果，而且取得了良好的生态改良效果和较好的经济收益。

（一）筑就健康绿洲

　　林业血防工程建设，在广大疫区播下了一颗颗充满生机、充满活力的种子，长大后成为控虫抑螺、防治疾病的强大屏障，那是保障疫区群众生命安全的健康绿洲。林业血防工程建设，取得了显著的抑螺防病效果。工程的实施，有效地改变了钉螺孳生环境，隔离了传染源进入林地，减少了接触螺、虫的机会，实施区疫情明显下降。据疫区各省份的相关监测调查结果，工程实施后较实施前，钉螺平均密度降低85%以上，感染性钉螺密度下降95%左右，多降至0，人群急感率降低为0，有螺面积也大幅减少，抑螺防病效果十分显著。工程建设，实现了科学防治血吸虫病目标，切实保障了疫区群众的身体健康。疫区群众将林业血防工程称之为"健康工程""造福工程"。

（二）建造生态家园

　　林业血防工程建设，在广大疫区播下了一颗颗绿色的种子，长大后成为一片片绿色的森林，那是环境的卫士，保护并改善着疫区的生态。林业血防工程的实施，使疫区的森林面积进一步增加，森林覆盖率进一步提高，特别是一些平原区，林业血防工程对当地森林资源带来的贡献十分显著。湖北省黄冈市黄州区，紧邻长江，面积不大的区域中60%以上是沿江平原区。近几年血防林工程实施面积3667公顷，森林覆盖率由实施前的9.5%增加到目前的14.5%。沿江的绿色长廊逐步形成，生态环境不断改善。血防林的碳汇功能也十分显著。测定分析湖南省君山示范区的血防林生态系统净碳吸收量为每年每平方米579克，与相同纬度其他林分相比具有更高

林业血防工程建设提高了森林覆盖率、丰富了森林资源（蒋俊民提供）

岸带血防林（李宝提供）

湖北省黄冈市河岸血防林（胡兴宜提供）

的固碳能力。岸带的血防林在吸污纳垢方面作用明显。四川省河流沿岸营建的竹子血防林，30米宽的血防林带对氮、磷的截留率达到了60%～90%，有效降低了面源污染，净化了水土。血防林的建设，使山丘区的水土流失得到有效遏制、滩地的防浪护堤作用得到明显提高，同时在调节气候、环境美化、避免药物灭螺所引起的化学污染等诸多方面都发挥了积极作用。疫区群众将林业血防工程称之为"环境工程"、"保安工程"。

（三）打造绿色银行

林业血防工程建设，在广大疫区播下了一颗颗金色的种子，长大后成为一棵棵参天大树，一串串挂满枝头的果实，那是绿色银行，是奉献给群众的宝贵财富。血

新的血防林苗壮成长（孙启祥提供）

防林建设选择营造了特色、优质、高效的经济植物，采用以林为主，林、农、副、渔相结合的复合经营模式，经济效益十分显著。首先直接生产提供了大量的木材和粮油等资源。据安徽省林业血防工程建设情况调查统计，血防林每年每亩可实现增收1000多元。四川省花椒血防林，每亩产生经济收益达5000元以上。同时，血防林还带动了加工企业的发展壮大。湖北省石首市吉象集团，依托工程建设提供的杨

成材的杨树参天入云（孙启祥提供）

收益可观的林下养殖（刘国华提供）

血防林林间种植的小麦（孙启祥提供）

木资源，形成了年产30万立方米、产值8亿元的企业规模，提供了地方近三分之一的财政收入。血防林的良好效益，极大地激发了群众投身林业血防工程建设的积极性，从造林、加工到销售吸引了大批群众广泛参与，提高了疫区群众的就业率。安徽省抑螺防病林建设新增就业人口30多万人次。血防林的营造，还使大量利用率很低的土地得以有效利用，提高了土地利用价值，使宝贵的土地资源发挥了巨大的作用。由此可见，林业血防将血吸虫病防治由原来的消费型血防转变为效益型血防，消除了因病致贫、因病返贫的现象。疫区群众将林业血防工程称之为"脱贫工程""致富工程"。

喜庆丰收——花椒节（蒋俊民提供）

林业血防工程提供了新的就业机会（刘小虎提供）

利用血防林生产的资源发展加工业（唐万鹏提供）

全国各地成立机构、加强管理（孙启祥提供）

外国专家考察林业血防工程（孙启祥提供）

（四）创新发展模式

从中央到地方，从科教到生产，各级各层的联动机制，各级政府的关注力，实施部门的执行力，科教方面的支撑力，三力合一，为工程的顺利实施提供了可靠的保证。农业、林业、水利、卫生、国土等多部门、多学科的协作机制，为推动综合治理提供了良好条件。国营、集体、民营、个体，多种经济成分共存的经营机制，为工程建设注入了无限活力。社会、生态、经济多效益相互促进、协调发展的内生机制，为工程建设提供了内在的根本动力。

我国林业血防工程建设在不长的时间内取得的显著成效，得到了国内外方方面面的高度赞许与肯定。前世界卫生组织血防处处长 Mott 博士指出，"以林为主、抑螺防病"的研究，是世界血吸虫病防治上的一个创新。目前从五彩高原云南到天府之国四川，从滚滚东流的长江两岸到万顷波浪的太湖之滨，林业血防工程建设仍在进一步深入推进。当前，林业血防工作形势依然严峻，任务依然艰巨，还需加大防治力度。展望未来，我们充满信心，我们期待着，在党中央、国务院的坚强领导下，新时期的林业血防工程建设一定能够在保护人民身体健康、促进社会持续进步中发挥更大作用，林业血防工程建设一定能够创造新的辉煌！

血防林守护下的农民新居（蒋俊民提供）

秀美新农村（蒋俊民提供）

兴林防病送瘟神，建设美好新农村

一幅幅熟悉的画面又浮现在眼前：

春风杨柳万千条

血防林起来了，树长大了，花开了，果熟了，群众笑了；

血防林起来了，瘟神跑了，病没了，健康了，群众笑了；

血防林起来了，村子绿了，房子新了，村庄更干净了，群众笑了……

新农村很美很美！

生机盎然的血防林（汤玉喜提供）

辽宁双台河口国家级自然保护区 [国家林业局野生动植物保护与自然保护区管理司（以下简称保护司）提供]

第二十六篇

保护最珍贵的
自然遗产
——野生动植物保护及
自然保护区建设工程述评

　　"一个基因可以影响一个国家的兴衰，一个物种可以左右一个国家的经济命脉。"这是国家最高科学技术奖获得者李振声院士的名言，深刻揭示了物种保护的重要价值和深刻意义。

　　野生动植物是大自然亿万年进化的产物，是大自然馈赠给人类的宝贵财富。保护野生动植物，事关经济社会可持续发展，事关国家基因安全和生态安全，事关中华民族的长远利益。

　　党中央、国务院高度重视野生动植物保护工作。2001年启动实施了野生动植物保护及自然保护区建设工程，这是面向未来、着眼长远、具有重大战略意义的生态保护工程，主要解决基因保存、生物多样性保护、自然保护等问题，是生态体系建设的核心与精华所在。自此，我国保护事业踏上了加快发展、有效保护、规范管理、科学利用的新征程。

甘肃尕海－则岔国家级自然保护区（张勇提供）

一、时代的呼唤：来自生态危机的警示

由于气候变暖等自然因素和人类活动的影响，全球生态危机日益深重。联合国环境规划署发布的《2000 年全球生态环境展望》指出，全球森林面积减少了 50%。森林是动物的家园，是物种的存储库。地球上有记载的生物物种约为 160 万种，有一半以上是在森林里繁衍生息。森林的大面积消失，使动植物物种锐减。据科学家

金丝猴（张金国提供）

对全球物种现状的评估显示，由于人类活动的强烈干扰，近代物种的丧失速度比自然灭绝速度快 1000 倍，比物种形成速度快 100 万倍。地球上的物种正面临着前所未有的灭绝危机。

　　我国是世界上生物多样性最丰富的国家之一。据统计，我国有脊椎动物 6266 种，约占世界脊椎动物种类的 10%；有高等植物 3 万多种，居世界前三位。丰富的动植物物种，为我国经济社会发展和人民生产生活提供了资源保障。

　　由于森林资源减少和野生动植物栖息地遭到严重破坏，我国野生动植物种群数量下降趋势加剧。我国有 300 多种陆栖脊椎动物和 410 种野生植物处于濒危状态，高等野生植物物种中有 15%～20% 处于濒危状态，高于 10%～15% 的世界平均值；44% 的野生动物种群数量呈下降趋势。在《濒危野生动植物物种国际贸易公约》列出的 640 个世界性濒危物种中，我国有 156 种，约占总数的 24%。青海地区的藏羚羊，由 20 世纪 80 年代的 10 万多只曾经下降到 3 万多只；我国的特有虎亚种华南虎，野外已多年未见实体；号称"东方明珠"的珍稀鸟类朱鹮，1981 年我国仅剩 7 只；扬子鳄也一度仅存 300～500 条。我国特有的野生植物普陀鹅耳枥、绒毛皂荚和百山祖冷杉目前野外分布只有 1 株、2 株和 3 株，成为极小种群野生植物。

秦岭大熊猫（赵纳勋提供）

"东方明珠"——朱鹮（刘冬平提供）

黑颈鹤（张勇提供）

一个物种的灭绝或消失，对生态安全和经济发展将产生巨大影响。由于物种存在着相互关联、相互制约关系，一种植物灭绝，就会有 10 ～ 30 种依附于这种植物的其他生物消失。生物链中关键性物种的灭绝，可能激发连锁效应，甚至造成灾难性的后果。

随着科学技术进步，野生动植物物种在经济发展和人类生活中的作用日益凸显，人类对保护野生动植物物种意义的认识也在不断深化。从珍稀树种红豆杉中提炼的紫杉醇是治疗癌症的特效药，对卵巢癌、乳腺癌等治愈率达 33%，有效率达 75%，一瓶 80 毫克的紫杉醇注射液价格在 8400 元左右。从银杏叶中能提取治疗心脑疾病的黄酮，纯度高的每公斤达到 3000 多元。一个物种一旦得到开发，就可以形成大产业，产生惊人的效益，为社会创造巨大的物质财富。

历史的教训和严峻的现实告诉我们，保护野生动植物资源，实现人与自然和谐，是发展先进生产力的必然要求，是国家经济可持续发展的重要保障。

百山祖冷杉（国家林业局保护司提供）

崖柏（国家林业局保护司提供）　　　　　杏黄兜兰（国家林业局保护司提供）

2007 年 6 月 4 日，全国政协原副主席杨汝岱考察武夷山国家级自然保护区

二、睿智的抉择：实施保护工程

全国人大、国务院先后颁布施行了《中华人民共和国森林法》《森林和野生动物类型自然保护区管理办法》《中华人民共和国野生动物保护法》《中华人民共和国陆生野生动物保护实施条例》《中华人民共和国自然保护区条例》《中华人民共和国野生植物保护条例》《中华人民共和国濒危野生动植物进出口管理条例》等法律法规，形成了野生动植物保护及自然保护区建设的法律法规体系。

2011 年 9 月 6 日，胡锦涛主席在首届亚太经合组织林业部长级会议开幕式上指出，要"加强生物多样性保护，涵养水源，防治荒漠化，增强森林碳吸收，应对气候变化，维护区域和全球生态安全"。保护生物多样性，已成为国家的重大战略任务。

为切实加强野生动植物保护及自然保护区建设，2001 年，经国务院同意、国家计划委员会批复了《全国野生动植物保护及自然保护区建设工程总体规划》。规划期为 2001 ~ 2050 年，规划 2001 ~ 2030 年建设总投资 1356.54 亿元。按照规划，工程分为三个阶段，近期为 2001 ~ 2010 年，中期为 2011 ~ 2030 年，远期为 2031 ~ 2050 年。

（一）工程建设目标

总体目标是：到工程期末，我国自然保护区数量达到 2500 个（林业自然保护区数量为 2000 个），总面积 1.728 亿公顷，占国土面积的 18%（林业自然保护区总面积占国土面积的 16%），形成一个以自然保护区、重要湿地为主体，布局合理、类型齐全、设施先进、管理高效、具有国际重要影响的自然保护区网络。

工程近期目标（2001 ~ 2010 年）：到 2010 年，使全国自然保护区总数达到 1800 个，其中国家级自然保护区数量达到 220 个；自然保护区总面积 1.55 亿公顷，占国土面积的比例达到 16.14%，初步形成较为完善的中国自然保护区网络。90% 的国家重点

2006 年 1 月 10 日，国家林业局副局长赵学敏在深圳市兰科植物保护研究中心指导工作
（国家林业局保护司提供）

保护野生动植物和 90% 的典型生态系统得到有效保护。重点完成 15 个野生动植物拯救工程，新建 15 个野生动物驯养繁育中心和 32 个野生动植物监测中心（站）。制定全国湿地保护和可持续利用规划，建设 94 个国家湿地保护与合理利用示范区。

工程中期目标（2011 ～ 2030 年）：到 2030 年，全国自然保护区总数达 2000 个，其中国家级自然保护区数量达到 280 个；自然保护区总面积 1.612 亿公顷，占国土面积的比例达到 16.8%，形成完整的自然保护区保护管理体系。60% 的国家重点保护野生动植物物种数量得到恢复和增加，95% 的典型生态系统类型得到有效保护。在全国建设 76 个国家湿地保护与合理利用示范区，建立健全全国湿地保护和合理利用的机制，基本控制天然湿地破坏性开发，遏制天然湿地下降趋势。

工程远期目标（2031 ～ 2050 年）：到 2050 年，全国自然保护区总数达 2500 个，其中国家级自然保护区 350 个；自然保护区总面积 1.728 亿公顷，占国土面积的比例达到 18%。新建一批野生动物禁猎区、繁育基地、野生植物培植基地，85% 的国家重点保护野生动植物物种数量得到恢复和增加，形成具有中国特色的自然保护区保护、

人工繁育的东北虎（黄松林提供）

藏原羚（国家林业局保护司提供）

暹罗鳄养殖（黄松林提供）

普氏原羚（张胜邦提供）

管理、建设体系，成为世界自然保护区管理的先进国家。建立比较完善的湿地保护、管理与合理利用的法律、政策和监测体系，恢复一批天然湿地，在全国建设完成 100 个国家湿地保护与合理利用示范区。

（二）工程建设重点

工程建设重点包括三个方面：一是国家重点野生动植物物种保护项目。将大熊猫、朱鹮、虎、金丝猴、藏羚羊、扬子鳄、亚洲象、长臂猿、麝、普氏原羚、野生鹿类、鹤类、野生雉类、兰科植物、苏铁等 15 大物种纳入国家工程予以拯救；与此同时，各地也确定了重点拯救的上百种物种，积极强化保护。二是国家重点生态系统类型自然保护区建设项目。特别是在生态脆弱区域、资源丰富区域和典型生态系统分布区域实施抢救性保护。三是国家重点科研与检测网络建设项目，提高野生动植物人工繁育、培植能力和野生动植物资源开发利用能力，提高自然保护区监测管理的现代化管理水平。

（三）工程建设原则

工程建设坚持三个原则：一是坚持保护第一。保护是基础，是发展和利用的前提。物种一旦灭绝就不能再生，基因一旦丧失就无法挽回，自然生态系统一旦遭到破坏就难以恢复。只有野生动植物资源和自然生态系统得到良好保护，利用和发展才具有物质基础和前提条件。二是坚持合理利用。从根本上讲，保护和发展是为了人类更好地可持续利用自然资源和自然环境，为人类造福。如果把保护绝对化，发展就失去了目标。必须坚持以保护为基础，科学合理利用，控制资源利用量小于增长量，提高资源利用的科技含量，加快人工繁育、培植能力建设，保证野生动植物资源的持续增长。三是坚持以发展为核心。我国自然资源总量不足、生态环境脆弱、保护能力低下，必须以发展为核心，全面加强保护。

2007年11月8日，国家林业局副局长印红视察深圳市兰科植物保护研究中心
（国家林业局保护司提供）

三、丰硕的成果：野生动植物资源得到有效保护

野生动植物保护及自然保护区建设工程的实施，极大提升了我国野生动植物保护能力和自然保护区建设管理水平，保护成效逐步显现。

（一）濒危野生动物得到有效拯救

2003年以来，各级林业部门安排近2000个项目，对160多种珍稀濒危野生动物野外种群及其栖息地实施保护，有效遏制了乱捕滥猎的现象，确保其野外种群得到休养生息和繁衍扩大，60%以上的珍稀濒危野生动物野外种群稳中有升，栖息地面积逐步扩展、生境质量显著改善。特别是濒危物种繁育基地的建立，促进了种群数量的稳定增长。目前，全国已建立各类野生动物救护繁育基地250多处，200多种珍稀濒危野生动物有了稳定的人工种群并不断扩大。截至2011年年末，我国圈养大熊猫种群数量达到328只，基本实现自我维持的发展目标；我国虎类的人工种群数量已发展到约6000头，朱鹮人工种群已从1981年的7只发展到700多只，扬子鳄人工繁育种群发展到14000条以上。

在濒危动物人工繁育取得成功、种群安全得到保障的基础上，从2003年开始，我国又启动了人工繁育野生动物放归自然试点，对大熊猫、朱鹮、梅花鹿、麋鹿、黄腹角雉、鳄蜥等13种濒危野生动物人工繁育个体实施野外放归，取得良好成效。这标志着我国濒危野生动物拯救工作已经迈向野外种群恢复阶段。

（二）野生植物保护框架基本形成

工程实施以来，新建野生植物类型自然保护区 100 多个，野生植物就地保护点 351 个，对我国 10 余种野生苏铁的主要分布区和 200 余种亚热带野生兰科植物实施了有效保护。

已建立野生植物种质资源保育基地 400 余处，成立了全国苏铁、兰科植物、木兰科植物、棕榈植物种质资源保护中心（基地），使东北、西北、华北地区的 1000 多种珍稀或濒危、特有植物受到迁地保护。

还建立野生植物培育基地 503 个，使千余种野生植物形成了稳定的人工种群。同时，对松茸、雪莲、珙桐、肉苁蓉、红豆杉、珍稀兰科植物等 10 余种（类）珍稀野生植物，进行了人工培育技术研究，加强了种源建设，有的已取得显著成效。

2012 年，国家林业局、国家发展和改革委员会联合印发了《全国极小种群野生植物拯救保护工程规划（2011 ～ 2015 年）》，规划对 120 种极小种群野生植物进行重点保护。

华盖木（国家林业局保护司提供）

麋鹿放归（刘泽英提供）

杏黄兜兰野外回归试验（国家林业局保护司提供）

地震后重生的大熊猫（四川省汶川县）
（国家林业局保护司提供）

（三）自然保护区建设全面提速

截至 2011 年年末，全国林业系统已建立包括森林生态系统、湿地生态系统、荒漠生态系统、野生动植物等多种类型的自然保护区 2126 处（其中国家级自然保护区 263 处），总面积 1.23 亿公顷，约占国土面积的 12.77%；全国 90% 的陆地生态系统类型、85% 的野生动物种群和 65% 的高等植物群落，以及 20% 的天然林、50.3% 的天然湿地，得到有效保护。

2008 年以来，国家对 210 处自然保护区的能力建设实施资金补助，总投入达 2.9 亿元，对 200 多处国家级自然保护区基础设施建设总投入达 27 亿元，有效加强了国家级自然保护区能力建设，改善了基础设施状况。

各地还因地制宜建立了自然保护小区 5 万多处，总面积 150 多万公顷，保护着各地的森林生态、湿地、野生动植物及其栖息地、古树名木、文化遗产和自然景观等。自然保护小区与自然保护区互为补充，共同构成了网状保护体系。

目前，全国已初步形成了布局较为合理、类型较为齐全、功能较为完备的自然保护区网络，为保护生物多样性、维护生态平衡、促进可持续发展发挥着不可替代的作用。

湖北神农架国家级自然保护区新建的博物馆
（国家林业局保护司提供）

极小种群野生植物保护试点
（国家林业局保护司提供）

（四）国际影响不断扩大

　　我国野生动植物及自然保护区建设取得的重大进展，赢得了世界的普遍尊重和广泛赞誉。2012 年 7 月，江西井冈山和陕西牛背梁国家级自然保护区成功入围联合国教科文组织"人与生物圈"保护区网络，我国加入世界生物圈的自然保护区达到 33 个，有 8 处被列为世界自然遗产地，林业系统 18 处自然保护区成为世界自然遗产地。

　　粗具规模的自然保护区体系，成为我国履行《生物多样性公约》《濒危野生动植物国际贸易公约》《关于特别是作为水禽栖息地的国际重要湿地公约》等国际公约事务的重要基础，为生物多样性保护和履行国际义务作出了贡献。我国认真履行《中日候鸟保护协定》《中澳候鸟保护协定》《中美自然保护议定书》《中印老虎保护协定》《中俄老虎保护协定》《中韩候鸟保护协定》《白鹤保护谅解备忘录》等政府间协定义务，先后与联合国环境规划署、全球环境基金、世界自然基金会、大自然保护协会、国际鹤类基金会、国际野生动物保护学会、野生救援协会、保护国际等国际组织建立了广泛的联系。制定完成了《中国

黑龙江三江国家级自然保护区（国家林业局保护司提供）

贵州茂兰国家级自然保护区良好的喀斯特森林生态系统（国家林业局保护司提供）

植物保护战略（CSPC）》，国际植物园保护联盟秘书长 Sara Oldfield 说："中国具有全球 10% 的植物，这个具有全球意义的行动计划纲领性文件将使中国在植物保护工作方面成为世界的引领者。"《生物多样性公约》执行秘书 Ahmed Djoghlaf 博士说："我赞许《中国植物保护战略》在植物保护和可持续利用方面作为全球伙伴的模范。"世界自然基金会积极评价《中国野生虎恢复计划》，世界自然基金会（WWF）生物多样性项目实施总监朱春全说，这一计划的启动实施是中国政府为落实《全球野生虎恢复计划》所迈出的重要一步，对全球野生虎种群的保护具有不可或缺的意义，将成为中国野生虎种群保护和恢复的里程碑。

放飞大天鹅（张勇提供）

红松林（宋国华提供）

远红外自动照相机拍摄的东北虎
（吉林珲春东北虎国家级自然保护区管理局提供）

（五）经济效益显著

　　2004 年国家林业局提出实施"以利用野外资源为主向利用人工繁育资源为主的战略转变"，在加大濒危物种拯救保护的同时，各级林业部门对一些传统民族产业如中医药等需用量较大的野生动植物物种，积极采取扶持各地龙头企业、繁（培）育基地、种植户等办法，对繁（培）育技术成熟的物种给予引导和扶持。目前，全国野生植物种植单位及种植户近 2 万家，野生动植物产品年产值及进出口贸易总额达 2000 亿元。这些通过人工繁（培）育发展起来的产业，极大地保护了野外资源。

广东象头山国家级自然保护区（国家林业局保护司提供）

河北省木兰林管局落叶松速生丰产林（崔立志提供）

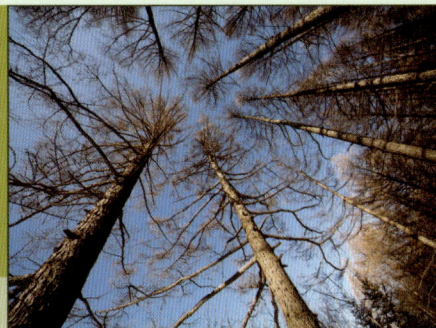

第二十七篇

维护国家木材
安全的战略之举

——重点地区速生丰产
用材林基地工程建设述评

　　"好啊，速生丰产林！"这是《人民日报》1983年3月13日一篇通讯的标题，副题是"临沂地区林业建设见闻"。这篇通讯用"一年等于二十年""像种庄稼一样种树""要想富，多种丰产树""一出好戏才开头"等四个篇幅，报道速生丰产林给临沂带来的变化。从1976年搞试点，荒沙滩变成了出材聚财的"金沙滩"。原本缺林少绿、木材缺口达40万立方米的农区，眼看着成了出产商品材的"小林区"。这篇报道最后用14个字画龙点睛：木材供需的尖锐矛盾开始缓和了！

　　其实，在木材供需"尖锐矛盾"的背后，是我国改革开放之初的林业危局。实践将从这里证明，发展速生丰产用材林，是一条改善生态、改善民生的光明大道。

河南省濮阳市杨树速生丰产用材林基地（河南省林业厅速丰办提供）

一、木材危机的过去、现在和未来

用材林总量不足、木材供给不足是我国的基本国情。木材安全问题处理不当，资源问题就可能演变为生态安全问题，进而上升为国际资源战略问题，殃及民生改善和可持续发展。

（一）木材是富有潜力的不可替代的原材料

尽管现代新材料、新工艺层出不穷，但木材作为传统材料的潜力、生态型材料的特殊性和不可替代性更加突出了。

木材是天然的有机生物材料，具有独特的触觉感、听觉感、嗅觉感和调节特性，与人类有着天然的亲和力。在美国，90%以上的民居建筑材料是木质品。木材是世界公认的四大原材料（木材、钢铁、水泥、塑料）中唯一的可再生资源。发达国家积极倡导木材消费。"以木代塑""以木代钢"，是未来绿色发展的方向。

湖南省会同县地灵乡 25 年生杉木林（许忠坤提供）

在各种材料中，木材生产加工具有低能源消耗、低资源消耗、清洁环保的特性；木材生长周期中，还具有涵养水源、防风固沙、保护生物多样性等多种功能和效益。与其他材料生产加工中碳排放不可逆相比，木材还是碳汇材料。

1958 年 8 月中共中央通过了《关于在农村建立人民公社的决议》，"一大二公""一平二调"的人民公社化运动迅速兴起，农业合作社所有的林权并入人民公社集体所有，形成了集体所有，统一经营的产权结构，实行了政社合一的管理体制。1960 年《中共中央关于农村人民公社当前政策问题的紧急指示信》提出以队为基础的三级所有制，对农村劳力、土地、耕畜、农具必须实行"四固定"，固定给生产小队使用，并且登记造册。

（二）木材危机引发生态危机

1998 年 8 月 31 日，朱镕基总理在哈尔滨松花江边的柳树下，握住植树英雄马永顺满是老茧的手。这一刻，成为林业调整转型的历史节点。

马永顺是伐木英雄，也是造林英雄。1948 年，他在一个采伐季创造过手工伐木 1200 立方米的全国之最。"大木头挂帅""采掘式生产"是那个时代难忘的记忆。新中国成立后的 3 年恢复时期，木材计划产量为 500 多万立方米。到"六五"期末，年采伐量达到 6300 万立方米，增加了近 12 倍。每个五年计划都以 1000 万立方米水平上升。第三次全国森林资源清查（1984～1988 年）结果表明，全国年均森林赤字 1.7 亿立方米，7 年间消耗了成熟林和过熟林蓄积量的三分之一；用材林年消耗量超过生长量 0.97 亿立方米。

"不科学的采伐，没有护林和育林，森林地带也会变成像西北那样的荒山秃岭。"周恩来总理 1950 年 8 月在全国自然科学会议上的警语，不幸成了预言。20 世纪 80 年代后期，全国水土流失量达 50 亿吨，占世界的五分之一，耕地沙化面积扩大了 660 多万公顷，年均沙化土地 67 万公顷；长江、湘江、松花江、辽河、丽江流域旱涝灾害频繁发生，洞庭湖、鄱阳湖蓄水量大幅减少。到 1998 年，长江、松花江、珠江、闽江等主要江河发生了百年不遇的特大洪水，敲响了生态危机的警钟。

辽宁省凤城市通远堡林场培育的落叶松大径材林（马志强提供）

广西壮族自治区东门林场华桥分场 17 年生尾巨桉无性系大径材林
（韦健康提供）

（三）木材危机日益成为资源战略问题

党的十六大以来，"两个市场，两种资源"成为解决我国木材问题的基本战略。面对改善生态环境、拉动国内需求、调整经济结构、参与国际竞争的多重压力，木材安全问题也逐渐上升为资源战略问题。

森林资源总量不足、质量不高是制约木材生产的主要矛盾。我国人均森林面积 0.145 公顷，不足世界人均占有量的四分之一；人均森林蓄积量 10.151 立方米，只有世界人均占有量的七分之一。乔木林每公顷蓄积量 85.88 立方米，人工乔木林每公顷蓄积量仅 49.01 立方米，与世界平均水平 131 立方米存在很大差距。加上龄组结构不尽合理，中幼龄林比例较大，可采资源少，木材供需矛盾持续加剧。

进入 21 世纪以来，我国木材进口形势发生了新变化。木材进口量增加了 2.44 倍，进口额涨了 5.06 倍，进口量价齐增超出预期；全球 80 多个国家提高了原木出口关税或禁止原木出口，限制性措施形成瓶颈制约超出预期；随着工业化、城镇化快速推进，国内生态需求和木材消费需求相叠加，木材消费刚性上升超出预期。

（四）发展民生林业，保障木材需求

森林具有多种功能，木材是森林的最终产品，木材生产是林业的重要任务。"林业将变成根本问题之一。"早在 1958 年，毛泽东主席就预言了半个世纪后的林业趋向。

面向民生重大需求，"根本"的出路是民生林业。民生林业，"根"在木材安全、生态安全、经济安全、国土安全，"本"是民生之本、生态之本、文明之本、文化之本。民生林业承担着生态良好任务、绿色增长责任，既面临发展方式转变、绿色增长、扩大内需、扶贫攻坚等重大战略机遇，也面临人们日益增长的生态产品和木材及林产品需求的挑战。

从生态贡献看，确保实现"双增"目标，为科学发展提供生态支撑，到 2020 年全国森林面积要达到 2.2 亿公顷，森林覆盖率达到 23% 以上，森林蓄积量达到 145 亿立方米；到 2050 年，森林覆盖率要达到并稳定在 26% 以上。

从木材供给看，要满足经济社会发展对木材总量和结构的需求，到 2020 年全国建筑、家具、造纸、坑木等建设用材及农村薪柴消费总量，预计将达 5.5 亿立方米，供需缺口达 1.8 亿～2.2 亿立方米；2050 年全国消费总量将达 6.6 亿立方米，缺口在 2 亿立方米以上。

从经营主体看，有林地中个体经营面积占 32.08%，个体经营的人工林、未成林造林地分别占全国的 59.21% 和 68.51%。林农、大户已成为木材生产和投资经营的新兴主体。但林木生长周期长、见效慢、抗灾能力低、竞争性弱，迫切需要增强组织化程度和资金扶持力度，提升集约经营水平和科技支撑能力。

河北省塞罕坝阴河林场亮兵台速生丰产林用材林基地（王龙提供）

二、向世界学习、向世界取经

"请进来、走出去",向世界学习,向世界取经,扩大对外开放,利用国外人才、智力和资金,我国速生丰产林发展迅速与世界接轨。

(一)新西兰辐射松:单一树种规模经营的范例

"俄罗斯走了,新西兰来了!"《新西兰联合报》这样评价新西兰木材在中国的财富增长。新西兰是世界上主要依靠单一速生树种集约经营,达到森林资源绿色盈余的国家。由于俄罗斯大幅提高木材出口关税,新西兰辐射松材填补空缺,大举进入我国市场,2010年进口量达530万立方米,比增51%。

新西兰也曾经历了森林资源大量破坏的历史。由于大量欧洲移民到来和木材商业开发,到1850年,2000万公顷原始森林消耗掉了30%。1923年的资源清查表明,如果不加快营造人工林,到1960年剩余的森林资源就将耗尽。当时的"新西兰皇家林业委员会"认定辐射松是有潜力的树种。目前,新西兰人工林发展到180万公顷,其中辐射松林160万公顷,占人工林面积的89%。

广东省梅州市蕉岭县竹林培育
(广东省林业厅速丰办提供)

辽宁省抚顺市大伙房林场红松大径材林
(李国忠提供)

辐射松原产美国加利福尼亚州,经过几十年的遗传改良,新西兰辐射松平均每公顷年生长量为20~25立方米,25~30年即可采伐,是全球速生树种中的翘楚。1960年,新西兰人工林锯材产量超过天然林锯材。资源从濒临枯竭实现持续增长,年产木材2100万立方米,仅1%的锯材来自天然林。年原木出口740万立方米,成为出口创汇的重要产业。

政府为鼓励大面积造林,1966年起就实行减免税奖励政策,推动了私人、合营公司投资造林。科技在育种、造林技术、木材材性及加工利用等方面得到广泛应用。进入林木成熟采伐期后,木材总产量可望增长15%;25年后年木材总产量可望翻一番,超过4000万立方米。

新西兰的经验,对我国具有重要借鉴意义。

(二)德国近自然林业:目标树高价值经营的典范

世界史上不乏森林民族,但鲜有现代精神和民族气质像德国那样与森林如此交融的民族。有人说:"德国的自然森林——阔叶林和针叶林的混交,构成了日耳曼民族的精神王国。"德国是现代林业的发源地,近代科学的林业首先在18世纪的德国崛起,近自然经营、择伐林经营是德国林业对世界的贡献。

德国斯帕萨特地区有一片 67.3 公顷的橡树林，最早人工营造于 17 世纪初，现在成为解读近自然林业经营的课堂。这片橡树和山毛榉混交林，橡树平均树龄 350～365 年，平均胸径 72 厘米，平均树高 34 米；山毛榉平均树龄 145 年，平均胸径 33 厘米，平均树高 23.5 米；林分每公顷蓄积量 498 立方米。近自然林业，讲究优选乡土树种，围绕目标树开展科学经营，形成科学合理的林分结构，尽可能运用自然力达到近自然状态，培育高价值大径级珍贵材，实现经济利益的最大化。

德国巴登—符腾堡州沃尔法赫地区的"黑森林"，是德国择伐林经营体系的又一经典案例。这里的同一林分中混交了不同高度、径级的云杉、银杉和山毛榉，构成了经典的异龄、混交、复层和多树种林分结构。林分在任何时候都处于旺盛的生长状态，不损失经济价值，也保持了生态价值。"黑森林"地区有几百年的择伐林经营传统，人们通过持续的、规律性的森林经营，利用天然更新，降低了造林成本；择伐珍贵大径材，保持稳定的经济收益。

目前，德国每公顷森林蓄积量超过 310 立方米，是我国的 3.5 倍。人均森林面积 0.13 公顷，与我国相当，但人均森林蓄积量达 34.2 立方米，是我国人均数量的 3.6 倍。全德国森林面积 1070 万公顷，森林生长量的 80% 得到采伐利用。只择伐 80 年树龄以上的目标树，木材自给有余，还占据了全球高价值珍贵大径级材市场。

德国的森林经营，是我们学习的榜样。

（三）引进世界银行贷款造林模式

党中央、国务院把引进国际贷款发展速生丰产用材林作为一项重大措施。林业世界银行贷款项目加快了速生丰产用材林的发展，储备了木材资源，促进了科技兴林、对外开放和管理水平的提高，开拓了人工林集约经营的广阔空间。

1990 年启动实施的世界银行"国家造林项目"，总投资 37.63 亿元。7 年间，在 16 个省份 306 个县（林场）营造高标准集约经营人工林 138.5 万公顷。这个项目年投入 4 亿～5 亿元，比当时国家年营造林总投入还要多，开创了我国以大项目带动林业大发展的先河。世界银行集团认为，这笔最大的林业投资是具有全球推广典范性的"十分满意"项目。

鉴于"国家造林项目"的成效，世界银行集团又直接支持了两个国家级造林项目："森林资源发展和保护项目"（1994）和"贫困地区林业发展项目"（1998）。三大项目共营造高标准集约人工林 280 万公顷，项目周期内累计产出木材 3.68 亿立方米，为我国木材生产向采伐人工林为主转变，提供了可观的资源储备。

四川省宜宾市蜀南竹海（四川省林业厅速丰办提供）

河北省塞罕坝落叶松林大径材林（王龙提供）

河北省木兰林管局孟滦林场嘎拜梁大径材培育基地
（崔立志提供）

　　通过技术培训、专家指导和人员交流，将国际通行的管理理念、制度和方法，如系统工程、契约式管理、全面质量管理、社区参与等管理理念推广到了基层，质量监督"分工序分级检查验收"、成本管理"造林模型"、报账支付"先垫付，验收合格后再支付"以及招投标制度、竣工后评价制度等方法和制度得到广泛采用，促进了我国林业管理水平的整体提升。

　　我国政府与世界银行集团开展了7项林业合作项目，引进优惠贷款10.19亿美元，项目总投资135.74亿元，完成营造林388万公顷，累计增加林木蓄积量5.5亿立方米。集约经营人工林每公顷蓄积量达160立方米以上，是我国人工乔木林平均蓄积量的1.9倍。实践表明，高标准的造林投入、高效的科技培训和系统管理，能大幅提高林地生产力，展现了加强速生丰产用材林基地建设、解决国内木材需求的光明前景。

黑龙江省万人欢林场红松速生丰产用材林基地（崔海鸥提供）

三、立足国内解决木材安全问题

　　我国速生丰产用材林基地建设起步于20世纪70年代初，到80年代中期得到快速发展，特别是引进世界银行贷款项目后，将速生丰产用材林集约经营推向了数量提升、资源增长的新阶段。到20世纪末，全国速生丰产用材林基地建设保存面积533万公顷。

　　进入21世纪，特别是党的十六大以来，速生丰产用材林基地建设扩大到18个省份。十年来，累计完成基地造林882万公顷，带动速生丰产用材林发展向质量效益提升转变。

（一）建设工业原料林基地

　　木材主产地悄然南移，人工林采伐量占全国的40%，是党的十六大以来我国木材生产的重大变化。

　　我国引种桉树有120多年的历史。"只要科学种植，桉树不但不是问题树，而且是贡献树。"中国林业科学研究院侯元兆研究员为桉树正名。2010年全国桉树人工林约为368万公顷，不到人工林面积的5%，年产木材约2000万立方米，占全国商品材产量的25%，直接木材产值超过1000亿元，加工高附加值的人造板、纸浆，产值达到3000亿元以上。

　　1999年以来，广西壮族自治区桉树速生丰产用材林、工业原料林迅速发展。2010年全区桉树面积达165万公顷，占全区人工商品林面积的30.5%，居全国第一位，年桉树商品材产量800万立方米，占全区商品材总产量（1260万立方米）的67%、全国木材生产总量的10%。

广西壮族自治区东门林场桉树速丰生产用材林基地（韦健康提供）

工业原料林基地建设，特别是林浆纸一体化、林板一体化工业原料林基地建设，定向为木片、木浆、人造板工业提供持续稳定的优质原料，具有高商品性、高收益性，成为国内外大型公司竞争的热点。目前，我国以杨树、桉树、杉木、马尾松为主的工业原料林基地面积达 900 万公顷，呈现快速增长的态势，支撑起潜力巨大的制浆造纸、人造板和林化等林产工业。仅在广西壮族自治区，就有多家大型国际集团投入巨资发展林浆纸一体化。广西壮族自治区规划到 2015 年桉树发展到 200 万公顷，速生丰产用材林总面积达到 300 万公顷，年木竹材产量达到 3000 万立方米以上。

（二）平原地区成为我国最大的木材生产基地

平原地区发展速生丰产用材林，彻底改变了中国的绿色版图和农业产业格局，并成为我国重要的商品材产区。

1983 年曾经为速生丰产用材林叫好的山东省临沂市，杨树速生丰产用材林支撑起百亿元规模的板材加工业。2011 年，临沂市有林地面积已达 43.7 万公顷，森林覆盖率 30.7%；全市形成年产 1000 万立方米的板材加工产业集群，人造板产量占全国的 34%，是中国林产工业协会命名的"中国板材之都"；全市林业产业总产值 526 亿元，吸纳就业 180 余万人，对农民收入的贡献超过 10%。速生丰产用材林产业已成为临沂市经济社会发展的重要产业。

河南省焦作市杨树速生丰产用材林基地
（河南省林业厅速丰办提供）

河南省郑州市杨树速生丰产用材林基地
（河南省林业厅速丰办提供）

从临沂市向南到江苏的盐城市、宿迁市，广袤开阔的黄淮海平原，已成为富饶的"杨树平原"。"中国杨树之乡"江苏省泗阳县，建有世界上第一座杨树博物馆。泗阳县从 1975 年起推广种植意杨，现有杨树 1.2 亿株、4 万公顷，2011 年杨树产业产值达到 109.5 亿元。苏北地区意杨林 93.3 万公顷，蓄积量 5500 万立方米，年产木材 400 多万立方米，占江苏省年木材自给能力的 61%。

党的十六大以来，从华北、东北平原到广大的西部地区，杨树编成了农田防护林网、织起了绿色通道、占领了"四旁"绿化，遍地是杨树的家乡。全国杨树速生丰产用材林总面积 757 万公顷，年木材产量 4500 万立方米，成为我国发展最快、面积最大、出材量最多的速生用材树种。广大平原地区森林覆盖率从历史上的 1.1% 提高到 15.8%。平原地区成为全国最大的木材生产基地。

（三）森林抚育经营出奇效

"我们找到了相同水平的对话者！"2009年9月，在考察了黑龙江省哈尔滨市丹清河林场森林经营试验后，欧洲著名森林经营专家、中国林业科学研究院特邀顾问斯皮克教授，发出了这样的感叹。

哈尔滨市林业局自1998年起，在丹清河、转山和山河3个实验林场开展森林经营，10余年间实现了森林资源的正向演替。森林每公顷蓄积量达到100～140立方米；立木生长量达到培育前的2.69倍；3个林场经营期间形成的固定资产是1997年的4.8倍；平均每个林场每年实现利润400余万元，是1997年的5.5倍。"哈尔滨经验"表明：林地生产力低下，是对森林资源最大的浪费。国有林区的前途在于积极培育，在于森林经营！

国有林是国家资源储备和生态安全的底线。中国林业科学研究院侯元兆研究员认为，"哈尔滨经验"找到了正确的发展路径，参照这一模式，只要每公顷年立木生长量增加3.9立方米，仅东北林区3700万公顷森林资源，每年就可以增加立木蓄积量1.4亿立方米。占全国森林面积近70%的中幼龄林，如果抚育经营后立木蓄积量平均增长30%，现有1亿公顷中幼龄林到2020年立木蓄积量增长量可达90亿立方米。

森林抚育经营是林业永恒的主题。2009年国家正式启动了森林抚育补贴试点。3年来，共完成中幼龄林抚育473万公顷；抚育补贴任务量由33.3万公顷增加到309.9万公顷。补贴资金由5亿元增加到51.3亿元，全国31个省（自治区、直辖市）及新疆生产建设兵团、四大森工集团，1000余万林农、国有林场和国有森工企业职工受益。

福建省三明市陈大采育场杉木林冠下套种闽楠珍贵树种培育示范基地（钱国钦提供）

四、三大效益俱佳的绿色工程

速生丰产用材林是传统林业向开放的民生林业转变的尖兵。《中华人民共和国农业法》明确规定"加速营造速生丰产林、工业原料林和薪炭林"。速生丰产用材林突出的生态、经济和社会效益，改造了传统农业生产方式和生产环境，加快了新农村建设，造就了依靠非农就业增收的新型农民，加快了农业现代化进程。

（一）生态效益：固碳增汇保持水土

杨、桉、杉、竹等速生丰产用材林种，包括水源涵养林、沿海防护林、农田防护林、防病抑螺林、绿色通道林及游憩景观林等多种森林类型，既生产生物材料，也生产环境材料，具有多种功能和效益。

广东省梅州市蕉岭县樟树培育基地（广东省林业厅速丰办提供）

湖北省彭场林场湿地松大径材培育基地（崔海鸥提供）

研究表明，林木每增加蓄积量 1 立方米，平均可吸收 1.83 吨二氧化碳，同时释放氧气 1.62 吨。广西壮族自治区桉树人工林面积占森林总面积的 11.6%，固碳量占森林固碳总量的 15.4%，释氧量占 15.6%。单位面积桉树的固碳功能和释氧功能居各树种第二位。浙江农林大学研究发现，毛竹每公顷年固碳量 5.09 吨，是杉木的 1.46 倍、热带雨林的 1.33 倍。

山东农业大学研究表明，杨树滩地造林可改善土壤粒级组成，上层土壤水源涵养功能增强，造林 5 ~ 8 年后饱和蓄水能力大幅度增加。桉树林涵养水源功能在 12 种主要森林树种类型中居第 6 位，高于松类。江苏省泗阳县通过发展速生丰产用材林，河道 10 年以上才清淤一次，境内的洪泽湖、古黄河、京杭大运河等河湖，长年保持 Ⅱ ~ Ⅲ 类水质。

冠层密集、根系发达的竹林中，其紧密多孔的地下网络结构，鞭 - 竹系统养分、水分和能源交流，有很好的透水性和持水固土能力。试验表明，竹林固土能力是马尾松林的 1.5 倍，吸收降水能力是杉木的 1.3 倍，涵养水量比杉木多 30% ~ 45%。毛竹 - 阔叶树混交林中，由于枯枝落叶量较高，最大持水率达 262.2%。

美国国家大气研究中心的一项研究还表明，将植物暴露在含氧挥发性有机化合物中，会比预期多吸收 40% 的化合物摄入量，并通过植物酶代谢转化为毒性较小的物质。杨树等阔叶树净化空气的能力，远超出人们之前的预期。科学家认为，阔叶树提供了良好的大气污染负反馈：越多的大气被污染，就有越多的污染物被吸收。

（二）经济效益：效益提升农民增收

党的十六大以来，我国林业产业保持了年均 20% 左右的增速，形成了 3 万亿元以上的产业规模，二三产业吸纳劳动力 4500 余万人，成为就业量最大的产业之一。速生丰产用材林以经济效益优先，以实现林地最大产出和经营者最大效益为目标，林地产出高、林农增收快是速生丰产用材林效益的突出特征。

速生丰产用材林树种速生、轮伐期短、干形好，木质及非木质产品经济价值高。尤其是杨、桉、松、杉速生丰产用材林培育，良种应用率高、造林技术成熟、产业体系健全、市场需求量大，成为公司、大户和农户竞相投资经营的首选，单位面积产出效益不断提升。采用良种良法栽培的桉、松、杉高产试验林，每公顷年生长量最高达 48 立方米、34.5 立方米和 22.5 立方米。

速生丰产用材林产业包括造林、培育、采收、运输、加工、销售和服务全产业链，可以持续大量消化农村劳动力，是农民创业、就业和增收的实体经济。浙江省北部山区的"中国竹乡"——安吉县，竹业发展成为全竹利用和综合产能全球领先的特色产业，2011 年竹业年产值 133 亿元，全县人均竹业收益 7100 元。全县农民人均纯收入 14152 元，其中工资性收入占到总收入的 49.2%，来自第二产业的收入增长了 63%。

（三）社会效益：农村和谐稳定的绿坝

速生丰产用材林快速发展，使造林培育和木材生产成为农民直接参与的民生产业，林农、大户成为木材生产和投资经营的新兴主体，加快了农业产业结构调整，促进粮食稳产增产，成为农村和谐稳定的"绿坝"。

平原地区农田防护林网的建成，形成了稳定的农林复合生态系统，改善了农田小气候，成为粮食丰产、稳产的安全屏障。山东省菏泽市发展杨树丰产用材林基地 23 万公顷，有林地面积达 36 万公顷，林木蓄积量 2553 万立方米，林木覆盖率 33%；"干热风"消失了，降水量增加了，风沙天不见了；全市粮食总产量从 2000 年的 41 亿公斤，提高到 2011 年的 56.5 亿公斤，占全国粮食总产量的 1%。

特别是在湖区营造速生丰产用材林还有抑螺防病的突出效益。2006 年 6 月，国务院批准实施全国林业血防工程建设，到 2011 年，总投资 30 余亿元，已在长江流域疫区 7 省份建设抑螺防病林 29.8 万公顷，有效防治了血吸虫病的传播和发生。

满山遍野的桉树林（国家林业局宣传办公室提供）

五、构建国家木材安全战略保障体系

构建国家木材安全保障体系，提升质量效益，弥补市场失灵，调剂供求余缺，达到资源供给总量和结构平衡，成为林业转型发展的重点。

（一）继续加强速生丰产用材林基地建设

速生丰产用材林基地建设是全国生态建设总体战略的重要内容，是林业工程中以经济效益优先、增加木材有效供给为首要任务的重点工程。

2002 年工程启动以来，累计完成营造林 882 万公顷，每年可提供木材 0.85 亿立方米，支撑木浆、人造板产能 1000 万吨和 1000 万立方米以上，增强了国内木材有效供给能力。我国共履行世界银行、亚洲银行、欧洲投资银行等国际金融组织贷款 14.7 亿美元，营造高标准人工林近 500 万公顷，增加木材蓄积量 5.5 亿立方米，为社会提供优质木材 3.3 亿立方米，取得了显著的生态、经济和社会效益。

当前，国家对林业种苗、造林、抚育、保护和管理的全过程，都设置了财政补贴；中央造林投资补助标准不断提高，林业综合利用产品实行增值税即征即退，育林基金征收标准降到 10% 以下；林业贷款期限最长可达 10 年，国家开发银行对速生丰产用材林及后续产业开发贷款最长可达 20 年。特别是南方集体林重点省份，把速生丰产用材林发展列入经济社会发展总体布局，作为经济结构调整转型优先发展的重要产业，速生丰产用材林建设迎来了加快发展的黄金期。

（二）大力发展珍贵用材林

我国珍贵树种资源丰富，但资源总量持续减少。据第七次全国森林资源清查，硬阔叶树种类面积占乔木用材林面积的 14.5%，蓄积量占 15.1%，其中水曲柳、核桃楸、黄波罗面积只占乔木用材林面积的 0.31%、蓄积量占 0.36%，楠木、樟树等树种就更少。与第六次全国森林资源清查结果相比，一些乡土树种和珍贵树种面积蓄积量减少。

珍贵树种造林周期长、风险大，长期以来，由于培育不足，导致资源结构性短缺。珍贵树种阔叶材基本全部依赖进口。为了加快珍贵树种培育，国家林业局组织编制了《特殊树种培育项目实施方案（2011 ~ 2015）》，计划到"十二五"末，投资 13.4 亿元，完成珍贵树种造林 2.7 万公顷、改良培育 10.7 万公顷，项目完成后，每年新增 960 万立方米珍贵材蓄积量。

辽宁省实验林场培育的优质红松苗木（李国忠提供）

辽宁省实验林场改良培育的落叶松大径材林（任凤伟提供）

河北省霸州市邙牛河两岸速生丰产用材林基地
（河北省林业厅速丰办提供）

福建省平和县天马国有林场桉树大径材林
（范广阔提供）

（三）着力培育大径级用材林

速生丰产用材林树种单一，中幼龄林面积大，木材径级越采越小，大径材短缺，难以满足单板型加工业的需求。2010 年，我国原木大径材进口量 3435 万立方米，比 2009 年增长 22%。

2007 年起，国家林业局在 28 个省（自治区、直辖市）、森工集团的 177 个国有林场实施速生丰产工程大径材培育项目，中央补助 0.69 亿元，地方配套 0.38 亿元，共建设大径材基地 2 万公顷，标志着珍贵大径材培育开始纳入国家工程项目建设。

江苏省宿迁市 2010 年提出了"23 万公顷意杨林出大径材 5000 万株"的经营目标，计划把现有成片套种林地建成基本林网。福建省邵武市卫闽国有林场，32 年杉木优良家系大径材人工林，平均每公顷蓄积量 554.4 立方米，平均每公顷主伐出材超过450 立方米，产值至少 6 万元，是中小径材产值的 4 倍。

桉树速生丰产用材林基地（国家林业局速丰办提供）

（四）发挥 1.8 亿公顷集体林地潜力

集体林权制度改革，是党的十六大以来，党中央、国务院加快林业发展改革的重大战略举措，开启了我国木材生产从主要依靠采伐天然林，转向主要依靠数亿农民挖掘 1.8 亿公顷集体林地潜力的新时代。

截至 2011 年年末，集体林权制度改革确权集体林地 26.77 亿亩，发证面积达 23.96 亿亩，8784 万户农民拿到了林权证，让占全国林地 60% 的集体林地有了新主人，调动了亿万农民自主创业的积极性。集体林权制度改革在抵押贷款、采伐管理等政策机制方面取得重大突破，把金融资本、民间资本引入林业建设；建立林业专业合作组织 9.78 万个，农民合作经营、规模经营的组织化程度显著提高，为我国解决木材需求问题打下了制度基础。

集体林权制度改革后，社会资本投资林业建设空前活跃，民营公司、造林大户纷纷参与速生丰产用材林建设。江西省把速生丰产用材林建设、培育大径材、提高

河北省塞罕坝机械林场樟子松大径材林（王龙提供）

蓄积量作为林业发展的重点目标，结合国家重点工程、企业原料林基地建设、"一大四小"工程、国有林场改革、外资项目发展速生丰产用材林，把国家补贴、中央和省贴息贷款、林权授信贷款优先重点用于速生丰产用材林发展；全省1700多个大户营造速生丰产用材林87万多公顷，速生丰产用材林每年以13万公顷以上的速度递增。

胡锦涛总书记高度重视林业在应对气候变化、改善生态环境、实现绿色增长中的重要作用，作出了"确保种一棵、活一棵、成材一棵""为祖国大地披上美丽绿装，为科学发展提供生态保障"的重要指示。确保"成材"是速生丰产用材林的优势，绿化祖国、保障生态是速生丰产用材林的责任和使命。我国速生丰产用材林建设取得了骄人的成绩。现在，国家正在编制全国木材战略储备基地建设规划，随着新规划的实施，我们一定能够维护好国家的木材安全，为改善生态、改善民生发挥出特殊的功能。

辽宁省落叶松速生丰产用材林基地（崔海鸥提供）

内蒙古大兴安岭林区满归林业局棚户区改造工程现场（米平华提供）

第二十八篇

太阳照到深山区

——林业棚户区、危旧房改造工程建设述评

风光秀丽、山峦逶迤、河流密布、林海茫茫是我国林区迷人的景色。这里不仅有气势磅礴的原始森林、天然次生林、大面积的人工林，还有美丽的草原、湿地；这里既是我国重要的木材生产和战略储备基地，也是我国重要的生态屏障。然而，与之极不协调的是，广大国有林区、国有林场基础设施建设严重滞后，特别是职工住房极其简陋，破烂不堪，"外面下大雨，屋里下小雨""冬天冰窟窿，夏天火炉子"，居住条件极其恶劣。林业棚户区、危旧房改造工程的启动实施，犹如一轮红日照射到茫茫林区，给林区人民带来了温暖，实现了林区几代人期盼已久的"安居梦"，把林区迷人的景色装扮得更加美丽。

一、万众期盼：林区最大的民生工程启动

林业棚户区、危旧房是历史等多种原因形成的。我国国有林分为两大类：一类是国有林区；另一类是国有林场。

国有林区涉及黑龙江、吉林、内蒙古、云南、四川、陕西、甘肃、青海、新疆等9个省（自治区）的130多个林业局，其中东北、内蒙古国有林区有84个林业局、西南西北国有林区有51个林业局。国有林区总人口551万人，其中职工308万人。这些林业局，大多是新中国成立初期至20世纪80年代初以生产木材为主要目的由国家投资陆续开发建设的，形成的也是以木材生产为核心的特殊的管理体制和经营

内蒙古自治区绰尔林业局棚户区（内蒙古森工集团棚户区改造管理办公室提供）

2009 年 7 月，国家林业局总工程师姚昌恬在黑龙江省沾河林业局调研林区发展和新林区建设工作
（龙江森工集团棚户区改造管理办公室提供）

机制。几十年来，国有林区为国家提供了大量木材，为国家经济建设作出了重大贡献。然而，由于当时对国有林区的特殊定位以及体制等多种原因，使国有林区职工生活设施建设特别是居住状况陷入困境。其一，国有林区是为满足国民经济建设对木材的需求而开发建设的，采取的是以场定居、以场轮伐、"边生产，边建设"和"先生产，后生活"的开发建设方针和指导思想，一切为了增加木材产量，而对国有林区基础设施建设尤其是职工生活设施建设长期缺乏投入，积淀了大量的历史欠账。在这种情况下，广大林业职工因陋就简，就地取材，自己动手建起了"干打垒""土坯房""板夹泥"的简易式土木结构住房。其二，国有林区自开发建设之日起，就自成体系，自我管理，长期处于"不城不乡、不工不农"的境地。改革开放以来，国家对城市职工的政策以及建设社会主义新农村的强农惠农政策没有惠及到国有林区，国有林区职工住房、道路、供热、供电、安全饮水等基础设施建设与其他地区、行业的距离进一步拉大。其三，国有林区长期处于企业办社会的状态，承担着教育、医疗、卫生、公检法等社会责任及大量基础设施建设，企业负担沉重。特别是国有林区陷入经济危机、资源危困以及天然林资源保护工程启动实施后，随着木材生产的大幅度调减，森工企业收入锐减，无力改善职工居住条件，形成了大面积的棚户区，居住条件极差。

国有林场是新中国成立初期国家为加快森林资源培育，保护和改善生态，在重点生态脆弱地区和大面积集中连片的国有荒山荒地上，采取国家财政投资的方式建立起来的专门从事营造林和森林管护的林业事业单位。从 1952 年开始，经过半个多世纪的建设，全国国有林场总数已达 4855 个，分布在 31 个省（自治区、直辖市）的 1600 多个县（市、区、旗）。现有职工总人数 75 万人，其中在职职工 48 万人，离退休职工 27 万人。国有林场的筹建和职能发挥，为维护我国生态安全、培育后备森林资源和促进经济社会发展作出了突出贡献，成为绿化荒山的中坚力量、资源保护发展的典范和科学研究的重要基地，在现代林业建设中具有举足轻重的地位。但是，

内蒙古自治区克一河林业局改造前的棚户区
（内蒙古森工集团棚户区改造管理办公室提供）

龙江森工集团棚户区
（龙江森工集团棚户区改造管理办公室提供）

由于建场早、欠账多、投入少，加之林场自身经济条件差等原因，国有林场职工住房困难问题长期以来一直十分突出，主要表现在：一是建筑标准低。国有林场职工住房结构简单、阴暗狭小，公共活动区狭窄，尤其是因为山区、林区日照少，室内阴暗潮湿，不仅影响职工的正常生活，而且影响职工的健康。二是房屋破损严重。受林场自身经济条件的影响，大量危旧房得不到及时修缮，破旧不堪，部分房屋地基下沉，墙体开裂。据调查，居住在危旧房中的林场职工比例达90%，其中居住在危房中的职工比例达37%。三是规划选址不当。我国国有林场基本是在"先生产、后生活""先治坡，后治窝"的号召下发展起来的，职工住房基本都选在护林方便的深山中，形成自我封闭的"小社会"，难以跟上整个经济社会发展的节奏，有的甚至不通路、不通电，一旦发生自然灾害，很难与外界取得联系，救援工作十分困难。

林区职工几代人扎根林区，"献了青春献终身，献了终身献子孙"，在极其困难的条件下默默奉献。数百万职工人均建筑面积仅为11平方米，由于房屋质量差，多为泥草房、土坯房和板夹泥房，每到雨季就有倒塌的危险。棚户区内道路狭窄，通行能力差，加之住宅多为土木结构，供电线路老化，火灾隐患十分严重。大多数棚户区没有供水设施设备，少数几个具备供水条件的棚户区也因年久失修，给水管道老化，跑冒滴漏严重。所有的棚户区均没有排水设施，居民只能把污水、垃圾倾倒在巷道里，居民区冬天巷道封堵、夏天臭气熏天，部分棚户区夏季雨水倒灌，形成屋内积水，"晴天一身土，雨天一身泥"。林区绝大多数住房没有集中供热系统，职工群众日常取暖、做饭要消耗大量的木材，平常烧柴成垛，火灾隐患十分严重。改善居住条件成为林区几代人的梦想、数百万职工最热切的期盼。

林区职工困难的生产、生活条件，引起了党中央、国务院的高度重视。温家宝总理指出："加强林业基础设施建设，是加快林业发展、改善职工生活的基本条件，要把林业基础设施建设放在更加重要的位置，作为社会主义新农村建设的重要内容来抓。"李克强副总理多次深入林区视察，要求统筹考虑解决林区的特殊困难，同时要求各有关部门进一步加大对林业棚户区改造的支持力度。国家林业局、国家发展和改革委员会、住房和城乡建设部等有关部门领导也多次深入林区，研究棚户区、危旧房改造政策措施。在党中央、国务院的高度重视和国家有关部门的大力支持下，国有林区棚户区、林场危旧房纳入国家保障性住房建设范围，2008年年末在东北、内蒙古国有林区启动试点，2009年国有林区棚户区改造全面铺开，2010年国有林场危旧房改造全面启动。

河北省承德县国有林场职工危旧房改造前后实景（河北省林业厅棚户区改造管理办公室提供）

二、上下联动：贯彻落实各项优惠政策

林业棚户区、危旧房改造投资量大，涉及面广，任务繁重，事关数百万职工群众的切身利益，需要中央大力扶持、地方政府全力支持、林业部门尽职尽责、广大职工积极参与。

（一）中央给予最优惠的政策扶持

针对国有林区、国有林场的特殊困难及职工居住现状，中央明确了林业棚户区、危旧房改造以最优惠的扶持政策。在投入政策上，实行中央补助、省级配套、企业（林场）自筹、职工合理负担相结合，中央对国有林区棚户区、国有林场危旧房改造每户分别补助1.5万元和1万元。这是全国各类保障性住房补助的最高标准。同时，优先安排专项投资用于林业棚户区、危旧房改造供热等配套基础设施建设；省级政府每户配套1万元，地、县政府依据自身财力给予一定比例支持，其余资金由森工企业（林场）和职工个人合理确定标准比例自行筹集。在土地政策上，林业棚户区改造以及相关基础设施和公益性事业建设用地纳入当地土地供应计划，无偿划拨并确保优先供应，建设用地要依法办理土地登记。在税费政策上，林业棚户区、危旧房改造免收各项行政事业性收费和政府性基金；同时，林业棚户区、危旧房改造符合国家规定的廉租房、经济适用住房建设标准的，享受与煤炭棚户区、城市棚户区以及廉租房、经济适用住房相同的中央和地方税收优惠政策。在房屋产权上，按照当地政府的有关规定取得房屋产权的，地方房屋登记部门及时给予相应登记。

广东省佛山市云勇林场危旧房改造前后实景（陈伟光提供）

重庆市巴南区分房现场
（重庆市林业局棚户区改造管理办公室提供）

江西省赣县国有林场分房现场
（江西省林业厅棚户区改造管理办公室提供）

（二）地方政府全方位支持

各省（自治区、直辖市）政府足额落实省级配套资金。尤其是东北、内蒙古国有林场改造任务重的地区，在财力相对紧张的情况下，压缩其他支出，优先保证林业棚户区、危旧房改造的配套资金，有力地推进了林业棚户区、危旧房改造工作。各地相继出台了相应的优惠政策。黑龙江省政府规定，林业棚户区改造项目一律免收土地登记费、征地管理费、防空地下室易地建设费以及城市基础设施配套费等各种行政事业性收费。吉林省政府规定，国有林区棚户区改造以划拨方式供地，免缴省和各地政府有权决定的各项行政事业性收费，减半征收水、电、热、燃气等增容和入网费等经营性收费。山西省、海南省政府规定，林业危旧房改造各种行政事业性收费和政府性基金按低限减半征收。江苏省政府规定，林业危旧房改造用地实行行政划拨，未能按时落实用地的县（市、区），暂停其房地产开发项目用地审批资格，有效保障了土地供应。

（三）社会各界多方面帮助

林业棚户区、危旧房改造涉及方方面面。林区的计划、财政、住建、国土、工商、民政等部门充分发挥各自的职能作用，密切配合，互相支持，一切为棚户区改造提供方便，一切为棚户区改造开绿灯；金融部门主动与林业部门对接，积极提供信贷支持；林区公、检、法、司等部门围绕"棚改"中遇到的热点、难点问题开展法律监督，为棚户区改造保驾护航；工会、共青团、妇联等群团组织，充分发挥联系群众的桥梁纽带作用，主动深入棚户区改造一线，发动群众、扶贫济困、凝聚人心；林区其他社会各界也积极投身到棚户区改造工作中，形成了强大合力。

（四）职工群众全程参与

林区职工群众把林业棚户区、危旧房改造称之为惠民工程、生命工程，关注程度高，参与热情高。在实施改造的进程中，各级林业部门、建设单位通过宣传、公示等方式与职工充分沟通，使职工充分了解国家有关政策，保证了各环节阳光操作，赢得了职工的支持和拥护。许多职工群众自觉参与"棚改"工作，从动迁、选址到原材料采购、施工现场，都能看到广大职工群众的身影。有的职工每天都到建设工地查看，发现问题及时反映，共同协商解决。这种阳光操作机制为林业棚户区、危旧房改造顺利推进奠定了坚实的群众基础。

三、狠抓管理：保障工程进度和质量

国家林业局党组将林业棚户区、危旧房改造工程作为林业强基础、惠民生、促发展的大事来抓，要求举全局之力、全行业之力，确保工程成效；为确保目标实现，成立了由局长为组长、副局长为副组长、相关司局为成员单位的林业棚户区改造工作领导小组。各地林业主管部门也成立了组织领导机构，建立了联席工作机制，明确了各有关部门在项目建设中的职责、任务，制定了定期协调、重大问题现场办公、日常工作保持联络等工作制度，实行了目标、任务、资金、责任"四到省"的责任制度，确保各项责任层层落实到位。各地、各单位也先后成立了以主要领导为组长的领导小组和办公室，统一指挥，建立了严格的目标责任考核机制，把责任、目标、任务落实到具体部门、具体人，形成上下齐心协力抓落实的工作机制。

（一）整章建制，规范运作

国家林业局会同有关部门先后制定并联合颁发了《国有林区棚户区改造工程项目管理办法》《国有林场危旧房改造工程项目管理办法（暂行）》，明确和细化了国有林区棚户区、国有林场危旧房改造项目计划、资金、建设、质量、监督检查等规定和优惠政策，各地、各单位也先后制定了相应的实施细则，涉及入户调查、身份确定、流程进度、工程质量、目标管理责任、拆迁安置补偿、住宅分配等多个环节，工程建设中严格执行项目法人制、招标投标制、合同管理制、工程监理制，靠制度管人、管事、管钱，有效保证了工程建设有序进行。

（二）以人为本，尊重民意

在推进棚户区、危旧房改造中，坚持把群众满意不满意作为工作的出发点和落脚点，把群众是否得到实惠作为工作评价标准。各地、各单位制定印发了棚户区、危旧房改造政策解答手册，发放到每个职工手中，利用林区广播、电视、报纸进行全方位、全覆盖宣传。在调查摸底、项目报批、申请审核、拆迁施工、验收入住等工作流程中，坚持公开透明、公平公正。制定公开了拆迁补偿安置方案，坚持用诚心讲解拆迁政策，用耐心听取意见，用真心帮助解决困难，确保了工程的顺利实施。

内蒙古自治区牙克石林区棚户区改造现场（内蒙古森工集团棚户区改造管理办公室提供）

（三）强化监管，确保质量

林业棚户区、危旧房改造事关林区职工群众切身利益和生命财产安全，"百年大计，质量第一"，各地、各单位在"棚改"过程中必须做到严把"四关"。一是严把设计关。参与棚户区改造的勘查设计、咨询单位都坚持独立、公正、科学、可靠的原则，对编制的有关技术文件的真实性、有效性和合法性负责。二是严把材料关。大宗和主要建筑材料采购按照政府招标采购办法严格实行招标或竞价采购。三是严把施工关。棚户区改造工程项目建设严格实行项目法人责任制、招标投标制、监理制和合同管理制。加大对棚户区改造工程的质量监督力度，吸纳职工群众代表，对工程建设进行全过程、全方位监督。明确建设单位的责任，对工程建设中违法违规降低建设标准的行为，严格处罚，对发生重大质量事故的，追究相关责任人的责任。四是严把验收关。对已经竣工的项目，依照国家有关法律、法规和工程建设规范、标准、工程设计文件要求和合同约定的各项内容，对该项目进行竣工验收并严格执行竣工验收备案制度。国家林业局定期派出督导组，对项目计划下达、资金运行、工程进度和质量等进行了重点督查，发现问题，及时督促地方整改，确保工程建设质量，确保职工群众满意。国家有关部门和地方各级政府，把林业棚户区、危旧房改造作为一项重大民生项目，加大监督检查力度，强化工作督促，各地相继建立了一系列督查调度制度，普遍将林业棚户区、危旧房改造作为本地区机关效能监察和年度考核的重要内容，建立工作责任制，并通过开展多种形式的专题督查和工作检查，对发现的问题及时提出整改意见，确保了工程建设的质量和成效。

（四）攻坚克难，突破难点

针对林业棚户区、危旧房改造资金短缺等问题，国家林业局及各地、各单位不断探索，创新机制，坚持积极争取国家和省级人民政府投入、优惠政策支持、单位和职工自筹、市场开发补助、产权置换等办法，多渠道筹集资金。各地、各单位在建设模式上采取自行改造与招商引资改造相结合、拆迁新建与维修改造相结合、棚户区改造与保障性住房和商业开发相结合，进行社会化、市场化运作。在棚户区、危旧房改造过程中各林业局、林场采取统一规划、统一发包、统一采购、统一建设等办法，最大限度地节约建设成本，使有限的投资发挥了最大效益。

改造后的新林场（国家林业局发展计划与资金管理司提供）

棚户区改造后的小区（龙江森工集团棚户区改造管理办公室提供）

江西省浮梁县林业局发放房产证
（江西省林业厅棚户区改造管理办公室提供）

湖北省英山县吴家山林场危旧房改造入住户领到新房钥匙
（湖北省林业厅棚户区改造管理办公室提供）

（五）有序推进，实现目标

　　林业棚户区、危旧房改造工程从启动以来，各地、各单位每年都依据中央投资计划和省级年度建设方案迅速将计划分解下达到具体项目并落实下达省级和市县配套资金，及时办理相关手续，确保了项目及时开工建设。国家林业局还对林业棚户区、危旧房改造任务重、改造进度较慢的省份进行督促检查，协调解决改造工作中的困难，督促工作进度和质量，确保如期保质完成建设任务。到目前，已安排中央投资176亿元，改造任务132万户，其中已竣工入住70万户，其余改造任务正在施工建设，到工程结束后，将有150多万户林区职工入住宽敞明亮的新居。

黑龙江省柴河林业局棚户区改造后的小区
（龙江森工集团棚户区改造管理办公室提供）

四、齐心协力：共建可持续发展新林区

林业棚户区、危旧房改造工程实施以来，各地、各单位紧紧抓住这个惠及全体林业职工群众的难得机遇，奋力拼搏，扎实工作，林业棚户区、危旧房改造成效明显，影响深远。

（一）变化翻天覆地

短短几年间，中央这项惠民生、促发展的重大举措已经在林区开花结果，取得了明显阶段性成果，林区很多地方职工群众的居住条件和生活及精神面貌发生了翻天覆地的变化，一排排、一栋栋美观适用的楼房拔地而起，小区内绿树成荫、鸟语花香，宽阔的小区道路两旁还安装了各式各样的健身器材。林区职工告别了棚户区、泥草房，入住宽敞明亮的新居，实现了"居者有其屋"，圆了务林人多年的住房梦。"屋里小半间，头顶能望天，四世同堂住，睡觉肩挨肩"的日子一去不复返了。

（二）职工欢欣鼓舞

林业棚户区、危旧房改造工程的实施，切切实实改善了林业职工的居住条件，大幅度改善了林区职工生活、医疗、教育、交通等条件，使林区每一个困难职工家庭切实感受到了党中央、国务院的亲切关怀，感受到了社会主义制度的优越性，感受到了社会主义大家庭的温暖。走进改造完毕的小区，听到最多的话是："这辈子做梦都没想到能住进新楼房，感谢共产党。"很多在林区工作和生活了一辈子的老职工动情地说："以前，一到雨季，这一片房子就泡汤了。如今，我们搬进了新建的小区，房子大、户型好、环境美，每天还可以到休闲广场健身娱乐，日子都得唱着过。"

海南省尖峰岭林业局新建成的职工危旧房改造住宅小区（海南省林业局棚户区改造管理办公室提供）

广东省乳阳林业局危旧房改造后整体实景（陈国元提供）

（三）前景更加美好

长期以来，林区建设一直是"以木材生产和森林管护为主"，生产生活布局都是以木材生产和森林管护为核心来设计建设的。随着社会的进步，这种生产力布局和经济结构的不合理性越来越凸显，严重影响林区社会经济发展。林业棚户区、危旧房改造工程的实施，成为优化林区生产力布局的良好契机，对加快林区林场和营造林生产等生产生活布局的调整，加速林区小城镇建设的步伐，大幅度改善林区职工生活、医疗、教育、交通等条件，提升林区经济社会发展水平，进一步促进森工、林场改革的深化，夯实林区经济社会全面协调可持续发展的基础，都将发挥越来越重要的作用，国有林区、国有林场职工生活将更加殷实，林区风景将更加秀丽，林区明天将更加美好。

黑龙江省柴河林业局棚户区改造后的住宅小区（龙江森工集团棚户区改造管理办公室提供）

贵州尧人山国家森林公园水族村寨（李贵云提供）

第二十九篇

一处景观带来
一片繁荣

——森林公园建设述评

　　我国地域广阔，从南到北跨越 5 个气候带，从东到西海拔高差达 8000 多米，迥异的气候条件和地理环境不仅孕育出种类异常丰富的野生动植物资源，而且其间遍布山岳、丘陵、峡谷、沙漠、湖泊、草原、海滩、火山、冰川、岛屿、溶洞等类型多样的自然景观，以及众多的中华悠久文明的历史遗存和各民族多姿多彩的民俗风情，共同构成了我国独具特色的森林风景资源，具有较高的美学、生态、历史和文化价值。

　　早在 20 世纪 80 年代初，我国敏锐地认识到森林风景资源的独特价值。1981 年 7 月，林业部邀请国家计划委员会等单位召开座谈会，专题研究利用森林兴办旅游的事宜，并于 1982 年 9 月正式批准在湖南省大庸县国营张家界林场基础上建立张家界国家森林公园。自此，我国森林公园建设从无到有，不断发展。到 2002 年年末，我国已建立各级森林公园 1476 处，规划总面积 1268.95 万公顷，其中国家级森林公园 438 处，森林公园遍布除台港澳外的 31 个省（自治区、直辖市）。全国森林公园共拥有游步道 2.67 万公里，旅游车船 7254 台（艘），接待床位 17 万张，职工总数 7.65 万人，年接待游客 1.1 亿人次，直接旅游收入 37 亿元，创造社会综合旅游收入 480 亿元。

　　党的十六大报告明确提出了全面建设小康社会的目标，要求推动整个社会走上生产发展、生活富裕、生态良好的文明发展道路，林业工作备受重视。2003 年 6 月 25 日发布的《中共中央　国务院关于加快林业发展的决定》，明确将"努力发展好森林公园"纳入以生态建设为主的林业发展战略，为森林公园建设的迅猛发展创造了难得的历史机遇。到 2011 年，全国森林公园总数达到 2747 处，比 2002 年翻了近一番，规划总面积达 1706.3 万公顷，新增面积超三分之一。回良玉副总理在 2010 年 10 月召开的全国集体林权制度改革百县经验交流会上赞誉"一处景观带来了一片繁荣"，对森林公园建设带来的一系列深刻变化做出了高度概括和贴切评价。

金丝峡谷——陕西金丝大峡谷国家森林
公园，典型的峡谷类型森林公园
（陕西省林业厅提供）

鹞子寨——湖南张家界国家森林公园（段又升提供）

一、森林公园建设带动了旅游产业的发展

　　森林是人类的摇篮，森林公园满足了人们日益强烈的返璞归真、回归自然的心理诉求，对公众具有强大的吸引力。"鸟鸣林更幽，四时景不同"，森林所拥有的优美而多变的自然风光，也顺应了广大城乡居民日益增长的文化娱乐需要，众多森林公园迅速成为新兴的旅游热点。

　　统计数据显示，多年来森林公园的游客人数均保持高于国内其他旅游类型游客人数的年增长。2011年全国森林公园共接待游客4.68亿人次，比2002年翻了两番多，占国内旅游总人数的18%，同时还带动了自然保护区、湿地公园、树木园、林场等各类林业单位旅游的全面发展与繁荣，奠定了森林旅游在我国旅游业的重要地位。2009年12月发布的《国务院关于加快发展旅游业的意见》，特别提出大力推进旅游与林业的融合发展，支持发展森林旅游。

森林旅游活动之漂流——江西三爪仑国家森林公园（江西省林业厅提供）　　森林旅游活动之度假——广东石门国家森林公园（广东省林业厅提供）　　老君炼丹——江西灵岩洞国家森林公园（江西省林业厅提供）

　　各森林公园紧密依托森林所独具的净化空气、屏蔽噪音、调节气候、分泌杀菌素、释放负氧离子等特性，积极开展避暑度假、疗养保健、林间运动等，不断拓展多样化的休闲度假旅游活动，在推动我国旅游业由观光旅游向休闲度假旅游的转型升级中发挥着举足轻重的作用。

　　2011年5月，国家林业局与国家旅游局共同签署了《关于推动森林旅游发展的合作框架协议》，协议中首次提出把发展森林旅游上升为国家战略，作为"十二五"期间乃至今后更长时期的工作重点合力推进。2011年11月，国家林业局和国家旅游局联合下发《关于加快发展森林旅游的意见》，指出加快发展森林旅游是推进我国旅游业升级转型的强劲动力，要求把森林旅游培养成为旅游业发展新的增长极，为我国到2020年成为世界旅游强国作出更大贡献。

千岛竞秀——浙江千岛湖国家森林公园，典型的湖泊景观类型森林公园（浙江省林业厅提供）

二、森林公园建设带动了经济社会的发展

森林公园建设和旅游开发，辐射力强、带动面广，涉及农业、林业、能源、交通、制造、商业、宾馆、餐饮、信息等 15 个门类 40 多个行业，具备"一业兴而百业旺"的特点。

据不完全统计，2003～2011 年全国森林公园共投入建设资金 1270.9 亿元，新增游步道为 2002 年末游步道总长度的 1 倍多，森林公园游步道总长度达 6.04 万公里；旅游车船和接待床位分别比 2002 年末增长 200%，分别达到 3.11 万台（艘）车船、73 万张床位，林区基础设施条件大幅度改善。

截至 2011 年年末，全国森林公园共拥有职工 15 万人，比 2002 年增加近 1 倍，年提供社会就业岗位 64 万个，森林公园直接旅游收入 376.42 亿元，为 2002 年的 10 倍，社会综合产值近 3000 亿元，一大批林区职工和群众依托森林公园走上富裕之路。

作为我国首个森林公园的湖南张家界国家森林公园，至 2011 年共实现旅游收入 360 亿元，上缴税费 60 多亿元，解决社会就业近 20 万人，辖区内农民人均纯收入近 4 万元，比 1982 年的 122 元增加了 326 倍，是其所在的张家界市农民人均纯收入的近 10 倍。

河南省嵩县拥有白云山、天池山 2 处国家级森林公园，白云山还被国家旅游局评为 AAAAA 级旅游景区、被全国媒体评为"中国十佳休闲旅游胜地"，以森林公园为龙头形成了多个景区协调发展的森林旅游格局，成为伏牛山大旅游开发的核心区和洛阳南线旅游的重点区。2010 年全县接待旅游人数达 512 万人次，综合经济效益达 14 亿元，全县直接从事旅游经营服务的商户 2500 家、从业人员 9000 人，提供社会就业岗位 2 万个，10 万山区群众依靠森林旅游走上了致富路，依托白云山国家森林公园兴办的农家宾馆户年均收入在 10 万元以上，森林旅游成为该县的支柱产业，有力拉动了县域经济发展，城区面积由 3.7 平方公里扩大到 8 平方公里，并在全省

沙漠胡杨林——内蒙古喀济纳胡杨国家森林公园，典型的沙漠景观类型森林公园（内蒙古自治区林业厅提供）

2011年5月8日，全国政协副主席、民盟中央第一副主席张梅颖考察天堂寨国家森林公园

率先实现县城"三线入地"，先后荣获"国家卫生县城""全国绿化模范县""全国生态示范区""省级园林县城""河南省人居环境范例奖"等称号。

森林公园建设对经济社会的带动作用受到高度重视。2009年10月由国家林业局和国家发展和改革委员会等5部门联合印发的《林业产业振兴规划（2010～2012年）》中，将大力发展生态旅游作为7项主要任务之一，要求加大对森林公园等森林旅游景区的建设投资；2011年8月国家林业局印发的《林业发展"十二五"规划》则明确将森林旅游作为十大主导产业之一，提出积极发展以森林公园为主的森林旅游产业基地；2010年中央1号文件要求积极发展森林旅游，拓展农村非农就业空间；2012年中央1号文件再次强调支持发展森林旅游。

森林旅游活动之森林浴——河南白云山国家森林公园（河南省林业厅提供）

三、森林公园建设带动了资源保护事业的发展

森林公园建设的实践表明，良好的森林资源及其环境是森林公园赖以存在和发展的前提，森林公园建设又能有力推动森林资源的保护与发展。

为进一步加强对森林公园资源与环境的保护管理，国家林业局于 2011 年 5 月制定公布了《国家级森林公园管理办法》，并先后下发了《占用征用林地审核审批管理规范》（2003 年）、《国家林业局关于占用征用国家级森林公园林地有关问题的通知》（2005 年）、《国家林业局关于进一步加强国家级森林公园建设管理的紧急通知》（2007 年）、《国家级森林公园监督检查办法》（2009 年）等文件，严格控制森林公园内的建设活动，强化对森林公园的森林资源保护与管理。

湖南、四川、安徽、贵州、广东、江西和黑龙江等省相继出台了相关的森林公园条例，出台森林公园政府规章的省份 2 个，出台森林公园条例的地级市 5 个，森林公园依法管理力度不断增强。

各森林公园积极开展森林资源培育和自然生态保护工作，2003～2011 年共投入专项资金 135.73 亿元，营造风景林 89.7 万公顷，改造林相 83.37 万公顷，森林公园的森林资源和生态环境质量不断提高。

森林公园建设还激发了广大群众的自觉保护意识，位于贵州省水城县的玉舍国家森林公园，建园前经常有周边群众因贫困盗伐国有林木，屡禁无效，2002 年年末建立森林公园后组织周边农民成立"观光马队"，每个农民每天能收入 100 多元，

金山夕照——新疆阿勒泰小东沟自治区级森林公园，典型的草原景观类型森林公园（新疆维吾尔自治区林业厅提供）

东门屿——福建东山国家森林公园，典型的海滨景观类型森林公园（福建省林业厅提供）

不仅杜绝了盗伐林木的现象，还出现了公园发生火情时群众自觉奔赴现场扑救的感人场面。在《中共中央 国务院关于全面推进集体林权制度改革的意见》中，特别建议广大林农利用公益林的森林景观发展森林旅游业。

我国森林公园以占陆地国土总面积 1.78% 以及森林总面积约 8% 的规模，囊括了全国各类最具代表性的自然地带森林植被景观，开辟了我国森林景观多样性保护有效模式，成为我国林业自然文化遗产的重要保护地。至 2011 年年末我国被联合国教科文组织列入名录的 41 处世界遗产中，有 13 处涵盖森林公园的景观资源，森林公园在国家自然文化遗产保护方面发挥着重要作用。

2006 年，国家林业局在财政部支持下启动《国家重要森林风景资源保护目录》编制项目，对森林公园内的重要森林风景资源进行调查和鉴定；2007 年 6 月，经国务院批准、由国家发展和改革委员会等 8 部（委、局）印发的《国家文化和自然遗产地保护"十一五"规划纲要》明确将国家森林公园纳入国家文化和自然遗产地范畴；2010 年 12 月，国务院印发的《全国主体功能区规划》，则进一步将国家森林公园作为我国保护自然文化资源的重要区域列入国家禁止开发区域，并将省级及以下森林公园列为省级层面禁止开发区域。

阿尔山天池——内蒙古阿尔山国家森林公园，典型的火山景观类型
森林公园（内蒙古森工集团提供）

红石献寿——四川海螺沟国家森林公园，典型的冰川景观类型
森林公园（文月提供）

四、森林公园建设带动了生态文化的发展

　　森林公园内多样的森林植被和丰富的野生动植物，其本身所具有的生态特性和自然特征就是取之不尽的生态文化知识宝库，而中华各族人民与森林长期共处的历史，则积淀了内涵深厚且独具特色的生态文化。

　　陕西省楼观台国家森林公园曾是古代圣哲老子著述《道德经》之地，"道法自然"的理念体现了人与自然和谐相处的朴素思想；安徽省琅琊山国家森林公园曾是宋代文学家欧阳修流连忘返之地，发出了"醉翁之意不在酒，在乎山水之间也"的传世慨叹；湖南省夹山国家森林公园曾是唐代高僧善会悟出"茶禅一味"之地，成为日本茶道的源头；甘肃省莲花山国家森林公园是"洮岷花儿"的发源地，"莲花山花儿会"被列为国家非物质文化遗产……

　　2007年5月下发的《国家林业局关于进一步加强森林公园生态文化建设的通知》，指出森林公园是我国林业生态文化体系建设的重要阵地，要求全面推进森林公园生态文化建设工作，并先后实施了森林公园生态文化基地建设项目和生态文化解说体系建设项目。

　　近年来，各森林公园不断挖掘生态文化内涵，完善宣教设施，编辑出版宣传品，举办主题活动和培训，积极宣传生态文化。

醉翁亭——安徽琅琊山国家森林公园
（安徽省林业厅提供）

日本茶道源头——湖南夹山国家森林公园
（湖南省林业厅提供）

楼观台——陕西楼观台国家森林公园（陕西省林业厅提供）

塞罕林海——河北塞罕坝国家森林公园
（河北省林业厅提供）

《天门狐仙》实景演出——湖南天门山
国家森林公园（李纲提供）

北京市八达岭国家森林公园引进韩国先进的理念和技术建立森林体验中心；河北省塞罕坝国家森林公园教育基地展览馆再现了新中国务林人让荒原变成绿洲的壮举；江西省毓秀峰国家森林公园内规划建设了江西省自然科学博物馆；河南省开封国家森林公园则与宋河粮液酒厂合作在园内展示北宋酿酒过程；福建省旗山国家森林公园在双峰景区设立系列宣传牌，对森林和野生动植物资源、自然气候、空气负氧离子、植物精气、植物药用价值等进行解说；江西省铜钹山国家森林公园以生态文化为主题，多次举办创作笔会和采风活动，并编辑出版了《铜钹山的鸣唱》《铜钹山的传奇》《铜钹山的恋歌》《铜钹山的神话》系列散文集和《铜钹古韵》《铜钹故事》《铜钹歌咏》《铜钹幽记》系列历史文化丛书；湖南省天门山国家森林公园以"刘海砍樵"的民间传说为主线，组织创作了《天门狐仙》大型山水实景音乐剧，以天门山壮美瑰丽的奇峰险壑为背景向国内外游客演绎展示……

一大批森林公园成为广受公众欢迎的生态文化教育场所，在国家林业局、教育部和共青团中央自 2008 年起联合命名的 5 批共 50 处"国家生态文明教育基地"中，有 17 处是森林公园。

军潭湖——江西铜钹山国家森林公园（江西省林业厅提供）

五、森林公园建设带动了生态服务的发展

随着社会经济的发展，越来越多的地方把森林公园作为改善人居环境、提升城市形象的重要指标，大力开展城郊型森林公园建设，全面提升了森林为人类服务的多种生态功能。

江西省要求把城郊型森林公园建设成为林业面向社会、服务大众、美化城市的主要窗口，山西省则将城郊森林公园建设列入全省十大林业工程，计划用 5 年时间建立起覆盖全省的城郊型森林公园体系，并全部免费向社会开放，不少地方也积极创造条件推动城郊型森林公园的免费开放。据对 2011 年 18 个省（自治区、直辖市）的统计，共有 228 处森林公园实现免费开放，本年度享受免票福利的游客达 7000 多万人次，比例高达全国森林公园旅游总人数的 15%；山西省 56 处县级城郊型森林公园全部免费开放，日接待游客 36 万人次，直接受惠人数达到 1600 万人，全省近50% 人口享受着森林公园的优质休闲环境，享受到森林公园所提供的公共休闲的新型森林生态服务。

胡锦涛主席在首届亚太经合组织林业部长级会议题为《加强区域合作 实现绿色增长》的致辞中，突出强调要充分发挥森林在经济、社会、生态、文化等方面的多种效益，实现平衡发展。我们相信，森林公园建设完全能够在带动产业发展、社会进步、生态保护、文化传承等方面发挥更大的作用，为加快现代林业建设、促进绿色增长作出更大贡献！

山东泰山国家森林公园中天门（山东省林业厅提供）

贵州玉舍国家森林公园（玉舍森林公园提供）

福建福州国家森林公园（福州森林公园提供）

新疆夏塔古道国家森林公园（新疆维吾尔自治区林业厅提供）

第三十篇

中国特色的
森林防火之路
——森林防火工作述评

肆虐的火线（国家森林防火指挥部办公室提供）

　　自从人类出现在地球上，就与火结下了不解之缘。人类几千年的发展史，也是一部驯火史。火，点亮了人类文明，正如恩格斯所说："摩擦生火第一次使人支配了一种自然力，从而最终把人类同动物分开。"同时，火也能瞬间把文明化为灰烬。

　　森林是一个孕育神奇的地方。丰富多彩的植物、千奇百怪的动物，以及由此构成的纷繁复杂的生态群落，日出日落间演绎着生命的传奇，展示着大自然的魅力。然而，这份神奇与魅力也许在顷刻间就会化为乌有，一个烟头，一根火柴，也可能是偶尔的一道闪电，拥有着巨大破坏力的森林火灾就能将涛涛林海付之一炬，使百年树木毁于一旦，使绿色家园变成黑色焦土。

　　森林火灾作为世界八大自然灾害之一，具有突发性强、危害性大、处置救助困难等特点。据统计，全世界平均每年大约发生森林火灾 22 万次，受灾森林面积达 1000 万公顷，约占森林总面积的 0.1%，有大约 90 亿吨生物量在一场场肆虐的森林火灾中化为灰烬。

　　进入 21 世纪以来，全球气候异常，世界范围内森林火灾频发，许多国家相继发生了震惊世界的森林大火。2001 年末，澳大利亚因雷击和人为纵火引发多起火灾，大火持续燃烧 31 天，波及的 4 个州宣布进入紧急状态。2003 年，美国加利福尼亚州发生了历史上最严重的森林大火，造成 22 人死亡，转移居民 11 万人。2007 年，希腊发生的森林大火，波及该国近一半国土，并引发政治危机。2009 年 2 月，澳大利亚发生的森林大火，造成 200 多人死亡，引发一系列生态、政治和社会问题。2010 年，俄罗斯发生的森林大火，烧毁数千幢民房和部分军事设施，直接影响到数万人的生计，危及国防甚至国家安全。森林火灾不仅严重危及人民生命财产和森林资源安全，而且有可能引发国家灾难，甚至引发政治危机，危及国家政权。

　　我国位于欧亚大陆东南部，地域辽阔，地形复杂，气候多样，季风气候显著，森林类型与分布各异，曾经是一个森林火灾十分严重的国家。面对森林防火的严峻形势，党中央、国务院采取了一系列加强森林防火工作的重大措施，特别是党的十六大以来，我国森林防火工作全面加强，森林火灾综合防控能力达到历史最好水平。2003～2011年，全国年均发生森林火灾9909起、受害森林面积14.2万公顷、人员伤亡136人，分别比历史（1950～2002年）平均水平下降了26%、80%和9%，年均森林火灾受害率（指火灾受害森林面积占森林总面积的比例）仅为0.07%，远低于0.35%的历史平均水平，同时也低于同期世界林业发达国家的水平。

一、从一片空白到科学规范

新中国成立前，我国森林防火事业一片空白，火灾任其自燃自灭。新中国成立后，党和政府十分重视森林资源的保护管理工作，森林防火事业逐步开展，森林火灾的危害总体呈下降趋势。我国森林防火工作大体经历了六个发展阶段。

（一）起步开展阶段（1949～1956年）

新中国成立初期，我国平均每年发生森林火灾2万多起，受害森林面积150多万公顷，全国森林火灾受害率为1.38%。1952年，林业部同意将主要承担剿匪任务的东北护林队改为中国人民护林警察，增加护林防火职能；开始在东北林区用飞机进行森林防火巡逻报警，一些护林防火技术措施在重点林区逐步推行，森林防火事业开始起步。

（二）初步建设阶段（1957～1965年）

1957年1月，林业部成立了护林防火办公室，主管全国护林防火工作。地方各级护林防火组织逐步建立，林区县、区、乡无森林火灾竞赛活动在全国普遍开展起来，森林防火进入了"以群防群护为主，群众与专业护林相结合"的时期，森林火灾发生情况有所好转。这一时期的1961年、1962年、1963年森林火灾仍较为严重，全国森林火灾年均受害率为1%。

（三）削弱停顿阶段（1966～1976年）

"文化大革命"期间，森林防火事业陷于停顿，不少地方护林防火组织机构瘫痪，专职人员下放，一些林区基层防火站点和西南航空护林站下放到地方，重点林区刚刚兴建的护林防火设施停建，有的设施年久失修失去作用，行之有效的护林防火规章制度受到批判，乱砍滥伐林木和森林火灾仍然严重。

大屏幕三维展示实时监测森林火灾效果
（国家森林防火指挥部办公室提供）

三维标绘（国家森林防火指挥部办公室提供）

（四）恢复发展阶段（1977 ～ 1986 年）

党的十一届三中全会以来，森林防火事业同其他事业一样，开始恢复生机。1979年 2 月 23 日，第五届全国人大常委会第六次会议原则通过《中华人民共和国森林法（试行）》，从法律上对森林防火作出明确规定。1981 年 2 月 9 日，国务院发出《关于加强护林防火工作的通知》，3 月 8 日，中共中央、国务院发布《关于保护森林发展林业若干问题的决定》。林业部进一步加强了森林防火组织、专业队伍和基础设施建设。1980 ～ 1985 年，东北、内蒙古国有林区森林火灾次数下降，特别是一些重点地区基本上没有发生大的森林火灾，全国森林火灾年均受害率下降到 0.35%。

（五）历史转折阶段（1987 ～ 2001 年）

1987 年我国黑龙江大兴安岭地区发生震惊世界的"5·6"大火，大火持续燃烧27 个昼夜，过火面积 133 万公顷，造成 213 人死亡、226 人受伤，5.6 万多人受灾，直接经济损失 5 亿多元。也正是以此次森林火灾为转折，我国森林防火工作得到大力加强。1988 年，国务院颁布实施我国第一部森林防火行政法规——《森林防火条例》，为开展森林防火工作提供了法律依据。在党中央、国务院和地方各级人民政府的重视下，森林防火基础设施不断完善，防扑火队伍建设不断加强，坚持科学预防和扑救，森林火灾次数和损失大幅度下降，全国森林火灾年均受害率下降到 0.1%。

（六）全面发展阶段（2002 年至今）

党的十六大以来，我国森林防火工作迎来了全面发展的春天，成为森林防火发展最快的时期。2003 年，设计制作了森林防火徽标。2004 年，国务院办公厅下发了《关于进一步加强森林防火工作的通知》。2005 年，全国统一的森林防火报警电话 12119正式开通。2006 年，国务院发布《国家处置重、特大森林火灾应急预案》。2007 年，国家森林防火指挥部推出中国森林防火吉祥物——防火虎"威威"。2008 年 12 月，国务院颁布新修订的《森林防火条例》。2009 年，森林防火历史上第一个由国务院审批的《全国森林防火中长期发展规划》开始实施，森林防火投资大幅度增加。我国预防和处置森林火灾的组织体系进一步健全，各部门、各行业在森林防火工作中的职能作用进一步发挥，森林火灾应急管理工作步入规范化、法制化、科学化的新阶段，森林火灾次数和损失进一步下降，全国森林火灾年均受害率下降到 0.07%，达到世界先进水平。

生物防火林带（广东省林业厅提供）

2010 年 6 月 30 日，国家林业局副局长孙扎根在黑龙江省大兴安岭地区扑救夏季雷击火灾现场指导工作（国家林业局森林公安局提供）

二、源于实践的成功经验

经过多年努力，我国森林防火工作实现了从无到有、从弱到强的全面发展，特别是党的十六大以来的十年，伴随着我国经济的高速发展和社会的巨大进步，森林防火事业驶入了高速前进的快车道，围绕"预防为主，积极消灭"的工作方针和"打早、打小、打了"的工作目标，走出了一条具有中国特色的森林防火之路。

（一）坚持以人为本

我们坚持把科学发展观的基本理念与森林防火工作的具体实践有机结合起来，把人与自然和谐发展的总体要求与森林防火工作的自身建设规律有机结合起来，牢固树立"以人为本"的思想，实现了防火观念的升华，工作方式灵活转变，工作重点合理转移。在工作程序上，突出"预防为主"。通过强化传统媒体多种形式宣传，推出中国森林防火徽标、吉祥物——防火虎"威威"以及建立公众网站、印发防火宣传册、播放公益广告等，积极营造良好的防火氛围；通过推广计划烧除、大力营造生物防火林带、开设防火隔离带等，使火灾隐患明显减少。在工作方式上，更加注重科学性、实效性。通过合理引导野外生产生活用火，实行"疏堵结合"，做到全面防范与死看死守并举，火源管理进一步强化；通过定期邀请气象和防火专家会商火险形势，制定中短期火险预报，发布高火险警报等，进一步增强了工作针对性。在工作重点上，将保护人身安全置于首位，正确处理扑救重点和保护森林资源的关系，合理制定扑火方案，尽力减少火灾对重要设施和村落的危害；全面普及安全扑火和紧急避险知识，加强扑火防护装备配备，努力减少扑火伤亡。森林防火理念的转变，"以人为本"思想的确立，实现了森林防火工作从感性到理性的进一步升华、从实践经验到与系统理论的成功结合，为我国森林防火工作的正规化、现代化建设奠定了坚实的思想和理论基础。

（二）坚持依法治火

2004 年 4 月，国务院办公厅下发《关于进一步加强森林防火工作的通知》，对新形势下加强森林防火工作提出新的要求。2008 年国务院修订颁布了新的《森林防火条例》，在森林防火责任制、森林防火组织、森林火灾预防、应急管理机制及法律责任等方面进一步做出规范和完善，为推进依法治火提供了法律基础。同时，《全国森林火险区划等级》《国家森林防火指挥部工作规则》《森林火灾信息报送规定》《森林火险预警响应机制规范》等规范性文件和部门规章实施，为森林防火提供了制度保障。各省（自治区、直辖市）人民代表大会、人民政府也制定颁布了相应的防火条例和实施办法，防火期及时发布命令、布告，基层还建立完善了以野外火源管理为核心的各项规章制度、乡规民约，初步形成了一套较为完整的森林防火法规体系，我国森林防火逐步步入法制化轨道。

（三）严格落实责任

我国法律明确规定，森林防火工作实行地方各级人民政府行政首长负责制。各级地方政府对辖区内森林防火工作实行统一领导，政府主要（主管）领导担任森林防火总指挥（指挥长）。这既是我国森林防火工作与其他国家最大的区别，也是中国特色森林防火道路得以确立的显著标志。2006 年，国务院批准恢复组建国家森林防火指挥部。2007 年，国家森林防火指挥部成立森林防火专家组，建立了专家咨询制度。目前，全国共有各级森林防火指挥部 3342 个、办事机构 3679 个，9 个省（自治区、直辖市）建立了专职指挥员制度，森林防火专职管理人员 22194 人，初步构建了中央统一领导、地方分级负责、部门分工协作的森林防火组织指挥体系。各省（自治区、直辖市）党政主要领导把森林防火作为维护社会稳定、促进经济发展、确保人民生命财产安全的一件大事来抓，对森林防火工作亲自部署、亲自检查、亲自抓落实，全面纳入政府工作范围，有力促进了各项工作的全面深化和责任落实。

（四）发展专业森林消防力量

在全球森林大火频发的不利环境下，我国之所以能够实现森林火灾的高效率处置，专业化的森林消防力量功不可没。各地按照"专群结合、以专为主"的要求，以"建得起、养得住、用得上"为原则，大力建设"形式多样化、指挥一体化、管理规范化、装备标准化、训练经常化、用兵科学化"的森林消防队伍。目前，全国地方专业（半专业）森林消防队伍达到 2.1 万支、60.65 万人，比 2002 年分别增加 98% 和 87%。我国基本形成了以地方森林消防队伍为主力军，以解放军、武警部队、预备役部队、

武警森林部队参与抢险救灾（武警森林指挥部提供）

武警森林部队参与灭火（武警森林指挥部提供）

2011 年 11 月，国家森林防火指挥部专职副总指挥杜永胜在新疆维吾尔自治区喀纳斯火场指导灭火工作
（国家林业局宣传办公室提供）

民兵应急分队、林业职工和群众等为后备力量的火灾扑救体系，处置森林火灾特别是大火的能力有了明显提高，成为全国抢险救灾应急队伍中的一支重要力量。

（五）加强武警森林部队建设

我国建有世界上唯一一支以扑救森林火灾为主要职能的武装力量——武警森林部队。在党中央、国务院、中央军委的正确领导和高度重视下，武警森林部队建设明显加强。编制员额大幅度增加，2008 年新组建了福建、甘肃森林总队和 2 个支队。目前有 9 个总队，一个机动支队和一个直升机支队，向江西、安徽、湖北、湖南 4 省派出临时定点驻防大队。2002 年以来，武警森林部队先后动用兵力 21 万余人次参与扑救森林火灾 4500 起，动用兵力 150 万余人次执行防火和林政执勤 5.3 万次，动用兵力 13 万余人次参与各类抢险救灾 730 余次，在防火灭火、林政执勤和抢险救灾等方面发挥了不可替代的作用。

在多年实践中，森林防火工作积累了很多成功经验。一是坚持以人为本、预防为主、积极消灭的方针，把保护人民群众生命财产安全和扑救人员人身安全放在防火工作首位，防范与扑救并举、建设与管理并重。二是坚持依靠法治、依靠科学、依靠群众的原则，完善森林防火法律法规，注重发挥专家在指挥决策中的重要作用，广泛动员林区群众做好防范工作。三是坚持因地制宜、分类指导、分区施策的举措，把预报和扑救的普遍准则与各地实际紧密结合，实现效能效益最大化。四是坚持专群结合、军地协同、各方支持的组织方式，充分发挥地方和武警专业消防队伍在扑救中的主力军作用，提高专业化水平。五是坚持政府全面负责、部门齐抓共管、社会广泛参与的机制，形成防火工作合力。这些宝贵经验，是我国森林防火战线广大干部和职工集体智慧的结晶，是森林防火工作多年实践的总结，需要长期坚持并不断发展创新。

航空宣传森林防火（王忠宝提供）

专业森林消防队伍在训练（李杰提供）

三、应急处置能力赶超世界先进水平

有效防控森林火灾是世界性难题。就火灾预防而言，由于我国特殊的管理体制，特别是行政首长负责制、全民参与等特点，使我国在火灾预防上处于世界领先水平。而美国、加拿大、澳大利亚等林业发达国家因为科技发达、装备先进等优势，在火灾扑救方面代表着世界先进水平。近年来，我们通过"走出去、请进来"，借鉴发达国家的做法，结合工作实际引进先进的管理理念和大型防扑火装备，发展以水灭火技术，使火灾应急处置能力实现了跨越式发展。

（一）森林火灾纳入国家应对突发公共事件范畴

党中央、国务院高度重视防灾减灾工作，把防灾减灾提升到贯彻落实科学发展观、检验政府执政能力、建设和谐社会的战略高度。2006年，国务院制定发布了《国家处置重、特大森林火灾应急预案》，这是我国颁布的5件自然灾害类突发公共事件专项应急预案之一，明确了国家在应急处置重、特大森林火灾中，各职能部门和相关应急支持保障部门的职责，全面增强了我国森林火灾应急处置的规范性、科学性、有效性，我国森林火灾应急管理工作步入了规范化、法制化、科学化的新阶段。

（二）以信息化带动防火现代化

信息化是当今世界的重要时代特征，是推动经济社会变革的重要力量。我们紧紧围绕强化火险预警、火情监测、指挥调度及处置突发事件等关键环节，全力推动

立体监测体系
（国家森林防火指挥部办公室提供）

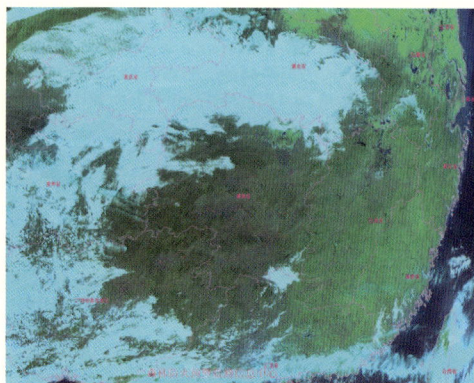

卫星监测图片（国家森林防火指挥部办公室提供）

吊桶洒水灭火（王忠宝提供）

吊囊灭火（王忠宝提供）

全地形装甲运兵车（黑龙江省林业厅提供）

隔离带开设机（黑龙江省黑河市林业局提供）

森林防火信息化进程，确保了森林防火在科学发展的轨道上前行。通过推进森林火险预警系统建设，建立一套森林火险预测预报和预警信息发布机制，为森林防火装上了"风向标"。通过推进卫星林火监测系统建设，国家森林防火指挥部相继在北京市、昆明市、乌鲁木齐市和哈尔滨市建立了4个卫星林火监测地面站，运用卫星遥感数据，随时掌握各地森林火灾发生情况，为森林防火装上了"千里眼"。通过推进森林防火专用通讯网和火场应急通信系统建设，构建多层面的火场应急通信体系，为森林防火装上了"顺风耳"。通过推进地理信息系统建设，增强扑火指挥决策的科学性，为森林防火配上了"智囊团"，林火信息处理初步实现了现代化。

（三）森林火灾扑救实现地空结合

随着超大型直升机、隔离带开设机、全地形装甲运兵车、特种水泵、森林消防水车、专用通信指挥车等先进装备的投入使用，我国森林火灾的扑救手段已由过去

火场索降（王忠宝提供）

完全依靠人力扑救发展到现在的人工扑救、索降灭火、机降灭火、直升机吊桶灭火、固定翼飞机化学药剂灭火、水泵灭火、特种车辆灭火等多种手段的有机结合，实现了地空配合、立体作战，极大地提升了重特大森林火灾的控制能力。2007年国家森林防火指挥部在黑龙江省大兴安岭地区组织开展了森林火灾扑救指挥系统实战演习，全面展示了我国现代化的扑火手段，体现了科学扑救的灭火方针，体现了军民协作、统一指挥的作战原则，体现了科技先导、立体扑救的发展趋势。

米-26直升机进行吊桶灭火（黑龙江省林业厅提供）

米-26TC吊桶洒水（王忠宝提供）

（四）航空消防成为防扑火的攻坚力量

我国森林航空消防事业迅猛发展，队伍不断壮大，基础不断夯实，能力不断提升。尤其是随着米-26、卡-32等世界先进大型直升机的广泛应用，我国的空中直接灭火能力得到极大提升，在扑救历次森林大火中发挥了不可替代的作用。目前，我国已形成以东北航空护林中心、西南航空护林总站为核心，以各航空护林站为骨干的森林航空消防体系。森林航空消防覆盖区域由2002年的7个省份增加到目前的17个省份，航站数量由19个增加到26个，每年租用飞机140多架次，逐步成为森林防火灭火的主要手段。

（五）以水灭火成为火灾扑救的撒手锏

"水车开到路尽头，管线水泵接力抽，人背马驮到火线，火场水源无变有"，在实践中看到以水灭火的特殊效果后，武警森林部队原主任王佐明和广东、河北等地专业森林消防队伍编出了这样的顺口溜。以水灭火是近年来发展起来的一项新技术，具有拦截火头高效、扑灭明火迅速等特点，是扑救森林火灾的"撒手锏"，是

以水灭火（广东省林业厅提供）

森林消防水罐车直接喷水灭火（广东省林业厅提供）

提升森林防火应急能力的关键之举。与传统的扑火手段相比，采用以水灭火，扑火人员可减少50%，灭火时间可缩短80%，灭火费用可降低60%，危险性明显降低，而且不易出现死灰复燃。广东省全面实施以水灭火以来，确保了每年几百起森林火灾全部在24小时以内扑灭，极大地降低了损失。

我国森林火灾应急处置能力在近几年扑救历次森林大火中经受住了考验。例如，2006年内蒙古自治区及黑龙江省"5·21"、2009年黑龙江省沾河林业局"4·27"、2010年黑龙江省大兴安岭呼中"6·26"等森林火灾。这些火灾都是自1987年大兴安岭"5·6"大火以来我国发生的十分严重的森林火灾，然而几起火灾都在7～15天内被彻底扑灭，没有发生火烧连营，也没有造成林区群众和扑火人员伤亡，创造了我国森林防火史上在极端恶劣条件下，主要依靠人力扑灭大范围森林火灾的纪录。正是由于我国森林火灾应急处置能力的不断提升，在世界范围内森林大火频发、形势日益严峻的情况下，我国森林防火工作连续实现森林火灾发生次数、受害森林面积、人员伤亡"三下降"的好成绩，最大限度地减少了火灾发生和灾害损失。

党的十六大以来的十年，是党中央、国务院对森林防火工作高度重视、支持力度最大的十年，是我国森林防火工作地位不断提升、能力不断增强、成就十分显著的十年，是为保护人民生命财产和森林资源安全、巩固生态建设成果、维护社会稳定作出突出贡献的十年。

森林消防水泵灭火（广东省林业厅提供）

松材线虫病危害状（胡学兵提供）

第三十一篇

为了森林的健康

——林业有害生物防治工作述评

我国是世界上林业有害生物发生、危害最严重的国家之一，发生种类多、分布地域广、危害损失大。据统计，全国有林业有害生物8000余种，能造成危害严重的近300种，年均发生面积近1170万公顷，损失森林蓄积量2551万立方米，经济损失达1100多亿元。林业有害生物严重影响着生态安全、森林食品安全、贸易安全及气候安全。

党中央、国务院高度重视林业有害生物防治工作。江泽民同志曾多次关注松材线虫病防治工作，2001年5月19日，他在黄山玉屏景区得知黄山松正面临从日本传入的松材线虫病的威胁时，当即指示：一定要抓好预防工作，切实保护好黄山松。温家宝总理多次对林业有害生物防治工作作出重要指示，明确指出：森林病虫害发生和蔓延的形势严峻，对森林保护、植树造林、生态建设造成极大的危害。必须把防治森林病虫害的工作摆到重要位置，加大力度，狠抓落实，常抓不懈。这是林业部门的重大责任。回良玉副总理亲自指导林业有害生物防治工作，并专门就松材线虫病防治作出重要批示："松材线虫病扩散的速度很快，给林业造成的损失巨大，对一些林区、风景名胜区和三峡库区的生态安全构成严重威胁，务必采取有效措施，认真对待。要落实防治责任，创新防治机制，加大执法和投入力度，实施科学防治，坚决遏制松材线虫病扩散蔓延的势头，切实保护好森林资源和国土生态安全。"

在党中央、国务院的高度重视和地方各级党委、政府的大力支持下，各级林业主管部门和森防工作者不懈努力，层层落实地方政府防控重大林业有害生物目标责任制，加强监测检疫、应急处置、工程治理，防治工作取得新成效。2003～2011年，全国林业有害生物年防治面积由550万公顷增加到730万公顷，主要林业有害生物成灾率由0.7%下降到0.51%，无公害防治率由40%提高到81%，测报准确率由75%提高到85%，林木种苗产地检疫率由80%提高到98%，为保护森林资源、维护生态安全、促进绿色增长提供了有力保障。

一、林业有害生物防治工作纳入国家战略

2005年，林业有害生物灾害防治纳入《国家突发公共事件总体应急预案》《中国应对气候变化国家方案》《国家综合防灾减灾规划（2011～2015年）》。国家林业局先后发布了《关于进一步加强林业有害生物防治工作的意见》《关于切实加强林业植物检疫工作的通知》《重大外来林业有害生物灾害应急预案》，组织制定了国家和行业防治技术标准近100项，印发了防治技术方案近20项。2011年，国家林业局联合国家发展和改革委员会印发了《全国林业有害生物防治建设规划（2011～2020年）》，确定了林业有害生物防治的总体思路、主要目标和任务。

随着国家经济实力的不断增强，中央加大了林业有害生物防治投入力度，2003年以来，中央财政投入30多亿元，全面加强了监测预警、检疫御灾、防治减灾、服务保障体系建设，取得了重大进展：

——全国已建立2.8万多个监测站（点），专（兼）职测报员达6.5万人，基

本建成了国家、省、市、县、乡五级监测预警网络体系，初步实现了对新传入的危险性有害生物及时发现、突发性病虫早期预警和常发性病虫准确预报。

——全国建成各级林业有害生物防治检疫机构 3119 个，专（兼）职检疫员 3.1 万人，配备监测预报和检疫执法专用车 2000 多辆。

——全国 100% 的省、93% 的市、82% 的县制定了林业有害生物应急预案，共建立应急防控专业队伍 2801 支，建设应急物资储备库 569 个，储备各类应急防控器械近 7 万台（套），林业有害生物应急救灾体系基本形成。

二、重大外来林业有害生物得到有效控制

外来林业有害生物入侵是一个全球性问题，引起了国际社会的广泛关注。我国外来林业有害生物入侵危害十分严重，全国几乎所有类型的森林生态系统都受到外来有害生物危害，最危险的有害生物中，有一半是外来有害生物。20 世纪 80 年代末以来，先后有松材线虫病、美国白蛾、松突圆蚧、湿地松粉蚧、红脂大小蠹、椰心叶甲、松针褐斑病、紫茎泽兰、薇甘菊等 20 种重大外来林业有害生物传入我国。目前，我国外来林业有害生物年均发生面积约 280 万公顷，年均造成损失 700 多亿元，其中松材线虫病和美国白蛾年均造成经济损失达 110 亿元。

外来林业有害生物的传入和危害，给我国森林资源造成巨大威胁，中央领导同志对此高度重视。国务院办公厅专门就松材线虫病除治和美国白蛾防治两次下发通知，把松材线虫病和美国白蛾纳入国家重点防控的林业有害生物，国家林业局组织实施了国家级工程治理，从 2008 年起与有关省（自治区、直辖市）签订了松材线虫病等重大林业有害生物防控目标责任书，防治责任进一步落实，力度不断加大，取得了显著的防治成效。

红脂大小蠹危害状况（闫峻提供）

外来有害植物薇甘菊在广东省的危害状况（胡学兵提供）

松材线虫病被称为"松树的癌症",1982年在江苏省南京市首次发现,在我国迅速传播,经过工程治理及生物防治等综合防治措施,到2010年年末,松材线虫病疫区数量实现了30年来首次下降,根除了1个省级(云南省)疫点、28个县级疫点,发生面积从最多每年8.5万公顷下降到2011年的4.5万公顷,快速扩散、危害严重的势头得到遏制。

美国白蛾自20世纪70年代末传入辽宁省丹东市,目前还在8个省份的372个县(市、区)的局部地区发生危害。北京、天津、辽宁、河北、河南、陕西等省(直辖市),经过无公害防治和飞机防治,危害程度逐步减轻,基本拔除了核心防治区50%以上的疫点,重点防治区发生范围和危害程度显著下降,北京市周边地区实现了有虫不成灾,为确保2008年北京奥运会顺利举办作出了重要贡献。特别是,陕西省经过20多年的艰苦奋战,先后投入130万人次、3000多万元资金,人工查防190.3万公顷次,喷药灭虫74.7万公顷次,彻底根除了美国白蛾疫情。

美国白蛾危害状况(柴守权提供)

红脂大小蠹于20世纪80年代初随原木从美国传入我国,1999年首次在山西省暴发成灾。山西、河北、河南等省,通过实施以信息素诱捕为主,清理采伐枯死木、濒死木为辅的综合治理措施,拔除了近80%的红脂大小蠹疫点,有效控制了扩散,大大降低了虫口密度,发生危害程度明显减轻,已没有死树现象,发生面积由2003年的50多万公顷下降到2011年的5万公顷,成为我国成功控制外来有害生物的典范。

海南省2002年发现椰心叶甲危害椰子树,当地立即采取引进天敌昆虫等措施,有效控制了疫情,保护了海南岛独特的椰林景观和广大椰农的切身利益。广西壮族自治区通过替换易感树种等措施,基本控制了桉树枝瘿姬小蜂危害,保护了桉树资源,促进了产业发展。广东省应用生物更替法治理薇甘菊,2011年全省薇甘菊分布和发生面积分别比2010年下降了4.28%和13.23%。

全国各地不断加强林业植物检疫,严把有害生物传播关口,先后组织开展了"绿盾护林""绿箭""蓝剑"等多次林业植物检疫执法专项行动,共查处检疫违法案件5000多起,有力打击了检疫违法违规行为,有效控制了外来有害生物人为入侵和扩散。2010年,国家林业局与国家质量监督检验检疫总局、上海市以及长三角地区共同开展了为期半年的"为世博服务、保生物安全"检疫执法行动,为上海世博会成功举办作出了贡献,为我国在举办大型国际活动中加强植物检疫积累了经验。

2007年重庆市林业植物检疫人员进行调运木材检疫
(胡学兵提供)

2011年启动上海世博会检疫执法联合行动
(胡学兵提供)

三、本土主要林业有害生物防治成效显著

本土林业有害生物时刻侵害着森林的健康。2003 年以来，通过实施国家级工程治理、试点示范项目等，松毛虫、林业鼠（兔）害、杨树天牛等我国本土林业有害生物防治取得明显成效。

松毛虫幼虫 （孙玉剑提供）

松毛虫又名"松虎"，分布广泛，是我国危害严重的松树食叶害虫，具有区域性、周期性猖獗成灾的特点。可将针叶全部食尽，形似火烧。同时，人接触松毛虫毒毛后，可造成皮肤红肿、糜烂及关节炎，引发松毛虫病，严重影响人民健康。2002 年以来，江西、广西、湖南、云南、贵州、四川、重庆、辽宁等省（自治区、直辖市）松毛虫发生区，通过建立健全县、乡、村三级虫情监测网络，实施以营林措施为基础，以喷施白僵菌等生物防治为主导，以人工、物理防治为辅助的综合防治措施，基本解决了松毛虫的持续防控问题，发生面积由最高年份的 307 万公顷减少到现在的年均 100 万公顷以内，大多数地区基本实现了有虫不成灾，保护了我国重要的松树资源。

林业害鼠和野兔是我国林业有害生物的重要种类，主要啃食 10 年生以下树木的树皮、嫩茎、嫩芽、树根，盗食林木果实及直播造林种子。鼠兔害在西北地区危害猖獗，特别是对新造林危害严重，常出现造林后难成林的局面，给西部地区植被恢复和本已相当脆弱的生态系统带来严重危害。2002 年以来，在甘肃、青海、陕西、宁夏、内蒙古、辽宁等省（自治区）实施了国家级森林鼠害治理示范工程，建立了全国森林鼠兔害防治协作网，开展了无公害防治试点，推广了不育剂、拒避剂和触发式灭鼠雷、窒息式灭鼠弹等新型药剂、器械，鼠口密度、被害株率、被害枯死率明显下降，示范区 2012 年发生面积比 2002 年下降了 27%、重度发生率下降了 51%。

杨树天牛是我国最重要的一类林木蛀干害虫，主要包括光肩星天牛、云斑天牛、桑天牛、青杨脊虎天牛等，具有分布广、发生隐蔽、危害严重、防治困难和损失巨大的特点。举世闻名的三北防护林体系一期工程中，以杨树为主的林分在一些地区已被天牛毁灭殆尽。2002 年以来，陕西、甘肃、宁夏、青海、黑龙江等杨树天牛治理区，通过营林改造、招引啄木鸟等措施，在杨树造林面积逐年增大的背景下，杨树天牛发生面积稳中有降，过去严重发生地区目前比较平稳，有的地区实现了有虫不成灾。据监测，治理区发生面积由治理前 18 万公顷下降到 9 万多公顷，下降近 50%；平均被害株率由 44.4% 下降到 15.6%；平均虫口密度由 10.9 头／株下降到 4.6 头／株。同时，还探索、总结出了 11 项杨树天牛防治技术，为我国北方地区杨树天牛防治奠定了坚实基础。

2008 年吉林省启动应急预案，开展人工捕杀栗山天牛"突击行动"，捕捉栗山天牛成虫 1 亿多头，挽回直接经济损失近 8 亿元；2011 年，开展"啄木鸟"行动，捕捉花布灯蛾幼虫虫苞 900 多吨，有效保护了栎树资源。

光肩星天牛危害状况（孙玉剑提供）

四、生物防治措施应用取得新进展

　　人与自然和谐共生，在防治林业生物灾害的同时，不能对生态系统和生物多样性造成破坏，不能威胁到经济贸易安全和森林食品安全，这已经成为务林人的广泛共识。

　　在防治实践中，大力推行森林健康和生态平衡理论，在林业有害生物防治中广泛应用天敌昆虫、生物制剂、信息素、害鼠不孕剂、植物源杀虫剂等生物防治措施，不仅实现了红脂大小蠹、椰心叶甲、松毛虫等重大有害生物的长期可持续控制，还有效地保障了生态安全、保护了生物多样性、降低了防治成本，生态效益和社会、经济效益十分显著。

释放白蛾周氏啮小蜂防治美国白蛾（柴守权提供）　　　　红脂大小蠹性诱捕器（尤德康提供）　　　2006 年北京市采用飞机喷药防治美国白蛾（孙玉剑提供）

　　全国建立了 46 处天敌繁育场和生物制剂厂，批量生产了白僵菌、苏云金杆菌、病毒等生物制剂；组织制定了《白蛾周氏啮小蜂人工繁育及应用技术规程》《应用寄生蜂防治松突圆蚧技术规程》《球孢白僵菌粉剂》等 20 多项国家和行业标准，为大规模生物防治创造了物质条件，提供了技术支撑。

　　白蛾周氏啮小蜂是有效防治美国白蛾的天敌。近年来，通过科研院所、森防检疫部门的联合探索实践，突破了白蛾周氏啮小蜂大批量人工繁育的关键技术，找到了适宜的繁蜂替代寄主，解决了替代寄主常年保存、蜂种复壮技术，掌握了最佳放蜂时间及放蜂次数、放蜂数量、放蜂方法等技术指标，实现了人工繁育的规模化、标准化、产业化发展。全国建成白蛾周氏啮小蜂繁育场 30 多处，白蛾周氏啮小蜂防治美国白蛾的比重大幅度提高，释放量由 2006 年的 8.5 亿头增加到 2011 年的 508 亿头。北京等地还通过与中央电视台合作，编制播出了《借腹生子降白蛾》电视片，宣传推广了这项技术，社会认知程度明显提高。

　　2009 年以来，在安徽省九华山、湖南省张家界等地利用花绒寄甲、川硬皮肿腿蜂等天敌昆虫防治松褐天牛的试点工作，成功攻克了人工规模繁殖、释放等一系列技术难题，天敌昆虫寄生率达到 80% 以上，极大地促进了松材线虫病生物防治工作，并使我国在这一领域处于世界领先水平。

　　通过 6 年艰苦攻关，2007 年我国研究解决了利用信息素防治红脂大小蠹技术问题，创制出高效植物源引诱剂、趋避剂和引诱剂定量缓释载体，集成了以信息素为核心的红脂大小蠹监测、检疫、防控综合技术体系，在红脂大小蠹防控工作中取得了明显成效。利用白僵菌等生物药剂防治常发性森林食叶害虫，减缓了暴发周期，基本实现了松毛虫等食叶害虫的可持续控制。海南省通过引进姬小蜂、啮小蜂等专食性天敌，喷洒绿僵菌等措施防治椰心叶甲，有效保护了海南地区椰树资源，获得海南省科技进步特等奖，成为海南建省以来颁发的两个特等奖之一。

五、林用药剂药械研发应用取得新突破

"工欲善其事,必先利其器。"防控林业生物灾害同样需要先进的"武器"和"装备"。

近年来,各地认真贯彻"科技兴林、科技兴防"战略,针对防治工作中技术难题,通过加强产学研合作、加大研发应用力度、强化行业监管,林用药剂药械研发应用水平不断提升,一批符合我国国情林情、具有自主知识产权的综合防治关键技术取得重大突破,有效解决了桉树枝瘿姬小蜂等外来有害生物应急防控、困难区域施药防治、松材线虫病快速检测等技术难题,为林业有害生物防治提供了强有力的科技支撑和新"武器"、新"弹药"。

在药剂方面,研发出枣实蝇引诱剂、苹果蠹蛾迷向剂、噻虫啉微胶囊悬浮剂、微胶囊颗粒剂和水溶剂、苦参碱烟雾剂以及害鼠雄性不育剂等一大批无公害防治药剂。

在药械方面,研发出自走式、车载式高射程喷雾机,稳流式车载烟雾机,多型号、高性能诱杀灯,气助静电喷雾喷粉机、航空静电弥雾设备以及环保型毒饵增效诱鼠器等一大批性能优良的防治器械。

在高新技术方面,引进了航空静电施药、气助式喷雾喷粉、GPS 低空导航、小蠹虫性诱捕、微胶囊缓释等先进技术。南京林业大学等单位完成的"松材线虫分子检测鉴定及媒介昆虫防治关键技术"、安徽农业大学等单位完成的"真菌杀虫剂产业化及森林害虫持续控制技术",均荣获国家科学技术进步二等奖。

在推广应用方面,推广应用了灭虫药包施药、高射程车载喷药、航空器喷洒,以及松材线虫病快速诊断、套袋熏蒸、疫木安全处理等先进技术,形成了空中、地面立体交叉施药体系,一些器械和设备还纳入了全国突发林业有害生物灾害应急防控物资储备目录。

专业防治队伍开展防治工作(曲涛提供)

2006 年广东省车载施药设备防治现场演示(常国彬提供)

2008 年重庆市采用布撒器施药防治松树害虫(尤德康提供)

野外监测（张耀琪提供）

第三十二篇

建立维护公共卫生安全的第一道屏障

——陆生野生动物疫源疫病监测防控体系建设述评

自传染性非典型性肺炎（SARS）、高致病性禽流感连续暴发以来，野生动物源性疫病就越来越受到国际社会的广泛关注。在自然界，野生动物源性疫病随着野生动物的迁徙而具有大范围传播的潜在危险，不仅直接威胁人类生命健康和经济社会发展，还严重威胁珍稀濒危野生动物的生存和生物物种安全。据报道，1940～2004年共出现了335种急性感染性事件，其中动物源性占60.3%，而动物源性疾病中的71.8%来源于野生动物。切实发挥野生动物疫源疫病监测防控体系的前沿哨卡和屏障功能，将野生动物源性疫病控制在源头，已成为一个国家维护公共卫生安全的迫切需要。

党中央、国务院高度重视野生动物疫源疫病监测防控工作。温家宝总理等中央领导同志曾明确要求，国家林业局要会同有关部门加强对野生动物的疫情监测，尤其是加强对野鸟驯养繁殖场等重点区域的病毒监测和隐患排查。在有关部门的大力支持下，野生动物疫源疫病监测防控体系建设纳入了《全国动物防疫体系建设规划（2004～2008年）》和《"十一五"期间国家突发公共事件应急体系建设规划》。2005年颁布的《重大动物疫情应急条例》明确了县级以上林业部门开展陆生野生动物疫源疫病监测的职责，赋予了林业部门新的使命。

2005年3月15日，国家林业局组织召开了全国野生动物疫源疫病监测工作视频电话会议，标志着野生动物疫源疫病监测防控工作和体系建设工作正式启动。各级林业部门切实加强组织领导，积极落实各项措施，扎实开展监测防控，确保第一时间发现、第一现场处置突发野生动物异常情况，为维护公共卫生安全、保障经济社会发展、促进生态文明建设作出了新贡献。

2005年3月15日，国家林业局召开全国野生动物疫源疫病监测工作视频电话会议
（国家林业局野生动物疫源疫病监测总站提供）

一、野生动物疫源疫病造成严重危害

陆生野生动物种类繁多、栖息地类型复杂，感染、携带和传播疫病的几率很高，特别是随着全球气候变化和环境污染加剧，病原体呈现出变异加速、毒性增强、传播加快、危害加重的趋势，携带的疫病对人类生命健康、经济社会发展、珍稀濒危野生动物安全的威胁越来越重，影响范围越来越广，监测和防控难度越来越大。

（一）对经济社会发展造成严重影响

野生动物疫源疫病灾害带来的经济损失最直接的表现主要是：为防止灾害进一步扩散蔓延而大规模扑杀动物（主要是家畜家禽）和建立监控系统的额外投入，随着灾害的流行蔓延，进而采取的隔离措施将使旅游、宾馆、餐饮、交通运输等上下游产业遭受不同程度的打击。据联合国粮食及农业组织统计，2003～2006年初，因禽流感暴发，全球约有2亿只家禽被宰杀或死亡，仅在欧洲，就给当地禽类养殖者造成420亿美元的损失。2005年青海湖暴发候鸟高致病性禽流感疫情期间，仅关停鸟岛景区一项，就使客流量同比减少12万人（次），直接经济损失达770万元，青海省旅游收入同比下降11%。2005年我国因高致病性禽流感发病家禽16.31万只，死亡15.46万只，捕杀2257.12万只，国家财政补偿2亿多元。

（二）对公共卫生造成严重危害

由于生态恶化或免疫压力的影响，部分原本存在于动物生态圈，只感染动物的疫病在进入新的环境或侵入新的宿主后转向侵袭人类，在人与动物间循环传播，给

野生动物疫源疫病监测工作宣传海报（国家林业局野生动物疫源疫病监测总站提供）

人类带来了毁灭性灾难。来自绿猴的马尔堡病毒、来自灵长类的艾滋病病毒、来自猿的埃博拉病毒、来自土拨鼠的猴天花病毒等，这些原本只感染野生动物的传染病，目前已转向侵袭人类。狂犬病作为一种古老的人畜共患病，对人类生命健康安全的威胁始终存在，每年造成的死亡病例高达 3.5 万～ 5 万例。据世界卫生组织统计，2002 年年末开始的"SARS"疫情冲击了全球 32 个国家和地区，发病总数 8422 例，死亡 916 人，全球因此损失 590 亿美元。2003 年年末开始暴发的高致病性禽流感疫情，已横扫了亚洲、非洲和欧洲的几十个国家和地区，截至 2011 年年末，包括我国在内的 15 个国家发现人感染高致病性禽流感病例 578 例，其中死亡 340 人。

（三）对生物多样性和生态安全造成严重威胁

野生动物作为疫病的源头和传播媒介，也同样受到严重威胁，加速其灭绝的速度。坦桑尼亚源自家犬的狂犬病和犬瘟热使当地某一区域内的非洲野狗种群灭绝。2005 年 5 月，我国青海省青海湖发生候鸟死亡，确诊为禽流感病毒 H5N1 型所致，造成斑头雁、棕头鸥、鱼鸥等 6000 多只死亡。目前，已有斑头雁、棕头鸥、渔鸥、普通鸬鹚、赤麻鸭、黑颈鹤、红脚苦恶鸟、灰喜鹊、灰背伯劳、游隼、天鹅、灰鹭、白头鹤等 100 多种野生鸟类感染高致病性禽流感病毒死亡。

野生动物疫源疫病监测工作宣传折页（国家林业局野生动物疫源疫病监测总站提供）

二、野生动物疫源疫病监测防控：一个世界性难题

随着人口增长和经济的发展，野生动物与人、与家养动物之间的接触日渐频繁。由于野生动物及其携带的疫病具有广布性、多样性、流动性等特性，其监测防控就成为了世界性难题。

（一）野生动物疫源种类多，疫病情况复杂

我国是世界上野生动物资源最为丰富的国家之一，约有兽类581种、鸟类1332种、爬行类412种、两栖类295种，这些野生动物由于各自的生活习性不同，生存环境多样，也携带着复杂多样的病原体，成为天然的"病原库"。翼手类的蝙蝠是尼帕、"SARS"等病毒的主要携带者，啮齿类的老鼠携带有鼠疫杆菌，雁鸭类的水鸟体内广泛存在着禽流感病毒等。据统计，在已知的1415种人类病原体中，62%是人兽共患的，在畜禽身上发现的病原体中，77%都与其他宿主物种共有，这些疫病不仅可以直接或间接传播给人和畜禽，而且可逆向传播，实现在野生动物、畜禽、人类间的跨界传播甚至循环传播和扩散蔓延，监测防控十分困难。

异常死亡的水鸟（王承民提供）

（二）野生动物活动范围广，疫病传播途径多

野生动物疫源疫病灾害的传播蔓延与野生动物的活动有着密切的关系。野生动物的粪便、内分泌物、尸体，以及活动范围内的水源、食源、寄生虫等都能传播疫病病原体。1998～1999年马来西亚暴发的尼帕病毒脑炎，就是由于尼帕病毒随着其主要宿主——蝙蝠的排泄物和呼吸道分泌物污染了果园和猪圈，并最终由猪传染给了人类；此次灾害致使265名养猪工人发病，105人死亡，116万头猪被捕杀。

异常死亡麋鹿
（湖北省野生动物疫源疫病监测中心站提供）

部分野生动物所具有的迁徙习性，被认为是造成部分疫病全球性暴发的主要原因，全球8条候鸟迁徙通道几乎覆盖了除南极洲以外的所有国家和地区，候鸟的迁飞距离有长有短，最远可达上万公里，中途会在湖泊、湿地、滩涂等区域停歇数次，远距离的迁徙使病原体大范围的传播、暴发，致使野生动物疫病更加难于控制。西尼罗河出血热是原发于非洲的疾病，鸟类是其重要的储存宿主，由于鸟类的大规模迁徙，将该病毒带至世界各地。

异常死亡野鸟（丁强提供）

人工驯养的野生动物及其产（制）品运输、野生动物展演、经营利用等人为活动也成为了野生动物疫病传播蔓延的主要途径。造成2006年尼日利亚、尼日尔等国家暴发高致病性禽流感疫情的一个重要原因就是禽类的非法贸易，对其进行监测防控十分困难。

（三）野生动物源性疫病病原体变异加快，增加了监测防控难度

病原微生物为了生存会不断变异，随着环境的改变而出现新的宿主，以前人们认为缓慢进化是发生新病原体的主要原因，现在发现病原体可以让病毒在短时间内发生大片段基因的获得或缺失的"飞跃"式突变，这种机制可以在短时间内产生许多新的突变株，还可以通过基因突变由弱毒株变为强毒株。研究发现，目前严重威胁人类健康的禽流感病毒常发生变异和基因重组，其过程可能是水禽类动物把自身携带的甲型流感病毒传播给鸡、马、猪等，而猪又被认为是各种流感病毒的混合器，不同的流感病毒的基因在猪体内进行重组，然后以新的病毒传播给人类，这也给监测防控增加了难度。

三、建立野生动物疫源疫病监测防控体系

自 2005 年正式启动全国野生动物疫源疫病监测防控体系建设工作以来，各级林业部门，克服困难，创造条件，积极争取资金和政策支持，在监测站网络、规章制度、人员能力、科技支撑等方面的建设工作都取得了重要进展。

（一）构建了监测网络主体框架

2005 年以来，各级林业部门紧密结合各地野生动物保护工作实际，在集中分布区及候鸟繁殖地、越冬地和迁徙停歇地等重要区域，依托野生动植物保护管理站、自然保护区、森林病虫害防治检疫站和科技支撑单位等现有机构，设立了 350 处国家级、768 处省级和一大批市县级野生动物疫源疫病监测站，布设巡查路线和监测样地上万处，初步搭建了全国野生动物疫源疫病监测防控体系主体框架。目前，350 处国家级监测站完成中央基本建设投资 1.4 亿元，配备了野外观察、信息传递、样品采集、消毒灭菌、安全

野生动物疫源疫病监测信息网络直报系统
（国家林业局野生动物疫源疫病监测总站提供）

防护等基础设施设备，落实各级财政业务运行经费 2.2 亿元。组织研发并启用了野生动物疫源疫病监测信息网络直报系统，初步解决了现行监测信息上报过程中存在的时效性差、安全性低和运行成本高等问题。国家林业局组织编制的《全国陆生野生动物疫源疫病监测防控体系建设工程规划（2010 ~ 2013 年）》，包括了国家级监测站、预警系统、信息管理与决策指挥系统、应急保障系统等四大系统建设，为监测防控体系的后续发展奠定了基础。

（二）完善了监测防控工作规章制度

2006 年，国家林业局颁布实施了《陆生野生动物疫源疫病监测规范（试行）》，发布实施了《陆生野生动物疫病分类与代码》（LY/T 1959～2011）。指导督促各地逐步建立了领导责任、岗位责任、应急值守、保密管理、人员安全防护、应急响应等制度，为监测防控工作的规范开展提供了制度保障。

（三）提升了监测人员能力素质

各级林业部门通过引进人才、内部调剂、赋予监测职责、聘请等方式组建了一支多元化、专兼结合、总数约 15000 人的工作队伍。编写了《陆生野生动物疫源疫病监测》《禽流感防治与野生动物疫病》《中国大陆野生鸟类迁徙动态与禽流感》《野生动物疫病学》等培训教材和书籍，拍摄了《陆生野生动物疫源疫病监测防控》录像片，举办了上百期不同层面的专业培训和应急演练，对上万人次的人员进行了技术培训，使监测防控和应急处置能力不断提高。

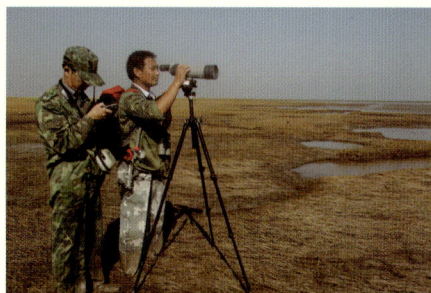

野外观测（上海崇明东滩鸟类国家级自然保护区提供）

国家林业局突发野生动物疫情应急处置演练（耿海东提供）

（四）强化了科技支撑能力

国家林业局分别与中国科学院、军事医学科学院合作，成立了国家林业局、中国科学院野生动物疫病研究中心和国家林业局长春野生动物疫病研究中心，强化了监测防控科技支撑。近年来，国家林业局还组织分析了我国 20 多年的鸟类环志及迁徙研究成果，基本掌握了我国东部、中部、西部迁徙区主要疫源候鸟的基础资料和迁徙情况；组织开展了重点疫源候鸟迁徙规律与主动预警研究、禽流感溯源、禽流感病毒生态学、细小病毒疫苗研制等基础研究、应用研究和技术攻关，并取得了重要突破。各地主动加强与科研机构的联系与合作，初步建立了野生动物疫源疫病监测防控科研队伍和技术平台。

斑头雁集中繁殖地（徐钰提供）

藏原羚幼体（初冬提供）

四、充分发挥"屏障"和"哨兵"作用

各级林业部门切实履行《重大动物疫情应急条例》赋予的重要职能，认真贯彻党中央、国务院的各项工作部署，坚持信息报告和应急值守制度，在维护国家公共卫生安全中发挥了"屏障"和"哨兵"作用。

（一）变"事后被动监测"为主动预警

各级林业部门加强重点地区、重点时节野生动物疫源疫病监测防控，开展了驯养繁殖场所野生动物疫源疫病监测防控专项督查，组织开展了重点疫病发生趋势的评估会商。2011年起，为改变目前"事后被动监测"的局面，国家林业局在做好日常监测的同时，积极探索"事前主动监测"即预警的试点工作。组织全国鸟类环志中心和两个野生动物疫病研究中心开展了重要野生动物疫病主动监测预警试点工作，针对高致病性禽流感、新城疫和西尼罗河热等三种与候鸟密切相关的重要疫病，开展取样检测，及时发现疫病发生风险，向有关部门提供预警信息，尽早采取措施规避或减少可能带来的风险。

截至2011年年末，各级林业部门共发现野生动物异常情况952起，有效控制了野鸟高致病性禽流感、野鸟禽霍乱、旱獭鼠疫、鼬獾犬瘟热等多起突发野生动物疫情。

（二）全面强化疫情应急管理

国家林业局高度重视突发重大野生动物疫情应急预案体系建设工作，自2005年初启动全国陆生野生动物疫源疫病监测体系建设、开展监测防控工作以来，始终将完善应急预案体系建设作为做好野鸟高致病性禽流感等野生动物疫源疫病监测防控工作中的一项重要内容，通过召开会议、下发通知、现场指导、检查督导等方式予以大力加强。已有30个省（自治区、直辖市）林业部门，内蒙古、龙江、大兴安岭森工（林业）集团公司和新疆生产建设兵团林业局，以及

2011年全国野生动物疫源疫病监测防控现场经验交流会（初冬提供）

绝大多数的国家级监测站均制定了突发重大野生动物疫情应急预案。先后举办了近20次不同层次、不同范围的应急演练，通过实际操作检验了预案的科学性和可行性，及时发现了预案中存在的问题，及时调整修订了各自的应急预案。

（三）健全联防联控工作机制

国家林业局十分重视野生动物疫病的联防联控和跨区域合作，积极会同有关部门，研究分析了高致病性禽流感、甲型 H1N1 流感、鼠疫、小反刍兽疫、非洲猪瘟等疫病的传播风险和防控措施，联合对市场高致病性禽流感、北部边境地区非洲猪瘟疫病防控进行了专项督查，强化了市场监管和隐患排查，努力降低疫病发生和传播风险。云南、广西等省（自治区）主动开展边境地区重大野生动物疫病联防联控试点工作，积极探索建立起有利于及时掌握国外动物疫情动态、保障我国野生动物资源安全的工作机制。同时，加强了边境一线及口岸贸易集散地的监测站建设，有效防止外来疫病传入。

（四）深入开展国际交流合作

通过"派出去、请进来"等方式，学习国外先进的监测防控经验和方法，野生动物疫源疫病监测防控能力和管理水平不断提高。联合美国、泰国、越南、柬埔寨、俄罗斯、日本、韩国等国家，多次举办"亚太地区野生动物疫病国际学术研讨会"，初步建立了"亚太地区野生动物疫病监测和防控网络"。中美野生动物疫源疫病监测防控合作项目纳入"中美自然保护议定书"附件十一；与联合国粮食及农业组织、保护国际、国际野生生物保护学会等国际组织就野生动物疫病工作组相关事宜和合作调查研究项目达成共识。

多年实践证明，野生动物疫源疫病监测防控密切关乎野生动物资源保护、野生动物产业和畜牧业健康发展，尤其关乎公众的生命健康安全，在公共卫生安全大局中具有十分重要的前沿哨卡地位和屏障作用，为维护社会经济可持续发展、生态和公共卫生安全发挥了不可替代的作用。

2010 年亚太地区野生动物疫病国际学术研讨会（王承民提供）

重庆市开县马云林场天然林区（国家林业局天保中心提供）

第三十三篇

培育中国最优质的森林资源

——国有林场改革与发展述评

国有林场是20世纪50年代后，为加快森林资源培育，改善生态恶劣的状况，在生态脆弱地区和大面积集中连片的荒山荒地上，采取国家投资的方式建立起来的专门从事营造林和森林管护的林业事业单位。党中央、国务院一直十分关心国有林场的改革发展。党的十六大以来，吴邦国、温家宝、回良玉等中央领导同志多次就解决国有林场问题作出重要批示，要求在推进集体林权制度改革的同时，要组织研究国有林场改革，激活经营机制，推进结构调整，拓宽经营领域和就业空间。在各级党委、政府和各部门的大力支持下，国有林场积极探索体制改革，不断创新经营机制，森林资源总量不断增长、质量不断提高，基础设施建设和民生明显改善，逐步走上了可持续发展道路。

黑龙江省庆安国有林场管理局落叶松林（耿玉娟提供）

一、荒山上建立起来的国有林场

兴办国有林场是党和国家为保护生态、发展林业、加速后备森林资源培育而采取的一项重要战略措施。60多年来，全国国有林场先后经历了试办、兴建、壮大、改革等历史阶段。

（一）在重整河山中创办国有林场

新中国首先将接管的旧中国50多处林场改建为国有林场。面对全国大面积的荒山荒地，1953年9月中央人民政府政务院发布了《关于发动群众开展造林、育林、护林工作的指示》。1956年3月，毛泽东同志向全国人民发出了"绿化祖国"的伟大号召后，国有林场作为一种加快荒山绿化的有效措施，开始受到高度重视并很快发展起来。1949～1957年，全国建立以造林为主的国营林场1387处，完成人工造林36万公顷，开创了大面积荒山治理的先河。

山西省中条山国有林管理局中村林场（张全林提供）

1958年4月，中共中央、国务院《关于在全国大规模造林的指示》中要求：在着重依靠群众造林的同时，必须积极发展国营造林。除原有国营林场应加强外，还应该利用国有的和合作社无力经营的荒山荒地，组织下放人力，有计划地增建新的林场。国营林场应该以造林、营林为主，同时适当结合多种经营。根据这一指示精神，各地掀起了大建国营林场的高潮。随后的两年内，在集中连片的国营林地和集体无力经营的大面积荒山荒地上，新建了大批国营林场。到1959年年末，全国国营林场发展到3959处。

山西省中条山国有林管理局祁家河林场前坪管护站
（张全林提供）

（二）在改革开放中壮大国有林场

1981年，中共中央、国务院《关于保护森林发展林业若干问题的决定》中规定："国营林场在抚育间伐期间，收入不上交，以林养林。"之后，又实行了"事业性质的国营林场，其林业生产项目和林场举办的各种多种经营、综合利用项目所得利润，暂不征所得税"的政策。随着国家经济体制改革的深化，国营林场数量不断增加，森林资源持续上升，经济状况显著改善，职工队伍不断扩大。

黑龙江省庆安国有林场管理局新林区办公楼（耿玉娟提供）

经过 60 多年的建设，在全国 31 个省（自治区、直辖市）的 1600 多个县（市、区）已建立国有林场 4855 个，职工 75 万人，其中在职职工 48 万人。在全国国有林场中，省属林场占 10%，地（市）属林场占 15%，县属林场占 75%。全国国有林场林地面积达到 5800 万公顷，占全国林地面积的 18%，共修建房屋 2714 万平方米、林区公路 6.5 万公里、林道 16.2 万公里、防火线 15.3 万公里、瞭望塔 3547 座、通信线路 5.3 万公里、输电线路 2.5 万公里，购置各种汽车 1.1 万辆、拖拉机 5300 多台。国有林场成为我国重要的生态屏障和后备森林资源基地，为我国林业建设和经济社会发展作出了重大贡献。

（三）在新时期成为经济社会发展最重要的基础设施

随着经济社会的变迁，国有林场的作用和功能也在发生着新的变化。新中国成立初期，国有林场最主要的功能是绿化荒山、治理水土流失和风沙，后来逐步转向培育后备资源、生产木材等林产品。随着我国经济社会的全面发展，国有林场的主要功能也得到全面提升，成为地方经济社会发展中改善生态、改善民生、改善发展条件、改善整体形象最重要的基础设施。就如同道路、电力、通讯、饮水等基础设施一样，国有林场作为一个地方生态文明的标志，体现出绿色增长、科学发展的水平；作为一个地方民生改善的指标，体现出人居环境和人们生活的质量；作为一个地方形象良好的要件，体现出现在的发展条件和未来的发展潜力。对全国而言，国有林场作为维护生态安全、建设生态文明的基础，发挥着越来越重要的不可替代的功能和作用。

重庆市南川区乐村林场种羊基地（许玉梅提供）

黑龙江省庆安国有林场管理局林区（耿玉娟提供）

二、铸就中国林业的脊梁

多年来，国有林场的建设和发展，使全国大量荒山秃岭和不毛之地披上了绿装，让众多的破败残林焕发了生机，形成了国家最优质的森林资源资产，铸就了中国林业的脊梁，在生态建设中发挥着主体和骨干作用。

（一）维护生态安全的基石

全国有 3900 多个国有林场分布在江河源头、水库周围、风沙前沿、黄土丘陵和石质山区，营造和保护了大面积的森林资源，与国家重点工程营造的防护林一起，构成了我国最重要的绿色生态屏障，在绿化国土、美化环境、涵养水源、保持水土、防风固沙、改善农牧业生产条件和人居环境、保障当地经济发展中，发挥着不可替代的作用。全国国有林场公益林面积 4467 万公顷，其中国家级公益林面积 2667 万公顷，守护着国土生态安全的底线，在保障国土生态安全方面起到了骨干作用。据统计，被纳入中央森林生态效益补偿范围的国有林场有 2465 个，在天然林资源保护工程范围的 1310 个，三北防护林体系建设工程范围的 1058 个，长江流域防护林体系建设工程范围的 359 个，沿海防护林体系建设工程范围的 165 个，在 57 个大型水库周围的 223 个，在沙漠前沿的 503 个，在大中城市周边的 600 多个，国有林场为维护生态安全发挥了重要作用。

（二）维护木材安全的基础

我国大规模的人工造林是从国有林场开始的。到 2010 年年末，全国国有林场累计人工造林保存面积 1733 万公顷，抚育改造天然疏残林 1800 万公顷，封山育林 667 万多公顷，分别占同期全国人工造林保存面积、抚育改造天然疏残林和封山育林面积的 37%、60% 和 23%。60 多年来，全国国有林场累计生产

广东省九连山林场采伐现场（邢益显提供）

木材 3.3 亿立方米。目前国有林场森林蓄积量达到 23.4 亿立方米，为缓解木材供需矛盾，满足人民群众的物质需求、支援国家经济建设作出了重大贡献。国有林场培育的大多是优质珍贵树种、大径材，这些资源已成为我国木材安全的重要储备基地。

河北省塞罕坝机械林场林海（王龙提供）

（三）林业科技的试验场

国有林场始终重视科研工作，把林业科研作为推动林业生产力发展的动力，坚持常抓不懈，并已成为我国林业科研、生产试验、教学实习、良种繁育和新技术推广的重要阵地。据统计，60%以上的林木良种繁育基地和采种基地在国有林场，很多林业科学研究基地和教学实验基地设在国有林场，许多林业先进技术特别是森林培育技术的研究和推广应用多是从国有林场开始的。

国有林场结合生产实践，在良种繁育、育苗、整地方法、造林密度、幼林抚育、人工林间伐、低产林改造、防火林带营造、树种引进等方面，进行了大量试验研究，摸索出一批切合实际、适用性强的先进技术，以多种形式向社会推广。目前全国共建设了40多个机械林场，总结出造林、采种、育苗、采伐等相关技术，大大提升了林业的科学化、机械化水平，为推动全社会造林、营林发挥了重要的示范带动作用。

福建省的国有林场长期与南京林业大学、中国林业科学研究院、福建省林业科学研究所、福建农林大学等单位合作，开展了多方面试验研究。全省国有林场科学试验研究项目260多个，其中已通过鉴定、获得国家和部委、省级成果奖、推广奖的有50项。福建省洋口国有林场自50年代以来，开展了杉木良种繁育等多项科学试验研究，1964年建成了全国第一个杉木试验性种子园和采穗圃；1982年又建成了第一代杉

浙江省开化县林场人工林（叶晓林提供）

木改良种子园和无性杂交种子园。由于该场科研试验获得丰硕成果，多次受到国家和省部级的表彰。其中"杉木第一代种子园研究成果的推广应用"获国家科技进步一等奖。

重庆市丰都县七跃山林场天麻有性繁殖培育（许玉梅提供）

重庆市丰都县七跃山林场野猪放养（许玉梅提供）

浙江省开化县林场林下栽植披针叶茴香（叶晓林提供）

河北省塞罕坝机械林场容器苗造林（王龙提供）

福建省洋口国有林场杉木采穗圃（陈良昌提供）

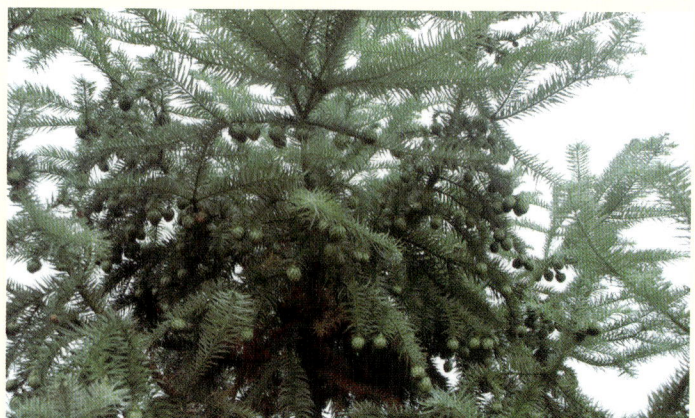

福建省洋口国有林场杉木种子园（陈良昌提供）

三、改革创新带来的勃勃生机

21 世纪以来，党中央、国务院做出了一系列加快林业改革发展的重大决策，国有林场改革不断深化，机制不断创新，焕发出勃勃生机。

（一）改革管理体制

按照《中共中央 国务院关于加快林业发展的决定》精神和国务院领导同志关于国有林场改革发展重要批示要求，国家林业局会同国家发展和改革委员会、财政部等有关部门积极推进国有林场改革，多次联合调研，提出了国有林场改革的意见，并于 2010 年提交第 111 次国务院常务会议审议。国务院常务会议决定，由国家发展和改革委员会和林业局牵头，会同有关部门组成改革工作小组，

浙江省安吉县录峰寺林场毛竹林（叶晓林提供）

就国有林场和国有林区改革问题作进一步深入调查研究，提出意见，通过试点，总结经验，有序推进，不断完善。国务院专题研究国有林场工作，为国有林场改革发展指明了方向，标志着国有林场改革发展进入了新的阶段。

通过改革试点，国有林场确立为生态公益性质，纳入公益事业单位管理，人员和机构经费纳入同级政府财政预算，道路、通电、通讯、广播电视、安全饮水等基础设施以及营造林、森林防火、病虫害防治等建设投入也纳入同级政府基本建设计划。

通过改革试点，林场职工纳入社会保障体系，参加基本养老、医疗、失业、工伤、生育等社会保险，做到应保尽保。富余职工通过多种途径逐步过渡，妥善安置。

通过改革试点，促进林场由以木材生产为主向以生态建设为主转变，加快调整产业结构，在保护好森林资源的前提下，根据林场自身资源优势，发展林下经济和名特优新经济林、花卉苗木、森林旅游等新兴产业，培育新的增长点。

通过改革试点，进一步加大对职工家庭自营经济的扶持力度。职工除了可以承包荒山造林外，还可以承包中幼林抚育、低效林改造等生产经营项目，也可以结合

重庆市黔江区国有林场天麻基地全景图（许玉梅提供）

林场经营实际与职工自身经济状况积极发展家庭林业经营项目，既使森林资源得到有效保护，又使职工获得应有收益。

目前，国有林场正在向着"森林优质高效、管理科学规范、基础设施完备、职工生活富裕"的现代林场方向发展。

（二）创新政策机制

长期以来，由于国有林场性质定位不准，管理体制不顺，加之长期忽视森林经营，造成大量中幼林无力抚育，森林经营大多处于停滞状态，劣质低效林不能改造更新，不合理的林种、树种结构得不到调整优化，许多国有林场出现了森林生长量低、林地产出率低、生物多样性不丰、抗御森林病虫害和自然灾害能力弱的不良状况。

国家从2009年年末起开展森林抚育补贴试点，这是我国继建立森林生态效益补偿基金制度后，林业政策的又一重大突破，也是国家公共财政支持生态建设、满足人民群众对林业的多种需求的又一重大举措，标志着我国森林经营补贴机制正式建立。

开展森林抚育补贴试点是转变林业发展方式的重要举措，也是促进林区富余职工就业和林农增收的有效途径。据不完全统计，国有林场承担了近三分之一的中央财政森林抚育补贴试点任务，通过抚育，改善了森林资源结构，提高了森林资源质量，增加了森林蓄积量，促进了林场职工就业。通过森林抚育补贴试点，林场职工新增就业人数达3万人，增收1.05亿元。2011年，在职职工年平均工资达到2万元。

近年来，国有林场管理不断规范。2011年，国家林业局颁布实施了中华人民共和国第一部《国有林场管理办法》，对国有林场森林资源管理做出了明确规定。2012年，国家林业局出台了《关于国有林场森林经营方案编制和实施工作的指导意见》，要求到2013年，全面完成国有林场的森林经营方案编制及修订工作。到2015年，基本

浙江省遂昌县牛头山林场危旧房改造后（叶晓林提供）

重庆市万州区铁峰山林场林区公路建设（许玉梅提供）

广东省龙眼洞林场苗圃（邢益显提供）

广东省天井山林场林下种植灵芝（曾庆团提供）

重庆市梁平县竹海林场林下养鸡（许玉梅提供）

实现按森林经营方案编制采伐限额、制订年度计划和开展森林经营活动，林业主管部门依据经营方案对国有林场进行监督和管理，建立起以森林经营方案为核心的国有林场森林经营管理制度。

（三）更加注重民生

保障和改善民生是我们党执政的根本出发点和落脚点，也是林业工作的根本出发点和落脚点。国有林场在改革发展中更加注重为改善民生作贡献，为社会提供了丰富的生态、生产、生活产品。目前全国国有林场已发展经济林 280 万公顷，年产水果 10 万多吨、松香 2 万吨。2011 年，全国在国有林场基础上建立的森林公园共接待游客 4 亿多人次，为改善人民群众的物质和精神生活作出了贡献。

同时，国有林场职工的民生问题也受到党中央、国务院的高度关注。2010 年启动实施了国有林场危旧房改造项目，规划建设 45 万户，2013 年全部完成，成为惠及林场职工的最大的民生工程。国有林场道路、供电、供水、广播电视等纳入国家相关规划，改善了林场职工生产生活条件。中央财政从 1998 年开始，每年还安排专项资金，用于贫困林场发展生产。截至 2011 年年末，中央财政已累计投入 19 亿元。

十年来，在中央资金的支持带动下，2390 个贫困林场实施了基础设施项目，803 个林场实施了道路建设项目，修建断头路 7065 公里，林场出行难的问题得到解决。1298 个林场进行场部危房改造，改造面积 89.5 万平方米；525 个林场实施饮水安全项目，解决了 18 万人的饮水安全和饮水困难问题；371 个林场实施了通电项目，共架设高、低压线路 1851 公里，解决了 247 个林场场部不通电的问题；1350 个林场对职工危房进行了改造，改造面积 60 万平方米，改善了 4.9 万人的居住条件。

各国有林场从实际出发，依托资源优势，因地制宜，积极发展种植、养殖、森林旅游等林业产业，增强了林场经济实力，增加了职工收入。510 个林场开展了种植业项目，兴建了苗木、花卉等基地，建设规模达到 2.7 万公顷，年产值 14.4 亿元；395 个林场开展了特色养殖业项目，年生产规模 9 万头（只），年产值 0.75 亿元；75 个林场发展林产品加工业项目，年产值 0.6 亿元；145 个林场发展森林旅游项目，年旅游收入 3.9 亿元。

河北省塞罕坝机械林场现状（王龙提供）

福建省梅花山竹海（黄海提供）

第三十四篇

由"管农民"到"为农民"

——林权管理服务机构

建设述评

在集体林权制度改革全面推进过程中，各地通过明晰产权、核发林权证等强化林权管理措施，有效激发了广大农民和社会各界发展林业的积极性，对林业改革发展和社会主义新农村建设产生了巨大的推动作用。在深入贯彻《中共中央 国务院关于全面推进集体林权制度改革的意见》、中央林业工作会议和全国集体林权制度改革百县经验交流会精神的过程中，林权管理服务机构建设工作取得突破性进展，对确保林改工作质量、巩固林改成果、维护林农合法权益、促进林业管理起到了重要作用。

一、林权管理服务体系日益健全

根据《中共中央 国务院关于全面推进集体林权制度改革的意见》中关于"各级林业主管部门应明确专门的林权管理机构，承办同级人民政府交办的林权登记造册、核发证书、档案管理、流转管理、林地承包争议仲裁、林权纠纷调处等工作"的要求，全国林权管理服务机构建设快速发展，20多个省（自治区、直辖市）初步建成省、市、县三级管理体系以及市、县林权管理服务中心。林权管理服务中心主要提供办证、林权流转、政策法律咨询、林业投融资等多项公共服务。中心搭建的"一个窗口进出、一站式办公、一条龙服务"的管理服务平台，解决了以前长时间、多地点、多部门、多窗口办事的高成本、低效益、耗时长的问题，大大方便了林农群众。

福建省长汀县曾是我国南方红壤区水土流失最严重的区域，经过多年治理取得显著成效（胡晓钢提供）

2006年5月13日，全国人大常委会副委员长乌云其木格在福建省调研林权服务中心工作（黄海提供）

迄今，全国逾五分之一的省级林业主管部门、三分之一的市级林业主管部门、二分之一的县级林业主管部门已成立林权管理服务机构，省、市、县三级林权管理服务机构达1211个。在福建、江西、辽宁、湖南等林改先行省份，林权管理服务机构建设工作领先于全国整体水平，总数高达307个，占全国总数的25.4%。此外，全国成立了745个森林资产评估机构，其中有资质的资产评估机构323个，有资质的森林资源资产评估人员2835人。

江西省武宁县林业产权交易中心（江西省林业厅提供）

林权登记（云南省林业厅提供）

二、林权管理服务职能日益增强

集体林权制度改革后，我国集体林区林业生产关系发生了重大转变，广大林农从事林业生产经营活动的积极性空前高涨，对林业公共服务需求不断增长。为应对日趋繁重的林权保护管理工作，林权管理服务机构的职能不断拓展，林权管理服务已成为面向社会的常规化工作。多数林权管理服务中心都具备以下三项职能：一是提供林权管理服务，即承担林地承包、流转管理、登记发证、争议调处、纠纷仲裁、林权档案管理等服务职能。二是提供林权流转服务，包括森林资产评估、林权流转信息处理、林权流转公开挂牌、交易场所服务等专项服务。三是提供林权社会化服务，开展林权抵押贷款、森林保险、林业专业合作社、林下经济发展、法律法规政策宣传咨询等社会化服务。随着各地区林业的快速发展，林权管理机构的服务内容也在不断地创新和丰富，在林业生产经营主体、稳定林业公共服务供给、降解林业生产风险等方面发挥着越来越大的作用。

三、林权管理服务队伍日益壮大

随着林权管理服务内容的不断丰富，林权管理服务机构对林权社会化服务的认知程度不断提高，开展社会化服务的热情不断提高，一支具有良好林权管理服务能力、服务态度、爱岗敬业精神的人才队伍逐步建立。到2011年，全国1211个林权管理服务中心核定编制6353人，实际在岗人数7344人。实际在岗人数中，具有高级职称的422人，占5.8%；中级职称的2593人，占35.3%；中级以下职称的3487人，占47.8%。在学历水平结构方面，具有大专以上学历的5885人，占80.1%；具有中专以下学历的1239人，占16.9%；高于我国林业行业的整体水平。

为保证林权管理服务机构的高效运行和应对多元化的新型林权问题，各地加大了林业法律法规、林地承包经营纠纷调解和仲裁、林权登记及其档案管理、林权流转服务及监管、农民林业专业合作组织建设、林权抵押贷款、森林保险、林下经济等业务内容及现代管理、计算机应用等方面的培训力度，服务能力和水平不断提升。

甘肃省泾川县林业综合服务大厅工作人员正在为群众办理资产评估等业务（甘肃省林业厅提供）

浙江省景宁畲族自治县林业局工作人员正在为林农及木材经营者办理林木相关手续（浙江省林业厅提供）

四、林权管理服务制度日益完善

林权管理服务中心已从原来的临时性机构转变为常设机构，林权管理服务的意义得到广泛认可，相关制度逐步健全。

各县林权管理服务中心等林权管理机构坚持便民利民、服务农民的宗旨，加强服务窗口建设，制定和完善了岗位责任制度、绩效考核制度、廉洁自律制度、行政例会制度等，实施统一服务标识，规范工作用语，部分岗位实行了挂牌上岗，公开服务内容、办事程序、业务流程、收费标准、服务承诺等，并设置了咨询服务台、征求意见箱，开通并公布咨询电话和监督投诉电话。通过这些规章制度的建立，规范了工作人员的行为，增强了服务意识，提升了行业形象。

在推进林权管理服务工作的过程中，林权管理服务中心的功能和角色被认定为政府搭台、面向社会、服务农民的公益性机构，大多享受财政全额拨款。在已成立的1211个服务中心中，财政全额拨款单位1023个，比重近85%；差额拨款单位60个，比重约为5%；自收自支单位88个，比重约为7%；其他40个。随着制度建设的深入进行，林权管理服务机构的监督机制和公众参与机制将得到进一步完善。

2006 年 5 月 23 日，全国政协副主席、致公党中央主席罗豪才在江西省崇义县林业产权交易中心了解交易流程（肖荣祯摄）

五、林权管理服务设施日益改善

近年来，林权管理服务机构基础设施不断加强，各级政府累计投入经费 3 亿多元，建成林权管理服务中心办公场所面积共计 16.4 万平方米，单个林权管理服务中心平均面积为 136 平方米。部分中心按照林权登记区、档案管理区、纠纷调解区、林权交易服务区、合同指导和签证区、林权抵押贷款区、森林保险办理区、森林资产评估区、林业科技和优质产品示范区、其他社会化服务区、行政审批区和控制机房等不同业务分区进行建设，办公设施设备基本能满足林权管理、信息发布、交易实施、中介服务、金融支持和有关综合服务的需要，安装了对外发布信息的电子显示屏，配备了上门服务的机动交通工具，设立了档案管理计算机房、查阅室、档案库房。档案库房还装备了移动档案密集架和防火、防盗、防潮、防虫等设施。

信息化建设加快了林权管理服务工作现代化进程。全国 1211 个林权管理服务中心中，有 207 个建立了网站，占 17.1%；912 个应用了林权信息管理系统，占 76.1%；林改档案电子化录入率达 60% 以上的有 894 个，占 73.8%；浙江、江西、云南、福建等省率先实现了省域内的林权管理信息联网，探索了网上办公、网上监管、网上交易和网上服务等在线服务。国家林业局正在打造以国家为框架、以省级为龙头、以县级为中心、以乡镇为单元、以村为支点，统分结合、上下联动、信息共享、互联互通的林权流转管理和服务体系。

国务院办公厅调研督察四川省宜宾市的林改档案（邢红提供）

辽宁省清原满族自治县林改档案（辽宁省林业厅提供）

江西省遂川县林权管理档案（谢屹提供）

林权综合服务大厅为群众提供一站式服务（甘肃省林业厅提供）

贵州省的森林景观（贾达明提供）

第三十五篇

全方位支撑
绿色发展

——林业基础建设述评

"高者必以下为基"，实现林业的大发展，必须夯实基础。森林是绿色的基础设施，林业基础建设就是基础的基础。

加强林木种苗生产，满足全国造林绿化的需求，可以为森林资源培育奠定物质基础。加强林业信息化建设，可以有效提升现代林业管理水平。加强林业科技教育，可以为林业创新转型奠定科技基础。加强林业管理机构和队伍建设，可以为林业发展奠定体制基础。加强森林资源监测体系建设，可以为林业政策制定奠定决策基础。加强森林资源监督体系建设，可以捍卫我们共同的绿色财富。

党的十六大以来，各级政府充分认识到林业基础建设的重要性，不断加大投入、加强管理，林业基础建设取得重大进展，为林业充分发挥维护生态安全、建设生态文明的作用打下了重要基础，也为促进林业科学发展发挥了重要作用。

一、林木种苗——打牢林业发展的根基

林木种苗是造林绿化的物质基础，是生态建设的重要保障，不仅决定着森林资源的质量与效益，而且还承担着负载林木遗传基因、森林世代繁衍和促进林业发展的重要使命。

为充分发挥林木种苗在林业发展中的基础作用，2004 年 7 月，国家林业局颁发了《关于加快林木种苗发展的意见》，有力地推动了我国林木种苗事业的大发展。

2011 年 11 月 7 日，全国林木种苗工作会议在安徽省合肥市召开（李焰提供）

（一）林木种苗保障能力明显提升

通过加快推进大型骨干苗圃、特色苗圃发展，建立以林木种子基地为骨干、非基地为补充的林木种子生产供应体系和以市场为导向，国家、集体、个人等多种所有制共同发展的苗木生产供应体系，我国林木种苗保障能力稳步提升。2002 年以来，每年的种子采收量都维持在 2500 万公斤左右，苗木供应量维持在 300 亿株左右，满足了造林绿化需求。

湿地松种子园采穗圃（李焰提供）

湿地松种子园扦插圃（国家林业局国有林场
和林木种苗工作总站提供）

（二）林木良种化进程显著加快

国家先后确定了两批国家重点良种基地，共 226 处。林木种质资源收集保存工作也不断强化，北京、河北、浙江、江西、河南、重庆等 13 个省（直辖市），开展了林木种质资源清查工作；全国累计选择收集优树 4.46 万株，保存育种材料和品种资源约 5 万份，建立国家级林木种质资源库 13 处，为林木良种选育奠定了坚实基础。2010 年中央财政启动了林木良种补贴试点工作，2011 年 131 处国家重点林木良种基地种子园生产林木良种 34.6 万公斤，比 2009 年提高 47%；生产穗条 3.91 亿条，比 2009 年提高 187%。为确保国家重点林木良种基地持续、稳定、健康发展，推动我国林木良种化进程，2011 年国家林业局制定了《国家重点林木良种基地管理办法》。目前，我国林木良种使用率已提高到 51%，极大地提高了造林质量。

（三）林木种苗树种实现多样化

十年来，通过大力培育速生用材树种、珍贵用材树种、经济林树种、彩叶树种和珍稀树种的苗木，实现了林木种苗多样化，满足了市场多元化的需求。特别是油茶、核桃等经济林树种种苗和雪松、紫叶李、槐树等大规格绿化苗木培育数量的快速增加，满足了重大生态建设项目及园林绿化对种苗的多元化需求。

种子园油松种子生产区（李焰提供）

马尾松球果（国家林业局国有林场和林木种苗
工作总站提供）

杉木二代种子园球果（国家林业局国有林场和
林木种苗工作总站提供）

（四）林木种苗管理实现规范化

林木种苗法律法规标准体系进一步完善，基本形成了以《中华人民共和国种子法》为主体，地方法规、部门规章和地方政府规章等相配套的林木种苗法律、法规和技术标准体系，为依法管理种苗提供了法律保障。同时，严厉打击制售假冒伪劣林木种苗的行为。近两年，全国共查处无林木种苗生产、经营许可证和标签的900多起，销毁、封存假劣种子近2万公斤、苗木1200多万株。全社会的林木种苗法制意识明显增强，种苗市场秩序明显好转。国家林业局对林业重点工程造林种苗质量进行的监督抽查结果表明，近年来种苗质量合格率一直保持在90%以上。

目前，全国近半数以上的县建立了种苗管理机构。通过加强管理，规范市场，严格执法，为林木种苗生产、经营者提供了多层次、多渠道、全方位的服务，促进了苗木产业的发展。许多地方的苗木产业已经成为区域经济发展、农村产业结构调整和促进农民增收的重要途径。据初步统计，目前全国苗木年总产值达2000亿元左右，成为林业发展中一个新的增长点。

中国林业科学研究院亚热带林业实验中心轻型基质育苗（亚热带林业实验中心提供）

2011 年 12 月 6 日，中共中央书记处书记、中央纪委副书记何勇到国家林业局视察林业信息化工作
（贾达明提供）

二、林业信息化——带动林业现代化

国家林业局确立了"加快林业信息化，带动林业现代化"的发展思路和"统一规划、统一标准、统一制式、统一平台、统一管理"的基本原则，开展了中国林业信息化发展战略研究，制定了《全国林业信息化建设纲要》《全国林业信息化技术指南》《全国林业信息化发展"十二五"规划》，实施了"八大行动计划"，林业信息化建设进入科学发展的新阶段。

（一）建立全国林业信息高速公路

全国林业专网联通了各省级林业部门和国家林业局京内外直属单位。辽宁、江西、福建、浙江和吉林森工集团公司将专网延伸到林场和乡镇林业站。各级林业部门内部办公网络实现了互联互通。吉林、江苏、山西等 16 个省级林业部门建成办公内网。国家林业中心机房和省级机房建设标准相继出台。2012 年国家林业局互联网出口带宽由 100 兆扩容至 200 兆。

（二）形成统一的信息服务窗口

2010 年 6 月 1 日，国家林业局启用综合办公系统，实现了政府机关主要工作的在线办理。国家林业局对全国林业系统网站进行了有机整合，新建了森林公园等网站群，打造了中国林业"网上航空母舰"，建设了中国林业网络博物馆、中国林业网络博览会。部分行政审批、数据统计等工作实现了网上办理，开通了网络森林医院，在线访谈、在线直播、在线交流实现常态化。国家林业局荣获"电子政务管理效能提升奖"、中央部委"优秀政府网站奖""中国政府网站领先奖""品牌栏目奖""精品栏目奖"等十几项奖励。各省级林业部门网站共获得各类奖励 57 项。

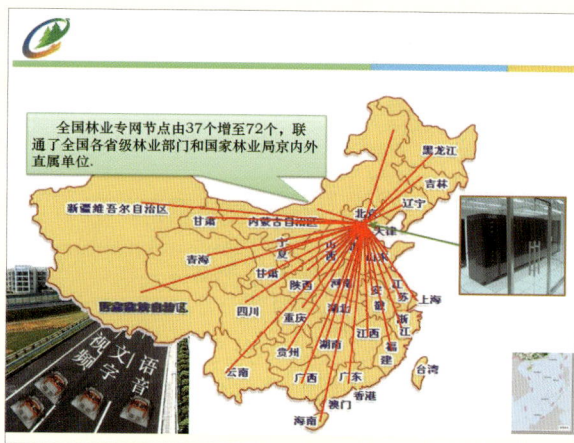

全国林业信息高速公路
（国家林业局信息化管理办公室提供）

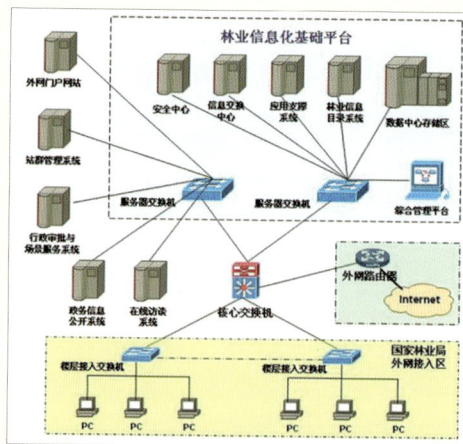

网络平台部署示意图
（国家林业局信息化管理办公室提供）

（三）全面提升林业信息化整体素质

国家林业局先后实施了国家自然资源和地理空间数据库、林业资源监管体系建设、国家卫星林业遥感数据应用平台建设等重点项目，新建了资源监管、林业标准、科技成果、林业专家、电子图书馆等一批重点数据库和森林、湿地、荒漠化、生物多样性资源监管信息系统以及林业基本建设管理等重点应用系统，"全国林业一张图"建设取得阶段性成果。国家林业局成为"国家物联网应用示范工程"6个试点部委之一。开展了首批和第二批示范省以及示范市、县的工作，取得一批示范成果。建立了全国林业信息化培训基地，与中国电信集团签署了《战略合作框架协议》，成立了中国林业网编辑委员会，建立了运行维护准入和考核制度。

（四）健全林业信息化运行机制

国家林业局成立了各司局和各直属单位、各省级林业部门主要负责同志为成员的全国林业信息化工作领导小组，设立了国家林业局信息中心，制定了《全国林业信息化工作管理办法》《中国林业网管理办法》等10多项宏观管理制度，以及运行维护管理制度。成立了全国林业信息化标准委员会，制定和修订了300多项标准。发布了《中国林业信息化发展报告》，开展了全国林业信息化发展水平评测和林业网站绩效评估，出版了《中国林业信息化发展战略》《中国林业信息化顶层设计》《中国林业信息化决策部署》等系列丛书。27个省（自治区、直辖市）成立了独立的林业信息化管理机构。重庆、四川、贵州等29个省（自治区、直辖市）制定了145项制度，江苏、福建、辽宁等省制定了27个省级林业信息化标准。

国家林业局与中国电信签署战略合作框架协
（国家林业局信息化管理办公室提供）

三、林业科技——有力支撑林业建设

党的十六大以来，林业科技进入了快速发展期，科学研究、技术推广、标准化、新品种保护、知识产权等工作顺利推进，林木良种选育、资源培育、加工利用等领域取得重大突破，林业科技进步贡献率由 2003 年的 35.4% 提高到 2011 年的 43%。

获得重要林业科技成果 1036 项、国家科学技术奖励 44 项、林业专利 9569 件，发布国家标准和行业标准 504 项，授权林业新品种 181 件。

全国建立地市以上林业科研机构 232 个，县级以上科技推广机构 2638 个，国家级林业重点实验室 1 个、知识产权研究中心 1 个，林业重点实验室和国家工程实验室 37 个、新品种测试机构 11 个、林业标准化示范区 180 个、林业生态定位研究站 100 个、局级林产品质量检验检测机构 29 个、工程（技术）研究中心 25 个。

"现代林业"首次列为国家科技"十二五"规划的单独领域，林业生态建设、生物质能源、应对气候变化、转基因育种等纳入相关国家综合性规划，林业在国家科技规划中的分量大幅增加。

（一）提升生态工程建设进度和质量

关键技术研究的重大进展，使"十一五"期间造林成活率和保存率提高 10%，沙化土地年均净减少 1717 平方公里，大熊猫等 50 多个濒危野生动物繁育种群持续扩大。森林资源培育技术和高效经营技术的快速发展，使杉木、马尾松、落叶松等主要树种材积遗传增益率最高可达 144%，商品林示范区单位面积产量平均提高 30% 以上。

（二）带动林农增收致富

林业新品种、新技术的推广应用，科技成果转化和产业化，有效地带动了林农增收致富。在湖南、江西、广西等省（自治区）大力推广油茶良种及丰产栽培技术，平均亩产增收 800 元以上。在核桃主产区推广应用无性繁殖和集约化栽培技术，产量提高 3 倍。

（三）引领林业产业转型升级

突破了竹林培育和竹质材料制造的关键技术，带动竹产业年增值 200 亿元。应用高强度木结构材、家具装修材增值加工技术，使木制品增值 15% 以上。松香、活性炭、植物单宁等林化产品精深加工技术取得重大进展；木质纤维生物转化燃料乙醇核心技术的国产化，生物柴油综合利用技术的研发，加速了新兴产业的培育和发展。

四川省南充市大山坡生态科技园（国家林业局宣传办公室提供）

（四）扩大林业国际影响力

积极履行《国际植物新品种保护公约》等有关国际公约，承担了多项新品种测试指南及林业国际标准的制定；积极引进科技资源，已有 300 多项优良品种、新产品、新材料、新装置进行了本土化应用，产生了明显效益。

河南省林业科学研究所果树专家向板栗承包大户
讲解栽培技术（国家林业局宣传办公室提供）

四、林业教育——培养新型务林人

伴随着林业的大发展和高等教育大众化、职业教育结构优化进程的加快，高等林业教育和林业职业教育全面发展，为我国林业发展和绿色增长提供了有力的智力支撑和人才保障。

（一）普通高等林业教育快速发展

初步形成了涵盖理学、工学、农学、管理学等学科门类，本科教育和研究生教育两个层次，学术型学位研究生教育与专业型学位研究生教育两个类别的林业学科体系；授予博士、硕士科学学位和培养研究生的林业学科涉及生物学、生态学、林业工程学、风景园林学、林学、农业资源与环境、农林经济管理等多个一级学科，同时可以培养林业、工程、风景园林等 3 种涉林专业硕士。培养林业学科研究生的单位有 77 个，其中北京林业大学等 6 所林业大学设有 168 个博士学位授权点、535 个硕士学位授权点、352 个本科专业点和 18 个博士后科研流动站；有 4 个一级学科点、29 个二级学科点被评为国家重点学科，15 个一级学科点被评为省（直辖市）级重点学科，有 2 所被列为国家"211 工程"学校、2 个林业学科平台纳入国家"985"优势学科创新平台建设计划。除北京林业大学等 6 所林业大学外，还有 215 所普通高等院校举办林科专业本科教育。

（二）师资队伍整体水平稳步提高

普通高等林业院校实施了"名师英才工程"等高层次人才培养计划，形成了由两院院士、特聘教授、国家杰出青年基金获得者、"新世纪百千万工程"人选、国家级教学团队等不同层次人才构成的学术梯队。6 所林业大学共有专任教师 6954 人，其中教授（或相当专业技术职务者，下同）1112 人，副教授 2288 人，讲师 3020 人，初级专业技术职务及无专业技术职务者 1103 人，分别占专任教师总数的 15.99%、32.9%、43.43%、7.68%。

（三）办学规模与教育结构趋于合理

2002 ～ 2011 年，6 所林业大学和其他研究生培养单位的林业学科、专业共毕业研究生 31106 人（其中博士生 4126 人，硕士生 26980 人）；普通高等林业院校和其他高等院校的林科专业共毕业本科生 251098 人。森林公安高等教育实现了由专科教育向本科教育的跨越。与 2002 年相比，2011 年 6 所林业大学学生情况发生了重大变化：一是研究生占在校学生总数的比例由 6.37% 提高到 13.08%，本科、专科生所占比例由 93.63% 下降为 86.92%，教育结构更加合理；二是每校平均在校学生数由 10849 人增加到 19243 人，年均增长率 6.57%，办学效益进一步提高。

（四）林业职业教育进一步强化

全国独立设置的高等林业（生态）职业技术学院由 2002 年的 7 所增加到目前的 13 所，另有 141 所其他高等职业技术学院创办了林科专业高等职业教育。全国独立设置的中等林业（园林）职业学校 29 所，另有 421 所中等职业学校举办了林科专业中等职业教育。有 12 所中等林业职业学校被教育部认定为调整后的国家级重点中等职业学校。2002 ～ 2011 年，高等林业（生态）职业技术学院和其他高等职业技术学院的林科专业共毕业学生（专科，下同）143620 人，2011 年在校生 54977 人，为 2002 年的 2.06 倍；中等林业（园林）职业学校和其他高、中等职业学校的林科专业共毕业中等职业教育学生 321476 人，2011 年在校生 158042 人，为 2002 年的 3.42 倍。另外，全国还设立了 56 个林业职业技能鉴定站。

五、林业管理机构和队伍建设——保障林业事业稳定运行

进入新世纪以来，林业部门成为以生态建设为主，维护国家生态安全、服务国计民生和推进可持续发展的公共管理与执法监管部门。国家林业局不断加强林业机构建设，统筹加大各级干部和人才队伍建设力度，着力提高林业工作者素质和能力水平，确保各项职能任务的圆满完成。

（一）林业行政机构体系和职能配置不断完善

2003 年以来成立了国家林业局森林资源监督管理办公室和 15 个派驻地方的森林资源监督专员办事处，形成了覆盖全国的森林资源监督体系。成立、恢复和新增了国家林业局湿地保护管理中心、国家森林防火指挥部和国家林业局农村林业改革发展司等，内设司局达到 13 个，同时新增、强化和拓展了很多职责，形成了健全的职能体系以及以各级森林公安和森林防火机构、森林武警部队、林业检察院、林业法院为主体的林业执法监管机构体系。同时，各地强化了对林业的组织领导和机构建设。湖北、广东等 7 省份将林业局恢复为林业厅，青海省由正处级设置升格为林业厅。目前，全国 28 个省（自治区、直辖市）单独设立了正厅级建制的林业行政管理机构。

（二）林业事业单位体系建设显著加强

目前，除中央、省、市、县四级林业行政管理机构外，我国有 2.8 万多个乡镇林业站、4000 多个木材检查站、2700 多个森林病虫害防治检疫站、2000 多个野生动物管理救护机构。还有 4800 多个国有林场、15 万多个乡村林场、2300 多个国有苗圃、2100 多个自然保护区、2700 多个森林公园等事业单位。同时，还建立了较为完善的林业生态工程、调查规划设计、森林保护等社会化服务事业机构体系。

（三）林业人才队伍不断壮大

党的十六大以来，国家林业局先后制定并颁发了《林业人才工作"十一五"和中长期规划》《全国林业人才发展"十二五"规划》等行业人才队伍建设指导性文件。各级林业部门加强各类人才队伍建设，林业人才队伍不断壮大。目前，全国林业系统职工总数为166万人，林业从业人员总数达4500万人。全国林业系统共有人才约82万人，比2002年年末增加了7万余人。除系统内人才明显增长外，随着集体林权制度改革的全面推进和非公有制林业经济的蓬勃发展，社会上大量人力资源进入林业领域，新增补充了一大批人才。全国林业系统具有本科以上学历的有19万人，占人才队伍的23.6%；具有高级职称的有4.3万余人，占专业技术人才队伍的12.0%。目前，全国林业领域有16位中国科学院和中国工程院院士，有一大批享受国务院政府特殊津贴的专家和国家级、省部级有突出贡献的科技、管理专家；各级林业部门着力实施青年拔尖人才、骨干人才培养计划，一批拔尖人才和优秀青年人才迅速成长，成为林业事业发展的重要力量。各地都成立了人才工作领导机构，形成了组织人事部门牵头抓总、有关部门密切配合、多方力量广泛参与的林业人才工作新格局。

（四）干部培训力度不断加强

积极采用案例式、体验式、参与式等教学方法，开展机关公务员和直属单位干部培训。党的十六大以来举办了直属机关司、处级领导干部任职培训700多人次，机关公务员岗位培训2000多人次，党员干部理论进修班培训司、处级领导干部800多人次，组织机关和在京直属单位近160名司局级干部参加中央组织部安排的自主选学。出台了《国家林业局干部教育培训工作细则》，开发运行了林业干部学习档案管理系统，加强对机关公务员和直属单位领导干部培训的管理。

先后两次发布了《全国林业教育培训五年规划》。以示范性培训带动大规模培训。举办了地方县级领导干部林业专题培训32期，培训分管林业工作的县委副书记、副县长达1800多人次；组织开展了省林业厅厅长、地市林业局局长、重点地区县林业局局长等地方林业领导干部整体配套培训20期，共培训1000多人次。成立了国家林业局教育培训信息中心，开通了中国林业教育培训网，建成了包括"林业基础知识""林业实用技术""林业知识更新""集体林权改革"等类别的200余门自建课程资源，全部课程面向社会免费开放。

中共中央组织部实施全国党员干部现代远程教育，国家林业局承担制作了《林下财富行》《林法时空》《百县书记、县长谈林改》等系列教材节目和《防风固沙的饲料桑》等实用性强的专题节目，开展了《为你而歌》电视系列展播活动，在中国林业教育培训网设置了在线学习平台，通过卫星、电视、网络等渠道，为基层林业干部学习林业知识创造了条件。教育培训的对外交流不断加大。积极利用国外资源开展林业干部教育培训。国家林业局先后与德国技术合作公司、日本国际协力机构等国际组织开展培训合作，借鉴国外先进的教学理念和教育管理经验，开发了一批示范培训教材，为改进林业干部培训的宏观管理提供了决策依据。积极开展林业援外培训工作，5个林业机构承办了商务部援外培训班70多期，培训近2500名受援发展中国家的林业官员，与他们分享中国在森林可持续经营、山区开发等方面的经验。

六、森林资源监测和监督管理——为决策提供科学依据

（一）森林资源检测取得新成效

森林资源监测是强化森林资源保护管理、实施森林科学经营的基础支撑，是建设现代林业、促进科学发展的重要保障。《中共中央 国务院关于加快林业发展的决定》明确提出"建立完善的林业动态监测体系，整合现有监测资源，对我国的森林资源、土地荒漠化及其他生态变化实行动态监测，定期向社会公布"，并指出要重点研究开发包括森林资源与生态监测在内的各种关键性技术。党的十六大以来，我国的森林资源监测体系日益完善，监测成效显著，不仅为国家制定和调整林业方针政策提供了重要的决策参考，而且为全国和各省编制林业发展规划、计划提供了翔实的科学依据。

1．森林资源调查监测队伍不断发展壮大

森林资源调查监测队伍主要从事森林资源及生态状况的调查监测，以及林业建设工程规划、设计、咨询评估等工作。据统计，全国共有森林资源调查监测单位2060家，其中甲级46家、乙级218家、丙级619家、丁级及以下1177家，已建立东北、华东、中南、西北四个区域森林资源监测中心。各级林业调查规划设计单位从业人员51381人，其中专门从事林业调查规划设计的技术人员44274人。在从业人员中具有本科以上学历的技术人员12341人，具有中级以上职称的技术人员17566人，具有高级职称的技术人员4725人。

2．森林资源监测体系日臻完善

我国森林资源监测工作从20世纪50年代初在国有林区开展森林经理调查开始起步，60年代着手引进以数理统计为基础的抽样技术，70年代后期开始建立国家森林资源连续清查体系。经过几代林业调查工作者几十年的不断探索和努力，我国森林资源监测体系从无到有，不断发展，达到了世界先进水平，受到国际林业专家的广泛赞誉。通过不断引进和发展新技术，不断完善各项制度和规程，我国不仅已经具备了国家级森林资源监测和评估能力，而且地方各级监测体系也日益完善，形成了国家监测体系和地方监测体系同步发展的格局。这标志着我国基本建立了现代化的森林资源监测系统，森林资源监测正由静态清查阶段进入动态监测阶段，我国的森林资源监测进入了世界先进行列。

3．森林资源监测内容不断拓展和丰富

进入21世纪，为适应以生态建设为主的林业发展战略，我国森林资源监测通过调整目标，紧密结合现代林业改革与发展的信息需求，不断拓展和丰富监测内容，完善调查方法，取得了许多创新性成果。如第七次全国森林资源清查历时5年(2004～2008年)，获取清查数据1.6亿组，增加了反映森林健康、生态功能和生物多样性等方面的调查内

生态状况监测（国家林业局森林资源监督管理办公室提供）

容，增补了 52 项调查因子，调查因子达 157 项，采集数据量比第六次清查增加了 45%；同时，进一步完善了调查方法，尝试了综合监测，特别对森林生物量、森林碳汇、水源涵养、水土流失、土壤理化性质等方面的监测方法进行了有益的探索和实践，为森林资源清查向森林资源和生态状况综合监测转变积累了经验；首次对全国森林生态系统涵养水源、保育土壤、固碳释氧、积累营养物质、净化大气环境与生物多样性保护等 6 项森林生态服务功能进行了评估，价值量合计每年达 10 万亿元，标志着我国森林生态服务功能监测和评价迈出了实质性步伐。正在开展的第八次全国森林资源清查，于 2009 年开始，计划至 2013 年结束，新增的一项突出任务就是建立我国主要树种的生物量模型和碳换算系数，逐步构建全国森林生物量和碳储量监测的计量体系；制定并颁发了《国家森林资源连续清查森林生物量模型建立暂行办法（试行）》和《国家森林资源连续清查森林生物量建模样本采集技术规定（试行）》等技术文件；截至 2011 年年末，已经完成了 20 个省（自治区、直辖市）的森林资源清查任务，并安排落实了 27 个树种的森林生物量调查建模任务；严格执行省级数据年度发布制度，已经完成的 20 个省（自治区、直辖市）的主要清查结果数据，都于翌年及时发布使用，提高了清查数据的时效性。

我国森林资源监测工作在调查内容、技术方法、监测手段、制度保障、汇总分析等方面已取得重大进步，清查成果不仅可以服务于国内不同层次的用户，也可以服务于全球森林资源评估和国际交流，不仅清查方法和技术手段与国际接轨，而且组织管理和系统运行规范高效，尤其是样地数量之大、复查次数之多，在全世界都是少见的，得到了社会各界乃至国际社会的充分认可。

（二）建立森林资源监督体系

森林资源监督是对森林资源管理的各项具体活动的过程、结果实施监察、督导、检查、审核、督促整改，达到保障国家林业政策法律、法规、规章能够得到有效贯彻执行的一项管理活动，旨在促进森林资源管理部门认真履行管理职责，监督、检查、预防、纠正森林资源管理中存在的问题，促进管理水平的提高。建立并实施森林资源监督制度，向各地派驻森林资源监督机构，目的是强化

森林资源监督机构成立 20 周年总结暨森林资源监督工作会议（国家林业局森林资源监督管理办公室提供）

中央对地方政府保护管理森林资源的监管能力，督促各级人民政府和林业主管部门认真执行林业法律法规，全面落实保护和发展森林资源的各项工作任务。

1. 森林资源监督制度逐步健全

为遏制东北、内蒙古国有林区森林资源过量消耗的局面，1988 年林业部提出了"对重点省（区）和重点森工企业派驻森林资源监察专员的设想"并得到了国务院的批准，逐步形成了东北、内蒙古重点国有林区"三段式"的森林资源监督体系的雏形。20 世纪 90 年代，经历了向吉林省、黑龙江省、内蒙古自治区和大兴安岭林业公司以及四川省、云南省、福建省派驻森林资源监督员、建立森林资源监督机构的试点，并明确了机构编制。2002 年 10 月，在中央机构编制委员会的支持下，国家林

业局成立了驻兰州、西安、武汉、贵阳、海口、合肥、乌鲁木齐等 7 个森林资源监督机构，同时调整了吉林、四川、福建等 3 个专员办的监督范围。2003 年 11 月，成立了国家林业局森林资源监督管理办公室，负责全国森林资源监督工作的管理，并直接承担北京、天津、上海、河北、山东、江苏等 6 省（直辖市）的森林资源监督工作。按照党的十七届二中全会提出的"加强政府层级监督，充分发挥监察、审计等专门监督的作用"的要求，国家林业局 2008 年颁布实施了《森林资源监督工作管理办法》。

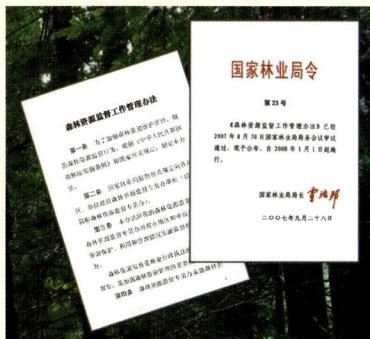

森林资源监督工作管理办法（国家林业局森林资源监督管理办公室提供）

2011 年 4 月，结合森林资源监督和濒危物种进出口管理工作的特点和需要，设立了国家林业局驻北京、上海森林资源监督专员办事处；撤销了国家林业局驻兰州森林资源监督专员办事处；撤销了国家林业局濒危物种进出口管理中心北京、上海等 22 个办事处。调整后，国家林业局设立了 15 个派驻地方森林资源监督专员办事处，加挂"中华人民共和国濒危物种进出口管理办公室 XXX 办事处"牌子（驻大兴安岭森林资源监督专员办事处除外），适当调整监督范围。目前，国家林业局直属 15 个森林资源监督机构监督范围实现了除香港、澳门、台湾等地区外的全覆盖。此外，部分省份林业主管部门也向地方重点林业区县派驻了森林资源监督机构，初步建立起全国森林资源监督网络，森林资源监督工作步入了新的历史阶段。

2. 森林资源监督作用显著

国家林业局各派驻森林资源监督机构通过开展破坏森林资源专项打击行动、专项执法检查、查办督办破坏森林资源案件等多种形式，积极开展林业执法，为保护森林资源作出了突出贡献。2003 ~ 2011 年开展的森林采伐限额执行情况检查，共检查了 287 个县（局）级单位、9084 个小班，查出非法采伐林木 335948 立方米；开展的占用征收林地情况检查，共检查了 1236 个县（局）级单位、15648 个征占用林地项目，共查出非法占用林地项目 6647 起、非法占用林地面积 32837.2 公顷。2002 ~ 2011 年，全国共发生林业行政案件 372.55 万起，共查处林业行政案件 367.30 万起，查处率为 98.5%，挽回经济损失 123.88 亿元。近十年来，全国林业行政案件发生量总体呈下降趋势，从 2002 年的 46.77 万起减少到 2011 年的 28.67 万起，下降了 38.7%。经过大力查办督办破坏森林资源案件，有效地促进了森林资源保护，广大森林资源监督工作者也因此被誉为"地球卫士、绿色警察"。

山河屯林业局进行"三总量"外业核查工作（国家林业局森林资源监督管理办公室提供）

伐区作业质量抽查工作（国家林业局森林资源监督管理办公室提供）

外业工作人员测量伐根（国家林业局森林资源监督管理办公室提供）

绿色的
壮举

国家出版基金项目
NATIONAL PUBLICATION FOUNDATION

新闻出版总署
迎接党的十八大主题出版重点出版物

中国的绿色增长

——党的十六大以来中国林业的发展

绿色的丰碑

国家林业局　编

中国林业出版社

图书在版编目（CIP）数据

中国的绿色增长：党的十六大以来中国林业的发展 . 第 3 卷，绿色的丰碑／国家林业局编 .
－北京：中国林业出版社，2012.9

ISBN 978－7－5038－6774－3

Ⅰ . ①中 ...　Ⅱ . ①国 ...　Ⅲ . ①林业－生态环境建设－中国　Ⅳ . ① S718.5

中国版本图书馆 CIP 数据核字（2012）第 228550 号

《中国的绿色增长——党的十六大以来中国林业的发展》

编辑委员会

主 编

赵树丛

副主编

张建龙　印　红　孙扎根

陈述贤　张永利　陈凤学　杜永胜

委 员

张鸿文	刘永范	王祝雄	郝燕湘	张希武	张 蕾
王海忠	封加平	彭有冬	苏春雨	谭光明	高红电
张习文	孙传玉	王永海	李世东	杨 超	潘世学
孔 明	程 红	孟宪林	孙国吉	潘迎珍	周鸿升
刘 拓	闫 振	刘东生	马广仁	张守攻	柏章良
厉建祝	柳学军	金 旻	岳永德	赵良平	臧春林
	刘 红	王 满	李怒云	马爱国	

III 绿色的丰碑

编撰工作办公室

执行主编：程 红

执行副主编：汪 绚 李青松 樊喜斌

统筹协调：曹 靖 沈登峰

主要撰稿人员

（以姓氏笔画为序）

马大轶	马凡强	马广仁	王志臣	王春峰	王祝雄	王维胜	王福田
田远春	付健全	白卫国	邢 红	吕宪国	伍步生	伍赛珠	刘 拓
刘跃祥	孙 建	杨淑艳	李青松	李梦先	吴秀丽	汪 绚	宋 超
张希武	张德辉	张 蕾	陈 勇	陈建武	陈瑞国	奉国强	欧国平
金 旻	周霄羽	封加平	郝燕湘	费本华	袁金鸿	黄国胜	章东升
屠志方	蒋三乃	程 红	谢 屹	谢守鑫	鲍达明	樊喜斌	潘红星

主要摄影人员

（以姓氏笔画为序）

韦健康	冯晓光	刘广平	刘兆明	刘宏明	刘晓玲	牟景君	孙 阁
苏为民	李惠均	张晓伟	张健康	陈建伟	林 岩	周霄羽	郑升亮
		俞言琳	贾达明	黄 海	曹 森		

编辑出版人员

责任编辑：沈登峰 刘先银

审稿人员：柳学军 邵权熙 杨长峰 徐小英 刘 慧 温 晋 徐 平 卢 灵

美术编辑：赵 芳 曹 慧 马迪娅

责任校对：杨 静

中国的绿色增长
——党的十六大以来中国林业的发展

总目录

III 绿色的丰碑

目录

III
绿色的丰碑

综　述

绿色中国不是梦，壮美的史诗真实地写在神州大地上。

党的十六大以来，党中央、国务院高度重视林业和生态建设，颁布了《中共中央　国务院关于加快林业发展的决定》，确立了以生态建设为主的林业发展道路；召开了首次中央林业工作会议和全国集体林权制度改革百县经验交流会，明确了林业的"四个地位""四大使命"和"五大功能"，把林业摆上了前所未有的战略高度。以此为标志，我国林业建设进入了转型升级的新阶段，迎来了加快发展的战略机遇期和黄金期。全国务林人奋发进取，锐意改革，扎实工作，有效破解了长期以来严重制约林业发展的体制机制性障碍，成功应对了各种重大自然灾害和国际金融危机的冲击，林业三大体系建设和各项工作取得了辉煌成就。

绿染华夏，泽被子孙。功在当代，利在千秋。

一、集体林权制度改革取得重大成果，
为林业和农村发展注入强大活力

这是我们正在经历的一场伟大变革。还山于民、还权于民、还利于民——山地在释放着巨大的潜力。集体林权制度改革受到广大农民的衷心拥护和社会各界的普遍赞誉。经过多年实践探索，全国集体林权制度改革取得显著成效。截至2011年，全国基本完成明晰产权、承包到户的集体林权制度改革任务，集体林地确权面积已达到26.77亿亩，占集体林地总面积的99.11%；经确权登记并以核发林权证面积达到23.69亿亩，占确权林地面积的88.49%，全国已有8784万农户获得了林权证，3亿多农民成为集体林权制度改革的受益者。

集体林权制度改革，在本质上是农村改革的延伸，是联产承包责任制的继续和完善。"温饱靠耕地，致富靠林地"已经成为山区农民的共识。伴随林权制度改革进程，公共财政支持制度、林业金融支撑制度、林权保护和流转制度、林木采伐管理制度和林业社会化服务体系也相继建立。

林改让农民实实在在得到了实惠，大幅度增加了农民的家庭收入，极大地激发了农民兴林致富的热情。全国林地直接产出率由2003年的84元／亩提高到2011年的260元／亩。

令人心旷神怡的林地景观（赵俊提供）

二、生态建设和生态保护全面加强，
生态安全屏障框架基本形成

　　森林是陆地生态系统的主体，承载着自然界物质流动和能量循环的功能。林业工作紧紧围绕"三个系统一个多样性"，全面加强生态建设和保护，为维护国家生态安全作出了突出贡献。

　　数字是一种符号，但数字最能说明问题。十年来，全国完成造林 8.63 亿亩，义务植树 264 亿株。根据第七次全国森林资源清查（2004 ～ 2008 年）结果，全国森林面积达 29.32 亿亩，森林覆盖率由 2003 年 16.55% 提高到 2008 年的 20.36%，活立木蓄积量达到 149.13 亿立方米。人工林保存面积达到 9.26 亿亩，居世界首位。森林植被总碳储量达 78.11 亿吨，年生态服务价值 10.01 万亿元。森林经营实现了突破，完成中幼林抚育 4.7 亿亩。林木良种使用率达到 51%。天然林资源保护工程圆满完成一期建设任务，退耕还林政策进一步完善，三北防护林、速生丰产用材林等工程建设成效明显。国务院批准了《全国林地保护利用规划纲要（2010 ～ 2020 年）》，征占用林地定额管理制度开始实施，林地保护力度明显加大。

　　如果说森林是地球之肺,那么湿地就是地球之肾。湿地具有强大的生态净化作用。

2003 年国务院批准实施了《全国湿地保护工程规划（2002 ～ 2030 年）》，各级政府共投入资金 90.04 亿元，完成湿地保护项目 205 个，恢复湿地 8 万公顷，建立湿地自然保护区 550 多处、各级湿地公园 340 多处、国际重要湿地 41 处。主要江河源头及其中下游河流和湖泊湿地、主要沼泽湿地得到抢救性保护，部分项目区湿地生态状况明显改善。

荒漠化被称为地球的"癌症"，其危害之剧已成为人类的心腹之患。荒漠化，埋葬了曾经的文明，正威胁着荒漠化地区 10 亿人的健康和生计，已引起全球政治家、科学家以及全人类的广泛关注。经过多年治理，中国共完成沙化土地治理 10.8 万平方公里，中国荒漠化生态系统明显改善。第四次全国荒漠化沙化监测结果显示，2005 ～ 2009 年，全国荒漠化土地面积年均减少 2491 平方公里，沙化土地面积年均减少 1717 平方公里。

生物多样性是人类赖以生存的条件，是经济社会可持续发展的基础，是生态安全和粮食安全的保障，涵盖生态系统、物种和基因三个层次。十年间，我国生物多样性保护取得显著成效，动植物资源稳中有升，尤其是国家重点保护物种上升的趋势更为明显。大熊猫等 50 多个濒危野生动物繁育种群持续扩大，苏铁等千余种野生植物人工种群基本建立，野马等物种回归自然进展顺利，野生动物损害补偿试点有序推进。林业系统自然保护区达 2126 处，总面积达 1.23 亿公顷，约占国土面积的 12.7%，超过世界平均水平。全国 90% 的陆地生态系统类型、85% 的野生动物种群和 65% 的高等植物群落得到有效保护。

多种多样的物种形成了丰富多彩的自然面貌（谭景涛提供）

三、林业产业发展连续迈上两大台阶，
林产品生产和贸易大国地位已经确立

　　林业产业是一个涉及国民经济第一、第二、第三产业多个门类，覆盖范围广、产业链长、产业种类多的复合产业群体，是国民经济重要组成部分，在维护国家生态安全，带动农民增收，繁荣农村经济等方面，有着非常重要和十分特殊的作用。

　　我国是世界林产品生产、加工、消费和进出口大国。国家出台了《林业产业政策要点》和《林业产业振兴规划》，加强了产业扶持和指导，成功应对国际金融危机冲击，林业产业发展继续保持强劲势头。松香、人造板、木竹藤家具、木地板产量跃居世界第一，干鲜果品和花卉产量名列世界前茅，成为世界林产品生产和贸易大国。2003年全国林业总产值只有5860亿元，2006年突破1万亿元，2011年猛增到3万亿元。林产品进出口贸易额由2003年的277.38亿美元增加到2011年的1190.8亿美元。林业第一、第二、第三产业的比例由2002年的63：32：5调整为2011年的36：55：9，林业产业化进程明显加快，第三产业比重逐步加大。

富有民族特色的竹藤制品

内蒙古森工集团生产的电工木成品库

四、生态文化体系建设全方位展开，全社会生态文明观念普遍树立

生态文化是一种人与自然和谐的文化，是生态文明建设的核心和灵魂。生态文明建设要靠生态文化的引领和支撑。

中共中央作出了建设生态文明的战略决策，形成了经济建设、政治建设、文化建设、社会建设以及生态文明建设"五位一体"的现代化建设新格局，进一步丰富和发展了科学发展观的内涵。建设生态文明成为各级党委、政府和全社会的共同行动，纷纷把创建国家森林城市作为推动生态文明建设的重要举措加以推进。目前，已有贵阳、沈阳、长沙等41个城市成为国家森林城市。

国家林业局积极开展研究探索解决对生态文化的科学认识，专门组织专家、学者深入研究生态价值观、生态道德观、生态发展观、生态消费观、生态政绩观等问题，取得了一批重要理论成果。生态文学创作硕果累累，一批富有震撼力的生态文学、影视和其他艺术作品在社会上产生了广泛而积极的影响。

林业越来越成为全社会关注的焦点。中央媒体每年刊发林业稿件1万多条。广泛深入的宣传活动，使林业政策深入人心，林业行业精神得到弘扬，生态文化知识广泛普及。

国家林业局与教育部、共青团中央共同确定了51个"国家生态文明教育基地"，大力加强生态文化基地建设。积极开展生态文化传播，成功举办了森林城市论坛、生态文化论坛、生态文明高层论坛和林博会、绿博会、花博会等宣传教育活动，全社会生态文明观念全面增强。

国家林业局坚定不移走文化产业发展道路，大力发展森林、竹、茶、花、野生动物、生态旅游等林业文化产业，鼓励社会投入主体参与开发，提升生态文化产业市场化水平。仅以生态旅游来看，2011年全国森林公园直接旅游收入达376.42亿元，成为林业产业中最具活力和最具发展前景的新兴产业。

小学生在大自然中体验生态文化

孩子在林中与鸟类亲密接触

护林人员时刻观察森林中出现的各类情况

五、应急处置工作取得重大成效，
林业防灾减灾能力明显增强

　　过去十年，是林业应急任务极为繁重的十年，也是应急能力全面提升、防灾减灾成效显著的十年。

　　成功抗击重特大自然灾害。林业系统全力投入抗击低温雨雪冰冻、汶川特大地震、舟曲泥石流等重特大自然灾害，努力降低生命财产损失和对自然生态的影响，大力推进灾后生态修复和重建。

　　森林防火取得显著成效。2009 年实施了《全国森林防火中长期发展规划》，加强了火灾防控能力建设和责任、措施的落实，年均火灾次数、受害面积和人员伤亡分别下降 26%、80% 和 9%。

用于扑救森林火灾的专用直升机在就近取水

- 549 -

林业有害生物防控全面加强。落实了地方政府及林业主管部门防控责任，形成了联防联控有效机制，强化监测预警、检疫检验、防治减灾体系建设，增强林业生物灾害应急处置能力，不断提升防治工作科学化水平，林业有害生物成灾率由 2003 年的 0.7% 下降到 2011 年的 0.51% 以下，无公害防治率由 40% 提高到 81%，测报准确率由 75% 提高到 85%，林木种苗产地检疫率由 80% 提高到 98%。

野生动物疫源疫病监测防控不断强化。传染性非典型性肺炎（SARS）、高致病性禽流感等疫情相继暴发后，国家林业局全面启动并加强野生动物疫源疫病监测工作，设立了 350 处国家级、768 处省级和一批市县级监测站（点），成功控制多起突发疫情，维护了国家公共卫生安全和人民群众利益。

沙尘暴应急体系逐步健全。制定了部门和重点省（自治区、直辖市）应急预案，建立了沙尘暴趋势会商制度。建设了 39 个沙尘暴地面监测站，开展了重点地区监测工作。加强了对重大沙尘暴现场救灾指导，减缓了沙尘暴危害。

林区治安状况继续改善。全面推进森林公安"五化"建设，重点加强林区治安源头管理、重点地区综合治理、突发事件应对和林区禁毒工作，稳妥处理了一批涉林非法集资案件，维护了林区社会和谐稳定。

四川开展直升机防治林业有害生物，有效地提高了森林生长质量

六、全力服务国家发展和外交大局，林业国际地位和影响力显著提升

以应对气候变化为重点，积极推进林业国际合作，全力服务国家发展和外交大局，林业的国际地位和影响力显著提升。

林业系统认真落实胡锦涛主席在亚太经济与合作组织（APEC）领导人非正式会议和联合国气候变化峰会上的庄严承诺，实施了《应对气候变化林业行动计划》，建立了亚太森林网络管理中心，提前兑现了2010年森林覆盖率达到20%的承诺，确立了林业在应对气候变化中的特殊地位。

积极实施"引进来"和"走出去"战略，引进实施国际合作项目2000多个，实际利用外资30多亿美元。援助欠发达国家生态建设起步良好，林业"走出去"步伐加快，利用"两种资源"服务"两个市场"的能力明显增强。

森博会上熙熙攘攘的人流（张健康提供）

深受世界各国人民喜爱的大熊猫
（中国保护大熊猫研究中心提供）

七、强林惠林政策体系初步形成，
实现兴林富民目标有了可靠保障

林业与民生从来都是联系在一起的。十年来，特别是中央林业工作会议召开后，各项强林惠林政策密集出台，为林业改革发展提供了有力保障。"十一五"期间，国家林业投入达 2979 亿元，比"十五"期间增加了 80%。林业贴息贷款和基本建设贴息贷款由 223 亿元增加到 588 亿元，增幅达 164%。

林业公共财政支持制度初步建立起来，营造林投入补助标准由每亩 100 元提高到 200 元。属集体的国家级公益林，中央财政补偿标准由每年每亩 5 元提高到 10 元。

中国人民银行等 5 部门出台了《关于做好集体林权制度改革与林业发展金融服务工作的指导意见》，林业金融扶持政策取得重大突破。中央财政森林保险保费补贴试点稳步推进，公益林保费补贴比例提高到 50%，与中国人民财产保险股份公司签订了《共同推进森林保险框架协议》。

在国有林区，以"三剩物"和次小薪材为原料生产加工的综合利用产品增值税即征即退政策继续执行。育林基金征收标准从 20% 降至 10% 以下，农民涉林负担进一步减轻。

林区民生工程和基础设施建设扎实推进，国有林区棚户区和危旧房改造安排中央投资 176 亿元，安排改造任务 132 万户，林区约 150 万户列入全国保障性住房建设规划。属于一个时代的板夹泥房"木刻楞""地窨子""撮罗子""马架子"等破烂不堪的房子正在一片片地消失。林区人正在朝着追求健康、追求自尊、追求幸福、追求快乐、追求品质的目标迈进。

黑龙江省柴河林业局棚户区改造后的小区（龙江森工集团棚户区改造管理办公室提供）

花卉规模化生产销售（孙阁提供）

同时，林业科技、人才、法规、信息化和机关"两建"等工作得到全面加强，林业可持续发展能力明显增强。林业行业共获得重要科技成果1036项、国家科学技术奖励44项、林业专利9569项，科技成果转化应用率首次超过50%，林业科技进步贡献率由2003年的35.4%提高到2011年的43%。

过去十年，是我国林业发展史上极不平凡、成就辉煌、影响深远的十年，是林业地位不断提高、内涵不断丰富、功能不断拓展的十年，是林业改革波澜壮阔、林业活力全面迸发、林业发展亮点纷呈的十年，是林业投入力度最大、兴林富民成效最好、林农群众受益最多的十年，也是林业作用最为凸显、国际影响力最为显著、为国家大局和社会贡献最为突出的十年。这些成就的取得得益于党中央、国务院的英明决策和正确领导，得益于各级党委、政府及林业主管部门精心谋划和科学实施，得益于广大林业工作者锐意进取和无私奉献，得益于全社会的广泛关注和支持配合。

有多大的生态容量，就有多大的经济总量。以经济发展带动生态建设，以生态建设促进经济发展，走经济、社会与生态互促共赢的可持续发展之路，是21世纪中国的必然选择。

因此，在一定意义上，我们有理由相信，绿色增长便意味着经济增长；绿色增长便意味着国力增强；绿色增长便意味着人与自然的关系趋于和谐；绿色增长便意味着一个民族的文明程度正在提升。

我们今天所做的一切，必将决定中国未来的生存与发展。

绿色丰碑永存！

新疆维吾尔自治区阿克苏地区柯克牙平原绿化工程

第三十六篇

二十七亿亩
集体林地承包经营
——中国农村生产力的
又一次大解放

集体林权制度改革被誉为是继农村家庭联产承包责任制之后，农村经营体制的又一次大变革，农村生产关系的又一次大调整，农村生产要素的又一次大活化，农村社会生产力的又一次大解放，与农村土地家庭联产承包责任制具有同等重大意义。截至 2011 年年末，全国共确权林地面积 26.77 亿亩，占 27 亿亩集体林地总面积的 97.8%，占各地纳入集体林权制度改革面积的 97.9%。全国已发放林权证 1 亿本，承包到户的集体林地 24.3 亿亩（林木蓄积量 40 亿立方米），占总面积的 88.8%，发证面积累计达 23.69 亿亩，占纳入林改总面积的 86.7 %，发证户数 8784 万户。山定权，树定根，人定心，集体林区如沐春风。山绿了，人富了，生态好了，干群关系融洽了，社会和谐了。

一、森林资源增长的动力之源

集体林地承包到户后，农民真正拥有林地承包经营权和林木所有权，蕴藏在农民中的积极性和巨大潜能得到有效释放，农民造林营林的热情前所未有得高，森林保护力度前所未有得大。林改中不仅没有出现乱砍滥伐问题，反而出现了全家护林、合作护林、昼夜护林的景象。农民"把山当田耕，把树当菜种"，舍得投入，精心经营，效益显著增长。全国林地直接产出率由 2003 年的 84 元／亩，提高到 2011 年的 260 元／亩。福建、江西、辽宁、浙江等省造林规模连创历史新高，成活率和保存率在

林权制度改革后的浙江省临安市白沙村

福建省集体林地上种植的楠木林（福建省林业厅提供）

90%以上。重庆市 2009 年造林 798 万亩，超过前 10 年的总和。山西省近 5 年森林面积由 1700 万亩增加到 3400 万亩，人均森林面积由 0.5 亩增加到 1 亩。特别是集体林权制度改革与退耕还林、天然林资源保护等林业重点工程建设相结合，进一步提高了工程建设质量和效益。截至 2010 年年末，中央累计安排退耕还林工程建设任务 4.27 亿亩，其中退耕地造林 1.39 亿亩。天然林资源保护工程有效保护森林 16.19 亿亩，累计完成公益林建设任务 2.49 亿亩。近年来，全国每年造林面积一直保持在 9000 万亩的较高水平。第七次全国森林资源清查结果表明，截至 2008 年年末全国森林面积达 29.25 亿亩，比上次（截至 2003 年年末，下同）清查净增 3.08 亿亩；森林覆盖率达 20.36%，净增 2.15 个百分点；活立木蓄积量达 149.13 亿立方米，净增 11.28 亿立方米。

面对成材的林子，林农喜笑颜开

河南省济源市大峪镇东沟村村民拿到林权证后喜笑颜开

专栏一　总理的嘱咐正在六家子村变为现实

"山还是那座山，可那是我的山。这山不再没人管，我是永久的护林员。我栽树种药，这山是我致富的空间。但愿世代相传，政策不再改变。"这是六家子村村支书刘海金唱出的林改赞歌，也是2007年过年时唱给总理的歌，这支歌唱出了农民的心声。

林权改革——把党的惠民政策落到实处

红透山镇六家子村，是辽宁省清原满族自治县的一个小村。村在一条沟里，两边都是山，山上都是树。过去，由于受管理体制的限制，制约了生产力发展，农民参与林业建设和林下经济开发的积极性没能得到充分发挥，农民总是感到看着金山有劲没处使，有一种守着绿色银行不能富起来的感觉。

集体林权制度改革这一惠民政策给盼望已久的村民，带来了致富和发展的希望。这个村过去各组的林子由村办林场统一经营了22年，林分质量变化非常大。把统一经营了这么多年的林子再划归到原来的各组去，不适应林改实际。经过广大村民表决，一致同意全村的林木实行统一经营改革。

人工林面积分两部分：一是25年生以下的人工林5300亩，每人均山2.5亩；二是26年以上的人工林16700亩，林木蓄积量100060立方米，采用其他承包方式，实行均利分配，每人分12500元。对采伐迹地，实行村民每人5亩依次平均分配。

天然林改造总面积2.8万亩，采取均山。一是每人均山9亩，全村按林木质量不等，依小班面积按人口分到户，分配总面积1900亩；二是村集体留7300亩，集中在砬子沟流域；三是对林地质量差、林木质量不好的2000亩天然林，由村集体看护，作为村的公益林。

林改之后——农民得实惠，林业发展快

2007年2月17日，大年三十，温家宝总理来到六家子村给乡亲们拜年。村民们围着总理，讲的全是林改，全是依托山林致富的打算。总理在六家子村谈及林改的话，被村民记录下来，端端正正地挂在村委会的墙上："林权制度改革是土地承包经营在林地上的实践，一定会受到农民欢迎，这一轮承包70年不变。""这里有山有林有水，长远看还是要把山林保护好，发展林业，不仅是生态林，还包括经济林、林下产业。还要发展畜牧业，养牛养羊养猪。将来有条件可以搞点农家乐，发展旅游业。"

总理的话极大地鼓舞了村民们的改革热情，成为了六家子村林改和发展的巨大动力。村民群众发展林业的积极性空前高涨，种刺五加和大果榛子，三年就能见果，收益近在眼前。村民主动要苗、半夜等苗，他们还给树坑换上好土，并买来农家肥施上。到2008年年末，六家子村27000亩人工林、28000亩天然林，包括2000亩林间空地，均已明晰了产权。总理嘱咐村民林改后要发展林下经济和"农家乐"，目前都已经有了实质性进展。经过多年的发展，全村林下经济已超过2000亩，实现了人均1亩。抚顺市林业局负责帮助村里开展林下经济，先后无偿提供刺五加苗近30万株、大果榛子苗12000株，价值30多万元。经村民同意，村里开展生态旅游，收益用来兴办村级公益事业。在六家子村，总理的嘱咐正在逐步变为现实。

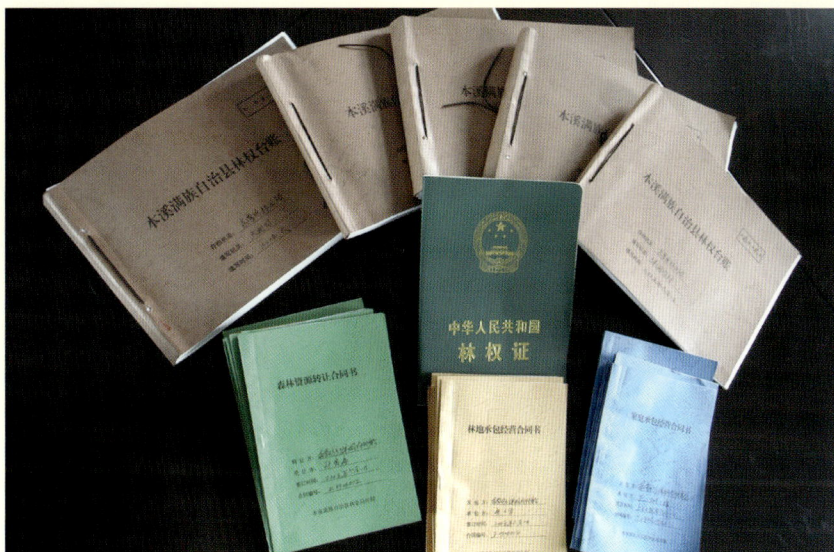

二、林业产业发展的活力之源

　　林改放活了林地承包经营权，林农拥有了处置林地和获得收益的权利。种苗培育、经济林果、竹藤花卉等产业不断壮大，森林旅游、木本粮油以及林下种菌、种菇、种药、种菜等种植业和林下养鸡、养猪、养兔、养蛙等养殖业迅速兴起。全国林业总产值由 2006 年的 1.07 万亿元增加到 2010 年的 2.28 万亿元，5 年翻了一番。浙江省安吉县以全国 2% 的竹林资源占据了全国 20% 的竹产品市场，2009 年产值超过 120 亿元，竹产业已成为县域经济的第一支柱。贵州省黎平县大力发展"两茶"（茶叶和油茶）产业，2009 年全县农民人均纯收入达 2598 元，比 2008 年增加 251 元。"两茶"产业规模化发展，吸纳了大量农村剩余劳动力，全县油茶产业从业人员达 1 万人。2008年国际金融危机爆发后，林改为大量返乡农民工就业创造了条件，呈现了"城里下岗、山上创业""一户承包、全家就业"的局面。据统计，当时江西、河北等 19 个全面推开林改的省份共创造就业机会 3600 万个，为应对国际金融危机、维护社会稳定作出了重要贡献。

　　2011 年，全国林下经济产值达 2081.61 亿元，参与农户 5770.45 万户。其中林下种植 1189.84 亿元，林下养殖 597.42 亿元，森林景观利用 97.19 亿元，林下产品采集加工 197.16 亿元。

河南省林下养殖产业

林下种植人参（刘广平提供）

云南省农户喜看丰收果

广西壮族自治区钦州市钦南区犀牛角镇林下养鸭
（广西壮族自治区林业厅提供）

三、税费减免的助力之源

　　长期以来，林业税费过多，林农负担过重，利益分配失衡。"卖掉一根竹子，得到一根筷子"，严重影响了广大林农的林业收益，制约了林农林业生产活动积极性。胡锦涛同志说，要让农民群众享受到改革的成果。改革取消了木竹特产税，降低了育林基金征收比例，减轻了林业生产经营者的负担，同时规范了育林基金的使用和管理。福建省税改后，全省共减轻税费负担8.84亿元。江西省2004年全省林改政策让利7.52亿元。林农每销售一根标准竹增收5元，每销售一立方米木材，平均比税改前多收入200元。江西省崇义县县委、县政府按照"两取消、两调整、一规范"的要求，抱着"宁可让财政困难一时，决不让林农贫困一世"的决心，落实减负政策。从2004年9月1日起，取消了8.4%的农特税、3%的增值税、2.24%的所得税、9.6%的林区建设资金、7%的乡镇提留等10项税费和县、乡、村三级不合理收费项目，原竹、原木的收费标准由林改前的53.24%下降到当年的20%，减幅达33.24个百分点。贵州省根据《中共中央　国务院关于全面推进集体林权制度改革的意见》，明确规定了林业的收费项目，同时制定了改革育林基金的征收、管理和使用办法，对涉林各种收费项目进行全面清理整顿，取消市、县自行出台的所有木竹收费项目，建立健全农民税费负担监督机制，规范税费征收等政策措施。湖北省调减林业税费后，每年减轻农民涉林负担1亿多元。

减免税收使广大林农每立方米木材增收近200元
（江西省林业厅提供）

江西省遂川县林业税费公告（江西省林业厅提供）

专栏二 厉以宁教授等专家对林改的评价

2008 年 9 月 28 日,在北京大学召开的集体林权制度改革论坛

2008 年 9 月 28 日,在北京大学召开的集体林权制度改革论坛上,著名经济学家厉以宁作为特邀嘉宾发言。他认为,从这次中国集体林权制度改革中,我们可以得出 8 点启示。

一是林改调动了亿万农民自主创业的积极性,奠定了成功的基石。人力资本从此有了极大的活力,不仅能更好地利用物质资本,创造财富,而且能把人力资本和物质资本更有效地结合在一起,使社会经济面貌发生巨大的变化。

二是林改推动了创业,带动了就业。林改后,由于林业从粗放型经营转到集约型经营的轨道,林业经营需要更多的劳动力,部分农村富余劳动力不再外出打工,转而上山从事林业,缓解了就业问题,为农民开创了靠山致富的门路。

三是林改为林产品产业链的延伸创造了条件。林改后,林农积极投身林业产业发展,并创造了各种合作组织,既加快了林产品产业链的延伸,扩大了林产品营销范围,还促进了与林业有关的现代服务业和现代物流业的发展。而这正是林业产值增长的关键所在。

四是林改把民间资本引入林业建设。民间资本一直在寻找可以有效投资的实体经济领域,林改后林业发展的广阔前景为民间资本提供了空间。一些林区已经探索出了林业与民间资本联姻的经验,如龙头公司、林业合作组织和山林承包户三方合作,实现利益均沾。

五是林改首创的林地和林木流转及抵押规定,对于振兴林业和提高农民收入及推进城镇化建设都具有重要意义。林区农民有了林权证,证实他们有了明确的物权,并通过林地和林木的流转和抵押证实了物权收益的归属,成为林农致富的保障。

六是林改对生态保护和建设具有积极作用。林改后,林权明确了 70 年承包期不变,农民对于植树造林的积极性大大提高,自觉抵制滥伐林木、破坏生态的行为。

七是在山林地区,唯有通过林改才能使林区农民真正走上脱贫致富的道路。一有林区农民积极性的调动,二有体制改革所创造的均等机会,三有政策的合适和配套,林改的这些条件为林农走上共同富裕道路提供了广阔的空间。

八是制度创新是发展林业、建设山区的根本途径。从各地林改实践来看,尤其是 2008 年《中共中央 国务院关于全面推进集体林权制度改革的意见》出台后,集体山林才出现了新的面貌。制度创新了,林区农民的积极性才被调动起来。今后,集体林权的制度创新仍有待深化。

专栏三　全国集体林权制度改革专家座谈会发言（摘要）

2011年11月28日，全国集体林权制度改革专家座谈会在北京召开，以下为专家发言摘要。

北京大学厉以宁教授：集体林权制度改革是一次创新。第一个突破是采取产权量化给个人的做法。因为只有量化给个人，农民的积极性才能被调动起来，他们对资产的关切度才能大大增加。合作社一定要在林权证发放给个人以后，让农民凭林权证自愿参加合作社，而不能把林权证直接发给现成的合作社，由它来组织农民，那是假合作社。第二个突破是集体林地承包期确定为70年。农业始终没有这么确定，只是说"承包制长久不变"，所以农民还是不放心。这一次，中央在2008年的中央10号文件中把承包期定为70年不变，作用很大。70年，就到第三代以后了。我到林区听农民们都说"爷爷种树，让孙子来砍"，安下心来了。第三个突破是林地和林木可以抵押。农业中还没有这样的措施。重庆市和其他一些改革试验区才这样做，林业就不同了，林地可以抵押，经济就活了。

中共中央党校李兴山教授：林权改革之所以是重大突破，主要从两个方面来说：第一，在改革范围上的突破，从耕地改到林地。形象地讲是从平原改到山区，原来的承包制只改了耕地，没有改林地，林地仍然是吃"大锅饭"的情况。这是范围上的突破。第二，在改革深度上的突破，农村的承包制是放权让利的改革，林权改革是真正实质上产权量化的改革。一个很重要的标志，耕地到现在农村改革还没有做到产权可以交易，这一点林改比耕地承包制改革深刻得多。从改革的性质、改革的范围都是重大的突破。

清华大学胡鞍钢教授：从我的角度来看，集体林权制度改革就是典型的绿色改革与绿色发展。对这次林业改革评价高，高在什么地方？高在确实符合我们说的三个设计：第一个符合总体设计。就是全国林业改革的总体布局，先试点，取得经验，在部分地区推开，然后在全国整体设计。第二个符合顶层设计。有一个清晰的目标蓝图和行动路线图。第三个符合科学设计。改革到底有什么样的收益，有什么样的成本，我们应当及时进行评估。现在看来，国家林业局每年出的林业改革报告更具有科学性、更理性，很多数据能表明，达到了三个效益的统一，为深化改革奠定了重要基础。

清华大学宋逢明教授：对中国的集体林改来说，国家战略层次的现实意义还在于2009年全球危机大爆发的时候，过剩资本可以因避险需求转而投向资源地区。随着资本回流，带动劳动力回流，一方面导致林区农民增收的速度快于平原农区。另一方面，林区还吸纳了大量的区外农民流动就业。这就是新的财产性分配带动过剩资本追求避险流动所发生的结果。

中国人民大学温铁军教授：回顾前两次林政，整个国家从中央到地方的财政都严重亏空，与经济增长相伴随的金融机构出现严重贷差，无论城乡都处于资本极度稀缺的阶段。所谓林改教训，无外乎是对于林区生产关系的内部调整因没有产生增量的可能而失败。这并非地方主管部门主观判断或决策失误，实乃外部宏观条件不具备的情况下内部微观调整导致制度成本增加。

而正在进行的第三次林改则是在外部宏观经济条件发生巨大变化的历史条件下进行的，因此，如果南方集体林区能够借第三次林改真正把"均山制"再实现一次，在林区百姓都平等得到山权林权的时候，利用资本过剩和产业过剩的宏观经济条件，做好与国家新农村建设战略相关的林区建设，防止出现环境污染、盲目求大等问题，就有可能在宏观经济环境和中央政策导向发生重大变化的情况下达到此次集体林权制度改革的目的。

尤其是此次集体林区改革是发生在全球性经济危机的大背景下，越是经济危机的时候稳定就越重要。中国在稳定耕地到户的同时，能够以山地和林业资产落实到村社和农民家庭的农村财产关系的稳定来替代危机发生时政府临时性应对政策，是历经危机却仍然没有陷入其他发展中国家困境的根本原因之一。

湖北省罗田县农民为市场提供优质板栗

农民栽培黑木耳增加收入

四、农民就业增收的财力之源

改革将林地使用权和林木所有权确权到户，让农民有了稳定的财产性收入，拓宽了农民增收途径，对破解"增收难"这一"三农"核心问题作出了积极贡献。我国27.37亿亩集体林地有森林蓄积量45.74亿立方米，经济价值达数十万亿元。分山到户后，户均拥有森林资源资产近10万元。同时，林改促使农民开辟了新的致富门路，增加了生产性收入。2008年，河北全省农民较改革前增收37亿元，林下产业经营收入达13.5亿元。四川省实现林业总产值760亿元，同比增长10%，农民人均从林业上获得纯收入460元，同比增长13%。2009年，浙江省山区林改县农民来自林业的收入达到3584元，占总收入的55%。山西省"林改第一县"祁县群众共出售苗木3000万株左右，实现销售收入2.1亿元，仅此一项，人均收入就达1000余元。辽宁省本溪市农民大力发展林下种植业和林下养殖业，形成了山上种树、林中放蜂、林下种参、参里养蛙的立体经营模式，全市出现10万元户1.6万户，百万元户3000多户，千万元户120户，亿元户3户。新疆维吾尔自治区若羌县2001年农民人均收入只有2216元，2010年仅红枣一项收入就达3万多元，增长了10多倍。浙江省临安市白沙村把"砍树"变成"看树"，大力发展森林旅游业，每户年收入达30万元。据统计，2009年全国27个省（自治区、直辖市）1818个林改县，农民人均收入4961元，其中来自林业的收入643元。2010年全国2550多个林改县农民人均年林业收入占年收入的比重达到14.6%，重点林区县超过60%。据"集体林权制度改革监测"项目报告，2010年监测区域样本农户户均林业收入8996.96元，林业对样本户家庭收入增长贡献率为13.32%，扣除物价上涨因素，比2009年增长17.85%。据30个省（自治区、直辖市）不完全统计，2011年林改县农民人均年收入为6435元，其中来自林业的收入1203元，占总收入的18.69%；来自林下经济的收入367元，占林业收入的30.51%。可以说林改给农民带来的不仅是眼前的财富，更是财富增长的空间和创造财富的内生动力。

林改工作人员深入田间地头开展林改培训

五、提升林业社会化服务的引力之源

林地承包到户后，农民经营形式更加多样，经营内容更加丰富，对社会化服务的需求更加强烈。各地纷纷把加快培育服务主体，改进服务方式，作为转变政府职能，深化林权制度改革作为重要内容来抓。

各种新型的、有内在活力的专业化、规模化经营组织蓬勃发展。将分散经营的林农联合起来，建立了产权明晰，规模经营、集约管理的新机制，解决了林改后农民在发展林业产业中经营规模小、生产成本高、技术能力低、产品销售难等问题，并逐渐形成了林业产业链。2011 年，全国共建立林业专业合作组织 9.78 万个，比 2010 年增长 3.49%，加入合作组织的农户 1260.71 万户，合作组织经营林地面积 2 亿亩，占已确权林地面积 7.47%。合作组织中，林业专业合作社 3.17 万个，增长 82.18%，加入合作社的农户为 530.91 万户，合作社经营的林地面积为 8340.74 万亩，增长 14.35%，占已确权的林地总面积的 3.12%，占合作组织总面积的 41.72%。湖北省全

林农自发组建合作林场（浙江省林业厅提供）

浙江省龙泉市三家林业合作社揭牌典礼（浙江省林业厅提供）

省已组建各类林业合作社和林业专业协会 684 个，入社会员 19.8 万人，注册资金 2.9 亿元，现有资产 10.1 亿元，涉及林地经营面积 290 万亩，带动基地建设 273.7 万亩，辐射带动农户 286.6 万户。

科技支撑和服务力度不断加大。为了提高农民发展能力，各级林业科技部门不断加强对农民苗木培育、种植栽培、抚育经营、采伐利用等各个环节的技术指导，积极引导农民加快速丰林、经济林、木本粮油、生物质能源林基地建设，开展低产低效林改造，提高林地经营水平，培植特色产业，积极推进"林业科技富民示范工程"和"林业科技特派员创业行动"，把农民急需的实用技术送到田间地头，提高林业生产水平。新型林业社会化服务体系的建立和林业组织化水平的提高，为适应林业生产力发展、推进现代林业建设提供了重要的技术支撑和组织保障。

林区三防协会自发喷药防治松毛虫

科学造林确保成活

福建省永安市洪田东升林业专业合作社章程
（福建省林业厅提供）

林权服务中心为广大林农提供高效便捷的一站式服务（辽宁省林业厅提供）

六、提高林业融资水平的潜力之源

　　集体林权制度改革，创新了林业机制体制，促进了林地、物种、景观等资源的资本化运营，林业对社会资本聚集作用增强。近年来，浙江、山东两省全社会投入林业的资金均达600多亿元。广西壮族自治区林业部门与金融机构签订协议，林业贷款授信额度达到1050亿元。福建省永安市引导林农以林地使用权、林木所有权折价入股，与林业企业开展合作，支持有条件的龙头企业上市融资，引入国外上市公司和战略投资企业参与林业经营；南平市近年来民间林业投资达到80亿元，占全社会总投资的96.4%。辽宁省本溪市以森林资源为依托的5大林业产业成为社会投资的新热点，正在逐步更替原来的钢铁、煤炭和水泥3大传统产业，为实现发展方式转变、推动区域科学发展奠定了基础。

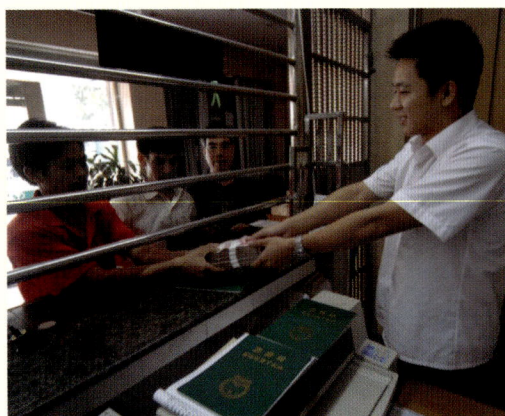
浙江省丽水市林农用林权抵押获得贷款（刘广平提供）

林业担保有限公司（福建省林业厅提供）

为了破解林农发展生产资金不足的难题，中国人民银行等 5 部委出台了《关于做好集体林权制度改革与林业发展金融服务工作的指导意见》，林权抵押贷款蓬勃发展，资源真正变成了农民脱贫致富发展林业生产的资本。全国有 27 个省（自治区、直辖市）开展了林权抵押贷款工作。抵押贷款面积 3850.58 万亩，贷款金额 529.9 亿元，平均每亩贷款 1376 元。其中，农民抵押贷款面积 2186.35 万亩，抵押贷款金额 255.99 亿元，平均每亩贷款 1171 元。国家出台了《林业贷款中央财政贴息资金管理办法》，扩大了贴息范围和贴息对象。林业贴息贷款贴息率由 2% 提高到 3%，对林农和林业职工营造林小额贷款的贴息期限延长到 5 年。

政策性森林保险正在撑起林业投融资本的保护伞。按照"政府引导、市场运作、自主自愿、协同推进"的原则，开展了中央财政森林保险保费补贴试点工作。中央财政按公益林 50%、商品林 30% 的标准给予补贴，在中央财政补贴的基础上，要求地方财政也对保费进行补贴，公益林补贴比例不少于 40%（其中省级财政保费补贴比例不少于 25%），商品林省级财政保费补贴比例不少于 25%。截至 2011 年，有 20 个省（自治区、直辖市）开展森林保险，投保面积 7.7 亿亩，保险金额 3280 亿元，保费 7.9 亿元，其中政策性补贴 6.8 亿元，平均每亩保险金额 425 元，平均每亩保费 1.03 元，保费费率 0.24%。

七、基层干部群众的合力之源

集体林权制度改革强化了干部服务群众的理念，提高了服务群众的水平，改进了干部的形象，维护了农民的合法权益，增强了农民自我管理的能力，在改革进行得彻底的地方普遍形成了干群关系密切、协力共进、共同发展的良好局面。据统计，全国共有 2000 多万基层干部和技术人员投身林改一线，为群众办实事、解难事，赢得了群众的信任和拥护，基层干部也由此增强了法制意识、民主意识、服务意识和执政为民意识，涌现出一大批优秀干部。广大乡村坚持公开、公平、公正搞林改，完善了村级民主自治机制，充分保障了村民的民主权利和物质利益，许多林改干部在乡村换届选举中高票当选。

许多地方以林改为契机，解决了大量的历史遗留问题，调处了大量林权纠纷，减少和化解了矛盾，有效消除了影响农村社会和谐的不稳定因素。各省（自治区、

基层林业干部深入乡村逐地块勘界、督查、核实面积，为林地确权

调处林权纠纷（福建省林业厅提供）

直辖市）均成立了林权纠纷调处机构，抽调了大量干部，细致耐心地开展工作。他们奔走在山间地头认真丈量，翻阅大量档案细致核查，反复沟通，耐心协调，把重新核发的林权证办成"铁证"。据统计，全国累计调处山林权属纠纷 86.7 万起，调处率达 97%，群众满意率达 98%，促进了农村社会和谐。在国家重点工程三峡库区，重庆市按照"四个不出"，即户的纠纷不出组、组的纠纷不出村、村的纠纷不出乡镇、乡镇的纠纷不出区的要求，对涉林移民的诉求第一时间响应、纠纷第一时间调处、矛盾第一时间化解，切实稳住了移民的心。同时，改革后农民专注于山林经营，专心学科技、搞经营、跑市场，相关社会矛盾也明显减少。

山西省祁县阎庄村的老书记刘玉成带领村民改革致富（山西省祁县林业局提供）

现场确认（辽宁省林业厅提供）

山林纠纷调处（江西省林业厅提供）

外业勘察现场，茶水送亲人

专栏四 农民群众对集体林改的评价

集体林权制度改革犹如一股春风吹拂华夏大地的每一个角落，所到之处无不得到当地群众的高度褒奖、认可和支持。

福建省永安市洪田村村民钟昌信因残疾多病，几十年一直是政府联系的特困户，年年靠救济过日子，仍没有走出困境。当林改后他领到第一笔1万多元的现金时，手在发抖，流着眼泪激动地说："救济无法改变我的生活，林改却改变了我的命运！"

江西省上饶市的农民在过春节时挂上了这样的春联"党恩浩荡——明晰产权利如晓日腾云起，放活经营财似春潮带雨来""民富在山——林权改革财门开，分山到户钱进来"。

江西省上饶市农民家的春联

辽宁省本溪市引领农民大力发展林下产业，群众高兴地说："林改政策得人心，分林到户种人参，兴林富民政策好，林下遍地是黄金。"

河北省赞皇县黄北坪乡川房村党支部书记李四路说："林改好啊！要不是搞林改，我们村的光棍到现在还找不上媳妇呢。真得感谢党的好政策啊！"

江苏省盱眙县旧铺镇大字村小冲组村民李金山在这次林改中获得了林地股权，每年可分得林地收益800元。他说："通过改革，我家拥有了5股林权，林地离我家五六里，无法经营。林权流转为我解决了这一难题。现在我不用出力就有收益，还可安心在外打工挣钱了。"

贵州省锦屏县新化乡欧阳村村民欧阳可九是造林积极分子，个人营造油茶林600亩，看到村委办公楼整整齐齐保存的林改档案，由衷地说"我手里有了林权证，村里林改档案又保存得这样好，我没有什么不放心的了。"

陕西省宁陕县筒车湾镇农民张礼友，林改后对承包的300多亩板栗园进行嫁接改造，利用修剪的枝条发展代料食用菌3万袋，加上林下养鸡、种植魔芋、栽培猪苓，年收入达到14万元。他感慨地说"林改不仅留住了我们这些外出务工的人，更稳住了我们的心。现在既有山林作舞台，又有政府做靠山，正好甩开膀子大干一场。"

西藏自治区曲水县阿南家承包了24亩林地。他说："过去全家每年的收入只有6000多元，现在全家光育苗卖苗这一项，就能有两万多元的收入。最关键的是，再也不用凌晨5点上山打柴了，现在在自己的林子中仅修枝打杈就可以满足日常生活所需的薪柴。"南木村藏族农民丹巴激动地说"中央林改政策的源头之水已经流到地上，已经流到我们老百姓心头上了。"

质朴的赞扬表明改革深入人心，符合群众利益，具有强大的生命力，改革的深入开展具有重要的现实意义。

国外专家实地考察林改效果

八、国际林业改革发展的智力之源

"产权制度不能解决林业发展的所有问题，但是它是解决所有问题的基础。"产权与资源组织（Rights and Resources Initiative，RRI）专家甘嘎先生在 2011 年泰国召开的森林与人类区域论坛上讲到。当前，国际社会急需寻求一个可资借鉴的范例，破解全球范围内林业改革工作面临的困难和问题。中国集体林权制度改革不仅对于本国经济社会的长足发展具有深远意义，对全球国情、林情具有相似性的国家和地区都具有重大的借鉴和示范价值。老挝、印度尼西亚、越南、刚果（金）等发展中国家正在学习中国的林权制度改革经验，开展本国的林权改革。赞比亚、刚果（金）等非洲国家，巴西等南美洲发展中国家都表示要学习中国集体林权制度改革的做法和经验。美国、英国、加拿大、德国、瑞典等发达国家对中国的集体林权制度改革给予了高度评价。世界产权与资源组织总裁安迪·怀特说，中国集体林权制度改革是世界林业史上最大规模、最具影响、最有成效的改革。

中国集体林权制度改革充分吸纳了广大林农参与改革，最大程度发挥了林农的主观能动性；系统科学的制度设计，旨在从根本上转变林业的发展方式；有效理顺

国家给咱发了聚宝盆（陈晓才提供）

了政府与农民的关系，实现了还利于民、惠民兴林；全面审慎的改革方案，确保改革中各个环节紧密衔接；合理安排林改的进程，确保改革规范有序；大力构建改革动态监测体系，及时发现和解决改革中出现的新问题。中国集体林权制度改革不仅是世界林业史上规模最大的一次林业改革，还将是全世界范围内最具影响和成效的改革，是智慧的中国政府和人民向全世界作出的伟大贡献，将促进世界林业更好、更快的发展。

专栏五　外国专家对林改的评价

2010 年 9 月 24 日，在北京召开的林权改革国际研讨会

2010 年 9 月 24 日，国家林业局、产权与资源组织和北京大学共同主办林权改革国际研讨会，来自美国、瑞典、巴西、柬埔寨、尼泊尔、喀麦隆等国家的官员、学者，针对中国和其他亚太国家林权制度改革的经验和做法进行研讨，认为中国林权改革取得的成绩令人鼓舞，为其他计划进行或正在进行林权改革的国家提供了宝贵的经验。

产权与资源组织总裁安迪·怀特指出：中国集体林权制度改革是世界林业史上最大规模、最具影响、最有成效的改革。有充分的调查研究结果表明，中国林改不仅增加了林区农民的收入，还推动了植树造林和森林抚育经营工作的开展，为其他计划进行或正在进行林权改革的国家提供了宝贵的经验和重要的方法。

美国林务局区域林务官莱斯利·威尔登提出：我们在积极学习包括中国在内的各地成功的经验，并且消化吸收形成一个因地制宜的新经验来使用。大规模的改革是可以的，前提是政府和老百姓一定要合作，老百姓一定要参与到改革过程中去。

瑞典哥德堡大学经济学副教授 Gunnar Kohlin 认为：中国的林改是成功的。政府给予农民透明的政策信息，改革的政策措施使农民真正获益，基层民主也得到很好的保障。农民参与林改机制非常灵活，改革中农民也充分展现了他们的能力。中国林权的按揭贷款体系是很有创新性的，农民可以利用林权证获得贷款。

尼泊尔森林与土壤保护部规划官 Radha Wagle 表示：我们从中国学到了很多林权改革经验，现在也认识到非常有必要调动农民的积极性参与改革，通过政府实施政策配套对改革加以支持巩固。

喀麦隆森林与野生动植物部部长 Denis Koulagna 提出：我们在中国学到，改革必须选择正确的时机，要对所有的方方面面考虑充分后，设计出一个全面的改革方案。

巴西林务局局长 Antonio Carlos Hummel 指出：中国政府做了巨大的努力来进行林权改革。在林权改革中，中国有个重要经验，就是放权，让农民自己民主决策，放活经营模式。

柬埔寨皇家林务局副局长 HE Chea Sam Ang 提出：我们学到了许多国家的改革经验，特别是中国的改革经验对我们有很大启发。

第三十七篇

森林资源
实现双增长

——中国成为世界上
森林资源增长最快的国家

　　我国地域辽阔，自然气候条件复杂，植物种类繁多，森林类型多样，具有明显的地带性分布特征。陆地由北向南，森林主要类型依次为针叶林、针阔混交林、落叶阔叶林、常绿阔叶林、季雨林和雨林，构成了独特的资源结构和多彩的森林景观。我国的森林资源相对短缺，是国家重要的自然资源和战略资源，也是国民经济可持续发展、人民生活水平提高、民族文明昌盛的物质基础。旧中国饱受战争和自然灾害的长期影响，森林资源特别是天然林资源遭受严重破坏，森林质量下降，生态状况日趋恶化，到 1949 年森林覆盖率仅为 8.6%。新中国成立以后，林业对国民经济发展作出了巨大贡献，森林资源进入了恢复发展时期，森林资源数量和质量发生了显著变化。特别是近十年，党中央、国务院实施了以生态建设为主的林业发展战略，全面推进集体林权制度改革和强林富民政策措施，大幅度增加林业投入，森林资源管理监督的力度不断强化，森林资源步入了快速增长时期，质量稳步提高、结构趋于合理、多功能多效益逐步增强，呈现出良好的发展态势。

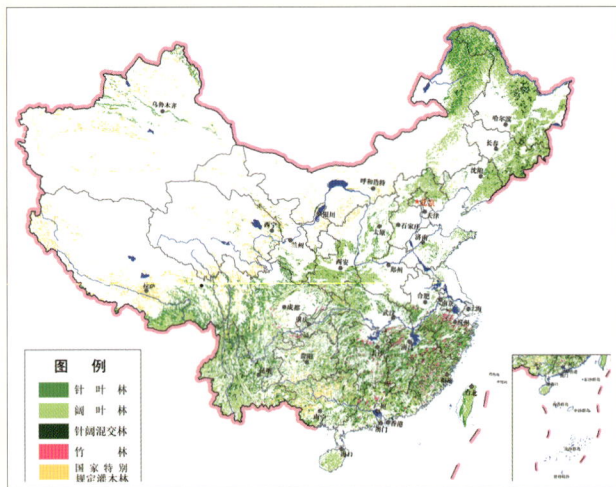

中国森林分布图（国家林业局调查规划设计院提供）

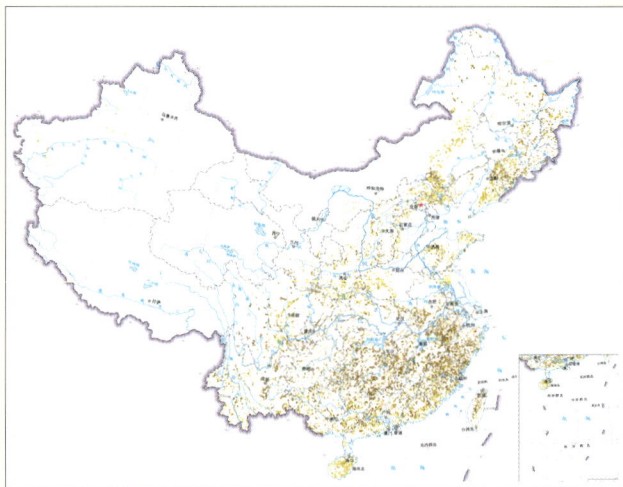

中国人工林分布图（国家林业局调查规划设计院提供）

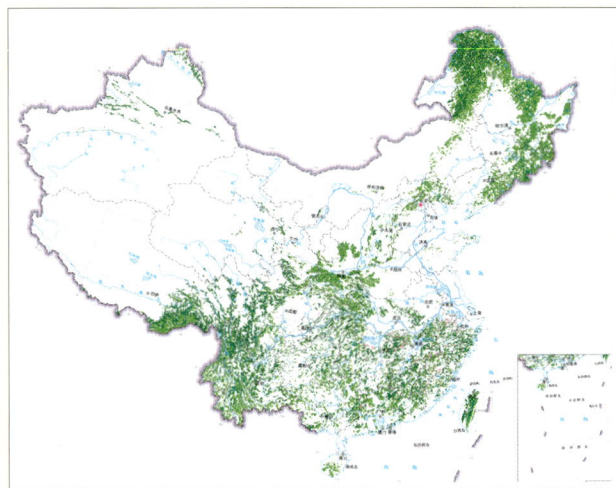

中国天然林分布图（国家林业局调查规划设计院提供）

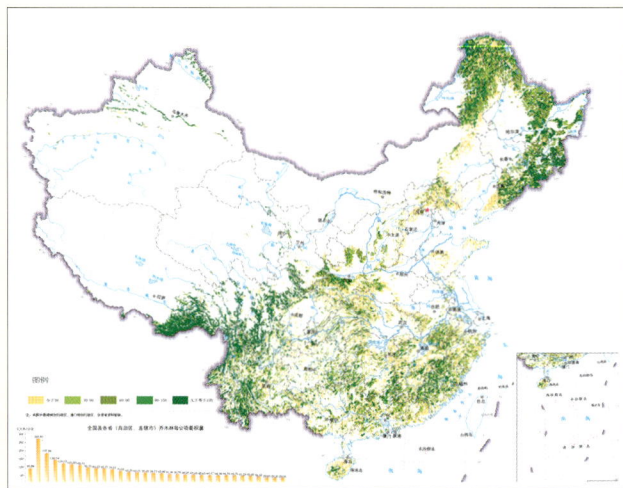

中国乔木林每公顷蓄积量等级分布图
（国家林业局调查规划设计院提供）

根据第七次全国森林资源清查（2004～2008年）结果，我国森林面积19545.22万公顷，森林覆盖率20.36%[①]。活立木总蓄积量149.13亿立方米，森林蓄积量137.21亿立方米。森林面积列世界第5位，森林蓄积量列世界第6位，人工林面积继续保持世界首位。中国林业科学研究院根据第七次全国森林资源清查结果和森林生态定位监测结果评估，全国森林植被总生物量157.72亿吨，总碳储量78.11亿吨，全国森林生态系统每年固碳释氧、涵养水源、保育土壤、净化大气环境、积累营养物质以及生物多样性保护等6项服务功能年价值量达10.01万亿元。我国森林资源无论是面积、蓄积量，还是森林碳储量，其绝对数值均非常可观，对于全球的经济、生态、社会的可持续发展和生物多样性保护以及缓解全球气候变化等均发挥着越来越重要的作用。

专栏一　中国森林资源呈现良好的发展态势

第七次全国森林资源清查结果（2004～2008年）表明，党中央、国务院确立的以生态建设为主的林业发展战略，采取的一系列重大政策措施，实施的重点林业生态工程，取得了巨大成效。我国森林资源进入了快速发展时期，突出体现在：一是森林面积、蓄积量持续增长。森林面积净增2054.30万公顷，全国森林覆盖率由18.21%提高到20.36%，上升2.15个百分点。森林蓄积量净增11.23亿立方米，年均净增2.25亿立方米，继续呈现长大于消的良好态势。二是天然林面积、蓄积量明显增加。天然林面积净增393.05万公顷，天然林蓄积量净增6.76亿立方米。三是人工林资源快速增长。人工林面积净增843.11万公顷，人工林蓄积量净增4.47亿立方米。未成林造林地面积1046.18万公顷，后备森林资源呈增加趋势。四是森林采伐逐步向人工林转移。天然林采伐量下降，人工林采伐量上升，人工林采伐量占全国森林采伐量的39.44%，上升12.27个百分点，以采伐天然林为主向以采伐人工林为主的战略转移稳步推进。五是个体经营面积的比例明显上升。随着集体林权制度改革的推进，有林地中个体经营的面积比例上升11.39个百分点，达到32.08%。

个体经营的人工林、未成林造林地分别占全国的59.21%和68.51%。作为经营主体的农户已成为我国林业建设的骨干力量。

第七次全国森林资源清查成果是我国森林资源保护发展最新动态的客观反映，是林业工程建设、林业分类经营、集体林权制度改革以及森林资源保护管理等成效的集中体现。第七次全国森林资源清查结果在国内外引起了强烈反响，得到了党和国家领导人的高度重视并做出重要批示，充分肯定了多年来林业发展和生态建设所取得的显著成就，为当前和今后一个时期现代林业发展指明了方向。这是对广大务林人的鼓舞，说明了森林资源调查监测事业无比重要、无比光荣，更充分体现了森林资源状况及其生态系统多功能多效益，特别是其生态服务功能、碳汇功能已经成为国家生态文明与生态安全的首要象征和基本保障；国际社会越来越深刻地认识到森林资源可持续发展对于人类生存和文明延续的核心价值，生态外交进入国家战略，森林问题走上世界首脑会议政坛，林业被提高到前所未有的重要位置，为促进绿色增长担当重任，是中国的国际形象和中国国际地位的重要显现。

注释：　①本报告涉及的全国森林面积含国家特别规定的灌木林新增面积。

一、新中国森林资源发展变化历程

新中国成立后，从 20 世纪 50 年代初期到 70 年代末，我国正处于百废待兴时期，林业经营的指导方针是"普遍护林护山，大力造林育林，合理采伐利用木材"，森林资源的开发利用为国民经济的恢复、建设和发展作出了巨大贡献。这一时期，木材利用为主的林业经营思想占主导地位，用材林所占比重高达 70% 以上，防护林和特用林所占比重不足 10%；森林资源曾一度出现消耗量大于生长量的局面。根据森林资源调查资料，1962 年全国森林覆盖率约为 11.81%，1976 年为 12.7%，而 1981 森林覆盖率下降为 12.0%，新中国成立 32 年森林覆盖率仅增加 3.4 个百分点，年均增长仅 0.11 个百分点。

从 20 世纪 70 年代末期到 90 年代后期，我国国民经济逐步进入良性发展的轨道，森林资源保护与发展也随着国家经济建设的需要发生了变化，在"以营林为基础，

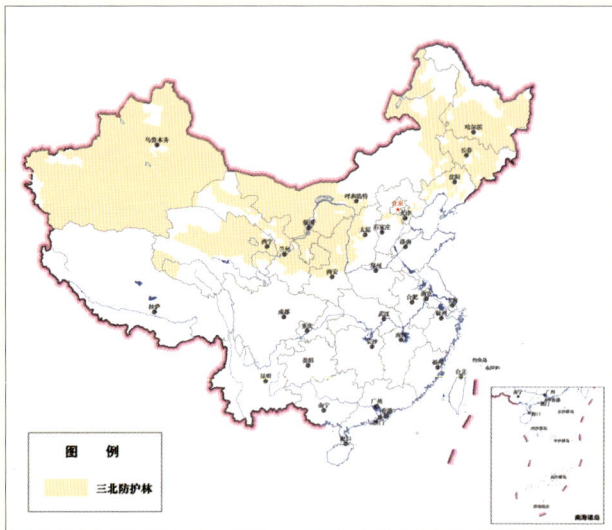

三北防护林体系四期建设工程（国家林业局调查规划设计院提供）

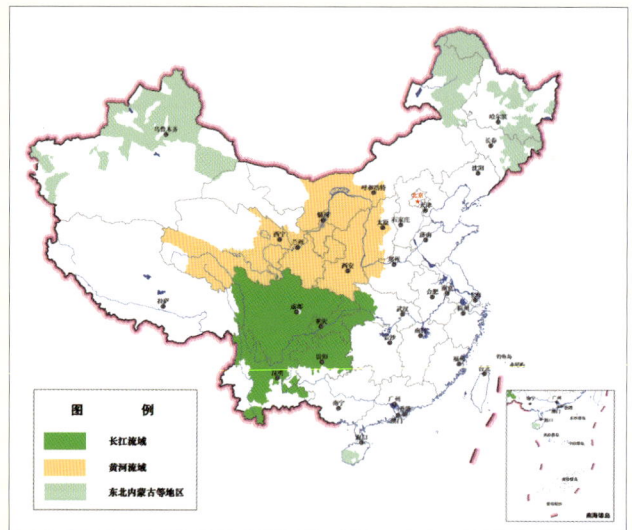

天然林资源保护工程（国家林业局调查规划设计院提供）

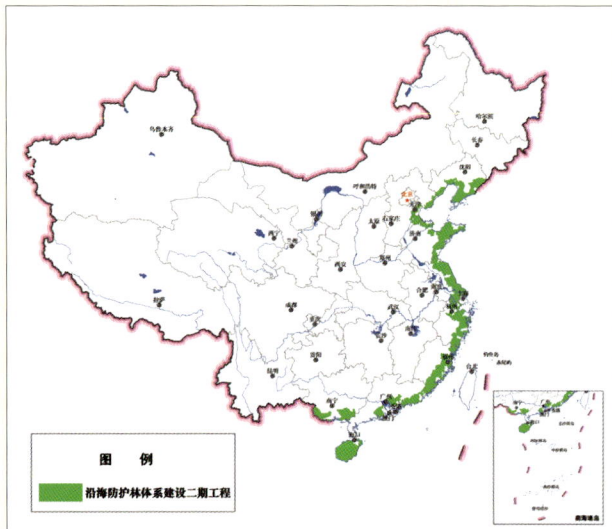

沿海防护林体系二期建设工程（国家林业局调查规划设计院提供）

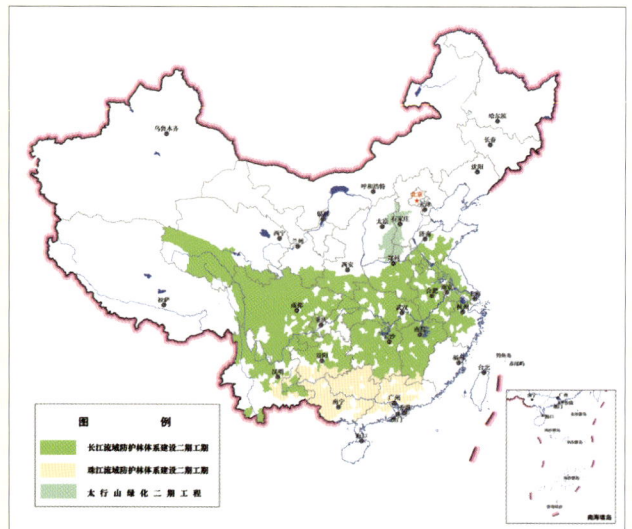

长江流域、珠江流域等防护林二期建设工程
（国家林业局调查规划设计院提供）

2008 年 8 月，国家林业局副局长李育材在湖南省考察林业工作（国家林业局办公室提供）

普遍护林，大力造林，采育结合，永续利用”方针的指导下，林业经营从木材利用为主转变为“木材利用为主，同时兼顾生态建设”，实行了森林采伐限额制度，加大人工林培育力度，森林资源逐步得到了有效保护与发展，步入了较快增长时期。这一时期，全国开展了大规模的造林绿化工作，陆续启动了三北防护林体系建设等一大批林业生态建设工程，确立了建设比较完备的林业生态体系和比较发达的林业产业体系的奋斗目标，用材林所占比例结构调整下降到 60%，防护林和特用林所占比重增加到 15%。根据全国森林资源连续清查资料，1988 年森林覆盖率为 12.97%，1993 年为 13.92%，1998 年增加到 16.55%，17 年森林覆盖率增加了 4.55 个百分点，年均增长 0.27 个百分点，森林资源实现了面积和蓄积量的双增长。

进入 21 世纪，在全面建设小康社会的新形势下，林业不仅要满足社会对木材等林产品需求，更要承担改善生态状况、维护国土生态安全的重任。2003 年颁布的《中

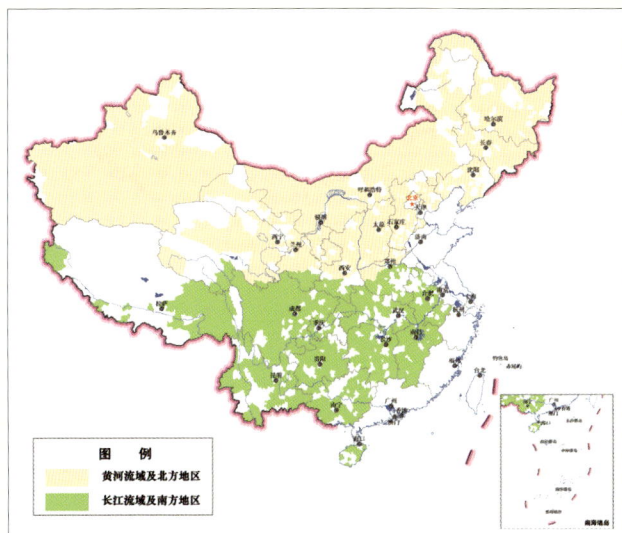

退耕还林工程（国家林业局调查规划设计院提供）

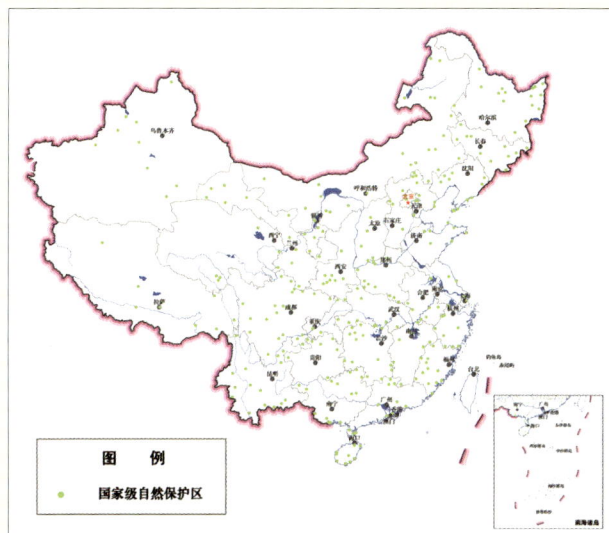

自然保护区建设工程（国家林业局调查规划设计院提供）

共中央 国务院关于加快林业发展的决定》，确立了以生态建设为主的林业发展战略和"在贯彻可持续发展战略中，要赋予林业以重要地位；在生态建设中，要赋予林业以首要地位；在西部大开发中，要赋予林业以基础地位"；2009年召开中央林业工作会议，进一步明确"在应对气候变化中，要赋予林业以特殊地位"，把林业建设作为实现科学发展的重大举措、建设生态文明的首要任务、应对气候变化的战略选择、解决"三农"问题的重要途径。森林资源保护发展以六大林业重点工程实施为标志，坚持"严格保护，积极发展，科学经营，持续利用"的战略方针，推进实施森林生态效益补偿制度，逐步实行林业分类经营管理体制，全面停止了长江上游、黄河上中游地区天然林采伐，大幅度调减了东北、内蒙古等重点国有林区木材产量，

三北防护林体系建设四期工程（国家林业局调查规划设计院提供）

退耕还林工程（国家林业局调查规划设计院提供）

天然林资源保护工程（国家林业局调查规划设计院提供）

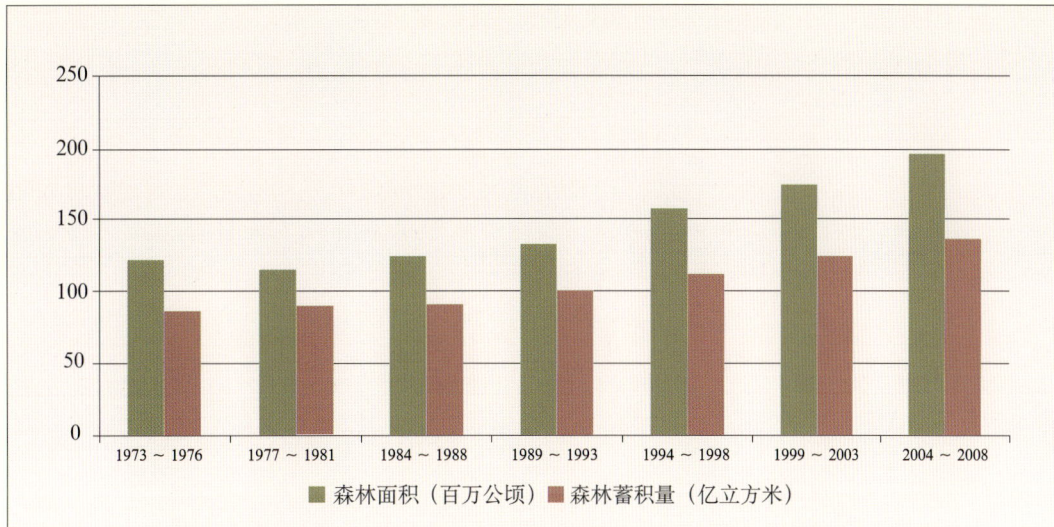

历次森林资源清查森林面积、森林蓄积量变化（国家林业局森林资源管理司提供）

坚持退耕还林，加大了森林培育和管护力度，森林资源进入了快速增长的新阶段。1999 ~ 2008 年，森林面积和蓄积量稳步增长，用材林所占比例继续下调为 35.37%，防护林和特用林所占比例达到 52.41%。2003 年森林覆盖率提高到 18.21%，2008 年森林覆盖率为 20.36%。10 年森林覆盖率增加 3.81 个百分点，年均增长 0.38 个百分点。

自然保护区建设工程（国家林业局调查规划设计院提供）

历次森林资源清查结果主要指标状况

清查间隔期	活立木蓄积量 （万立方米）	森林面积 （万公顷）	森林蓄积量 （万立方米）	森林覆盖率 （%）
第一次（1973～1976年）	953227.00	12186.00	865579.00	12.70
第二次（1977～1981年）	1026059.88	11527.74	902795.33	12.00
第三次（1984～1988年）	1057249.86	12465.28	914107.64	12.98
第四次（1989～1993年）	1178500.00	13370.35	1013700.00	13.92
第五次（1994～1998年）	1248786.39	15894.09	1126659.14	16.55
第六次（1999～2003年）	1361810.00	17490.92	1245584.58	18.21
第七次（2004～2008年）	1491268.19	19545.22	1372080.36	20.36

　　自20世纪90年代以来，我国实现了森林面积、蓄积量双增长。据联合国粮食及农业组织发布的《2010年全球森林资源评估报告》，中国森林面积居世界第5位，森林蓄积量居世界第6位。人工林面积居世界第1位。

沿海防护林体系建设二期工程（国家林业局调查规划设计院提供）

二、持续加强森林资源管理保障了森林资源快速增长

在长期实践和探索中，我国逐步形成了以林地林权管理、森林资源监测、森林资源利用管理和森林资源监督检查为基本构架的森林资源监管体系，森林资源管理水平稳步提高，管理力度不断加大，有力保障了森林资源持续快速增长。

（一）林地林权管理更加规范有序

1. 林地保护管理力度加大

林地作为森林生态系统的载体和人类生存发展的空间，是国家最重要的自然资源和财富资本之一，是至关经济社会发展和国家生态安全的基本要素。我国林地面积占国土面积的 32%。加强林地保护管理是林业部门的首要职能，更是国家生态安全和生态文明建设的基础保障。严格保护和管理好林地资源，意义重大。

党中央、国务院历来高度重视林地保护。一是依法确立了林业部门的管理职能。《国务院关于保护森林资源制止毁林开垦和乱占林地的通知》（国发明电 [1998]8 号）明确要求地方各级政府把林地放在与耕地同等重要的地位。《中华人民共和国森林法》和《中华人民共和国森林法实施条例》的颁布实施，确立了林业部门负责林地林权管理的行政主体地位和对占用征收林地审核审批的法定职能。2001 年以来，国家林业局先后发布了《占用征用林地审核审批管理办法》《占用征用林地审核审批管理规范》等规章和规范性文件，健全占用征收林地审核审批管理制度，规范审核审批的具体环节和程序；2002 年，国家林业局与财政部联合下发了《森林植被恢复费征收使用管理暂行办法》，明确了森林植被恢复费属于政府性基金，纳入财政预算管理，实行专款专用，在全国范围内统一了森林植被恢复费征收标准，全国累计收取森林植被恢复费达 477 亿元，为林业生态建设和森林植被恢复提供了强有力的资金保障。同时，督促地方政府大幅度提高了占用征收林地的各项补偿标准，有力地保障了林

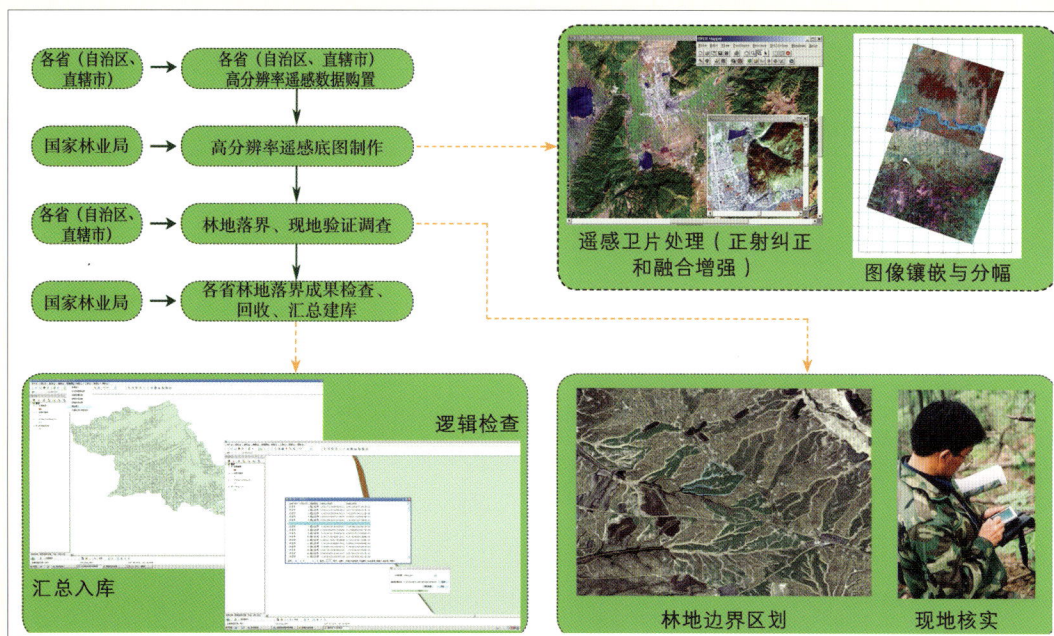

全国林地"一张图"建设流程（国家林业局森林资源管理司提供）

全国林地"一张图"建设成果（国家林业局森林资源管理司提供）

农的合法权益。二是林地保护利用规划开创了"以规划管地、以图管地"的新路径，实现了历史性突破。2010 年国务院批复了新中国成立以来第一个《全国林地保护利用规划纲要》，我国第一次建立起全国性的林地保护利用规划制度，第一次构建国家、省、县三级林地保护利用规划体系。国家林业局党组进一步提出了以全国林地"一张图"为基础，构建森林资源"一体化"监测体系的战略思路。三级林地规划体系和全国林地"一张图"的建成，将把我国 45.6 亿亩林地第一次落实到山头地块并实现数字化管理，为建立"以规划管地、以图管地"的动态管理系统，实现森林资源监管由点到面的战略转变提供重要依据，为保障和拓展森林资源发展空间、确保 2020 年"双增"目标实现奠定坚实的基础。三是建立了占用征收林地定额管理制度，强化了林地保护管理的管控手段。颁布实施《占用征收林地定额管理办法》，确立了林地管理"总量控制、定额管理、节约用地、合理供地、占补平衡"的新机制，在保障国家基础设施建设和重大民生项目用地的同时，控制开发性项目用地、杜绝不合理项目用地、促进建设项目节约集约使用林地，并将占用征收林地定额作为地方各级政府森林资源保护和发展目标责任制考核的重要内容，实现了占用征收林地行政许可由无数量限制向定额管理的重大转变，林地供给由需求主导型向供给引导型的重大转变，使我国林地转为建设用地的管理进入可控状态。四是设立了对违法占用林地的刑事处罚制度，有效震慑了犯罪行为。2001 年，经国家林业局提请全国人大在《中华人民共和国刑法修正案（二）》中将刑法第 342 条破坏耕地罪修改为破坏农用地罪，正式将毁林开垦和乱占滥用林地犯罪入刑，完善了对违法占用林地的刑事处罚制度；提请最高人民法院适时出台了《关于审理破坏林地资源刑事案件具体应用法律若干问题的解释》，规定了犯罪嫌疑人破坏林地数量的量刑标准，以及国家机关工作人员徇私舞弊、违反土地管理法规，滥用职权，非法批准征用、占用林地，造成林地损失的量刑标准，第一次将破坏林地行为的法律责任上升到刑事高度，震慑和惩处破坏林地资源犯罪，增强了全社会的法律意识。五是从机构和机制建设入手，强化行政监督、案件查处的执行力。为遏制林地向非林地逆转，打击

2012 年 7 月 14 日，国家林业局总工程师陈凤学在大兴安岭林区考察天然林抚育经营
（国家林业局办公室提供）

非法侵占林地行为，国家林业局建立了非法占用林地案件查办督办、占用征收林地情况检查、行政被许可人监督检查、专项打击行动相结合的林地违法案件查处机制。从 1994 年开始，对占用征收林地实施检查，至 2010 年 17 年间，共检查了 2270 个县级单位、16842 个征占用林地项目，共查出非法占用林地项目 6669 起、非法占用林地面积 3.59 万公顷。在全国范围内组织开展了多次打击破坏森林资源的专项行动，并将对地方行政领导的问责作为督办内容。据统计，"十一五"期间，全国共查处非法占用林地行政案件 6.84 万起，处理责任人 6.76 万人，挽回经济损失 12.87 亿元；查处非法占用林地刑事案件 3325 起，抓获犯罪人员 3908 人，收回林地 16935 公顷。对于将林地管理工作纳入规范化和法制化轨道，发挥了重要作用。

2. 林权管理扎实推进

林地确权登记发证制度是林地保护管理的核心内容，特别是近十年来，我国的林权管理成就突出。一是建立了比较完备的法规政策体系，先后下发了《林木林地权属争议处理办法》《林木林地权属登记管理办法》等部门规章，以及若干规范重点国有林区林权管理、集体林地承包经营权变更权属管理、外国投资者使用中国林地权属管理等方面的政策文件，及时有效地指导规范全国林权管理工作的开展。这些法律法规和规章制度也成为各级人民政府、人民法院确定林地权属、审理有关林权的行政诉讼案件的法律依据和重要参考。在全国范围内统一了林权证式样、统一了登记发证程序，明确林权登记申请、受理、审查、勘验、公告、异议提出、核准、发放林权证、登记资料存档等林权登记发证 9 个环节的操作规范，研发了林权登记信息录入和打印管理系统软件，下发了林权登记信息录入和管理系统，编制了全国统一的林地宗地代码规则，实现每宗林地都有一个确定的身份编号，建立了具有中国特色的林地林木权属登记管理制度，逐步实现了林权登记管理的规范化。基本完成了全国林地确权登记发证工作，确定了林地范围，明确了经营主体。全国 45.6 亿亩林地，已经依法完成确权登记并核发林权证的有 36.1 亿亩，另外，还有 6.02 亿亩林地也完成了确权登记，占全国林地总面积的 92%。其中，截至 2011 年年末，全国

27亿亩集体林地已勘界确权面积达26.77亿亩，占集体林地总面积的99.11%；经确权登记并已核发林权证的面积达23.69亿亩。对尚未确定使用权的西藏国有林地2.62亿亩也依法进行了登记。

（二）森林资源监测体系日臻完善

森林资源监测是林业建设和资源管理一项重要的基础性工作。进入21世纪，为适应以生态建设为主的林业发展要求，我国森林资源调查监测通过调整目标，扩充内容，优化方法，全面应用高新技术，监测水平和服务能力进一步提升，基本满足了林业发展和生态建设越来越广泛的信息需求。全国森林资源清查增加了反映森林健康、森林质量、生态功能、生物多样性等方面的调查内容，并运用"3S"等先进技术和调查手段，全国森林资源清查内涵得到丰富和发展，为林业建设服务的能力进一步加强。全国各地按照《国家林业局关于加强森林资源规划设计调查工作的通知》要求，积极开展了新一轮的二类调查工作。特别是山西、辽宁、广东、贵州、河北、河南、北京、上海等省（直辖市）利用高分辨率遥感数据，完成了全省（直辖市）二类调查工作。2005年以来全国有近40%的县开展了二类调查。完成了全国森林资源和生态状况综合监测研究项目，提出了体系建设的总体思路和基本框架，并在广东省开展了综合监测试点，内蒙古和福建等省（自治区）积极探索生态状况监测技术方法，综合监测体系建设工作迈出了实质性步伐。有效整合核查资源，丰富核查指标，完善评价方法，显著提高了核查检查的工作效率和质量，实现了对营造林成效、采伐限额执行、征占用林地审核审批等情况的全方位监测管理。以贯彻落实《全国林地保护利用规划纲要》为契机，提出了推进森林资源一体化监测、创新森林资源监测体系的总体思路。进一步加强了调查监测的基础建设工作。据统计，各地已完成55项林业基础数表编制修订，初步建成了全国森林资源调查监测网络。

浙江省莫干山竹海（张健康提供）

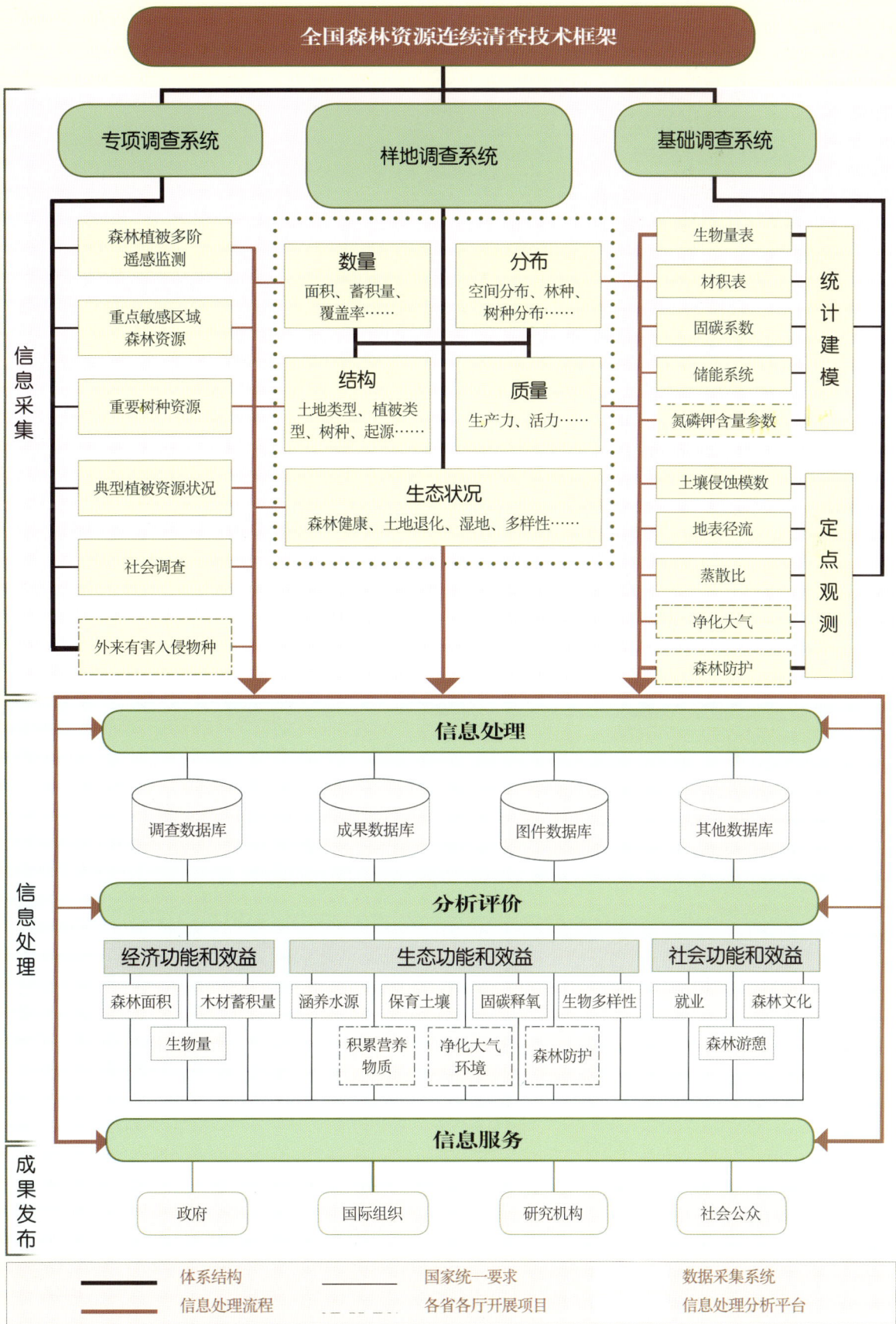

全国森林资源连续清查技术框架

专项调查系统 · 样地调查系统 · 基础调查系统

信息采集

专项调查系统：
- 森林植被多阶遥感监测
- 重点敏感区域森林资源
- 重要树种资源
- 典型植被资源状况
- 社会调查
- 外来有害入侵物种

样地调查系统：
- **数量** 面积、蓄积量、覆盖率……
- **分布** 空间分布、林种、树种分布……
- **结构** 土地类型、植被类型、树种、起源……
- **质量** 生产力、活力……
- **生态状况** 森林健康、土地退化、湿地、多样性……

基础调查系统：

统计建模：
- 生物量表
- 材积表
- 固碳系数
- 储能系统
- 氮磷钾含量参数

定点观测：
- 土壤侵蚀模数
- 地表径流
- 蒸散比
- 净化大气
- 森林防护

信息处理

信息处理
- 调查数据库
- 成果数据库
- 图件数据库
- 其他数据库

分析评价

经济功能和效益：
- 森林面积
- 木材蓄积量
- 生物量

生态功能和效益：
- 涵养水源
- 保育土壤
- 固碳释氧
- 生物多样性
- 积累营养物质
- 净化大气环境
- 森林防护

社会功能和效益：
- 就业
- 森林文化
- 森林游憩

成果发布

信息服务
- 政府
- 国际组织
- 研究机构
- 社会公众

图例：
- 体系结构
- 信息处理流程
- 国家统一要求
- 各省各厅开展项目
- 数据采集系统
- 信息处理分析平台

全国森林资源清查体系技术框架（国家林业局森林资源管理司提供）

山西省关帝山国有林管理局郁郁葱葱的华北落叶松林海

　　我国森林资源调查监测体系通过不断优化完善，调查队伍逐步壮大，监测技术方法日益先进，形成了以国家森林资源连续清查为主体，以二类调查为基础，以作业设计调查、资源档案更新和专业调查为辐射，以专项核（检）查为补充的森林调查监测体系。目前，我国已经完成了 7 次全国森林资源清查工作，开展了一年一度的森林资源专项核（调）查工作，80% 的森林经营单位已开展了多轮二类调查工作。通过这些调查监测工作，全面查清了我国森林资源现状及其变化情况，为准确把握林业发展趋势，制定和调整林业方针政策，编制国民经济和社会发展规划等重大战略决策提供了科学依据，满足了不同时期林业发展和经济建设的信息需求。特别是，2009 年公布的第七次全国森林资源清查成果，为我国提出 2020 年"双增"目标，应对全球气候变化国际谈判，以及编制和通过《全国林地保护利用规划纲要》将森林增长纳入"十二五"规划约束性指标考核等，提供了有力支撑。

（三）森林资源利用监管成效显著

1. 森林采伐管理改革不断深化

　　我国从 1987 年开始实施森林采伐限额管理制度，对森林采伐总量实行限额控制。20 多年的实践证明，以森林采伐限额管理为核心的林木采伐管理制度的实施，对依法强化森林资源保护，维护国土生态安全作出了重大的历史性贡献。随着经济社会的不断发展和社会主义市场经济体制的逐步完善，尤其是集体林权制度改革的不断深入，进入 21 世纪以来，我国对森林采伐管理制度进行了一系列的改革和创新，取得了明显成效。2003 年，《中共中央 国务院关于加快林业发展的决定》明确提出"要改革和完善林木限额采伐制度，对公益林和商品林采取不同的资源管理办法"。根据《决定》的要求，国家林业局开始对林木采伐管理进行系统改革，相继制定下发了《森林采伐管理改革试点工作方案》《关于调整人工用材林采伐管理政策的通知》《关于严格天然林采伐管理的意见》《关于完善人工商品林采伐管理的意见》《关于加强农田防护林采伐更新管理的通知》《关于加强工业原料林采伐管理的通知》等文件，出台了一系列采伐管理改革措施，并于2007年正式批复福建省开展森林采伐管理制度改革试点。

为贯彻落实《中共中央 国务院关于全面推进集体林权制度改革的意见》，国家林业局在福建省改革试点的基础上，于2009年4月下发了《关于开展森林采伐管理改革试点工作的通知》，在全国24个省（自治区、直辖市）的193个县（林场）开展了森林采伐管理改革试点，改革采伐管理方式，出台

森林资源调查

重庆市江津区四面山森林景观（杨绍全提供）

2009年4月28日，森林采伐管理改革试点启动会在福建省福州市召开（国家林业局森林资源管理司提供）

了《国家林业局关于改革和完善集体林采伐管理的意见》，对采伐限额的管理范围、审批手续、公开公示、结转使用等多个方面进行改革和创新。明确非规划林地上的林木不纳入限额管理，由森林经营者自主经营、自主采伐；简化管理环节，由县级林业主管部门提供林权审核、伐区设计和审批发证等"一站式"服务，由过去的"伐前拨交、伐中检查、伐后验收"的全过程管理，改为森林经营者伐前、伐中和伐后自主管理；推行森林采伐公示制度，林业主管部门必须公开公示采伐限额及采伐管理政策；改进限额管理模式，采伐限额依据经营方案核定，商品林采伐指标可以跨年度结转使用，抚育采伐和其他采伐可占用主伐指标，森林采伐实行由采伐蓄积量的单项控制，年度木材生产计划实行备案制等多项改革政策和措施，进一步促进了林业行政主管部门职能的转变和管理方式、管理手段的创新，确保森林经营者合法权益，促进林区经济社会又好又快发展，赢得了广大林农和基层林业干部职工的普遍欢迎。采伐管理改革后，湖南省率先在全国推行林木采伐指标"入村到户"工程，要求采伐指标的入户率、公示率和及时率都必须达到100%。省下达各市（州）的商品材采伐指标，必须100%将指标层层下达到农民或者其他林权所有者手中，不得截留商品材采伐指标。各级在下达商品材采伐指标时，必须在相应的报刊、网站、电视、墙报等媒体上公开，实行阳光操作。同时依托森林资源数据库，全面实行林木采伐证和运输证网上办理，提高证件核发管理水平；强化督察，确保采伐指标的阳光分配，受到了广大林农和其他森林经营主体的欢迎和拥护，得到了省委省政府的充分肯定。辽宁省树立森林经营方案在采伐管理和森林经营中的地位，对于凡是完成森林经营方案编制的森林经营主体，将优先依据经营方案核定森林采伐限额，并及时受理采伐申请，及时核发林木采伐许可证，改变过去采伐管理与森林经营"两张皮"的现象，实现了森林采伐与科学经营有机结合、相互促进。

2. 森林可持续经营管理稳步推进

森林经营是林业永恒的主题。面对全球化的发展趋势和中国社会发展的时代特点，中国的森林资源管理始终坚持可持续发展理念，在森林可持续经营管理方面开展了有益的探索和实践。党的十六大以来，在加快林业发展和全面推进集体林权制度改革的大背景下，我国森林资源可持续经营管理在国家林业局统一部署下，开展了一系列改革和试验示范，取得了显著成效，对于转变森林资源经营管理方式，探索科学经营、合理利用、可持续发展的道路，发挥了重要的示范和引领作用。

2004年，国家林业局启动的吉林省汪清县林业局、福建省永安市、甘肃省小陇山林业实验局、辽宁省清原满族自治县、浙江省临安市、江西省井冈山市和靖安县7个森林可持续经营管理试点示范。各试点单位结合各自的森林特点，围绕森林经营规划制定、森林经营方案编制与实施、森林可持续经营技术规程制定和森林资源信息系统建设等，积极探索、大胆实践各具特色的森林可持续经营管理模式。为推广试点经验，加快推进森林可持续经营管理工作，2007年启动了100个单位的森林经营方案编制试点，通过全面总结前期试点经验，整合试点思路和试点布局，国家林业局于2011年11月下发了《关于开展森林资源可持续经营管理试点工作的通知》，试点范围扩大到200个县，召开了全国森林资源可持续经营管理试点工作会，全面部署加快推进森林资源可持续经营管理工作。经过近10年的实践探索，各项改革试点示范得到了进一步深化和拓展，森林资源可持续经营管理正在提升到一个新水平。一是初步建立了森林可持续经营管理的新机制。福建省永安市探索了分类编制和实施森林经营方案的办法；辽宁省清原满族自治县通过编制、实施县级森林可持续经营规划和乡村森林经营方案，探索、推广新的森林经营技术和模式。二是初步建立了不同森林类型的可持续经营管理模式。甘肃省小陇山林业实验局建立森林可持续经营示范林7800多公顷，因地制宜开展森林可持续经营技术研究；吉林省汪清县林业局积极开展示范林体系建设，研究不同模式示范林的生长过程，探索森林可持续经营模式；辽宁省清原满族自治县将全县森林划分为严格保护、重点保护、保护经营、集约经营4大类，建立了重点商品林基地建设、林下资源培育开发、森林景观资源保护利用等30个模式。

小兴安岭的森林

三是初步建立了与国际接轨的森林可持续经营管理交流平台。2012年，《国家林业局关于确定履行〈国际森林文书〉示范单位的通知》明确了河北省塞罕坝机械林场、辽宁省清原满族自治县、吉林省汪清县林业局、浙江省临安市、福建省永安市、甘肃省小陇山林业实验局等单位作为森林可持续经营管理履约示范基地建设单位，并于2012年5月举行了履约示范基地建设启动仪式。小陇山林业实验局通过实施中德森林可持续经营合作项目，显著提高了模式林建设水平。临安市建立的模式林被联合国粮食及农业组织推荐为亚太地区森林经营杰出典范。对各试验示范点的做法和成效，国际劳工组织、联合国粮食及农业组织、国际热带木材组织的多位专家实地考察后给予了高度评价。

3.木材检查站的作用得到充分发挥

木材检查站是依据《中华人民共和国森林法》的规定，由省级人民政府批准设立的林业基层行政执法单位，担负着检查监督木（竹）材、维护木材流通秩序、打击乱砍滥伐、防止森林火灾和森林疫情蔓延、宣传林业法律法规和方针政策等重要职责。50多年来，木材检查站建设经历了从无到有、从不规范到规范的发展过程，特别是经过"十五""十一五"期间，木材检查站在机构、队伍、基础设施建设以及规范执法等方面都取得了很大成效，成为保护森林资源、巩固造林绿化成果、维护林区秩序的一支重要力量。目前，全国共依法建立了木材检查站4234个，检查人员3.5万人。其中陆路设站3952个，铁路设站168个，水路设站114个，其中，位于自然保护区入口处的木材检查站1039个，已基本形成了制度健全、管理规范、机构稳定的全国木材运输检查执法体系。

多年来，木材检查站依据法律法规赋予的职责，充分发挥职能作用，认真执行凭证运输木材制度，依法打击乱砍滥伐、乱捕滥猎以及盗运走私木材、野生珍稀动植物等各种违法行为，在维护木材生产流通秩序和林业经营者合法权益，制止非法运输木材，遏止乱砍滥伐违法行为，保护国家森林资源，巩固生态建设成果等方面发挥了十分重要的作用，是林业部门依法行政的重要关口。据统计，全国木材检查站平均每年查处各类违法运输木材案件21.7万起，为国家挽回经济损失11亿多元。在木材检查站的依法监督管理下，全国木材凭证运输率已达90%以上，有的地方凭证运输率接近100%。实践证明，木材检查站作为一支基层林业行政执法队伍，在打击乱砍滥伐林木、乱捕滥猎野生动物、防止林木疫情传播等破坏森林资源违法犯罪行为方面具有不可替代的作用。

木材检查人员上路执勤

（四）森林资源监督力度加大

森林资源监督是森林资源保护管理的重要组成部分。设立专门的森林资源监督机构是国家为加强森林资源保护管理所采取的一项重大举措。2003 年 11 月，中央编制机构委员会办公室批复成立国家林业局森林资源监督管理办公室，负责全国森林资源监督的管理，派驻 15 个森林资源监督机构，初步实现了除香港、澳门、台湾地区之外的全国森林资源监督范围的全覆盖，构建了森林资源监督体系。多年来，坚持"监督服务并重，加强沟通协调，促进依法行政"的原则，对所驻地区的森林资源保护管理工作实施全过程、全方位的监督，取得了良好成效。据不完全统计，自2001 年以来，各派驻森林资源监督机构共对 125 个国有林业局（县）进行了采伐限额、征占用林地和"三总量"等专项检查核查，督查督办各类破坏森林资源案件 1300 多起。在保障森林资源保护管理法律、法规的严格执行，控制林地非法流失，遏制森林资源过量消耗，规范森林经营行为等方面发挥了十分重要的作用。

对森林资源实施的全方位监督保护（杨绍全提供）

三、新世纪中国森林资源步入了快速发展阶段

进入 21 世纪，林业建设步入以生态建设为主的新时期。党中央、国务院高度重视林业工作，把森林资源保护与发展提升到维护国家生态安全、全面建设小康社会、实现经济社会可持续发展的战略高度，坚持严格保护、积极发展、科学经营和持续利用森林资源的基本方针，扎实推进林业的各项改革，全面实施了林业重点工程建设，持续加强森林资源保护和管理，我国森林面积、蓄积量持续保持快速增长。我国成为世界上森林资源增长最快的国家。

（一）森林面积快速增长

近十年来，国家加大生态建设力度，大力开展人工造林，强化森林资源保护管理，全面推进天然林资源保护和退耕还林等重点林业工程建设，人工造林、封山育林和退耕还林成绩显著，森林面积继续快速增长。根据第六次和第七次全国森林资源清查结果，全国森林面积 10 年期间增长 3651.13 万公顷，相当于覆盖河北和河南省 2 个省国土面积。森林覆盖率增长了 3.81 个百分点，达到 20.36%，年均增加 0.38 个百分点，相当于 1949～1998 年年均增长水平的 2 倍。根据联合国粮食及农业组织《2010 年全球森林资源评估报告》，中国是世界上森林面积增长最多的国家。联合国粮食及农业组织《2010 年全球森林资源评估报告》指出："就 1990～2000 年期间每年净增长最大的 10 个国家而言，植树造林和森林的自然扩展使其每年森林总面积净增长达到 340 万公顷。在 2000～2010 年期间，由于中国执行了雄心勃勃的植树造林计划，这个数字上升到每年 440 万公顷。"同时还指出："2005～2010 年世界人工林面积每年增加约 500 万公顷，主要原因是中国近年来在无林地上实施了大面积造林。"

黄河流域人工造林（程志楚提供）

黑龙江省森工林区森林资源管护（程志楚提供）

我国林业生态建设取得了令人瞩目的成就，为亚洲地区扭转森林面积持续减少的趋势、实现净增长作出了重要贡献，得到了联合国粮食及农业组织的高度评价，认为"进入新世纪以来，亚洲地区森林面积在20世纪90年代减少的情况下，出现了净增长，主要归功于中国大规模植树造林，抵消了南亚及东南亚地区森林资源的持续大幅度减少"。我国幅员辽阔，自然条件复杂，资源保护压力巨大，而且目前剩下的宜林荒山荒地基本都是植物生长困难的"硬骨头"，在满足了经济社会快速发展对木材等林产品需求的前提下，森林覆盖率每提高0.1个百分点，都是一件极不容易的事情，都是一个十分可观的成绩。

长江流域封山育林（程志楚提供）

（二）森林蓄积量稳步增加

通过不断提高经营水平、加大管护力度、控制采伐消耗，森林蓄积持续快速增长。根据第六次和第七次全国森林资源清查成果，全国森林蓄积量 10 年期间净增长 20.12 亿立方米，年均净增加 2 亿立方米，是 1949 ~ 1998 年年均森林蓄积量增加量的 5 倍，相当于为全国每人增加 1.4 立方米的森林储备量。乔木林单位面积蓄积量 10 年期间增加 3.74 立方米。随着森林总量的增加、森林结构的改善和质量的提高，森林生态功能进一步增强。

从历次清查结果看，自 20 世纪 90 年代初实现森林面积、蓄积量双增长以来，我国森林资源总量一直保持稳步增长态势。特别是进入 21 世纪，我国森林资源步入了快速发展时期，这充分表明了党中央、国务院确立的以生态建设为主的林业发展战略，采取的严格保护、积极发展、科学经营和持续利用森林资源等一系列政策措施，取得了巨大成效。根据联合国粮食及农业组织《2010 年全球森林资源评估报告》："全球超过 50% 的森林资源集中分布在 5 个国家，中国是其中之一，列俄罗斯、巴西、加拿大和美国之后，位居第五。"森林蓄积量居巴西、俄罗斯、加拿大、美国、刚果（金）之后，列第 6 位；人工林面积继续位居世界首位。

然而，我国森林资源总量仍然不足，生态脆弱状况还没有得到根本扭转；森林资源质量依然不高，木材供需矛盾仍未缓解；林地转为非林地数量较大，林地保护管理压力不断增加；现有宜林地质量较差，营造林难度将越来越大。从总体上看，

实施天然林保护工程十年来，甘肃省兴隆山林区万木争荣

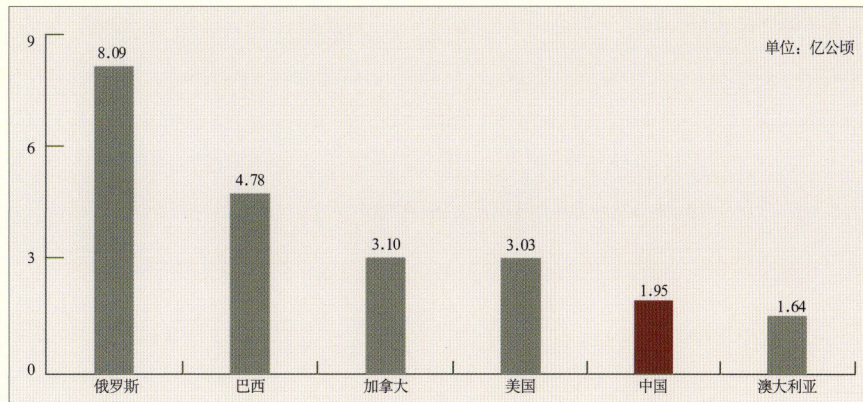

森林面积排名前6位的国家（数据来源：2010年全球森林资源评估报告，
联合国粮食及农业组织）

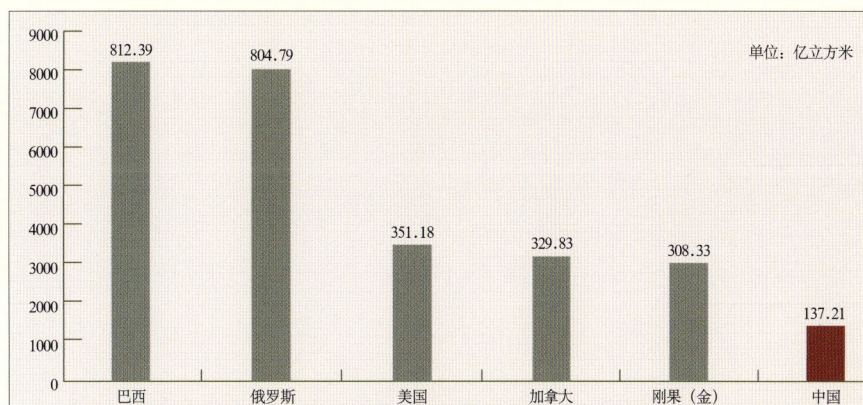

森林蓄积量排名前6位的国家（数据来源：2010年全球森林资源评估报告，
联合国粮食及农业组织）

森林资源的增长依然不能满足社会需求的不断增长，生态产品、林产品和生态文化产品短缺的问题仍是制约我国可持续发展的突出问题，保护和发展森林资源任务还十分艰巨。

2011年9月，胡锦涛主席在首届亚太经济与合作组织林业部长级会议上阐述了"平衡、包容、可持续、创新、安全增长"和"创新管理模式，加强森林执法，提升森林资源数量和质量，优化资源配置"的战略思想，2012年7月，胡锦涛同志在省部级主要领导干部专题研讨班开班式上进一步指出"推进生态文明建设，是涉及生产方式和生活方式根本性变革的战略任务，必须把生态文明建设的理念、原则、目标等深刻融入和全面贯穿到我国经济、政治、文化、社会建设的各方面和全过程……"，这将引导我们站在一个更高的层面，去领悟中国的绿色增长与森林资源的可持续发展中，现代林业自然法则与人文生态相结合的丰富内涵：统筹经济建设和生态保护协调发展与弘扬生态道德相兼容，资源消耗利用不能超越自然资源自我修复和自我调节的限度、不威胁生态系统自我调节和繁衍的能力；优化资源配置，行业间、区域间、国际间、代际间的生存发展权益相对协调平衡，践行可持续发展的卓绝历程……

第三十八篇

森林碳汇
持续增加
——中国林业为应对
气候变化作出突出贡献

气候变化是全球面临的重大危机和严峻挑战，事关人类生存和经济社会全面协调可持续发展，影响到每个国家、每个行业、每个公民，是国际社会普遍关注的全球性问题。近年来，全球酷暑、干旱、洪涝等极端气候事件频发，气候变化影响日益显现。各国携手应对气候变化、共同推进绿色增长、促进低碳发展已成为当今世界的主流。林业兼具减缓和适应气候变化的双重功能，大力发展林业，努力增加森林碳汇，对于转变发展方式、促进绿色增长、应对全球气候变化具有重要的战略意义。

一、林业在应对气候变化中具有特殊地位

森林通过光合作用吸收二氧化碳，放出氧气，并把大气中的二氧化碳固定在植被和土壤中，这就是森林的碳汇功能。

（一）森林是陆地最大的储碳库和最经济的吸碳器

森林以其巨大的生物量储存了大量的碳。据政府间气候变化专门委员会（IPCC）估算：全球陆地生态系统中储存了约 2.48 万亿吨碳，其中约 1.15 万亿吨碳贮存在森林生态系统中，占总量的 46.4%。森林是公认的最为有效的生物固碳方式，同时又是最经济的吸碳器。与工业减排相比，森林固碳投资少、代价低、综合效益大，更具经济可行性和现实操作性。作为应对气候变化的重要手段和有效途径，森林强大的碳汇功能对维持全球碳平衡、保障生态安全和气候安全具有十分重要的作用。

植物光合作用示意图

（二）森林损毁是导致全球气候变化的最重要因素之一

毁林和森林退化以及灾害导致森林遭受破坏后，储存在森林生态系统中的碳将被重新释放到大气中，成为温室气体的排放源。政府间气候变化专门委员会第四次评估报告指出，源自森林排放的温室气体约占全球温室气体排放总量的 17.4%，仅次于能源和工业部门，是全球第三大温室气体排放源。联合国粮食及农业组织《2010 年森林资源评估报告》显示，全球森林已从人类文明初期约 76 亿公顷减少到目前的 40 亿公顷，人均只有 0.6 公顷，难以支撑人类文明大厦。过去十年，每年大约有 1300 万公顷的森林被砍伐后转作其他用途或因干旱、林火等自然原因消失。2000 ~ 2010 年，全球每年净减少森林面积 520 万公顷。2005 ~ 2010 年，全球森林生物量中的碳储量每年减少约 5 亿吨。通过增加森林资源、减少森林损毁，可有效提高森林减缓气候变化的能力。

（三）发展和保护森林是减缓气候变化的主要措施

专家研究显示，用 1 立方米木材替代等量的水泥、砖等材料，约可减排 0.8 吨二氧化碳。木材是绿色、环保、可降解的原材料，鼓励使用木质林产品、提高木材利用率、延长木材使用寿命，可以延长碳储存期，增加碳储量，减少碳排放。林业

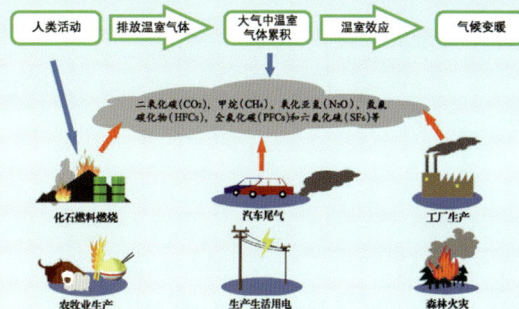

生物质能源是仅次于煤炭、石油、天然气的第四大战略性能源，具有可再生的特点。在化石能源日益枯竭的情况下，发展林业生物质能源已成为世界各国能源替代战略的重要选择。利用林业生物质能源部分代替化石能源，可减少化石能源碳排放，有效减缓气候变化。加强森林、湿地、荒漠三大系统的保护，有利于减少林业温室气体排放，减缓气候变化。

同时，森林生长又受到光照、温度、水分和风等自然因素的影响，气候变化会引起温度、湿度、生长季节、降水等气候因子的变化，特别是极端天气发生频率的增加，会对森林生态系统的稳定性、结构和功能产生不利影响。通过选育抗旱耐涝林木新品种，增强森林抗逆性，加快退化土地森林植被恢复，加强防护林体系建设，积极开展森林抚育经营，优化森林结构，改善森林健康状况，有利于增强森林适应气候变化的能力。森林生态系统适应气候变化能力的提高，反过来又可以进一步增强森林减缓气候变化的能力。

正是基于对森林特殊的碳汇功能的认识，国际社会高度重视林业在应对气候变化中的战略地位，并达成了许多共识。2007年年末，在印度尼西亚巴厘岛召开的联合国气候变化大会上，包括减少发展中国家毁林、森林退化导致的碳排放以及保护森林、可持续经营森林、增加森林碳汇等活动的激励机制和相关政策引起了各国高度关注，并通过谈判，将其作为重要内容纳入此次会议达成的"巴厘岛行动计划"中。林业应对气候变化相关议题取得突破性进展。2010年年末，墨西哥坎昆气候大会通

森林的作用

森林不但具有涵养水源、保持水土、防风固沙、防治污染、净化空气、美化环境、调节心理的作用，同时还具有保护生物多样性、提供森林游憩和多种林产品的作用。森林产品及其本身已成为满足人类物质和精神生活需要的必需品。

森林的作用还有……

吸收并贮存CO_2，是陆地生态系统最经济的吸碳器和最大的碳贮藏库。陆地生态系统中一半以上的碳都储存在森林中。

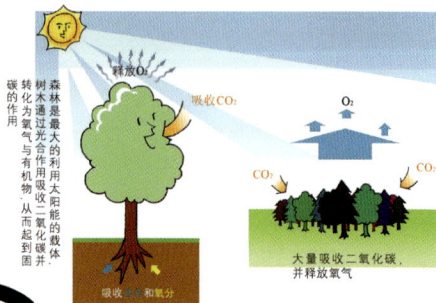

氧气制造工厂

巨大的资源宝库

良好的空气吸尘器

巨型蓄水库

土壤的绿色保护伞

自然界的保健医生

绿色隔音墙

森林是最大的利用太阳能的栽体；树木通过光合作用吸收二氧化碳，转化为氧气与有机物，从而起到固碳的作用。

释放O_2

吸收CO_2

O_2

CO_2

CO_2

大量吸收二氧化碳，并释放氧气

吸收水分和氧分

森林是陆地生态系统的主体，是自然界功能最强大和最完善的资源库、生物库、储碳库、蓄水库和能源库，对有效改善自然环境，维持生态平衡，保护人类生存和发展起着决定性和不可替代的作用。

森林碳汇是指森林植物通过光合作用把大气中的二氧化碳吸收和固定在植被和土壤中，从而减少大气中二氧化碳浓度的过程。
森林生态系统所储存的碳约20%储存在地上部分，80%在地下部分。而木材一旦被制成木制品，则其中的碳便可长期保存。

在全球经济发展格局中，森林已成为一种与可持续发展关系密切的战略资源，在经济领域和社会生活中发挥着越来越重要的作用。

过了《关于减少发展中国家毁林和森林退化所致排放以及森林保护、可持续经营和增加森林碳储量有关问题的政策方法和激励措施的决定》（REDD+）和《关于土地利用、土地利用变化和林业的决定》（LULUCF）两个林业议题决定，林业作为减缓和适应气候变化的有效途径和重要手段，在应对气候变化中的特殊地位进一步得到了国际社会的充分肯定和各国政府的高度重视。REDD+议题决定要求，发达国家要通过多边和双边渠道，为发展中国家开展实施减少森林排放及保护和增加森林碳储量行动提供资金、技术支持；在获得资金和技术支持后，发展中国家要根据国情和能力，制定国家战略或行动计划；在国家或次国家层面上，针对核算减少森林排放及保护和增加森林碳储量行动的效果，确定"参考水平"（即基准线），建立森林碳监测体系；通过发达国家和发展中国家共同努力，扭转全球森林面积减少趋势，进一步增加全球森林碳汇。LULUCF议题决定要求，发达国家要向公约秘书处提交核算森林管理活动碳汇和碳排放的"参考水平"数值，说明其确定"参考水平"数值的依据和方法，并经过专家评审；"参考水平"数值评审合格后，将被正式确定下来，作为发达国家第二承诺期核算森林管理活动碳源／碳汇的重要依据。此外，发达国家还主张增加湿地管理、采伐木质林产品碳源／碳汇核算，扣除不可抗拒自然因素引起的森林火灾、病虫害导致的碳排放等。2011年年末，南非德班联合国气候变化大会对上述两个林业议题又进行了深入磋商和谈判。特别是就发达国家为发展中国家减少毁林排放等行动提供资金支持及其资金支持机制，要求发展中国家必须确保减少毁林排放行动取得实效，并在促进遵守生物多样性保护、社区参与、利益分配公平、保护天然林以及 2012 年后《京都议定书》二期减排承诺的土地利用、土地利用变化和林业活动产生的碳源／碳汇核算范围、核算规则、核算方法等方面进行了继续磋商和谈判，取得了新进展。

林业议题通过的两个决定，对当前和未来我国林业建设将产生深远影响。无论从我国作为发展中国家缔约方履行公约义务、争取林业议题谈判主动权，还是从我国建设现代林业、保障国土生态安全的实际需要出发，都要求我们牢牢抓住应对气候变化这一重大战略机遇，将林业融入国际、国内重大问题和热点问题中，顺势推动和加快林业改革发展，进一步增强林业应对气候变化能力，发挥林业在应对气候变化中的独特作用，为全面实施我国应对气候变化国家战略、赢取国家发展空间、维护国家利益作出更大贡献。

2009年9月，在北京召开的首届亚太经济与合作组织（APEC）林业部长级会议会场（新华社提供）

二、中国林业应对气候变化取得重大成效

党中央、国务院高度重视林业在应对气候变化、促进绿色增长中的战略地位和特殊作用。党的十六大以来，采取了一系列支持和促进林业应对气候变化工作的重大举措。2007年6月，国务院发布《中国应对气候变化国家方案》，明确把林业纳入我国减缓气候变化的6个重点领域和适应气候变化的4个重点领域。2007年9月，胡锦涛主席在第15次亚太经济与合作组织（APEC）领导人非正式会议上提出建立"亚太森林恢复与可持续管理网络"倡议，被国际社会誉为应对气候变化的森林方案。2008年，国务院明确赋予国家林业局承担林业应对气候变化相关工作的职责。2009年6月，首次中央林业工作会议在北京市召开。会议明确提出："在贯彻可持续发展中林业具有重要地位，在生态建设中林业具有首要地位，在西部大开发中林业具有基础地位，在应对气候变化中林业具有特殊地位"，并强调"应对气候变化，必须把发展林业作为战略选择"。8月，全国人大常委会做出《关于积极应对气候变化的决议》，要求实施重点生态建设工程，推进植树造林，积极发展碳汇林业，增强森林碳汇功能。9月，胡锦涛主席在联合国气候变化峰会上向国际社会庄严宣布，要大力增加森林碳汇，在2005年基础上，到2020年森林面积增加4000万公顷、森林蓄积量增加13亿立方米。我国林业"双增"目标已纳入中国政府承诺的到2020年自主控制温室气体排放行动目标。2011年3月，全国人大十一届四次会议审议通过的《国民经济和社会发展第十二个五年规划纲要》，明确把森林覆盖率、森林蓄积量两个林业指标作为约束性指标，纳入到国民经济和社会发展的24个主要指标中；9月，胡锦涛主席在首届亚太经济与合作组织林业部长级会议上致辞强调，要把发展林业、加强植树造林、发挥森林多种功能作为促进绿色增长、推动可持续发展的重大举措。

专家考察广西清洁发展机制碳汇造林项目现场
（广西壮族自治区林业厅提供）

青藏高原气候变化与生态系统碳汇功能国际研讨会
（青海省林业厅提供）

林业已成为促进经济社会全面协调可持续发展和应对气候变化国家战略的重要组成部分。

按照党中央、国务院统一部署，在国家林业局党组高度重视和相关部门大力支持下，围绕落实《中国应对气候变化国家方案》《"十二五"控制温室气体排放工作方案》和《应对气候变化林业行动计划》，我国林业应对气候变化工作扎实推进，取得积极进展。

（一）强化组织领导，加强林业应对气候变化工作宏观指导

早在 2003 年就成立了国家林业局碳汇管理工作领导小组，开展林业碳汇管理工作。2007 年，调整成立了国家林业局应对气候变化和节能减排工作领导小组。2011 年又进一步充实扩大了领导小组成员单位，强化了领导小组的职能作用。2009 年，国家林业局制定发布了《应对气候变化林业行动计划》，提出了当前和今后一个时期林业应对气候变化的指导思想、基本原则、阶段目标、重点领域和主要行动。2011 年，制定了《林业应对气候变化"十二五"行动要点》，对"十二五"林业应对气候变化工作进行了总体部署。

（二）大力开展造林绿化，努力增加森林面积和森林碳储量

制定发布了《林业发展"十二五"规划》《全国造林绿化规划纲要（2011 ~ 2020年）》，提出了"十二五"和未来 10 年造林绿化目标任务，并分解落实到了各地区、各部门，为实现在 2005 年基础上，到 2020 年增加 4000 万公顷森林面积、增加森林碳汇奠定了基础。

（三）扎实推进森林经营，着力提高森林质量和碳汇能力

成立了国家林业局森林抚育经营工作领导小组，建立了工作制度，明确了职责分工，启动了中央财政森林抚育补贴试点。2011 年，中央财政试点资金突破 50 亿元，试点已覆盖全国，为实现在 2005 年基础上，到 2020 年增加 13 亿立方米森林蓄积量、增加森林碳汇奠定了基础。

（四）全面加强生态保护和林业灾害防控，减少林业温室气体排放

积极推进林地保护利用规划编制和林地"一张图"建设，加强林地保护和森林

中国绿色碳汇基金会成立碳汇研究院（应苗苗提供）

中国绿色碳汇基金会成立大会（何宇提供）

采伐管理，加强森林火灾和林业有害生物防控，减少森林碳排放。稳步推进湿地恢复，强化湿地保护，减少湿地碳排放。大力推进防沙治沙，加快荒漠地区和生态脆弱地区植被恢复，提高适应气候变化的能力。通过强化保护力度，最大程度减少林业温室气体排放。

（五）积极推进林业碳汇计量监测，加强林业应对气候变化能力建设

成立了5个国家和区域级林业碳汇计量监测中心，组建了林业碳汇计量监测专家队伍。在宏观层面，积极推进全国林业碳汇计量监测体系建设，以测准、算清全国森林碳汇的现状、潜力、结构、分布。目前，体系建设试点工作已覆盖全国一半以上的省（自治区、直辖市）。在微观层面，组织编制碳汇造林技术规定，以及造林项目、森林经营项目、竹子造林项目碳汇计量监测方法学，指导国内相关试点工作。

（六）稳步开展试点示范，探索林业应对气候变化工作经验

国家林业局在广西壮族自治区成功组织实施了全球首个清洁发展机制（CDM）碳汇造林项目。该项目方法学也是全球首个清洁发展机制（退化土地再造林方法学，在国际上引起积极反响。结合社会捐资，在国内启动实施了碳汇造林试点和林业低碳经济试点。配合国内碳排放权交易试点和温室气体自愿减排交易活动，积极探索推进林业碳汇交易试点。

联合国气候变化天津会议"碳中和"林揭牌（李金良提供）

全国林业碳汇计量监测体系建设技术培训（张国斌提供）

首届亚太经合组织林业部长级会议期间亚太森林恢复与
可持续发展网络中心揭牌仪式（亚太网络中心提供）

亚太森林恢复与可持续管理网络信息中心成立
（中国林业科学研究院提供）

（七）建立两大支撑平台，积极拓展林业应对气候变化内外工作

胡锦涛主席出席第 15 次亚太经合组织领导人非正式会议提出建立"亚太森林恢复与可持续管理网络"的倡议，被誉为应对气候变化的森林方案。2008 年，亚太森林恢复与可持续管理组织正式成立。2010 年，经国务院批准，在民政部登记注册，正式设立中国绿色碳汇基金会。这是全国首家以应对气候变化为宗旨的公募基金会，为全社会搭建了一个参与造林增汇、履行社会责任、应对气候变化的公益平台。2011年，首届亚太经合组织林业部长级会议在北京召开，在应对气候变化国际进程中具有里程碑意义。

（八）积极开展相关研究，强化林业应对气候变化科技支撑

组织完成了清洁发展机制造林再造林碳汇项目优先发展区域选择与评价，大致摸清了我国开展此类项目的优先区域分布情况和发展潜力。围绕森林与气候变化的关系、林业碳汇计量监测等开展研究，有些成果已应用到生产实践中。根据林业议题谈判形势，紧密跟踪国际进程，积极组织推进木质林产品贮碳、湿地碳汇相关研究。

（九）积极参与履约谈判，加强林业应对气候变化国际合作

积极参与《联合国气候变化框架公约》及其《京都议定书》涉林议题谈判和履约工作，积极研究提报中国应对气候变化国家信息通报相关林业碳汇数据，履行公约义务。加强"77 国集团＋中国"集团内部协调、磋商，坚决维护《巴厘路线图》和"双轨"制谈判格局，阐述我国林业应对气候变化的立场和主张，对推进气候变化林业议题谈判发挥了积极的建设性作用。

（十）加强内外宣传，扩大林业应对气候变化共识和影响

围绕林业在应对气候变化中的特殊地位和重要贡献，以及低碳生活和低碳消费新理念，通过接受记者采访、撰写书籍文稿、举办论坛会议、走进学校社区、搭建网站平台等，开展了形式多样、内容丰富的宣传报道，不断增强全社会关注生态、保护生态的意识。

2007 年 12 月，在印度尼西亚巴厘岛召开的联合国气候变化大会（王春峰提供）

三、搭建基金平台，开展碳汇项目

2010 年，经国务院批准、民政部登记注册，成立了中国绿色碳汇基金会。该基金会的建立，为全社会搭建了一个通过林业措施"储存碳汇信用、履行社会责任、提高农民收入、改善生态环境"四位一体的公益平台，对于宣传普及林业碳汇知识，动员企业和社会公众"参与造林增汇、消除碳足迹"发挥了积极作用。

碳汇基金会担负起"增加绿色植被、吸收二氧化碳，应对气候变化、保护地球家园"的使命，创建了"公益为本、规范运营"为核心的有效运行模式，在实施碳汇项目、开展科学研究、普及碳汇知识、开展国内外合作等方面进行了有益的实践和探索，取得了显著成效。

碳汇基金会严格按照国家林业局颁布的《碳汇造林技术规定（试行）》《碳汇

2009 年 12 月，在丹麦哥本哈根召开的《联合国气候变化框架公约》缔约方第 15 次会议（王春峰提供）

造林检查验收办法（试行）》《造林项目碳汇计量与监测指南》等相关技术规定实施碳汇造林项目。截至2011年年末，碳汇基金会获得企业和社会捐资近5亿元人民币。

为动员更多的企业和个人参与林业应对气候变化公益活动，碳汇基金会开辟宣传新渠道、创新宣传途径，普及林业应对气候变化知识，提高公众应对气候变化的意识和能力。举办了新闻媒体培训班和林业应对气候变化知识讲座，参加了国际气候大会边会；启动了首届"绿化祖国·低碳行动"植树节，为社会公众创造了一个"足不出户、低碳植树"的网上履行义务植树的平台。策划"绿色唱响——零碳音乐季"；开通了碳汇基金会中英文官方网站，在新浪和腾讯门户网站开通碳汇基金会官方微博和秘书长微博；出版了《中国林业碳汇》《林业碳汇计量》《可持续森林培育的管理与实践》和《林业碳汇与气候变化》等专著；基金会出资375万元人民币，实施了联合国气候变化天津会议碳中和项目，在山西省襄垣、昔阳、平顺等县营造5000亩碳汇林，未来10年可将本次会议造成的1.2万吨二氧化碳当量碳排放全部吸收。为倡导企业自愿减排，为应对气候变化、改善生态环境、促进碳汇林业发展、保护地球家园作贡献，在第43个世界地球日举办的"保护地球——绿色行动"2012公益盛典上，碳汇基金会启动了"碳汇中国行动计划"。先期启动的"碳汇中国·自然保护计划"和"碳汇中国·绿色传播计划"，已分别落实资金2000万元和90万元。

我们能为林业碳汇做些什么？

了解、宣传普及相关概念和知识

减排和增汇具有同等意义和功效。从某种意义上来说，"绿化就是固碳，造林等于减排"。

目前，增加林业碳汇的主要措施有：植树造林、植被保护和恢复、森林经营和林地管理等。减少毁林和森林退化也可以有效的减少CO$_2$的排放。

"碳补偿"就是通过投资或购买一些项目活动所产生的减排额度或碳汇额度，以弥补某项活动或个人日常活动中所排放的二氧化碳。

交通
饮食
工作
呼吸
居住

每人每天都在直接或间接排放CO$_2$

了解碳汇相关知识

积极参加植树造林或出资造林

二氧化碳（CO$_2$）　氧气（O$_2$）

林业部门每年要组织开展大规模的植树造林与森林经营管理活动

目前，通过开展"碳补偿"活动达到"碳中性"以消除自己"碳踪迹"的做法，受到国内外许多企业、组织和个人的欢迎及重视，已被广泛引入一些大型的国内外会议及活动中。

"购买"碳汇，向二氧化碳宣战

企业、组织、团体或个人可以与相关林业部门建立合作机制，出资造林或开展森林经营，促使森林的碳汇能力增加，为缓解气候变暖赢得时间。

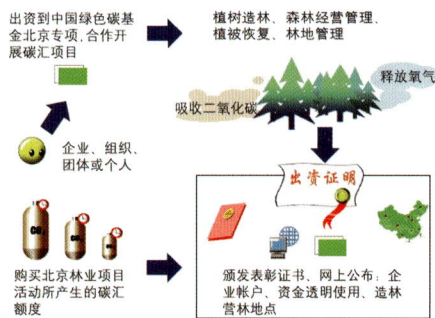

出资到中国绿色碳基金北京专项，合作开展碳汇项目

植树造林、森林经营管理、植被恢复、林地管理

释放氧气

吸收二氧化碳

企业、组织、团体或个人

购买北京林业项目活动所产生的碳汇额度

出资证明

颁发表彰证书、网上公布：企业帐户、资金透明使用、造林营林地点

购买"碳汇"有何收益呢？

- 将项目产生的碳汇额度记入企业社会责任帐户
- 企业可以获得出资部分全免企业所得税（25%）
- 培养企业内部熟悉生态产品包括计量、监测等的专业人员
- 积累参与碳汇交易活动的经验
- 获得政府权威部门出具的表彰证书
- 提升企业、组织、团体或个人的绿色形象
- 改善全球生态环境，促进企业可持续发展

该计划下的"碳汇志愿者联盟"和"绿色传播中心"随即成立并开展工作，充分发挥特色，宣传普及林业碳汇知识。

为学习借鉴国内外先进技术和经验，碳汇基金会与相关机构开展了全方位、宽领域的林业碳汇合作研究。与国际竹藤组织（INBAR）、美国大自然保护协会（TNC）、保护国际基金会（CI）、加拿大不列颠哥伦比亚大学（UBC）等国际组织和著名大学签署了合作协议，跟踪了解国内外林业应对气候变化的新动向，共同开展人员培训和科学研究交流与合作；与中国社会科学院城市发展与环境中心、北京大学、中国林业科学研究院、上海交通大学、北京林业大学、浙江农林大学等科研院校建立了良好的合作关系，共同开展生产中急需的有关林业碳汇的科学研究；2011 年 1 月 13 日，在浙江省温州市成立了中国绿色碳汇基金会碳汇研究院，目前已承担了"森林增汇技术、碳计量与碳贸易市场机制研究""国际林产品贸易中的碳转移计量与监测及中国林业碳汇产权研究"等国家林业公益性行业科研专项，开展了"油料能源林树种良种繁育""大庆竹柳种植模式和转化生物质燃料及碳平衡""桉树低碳造林模式""竹子碳汇造林方法学国外试点项目""黑龙江省伊春市汤旺河林业局森林经营碳汇项目方法学研建及试点"等研究课题。碳汇基金会加强多方合作，林业碳科学研究优势互补、合作共赢的局面正在形成。

四、林业应对气候变化任重道远

党的十六大以来，我国林业应对气候变化工作从无到有，从小到大，稳步推进，取得了积极进展。但是，我国森林资源总量不足，森林质量和林地生产力水平较低，林业碳汇功能和潜力没有得到充分发挥，与我国应对气候变化国家战略的总体要求还很不适应，与中央提出的林业"双增"战略目标还有很大差距。一是森林资源数量和质量有待加强。第七次全国森林资源清查结果表明，全国现有的宜林地中，质量好的只有13%、差的占52%，立地条件差，造林难度越来越大，经营成本越来越高，造林成果巩固难度加大，实现2020年比2005年增加森林面积4000万公顷、森林蓄积量增加13亿立方米的目标任务十分繁重。二是全国林业碳汇计量与监测体系建设等基础性、支撑性工作尚处于起步阶段，难以完全满足参与国际气候谈判、制定国家气候变化政策的需要。三是气候变化立法、森林法修改等相关法律法规建设进展有待加快，林业碳汇项目计量、监测、注册、评估、交易等相关管理制度尚处探索阶段。

总体来看，我国林业应对气候变化既面临一个重要的战略机遇期，也要面对诸多挑战。为推进林业应对气候变化工作取得新进展、新成果，增强林业应对气候变化能力，更好地发挥林业服务于控制温室气体排放总量、促进发展方式转变、实现绿色低碳增长的国家战略，当前和今后一段时期，需要进一步加强以下几方面工作。

全面实施《全国造林绿化规划纲要（2011～2020年）》和《林业发展"十二五"规划》，加快造林绿化步伐，继续实施好天然林资源保护、退耕还林、三北及长江流域等防护林体系建设、防沙治沙等林业重点工程，深入开展全民义务植树活动，加强荒山造林，推进"身边增绿"，努力扩大森林面积，增加森林碳储量。

全面加强森林经营，完善森林抚育补贴制度，加大森林抚育和低产林改造，努力提高森林质量和林地生产力，增强森林碳汇能力。努力抓好履行《国际森林文书》示范单位建设，以点带面，推进森林可持续经营，充分发挥森林释氧固碳等多种功能，提升林业服务国家应对气候变化能力。

加强森林资源保护管理和合理利用，贯彻落实国务院批复的《全国林地保护利用规划纲要》，构建国家、省、县三级规划体系，实现林地和森林资源监管由点到面的战略转变，保障和拓展林业发展空间，加强森林灾害预防、扑救、保障体系建设，依法防控森林火灾和林业有害生物，巩固林业建设成果，努力减少林业温室气体排放。

加强脆弱地区生态系统的恢复与重建，改善和修复人工林生态系统，保护和恢复湿地生态系统，治理和保护荒漠生态系统，加强自然保护区建设和生物多样性保护，切实增强森林、湿地、荒漠生态系统适应和抵御气候灾害的能力。

适应"三可"要求，加快推进全国林业碳汇计量监测体系建设，建立健全林业活动相关的国家级基础数据库，为测量、报告、核查林业增汇减排行动成效，全面掌握林业碳汇现状、变化、潜力等奠定基础。加强林业碳汇技术标准体系建设，加快林业碳汇技术规程制定出台和相关项目方法学研究开发，提高林业应对气候变化科技支撑能力。

结合国家气候变化立法、森林法修改和集体林权制度改革，进一步明确林业应对气候变化的地位和作用，建立和完善促进林业增汇减排的体制机制和政策措施，逐步形成一套切实让林农受惠、有利于保护和发展林业、促进林业增汇减排的长效机制和政策体系。

进一步加强与世界各国特别是发展中国家以及相关国际组织的交流与合作，积极履行气候变化国际公约，共同推进林业应对气候变化有关国际进程，为积极应对全球气候变化作出中国林业应有的贡献。

（董海良提供）

专栏　气候变化林业议题谈判

　　气候变化是人类面临的严峻挑战，各国必须共同应对。自 1992 年《联合国气候变化框架公约》诞生以来，各国围绕应对气候变化进行了一系列谈判。这些谈判表面上是为了应对气候变暖，本质上还是各国经济利益和发展空间的角逐。

　　气候谈判的科学背景。联合国政府间气候变化专门委员会（IPCC）[①]评估结果表明：全球气候正在变暖，而导致变暖的原因主要是人类燃烧化石能源和毁林开荒等行为向大气排放大量温室气体，导致大气温室气体[②]浓度升高，加剧温室效应的结果。据美国国家大气和海洋管理局（NOAA）最新报告，全球大气中二氧化碳平均浓度已由工业革命前的 280 微升/升左右升高到了 2010 年的 389 微升/升。

　　联合国政府间气候变化专门委员会历次评估报告还在不断地警醒国际社会，应当尽快大幅减少温室气体排放，否则，全球气温升高将导致海平面上升、粮食减产、传染病增加、水资源短缺、濒危物种灭绝等严重后果，对自然生态系统和人类社会产生相当不利的影响。因此，必须积极行动起来，应对气候变暖。

　　应对气候变暖主要从两方面入手：一是减缓，就是要通过减少温室气体排放和增加温室气体吸收汇（即碳汇），降低大气中的温室气体浓度；二是适应，就是要采取预防措施，缓解气候变暖已经带来的或继续带来的不利影响。但无论减缓还是适应都需要投入，并很可能在一定时期内给一国经济和社会发展增加负担。尤其是减排，很可能降低经济竞争力。在这种情况下，由于气候变暖没有国界，很多国家都存在着希望别国先减排而自己不减排或暂缓减排的"搭便车"心理。因此，为了应对气候变暖，就需要国际社会共同合作，建立管制温室气体排放制度，确定谁应当减排、怎么减、减多少？谁受到了气候变暖不利影响，需要采取适应措施等。由此，拉开了应对气候变化谈判的国际进程。

　　气候谈判的主要历程。主要有以下 6 项内容。

　　1. 1992 年诞生了《联合国气候变化框架公约》。为了促使各国共同应对气候变暖，在 1990 年联合国政府间气候变化专门委员会发布了第一次气候变化评估报告后不久，1990 年 12 月 21 日，第 45 届联合国大会即通过第 212 号决议，决定设立气候变化框架公约政府间谈判委员会。这个委员会成立后共举行了 6 次谈判，1992 年 5 月 9 日在纽约通过了《联合国气候变化框架公约》（简称《公约》）[③]，同年 6 月在巴西里约热内卢召开的首届联合国环境与发展大会[④]上，提交参会各国签署。1994 年 3 月 21 日《公约》正式生效。

　　《公约》的主要目标是控制大气温室气体浓度升高，防止由此导致的对自然和人类生态系统带来不利影响。《公约》还根据大气中温室气体浓度升高主要是发达国家早先排放的结果这一事实，明确规定了发达国家和发展中国家之间负有"共同但有区别的责任"，即各缔约方都有义务采取行动应对气候变暖，但发达国家对此负有历史和现实责任，应承担更多义务；而发展中国家首要任务是发展经济、消除贫困。

　　2. 1997 年通过了《京都议定书》。《公约》虽确定了控制温室气体排放的目标，但没有确定发达国家温室气体量化减排指标。为确保《公约》得到有效实施，1995 年在德国柏林召开的《公约》第 1 次缔约方大会通过了"柏林授权"，决定通过谈判制定一项议定书，主要是确定发达国家 2000 年后的减排义务和时间表。经过多次谈判，1997 年底在日本京都通过了《京都议定书》[⑤]，首次为 39 个发达国家规定了一期（2008～2012）减排目标，即在他们 1990 年排放量的基础上平均减少 52%[⑥]。同时，为了促使发达国家完成减排目标，还允许发达国家借助 3 种灵活机制[⑦]来降低减排成本。此后，各方围绕如何执行《京都议定书》，又展开了一系列谈判，在 2001 年通过了执行《京都议定书》的一揽子协议，即《马拉喀什协定》。2005 年 2 月 16 日《京都议定书》（以下简称议定书）

　　注释：①政府间气候变化专门委员会（英文名称 Intergovernmental Panel on Climate Change，缩写 IPCC）于 1988 年由世界气象组织和联合国环境署共同发起成立，其主要任务是开展全球气候变化评估。自成立以来，已发布了 4 次气候变化评估报告，目前正在开展第五次评估工作。其评估报告为推进国际气候变化谈判和各国政府应对气候变化提供了重要决策参考。
　　② 温室气体种类很多，目前纳入管制的温室气体包括二氧化碳、甲烷、氧化亚氮、氢氟碳化物、全氟化碳、六氟化硫 6 种，主要是二氧化碳。
　　③《联合国气候变化框架公约》目前有 195 个缔约方，165 个正式签署。
　　④在 1992 年 6 月巴西里约热内卢召开的首届联合国环境与发展大会上，提交参会国签署的公约包括《联合国气候变化框架公约》《联合国保护生物多样性公约》和《联合国防治荒漠化公约》。
　　⑤《京都议定书》目前有 193 个缔约方，82 个正式签署。
　　⑥各国减排目标不同，比如日本是 6%、德国是 8%、美国是 7%，但平均后是 5.2%。
　　⑦《京都议定书》中确定的灵活机制是排放贸易、联合履约和清洁发展机制。

正式生效。但美国等极少数发达国家以种种理由拒签议定书。

3.2005年启动了议定书二期谈判。由于议定书只规定了发达国家在2008～2012年期间的减排任务，2012年后如何减排则需要继续谈判。在发展中国家推动下，2005年年末在加拿大蒙特利尔召开的《公约》第11次缔约方大会暨议定书生效后的第1次缔约方会议上，正式启动了2012年后的议定书二期减排谈判，主要是确定2012年后发达国家减排指标和时间表，并建立了议定书二期谈判工作组。但欧盟等发达国家以美国、中国等主要排放大国未加入议定书减排为由，对议定书二期减排谈判态度消极，此后的议定书二期减排谈判一直进展缓慢。

4.2007年确立了《巴厘路线图》谈判。在发展中国家与发达国家就议定书二期减排谈判积极展开谈判的同时，发达国家则积极推动发展中国家参与2012年后的减排。经过艰难谈判，2007年年末在印度尼西亚巴厘岛召开的《公约》第13次缔约方大会上通过了《巴厘路线图》，各方同意所有发达国家（包括美国）和所有发展中国家应当根据《公约》的规定，共同开展长期合作，应对气候变化，重点就减缓、适应、资金、技术转让等主要方面进行谈判，在2009年年末达成一揽子协议，并就此建立了公约长期合作行动谈判工作组。自此，气候谈判进入了议定书二期减排谈判和公约长期合作行动谈判并行的"双轨制"阶段。

5.2009年年末产生了《哥本哈根协议》。2008～2009年间，各方在议定书二期减排谈判工作组和公约长期合作行动谈判工作组的协调下，按照"双轨制"的谈判方式进行了多次艰难谈判，但进展缓慢。到2009年年末，当100多个国家首脑史无前例地聚集到丹麦哥本哈根参加《公约》第15次缔约方大会，期待着签署一揽子协议时，终因各方在谁先减排、怎么减、减多少、如何提供资金、转让技术等问题上分歧太大，各方没能就议定书二期减排和《巴厘路线图》中的主要方面达成一揽子协议，只产生了一个没有被缔约方大会通过的《哥本哈根协议》。《哥本哈根协议》虽然没有被缔约方大会通过、也不具有法律效力，但却对2010年后的气候谈判进程产生了重要影响，主要体现在发达国家借此加快了此前由议定书二期减排谈判和《公约》长期合作行动谈判并行的"双轨制"模式合并为一，即"并轨"的步伐。哥本哈根气候大会虽以失败告终，但各方仍同意2010年继续就议定书二期和《巴厘路线图》涉及的要素进行谈判。

6.2010年年末通过了《坎昆协议》。《哥本哈根协议》虽然没有被缔约方大会通过，但欧美等发达国家在2010年谈判中，则借此公开提出对发展中国家重新分类，重新解释"共同但有区别责任"原则，目的是加快推进议定书二期减排谈判和《公约》长期合作行动谈判的"并轨"，但遭到发展中国家强烈反对。经过多次谈判，在2010年年末墨西哥坎昆召开的气候公约第16次缔约方大会上，在玻利维亚强烈反对下，缔约方大会最终强行通过了《坎昆协议》。《坎昆协议》汇集了进入"双轨制"谈判以来的主要共识，总体上还是维护了议定书二期减排谈判和《公约》长期合作行动谈判并行的"双轨制"谈判方式，增强国际社会对联合国多边谈判机制的信心，同意2011年就议定书二期和《巴厘路线图》所涉及要素中未达成共识的部分继续谈判，但《坎昆协议》针对议定书二期减排谈判和《公约》长期合作行动谈判所做决定的内容明显不平衡。发展中国家推进议定书二期减排谈判的难度明显加大，发达国家推进"并轨"的步伐明显加快。

从1992年启动气候谈判以来，气候谈判总体呈现着发达国家和发展中国家两大阵营对立的格局，这种格局目前尚未发生重大变化。但与此同时，全球温室气体排放格局却发生了相当大的变化。根据国际能源署的相关报告，1990年全球化石能源总排放约为201亿吨二氧化碳当量，其中，发达国家占68%，发展中国家占32%；2008年全球化石能源总排放为284亿吨二氧化碳当量，其中，发达国家占51%，发展中国家占49%。从国别看，到2000年，25个主要排放国排放约占全球总排放的83%，其中，美国、中国、印度、俄罗斯及欧盟约占全球总排放量的60%左右。从排放趋势看，发达国家历史排放多、当前和未来排放总体呈下降趋势；发展中国家历史排放少、当前和未来排放呈增加趋势。全球排放格局的变化，在很大程度上导致了发达国家和发展中国家在谁先减排、减多少、怎样减以及如何提供资金、提供气候友好型技术支持发展中国家减缓等问题上展开了激烈争论，短期内很难达成一致，并进一步导致了发达国家和发展中国家两大阵营内部谈判力量的分化组合。

气候谈判中的林业议题。早在《联合国气候变化框架公约》谈判前，各国就认识到森林减缓气候变暖的重要作用。此后，在各国谈判签署的《联合国气候变化框架公约》及《京都议定书》中，都列入了保护和增加森林碳汇相关的条款。在当前气候谈判中，各国一致赞同在2012年后减缓气候变暖的国际制度中，应当进一步发挥森林减缓气候变暖的重要作用。各国之所以对此具有广泛共识，首先是因为通过减少森林损毁、增加森林资源来保护和增加森林碳汇，可低成本减缓气候变暖，大大降低各国减排总成本，减轻工业、能源减排压力，为开发低成本工业减排技术赢得时间。联合国政府间气候变化专门委员会第四次评估报告指出：减少森林损毁，增加森林碳汇是当前和未来30年内或更长时间内经济、技术可行的减缓气候变暖的措施，即每减排1吨二氧化碳，成本约在25美元左右，最多不超过100美元，符合国际公认的成本有效性原则。其次，减少森林损毁，增加森林碳汇完全符合各国可持续发展和发展绿色经济的要求。不但不会导致失业，而且还能增加林区就业和收入；不但能增强森林自身适应气候变化能力，还能有效降低气候变暖对农牧业、水资源等部门以及荒漠和湿地、城市和沿海等生态系统的不利影响，增强其适应能力。同时，还能发挥保持水土、保护生物多样性、净化空气、优化水质等多重效益。

基于以上认识，在气候变化谈判中，各国都十分重视发挥林业在应对气候变化中的作用。因此，林业议题历来是气候谈判的重要内容。目前气候谈判中涉及的林业议题主要有3条。

1. 土地利用、土地利用变化和林业议题。这个议题是议定书二期减排谈判中的一个技术性很强的谈判议题，是2005年年末启动《京都议定书》第二承诺期发达国家减排承诺谈判后，发达国家要求谈判的议题。发达国家认为现行核算土地利用、土地利用变化和林业活动碳源／碳汇[①]的技术规则不合理，限制了他们利用土地利用、土地利用变化和林业活动的减排潜力，主张大幅度修改现行核算规则。发达国家和发展中国家围绕是否需要修改、如何修改这些核算规则进行了多次谈判。

2011年年末，德班联合国气候变化大会针对《京都议定书》第二承诺期LULUCF活动碳源／碳汇变化的核算规则所做决定主要解决了以下问题：一是延续了《京都议定书》第一承诺期基于活动的核算方式；

二是除造林、再造林、毁林必须纳入核算外，森林管理也纳入了强制核算，但新增了湿地排干与还湿、采伐木质林产品作为可选择的核算活动；三是确定了用"参考水平"（或基准线）方法核算森林管理活动碳源／碳汇变化情况，对核算结果可用于抵消源排放的森林管理活动的碳汇设定了使用上限，即不超过发达国家基年源排放量的3.5%；四是将采伐部分人工林活动作为森林管理活动进行碳源／碳汇变化的核算；五是确定了采伐木质林产品碳排放的核算方法；六是确定了从森林管理活动碳源／碳汇变化的核算结果中剔除自然干扰（主要是森林火灾）影响的方法。

2. 减少发展中国家毁林排放等行动的激励政策和机制议题。这是在气候公约第11次缔约方大会期间，根据巴布亚新几内亚和哥斯达黎加提议而确立的谈判议题，但最初谈判时主要涉及如何采取行动，减少发展中国家毁林活动导致的碳排放。经过2006~2007年的谈判，在2007年年末印度尼西亚巴厘岛召开的气候公约第13次缔约方大会期间，在非洲集团、中国和印度的强烈要求下，该议题讨论的林业活动范围由早先仅关注减少发展中国家毁林活动导致的碳排放，开始被扩展到包括减少发展中国家森林退化导致的碳排放，以及保护森林、可持续经营森林、增加森林碳汇的活动，同时，该议题也被纳入到了《巴厘路线图》，成为《巴厘路线图》谈判的重要内容之一，谈判重点是讨论如何建立有效的激励机制和政策，支持发展中国家采取行动，减少森林碳排放和增加森林碳吸收。经过一系列谈判，目前主要就以下方面达成一致：一是在获得发达国家资金、技术支持的基础上，发展中国家要根据本国的国情和能力，开展减少毁林、森林退化导致的排放以及保护森林碳储量、森林可持续经营、提高森林碳储量的行动，以减少、阻止和扭转森林面积和碳的损失；二是为确保发展中国家开展的上述行动取得实效，在得到充足、可预见资金和技术支持下，发展中国家应当根据国情和能力，组织制定国家战略或行动计划、确定国家层面计算减少森林碳排放量或稳定和增加的森林碳储量的参照水平或基准线、建立一套有效而透明的国家森林监测体系；三是发展中国家可分阶段实施行动：第一阶段制定国家战略或行动计划、政策和措施，开展能力建设；第二阶段实施国家战略或行动计划及相应的国家政策和措施，进

注释：　①碳源是指碳排放，碳汇是指碳吸收。土地利用、土地利用变化和林业活动既可能导致碳排放，也可能导致碳吸收，即碳汇。

一步提高相关能力，开发和转让相关技术，并实施能体现实效的示范项目；第三阶段要求实施的上述行动能够产生"可测量、可报告、可核查"的结果。四是发达国家在提供支持时，应当尊重发展中国家主权、国情和能力，要与发展中国家可持续发展、减贫、应对气候变化的目标和在适应气候变化方面的需求保持一致，要有利于推进森林可持续经营，发达国家提供的资金、技术和能力建设支持要与发展中国家的行动结果挂钩。发展中国家在实施行动时还应当做到：与国家森林项目和相关国际公约和协议确定的目标保持一致。要在国家立法和主权范围内，保持森林治理结构的透明性，尊重社区和当地人对森林的用益权，要与保护各种天然林和生物多样性目标一致。不能激励天然林转化为人工林。要尽可能防止实施行动后再出现逆转，或导致碳排放行为的转移。

3. 减少发展中国家毁林排放等行动相关的技术方法议题。根据2010年底通过的《坎昆协议》的决定，2011年各方要就实施减少发展中国家毁林排放等行动相关的技术方法问题进行讨论，具体包括如何评估、监测发展中国家实施减少森林碳排放和增加森林碳吸收行动的实际效果，以及在发展中国家实施减少森林碳排放和增加森林碳吸收行动过程中，如何保障林区当地人公平参与行动和从中获益的权利、如何促进生物多样性保护等。目前，在该议题下达成的主要共识有：一是发展中国家在制定林业减排增汇行动国家战略和行动计划以及在实施行动各阶段中，都应遵守保护生物多样性、公平分配利益、保护天然林等原则。同意通过国家信息通报，报告在实施林业减排增汇行动中，如何做到保护生物多样性、保护天然林等，所报告的信息应公开透明、定期更新。二是同意用建立森林参考水平（或基数）的方法来评估发展中国家实施林业减排增汇行动的效果。建立森林参考水平（或基数）方法应依据联合国政府间气候变化专门委员会相关指南，与国家信息通报反映的森林碳排放／碳汇情况保持一致。要求发展中国家要就建立森林参考水平（或基数）的相关信息和合理性，具体包括国情，以及如何根据国情对森林参考水平进行调整等提供相关信息。要定期更新森林参考水平（或基数）。并在适当时候，向公约秘书处提交本国森林参考水平（或基数），并在公约网站上公布。在此基础上，将对参考水平设置是否科学合理进行技术评估。

第三十九篇

土地沙化趋势实现逆转
——中国成为世界防沙治沙的典范

　　土地沙化是全球最为严重的生态问题，我国是世界上土地沙化危害最严重的国家之一。我国现有沙化土地面积 173.11 万平方公里，占国土总面积的 18.03%。土地沙化导致土地生产力衰退、生态环境恶化，缩小了人类生存和发展空间，加剧了贫困和生态灾难，严重制约了区域经济和社会可持续发展。坚持不懈地做好防沙治沙工作是我国生态建设中一项重要而紧迫、长期而艰巨的战略任务。党中央、国务院历来高度重视防沙治沙工作，特别是进入 21 世纪以来，采取了更加有力的措施，我国防沙治沙工作取得了显著成效。2004 ~ 2009 年我国沙化土地面积净减少 8587 平方公里，年均减少 1717 平方公里。土地沙化整体得到初步遏制，沙化土地面积持续减少，在国际社会产生巨大影响，成为世界防沙治沙的典范。

一、我国土地沙化的危害与成因

（一）沙化土地状况

　　根据第四次全国荒漠化沙化监测结果，截至 2009 年年末，全国沙化土地面积为 173.11 万平方公里，占国土总面积的 18.03%。沙化土地分布在除上海市、台湾省及香港和澳门特别行政区以外的 30 个省（自治区、直辖市）的 902 个县（市、区、旗），其中，以新疆、内蒙古、西藏、青海、甘肃等 5 省（自治区）沙化土地分布面积最大，分别为 74.67 万平方公里、41.47 万平方公里、21.62 万平方公里、12.50 万平方公里、11.92 万平方公里，5 省（自治区）沙化土地面积占全国沙化土地总面积的 93.69%；

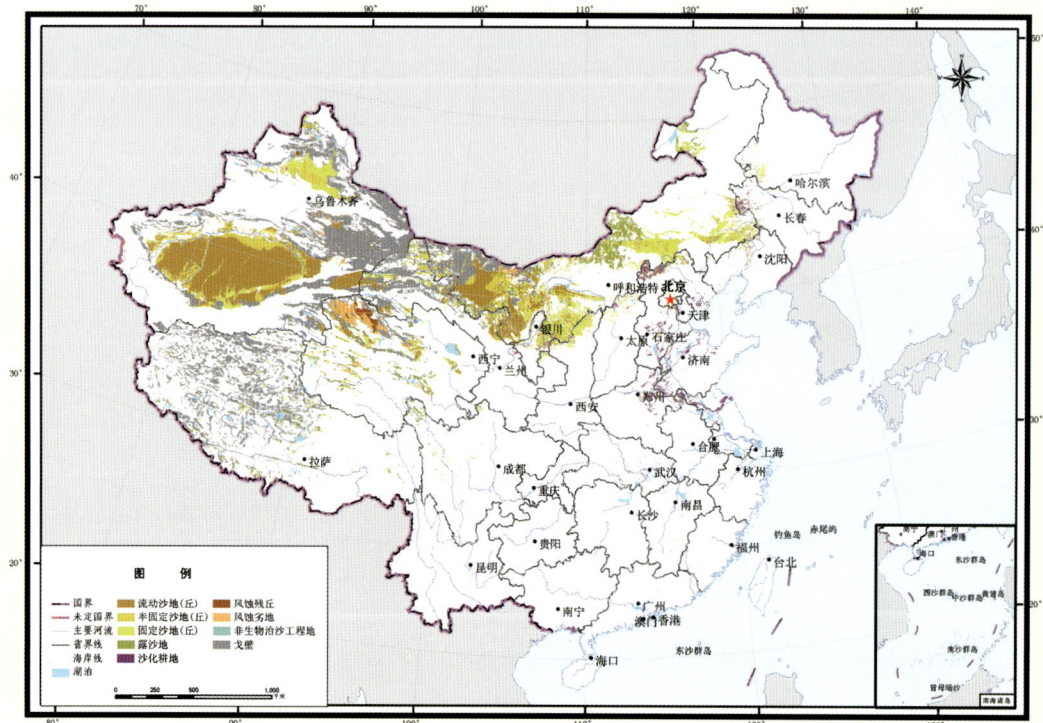

2009 年中国沙化土地分布图（国家林业局荒漠化监测中心提供）

其余 25 省（自治区、直辖市）占 6.31%。按沙化土地类型分，流动沙丘（地）40.61 万平方公里，占全国沙化土地面积的 23.46%；半固定沙丘（地）17.72 万平方公里，占 10.24%；固定沙丘（地）27.79 万平方公里，占 16.06%；露沙地 9.97 万平方公里，占 5.76%；沙化耕地 4.46 万平方公里，占 2.58%；风蚀残丘 8898 平方公里，占 0.51%；风蚀劣地 5.57 万平方公里，占 3.22%；戈壁 66.08 万平方公里，占 38.17%；非生物工程治沙地 66 平方公里。

（二）土地沙化危害

土地沙化严重制约着我国国民经济和社会的可持续发展，所造成的危害十分严重。据专家测算，每年因土地沙化造成的直接经济损失高达 1200 亿元。

一是土地退化严重。土地沙化导致土壤有机质和养分流失、土壤肥力下降、土壤理化性质恶化、生产力衰退、作物减产甚至绝收。我国每年因土地沙化损失土壤有机质 5590 万吨，折合 2.7 亿吨化肥，导致土壤贫瘠、粮食减产，不少地方呈现"种一坡、打一箩，煮一锅、剩不多"的境况，年均减少的草产量相当于 5000 多万只羊单位一年的饲料。在风沙危害严重的地区，许多农田因风沙毁种，每年不得不重播二三次，甚至五六次之多，粮食产量长期低而不稳。

淤积水库（国家林业局治沙办提供）

沙压公路（国家林业局治沙办提供）

风蚀沙化（国家林业局治沙办提供）

沙埋房屋（国家林业局治沙办提供）

沙尘暴（国家林业局治沙办提供）

沙埋农田（国家林业局治沙办提供）

二是生存环境极度恶化。据调查，全国有近4亿人口常年受土地沙化影响，有2.4万多个村庄和城镇经常受到风沙危害；有1300多公里铁路、3万多公里公路、数以千计水库和5万多公里长的灌溉渠道常年遭受风沙危害、泥沙淤积，甚至被掩埋。每年输入黄河的泥沙达16亿吨，致使许多地段河床高出居民区3～4米，如果出现决口，后果不堪设想。地处塔克拉玛干沙漠南部的新疆维吾尔自治区皮山、民丰两县因沙化危害，县城两次搬家，策勒县城3次搬家。我国甘肃省民勤县，在20世纪50年代是一个水草丰美、林茂粮丰的地方，由于近几十年的开垦，致使土地沙化严重，如此扩展下去变成第二个罗布泊绝非危言耸听。

三是土地沙化危及生态安全。沙尘暴频发是其表现形式之一。1993年5月5日发生在甘肃等地的特大沙尘暴，席卷我国西北大部，造成85人死亡，兰新铁路中断31小时，乌吉线中断4天，直接经济损失近6亿元。位于北京市上风向的河北省坝上和内蒙古自治区浑善达克沙地，地势比北京地区高出1000多米，居高临下，在冬、春季的强西北气流作用下，风沙对北京地区的环境质量和人们的生产生活构成严重危害。2006年4月16日，一场沙尘暴造成了仅北京城区就降下泥土30万吨，污染了环境，影响了人们正常的生产生活。由于生态恶化，沙尘暴频发，一些地区的地方性疾病高发。土地沙化还造成生物栖息地破坏，生物多样性锐减，生物种群、群落破坏，生存能力降低，许多物种日趋濒危或消亡，有15%的物种濒临灭绝。

四是制约区域协调发展。土地沙化主要发生在西部地区、少数民族聚居区和边疆地区。沙化加剧贫困，使东西部、边疆与内地之间经济发展速度和贫富差距进一步拉大。据统计资料分析，2008年西部地区人均国民生产总值（GDP）仅为15937元，只相当于东部地区的43%。近几年，随着国家西部大开发战略的实施，虽然西部地区经济增长速度略快于东部，但是由于其基础差，贫富差距依然较大。

五是加剧气候变化。有学者提出，气候变化与陆地生态系统互为反馈，荒漠生态系统遭到破坏，导致地表反射增加，引起局部气候恶化。植被丧失破坏了碳平衡，形成了碳源。2003年，美国麻省理工技术研究院专家研究估算，我国20世纪因土地沙化造成的碳流失相当于15.4亿吨二氧化碳当量。

六是影响社会文明进程。社会文明的兴起、发展离不开生态环境的支持，良好的生态环境、充裕的自然资源是社会文明进步的重要支撑。专家研究指出，人类历史上四大文明古国的出现及其三大文明的消失，无不与生态环境的优劣密切相关。如伊拉克历史上曾经林木葱郁、沃野千里，富饶的自然资源孕育了辉煌的巴比伦文化，但巴比伦人在创造灿烂文化、发展农业的同时，却无休止地垦耕，肆意砍伐森林，破坏了生态环境的良性循环，最终化为一片荒漠，文明消失。

（三）土地沙化成因

造成我国土地沙化的主要因素是气候因素和人为因素。

气候因素：沙化土地的形成与气候密切相关，是干旱气候的产物。中国北方属于中亚沙尘暴高发区，其形成主要因素：一是远离海洋，海洋富水气流不能到达或不能深入；二是盆地地形条件造成局部气流下沉，尤其是青藏高原的隆起，使西部沙漠盆地气流更加封闭；三是青藏高原的高高隆起，搅乱了整个东亚的气候格局，西风环流出现了分异，形成青藏高原北支反气旋性西风急流、中国东南部的西南季风和东南季风，导致西北地区更加干旱。据专家研究，20世纪50年代以来，由于全球气候变化，我国北方地区气候呈干旱和暖冬趋势，年平均气温不断升高，降水量相对减少，气候变化加剧了土地沙化。

人为因素：导致土地沙化的直接原因主要是人类不合理的生产行为——"四滥"：

滥开垦。新中国成立以来，由于沙区人口激增，人均占有可耕地数量骤减，为了满足人们日益增长的基本食物需求，20世纪50年代以来，我国先后出现了50年代末、60年代初中期和70年代的三次草原大开垦。大量的非宜农地，尤其是许多天然草场被开垦。被开垦的草原失去了植被的庇护，在大风的作用下，土壤风蚀严重，形成新的沙漠化土地。据调查，在内蒙古自治区乌兰察布草原南部，一场大风可使新翻地损失2毫米土壤，一个风季至少损失5毫米土层。2005年以来，一些过去弃耕多年，没有什么保障措施，而且粮食产量低而不稳的沙化土地又开始复耕，如宁夏回族自治区的一个乡滥开垦达7000亩。

滥放牧。过度放牧是土地沙化过程中的主要人为因素。盲目开垦导致草场面积缩小，而牲畜数量却持续增长，单位牲畜占有草场面积不断减少，草场利用强度急剧增大，导致草场长期严重超载，草场退化、沙化。

滥樵采。随着人口增长，对燃料的需求大幅增加。为获得基本生活燃料，大量植被遭到破坏。柴达木盆地从1954～1984年，累计樵采圆柏、梭梭、柽柳等沙生植物达650～700吨，破坏植被累计133万多公顷，以青海省格尔木市为中心的公路沿

沙区贫困人口的恶劣居住条件（国家林业局治沙办提供）

线东西长 240 公里，南北宽 25 ～ 35 公里范围内的沙生植被几乎全被砍光挖净。在实施森林生态效益补偿制度之前，内蒙古自治区额济纳旗每年因樵采毁林达 1000 公顷。近几年每年有近 10 万人进入内蒙古自治区阿拉善地区搂发菜，破坏沙区植被，引发土地沙化。樵采使本来就缺乏植被保护的沙质地表进一步裸露，固定沙丘活化，成为流动沙丘。

滥用水资源。自古到今，西北地区绿洲的兴衰大多与水资源变化密切相关。甘肃省民勤绿洲在 20 世纪 50 年代是全国治沙典型，当时石羊河流入该地的水资源每年 5 亿立方米，现在年均输水量仅为 1 亿立方米左右，致使植被缺水枯萎、衰败，沙化加剧。在黑河流域，上游绿洲过度用水，使黑河下泄给内蒙古自治区额济纳旗的水不能维持基本的生态平衡，导致地下水位下降，东、西居延海干涸、胡杨林大面积死亡，荒漠化严重。新疆维吾尔自治区塔里木河上游绿洲的大量用水，使塔河下游断流，罗布泊和台特马湖干涸，塔河下游地下水位由 20 世纪 50 年代的 3 ～ 5 米降至 80 年代的 11 ～ 13 米，下游 5.4 万公顷天然胡杨林减少到 1.64 万公顷。

导致土地沙化的深层次原因是沙区人口增长过快、人口受教育程度低、经济发展较为落后。据专家统计，干旱沙区人口密度超过联合国所确定可载人口密度的 10 ～ 20 倍，人口对生态资源的需求与供给矛盾加剧，使本来脆弱的生态系统遭到破坏。西北地区文盲半文盲人口超过全国平均水平 9 个百分点，文化程度不高，人们接受新技术的能力偏弱。另外，重点沙区省（自治区）经济社会发展相对滞后，人们只能以多开荒多耕种的办法广种薄收，解决吃饭问题；只能采取多养畜的办法解决花钱问题；只能采取樵采的办法解决烧柴问题。

内蒙古黄河上中游天保工程区恩格贝示范区库布其沙漠飞播造林前布设的人工沙障

二、新时期防沙治沙工作实现重大突破

迈入 21 世纪，党中央、国务院更加重视防沙治沙工作，颁布了《中华人民共和国防沙治沙法》、批复了《全国防沙治沙规划》、颁发了《关于进一步加强防沙治沙工作的决定》，召开了全国防沙治沙大会，相继启动了一系列防沙治沙重点工程。防沙治沙工作实现重大突破，进入了工程带动、政策拉动、科技推动、法制规范的新时期。

（一）颁布世界上第一部防沙治沙法

2002 年 1 月 1 日实施的《中华人民共和国防沙治沙法》，是我国乃至世界上第一部防沙治沙的专门法律，防沙治沙工作实现了依法治理。该法确立了地方行政领导防沙治沙目标责任考核奖惩制度、规划制度、定期监测制度、以草定畜制度、沙区建设项目环境影响评价制度、封禁保护制度，封禁保护区内修建铁路、公路等建设活动审批制度、单位治理责任制度、营利性治沙申请制度等，对防沙治沙的组织领导、责任主体、土地沙化预防、沙化土地治理以及保障措施等都作出了明确的规定。

引水拉沙

机械开沟造林技术推广

《中华人民共和国防沙治沙法》实施后，沙化土地治理工作实现了依法治理

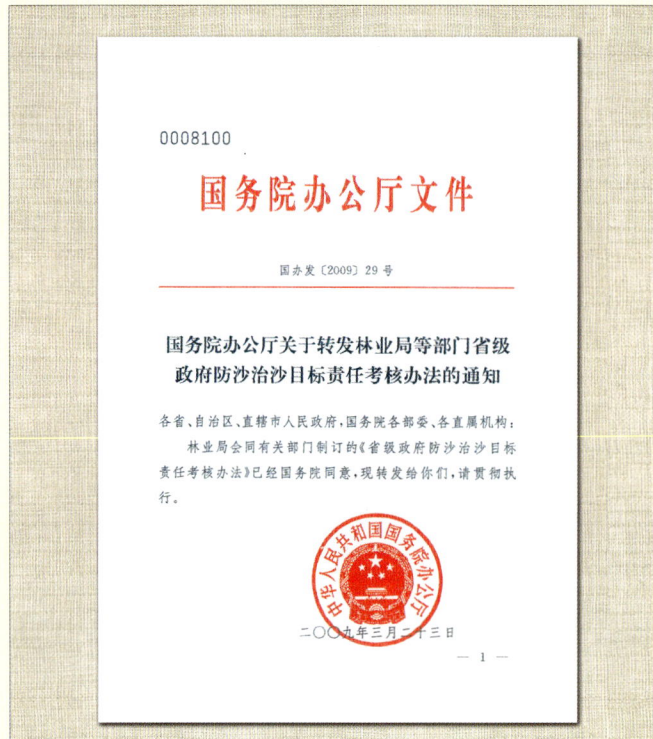

国务院办公厅转发防沙治沙目标责任考核办法（国家林业局治沙办提供）

目前，与《中华人民共和国防沙治沙法》配套的法规规章进一步完善，国家出台了《营利性治沙管理办法》，新疆、内蒙古、陕西、甘肃、宁夏、辽宁、黑龙江等省（自治区）都颁布了防沙治沙法实施办法和条例，防沙治沙法律体系进一步完善。沙区各级政府认真贯彻落实《中华人民共和国防沙治沙法》等法律法规，实施依法治林，执行禁垦、禁牧、禁樵等"三禁"措施，制止人为破坏行为，有效保护林草植被。

（二）实行具有中国特色的防沙治沙政府负责制

沙区地方各级党委政府认真贯彻落实中央确定的以生态建设为主的林业发展战略，一把手亲自挂帅，一级带着一级干，一任接着一任干，所属部门按照职能分工，各司其职，密切配合，为防沙治沙提供了强有力的组织保障。2007年，国务院在北京召开了全国防沙治沙大会。会上，国家林业局按照国务院的授权与12个省（自治区）及新疆生产建设兵团签订了"十一五"防沙治沙目标责任书。2009年，国家林业局会同有关部门制订的《省级政府防沙治沙目标责任制考核办法》（以下简称《考核办法》）经国务院批准后实施。按照《考核办法》的要求，国家林业局会同有关部门对相关省级政府和新疆生产建设兵团开展了中期督促检查和期末综合考核。防沙治沙目标责任制的建立和实施，在我国防沙治沙史上第一次真正实现了中央政府对省级政府防沙治沙目标责任进行问责，切实提高了地方各级政府和有关部门防沙治沙的责任意识。沙区县级以上地方人民政府对铁路、公路、河流和水渠两侧以及城镇、村庄、厂矿和水库周围的沙化土地，落实单位治理责任制，由责任单位限期组织造林种草或者采取其他措施治理，确保了各项任务的顺利实施。

2009 年 6 月 17 日，全国政协副主席、民进中央常务副主席罗富和为
中国林业科学研究院荒漠化研究所成立揭牌

（三）整体规划分区治理沙化土地

2005 年 2 月 23 日，国务院第 81 次常务会批准了我国第一个《全国防沙治沙规划》，防沙治沙实现规划治理。依据我国不同沙化类型区的地形地貌、自然气候特点、沙化土地现状、存在突出问题、治理方向相似性以及地域上相对集中连片等因素，规划按照对全国防沙治沙的整体布局、防治目标和任务等进行了谋划，作出了具体安排。规划提出，全国防沙治沙分三个层次：一是国家级重点工程，包括封禁保护区建设、京津风沙源治理、三北防护林体系建设四期工程、退耕还林、退牧还草、草原沙化防治等工程；二是区域性项目，如黄河故道项目等；三是试点示范区。试点示范区分省级示范区、地（市）级示范区和县级示范区三类。

（四）坚持用大工程推进沙化土地综合防治

20 世纪 70 年代开始，国家相继启动实施三北防护林体系建设工程、全国防沙治沙工程，实行大工程治理沙化土地；进入 21 世纪以来，国家加大沙化土地治理力度，

毛乌素沙地伊金霍洛旗防风固沙林

毛乌素沙地飞播造林示范区

实施了退耕还林、天然林资源保护、京津风沙源治理和三北防护林体系建设四期工程、退牧还草及石漠化综合治理等一系列重大工程，实行农、林、水各种措施多管齐下，综合防治，带动防沙治沙工作大发展。"十一五"期间，国家又相继启动实施新疆塔里木盆地防沙治沙、甘肃石羊河流域防沙治沙及生态恢复、西藏生态安全屏障保护与建设等区域性防沙治沙工程项目，对沙化重点地区和薄弱环节进行集中治理，规模推进。在不同沙化类型区建立了 38 个防沙治沙综合示范区，批复了《宁夏全国防沙治沙综合示范区建设总体规划（2008 ~ 2020 年）》。据初步统计，六大林业重点工程在西部地区投资超过全国林业总投资的一半以上。

（五）不断创新和推广实用技术与模式

遵循自然规律和法则，因地制宜、分类施策、重点突破，实行生物措施和工程措施相结合，推广了防沙治沙实用技术和模式，提高了防沙治沙科技含量。在新技术、产品的研究方面，国家将"防沙治沙治理技术研究与示范"项目列为攻关课题。广大科技工作者围绕"防、治、用"，总结出涉及生物、化学和工程等多个学科的100 多项先进实用技术和模式，如宁夏中卫沙坡头"五带一体"铁路防沙技术曾获得国家科技进步特等奖，"沙漠化发生规律及其综合防治模式研究""中国北方沙漠化过程及其防治"等一批防沙治沙科研成果荣获国家科技进步奖。制定颁发了《防沙治沙技术规范》《沙化土地监测技术规程》《京津风沙源治理工程技术标准》等一批防沙治沙技术标准，目前正在组织制定沙化土地封禁保护区建设、防风固沙林工程设计有关标准。编辑出版了《中国防沙治沙实用技术与治理模式》《京津风沙源治理工程造林技术问答》等书籍。同时，在加强防沙治沙技术推广体系建设方面，采取科技送乡村活动、编印科普读物等形式，推广防沙治沙科技产品和实用技术模式，科学防沙治沙取得明显成效。

沙区营造的混交林

新疆绿洲阻沙林带

新疆沙产业开发

（六）建立利益驱动、多方参与的政策引导机制

2005年8月，国务院第102次常务会议审议通过了《国务院关于进一步加快防沙治沙工作的决定》（国发[2005]29号）（以下简称《决定》），这是我国第一个专门部署全国防沙治沙工作的决定。《决定》对防沙治沙的地位、性质、部门职责、防沙治沙的指导思想、战略布局、奋斗目标、防治措施等都予以了明确。提出要在财政投入、税收优惠和信贷支持、生态补偿、鼓励社会主体参与、保障治理者合法权益等方面加大国家政策支持。另外，国家西部大开发、振兴东北老工业基地战略顺利实施，为防沙治沙事业快速健康发展提供了强大的政策支撑。2010年，国家林业局出台了《关于进一步加快发展沙产业的意见》，明确了促进和扶持沙产业发展的政策措施和保障措施。各地结合当地实际，在投资、税收、金融等方面完善了防沙治沙优惠政策，促进了资金、技术、劳动力等生产要素向沙区聚集。通过政策引导，活化机制，沙产业发展迅速，广大农牧民群众在防沙治沙中受了益、得了利，参与生态建设积极性高涨，初步形成了全社会参与、多元化投资防沙治沙的新格局。

腾格里沙漠治理（宁夏沙坡头）

2007年3月，国务院召开了全国防沙治沙大会，温家宝总理、回良玉副总理亲自出席会议，亲切接见治沙英雄模范和会议代表，并作了重要讲话。会议规格高，内容实，影响大，在我国防沙治沙史上是第一次。会议树立了治沙的"胡杨精神"；确立了"科学防治、综合防治、依法防治"的方针；分析了当前防沙治沙形势，提出当前"沙化危害依然突出，局部扩展依然严重，治理难度依然很大，治理成果依然脆弱，人为隐患依然较多"；明确了下一步防沙治沙"三步走"的思路。

（七）对沙化土地变化实行动态监测和评估

自1994年启动荒漠化、沙化监测以来，我国已成功组织了1994、1999、2004、2009年4次全国性的宏观监测工作，初步建立荒漠化和沙化监测网络体系。2009年初至2010年6月，历时一年半，国家林业局与农业、水利、环保、气象和中国科学院等部门和单位合作，开展了第四次全国荒漠化和沙化监测工作，直接参与的技术人员达6000余人。此次监测采取以地面调查为主，地面调查与遥感数据判读相结合，全面应用"3S"技术，共调查图斑592万个，获取各类监测数据2.5亿个，获得了我国荒漠化和沙化土地现状及动态变化信息，为防沙治沙决策提供了科学依据。另外，在沙尘暴监测方面，制定了《国家处置重大突发沙尘暴灾害应急预案》，并积极协调有关部门加强沙尘暴预测和灾害评估。

（八）广泛开展防沙治沙国际交流与合作

我国是联合国防治荒漠化公约缔约国，按照公约的要求，认真组织编制并实施了《中国防治荒漠化国家行动方案》，先后成功承办了荒漠化公约亚非论坛、亚洲部长级会议、妇女与防治荒漠化等重要国际会议，与相关国家或国际组织建立了合作与交流机制；承担了亚洲区域荒漠化监测与评估网络工作。在北京市成立了荒漠化公约国际培训中心。在对外交流合作方面，2003年，我国与全球环境基金签署土地退化合作伙伴关系协议，启动干旱地区综合生态系统管理项目，总投资达1.5亿美元。

中外合作治沙项目示范区

三、土地沙化趋势出现逆转

经过沙区广大干部群众长期艰苦努力，我国防沙治沙工作取得了巨大成就，土地沙化整体得到遏制，沙化土地面积持续净减少，为国民经济发展起到了重要的推动作用。

（一）土地沙化整体得到初步遏制

随着保护和治理力度的不断加大，我国土地沙化不断扩展的趋势逐步扭转，沙进人退的局面初步遏制。

1995 年内蒙古自治区赤峰市敖汉旗治沙初期

2005 年内蒙古自治区赤峰市敖汉旗可以看出治沙后的初步成效

新疆大漠沙棘有限责任公司种植的人工俄罗斯大果沙棘十分喜人（俞言琳提供）

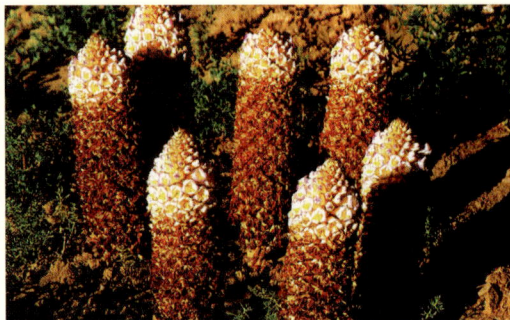

肉苁蓉在新疆已形成产业（俞言琳提供）

历次沙化监测结果显示，2000年以前，我国土地沙化呈扩展趋势，在20世纪90年代初和1995～1999年分别年均扩展2460平方公里、3436平方公里。根据第四次全国荒漠化沙化监测，我国土地沙化状况发生了五个重大变化。

一是沙化土地面积持续缩减。2000～2004年，全国沙化土地面积净减少6416平方公里，年均缩减1283平方公里；2004～2009年，全国沙化土地面积净减少8587平方公里，年均减少1717平方公里。

二是流动沙丘（地）减少，固定沙丘（地）增加。与2004年相比，流动沙丘（地）减少5465平方公里，半固定沙丘（地）减少1619平方公里，固定沙丘（地）增加3271平方公里。

三是沙化程度逐年减轻。与2004年相比，轻度沙化土地面积增加273.39万公顷，增加了14.25%；中度沙化土地减少99.06万公顷，减少了3.82%；重度沙化土地减少104.19万公顷，减少了3.21%；极重度沙化土地减少156.01万公顷，减少了1.62%。

四是植被状况进一步改善。沙化土地植被平均盖度由2004年的17.03%提高为2009年的17.63%，5年间提高0.60个百分点；固定沙地增加，半固定、流动沙地减少，植物多样性增加。在京津风沙源治理工程范围的典型草原区，多样性指数未治

治沙工程保证了沙漠公路的畅通（俞言琳提供）

理区域仅为 1.80，治理区域达到 2.13。

五是扩展区域明显减少。20 世纪 90 年代后期，全国有 19 个省份沙化面积减少；这次监测，除川西北高原、塔里木河下游等区域沙化土地处于扩展状态，但扩展的速度已趋缓外，全国已有 29 个省份沙化面积实现缩减。

（二）沙区生态状况明显好转

进入 21 世纪以来，国家实施了京津风沙源治理、三北防护林体系建设四期工程、退耕还林、退牧还草、草原保护、小流域综合治理等一系列生态建设工程，对重点地区和薄弱环节进行了集中治理，取得了明显成效，改善了人居环境和农牧业生产条件，提高了抵御自然灾害的能力，有力保障了北方粮食主产区的粮食生产。

据统计，近 5 年来，各类工程累计完成有效治理面积 480 多万公顷，年均有效治理面积近百万公顷，全国已有 20% 的沙化土地得到不同程度的治理，重点治理区的林草植被盖度增加 20 个百分点以上，一些地方的生态状况明显改善。京津风沙源治理工程启动 10 年来，工程区土壤侵蚀模数（水蚀）平均值下降了 68.9%，土壤侵蚀面积减少了 39.1%，土壤风蚀总量降低了 29%，释尘总量减少了 16.2%。大江大河的泥沙淤积逐年减少。以黄河为例，近年来年输入黄河的泥沙量比多年平均量减少 3 亿吨左右。

（三）沙区农民脱贫致富步伐加快

防沙治沙，不仅改善了生态状况和生产生活条件，而且还促进了沙区生产方式转变和产业结构调整，初步形成了以木材、灌草饲料、中药材、经济林果、加工业、沙漠旅游等为重点的沙区特色产业，带动了加工、贮藏、包装、运输等相关产业的发展。在三北地区推进农田防护林体系建设，为农业生产提供了坚实有效的生态屏障。采取禁牧、休牧和舍饲圈养等措施，改变传统畜牧业生产方式，促进了畜牧业持续稳定发展。开发沙区特色产业，一批特色种植养殖、加工和生态旅游等支柱产业发展壮大，优化了沙区产业结构，增加了农民收入，一些地方已走上了生态与经济相互促进、和谐发展的道路。京津风沙源治理工程区有 1600 多万农牧民直接受益，工程区农民人均收入增幅近 50%。青海省柴达木盆地大力发展沙地枸杞种植，面积达 1.5 万公顷，年产枸杞干果达 700 万公斤，1200 多农户、1 万余人次从中受益，人均年增收 2000 元，占人均纯收入的 50%。内蒙古自治区、新疆维吾尔自治区、宁夏回族自

宁夏采摘枸杞

宁夏万亩枸杞示范园

治区以及甘肃省河西走廊等地在沙区建设的蔬菜水果基地、肉苁蓉等药材基地、沙棘基地、柠条基地以及养殖基地等均取得了生态与经济双赢的效果。特别要指出的是，我国沙化土地主要分布在边疆和少数民族地区，防沙治沙促进了兴边富民，增进了民族团结，维护了社会和谐和稳定。

（四）已经形成有效的支持保障体系

经过多年的探索和积累，在科技支撑、政策支持、法律保障、监测评估等方面形成了一套有效做法。围绕提高防沙治沙的质量和成效，各地总结推广了适用技术和成功模式，初步形成了适合我国国情的防沙治沙科技体系。围绕规范防沙治沙中预防、治理和利用行为，形成了以《中华人民共和国防沙治沙法》为主体，《中华人民共和国森林法》《中华人民共和国草原法》《中华人民共和国水土保持法》等有关法律相衔接的防沙治沙法律体系，走上了依法防治的轨道。围绕调动各方面防沙治沙的积极性，国家在财政投入、信贷支持、税费减免、权益保护等方面，相继出台了一系列扶持政策，促进了社会各种生产要素向沙区流动，形成了国家、社会、个人共同参与防沙治沙的新局面。荒漠化沙化监测体系和沙尘暴灾害应急处置体系日臻完善，为防沙治沙和防灾减灾提供了科学决策和处置依据。

塔里木河下游的胡杨林

2010年9月24日，国家林业局副局长张永利在北京会见"友谊奖"获奖专家温南齐奥·瓦勒拉尼博士。
意大利籍专家温南齐奥·瓦勒拉尼先生自2001年开始来华帮助我国开展荒漠化治理工作
（国家林业局办公室提供）

（五）防沙治沙技术处于世界领先地位

作为联合国防治荒漠化公约缔约国，我国政府和人民为防治荒漠化作出了不懈努力，防沙治沙工作取得显著成效。同时，认真履行公约义务，认真编制实施《中国防治荒漠化国家行动方案》，积极推动公约履约审查机制的建立，推动制定公约十年战略，参与全球荒漠化评估指标体系制定和履约影响评价指标示范，努力推动公约进程。我国防沙治沙的成功实践，在国际上产生了积极影响，树立了负责任大国形象。2008年，联合国第16次可持续发展委员会主席评价中国防治荒漠化处于世界领先地位；联合国防治荒漠化公约秘书长在联合国荒漠化十年活动中评价中国防治荒漠化经验为荒漠化受影响国家树立了样板；特别是在2011年6月17日，联合国秘书长潘基文专门发贺信，充分肯定了中国防治荒漠化取得的成绩。防治荒漠化已经成为双边、多边合作的重要内容和优先领域，为提高我国国际地位作出了重要贡献。

（六）防沙治沙精神值得弘扬和珍惜

沙区人民在艰苦卓绝的防沙治沙实践中，用心血和汗水谱写了一曲曲雄壮、激越的光辉篇章，在取得巨大成效的同时，创造出了宝贵的精神财富，并涌现出王有德、石光银、牛玉琴、王果香等一批奋战在防沙治沙一线的治沙英雄模范。他们身上所体现的"知难而进，顽强抗争，沙害不除，战斗不止，团结协作，勇于创新"精神，被誉为"胡杨精神"，强化了沙区干部群众的生态意识，是推动防沙治沙事业发展的强大动力。这种精神感动和鼓舞着中国人民，更加坚定了人们尊重自然规律、建设生态文明的信心，更加坚定了全民关注防沙治沙、支持防沙治沙、参与防沙治沙、建设美好家园的信心和决心，永远值得弘扬和珍惜。

专栏一　京津风沙源治理工程区沙化土地动态变化

京津风沙源治理工程是 2000 年启动的国家重点防沙治沙工程，范围包括北京、天津、河北、山西、内蒙古 5 省（自治区、直辖市）75 个县（市、区、旗），面积 45.8 万平方公里。

监测表明，工程区内沙化土地持续减少，沙化程度逐步减轻，植被状况明显改善，生态状况向良性方向发展。与 2004 年相比，工程区内沙化土地净减少 12.93 万公顷，减少 1.13%；流动沙丘（地）减少 10.29 万公顷，半固定沙丘（地）减少 9.99 万公顷，固定沙丘（地）增加 9.50 万公顷；轻度沙化土地增加 44.07 万公顷，中度沙化土地减少 25.98 万公顷，重度沙化土地减少 14.34 万公顷，极重度沙化土地减少 16.68 万公顷；30% 以下植被盖度沙化土地减少 34.00 万公顷，30% 以上植被盖度沙化土地增加 22.60 万公顷，林地面积增加 27.13 万公顷，草地面积增加 14.15 万公顷。

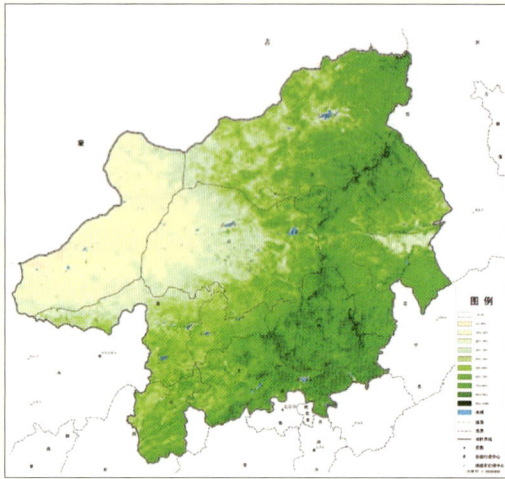

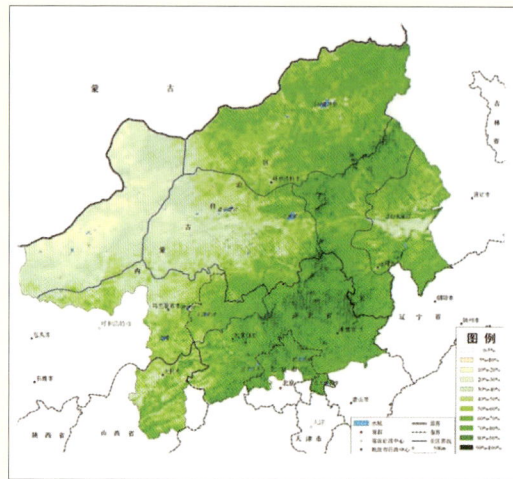

京津风沙源区 2005 年 8 月（左图）与 2008 年 8 月（右图）植被盖度对比（国家林业局治沙办提供）

专栏二　毛乌素沙地治理前后沙化土地动态变化

毛乌素沙地局部 2004 年（左图）与 2009 年（右图）沙化土地分布对比（国家林业局治沙办提供）

毛乌素沙地位于鄂尔多斯高原的南部和黄土高原的北部区域，跨内蒙古、陕西、宁夏3省（自治区），地处我国北方农牧交错带。

监测表明，毛乌素沙地沙化土地面积治理后继续呈现净减少趋势，植被盖度增加，沙地的流动性减弱，沙地生态向良性方向发展。在477.29万公顷的范围内，2004~2009年5年间沙化土地总面积由380.68万公顷减少到377.55万公顷，净减少3.13万公顷。其中，流动沙丘（地）减少10.53万公顷，固定沙丘（地）和半固定沙丘（地）分别增加了2.28万公顷和6.13万公顷；从沙化程度看，轻度沙化土地增加17.13万公顷，中度沙化土地减少11.74万公顷，重度沙化土地增加2.13万公顷，极重度沙化土地减少10.65万公顷；区域平均植被盖度由39.18%增加到41.11%，增长1.93个百分点。

专栏三　浑善达克沙地沙化土地动态变化

浑善达克沙地位于内蒙古自治区锡林郭勒盟南部及赤峰市克什克腾旗境内。监测表明，浑善达克沙地沙化土地面积治理后继续呈现净减少趋势，植被盖度增加，流动和半固定沙地减少、固定沙地增加，沙地生态向良性方向发展。在441.86万公顷的范围内，2004~2009年5年间沙化土地总面积由360.54万公顷减少到358.84万公顷，减少了1.70万公顷，其中：流动沙丘（地）和半固定沙丘（地）分别减少了6.52万公顷和8.06万公顷，固定沙丘（地）增加13.13万公顷；在程度上，轻度沙化土地增加26.66万公顷，中度沙化土地减少17.46万公顷，重度沙化土地减少4.36万公顷，极重度沙化土地减少6.54万公顷；区域平均植被盖度由36.19%增加到38.27%，增长2.08个百分点。

浑善达克沙地多伦县局部2001年（上图）与2009年（下图）流动沙地变化对比（国家林业局治沙办提供）

第四十篇

湿地保护赢得
国际广泛赞誉
——书写中国生态保护
和建设新篇章

湿地与森林、海洋并称为全球三大生态系统。湿地不仅为人类提供多种物质产品和文化产品，而且具有保持水源、净化水质、蓄洪防旱、调节气候和维护生物多样性等重要生态功能。我国是世界上湿地资源最为丰富的国家之一。据全国第一次湿地资源调查，我国单块面积在100公顷以上的湿地总面积为3848.55万公顷。其中，滨海湿地的面积为594.17万公顷，河流湿地的面积为820.70万公顷，湖泊湿地的面积为835.15万公顷，沼泽湿地的面积为1370.03万公顷，库塘湿地的面积为228.50万公顷。高原湿地、红树林湿地也极为典型。

美丽的湿地（庄艳平提供）

一、我国湿地保护进入新的发展阶段

党的十六大以来，党中央、国务院对湿地保护高度重视，胡锦涛总书记、温家宝总理多次作出重要指示，要求通过制定法规，采取综合措施，加强湿地保护与恢复。国家林业局把管理和恢复湿地生态系统作为林业"三个系统一个多样性"的重要组成部分，采取了一系列切实有效的措施。湿地在国民经济和社会发展格局之中的地

湖泊湿地（武海涛提供）

红树林湿地——广西（吕宪国提供）

河流湿地——三江平原（武海涛提供）

位不断提升，湿地总面积、湿地保护面积纳入了中国资源环境指标体系。保护工程成效明显，保护体系逐步完善，调查监测和科研得到加强，立法和制度建设稳步推进，履约与国际合作有效开展，宣教工作影响良好。湿地保护成为全国生态建设的亮点之一，对于充分发挥湿地生态系统在维护国家生态安全、淡水安全、粮食安全，以及应对全球气候变化、防灾减灾等方面的作用，必将产生重大而深远的影响。

（一）我国湿地保护的起步阶段

新中国成立后至 20 世纪 80 年代初，由于人口增长、农业开发和经济建设进程加快，湿地作为潜在的耕地资源受到严重的破坏，疏干排水、围湖造田等活动导致湿地面积大幅减少。这一时期，湿地保护的思想虽有萌芽，但是并未引起广泛的重视，"湿地"作为一个科学名词也未被广泛接纳。

20 世纪 80 年代初至 90 年代初，湿地保护有了初步发展。这一时期，由于国内科学界的努力，并受到国外湿地研究热潮的影响，湿地保护在中国开始受到关注。在国家出台的相关法律、法规及政策之中，对湿地保护有了一些相应规定，但仅散见于有关法律条文中。这一时期更为关注的是"拓荒开发"的经济效益，并没有"湿地"和"湿地生态保护"的概念，相关法律条款也是在资源高度利用和经济快速增长的前提下规范湿地资源保护。

（二）我国湿地保护的发展阶段

1992 年，我国加入了《关于特别是作为水禽栖息地的国际重要湿地公约》（以下简称《湿地公约》），国务院决定由林业部负责组织协调公约履约具体事宜，中国湿地保护得到较快发展。2000 年，国务院 17 个部门联合颁布了《中国湿地保护行动计划》，为湿地保护工作提供了国家行动指南。2001 ～ 2002 年，将湿地保护作为重点内容，纳入国家六大林业重点建设工程，奠定了湿地保护的重要基础。

（三）党的十六大以来开启了我国湿地保护的新篇章

2003 ～ 2012 年的 10 年，我国湿地保护进入了快速发展和逐步完善的新阶段，

沼泽湿地——三江平原（武海涛提供）

湿地保护纳入了国民经济和社会发展规划，在多方面取得了突破性进展。国务院批准了《全国湿地保护工程规划（2002～2030年）》和《全国湿地保护工程实施规划（2005～2010年）》。国家实行了抢救性保护湿地的政策措施，国务院办公厅于2004年专门下发文件，就发展建设湿地自然保护区、国家湿地公园、禁止随意开垦和征占湿地等，作出了明确规定。这是我国政府第一次就湿地保护作出的庄严声明，表明了湿地保护已经纳入国家议事日程，具有里程碑式的意义。"十一五"以来，国家采取多种措施，使湿地得到更为有效的保护，合理利用湿地的模式逐步形成，对国家生态安全和经济社会可持续发展的保障作用进一步凸显。湿地保护成为生态建设的崭新内容，成为生态惠民的重要领域。

高原湿地——若尔盖（吕宪国提供）

滨海湿地——江苏盐城（邓伟提供）

二、湿地保护与合理利用实现了生态与民生"双赢"

至 2011 年，我国共建立湿地自然保护区 550 多处，国际重要湿地 41 处，国家湿地公园 213 处，约 50% 的自然湿地得到了有效保护，恢复湿地近 8 万公顷；主要江河源头及其中下游河流和湖泊湿地、主要沼泽湿地得到抢救性保护，部分项目区湿地生态状况明显改善；湿地保护纳入国家经济社会发展总体规划布局，湿地保护体系和部门协作机制逐步完善。通过合理调整保护与利用的关系，积极探索湿地促进绿色增长的有效模式，引导农牧民、渔民转变生产生活方式，合理利用各种湿地资源，逐步实现生态保护与农民增收平衡发展；通过开展湿地与气候变化、水资源安全、生物安全和国土生态安全的关系研究，科学揭示湿地生态系统的功能和效益，为湿地在参与全球气候变化谈判中赢得更加有利的条件。

（一）湿地保护面积大幅度增加

2003 年以来，特别是"十一五"以来，我国通过建立湿地自然保护区，发展建设湿地公园，建设保护小区等多种方式，对自然湿地进行了有效保护，使湿地保护面积进一步扩大。特别是，该阶段湿地公园从无到有、从小到大，并成为湿地保护的一种重要方式，在新建的 213 处国家湿地公园范围内，湿地保护面积达 103 万公顷。通过完善湿地保护体系、实施湿地保护工程等措施，使具有重要生态功能和价值的湿地得到有效保护。同时，在国家湿地保护工程的示范引领下，通过实施全国水污染防治、水资源调配与管理、全国海洋功能区划等重要规划，直接保护和维护了重要湿地的生态功能。生态功能的有效发挥，既实现了生态目标，也直接保障了湿地所在地区的民生。

（二）内陆淡水湿地得到较好保护

党的十六大以来，我国始终把内陆淡水湿地的保护放在重要位置，主要是由于我国约有 96% 的可利用淡水储存在湿地中，人类使用的可更新淡水也主要来自内陆湿地，包括湖泊、河流、沼泽和浅层地下水。可见，湿地具有很强的蓄水能力。维

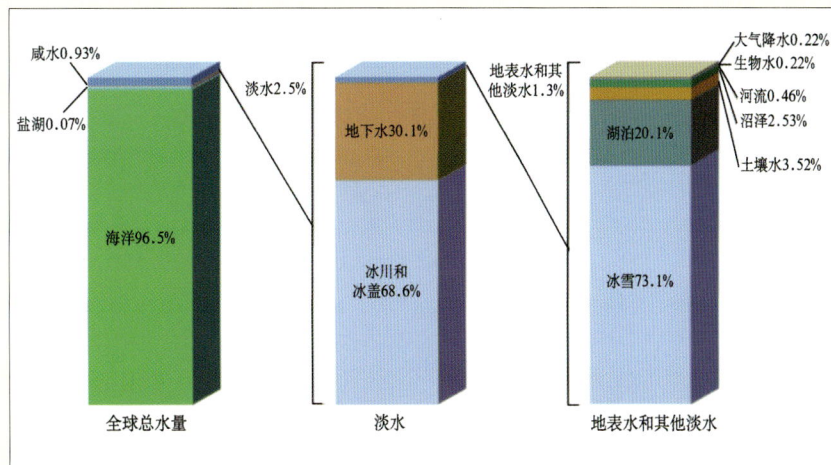

全球淡水资源构成
（来源：Igor Shiklomanov's 撰写章节"世界淡水资源"。Peter H. Gleick.
1993. 水危机：全球淡水资源指南. 纽约：牛津大学出版社）

湿地在全球水循环过程中的水通量与储量（参考 Oki and Kanae，2006）

湿地草根层蓄水（吕宪国提供）

长江源湿地（吕宪国摄）

护淡水安全，首要的是搞好淡水湿地保护。通过在江河源头集中分布的西藏、青海、四川、甘肃、云南等省（自治区）实施生态保护重点工程，长江、黄河、澜沧江等源头及上游河流、湖泊、沼泽等湿地以及若尔盖湿地得到了较好的保护，生态状况得到改善，水源涵养能力得到增强。比如：青海三江源区总面积36.3万平方公里，被誉为"中华水塔"，是我国最重要、影响范围最大的生态调节区和产水区，三大江河年产水量600多亿立方米。

（三）湿地防灾减灾功能得到有效发挥

湿地是水量"调节器"，在调节径流蓄洪防旱方面具有重要意义。近十年来，配合落实国家在长江中下游区域开展的"平垸行洪、退田还湖"政策，强化了湿地保护的措施，增强了中下游湖群的行洪和蓄水能力，鄱阳湖、洞庭湖及长江干流行蓄洪水面积增加了29万多公顷，增加蓄洪容积约130亿立方米，洞庭湖周围湿地土壤中共计调蓄水量达161.99亿立方米，为湖区广大人民的生命财产安全提供了根本

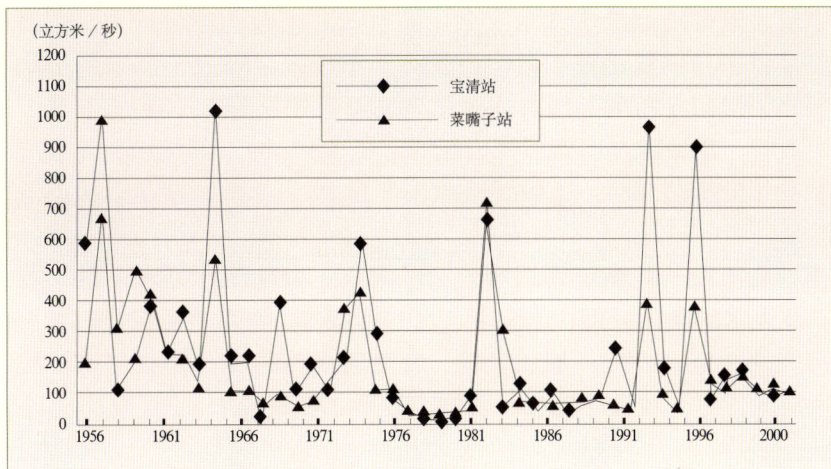

三江平原挠力河流域宝清站与菜嘴子站（实测）洪峰流量对比（刘兴土，2007）

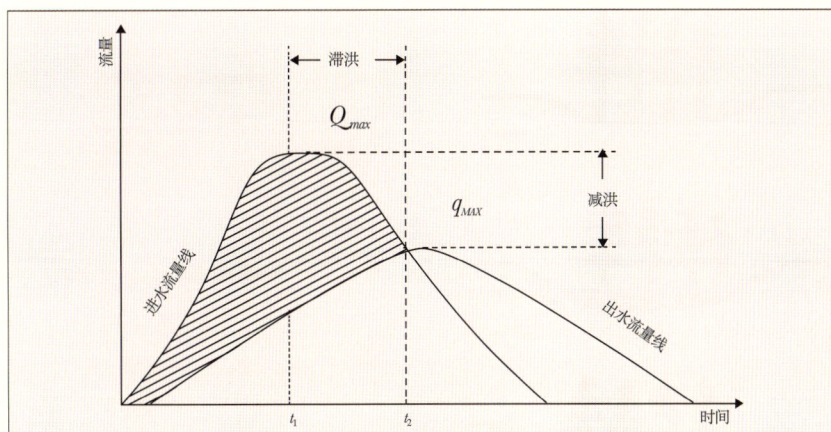

湿地调节径流示意图（吕宪国，2008）

保障。黑龙江挠力河湿地的水文监测表明，在典型的平水年和枯水年，沼泽湿地削减洪峰流量比例最大可达到76.2%，均化洪水的作用十分显著。近年来，通过在该区域划建自然保护区、实施国家湿地保护工程等措施，使挠力河湿地得到有效保护，维护和增强了其均化洪水的功能，保障了区域生态安全及经济社会可持续发展。中国科学院遥感应用研究所研究表明，在2010年发生的西南特大干旱以及2011年发生在长江中下游的特大旱灾中，一些湿地保护较好的地区，如湖北省神农架大九湖，一直在源源不断地为灾区人民的生产生活提供水量，减轻了灾害损失。同时，通过开展滨海湿地保护，实施红树林保护和恢复工程，开展国家沿海防护林工程建设等，在我国广大沿海地区构筑起了抵御台风、海啸、风暴潮等自然灾害的天然屏障。

（四）湿地供水和净化水质功能得到维护

湿地与区域地下水联系密切，湿地的地表水可以作为地下水的补给源，当水从湿地流入地下蓄水系统时，蓄水层的水就得到了补充，从而成为长期的水源。据估计，全球有15亿～30亿人的饮水依赖地下水，我国有数亿人的饮水来自地下水。湿地由于其特有的自然属性而能减缓水流速度，通过土壤、水、植被及微生物各个组分的物理、化学及生物的综合反应，将有效去除污水及农田退水中的重金属污染物和氮、磷等营养元素，净化水质，防止富营养化发生，保障水资源安全。近年来，通过湿地保护与恢复，较好地维护了饮水安全。如在太湖综合治理过程中，江苏省通过实施湖滨带湿地保护与恢复示范项目，设置湿地缓冲区，形成了湖滨带小块湿地净化工程示范模式。据初步监测，每公顷净化湿地每年可去除氮1000多公斤、磷130多公斤。研究表明，我国南方水塘系统占流域面积4.9%时，对流域污染物和营养物的截留率在某些年份高达90%。流域湿地的比率为1%～5%时就足以去除流域中大部分的过剩养分。

近年来，我国在一些城市周边建设了一批人工湿地污水处理系统，进行城市生活污水和工业废水的净化处理，也取得了良好的效果。如重庆彩云湖国家湿地公园，通过微地形构造、植被搭配、加强管理，开展监测等措施，初步探索形成了人工湿地污水处理模式，对于建设环境友好型城市起到了重要作用。

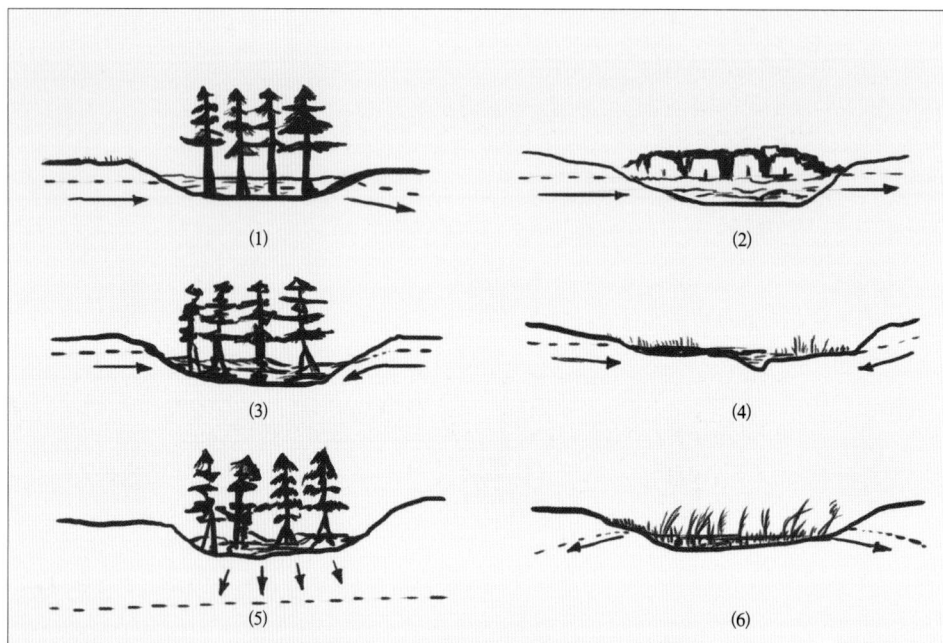

湿地与地下水水力的联系示意图（Mitch，1986）

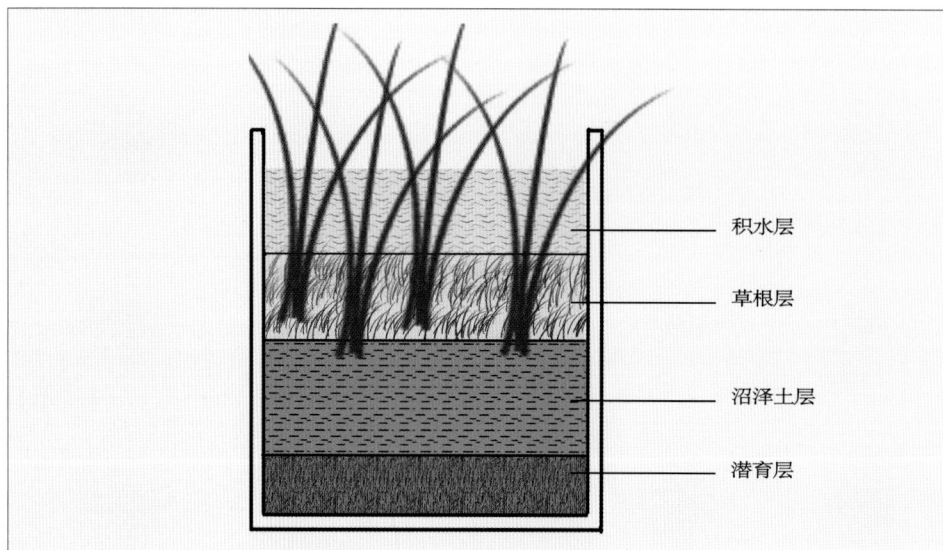

垂直流天然湿地水质净化示意图（徐治国，2005）

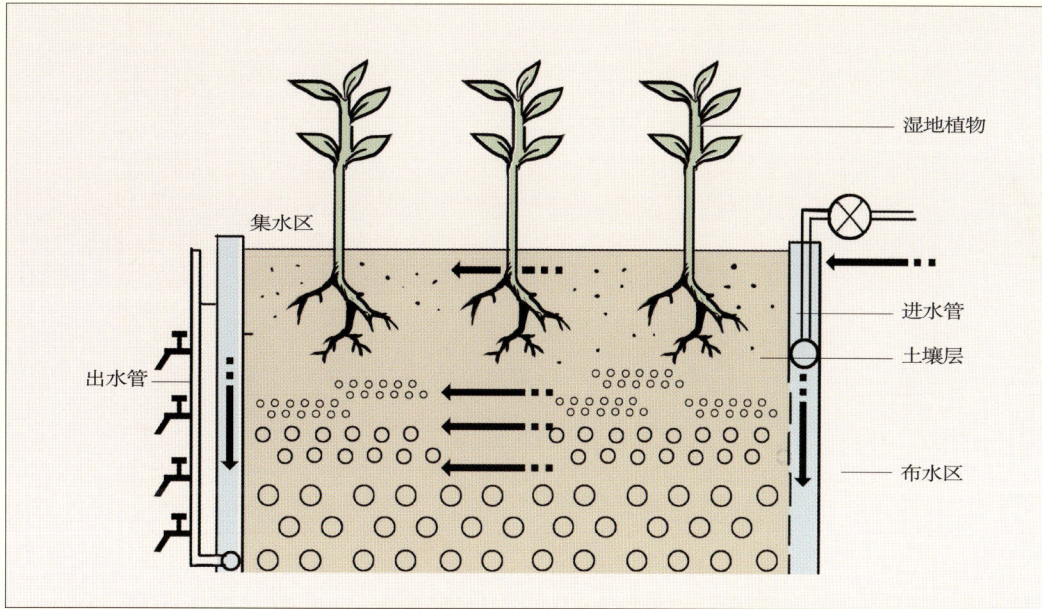

水平流天然湿地水质净化示意图（Guo et al.，2010）

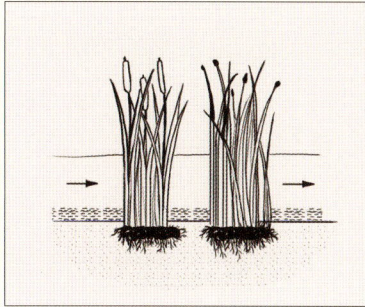

表面流人工湿地水质净化示意图（Sun and Saeed，2009）

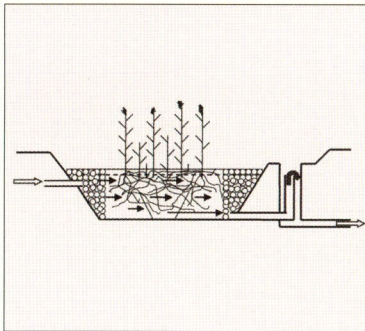

水平潜流人工湿地水质净化示意图（Sun and Saeed，2009）

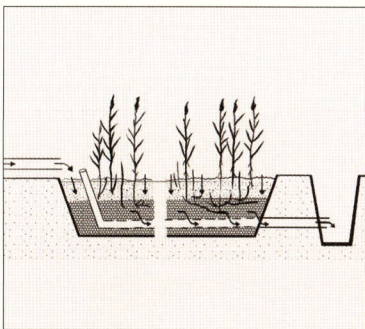

垂直潜流人工湿地水质净化示意图（Sun and Saeed，2009）

专栏一   深圳市白泥坑污水处理系统

深圳市白泥坑污水处理系统于 1990 年 7 月建成。白泥坑人工湿地污水处理厂占地 12.6 亩，实际使用面积 7.46 亩，设计 BOD5 进入最高浓度 100 毫克／升，SS 进水最高浓度为 150 毫克／升，两者的出水浓度均为 30 毫克／升，达到城市污水二级排放标准。

白泥坑污水处理厂整个系统由四级处理池串联而成，每级处理池由 2～3 个小池并联使用。

系统工艺流程如图所示。原污水先流经第一、二级碎石床，对有机物进行降解，再进入第三级兼性塘，最后经过第四级碎石床变成洁净的水排出。其设计参数如下表所示。

在所有水力负荷情况下，总悬浮物都能降到 30 毫克／升以下，平均去除率可达到 88%。湿地对 BOD5 的去除率平均为 88%~94%。CODCr 的进水负荷较高，但出水浓度均低于 60.0 毫克／升。

白泥坑污水处理系统工艺流程图

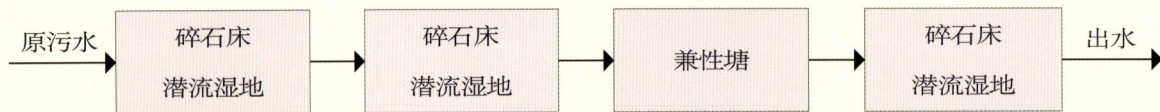

原污水 → 碎石床潜流湿地 → 碎石床潜流湿地 → 兼性塘 → 碎石床潜流湿地 → 出水

白泥坑人工湿地设计参数表

组成			长（米）	宽(米)	高（米）	碎石粒径（厘米）	碎石层厚（厘米）	池底坡降（%）	水力负荷[厘米／(平方米·天)]
碎石床（芦苇）（米草）	第一级	1	42	11	0.4~0.8	3~5	40	1.0	205
		2	42	12.5	0.4~0.9			1.5	
		3	43	12.5	0.4~1.0			2.0	
碎石床（芦苇）（茳芏）	第二级	1	47	18.5	0.5~1.0	1~3	50	2.0	178
		2	42		0.5~1.2			3.0	
兼性塘	第三级	1	30	19	1.25			无坡降	181
		2	30						
		3	30						
碎石床（茳芏）	第四级	1	54	19	0.6~0.8	0.5~1	60	0.5	100.7
		2	54		0.6~0.9			1.0	
		3	54		0.6~1.0			1.5	

专栏二 雁田人工湿地

雁田人工湿地位于深圳雁田工业开发区，占地10亩，处理污水量为1000立方米／天，工艺流程如下图所示。

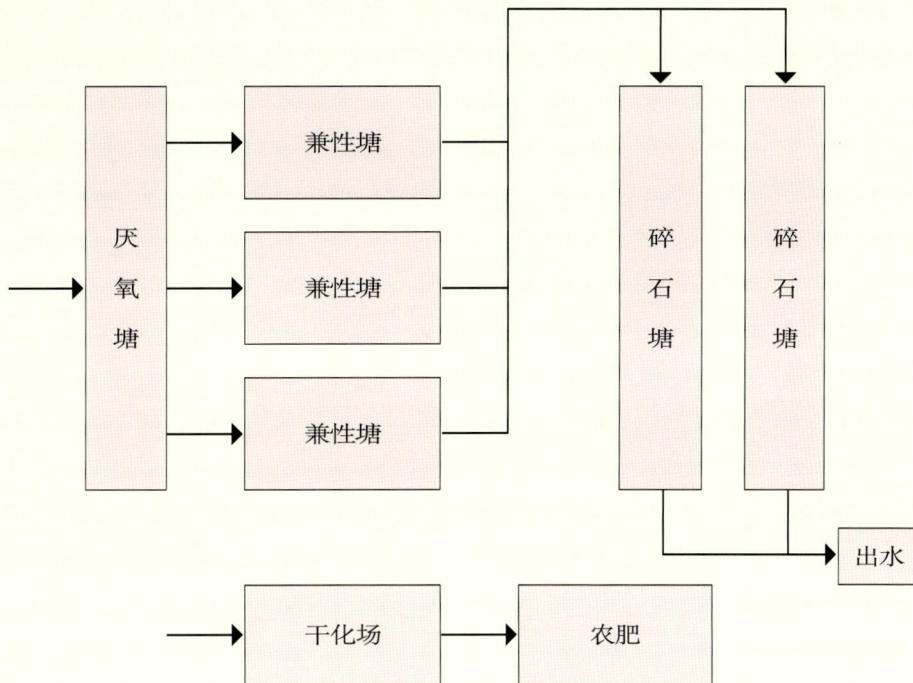

（五）重要商品粮基地和水产养殖区的湿地保护体系逐步完善

粮食安全是极为重要的民生问题。多年来，我国湿地为粮食生产提供了大量优质的土地资源，凡是国家商品粮基地，都分布在湿地比较集中的区域。全国通过围垦湖泊、开垦沼泽，增加的土地面积十分庞大，仅黑龙江三江平原湿地，为全国增加的优质高产土地超过了400万公顷。但是，围垦湿地使土地面积增加的同时，湿地面积却不断减少，影响了其生态功能的发挥。如果商品粮基地周围的湿地消失，这些土地将最终丧失生产能力，从而成为国家粮食安全的重大隐患。建立商品粮基地周边的湿地保护体系，成为近年来的一项重大战略举措。为此，无论在国家湿地保护工程上，还是在各项具体的保护措施上，国家都对重要商品粮基地的省份予以了倾斜，从而取得了很好的成效。

2006～2011年，国家在黑龙江省投资实施了21个林业湿地保护工程项目，中央投资达1.06亿元。2010～2011年，又实施了中央财政湿地保护补助项目17个，中央财政投入6350万元。在国家工程的支持下，经过黑龙江省各级地方政府的努力，在生态区位十分重要、生态功能极为显著、分布最为集中的乌苏里江、松花江、黑龙江等三江平原湿地区，共建立国家和省级湿地自然保护区22处，国家湿地公园5处，湿地保护总面积达60.7万公顷，形成了较为完善的流域和区域湿地保护网络。同时，

大兴安岭南瓮河自然保护区湿地（宗元华提供）

该区域共恢复湿地 8000 公顷，按每公顷湿地蓄水量 8100 立方米计算，共增加蓄水 6480 万立方米，为保障粮食稳产高产发挥了重要作用。

2008 年以来，国家林业局与世界自然基金会合作，与有关省份一道，在长江流域建立了我国第一个全流域湿地保护网络，范围覆盖 12 个省份，成员超过了 100 个。该网络的建立，推进了流域内 1600 多万公顷湿地的有效保护与合理利用，探索形成了长江中下游地区湿地合理利用示范模式，为湖区广大人民开展可持续湿地水产养殖等指引了方向。如在国家湿地保护工程项目示范引导下，湖北省政府投入专门资金，推动解决了洪湖湿地 36 万多亩围网拆除、渔民和富余职工安置问题，使湖泊得到休养生息，水质得到改善，水产品产量得到提高，广大渔民生活水平得到切实提高，成为生态和民生"双赢"的典范。

黑龙江省兴凯湖湿地（焦洪泰提供）

三、湿地保护管理和履约水平全面提升

（一）湿地保护摆上了国家的重要议事日程

随着我国经济社会快速发展，对湿地资源的开发利用不断加大，造成湿地面积不断减少，功能不断退化。全国围垦湖泊面积达 130 万公顷以上，黑龙江三江平原已有约 78% 的自然湿地丧失。随着湿地面积的减小，湿地生态功能明显下降，生物多样性降低，出现生态恶化现象。湿地环境污染不仅对生物多样性造成严重危害，也使水质变坏。生物资源的过度利用导致湿地生物群落结构改变，生物多样性降低，一些物种甚至趋于濒危边缘。由于大江、大河上游的森林砍伐影响了流域生态平衡，使来水量减少，河流泥沙含量增大，造成河床、湖底等的淤积，并使湿地面积不断减小，功能衰退，洪涝灾害加剧。我国 8.4 万座大中小型水库的 4600 亿立方米库容，现淤死 1000 亿立方米以上，直接经济损失 200 亿～ 300 亿元。在主要江河湖泊建设水利工程等也严重威胁着湿地的存在。由于多种原因，特别是由于全社会对湿地保护的认识不足，湿地在各种土地利用方式中，仍然处于劣势地位，大面积占用、破坏湿地的行为仍然时有发生，对国土生态安全构成了直接威胁。

为解决湿地保护面临的威胁和问题，十年以来，国家把湿地保护摆在重要议事日程，已经制定出了湿地保护的长期战略规划，并采取了一系列政策措施。国家林业局在科学发展观指导下，认真履行国务院赋予的全国湿地保护组织协调指导监督和《湿地公约》履约职责，初步探索出了一条以改善生态和民生为目标，以规划为

三江平原沼泽湿地排水（王强提供）

湿地开垦（庄艳平提供）

湿地富营养化（吕宪国提供）

鱼类资源过度捕捞（吕宪国提供）

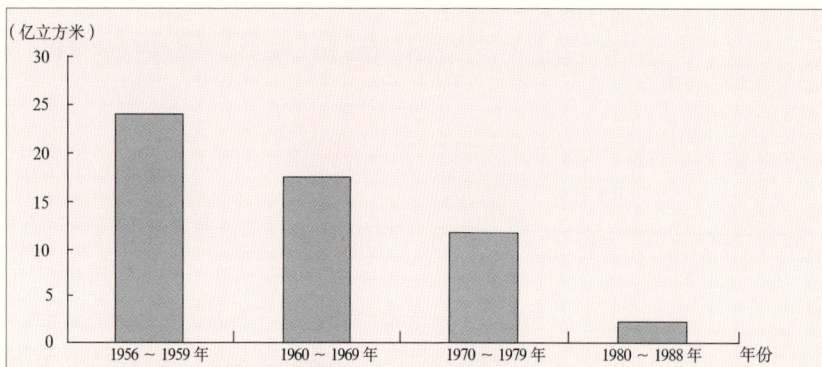

白洋淀入淀水量变化（李建国等提供，2004）

先导，以自然湿地保护为重点，以国家重大项目为抓手，以立法和制度建设为保障，以科学技术为支撑，以宣传教育为手段，以履约和国际合作为动力的湿地保护路子。

（二）湿地保护体系基本建立

国家湿地保护重点工程扎实推进。2006 ～ 2010 年，按照国家湿地保护工程实施规划，各级政府共投入湿地保护资金超过 31 亿元，其中，中央投资 14 亿元，完成湿地保护与恢复工程项目 205 个，恢复湿地近 8 万公顷，湿地污染防治面积 2100 多公顷。江河源头及上游湿地得到更好保护，为当地经济社会发展和江河下游的亚洲国家提供了更多的福祉。

流域湿地保护和综合管理起步良好。黑龙江省已建立湿地自然保护区 70 多处，全省主要流域实现了湿地自然保护区的全覆盖，改善了湿地生态状况。扎龙国家级

候鸟迁徙（牟景君提供）

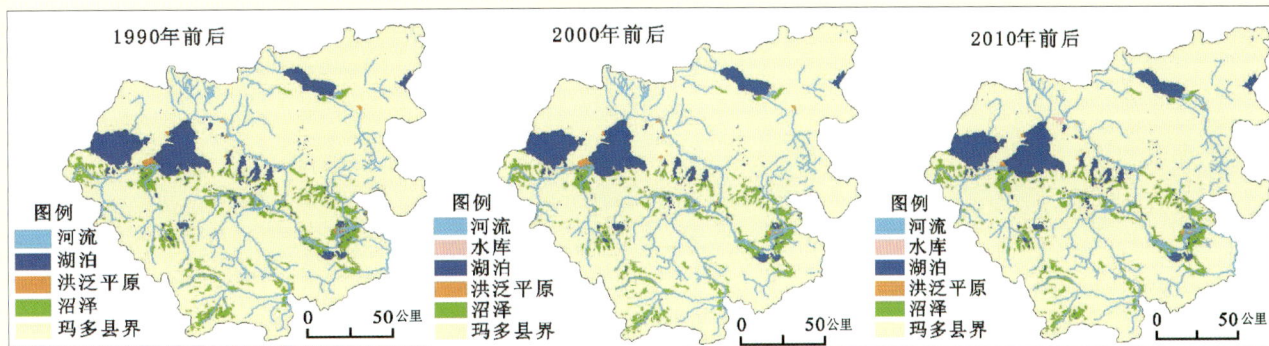

不同时期青海省玛多县湿地面积变化（田蓉等提供，2011）

自然保护区丹顶鹤数量已由 10 年前的 500 余只增加到 700 多只，占全世界丹顶鹤种群数量的四分之一。形成了一系列湿地保护与恢复的示范模式。

退化湿地的恢复和治理得到强化。经过"十五"期间的探索，在"十一五"期间，开展了富营养化湖泊治理、退化湿地恢复试点示范工作，2006 年以来，全国每年恢复湿地近 30 万亩。甘肃尕海－则岔国家级自然保护区，于 2006～2008 年实施了湿地保护恢复项目。通过项目实施，尕海湖区周边 60% 以上已经干涸的山泉恢复出水，湖面面积由 20 世纪 90 年代的 480 公顷恢复到 2170 公顷，增加了 4 倍多，保护区黑颈鹤由 2004 年的 13 只增加到 2009 年的 86 只，黑鹳从 2004 年的不足 10 只增加到 2009 年的 319 只。青海省三江源玛多湿地面积在近年有了显著的增加。

党的十六大以来，全国新建了一大批湿地自然保护区，到 2011 年年末，总数达 550 多处。建设发展国家湿地公园，对于完善湿地保护体系，起到了极其重要的作用。

十年间新建国家湿地公园达 213 处，新指定国际重要湿地 20 处，总数量达到 41 处。近年来，全国每年新增湿地保护面积超过了 20 万公顷，恢复湿地近 2 万公顷，自然湿地保护率平均每年增加 1 个多百分点，约 50% 的自然湿地得到有效保护。

（三）湿地政策和法规逐步完善

国家出台了抢救性保护湿地的政策，将湿地总面积、湿地保护面积纳入了中国资源环境指标体系。在制定实施湿地保护专项规划的同时，将湿地保护建设纳入了水资源管理、流域综合管理、土地利用等多个重大行业规划。

湿地生态效益补偿等制度建设取得进展。按照 2009 年中央 1 号文件关于"启动草原、湿地、水土保持等生态效益补偿试点"的精神，首次建立了湿地保护中央财政专项资金，出台了资金管理办法，2010 ～ 2011 年共安排中央湿地保护专项资金 4 亿元，实施项目 112 个，开展了国际重要湿地、湿地自然保护区、国家湿地公园等的监测监控、巡护管护、湿地恢复、宣教培训等建设。

推进了湿地立法。全国湿地保护条例已完成了草案起草和调研，14 个省份出台了省级湿地保护条例。一些湿地分布集中的地方，也出台了湿地保护条例。国家林业局共组织制定湿地公园建设、湿地调查监测等行业标准和规范 8 部。完成了湿地生态系统健康价值功能评价指标体系。

黑龙江挠力河湿地（牟景君提供）

中国国际重要湿地名录

年份	名称	年份	名称
1992	扎龙自然保护区	2005	辽宁双台河口湿地
	向海自然保护区		云南大山包湿地
	东寨港自然保护区		云南碧塔海湿地
	青海鸟岛自然保护区		云南纳帕海湿地
	湖南东洞庭湖自然保护区		云南拉什海湿地
	鄱阳湖自然保护区		青海鄂凌湖湿地
1997	米埔和后海湾国际重要湿地		青海扎凌湖湿地
2002	上海市崇明东滩自然保护区		西藏麦地卡湿地
	大连国家级斑海豹自然保护区		西藏玛旁雍错湿地
	大丰麋鹿自然保护区	2008	上海长江口中华鲟湿地自然保护区
	内蒙古达赉湖自然保护区		广西北仑河口国家级自然保护区
	广东湛江红树林国家级自然保护区		福建漳江口红树林国家级自然保护区
	黑龙江洪河自然保护区		湖北洪湖省级湿地自然保护区
	广东惠东港口海龟国家级自然保护区		广东海丰公平大湖省级自然保护区
	鄂尔多斯遗鸥自然保护区保护区		四川若尔盖国家级自然保护区
	黑龙江三江国家级自然保护区	2009	浙江杭州西溪国家湿地公园
	广西山口国家级红树林自然保护区	2011	黑龙江七星河国家级自然保护区
	湖南南洞庭湖湿地和水禽自然保护区		黑龙江南瓮河国家级自然保护区
	湖南汉寿西洞庭湖（目平湖）自然保护区		黑龙江珍宝岛国家级自然保护区
	江苏盐城自然保护区		甘肃尕海－则岔国家级自然保护区
	兴凯湖国家级自然保护区		

（四）湿地调查监测、科学研究和机构建设得到强化

从 2009 年开始，中央财政投入了 8520 万元部门预算资金，启动了以"3S"技术和地面调查相结合，并与《湿地公约》要求接轨的全国第二次湿地资源调查工作，全国直接参与调查人员 1 万多人次，已完成了 23 个省份的调查任务，获取重要数据 2 亿多条。加强了国际重要湿地生态状况监测，开展了国家重要湿地边界、范围等的确认工作。

2009 年，国家林业局建立了中国湿地科学技术专家委员会，成立了国家高原湿地研究中心等一批国家级湿地科研机构，强化了科研力量。开展了数百项湿地科研项目，涉及湿地保护基础理论研究、湿地恢复技术研究、湿地与全球气候变化、湿地净化水质技术及其机制研究、湿地演变基础理论等多个方面。《中国沼泽志》《中国湖泊志》《中国湿地大百科全书》等基础性著作和工具书以及《中国湿地与湿地研究》等书籍相继出版。

2005 年，中央机构编制委员会办公室批准在国家林业局正式成立国家层面的湿地保护管理和《湿地公约》履约机构，各级地方政府建立了湿地保护组织协调和管理机构，14 个省（自治区、直辖市）成立了湿地保护的专门机构，统一强化了对湿地保护的组织协调、指导监督工作，形成了湿地保护的强大合力。

（五）湿地履约与国际合作成效突出

我国积极实施《湿地公约》相关决议，连续两届当选为《湿地公约》常委会成员国，在《湿地公约》形成相关决议过程中发挥了积极作用，在亚洲发挥了领导作用。2007年成立了16个部门组成的中国履行湿地公约国家委员会，强化了湿地履约跨部门协调机制。

加强了国际重要湿地管理。十年间，新指定国际重要湿地20处，总数量达到2011年年末的41处。2009年开展了国际重要湿地生态状况的评估，公布了《中国国际重要湿地生态状况公报》。结果显示，参与评估的36处国际重要湿地总体状况较好，其中：33处为"优"、3处为"中"。黑龙江扎龙湿地于2009年建立了长效的生态补水机制，对湿地生态的稳定和维持起到了决定性作用。云南拉什海湿地鸟类种类、水鸟种类和濒危物种种类都有不同程度的增加，其中鸟类物种数量从2005年的199种增加到2008年的225种。

广泛开展国际合作与交流。近年来引进、实施了资金总额达3亿多元，涵盖湿地与生物多样性保护、湿地与社区发展、湿地与生态农业、湿地与人类健康、湿地与生态旅游等多个方面的国际合作项目，对于推进湿地保护与合理利用，改善湿地地区的民生，起到了积极的推动作用。

茵茵绿野（国静哲提供）

（六）湿地保护的影响进一步扩大

近年来，始终把宣传教育工作作为湿地保护管理的第一道工序。组织开展了世界湿地日、湿地使者行动、中国湿地文化节、沿海湿地万里行、中国湿地报告等一系列重大宣传活动，为加强湿地保护营造了良好氛围。

利用广播、电视、报纸、互联网等媒体，通过制作播放大型湿地专题宣教片、刊载专题和科普文章、发放《湿地公约》宣传册等多种形式，使湿地保护的理念进机关、进社区、进乡村、进学校，不断扩大其群众基础和社会影响。在浙江杭州西溪国际重要湿地建立了世界上最大单一主题内容的国家湿地博物馆，在湿地保护区、湿地公园建立了湿地宣教馆，扩大了湿地文化宣传阵地。

围绕湿地保护热点难点问题，举办了一系列国际论坛，引进、吸收了国际上湿地保护的先进理念。创办了倡导湿地保护与合理利用、促进生态文化发展繁荣的中国湿地文化节，已分别于 2009 年、2011 年在浙江省杭州市、江苏省无锡市连续举办了两届，产生了很好的社会影响。共培训湿地保护管理人员 1 万人次以上，提高了保护管理能力。树立了一批湿地保护好、增收致富好、生态观念好的湿地文明村、湿地文明户。

中国湿地保护已经成为自然生态保护领域的热点，成为生态文明建设的亮点，并受到了国际社会的高度赞誉。2012 年 7 月，《湿地公约》第十一届缔约方大会召开期间，《湿地公约》秘书长在会见中国代表团团长、国家林业局主管湿地工作的领导时说："中国湿地保护和管理工作，已达到了世界先进水平。"

黑龙江珍宝岛湿地（宗元华提供）

第四十一篇

野生动植物资源
稳中有升

——为国家可持续发展和
战略性新兴产业发展
奠定基础

我国生物多样性丰富，仅脊椎动物就达6266种，高等植物达30000种，已记述的昆虫约51000种。为加强保护监管，继《中华人民共和国野生动物保护法》和《中华人民共和国自然保护区条例》等法律法规之后，国务院颁布了《中华人民共和国野生植物保护条例》《中华人民共和国濒危野生动植物进出口管理条例》，通过拯救繁育濒危物种、开展资源调查、建立自然保护区、强化野外巡护、促进资源培育等强有力措施，取得了保护区域不断扩大、濒危物种种群稳中有升、自然生态系统日益优化的成就，为世界瞩目。

一、全面开展物种调查，掌握资源本底情况

开展资源调查，掌握本底情况，是保护决策的科学基础和依据。为此，1995～2003年，林业部门组织完成了首次全国陆生野生动物资源调查，基本查清了252个珍稀濒危物种的资源情况。与此同时，林业部门成功组织、开展了第一次全国重点保护野生植物资源调查，取得了丰硕的成果。这是新中国成立以来首次进行的全国范围内多种类的、以数量化为主要特征的最大规模的野生植物资源调查项目。

国家一级保护动物金丝猴

国家一级保护动物朱鹮在觅食（刘冬平提供）

曾被宣布灭绝的活化石植物崖柏

极小种群的国家一级保护植物华盖木

2002 年 12 月，国家林业局副局长马福在广东省考察自然保护区建设工作
（国家林业局办公室提供）

但野生动植物资源本身是不断变化的，加上近十年来我国发生各种各样的自然灾害，特别是 2008 年南方雨雪冰冻灾害和汶川大地震，以及人为活动、社会对野生动物及其产品需求的压力加大和工业化、城市化建设进程加快，导致野生动植物种群及其栖息地变化加剧，在一定程度上造成资源的此消彼长。为掌握资源变化动态，2003 年以来，各级林业主管部门先后安排 200 多个项目，对 40 多种野生动物及其生境进行了专项调查、监测和评估。

为掌握全国陆生野生动物资源底数及动态变化情况，为科学决策、检验保护成效提供重要依据，履行法定职责和夯实保护基础、提高履约能力、培养调查监测队伍，国家林业局于 2011 年分别启动了第二次全国陆生野生动物资源调查和第二次全国重点保护野生植物资源调查。目前，各省（自治区、直辖市）调查工作已经陆续启动。调查成果将为今后强化野生动植物保护监管和相关国际公约履约事务提供科学依据并发挥积极作用。目前，第二次全国陆生野生动物资源调查已安排区域性常规调查 25 项，专项物种调查 23 个，调查工作正顺利进行。第二次全国重点保护野生植物资源调查已完成试点工作并部署下一步的正式启动工作。

2009 年 9 月，全国极小种群野生植物保护研讨会在云南省召开

野生植物样方调查

梅花鹿放归（刘泽英提供）

佩戴卫星发射器等待放飞的苍鹰（侯韵秋提供）

二、拯救濒危物种，加强普遍保护

2003 年以来，在国家实施一系列生态建设重大工程的有利形势下，结合全国野生动植物保护和自然保护区建设工程的实施，各级林业主管部门通过加强基层保护管理机构能力建设，提高保护监管效能，生物多样性保护管理体系不断健全、执法监管力度不断加大，强化了对野生动物资源的普遍保护。在此基础上，通过强化野外巡护监测、开展栖息地恢复改造、扩大繁育人工种群、实施放归自然等措施，对珍稀濒危野生动物实行重点拯救保护，安排了近 2000 个项目加强豹、云豹、雪豹、金丝猴、长臂猿、野骆驼、河狸、海南坡鹿、朱鹮、黑嘴鸥、黑脸琵鹭、褐马鸡、黄腹角雉、四川山鹧鸪、白冠长尾雉、天鹅等 160 多种珍稀濒危野生动物野外种群及其栖息地保护，有效遏制了乱捕乱猎现象，并重点安排了近 20 种野生动物的栖息

森林是植物的资源库（袁尚勇提供）

2009 年 5 月，国家林业局总工程师卓榕生在云南省调查研究野生植物繁育工作
（国家林业局保护司提供）

地恢复试点项目，探讨优化濒危物种生境的方法和措施，改善其生存条件；巩固珍稀濒危物种繁育成果，组织研究和提出了朱鹮、金丝猴、华南虎优化配对繁育成果，安排了近 30 种珍稀濒危野生动物繁育项目，确保其人工繁育种群的稳定和扩大；推进珍稀濒危野生动物放归自然，成功实施朱鹮、扬子鳄、麋鹿、黄腹角雉、蟒蛇等 13 种珍稀濒危野生动物放归自然；及时关注因自然灾害等危及野生动物安全的突发事件，及时采取应急处置措施，有效缓解了野生动物因灾大量死亡现象。通过上述努力，确保珍稀濒危野生动物野外种群得到休养生息和繁衍扩大，珍稀濒危野生动物野外种群主体上实现稳中有升，栖息地生境逐步扩展、优化。尤其是朱鹮、金丝猴、东北虎、扬子鳄、海南坡鹿、普氏原羚、藏羚羊等国内外广泛关注的濒危野生动物数量明显增长，其栖息地生境质量显著改善。

"十一五"期间，按照国家林业局的规划布局，针对苏铁、兰科植物、西南地区高原珍稀植物、西北地区珍稀沙生植物、东北地区珍稀野生植物以及三峡库区珍稀植物等六大类物种实施了就地保护、种质资源收集保存及种源培育工作，有效保护了我国 10 余种野生苏铁的主要分布区，对 200 余种亚热带野生兰科植物实施了就地保护。迁地保护了东北、西北、西南地区的 1000 多种珍稀或濒危、特有野生植物，

国家一级保护物种兜兰

珍稀植物天女木兰

普氏野马扩大放归（刘泽英提供）

建立了野生植物种质资源保育基地 400 多处，成立了全国苏铁种质资源保护中心和兰科植物种质资源保护中心，分别收集保存了苏铁类、兰科类植物 240 余种和 830 余种，基本完成了苏铁种质资源收集保存，原产我国的重点兰科植物收集保存取得阶段性成果。加强珍稀野生植物的人工培育技术研究和种源建设，针对松茸、雪莲、珙桐、肉苁蓉、红豆杉、珍稀兰科植物等 10 种（类）市场需求较大的珍稀野生植物，扶持开展了人工培育技术研究和种源建设。建立珍稀野生植物培植基地 280 处，使千余种野生植物建立了稳定的人工种群；对五唇兰、杏黄兜兰等我国特有的濒危兰科植物以及德保苏铁、华盖木、西畴青冈等极度濒危物种开展了野外回归试验。

江苏省大丰国家级自然保护区中的麋鹿在嬉水（孙华金提供）

珍稀花卉栽培基地

农家火鸡饲养（俞言琳提供）

三、引导规范野生动植物繁育利用，推动产业健康发展

在加大濒危物种拯救保护的同时，针对我国野生动物保护与利用矛盾突出的实情，经多年研究探讨，2004年，国家林业局提出了实施"以利用野外资源为主向利用人工繁育资源为主的战略转变"，发布了《关于促进野生动植物可持续发展的指导意见》，在强化对野生动物野外资源普遍保护的同时，通过推行标识管理、标准化管理、强化资源消耗宏观调控等措施，有效遏制了资源的过度消耗，并通过试点探索、示范推广、积极争取对野生动植物驯养繁（培）育企业免收企业所得税、对人工驯养繁殖野生动物及其产品免收野生动物资源保护管理费，引导、扶持、规范、促进野生动物繁育利用，驯养繁殖技术成熟的野生动物种类由2003年的54种增加到120余种，野生动物人工繁育机构发展到2万多家，野生动物人工繁育规模大幅度扩大，资源显著增长，有效缓解了野外资源的保护压力，统筹兼顾了社会、经济、文化、科技等领域对资源的合理需求，在许多区域还成为农民增收、农村经济发展的新途径，为促进经济社会可持续发展作出了新的贡献。

大兴安岭鄂温克人的养鹿场（刘兆明提供）

安徽省人工繁殖扬子鳄已超万头

专栏一　鸟类环志

　　鸟类环志是保护迁徙候鸟安全、监测资源变化以及研究候鸟迁徙规律的重要手段和基础性工作。我国地处东亚—澳大利亚、中亚—印度和西亚—东非候鸟迁徙路线的关键地带，也是全球最重要的候鸟迁徙通道之一。我国的鸟类环志工作始于1982年，在2000年以前受人力、技术、资金和认识等因素的影响，年均环志数量一直在1万只左右徘徊。党的十六大以后，随着全国野生动植物保护与自然保护区建设工程的深入开展，我国的鸟类环志工作发展迅猛，全国有15个省（自治区、直辖市）的40多个环志站常年坚持开展鸟类环志，年均环志数量从2000年的5万只，跃升为2010年的30万只。现我国已累计环志候鸟793种300万余只，年均环志数量20余万只，成为亚洲地区候鸟环志数量最多的国家。随着全国候鸟环志网络体系的不断完善，彩色标记、无线电定位和卫星追踪等新技术的广泛应用，我国的候鸟环志技术水平和效能都有了显著提高。目前，已经基本掌握了我国主要候鸟的迁徙路线、重要的迁徙停歇地点和迁徙规律；鸟类环志站点也成为候鸟保护、资源监测以及疫源疫病防控的主要力量。鸟类环志也从单纯的研究方法，转变为野生动物资源保护管理工作的一项重要内容，受到了野生动物主管部门的高度重视和社会各界的广泛关注。

鸟类环志

专栏二　野生动物肇事补偿

　　野生动物肇事补偿是维护当地群众合法权益的必然要求，直接关系到当地群众支持和参与野生动物保护的积极性。但由于野生动物分布区大多为偏远落后地区，地方财政有限，对因保护野生动物导致群众利益受到的损失，一直存在未予补偿或补偿标准过低的问题，挫伤了当地群众的保护积极性。针对这一情况，国家林业局经积极争取，在财政部大力支持下，2008年开始在国家林业局部门预算中安排专项经费4600万元，开展国家重点保护陆生野生动物损害补偿补助试点，促使试点区域对国家重点保护野生动物造成的损失的补偿比例，从以前的15%～30%提高到90%以上，解决了当地群众因野生动物肇事致贫或返贫的问题，使受灾群众的基本生活得到保障，特别是对人身伤害的补偿100%到位，使当地群众更好地理解并自觉支持野生动物保护，进一步夯实了保护事业的群众基础。

被野生动物损毁的玉米地现场

专栏三　中国兰科植物保护

兰科植物是世界上最珍贵的野生植物资源之一，以其充满活力的进化、庞大家族的衍生、特有的观赏价值和巨大的经济价值，得到世人的高度关注。我国在世界兰科植物分布上具有极其重要的地位和悠久的培育与利用兰花的历史。人们除了关注其观赏和经济价值以外，还赋予了兰花源远流长的文化和物候价值，将其作为道德情操和四季变换的象征物种。

一直以来，我国政府高度重视兰科植物保护，在全国野生动植物保护及自然保护区建设工程中，将兰科植物列为15大重点保护类群之一，并专门编制了《中国重点兰科植物保护工程规划》。近十年来，国家通过采取就地保护、迁地保护、生境恢复、种质基因保存等措施，积极保护和发展兰科植物资源，对濒危兰科植物及其生境实施了抢救性保护，如禁止乱采滥挖野生兰花，严禁野生兰花的市场贸易，开展繁育技术研究，建立人工栽培基地等。目前，我国已建立以保护兰科植物为主的自然保护区170多处，并在

深圳市建立了全国兰科植物种质资源保护中心，收集保存了500多种兰科植物，对五唇兰（*Doritis pulcherrima*）、杏黄兜兰（*Paphiopedilum armeniacum*）和麻栗坡兜兰（*P. malipoense*）等3种濒危兰科植物开展了回归自然的实验，以扩大其自然种群。经过不懈努力，一批观赏和药用兰科植物的培育技术被攻克，一些利用量大的兰科植物已基本实现了以人工培育满足资源需求，既促进了野外资源的保护，也从根本上促进了兰科植物开发利用的可持续发展。

深圳市全国兰科植物种质资源保护中心的兰谷

专栏四　红豆杉保护

红豆杉属野生植物是生物多样性系统中的重要组成部分，具有重要的生态、经济、科研和药用价值，尤其是从中提取的人体养生成分和治疗癌症的紫杉醇，为广大民众的身心健康和癌症患者治疗康复发挥了重要作用。由于红豆杉植物在生态建设、经济发展和人们养生治病中的重要作用，野外红豆杉资源曾经遭到较为严重的破坏。

为加强红豆杉资源保护，我国已将红豆杉属所有物种确定为国家一级保护野生植物，《濒危野生动植物种国际贸易公约》也将其列入附录Ⅱ。国家林业局于2002年专门下发了《关于加强红豆杉资源保护管理工作有关问题的通知》（林护发〔2002〕87号），强化红豆杉野外资源保护，加强人工资源培育，促进红豆杉产业的发展；2006

年中国野生植物保护协会又成立了红豆杉保育委员会，宣传国家有关的政策和法令，普及和推广红豆杉属植物的相关知识，提高全民对红豆杉属植物保护意识，规范红豆杉属植物的经营利用。

经过近些年各方的不懈努力，社会各界对红豆杉资源的保护意识、法律意识和自觉意识普遍增强，野生红豆杉资源得到了有效保护，人工培植资源得到了迅猛发展，紫杉醇等红豆杉产品的加工能力和产品质量不断有新的提高，产品影响越来越大、企业效益越来越好，有些产品不仅在国内有市场，而且在国外也有一定的市场。红豆杉人工培植规模和产品研发、加工、经营快速发展的良好局面和市场氛围已经逐步形成，发展前景越来越好。

专栏五　植物园

植物园是物种保存、科学研究、科普教育和植物可持续利用的专业机构，也是实施野生植物迁地保护最主要的基地。我国目前已建有各级各类植物园近 200 个，收集保存了占我国植物区系 2/3 的 2 万个物种，在保护生物多样性、储备生物战略资源、传播生态文化、建设生态文明中发挥了独特作用。在现有格局的基础上，通过创新植物园建设管理机制，进一步完善全国植物园体系，在 2012 年由国家林业局、住房和城乡建设部、中国科学院联合发布了关于加强植物园在野生植物迁地保护中重要作用的指导意见，争取到 2015 年建立评定国家（级）植物园的机制和标准；进一步摸清植物园分布与物种迁地保护本底信息，完善各植物园在物种收集保存与配置方面的科学性，达到在国家层面上有效保护和储备野生植物战略资源、充分彰显和发挥植物园各大主体功能和作用的目标。

专栏六　濒危物种进出口管制成效显著

十年以来，我国政府认真履行《濒危野生动植物种国际贸易公约》（以下简称《公约》），大力规范国际贸易管理，服务于经济社会文化发展；积极参与国际履约谈判和交流，维护国家权益；不断加强和海关、公安等执法部门联系协作，控制和打击非法贸易活动；有效开展宣传教育，提高保护了履约意识，推动了我国野生动植物进出口管理和履约事业全面健康发展。

野生动植物进出口管理和履约管理体系不断完善。为切实履行《公约》，我国在国家林业局设立了"中华人民共和国濒危物种进出口管理办公室"，在中国科学院设立了"中华人民共和国濒危物种科学委员会"，并陆续建立了 21 个办事处，编制 130 人。2011 年，中央机构编制委员会办公室批复国家濒危物种进出口管理办公室办事处与国家林业局专员办开展机构整合。这支专职队伍，在加强野生动植物进出口管理、打击走私犯罪活动方面做了大量卓有成效的工作，为保护濒危物种资源作出了应有的贡献。

野生动植物保护法律法规体系基本形成。2006 年，国务院颁布了《中华人民共和国濒危野生动植物进出口管理条例》，这是我国第一部关于野生动植物进出口管理的专门法规，推进了野生动植物进出口管理的法制化建设。至此，我国形成了以《中华人民共和国濒危野生动植物进出口管理条例》，以及《中华人民共和国野生动物保护法》《中华人民共和国森林法》《中华人民共和国野生植物保护条例》等为核心的野生动植物进出口管理和履约法律法规体系。同时，最高人民法院制定了《关于审理走私刑事案件具体应用法律若干问题的解释》和《关于审理破坏野生动物资源刑事案件具体应用法律若干问题的解释》，为野生动植物进出口管理和履约工作提供了强有力的法律保障。

野生动植物进出口管理进一步加强。我国通过制定《进出口野生动植物种商品目录》，使濒危野生动植物进出口活动全部纳入海关监管内容。2004 年，国务院确定了第二个关于野生动植物进出口管理的"非进出口野生动植物种商品目录物种证明核发"行政许可项目。在不断完善野生动植物进出口管理框架的基础上，国家林业局充分发挥野生动植物进出口管理的调节、控制、促进的杠杆作用，充分挖掘国内和国外两种资源、国内和国际两个市场的潜力，运用"区别对待，分类管理"的原则，深入调查研究，按照市场经济规律，制定人工培育进出口审批优惠政策，积极引导企业以出口野生资源为主向以出口人工培育资源为主的转变，有效缓解了我国野生动植物资源保护的压力。通过实施进出口企业登记备案机制，初步建立进出口单位信用评估体系，促进了进出口分类管理政策的实施，推动了野生动植物产业发展。同时，对部分敏感物种采取了限额、标记管理，根据《公约》决议对象牙、部分中成药、珍稀野生动物的出口管理作出了具体

深圳市濒危兰科植物保护与利用重点实验室

规定，积极采取有效措施，切实保护了我国的野生动植物资源。通过成立国家各有关部门履约执法协调工作组，每年召开年会，确定工作任务，提高了国家履约整体水平。通过加强与各缔约国特别是周边国家之间的交流与合作，疏通进口渠道，积极推进国外资源的开发利用，促进了我国社会经济发展。经统计，最近5年，国家林业局实施两项行政许可项目，共核发进出口证明书和物种证明273815份，涉及的野生动植物进出口贸易额达到2827亿元。

我国在履约工作中的国际影响不断扩大。近年来，国家林业局组织有关国家、国际组织等在我国召开了龟鳖类保护与贸易控制研讨会以及湄公河流域、丝绸之路、东北亚、中印尼等区域的履约执法研讨会等，扩大了与周边国家的履约合作交流。同时，与《公约》秘书处、有关国际组织合作开展了贸易调查、执法培训、宣传教育等方面的活动，扩大了我国在《公约》事务中的影响力。2004年，我国连续当选《公约》常委会副主席国和亚洲地区

代表，开创了《公约》事务中一国连任的先例。2008年，在《公约》常委会第57届会议上，我国正式获得《公约》"象牙贸易伙伴国"地位。近两年，我国又与《公约》秘书处联合在我国成功召开了有关赛加羚羊、蛇以及《公约》电子证书方面的国际会议，得到了《公约》秘书处和相关国家的高度肯定。2011年，我国执法成效显著，并获得"《公约》秘书长证书"。我国保护野生动植物工作得到了国际上的肯定和认可，我国履约形象得到了极大的改善，国际地位进一步提高。

公众保护意识普遍得到加强。每年通过各种形式的宣传活动，充分发挥新闻媒体的作用，向社会广为宣传保护野生动植物的重要意义。2011年，国家林业局组织召开了纪念中国加入《公约》30周年座谈会，《公约》秘书长专程前来参会并对中国在国际事务中发挥的作用给予了充分认可。同时，通过在全国各大型机场、口岸设立宣传牌，组织各种展览，在机场、口岸发放数十万份宣传材料等形式，增强了全社会的野生动植物保护意识。国家濒危物种进出口管理办公室及其办事处每年组织对海关、公安、野生动植物保护管理部门、进出口企业等有关人员开展培训，每年培训人员达数千人，进一步提高了进出口监管、执法业务能力及野生动植物进出口经营者的法制意识，为加强野生动植物保护管理和履约工作营造了良好的社会氛围。

雅长兰科自然保护区——世界罕见的野生带叶兜兰群落（韦健康提供）

我国科研人员攻克大熊猫繁育"发情难、配种受孕难、育幼难"三项关键技术，建立了
稳定的大熊猫繁育种群（中国保护大熊猫研究中心提供）

四、大熊猫拯救工程引领生物多样性保护

大熊猫是我国一级重点保护野生动物，也是《濒危野生动植物种国际贸易公约》
附录Ⅰ物种，被誉为"国宝"。大熊猫作为野生动植物保护领域的旗舰物种，具有极
高的生态、科研、文化及美学价值，深受世界各国人民喜爱。大熊猫保护工作坚持
以科学发展观为指导，全面实施抢救性保护战略，有效促进了大熊猫保护管理工作，
对提高公众保护意识、促进生物多样性保护、扩大对外交往和树立我国良好国际形
象等方面发挥着重要作用。

（一）实施大熊猫物种拯救工程

开展大熊猫及其栖息地保护工作，是国家生态建设的重要内容，也是我国生物
多样性保护的重点工程之一，直接关乎我国的国际形象。党和国家一贯高度重视大
熊猫保护工作，在政策制定、法制建设、机构设立和资金投入等方面都作了重要部署。
在有关部门和四川、陕西、甘肃等省政府以及社会各界的大力支持下，国家林业局
在 1992 年组织实施的"中国保护大熊猫及其栖息地工程"的基础上，在 2001 年实施
的"全国野生动植物保护与自然保护区建设工程"中专项开展了"大熊猫拯救工程"，
与天然林资源保护、退耕还林等工程相互配合，共同为大熊猫保护发展提供了新的
历史机遇，在大熊猫野外资源保护、人工繁育、国际交流等方面均取得令人瞩目的
成绩。

1．大熊猫及其栖息地保护网络基本建成

加强栖息地保护建设是濒危物种长期生存的基础，建立自然保护区是加强栖息
地保护最有效的手段。截至 2010 年年末，全国已建大熊猫自然保护区总数 64 处，
总面积超过 340 万公顷，对 60% 的大熊猫栖息地和 70% 多的野外大熊猫进行有效保
护管理。同时，大多数大熊猫分布县均安排专人加强对保护区外大熊猫及其栖息地
的保护管理，基本形成了功能较强的大熊猫自然保护区网络。

2．野外大熊猫巡护、监测和救护工作深入开展

对野外大熊猫开展巡护、监测和救护是大熊猫保护的常规工作。多年来，大熊
猫分布区各级林业主管部门，特别是大熊猫自然保护区的保护管理人员，科学布设
巡护线路，常年坚持野外巡护，并认真按照国家林业局制定的《大熊猫重点区域监
测技术规程》和《野外大熊猫救护工作的规定》开展监测、救护工作，形成了完备
的大熊猫巡护、监测和救护网络体系。据不完全统计，1983 年到现在，全国抢救病

饿大熊猫 319 只，救治成活 236 只，136 只年龄和体况良好的放回野外，其余不适宜放归的统一收容饲养。多年来连续监测结果显示，我国大熊猫保护状况呈现不断向好趋势。

3. 圈养大熊猫发展体系日趋完善

经过 30 多年努力，基本建成了以四川卧龙中国保护大熊猫研究中心为龙头，四川省成都市大熊猫繁育研究基地、陕西省楼观台大熊猫救护中心和北京动物园为主体的全国圈养大熊猫种群繁育发展体系，设立了濒危动物保护遗传国家重点实验室，培养了一支强有力的科研队伍，开展了 141 项科研课题，成功解决了制约圈养大熊猫繁育的"发情难、配种受孕难、育幼难" 3 项关键技术，发表 700 余篇科研论文，取得了 34 项科研成果，获得了国家和省级科技表彰，为全国大熊猫圈养种群快速发展奠定了技术基础。截至 2011 年年末，我国圈养大熊猫种群数量达到 328 只，基本实现自我维持的发展目标。

4. 满足国家和人民群众需求的能力不断提升

大熊猫体色黑白分明，憨态可掬，世界各国和国内民众观赏大熊猫的愿望十分强烈。通过向国外提供大熊猫开展合作研究，不但满足当地民众的愿望，也传达了中国政府和人民的友好情谊。截至 2011 年年末，我国共有 38 只大熊猫在 8 个国家开展合作研究，累计为国内大熊猫保护争取到近 4 亿元的国际合作资金支持。此外，按照中央统一部署，还分别向香港、澳门特别行政区和台湾省累计赠送 8 只大熊猫。除香港、澳门和台湾省以外，全国已有 92 只大熊猫在 39 个单位开展借展活动，对宣传大熊猫保护成就，普及野生动植物保护知识、提高公众保护意识发挥着重要作用。

5. 大熊猫野化放归稳步推进

利用圈养大熊猫个体补充野外种群是发展和建立大熊猫圈养种群的重要任务。随着国内圈养大熊猫种群不断发展，国家林业局逐步将圈养大熊猫野化培训放归列入议事日程。早在 2003 年就安排四川省卧龙中国保护大熊猫研究中心开展圈养大熊猫个体野化培训工作，研究探讨在人工条件下培训圈养大熊猫个体获得野外生存能力的方法，制定圈养大熊猫放归野外的标准，并在试验阶段成功地把救护的大熊猫放归野外，摸索了大熊猫放归自然的经验。

为了申办 2008 年奥运会，2001 年北京市在奥运会投标地莫斯科举办了北京文化周，北京动物园大熊猫赴莫斯科动物园展览受到游客的热烈欢迎

澳大利亚民众踊跃参观阿德莱德动物园大熊猫馆

大熊猫保护区工作人员跋山涉水、不畏艰难开展野外
巡护和监测（梁启慧提供）

野外救护大熊猫（四川省林业厅提供）

（二）扎实推进大熊猫保护管理

1．全面开展大熊猫调查，了解野外资源动态

掌握大熊猫野外生存状况，为保护决策提供科学基础和依据。自 1974 年以来，林业部门开展了 3 次全国大熊猫调查，掌握了全国大熊猫野外种群资源的动态，并强化了大熊猫栖息地保护和建设。根据 1999 ～ 2003 年完成的全国第三次大熊猫调查结果，全国大熊猫野外数量增长到 1600 只左右，国家林业局进一步完善了大熊猫保护区建设，并完善了大熊猫分布区 45 个县的野生动物保护体系建设。当前，国家林业局正在组织开展全国第四次大熊猫调查，调查范围涵盖四川、陕西、甘肃等省的16 个地（市、州）53 个县（市、区），调查样线总长度超过 1 万公里。调查数据将进一步精确检验我国大熊猫保护工作成效。

2．优化圈养种群质量，稳步推进野化放归

面对圈养大熊猫数量取得长足发展的形势，国家林业局适时调整圈养大熊猫发展战略，提出了"质量与数量并重，质量优先"原则，鼓励圈养单位在全国范围内优化繁殖配对个体，尽最大努力保持圈养种群遗传多样性，国家林业局正式发布了圈养大熊猫繁育配对方案，指导大熊猫野化放归工作有序开展、稳步推进。目前，采用新方法进行野化训练的 7 只圈养大熊猫状况良好，将逐步放入野外，使我国圈养大熊猫发展步入新阶段。

3．规范管理大熊猫展示，做好科普宣传教育

为加强对大熊猫展示活动的规范管理，严格依法审批，国家林业局制定了《大熊猫国内借展管理规定》，修改完善《大熊猫饲养场馆建设标准》等技术规范，建立了对海外进行合作研究的大熊猫的巡视监管机制，并统一制定了大熊猫国内借展宣传模板等材料，形成了野生动物保护知识科学普及和宣传教育的标准化平台，达到更好的宣传效果。

（三）提高大熊猫保护能力

1．制定大熊猫保护发展规划和国家战略

根据我国大熊猫保护工作需要，做好《全国大熊猫保护发展工程规划》和《大熊猫保护国家战略》的修改完善工作，进一步为我国大熊猫保护工作提供科学的规划和布局。

2．全面加强大熊猫保护能力建设

当前大熊猫保护体系尚有待完善，管理能力亟待提高。初步建成的大熊猫及其栖息地保护网络仍然存在一定的空缺，部分保护区面积较小，孤岛效应明显。地方级保护区基础设施条件较差，专业技术力量缺乏和不足，野外巡护、救护、科研与监测等工作状况参差不齐。下一步以完善保护网络为重点，强化保护管理人员能力建设，加强人员技能培训，改善保护设备设施，全面提升保护管理能力。

3．提高圈养种群质量，加强种群安全管理

继续推动大熊猫繁育方案的贯彻实施和大熊猫活体标记工作，有效改善圈养种群质量较低的情况，并完善大熊猫救护与疾控中心的建设，设立分散的人工圈养种群，建立有效的传染性疾病预防与控制机制，保证圈养种群的安全。

4．增加对大熊猫保护的投入

随着我国综合国力的增强，对大熊猫保护的投入力度不断增加，必将对促进大熊猫及其栖息地保护起到推动作用。当前，要抓住机遇，争取国家财政和国际援助等多方面支持，进一步建立健全大熊猫保护以政府投入为主、全社会积极参与的多元化投入机制，将大熊猫保护管理运行费用纳入各级财政预算，研究完善投资主体和收益分配模式，促进大熊猫保护的良性发展。

第四十二篇

成为世界林产品生产贸易大国

——中国现代林业产业引领绿色增长

　　以森林资源为基础的林业产业作为国家重要的基础产业，是一个涉及国民经济第一、第二和第三产业多个门类，涵盖范围广、产业链条长、产品种类多的复合产业群体，在推动绿色增长中具有重要功能。多年来，林业产业为国家建设和人民生活提供了包括木材、竹材、人造板、木浆、林化产品、木本粮油、食用菌、花卉、桑蚕、药材、森林旅游服务等在内的大量物质产品和非物质服务，不仅为社会生产提供了重要的原材料，在很大程度上丰富和满足了生活消费，而且有力支撑和促进了相关产业发展，创造了大量城乡就业机会，在保障国民经济建设，带动生态建设，提高人们生活质量，促进农村产业结构调整，解决山区农民脱贫致富等方面作出了重要贡献。

　　党的十六大以来，随着科学发展观的深入实践和世界低碳经济时代的到来，林业产业越来越受到党中央、国务院的高度重视和全社会的广泛支持。胡锦涛主席在2011年召开的首届亚太经合组织林业部长级会议上明确指出"要合理利用森林资源，发展林业产业，壮大绿色经济，扩大就业，消除贫困。要挖掘林业潜力，发展木本粮油和生物质能源，维护粮食安全和能源安全。要加强生物多样性保护，涵养水源，防治荒漠化，增加森林碳吸收，应对气候变化，维护区域和全球生态安全"，并提出了"加强区域合作，实现绿色增长"的重要主张。

　　十年间，在党中央、国务院的关怀和地方各级党委、政府的重视下，经过全社会特别是林业产业界的共同努力，我国先后出台了《林业产业政策要点》和《林业产业振兴规划（2010～2012年）》，加强了产业扶持和指导，我国林业产业呈现出持续高速增长的态势，充满生机和活力的产业体系基本形成，取得了惊人的发展成就。我国已经成为全世界森林资源增长最快的国家和林产品生产贸易大国。林业产业为绿色增长作出了重大贡献。

浙江省久盛地板有限公司实木地板淋漆车间

一、林业总产值十年增长近七倍

（一）产业规模持续壮大

十年来，全国累计生产木材 6.43 亿立方米，消耗森林资源 14.7 亿立方米，营造速生丰产林 882 万公顷。在以速生丰产林、纸浆林、能源林等为主的林业第一产业持续快速发展的同时，以木材加工为主的林业第二产业迅猛发展。此外，以生态旅游为主的林业第三产业蓬勃兴起。2002 年，全国林业实现总产值 4634 亿元；"十一五"期间，林业产业总产值平均增速达 21.91%，2006 年突破 1 万亿元，达到 1.07 万亿元；2010 年突破 2 万亿元，达到 2.28 万亿元；2011 年达到 3.06 万亿元，比 2010 年增长 34.32%，为 2002 年的 6.6 倍。十年间平均增速达到 22.39%，远高于同时期内国内生产总值 15.7% 的平均增速。我国林业产业产值达到 1 万亿元用了 57 年，从 1 万亿元到 2 万亿元用了 4 年，从 2 万亿元到 3 万亿元仅用了 1 年，实现了 5 年之内三次历史性飞跃。2010 年已有 9 个省份林业产业总产值超过 1000 亿元。

2002 ～ 2011 年国内生产总值与林业产业总产值（单位：亿元）

年 份	国内生产总值				林业产业总产值			
	合计	第一产业	第二产业	第三产业	合计	第一产业	第二产业	第三产业
2002	120333	16537	53897	49899	4634	2912	1486	237
2003	135823	17382	62436	56005	5860	3518	2007	335
2004	159878	21413	73904	64561	6892	3888	2561	444
2005	184937	22420	87598	74919	8459	4356	3487	617
2006	216314	24040	103720	88555	10652	4709	5198	745
2007	265810	28627	125831	111352	12533	5546	6034	953
2008	314045	33702	149003	131340	14406	6359	6838	1209
2009	340903	35226	157639	147642	17494	7225	8718	1551
2010	401202	40534	187581	173087	22779	8895	11877	2007
2011	471564	47712	220592	203260	30597	11056	16688	2852

数据来源：《中国统计年鉴》《中国林业统计年鉴》。

以木材为原料的广州造纸厂车间

（二）工业化进程明显加快

十年来，林业第一产业、第二产业和第三产业结构比例已由 2002 年的 63 ∶ 32 ∶ 5 调整为 2011 年的 36 ∶ 55 ∶ 9。林业工业化进程明显加快，第三产业比重逐步加大，我国林业产业初步形成了以市场需求为导向、基地建设为手段、精深加工为带动、多主体共同发展的新格局。林业龙头企业不断涌现，企业建基地、基地连农户的模式对产业发展推动作用明显。目前，全国主要涉林企业数量已达到 59.7 万家，其中规模以上林业工业企业超过 15 万家，产值占到全国林业总产值的 70% 以上。

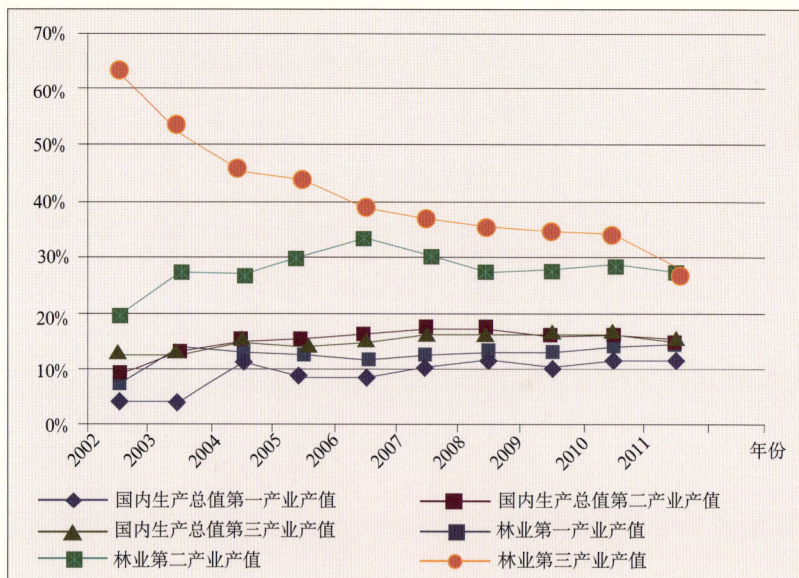

图例：
- 国内生产总值第一产业产值
- 国内生产总值第二产业产值
- 国内生产总值第三产业产值
- 林业第一产业产值
- 林业第二产业产值
- 林业第三产业产值

2002～2011 年国内生产总值结构与林业产业总产值结构年平均增长率

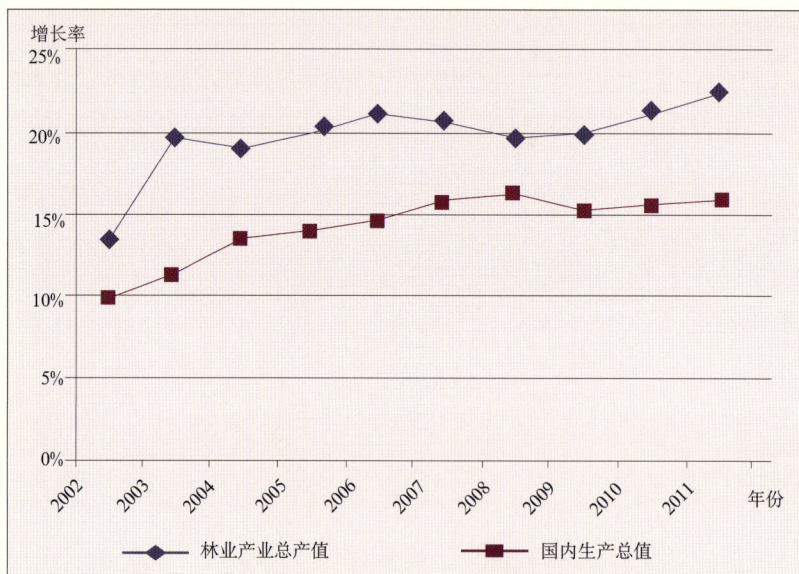

图例：
- 林业产业总产值
- 国内生产总值

2002～2011 年国内生产总值与林业产业总产值年平均增长率

浙江升佳木业加工车间

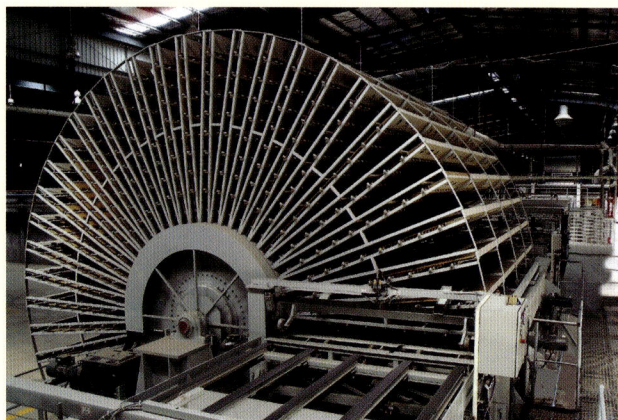

浙江丽水丽人集团人造板生产车间

主要涉林企业类别及数量表

行　业	企业数量	行　业	企业数量
木材采运	2349	竹藤棕草制品	18137
木材批发	148695	竹藤棕草工艺品	10812
锯材加工	13784	果品罐头	2280
木片加工	12994	制茶	18603
人造板	28875	茶叶批发	24375
木制品生产	64299	中草药及制品批发	25547
木制家具制造	75461	花卉	40619
竹藤家具制造	1856	林产化学产品	5630
家具零售	97005	森林工业专用设备制造业	1237
规模以上造纸企业	3724	林业境外投资企业	626
总计		596908	

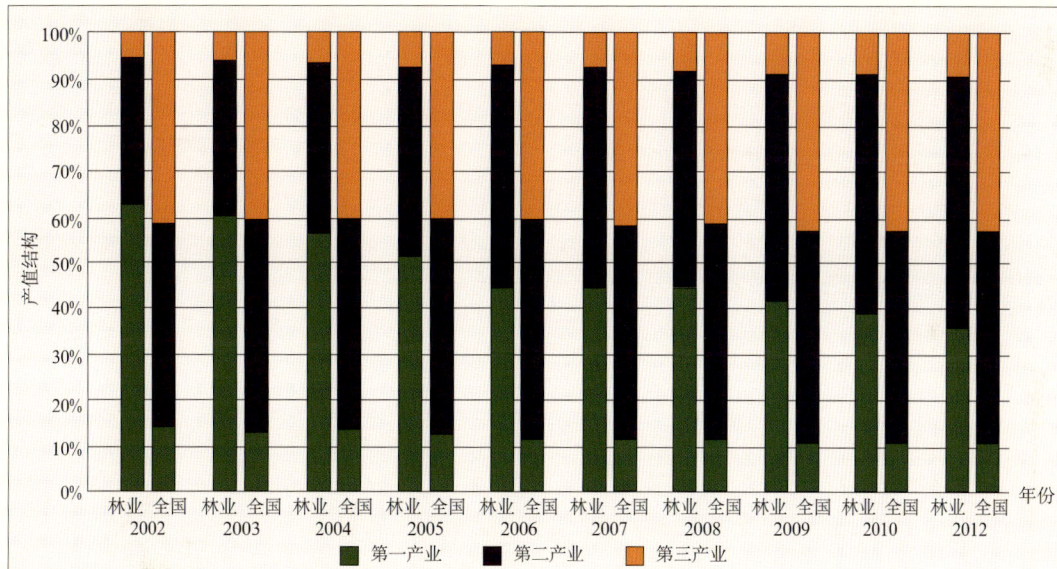

2002～2011年国内生产总值结构与林业产业总产值结构年平均增长率对比

木制玩具（刘庆高提供）

浙江虹越花卉园艺中心花卉超市（张健康提供）

竹纤维服装制品

（三）特色产业迅速崛起

十年来，经济林产品年产量突破 1 亿吨，产值达到 6320 亿元；竹产品增加到 100 多个系列，数千个种类，2011 年全国竹产业产值达到 1047 亿元。依托自然资源、具有区域特色的产业集群已逐步形成。广东省平远县自 2005 年以来建立 11 个油茶标准化丰产林示范基地共 5 万亩，带动农户种植油茶 2.1 万亩，形成了以生产精制茶油为主，洗洁精、洗发露、沐浴露、茶粕、有机肥料等为辅的深加工产业链，促进了土地、劳力、技术等生产要素的优化配置。2011 年，全国茶油产值达到 245 亿元，比 2010 年增长 75.43%。

（四）新兴产业方兴未艾

在传统产业持续发展的基础上，新兴产业增长强劲。十年来，森林食品、花卉苗木、森林旅游、野生动植物繁育利用、规划设计咨询、林业物联网、林产品流通贸易市场等产业快速发展，林业生物质能源、生物质材料、生物制药等蓬勃兴起。2011 年，森林公园发展到 2151 处，森林旅游收入达到 1863 亿元，比 2010 年增长 42.18%，直接带动其他产业产值超过 3296 亿元。

主要经济林产品生产情况对照表（单位：吨）

指　标	2002	2010	2011
各类经济林产品总量			133800875
一、水果产量		110304098	114710579
1. 苹果		31279460	31009584
2. 柑橘		23330802	24121896
3. 梨		14471040	15341226
4. 葡萄		8342154	8494085
5. 桃		9716920	10863106
6. 杏		2470808	2880975
7. 荔枝		1620758	1772463
8. 龙眼		1331583	1454893
9. 猕猴桃		632805	733774
二、干果产量		7429434	9272963
1. 核桃	343305	1284351	1655508
2. 板栗	701684	1701680	1896603
3. 枣（干重）		2587612	3467874
4. 柿子（干重）		926129	1073312
5. 仁用杏		69037	80729
6. 山杏仁		125109	156328
7. 银杏（白果）		70957	72885
8. 榛子		60952	79622
9. 松子		68912	120425
10. 腰果			

（续）

指　标	2002	2010	2011
三、林产饮料产品（干重）		1393414	1590558
1. 毛茶		1280144	1429807
2. 可可豆		60	14
3. 咖啡		42666	58710
四、林产调料产品（干重）		500506	586976
1. 花椒		250505	291954
2. 八角		116580	133158
3. 桂皮		76118	83383
五、森林食品（干重）		2559436	2929348
1. 竹笋干	481957	481192	581871
2. 食用菌		1584442	1867204
3. 山野菜		331301	304510
六、木本药材		1174297	1435992
1. 杜仲		234583	197894
2. 黄柏		16927	15895
3. 厚朴		95465	147390
4. 枸杞		149374	190498
5. 山茱萸		52314	43383
七、木本油料		1125787	1550773
1. 油茶籽	852759	1092243	1480044
2. 油橄榄		4940	6550
3. 文冠果		24	28
八、林产工业原料		1680272	1723686
1. 生漆	7198	20093	18867
2. 油桐籽	388114	433624	437702
3. 乌桕籽	30054	33709	36024
4. 五倍子	8344	18197	17648
5. 棕片	58612	55698	53758
6. 松脂	567162	1115711	1156612
7. 紫胶（原胶）	1650	3240	3075

福建省莆田市秀屿国家级木材贸易加工示范区全景

林产工业主要产品产量对照表

产品名称	单位	2002 年	2010 年	2011 年
木材加工及竹、藤、棕、苇制品				
一、锯材	万立方米	851.61	3722.63	4460.25
1. 普通锯材	万立方米		3628.68	4377.89
2. 特种锯材	万立方米		28.79	38.72
3. 枕木及其他锯材	万立方米		65.16	43.64
二、木片、木材加工产品	万实积立方米	417.83	1873.51	2237.33
三、人造板	万立方米	2930.18	15360.83	20919.29
（一）胶合板	万立方米	1135.21	7139.66	9869.63
1. 木胶合板	万立方米		6154.74	8467.58
2. 竹胶合板	万立方米	88.98	361.79	406.14
（二）纤维板	万立方米	767.42	4354.54	5562.12
1. 木质纤维板	万立方米	756.81	4246.18	5486.26
（1）硬质纤维板	万立方米	61.72	334.27	504.91
（2）中密度纤维板	万立方米	695.02	3894.24	4973.41
（3）软质纤维板	万立方米	0.07	17.66	7.95
2. 非木质纤维板	万立方米	10.61	108.36	75.86
（三）刨花板	万立方米	369.31	1264.20	2559.39
1. 木质刨花板	万立方米		1212.08	2516.76
2. 非木质刨花板	万立方米		52.12	42.63
四、二次加工材及相关板材				
1. 单板	万平方米 / 万立方米	71236.71	2723.53	3173.22
2. 强化木	万立方米		35.14	28.16
3. 指接材	万立方米	1.58	345.91	352.69
4. 人造板表面装饰板	万平方米	2131.37	29534.98	26577.21
五、木竹地板	万平方米	4976.99	47917.15	62908.25
1. 实木木地板	万平方米	2248.47	11176.07	12232.13
2. 复合木地板	万平方米	592.74	26821.06	35669.48
3. 其他木地板	万平方米		5979.62	10314.09
4. 竹地板	万平方米		3940.40	4692.55
林产化学产品				
一、松香类产品	吨	464223	1332798	1413041
1. 松香	吨	395272	1205991	1253651
2. 松香深加工产品	吨	68951	126807	159390
二、松节油类产品	吨	59235	158403	181729
1. 松节油	吨	39573	128617	145356
2. 松节油深加工产品	吨	19662	29786	36373
三、樟脑	吨	11211	11588	12965
四、冰片	吨	674	963	665
五、栲胶类产品	吨	9583	10925	9129
1. 栲胶	吨	9132	10925	9129
2. 栲胶深加工产品	吨	451	—	0.00
六、紫胶类产品	吨		3804	2966
1. 紫胶	吨	561	2080	2046
2. 紫胶深加工产品	吨		1724	920
七、木材热解产品	吨	112955	592029	805955

＊注：2002 ～ 2005 年单板计量单位为平方米。

（五）对就业贡献逐渐增大

目前，直接从事林业产业生产的人员遍及城市和乡村，特别是为山区农民返乡就业提供了大量就业机会。我国山区（包括丘陵和高原）面积占国土总面积的 69.1%，山区人口占全国总人口的 55.7%，主要分布在东北、西北、西南和东南等地区。随着集体林权制度改革，在基本完成明晰产权、承包到户的基础上，山区农民逐渐增加了对林业的劳动力投入，2011 年有 4 亿农民参与林业生产。同时，随着林业工业化进程的加快，以木竹资源为原材料以及林下产品加工业不断发展，直接带动林业产业工人队伍的迅速壮大，2011 年全职参加林业生产的人数为 3165.09 万人，比 2010 年增长 32.14%。

2011 年林业对就业贡献的测算表

指　标	产业（万元）	就业实际人数（万人）	测算依据
总　计	305967308	3165.09	
一、第一产业	110561944	1601.84	每工日 200 元，每年 250 个工日
（一）涉林产业合计	105966785	1540.57	
1. 林木的培育和种植	19152654	383.05	
（1）育种和育苗	6583657	131.67	
（2）造林	7330092	146.60	
（3）林木的抚育和管理	5238905	104.78	
其中：幼林的抚育和管理	1972918	39.46	
成林的抚育和管理	2626660	52.53	
2. 木材和竹材的采运	9484698	126.46	每工日 300 元，每年 250 个工日
（1）木材采运	7858651	104.78	
①商品材	6444322	85.92	
②农民自用材	569016	7.59	
③农民烧柴	845313	11.27	
（2）竹材采运	1626047	21.68	
其中：除毛竹、篙竹外的其他竹材	291904	3.89	
3. 经济林产品的种植与采集	63198661	842.65	
其中：水果及干果的种植与采集	41551549	554.02	
茶及其他饮料作物的种植与采集	5521051	73.61	
林产中药材的种植与采集	4087909	54.51	
森林食品的种植与采集	6772578	90.30	
4. 花卉的种植	9399110	125.32	
5. 陆生野生动物繁育与利用	2815344	37.54	
（1）陆生野生动物狩猎和捕捉	132253	1.76	
（2）陆生野生动物饲养	2683091	35.77	
6. 林业生产辅助服务	1916318	25.55	
（二）林业系统非林产业	4595159	61.27	
二、第二产业	166883963	1335.07	
（一）涉林产业合计	162359243	1298.87	

（续）

指　标	产业（万元）	就业实际人数（万人）	测算依据
1．木材加工及木、竹、藤、棕、苇制品制造	67891581	543.13	每工日500元，
（1）锯材、木片加工	11610726	92.89	每年250个工日
（2）人造板制造	37162883	297.30	
（3）木制品制造	14785099	118.28	
（4）竹、藤、棕、苇制品制造	4332873	34.66	
2．木、竹、藤家具制造	23231559	185.85	
3．木、竹、苇浆造纸	39591936	316.74	
4．林产化学产品制造	5754278	46.03	
5．木制工艺品和木制文教体育用品制造	3243777	25.95	
6．非木制林产品加工制造业	15286908	122.30	
7．其他	7359204	58.87	
（二）林业系统非林产业	4524720	36.20	每工日500元，
三、第三产业	28521401	228.17	每年250个工日
（一）涉林产业合计	24719938	197.76	
1．林业旅游与休闲服务	18630740	149.05	
2．林业生态服务	2767685	22.14	
3．林业专业技术服务	802077	6.42	
4．林业公共管理及其他组织服务	2519436	20.16	
（二）林业系统非林产业	3801463	30.41	
林业就业农民人数		40000	8784万农户拿到了林权证

绿色有机食品加工车间

果品出口

2007 年 12 月 20 日，中共中央政治局委员、国务院副总理回良玉出席全国林业博览会开幕式并宣布开幕，全国政协副主席、中国林业产业协会名誉会长王忠禹出席开幕式并致辞（贾达明提供）

二、林产品进出口贸易实现跨越式发展

十年前，伴随着卡塔尔多哈世界贸易组织第四届部长级会议上一声槌响，中国加入世界贸易组织。中国经济开始与世界经济全面接轨，既为经济全球化注入了强大的中国元素，也成为中国对外开放重要的里程碑。十年后的今天，中国经济实现新的跨越，成为全球第二大经济体，并占据世界第一大出口国和第二大进口国地位。在这十年中，中国林产品进出口贸易也迎来了前所未有的黄金发展期，林产品进出口贸易的快速发展大大提升了中国林业在世界的地位。

（一）林产品进出口贸易持续快速增长

2002 ～ 2012 年，我国成功应对了国际金融危机的冲击，林产品进出口贸易保持了强劲发展势头。2002 年，中国林产品进出口贸易额仅为 225 亿美元，2011 年达到1205 亿美元，比 2002 年增长了 4.4 倍。据《中国林业产业与林产品年鉴 2010》公布结果，2010 年是人造板 "十一五" 期间增长速度最快的一年，产量达 15360.83 万立方米，出口总值达 47 亿美元；木制品产业产值占全国林业总产值的 6.28%，木制品出口总值占木质类出口总值的 11.8%；木竹藤家具产值占林业总产值的 7.18%，出口金额达162.3 亿美元；木浆造纸比 2000 年生产量增长 203.93%，10 年间纸和纸板生产量年均增长 11.76%；竹藤产业（不含家具制造）产值占林业总产值的 2.33%，竹藤类林产品出口总值达 22 亿美元；全国水果产量 1.1 亿吨，出口总值约 49 亿美元，进口总值约 39 亿美元；森林蔬菜包括食用菌及其加工品、竹笋干和山野菜等绿色山珍食品，广受国内外市场青睐，总产量达 256 万吨，出口总额约 17 亿美元，进口总额约 0.1亿美元。集体林改推进了林下经济开发，森林蔬菜产业发展势头强劲；茶叶种植面积达 172 万公顷、产量 128 万吨，二者继续居世界第一；茶叶出口 306504 吨，居世界第三，总额约 8 亿美元，进口约 0.6 亿美元；林产化工类产品涉及木质和非木质林产化学加工与利用众多领域，进出口总额达 98.6 亿美元，其中进口金额 74.96 亿

2007 年 12 月 22 日，第十届全国人大常委会副委员长许嘉璐参观 2007 年全国林业博览会

美元，出口金额 23.64 亿美元。随着对新原料的需求和环境保护多方面的考虑，林产化工因其原料来源广、可再生，越来越受到重视。林业机械进出口总额 70.9 亿美元，其中，出口以木材等加工机械、草地用机械、造纸和纸制品机械为主，出口额 21.3 亿美元，占出口总额的 54.9%；进口以造纸和纸制品机械为主，进口额 17.6 亿美元，占进口总额的 54.79%。2011 年，全国林产品贸易额达到 1204.5 亿美元，经济林产品、竹及竹制品、人造板、松香等主要林产品的产量居世界第一，纸和纸板产量居世界第二。在过去十年中，中国林产品进口、出口额分别以年均 19.8% 和 21.5% 的速度递增。胶合板、木竹藤家具、木地板及松香等产品产量和出口量稳居世界第一。我国主要进口纸浆、原木、废纸、锯材和木片等原料性林产品，而出口则以木家具、纸、纸板和纸制品、木制品以及人造板等劳动密集型产品为主。中国已成为世界林产品进出口贸易大国。

（二）林产品进出口贸易质量效益稳步提高

十年间，我国林产品进出口贸易在巩固加工贸易所具有的传统比较优势的同时，积极转变外贸发展方式，一般贸易、边境贸易、转口贸易、过境贸易等方式也得到长足发展。随着对进出口结构的不断调整优化，出口商品正加快由原料型初级加工产品向精深加工产品转变，由低附加值、低科技含量向高附加值、高科技含量转变。

繁忙的口岸

进口锯材装卸场一角

2011 年 11 月 1 日，全国政协原副主席张思卿参观第二届中国国际林业产业博览会
暨第四届中国义乌国际森林产品博览会

人造板"十一五"期间共有 110 项木材加工和人造板工艺领域的科技成果；木竹藤家具制造企业重组力度加大，落后产能淘汰目标顺利完成；森林蔬菜产业主要有 13 个行业标准对其进行规范；果类产业主要执行果品质量等级、药物残留、贮藏技术、原产地域产品标准等 25 个国家标准……在通过技术进步和产业升级、国家标准和行业标准的指导规范，提高产品质量，实现国际市场上中国林产品由"价廉"向"物美"转化，满足新时期全球不同层次消费者更高需求的同时，也积极开拓新兴市场，不断优化林产品外贸市场、主体和区域结构。当前，我国林产品进出口贸易市场所涵盖的国家或地区已从传统的欧美、日本市场向新兴发展中国家扩展，与我国建立林产品贸易关系的国家或地区已占到与我国有贸易往来的国家或地区总数的 93.8%。

（三）林产品进出口贸易主体结构多元化发展

随着林产品进出口贸易的迅猛发展，国家对贸易投资自由化和便利化的不断推进，越来越多的民间和外来资本被吸引并投资于林业，使林业企业数量迅速增加，经营规模不断扩大，市场竞争环境逐步优化，贸易主体结构持续多元化。据统计，在我国重点林产品进出口生产贸易型企业中，外商企业和民营企业占到 90% 左右，在引领我国林产品进出口贸易快速发展中起着举足轻重的作用。

（四）境外林业投资合作日趋活跃

经过十年的发展，我国林业企业实力有了大幅提升，并逐步加大了境外林业投资合作力度。据统计，至 2010 年年末，中国林业境外投资企业共计 626 家，主要投资项目包括森林采伐和木材加工、木竹地板、家具制造、木竹浆及纸制品、竹藤制品、橡胶等项目。为了引导和规范企业行为，国家林业局和商务部组织制定了《中国企业境外森林可持续经营利用指南》，为中国企业境外经营提供了行业准则和自律依据。目前，我国在境外开展森林经营利用投资合作项目达 130 多个，分布在 20 多个国家。通过多年的国际市场洗礼，我国企业在境外林业领域打造了多层次、宽领域的投资合作平台，促进了我国林业与世界经济的融合，一定程度缓解了我国木材供需矛盾，

2011 年 6 月 22 日在上海举行的第四届可持续林业与市场发展国际研讨会

有力推动了我国林业对外经济合作和国民经济的快速发展。特别是森工企业"走出去"开展境外森林资源合作,不仅拓展了企业的发展空间,破解了因国内资源短缺和造成企业经营难以为继的困局,而且进一步提高了企业职工技能,盘活了森工企业存量资产,促进了国有林区职工就业,提高了我国企业的国际竞争力。

(五)林业对外经贸合作全面推进

十年的发展,特别是经过加入世界贸易组织后带来的全方位考验,使中国企业逐步熟悉了市场经济的国际规则,在一些反倾销、反补贴调查中,中国企业不再选择忍让或回避,而是在国家主管部门的指导和全力支持下,努力通过国际贸易法律规则来维护自身的合法权益。同时,针对林产品贸易与非法采伐、气候变化等热点问题,通过加大政府间双边、多边交流、谈判和合作力度,积极参与相关国际规则的制定。在中美战略与经济对话、中美商贸联委会、中日经济高层对话、中俄双边合作、中欧双边合作、中非合作论坛等机制框架下,利用各种场合广泛宣传我国的林业政策,力推我国在森林以及林产品贸易问题上的立场、观点和主要行动,维护企业利益和国家形象。中国在世界林业经贸合作舞台上的影响力和话语权不断提升,一个对全球生态和可持续发展负责任的世界大国形象已逐步树立起来。

国家林业局、商务部与俄罗斯工贸部举行中俄森林资源开发利用合作常设小组会议

专栏一　广东省林业产业规模全国第一

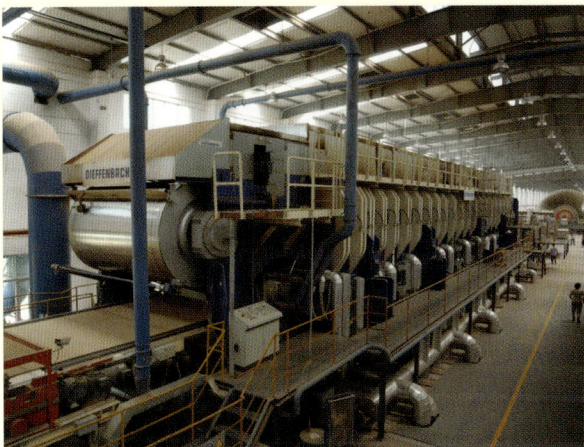
广东省威华人造成板生产线

广东省鼎丰纸业有限公司

党的十六大以来，广东省立足于全省经济社会发展战略大局，大力实施绿色发展和低碳发展战略，紧紧围绕"加快转型升级，建设幸福广东"这一核心，以林业增效、林农增收、生态增优为目标，扎实推动林业产业发展转型升级，努力实现绿色发展，产业体系逐步完善，产业规模不断扩大，林业经济功能不断拓展。2002～2011年，广东省林业产业总产值累计14188.19亿元，其中2011年达3328.0989亿元，连续多年位居全国第一。

市场引导　巩固产业基础

广东省把握市场规律，科学引导，促进森林资源培育呈多元化发展，不断巩固林业产业发展基础。全省坚持"公司＋基地＋农户"的发展模式，初步形成了"林工一体化""林板一体化""林纸一体化"的格局，营建速生丰产林达122.7万公顷，以松树为主的工业原料林72万公顷，竹林45万公顷。此外，全省大力培育苗木花卉、木本粮油、森林食品药品资源，发展水果、调料香料、木本粮油、森林食品、森林药材等五大类经济林基地98.7万公顷，花卉产业年产值达67.5亿元。

自主创新　提升产业效益

十年来，广东省不断加强自主创新，木材加工经营单位已发展到2万多家，人造板、木竹家具、木竹浆纸等特色产业优势凸显。其中规模以上的家具企业达到6000多家，木竹家具年总产值超过1300亿元，约占全国的30%，出口量占全国的38.4%，产量和出口量均名列全国第一；造纸企业400多家，木浆造纸业年产值达1742.16亿元；人造板、木地板业稳步发展，人造板企业260多家，年生产人造板784.11万立方米。全省拥有9个中国名牌产品、50个省驰名商标。

广东省茂名市龙眼喜获丰收

广东中山大涌红木家具

中国竹子之乡——广东竹制品

优美生态　成就产业新亮点

广东省森林生态旅游资源十分丰富，以森林公园和自然保护区为依托的森林生态旅游产业体系已粗具规模，初见成效，方兴未艾。目前全省已建成各级森林公园412处，总面积1470万亩，占全省国土面积5.45%；建立森林、湿地及野生动植物保护类型自然保护区255个，其中国家级5个、省级48个、市县级202个。森林公园管理和旅游服务从业人员达5000人，2011年全省森林公园共接待游客6000多万人次，直接旅游收入约58亿元，带动地方经济产值近200亿元，带动400多个村的经济发展，受益农村人口200多万人。

扩大流通　构建林产品大市场

近年来，广东省不断加大林产品流通市场基础设施建设力度，为林产品的销售和流通构筑了广阔的交易平台。2002～2011年，全省兴建大中型林产品市场达110多个。顺德区的乐从家具市场，广州鱼珠、南海大转湾、东莞兴业和吉龙等大型木制品和木材专业市场，在省内外享有很高知名度。广州、深圳、东莞三地每年的家具展销会已成为国内重要的专业博览会。广东鱼珠国际木材市场建立了中国木材行业第一个移动电子商务平台，创建了中国木材市场的第一个现货交易指数——鱼珠·中国木材指数。2002年以来，全省林产品进出口贸易总额达813.72亿美元，平均每年增长5.2%，其中出口211.36亿美元，平均每

野生动物繁殖基地

广东鱼珠国际木材市场

广东省高要市龙珠岛珍贵种苗基地

年增长 36.9%，进口 402.36 亿美元，平均每年增长 2.0%，顺差 9 亿美元。

战略转型 优化产业新格局

目前，广东省逐步实现林业产业转型升级，林业新兴产业迅速崛起。一是海南黄花梨、檀香、沉香等珍贵树种的种植和推广，在全国已形成品牌效应。二是油茶业迅猛发展，全省油茶种植面积达 13.3 万公顷，油茶原料基地建设和茶油产品深加工研发稳步推进。三是野生动植物培育利用业已粗具规模。全省野生动物驯养繁殖、野生植物培植及其产品经营利用企业进出口产值位居全国前列。四是木材加工"三剩物"和废旧木料得到较好开发利用。目前，全省共有 24 个林业项目被确定为广东省现代产业 500 强项目，培育省级林业龙头企业 93 家，评定森林生态旅游示范基地 85 家。

民营经济活跃 成为林业产业主力军

十年来，全省各级政府积极创造良好的市场运作外部环境，各类民营资本纷纷进入林业产业行业。特别是 2008 年以来，历经国际金融危机考验，经转型升级，全省民营企业经济效益明显提升，影响不断扩大，产业发展逐步走向规模化、专业化、产业化的格局，许多民营企业成为推动林业产业发展的主力军。全省林业产业产值 90% 以上来自民营企业。广东省积极发展林权抵押贷款业务，目前已累计发放 55 亿元。林业贴息贷款额从 2002 年的 1.89 亿元增加到 2011 年的 15.7 亿元，有力扶持了民营企业发展壮大。

专栏二　从森林资源小省到林业产业大省——山东省林业产业的跨越式发展

山东作为一个农业省份，林业被赋予了改善生态环境与促进农民增收的双重使命。近十年来，全省按照生态优先、产业支撑、文化引领的发展思路，在加强生态建设的同时，以占全国不到1%的森林资源创造了占全国近10%的林业产值，实现了资源小省到产业大省的跨越，成果辉煌，亮点纷呈。

林业经济空前繁荣

十年来，山东省林业产业产值持续快速增长，产业结构不断优化。2011年全省林业总产值达到2951亿元，十年间翻了三番多，连续多年位居全国前列。2012年上半年全省实现林业总产值1345.9亿元，同比增长71.14%，保持了高位增长。全省17个设区市中，林业总产值超百亿元的市，2006～2008年间只有2个，2011年达到11个，其中超过200亿元的市有5个。有4个设区市的林业产值占本市GDP的比重超过10%，成为当地名副其实的支柱产业。全省涌现了一大批聚集度很高的林业产业集群，如临沂的木材加工及人造板产业群，日照市岚山区碑廓镇的木材进出口加工贸易产业群等，都在当地区域经济中占有较大比重。

传统产业重获生机

经过长期的不懈努力，山东省通过产业结构调整，全省对林业传统产业不断进行转型升级，培育形成了特点突出，特色鲜明，呈区域化、规模化、集群化的发展新趋势。

人造板业，连续多年占全国总产量的20%以上，稳居全国第一位。临沂市被授予"中国板材之都"称号，日照市被命名为国家木材贸易加工示范区。贺友、金鲁丽、太阳纸业、华泰纸业等几十家企业品牌被评为全国驰名商标。临沂市仅兰山区就有56家板材企业通过ISO9001认证。

经济林产品，2011年产量达到176.24亿公斤，年产值达到773.7亿元，产量和产值均居全国第一位。其中板栗、银杏等栽培面积、产量均居全国前列；全省被国家命名的名特优经济林之乡达23个，全国经济林建设先进县15个，产业化示范县7个。形成了烟台苹果、日照绿茶、沾化冬枣等特色品牌。

苗木花卉产品，全省苗木种植面积142万亩，产值达97.9亿元；花卉种植面积147万亩，产值达74.5亿元，成为全国北方重要的花卉苗木基地。有80多个单位被命名为"国家级特色林木种苗生产基地"，菏泽牡丹、青州蝴蝶兰、平阴玫瑰、莱州月季等花卉品牌特色鲜明，规模宏大。

全省森林生态旅游业年接待游客2600多万人次，产值达84.4亿元；林下经济面积达122万亩，产值达181亿元。

森林旅游

大棚花卉

从"林业搭台"到"为林业搭台"

随着发展方式的转变,林业产业日趋成为全省各级政府的工作重点,这意味着"林业搭台经济唱戏"成为了过去式,现在是大家为林业搭台,让林业来唱大戏。目前,全省提出"生态大省""林业强省"的奋斗目标,不断加大林业基础设施建设,努力开拓国内国际两个市场、两种资源,为林业产业发展营造积极环境。

积极培育区域性林产品市场,健全林产品市场流通体系。大力发展展会经济,中国林产品交易会和中国北方(昌邑)绿化苗木博览会均已连续举办8届,山东花博会已连续举办4届,中国泰山国际兰花节已连续举办3届,承办了第七届中国花博会,2011年启动了黄河三角洲(惠民)绿化苗木博览会;同时积极参与各类展会,并取得优异成绩。紧紧依托资源优势,培育形成了菏泽市及曹县庄寨的林产品交易市场,青州、昌邑的花卉苗木交易市场,泰安市的花卉苗木市场,临沂市的花卉市场和果品、胶合板专业批发市场,基本建立起覆盖全省、面向国内外的林产品物流营销服务体系。

坚持实施"走出去"战略,把产业基地建在海外,利用境外资源,开拓国外市场。目前,全省有40多家企业通过收购、租赁等方式,在10多个国家和地区拥有林地林权面积达690万公顷,蓄积约6亿立方米,面积占全省版图的40%以上,蓄积量是全省林木蓄积量的6倍多。全省林产品出口到120多个国家和地区,出口种类达200个,林产品进出口总额达100亿美元。

农民增收致富离不开林业产业

山东省林产品种类丰富,是典型的农区林业、民生林业,林业成为广大农民增收的重要途径,成为提供就业机会的重要行业。全省与农民经济利益关系紧密的经济林和种苗花卉等第一产业产值就达1122亿多元。再加上第二产业的初加工和第三产业的辐射带动,全省农民人均来自林业产业的收入在2200元以上。农民收入中,来自林业的比重逐年增长,全省涌现出了一批年人均收入过5000元的县、过1万元的乡村、过10万元的农户。一些林果大县农民林业收入占到总收入的一半以上。沾化县冬枣种植面积达50万亩,冬枣总产量达6亿斤,全县农民人均冬枣收入7000元,成为当地群众致富增收的主要来源。

林下养殖

柳编制品

果品加工

专栏三　森林浙江　绿色发展——浙江省大手笔描绘林业产业发展新蓝图

浙江省诸暨市香榧基地（张健康提供）

浙江省德清云峰人造板加工（张健康提供）

近年来，浙江省深入贯彻落实科学发展观，以绿色发展为理念，积极统筹生态与产业协调发展，坚持兴林与富民同步推进，大力发展以兴林富民为目标的绿色产业。2011年，全省林业产业总产值突破3000亿元大关，达3154.8亿元；林产品及木材相关产品进出口贸易总额突破百亿美元大关，达106.62亿美元，实现了绿色经济的跨越式发展。

聚集发展　促进兴林富民

经过十年的努力，浙江省基本形成了具有现代林业产业特征的区域布局：浙北、浙东、浙西南三大竹产业区，现有竹林面积83.3万公顷，竹业总产值328亿元；以油茶、香榧、山核桃等为主的森林食品基地，面积113.3万公顷，产值350亿元；以观赏花卉和绿化苗木为主的花卉苗木生产基地12.8万公顷，种植业产值达155亿元；全省森林旅游年产值288.7亿元，年接待旅客1亿多人次。在人造板、地板、木门、家具、木竹玩具工艺品等行业形成特色和优势，已形成湖州、嘉兴、丽水、衢州、杭州的人造板制造业，湖州、杭州、绍兴的地板制造业，嘉善、温州、玉环、衢州、金华的家具制造业，嘉善、江山的木门制造业，东阳的木雕和红木家具制造业，云和的木制玩具工艺品等特色产业集群。

产业的聚集发展和特色产业集群的形成，有力促进了区域经济的发展，涌现出一批林业经济强县。全省有83%的县（市、区）林业总产值超过10亿元，其中超过100亿元的县有8个、50亿～100亿元的县（市、区）有8个。2011年，

全省农村居民人均林业纯收入达2261元，比上年增长33%，农民增加的收入中，四分之一来自林业产业。特别是9个重点林区县（市、区）的人均林业纯收入达5472元，占农民人均纯收入的54%，农民增加的收入中59%来自林业的增收。

扶优扶强　培育经营主体

在促进林业产业经营过程中，全省积极培育林业专业合作社和龙头企业等生产经营主体。目前，全省已建立农民林业专业合作社1718个，社员数15万个，带动农户95万户，带动基地450万亩。在培育林业龙头企业方面，充分发挥浙江民资充裕的优势，主动做好政策、信息、技术等方面的服务，大力引导和鼓励社会各界、工商业主投资林业。据统计，全省共有8600多家非公有制单位投资林业，累计投资800多亿元，已认定省级林业龙头企业457家。

近年来，浙江省级财政不断加大投入力度，扶优扶强促进林业产业发展。省财政每年安排1亿多元资金，用于扶持林业主导产业和林业现代园区建设。现已创建林业现代园区327个，投入建设资金5.3亿元。为促进林业经营基地化、规模化、集约化和现代化发展，浙江省出台了允许林权作价出资林业企业、专业合作社登记的政策，全省首批以林权非货币财产出资的6家公司在安吉成功注册，注册资本达2.17亿元，其中以林权作价出资总额达1.5亿元，出资林地近2万亩。

强林惠农　构建公共服务平台

一是推进森林资源流转。目前，全省已有65

个县挂牌成立了林权管理中心，210个乡（镇）建立了林权管理服务站，为林权流转建立了规范高效的一站式综合服务平台。为了确保森林资源公平、公开交易，全省已有49个县挂牌成立了林权交易中心，林权流转规模进一步扩大。全省累计流转面积已达1366万亩，流转金额214亿元。2011年，省政府又专门批准建立了华东林业产权交易所，已累计实现林权挂牌项目156个，涉及林地面积1733公顷，挂牌总价13280万元。

二是创新林业金融服务。目前全省已有45个县（市、区）开展了林权抵押贷款业务，贷款银行已扩展到12家国有及商业银行，累计发放林权抵押贷款102.88亿元。丽水市等地通过建设"林权IC卡"，将林权信息、森林资源资产评估数据与金融系统实现对接，有效破解林权抵押贷款工作中的评估难、耗时长等问题。为缓解中小企业融资难问题，先后组建了浙江信林担保公司和浙江林业小额贷款公司。担保公司已累计为400多家林产品加工企业、专业合作社提供融资担保45亿元，受保企业新增产值115亿元，新增就业人数35000多人。同时开展了政策性林木综合保险工作。目前，全省投保公益林204.8公顷，投保用材林、经济林、竹林96.4公顷，有效地增强了林业风险防范能力。

三是搭建市场营销平台。浙江省认真贯彻中央"扩内需、保增长、保民生"的精神，积极应对金融危机，举办各类博览会、推介会，宣传、推介浙江林产品，拓展国内外市场。已连续举办4届中国义乌国际森林产品博览会、4届国家级和6届省级森林旅游节、8届中国（萧山）花木节、4次笋竹产品省外推介会等活动。义乌森博会已成为我国规格最高、亚太地区规模最大的国际性林产品贸易盛会，被誉为"林业广交会"。

东阳木雕（张健康提供）

浙江省萧山绿化苗木基地

专栏四　福建省林业产值9年增4倍

福建省山多、林多，森林覆盖率居全国第一，气候湿润，雨量充沛，土壤肥沃，具有发展林业产业得天独厚的自然条件和资源优势。2002年以来，福建省大力实施"以二促一带三"发展战略，通过深化改革、调整结构、完善布局、提升服务等措施，进一步转变发展方式，有力地推动了林业产业的快速、可持续发展，在以下三个方面进步明显。

一是林业产业规模持续壮大。2011年全省林业产业总产值达2559亿元，同比增长52.8%，是2002年林业总产值的4倍。其中：实现规模以上林业工业产值1893亿元，比上年增长33.4%。全省完成商品材生产601.3万立方米；完成人造板产量1129.8万立方米；木地板产量718.2万平方米，木质家具生产完成1109.3万件；纸浆42.3万吨；机制纸及纸板529.7万吨。人造板、制浆造纸、林产化工、家具制造等产品产量位居全国前列。全年实现利润和税金分别为108.24亿元和52.01亿元，分别比上年增长39%和39.9%。

二是产业结构和布局调整初见成效。通过调整升级，全省林产品加工企业技术水平和管理水平不断提高，整体实力日益增强，生物质能源、生物医药、森林旅游等新兴产业发展取得突破，成为林业经济新的增长点。无患子开发利用和永春生物医药、明溪红豆杉、三元草珊瑚、梅列黄精、泰宁雷公藤等区域特色产业逐步形成。全省现有规模以上林业工业企业1665家，其中省级林业产业化龙头企业141家、境内外林业上市企业18家、产值2亿元以上的企业超过50家，企业规模明显增强。林业产业布局也趋于合理，林业专业园区不断涌现，海峡两岸（三明）现代林业合作试验区、莆田秀屿国家级木材加工贸易示范区、建阳海西林产工贸城、建瓯中国笋竹城、漳州花博园、仙游"中国古典家具之都"、建瓯"中国根雕之都"、政和"中国竹具工艺城"等产业集中区建设取得新进展，林业产业集中度不断提高，林业产业集群的产值占全省同行业比重已超过50%，产业集聚效应初步显现。

三是企业竞争力和发展后劲明显提升。林产品质量不断提高、品牌产品逐年增加，竞争力不断增强。截至目前，全省林业行业共获得中国名牌产品2个、中国驰名商标19件、福建名牌产品156个、福建省著名商标92件、国家地理标志保护产品5个。一批企业通过改造提升，走上节能减排和绿色清洁发展道路。目前，已有9家单位经营的178万亩森林通过森林管理委员会（FSC）森林认证，顺昌升升木业等60多家企业通过COC林产品产销监管链的认证。福建建峰包装用品公司成为国内首个以林业碳汇方式实施年度生

福建省莆田城市绿化景观

兰花生产基地

福建省莆田标准木业生产车间

产过程碳中和的企业。2011年，共有30个涉林项目被列入2011年省重点项目。2012年，又有58个涉林项目被列入2012年省重点项目。

四是林业产业在促进林区经济发展和农民增收中的作用越来越大。福建省"八山一水一分田"，林业发展涉及全省四分之三的农民。随着林业经营效益和加工水平的提升，涉林收入占农民特别是山区农民总收入的比重逐年上升，成为农民增收的重要来源。尤其在福建省西北山区，林产业的发展对调整农村产业结构，培育农村税源，促进农民就业，安置返乡农民工，增加农民收入，壮大山区集体经济等方面起了很大作用。据国家统计局福建省调查总队统计，南平林产工业产值已占全市规模以上工业产值的25%。全省农民人均林业收入每年增长30%以上。2011年，全省农民人均涉林收入2082元、增加365元，约为农民增收贡献5个百分点，部分重点林区县的农户，从林业生产经营中获得的收入已占其家庭收入的一半左右。

五是闽台合作和对外开放持续推进。以海峡两岸（三明）现代林业合作实验区和台湾农民创业园为载体，吸引台商在闽投资创办的林业企业已达430多家，合同利用台资8.4亿美元，实际利用台资6.4亿美元。作为闽台林业合作重要平台的海峡两岸花博览会和林博会已连续成功举办13届和7届。同时，通过"请进来""走出去"的方式，福建省林业对外合作发展迅速。2002年以来，全省林产品贸易一直保持稳步增长趋势，2011年全省进口木材达345万立方米，比上年增长155.7%；全年累计实现出口交货值203亿元，比上年增长21.2%，实现持续平稳增长。

福建省福州国家森林公园

专栏五　以 0.7% 的林地创造 7% 的产值——江苏省林业富民、特色、高效产业发展之路

江苏省省委、省政府高度重视林业工作。2003 年省委、省政府向全省发出建设绿色江苏的号召，2004 年做出了《关于推进绿色江苏建设的决定》，批准实施《绿色江苏现代林业工程总体规划》。2011 年，全省林业总产值达到 2291 亿元，以占全国不到 0.7% 的林地，创造了占全国 7% 以上的林业产业产值，走出了一条兴林富民、特色明显、优质高效的林业产业发展之路，有效促进了林业增效、农民增收。

林业产值居全国第五位

2002 年江苏省林业总产值 272 亿元，位列全国第 9 位；2011 年全省林业总产值达 2291 亿元，上升到全国第 5 位。其中，杨树林板纸一体化产值达 1704 亿元，林木种苗产值达 180 亿元，特色经济林产值达 189 亿元，野生动植物培育利用产值达 90 亿元，森林、湿地生态旅游产值达 128 亿元。第一、第二、第三产业比重由 2002 年的 44：53：3 调整到当前的 27：65：8，林业产业结构趋向合理。

林产品生产贸易全面发展

资源培育。2002 年以来，全省共完成植树造林面积 105 万公顷，超过此前 35 年造林总和。全省森林面积从 2002 年的 79.2 万公顷增加到 2011 年的 182.2 万公顷，林木覆盖率由 11.36% 提高到 21.2%，活立木总蓄积由 4073 万立方米增长到 8700 万立方米，森林碳汇由 7454 万吨增加到

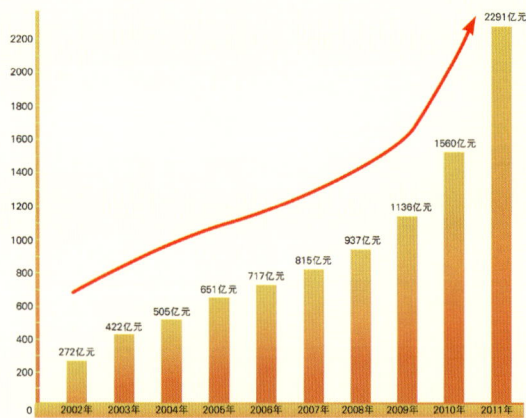
江苏省林业产值十年增长图

15484 万吨。其中杨树面积和蓄积由 2002 年的 24 万公顷、1307 万立方米提高到 2011 年的 82.6 万公顷、6841 万立方米。

杨树等板纸一体化。江苏省木材、竹材年供应能力从 2002 年的 220 万立方米、150 万根提高到 2011 年的 635 万立方米、889 万根；地板和人造板产量由 2002 年的 9 万平方米、128 万立方米，提高到 2011 年的 1.83 亿平方米、3639 万立方米。2011 年江苏省出口各类木、竹地板 5300 万平方米，出口额 6.6 亿美元，约占全国木、竹地板出口总额的 60% 以上；出口各类人造板 900 万立方米，出口额 18 亿美元。全省以杨树为主要加工原料，规模以上生产加工企业约 7000 家。杨树生产量、人造板产量、地板产量均稳居全国前列。

林木种苗。2011 年，林木种苗面积达 12 万公

林产化工（造纸业）

板纸一体化（人造板）

特色经济林——银杏业

野生植物繁育利用——红豆杉

顷，年产苗量 26 亿株。林木育苗面积及产苗量均居全国前列。全省已经形成以淮北、沿江、苏南为主的三大苗木主产区，涌现出一批花木交易市场。如夏溪花木市场、如皋花木大世界、沭阳花木大世界、嘉泽花木市场等闻名全国的种苗交易市场，年销售额均在 20 亿元以上。

特色经济林。2011 年江苏省干鲜林果等特色经济林产品产量达到 342.6 万吨。其中银杏成片林总面积 5.3 万公顷，年产白果 3.4 万吨，干青叶 1.9 万吨，银杏酮 480 吨。银杏黄酮产量占全世界银杏黄酮产量 50% 以上。

野生动植物繁育利用。近年来，野生动植物繁育利用产业发展迅猛，成为带动地区经济发展和促进农民增收致富的重要产业。2011 年，全省野生动植物繁育加工利用企业 110 余家，从业人员 1.95 万人，实现产值近百亿元。

森林、湿地生态旅游。全省省级以上森林公园由 2002 年的 31 处增长到 2011 年的 59 处，面

积由 3.7 万公顷增长到 8.1 万公顷。林业系统自然保护区由 2002 年的 7 处增长到 2011 年的 22 处，面积由 8020 公顷增长到 29.6 万公顷。2005 年开展湿地公园建设以来，全省共建立国家湿地公园 4 处、国家湿地公园试点 7 处，省级湿地公园 20 处。以上保护面积达 72.1 万公顷，占全省国土面积的 7.0%。2011 年，全省森林、湿地生态旅游人数超过 3000 万人次，旅游业从业人员达 1.2 万人。

林产化工。林产化工产业凭借江苏省较强的经济实力、丰富的人才资源和科技优势，已成为林业经济发展最具活力和潜力的新兴产业。据不完全统计，全省现有林产化工企业 300 多家，其中，制浆造纸企业 200 多家，林产初级化学品及深加工产品生产企业 20 多家，活性炭及炭材料生产企业 20 家，植物提取物及其衍生物生产企业约 30 家，香料生产企业约 50 家。产品被广泛应用于化工、轻工、电子、机械、石油、军工和食品等行业。

林木种苗

湿地旅游（太湖之滨）

第四十三篇

特色经济林和
花卉产业蓬勃发展
——极大地丰富了中国人
的米袋子、菜篮子

　　以干鲜果品、木本粮油为主的经济林建设是我国现代林业建设的重要组成部分，在统筹城乡发展、推进山区综合开发、维护国家粮油安全、改善生态状况和促进农民就业增收中，发挥了十分重要的作用。党的十六大以来，党和国家进一步加强经济林建设，特色经济林和花卉产业等林业主导产业呈现出快速、持续、健康发展的良好态势。

四川省华欧有限公司油橄榄生产基地

一、特色经济林产业快速发展

　　我国特色经济林主要涉及干果、水果、木本粮油、木本调料、木本药材、工业原料、饮料和其他类等 8 大类产品。产品种类繁多、丰富多样，是食品、工业原料、化妆品、医药保健品等重要组成部分。近年来，党和国家出台了一系列政策，鼓励和引导经济林产业又好又快发展。2003 年，《中共中央　国务院关于加快林业发展的决定》中指出要突出发展名特优新经济林；2007 年，国家林业局、国家发展和改革委员会等

宁夏回族自治区中宁县枸杞产品
（宁夏回族自治区林业局产业处提供）

甘肃省陇南市武都区花椒林
（甘肃省陇南市武都区林业局提供）

2007 年 4 月，国家林业局副局长祝列克在云南省红河考察
生物质能源林基地建设（国家林业局办公室提供）

7 部委印发的《林业产业政策要点》中将名特优经济林基地建设列为林业产业发展的重点领域予以大力支持；2009 年，中央林业工作会议明确指出特别要着力发展板栗、核桃、油茶等木本粮油，加快山区综合开发步伐；2010 年，《中共中央 国务院关于加大统筹城乡发展力度 进一步夯实农业农村发展基础的若干意见》明确要求积极发展油茶、核桃等木本油料；2011 年发布的《林业发展"十二五"规划》中将木本粮油和特色经济林产业纳入林业"十二五"时期重点发展的十大主导产业。2012 年，国家林业局出台《全国特色经济林产业千县富民发展规划（2011～2020 年）》，进一步明确国家特色经济林产业发展布局，合理引导"千县"乃至全国经济林产业健康有序发展。

面积不断扩大、产量稳步提高、产值大幅增长。至 2010 年年末，全国经济林面积达 3328 万公顷，经济林产品产量达 12617 万吨，其中水果 1.11 亿吨，干果 807 万吨；经济林产品种植与采集产值达到 5158 亿元，占林业第一产业的 58%，占林业总产值的 22.5%，占农业总产值（第一产业）的 14%，与"十五"期末相比增长 1.25 倍。其中以木本粮油、木本药材、木本调料为主的特色经济林栽培面积 1492 万公顷，占全国经济林面积的 44.9%，占有林地面积的 8.2%；特色经济林产品产量达到 1010 万吨，占全部经济林产品产量的 8%；特色经济林种植与采集产值达 1900 亿元，占经济林总产值 36.8%。

树种、品种结构得到优化，基地化建设水平不断提高。在大力发展特色经济林的同时，各地注重树种、品种结构调整，大力发展有市场潜力的特色树种和优良品种。通过采取切实措施，积极开展良种选育，推广先进实用技术，加大科技投入，做好

2011 年 7 月 11 日，全国人大常委会副委员长、全国妇联主席陈至立
考察新疆维吾尔自治区和田县葡萄长廊

技术服务，扩大基地化生产，实施示范带动，有力促进了品种优化和品质提升，提高了特色经济林的综合产出效益。"十一五"期间，利用农业综合开发资金，先后新建名特优新经济林示范基地 597 个，使木本粮油树种的 30 多个名特优新品种得到很好的示范推广，油茶、核桃、板栗在育苗技术上取得重要突破，枣的发展注重了优质鲜食品种的扩大栽培，主要木本粮油树种基本实现了品种化栽培和基地化发展。由国家林业局、中国经济林协会命名的"中国名特优经济林之乡"达到 421 个。

商品化程度不断提高，产业化实力明显增强。经济林发展规模的不断扩大，带动了种苗培育、产品加工、贮藏运输业的发展。目前全国已建成良种繁育基地（种质资源库、苗圃）4273 处，年提供各类优质苗木 50 亿株，基本满足了主要经济林树种的苗木数量需求；全国有各类经济林果品加工企业 1 万多家，其中大中型企业 1200 多家；年加工量达到 1600 万吨，占总产量的 12%，年产值 1100 亿元；各类经济林果品贮藏企业 1 万多个，其中大中型企业 700 多个；贮藏保鲜量 1200 万吨，占总产量 10%，年产值 480 亿元。主要经济林加工产品涌现出一批全国性的名牌产品和中国驰名商标。

山区经济迅速发展，林农生活得到改善。根据全国林业重点省区调研统计，主要生产油茶、核桃、板栗、枣等木本粮油的大县，特色经济林产值达到国内生产总值的 8% 左右。林农种植特色经济林年人均收入达到 1220 元，占农民人均纯收入的 21%。林农通过因地制宜发展特色经济林，不仅绿化了荒山，改善了环境，而且增加了收入，探索出一条"不砍树也能致富"的门路。

油茶产业发展步入快车道，呈现出良好发展态势。全国油茶产业发展一年比一年快，一年比一年好，油茶种苗制约瓶颈得到了有效突破。14 个省（自治区、直辖市）油茶良种苗木的生产能力从 2008 年的 5000 万株提高到了 2012 年的 5 多亿株，增长了 9 倍。4 年来全国新造林 900 多万亩，改造油茶低产林 1000 多万亩，圆满完成了规划任务。

2008 年以来，国家扶持油茶产业发展的力度不断加大，投入到油茶产业的资金达近 100 亿元。国家基本建设投资对油茶造林补助标准由过去每亩 200 元提高到了 300 元；中央财政从 2011 年起统筹安排农业综合开发、现代农业生产发展资金等 10

2009 年 8 月 17 日，全国政协副主席白立忱视察
宁夏回族自治区吴忠市红寺堡葡萄园区

项资金用以扶持油茶等木本油料产业发展，2011 年资金总量达到 20 亿元；各地对油茶产业发展的扶持力度也不断加大，例如湖南、江西、广西 3 个省（自治区），每年都拿出 5000 万元设立油茶产业发展专项资金。

油茶产业已成为农民致富的新亮点，对农民的增收作用已开始显现。油茶收购价格不断上涨，从 2004 年的每公斤 20 元，涨到了 2009 年每公斤 50 元，2011 年又进一步上升到每公斤 70 元，成为近年来收购价格涨幅最大的林产品，对增加农民收入起到了积极的带动作用。

油茶产业化程度不断提高。全国参与油茶产业的企业已达到 1000 多家，专业合作社达到了 1500 多个，仅企业投入的资金就达 80 多亿元，营造油茶基地 300 多万亩。国家林业局加大对油茶企业的扶持，2011 年认定了 43 家油茶龙头企业。茶油产品销量不断增加，湖南大自然油茶开发有限公司开发的"九嶷""自然港"等系列有机精炼茶油，通过了美国食品药品管理局（FDA）检验，为茶油远销国外奠定了基础。

油茶硕果累累（江西省林业厅提供）

湖北省通城县农民油茶收获的喜悦（陈传舟提供）

2008 年北京奥运会上的礼仪用花

二、花卉产业成为朝阳产业

2002 ~ 2012 年，我国花卉产业发展取得了显著成就，对于绿化美化环境、调整产业结构、增加农民收入、扩大社会就业、提高人民生活质量，促进经济社会发展和生态文明建设发挥了重要作用。

产业规模稳步发展。据统计，2011 年全国花卉种植面积 102.40 万公顷，销售额近 1068.54 亿元，比 2002 年的 33.44 万公顷、293.99 亿元分别增长了 206.2%、263.5%，花卉业发展方式正在由数量扩张型向质量效益型转变。2011 年，江苏省和河南省的花卉种植面积超过 10 万公顷；广东省和浙江省的花卉销售额超过 100 亿元。浙江省森禾种业股份有限公司等大型花卉企业不断涌现，北京东方园林、广东棕榈园林等花卉企业成功上市。大中型花卉企业在专业化生产、市场开拓、品牌打造、科技研发等方面的特点和优势逐步显现，产业聚集效应明显增强，产业效益显著提升。

现代化温室花卉生产

2007 年 6 月 2 日，全国政协副主席阿不来提·阿不都热西提视察
贵阳市白云区麦架镇高坡村花卉种植基地

产业布局不断优化。形成了以云南、辽宁、广东等省为主的鲜切花产区，以广东、福建、云南等省为主的盆栽植物产区；以江苏、浙江、河南等省为主的观赏苗木产区；以广东、福建、四川等省为主的盆景产区；以上海、云南、广东等省（直辖市）为主的花卉种苗产区；以辽宁、云南、福建等省为主的花卉种球产区；以内蒙古、甘肃、山西等省（自治区）为主的花卉种子产区；以湖南、四川、河南等省为主的食用药用花卉产区；以黑龙江、云南、新疆等省（自治区）为主的工业及其他用途花卉产区；以北京、上海、广东等省（直辖市）为主的设施花卉产区。

科技创新得到加强。据不完全统计，2011 年全国有花卉专业技术人员 19.52 万人，比 2002 年的 8.51 万人增加了 129.4%。十年来，全国花卉标准化技术委员会、国家花卉工程技术研究中心等科研服务机构相继成立；"花卉新品种选育及商品化栽培关键技术研究示范""名优花卉矮化分子、生理、细胞学调控机制与微型化生产技术"等科研项目获得国家科技进步二等奖；获得国家植物新品种权保护的观赏植物新品种 259 个，其中由我国自主培育的有'中国红'月季、'风华绝代'菊花等。全国

花卉在城市园林中的应用

2009 年在北京举办的第七届中国花卉博览会

初步形成了以各级农林业技术推广部门、各级植保植检机构、花卉重点产区园林研究教学机构为主体的技术推广服务体系，以协会组织、企业带动、花农参与为基本格局的花卉产业服务体系。

市场建设粗具规模。2011 年，全国有花卉市场 3178 个，比 2002 年 2397 个增加了 32.6%。云南省昆明国际花卉拍卖交易中心、广东省陈村花卉世界、江苏省武进夏溪花木市场等已经成为全国具有代表性的专业花卉市场。全国现有一定规模的花店近 8 万家，网络花店 2000 多家，还有一大批具有我国特色的批零兼营花店分布在各大批发市场。随着产业发展，花卉营销手段不断出新：以北京市世纪奥桥园艺中心、浙江省虹越园艺家等为代表的时尚花卉超市和花园中心不断涌现；以长沙市都市花乡、成都市春天花坊等为代表的连锁花店开始形成；网络花店、鲜花速递和花卉租摆等新型零售业正在兴起。

花文化日趋繁荣。以中国花卉博览会、世界园艺博览会等一系列全国性、国际性大型花事活动为载体，将花卉主题展览展示与花卉产业园区建设、休闲观光旅游相结合，使赏花为主题的旅游市场逐年扩大，极大地促进了产业链的延伸，花文化内涵得到不断挖掘和广泛宣传。利用 2008 年北京奥运会、2010 年上海世博会在我国举办的有利时机，花卉界积极参与两大盛会，用花卉景观布置为重大活动增光添彩，花卉产业的社会影响力得到极大提升。

对外合作不断扩大。2011 年，全国花卉出口创汇 4.80 亿美元，是 2002 年 0.83 亿美元的 5.8 倍。云南、广东、福建等省已成为主要出口花卉生产基地，产品销往日本、荷兰、韩国、美国、新加坡及泰国等 50 个国家和地区。目前，正在开拓大洋洲、东欧、东盟、中东和中亚等花卉出口的新兴市场。党的十六大以来，在中国花卉协会的组织下，中国举办了两次世界园艺博览会、一次亚洲杯插花花艺大赛等大型国际性花事活动，国际花卉园艺合作不断加强，一大批境外花卉企业落户国内，国内花卉企业也开始到国外投资兴业。

古色古香的竹制家具

三、竹产业异军突起

我国竹子资源十分丰富，现有竹林面积为 538.1 万公顷，占亚太地区竹林面积的 50% 以上；竹类植物 34 属 534 种，约占世界竹种的 40%。竹子种类、竹林面积、竹材产量、竹材加工水平和国际贸易量均居世界前列。国际竹藤组织总部设于我国，显示出我国在世界竹产业领域的重要地位。

党的十六大以来，全国竹材加工产业蓬勃发展。通过科技攻关和技术革新，竹产品产量和质量快速提升。据不完全统计，2002 年我国竹产业年产值仅为 370 亿元；

徽派胶合木竹结构建筑

2011 年竹产业总产值已达 1047 亿元，竹材产量超过 15 亿根。全国主要竹产区竹农收入的 30% 来自竹业产，主要竹产区县财政收入的 25% 来自竹材加工产业。竹产业发达的浙江省，其产值从 1999 年的 55 亿元发展到 2010 年的 262 亿元，从业人员达 353 万，近 40 个县（市、区）的竹业产值超亿元。竹产业对促进区域经济发展作出了突出贡献。

竹加工利用活力迸发。特别是"十一五"以来，竹产业快速发展，我国出现了种类繁多的竹产品，丰富了人们的经济文化生活。我国竹产品已发展到 10 多个类别、近万个品种，主要用于 6 个方面：制浆造纸、竹质复合材料（建筑材料及家具等）、竹工艺制品及日用竹制品（竹雕、竹凉席等）、竹材及加工剩余物的化学加工产品（竹炭、竹醋液等），竹食品、医学药品和保健品（竹笋、竹叶提取物等），纺织用竹纤维（竹粘胶纤维、竹原纤维等）。

浙江省义乌市国际森林博览会吸引世界各地客商

应用在抗震救灾中的竹材预制房

竹产品国际贸易潜力巨大。中国竹产品加工出口居世界之首。2010 年，出口额已达 18.5 亿美元，产品远销 30 多个国家和地区。其中，60% 出口到欧美、日本等发达国家和地区。竹产业已成为我国在国际市场具有很强竞争力的绿色朝阳产业。

竹业生态文化魅力非凡。竹子是陆地森林生态系统的重要组成部分。以竹林形成的森林环境为依托，以竹文化为主要内容的旅游业等生态产业，近年来在浙江、福建、安徽、四川、广东、广西、湖南等省（自治区）迅猛发展，已成为竹产业新的经济增长形式。竹文化在我国具有悠久的历史传统，我国政府十分重视弘扬和发展竹文化。国家林业局、国际竹藤组织和相关省人民政府联合举办了 6 届中国竹文化节。弘扬竹文化、发展竹经济，促进绿色增长、建设新农村，在中华大地蔚然成风，竹文化作为建设生态文明、繁荣生态文化的重要内容已深入人心。

科技成就竹产业无限生机。"十一五"以来，依靠科技，开拓创新，竹类资源环境友好经营和高附加值加工利用技术日新月异，对于改善我国生态环境、促进经济发展、满足人们日益多样化的需求等发挥了重要作用。目前，我国共取得自主知识产权的竹产品和专利技术 450 多项，推广应用竹业实用技术 500 多项。"竹藤资源培育与高附加值加工利用技术研究"和"竹类资源环境友好经营与循环利用关键技术研究与示范"科技支撑项目的圆满完成，共取得科技成果 40 项，发表论文 445 篇，专利 89 件，专著 4 部。利用竹结构材建造的抗震竹质预制房屋在 2008 年四川省抗震救灾中得到应用。由江泽慧教授主持的"竹质工程材料制造关键技术研究与示范"

项目获得了 2006 年度国家科学技术进步一等奖。通过承担商品共同基金（CFC）"竹人造板预制房在亚非的开发和商品化"和"中国四川地震灾害地区用竹质预制板房的示范推广"项目，帮助国际竹藤组织成员国开发竹子资源，发展区域经济，消除贫困。同时，为我国贵州、广西、安徽等省（自治区）举办技术培训，培育当地林业经济新的增长点，促进林农持续增收。

竹藤标准体系日臻完善。2003 年，全国竹藤标准化技术委员会成立。我国竹子标准的制修订、推广普及和宣传贯彻等方面的工作得到很大发展。目前，我国有竹子标准 78 项，其中国家标准 17 项、行业标准 61 项（包括林业行业标准 24 项）；正在编制和修订的竹子标准有 52 项，其中国家标准 18 项、行业标准 34 项，涵盖了竹材培育、竹质新材料、竹炭、竹醋液、竹纤维、竹子防腐、竹工艺及日用品等方面。

富有特色趣味的竹制计算机键盘

专栏一 油茶产业发展势头强劲

我国粮油安全问题一直备受关注。近年来，我国食用植物油对外依存度超过 60%，且呈加剧之势。在此背景下，国家把大力发展油茶产业作为保障粮油安全的战略决策。油茶是我国特有的木本油料树种，茶油是联合国粮食及农业组织推荐的健康型高级食用油。油茶产业集生态效益、经济效益和社会效益于一身，而且避免与粮争地，对于推进山区综合开发、促进农民就业增收、维护国家粮油安全、改善人民食用油结构、加快国土绿化进程都具有十分重要的作用。

国家高度重视油茶产业发展

党中央、国务院高度重视油茶产业发展工作，胡锦涛总书记、温家宝总理、回良玉副总理曾多次作出重要批示和指示。2009 年 2 月，温家宝总理对发展油茶产业作出重要批示，要求国家发展和改革委员会、财政部、农业部、国务院研究室对油茶良种补贴政策进行认真研究。在 2009 年《政府工作报告》中，温家宝总理进一步明确提出，要实施油茶良种补贴政策。在中央林业工作会议上，回良玉副总理再次强调，要大力发展油茶等木本粮油。这次会议前，回良玉副总理又对发展油茶产业作出重要批示："要继续把油茶产业这一利国利民的大事抓好，前阶段起步较好，已初显成效。望认真总结经验，探索创新油茶产业发展机制，强化工作指导，狠抓各项措施落实，务必要因地制宜，切实解决好良种、技术、投入和产业化问题，既要积极推进，又不能盲目发展。"2009 年 10 月下旬，国务院正式批准了《全国油茶产业发展规划（2009～2020 年）》。这是从国家层面针对单一树种批复的专项规划，充分体现了党中央、国务院对油茶产业的高度重视。所有这些，为加快发展油茶产业指明了方向，确定了目标，明确了任务和要求。从此，中国油茶伴随着集体林权制度改革开始了一场前所未有的产业发展大转折。油茶产业发展的每一步，始终牵动着中南海，倾注着党中央的心血。

国家林业局珍惜机遇，立足长远，科学有序

地谋划油茶产业的未来发展。2009年4月16日，国家林业局做出决定，集中国有林场和林木种苗工作总站、造林司、计财司、科技司的有关人员，成立了"油茶产业发展办公室"（简称"油茶办"），紧接着，国家林业局指导各主产省（自治区、直辖市），先后建立了油茶办，赋予了相应的职能与任务。2011年，国家林业局又将油茶办集中整合到计财司。自2008年以来，国家林业局认真贯彻落实国务院决策部署、强力推进油茶产业发展，已连续4年召开全国油茶产业发展现场会，专题研究部署油茶产业发展工作，有力推动了油茶产业科学有序健康发展。

油茶产业前景广阔

茶油号称"东方橄榄油"，具有优质食用油的全部功能特性，与油橄榄、油棕、椰子并称为世界四大木本油料树种。油茶具有一次种植多年受益的特点，稳定收获期长达80年以上。经专家测算，每亩油茶的产值约为4.2亩油菜或1.34亩花生的产值。大力开发茶油等木本油料，已经成为许多国家解决食用油严重不足的主要渠道。当前，中国食用油对外依存度过高，大力发展油茶产业，有利于缓解国家粮油危机。

我国油茶产业发展历经"三起三落"，现在大力发展油茶产业具有巨大的优势和潜力。一是有较为扎实的新品种、新技术基础。选育出了200多个能够实现高产、稳产的优良品种，在种苗繁育、油茶栽培、抚育管理等方面形成了一系列配套技术。二是有较为完善的加工利用基础。油茶加工向规模化、精深加工转变。油茶副产品不断开发。油茶产业链不断延伸。三是有各部门和地方各级政府的积极推动。从中央到地方积极从政策、资金、技术等方面加大支持力度，出台具体的政策措施。四是有广大农民高涨的积极性。集体林权制度改革后，农民拥有了林地使用权，经营林地、发展产业热情空前高涨。

根据《全国油茶产业发展规划》，到2020年，全国油茶林面积将达7000万亩，年产茶油达250万吨。目前，全国现有油茶林面积有近5000多万亩，分布在14个省（自治区、直辖市）（浙江、安徽、福建、江西、河南、湖北、湖南、广东、广西、重庆、四川、贵州、云南、陕西），涉及600多个县。目前全国茶油产量为每年30万吨左右。

油茶新造林（国家林业局场圃总站提供）

茶油作为一种高档食用油逐渐为社会认同（李世峰提供）

湖南省林业科学院进行的油茶高枝换冠试验（李世峰提供）

专栏二 林业干鲜果品产业发展形势喜人

近十年，各地大力发展干鲜果品产业，全国形成了各具特色、生机逆发的产业格局，产业发展硕果累累。

一是坚持工程带动，集约化规模化发展。在实施重点林业生态建设工程中，坚持宜林则林，宜果则果，建设了一批干鲜果品基地。2007年开始，国家林业局启动在全国建设经济林产业示范县工作，进一步激发了各地发展干鲜果品的积极性。

二是坚持品牌战略，实行一县一品。形成了一批特色拳头产品，其中不少成为当地的支柱产业。如河北鸭梨、北京平谷大桃、浙江山核桃、新疆库尔勒香梨、京东板栗、宁夏中宁枸杞、云南漾濞核桃等。2000～2011年，有420个县级行政单位获得国家林业局、中国经济林协会命名的名特优中国经济林之乡。这些经济林之乡中，特产为鲜果类的有149个（包含26个品种）、干果类113个（包含6个品种）、茶桑类28个、木本油料类24个、调香料类28个、工业原料类7个、森林药材类33个、森林食品类16个、其他22个。

三是坚持推进林果产业结构优化升级。各地合理确定特产树种，优化品种结构，调整优化林果业产业结构布局，特色更加鲜明。榛子、蓝莓、树莓等一批特色果品得到快速发展。

四是狠抓产品质量，增强出口创汇能力。如新疆维吾尔自治区林业厅与新疆出入境检验检疫局从2009年开始，联合展开林果产品出口基地建设，下发了《关于联合做好出口水果果园注册登记工作，促进新疆林果产品扩大出口的通知》。目前，全自治区注册登记的出口果园644个，面积为60多万亩，注册登记出口水果包装厂101家。2011年新疆维吾尔自治区出入境检验检疫局检验检疫出口林果产品22万吨，货值2亿多美元。

五是坚持产业发展与促进农民增收致富相结合。许多地方农民通过发展果品业走上了致富路，涌现出一批通过发展果品产业致富的万元户、10万元户乃至几十万元户。河北省共有1400多万农

核桃加工产品

核桃加工产品

垂枝栗（果实）

国家枣资源圃

河北省赞皇大枣

大枣产品

民从事果品生产经营，果品集中产区果品业人均收入达 1600 多元，有 2000 多个村人均果品收入超过 3000 元，林果业成为当地农民增收致富的主要途径。

各级党委、政府高度重视发展林业干鲜果品业。2002 年以来，干鲜果品的种植面积、产量不断增加。从 2004 年起，我国经济林面积和产量跃居世界第一，成为名副其实的经济林大国。到 2010 年年末，全国林果等经济林种植面积 3328 万公顷，各类经济林产品总产量达 1.26 亿吨，产值 5158 亿元，占林业第一产业产值的 58.0%；占林业总产值的 22.6%。经济效益和出口创汇能力不断提高，全国茶、桑、果的种植和采集的总产值从 2002 年的 11341453 元增加到 2011 年的 47072600 元，平均年增长率超过 10%；果品（含果汁、罐头等加工产品）出口数量从 2006 年的 3701600 吨增加到 2010 年的 5641823 吨，果品出口金额从 2002 年 24.75 亿美元增加到 2010 年的 49.02 亿美元。

2002 ～ 2011 年全国茶、桑、果种植与采集总产值

年　份	2002	2003	2004	2005	2006
茶桑果产值（万元）	11341453	12748153	14321174	15312096	16182719
增长率（%）		12.4	12.34	6.92	5.69

年　份	2007	2008	2009	2010	2011
茶桑果产值（万元）	22955890	26148086	29176884	39368342	47072600
增长率（%）	41.85	13.9	11.58	34.93	19.57

2006 ～ 2010 年全国干鲜果品（含果汁、罐头等加工产品）出口数量与金额

年　份	2006	2007	2008	2009	2010
出口总量（吨）	3701600	4774300	4841000	5413000	5641823
增长率（%）		28.97	1.39	11.81	4.22
出口金额（亿美元）	24.75	37.5	42.3	43.5	49.02
增长率（%）		51.51	12.8	2.83	12.68

专栏三　核桃产业发展方兴未艾

核桃是我国古老的经济树种之一，其坚果为世界四大坚果（核桃、扁桃、榛子、腰果）之首。根据《中国果树志·核桃卷》记载，早在7000年前，我国就有核桃生长，是世界核桃原产地之一，我国核桃栽培历史有2000多年。核桃可分为早实、晚实两大类群。根据果壳厚度，每个类群又可分漏仁、纸皮、薄皮、厚皮等若干不同类型。核桃树的坚果、青皮、种壳、木材及枝叶、花都有较高的经济价值。据不完全统计，目前，我国核桃栽培总面积约3600万亩，核桃总产量约98万吨，年产万吨以上的有云南、新疆、四川、陕西、河北、山西、辽宁、山东、甘肃、河南、浙江、北京、安徽、贵州、吉林15个省（自治区、直辖市），占全国核桃总产量的97.6%。全国860多个县（市、区）有核桃分布，种植面积1万亩以上的重点县300多个，其中面积10万亩以上的有130多个县。

核桃除直接食用外，深加工产品主要有核桃油、核桃蛋白、核桃粉、核桃乳及一系列的风味核桃制品。核桃含有丰富的蛋白质、优质脂肪和多种维生素以及人体不可缺少的矿物质，营养价值极高。含热量与米面相近，既是优良的果品，又是很好的粮食替代品。据专家研究，按热量折算，1公斤核桃相当于2.4公斤小麦、2.24公斤玉米。核桃还是优质果、油兼用树种，核桃种仁含油率高达60%～80%，是大豆的3～4倍，花生的1.5倍。核桃油脂品质优良，不饱和脂肪酸含量高，属高档食用保健油料，对高血压、心血管等疾病具有良好的医疗保健作用。

我国是一个多山的国家，山区面积占69%，山区人口占56%。发展核桃产业是开发山区，有效促进农业产业结构调整，实现农民增收致富，改变山区落后面貌的一条重要途径。利用丘岗山坡地、地埂田边等边际土地，发展核桃等木本油料林，既不与粮争地，而且一次种植多年甚至百年收益。既可保证国家粮油有效供给，也可以减少粮油产品的进口依赖，对维护国家粮油战略安全具有重要意义。

近年来，各地认真贯彻国家有关发展林业产业的政策，积极推进核桃产业发展。云南省委、省政府出台了《加快核桃产业发展意见》《加快木本油料产业发展的意见》，仅2008～2009年财政就投入2.7亿元扶持核桃产业发展，并明确今后每年省财政投入核桃产业1.3亿元专项资金。新疆维吾尔自治区党委、政府先后两次出台了《加快林果产业发展的意见》等政策，全区每年用于发展核桃等林果业的资金超亿元，积极推动核桃等木本粮油林发展。目前，全国核桃主推良种有'中林''辽核''晋龙''云新''漾濞''薄壳香'等系列品种（品系）300多个，良种采穗圃近3万亩，年产穗条上亿株。

目前，由国家林业局、中国经济林协会命名的"中国核桃之乡"有26个，"国家核桃示范基地"有10个。国家质量监督检验检疫总局颁布了山西省"汾阳核桃"、河北省"石门核桃"等14个核桃地理标志认证。新疆维吾尔自治区阿克苏核桃、山东省费县核桃标准化示范区等获得国家绿色食品认证。各地涌现出一批知名加工企业，如河北省绿岭、养元智汇，山西省汾阳裕源土产，山东省华鲁、四川省广元天湟山核桃公司等企业。

新疆维吾尔自治区阿克苏地区温宿县核桃生产基地
（新疆维吾尔自治区林业厅提供）

河北省绿岭核桃晾晒　（河北省林业厅果桑处提供）

第四十四篇

生态文明观念
深入人心

——矗立在亿万人民
心中的绿色丰碑

　　生态文明作为人类文明的一种新的形态，是人类文化发展的成果，也是可持续发展战略的目标。人们越来越深刻地认识到森林资源可持续发展对于人类生存和文明延续的核心价值，加快林业发展是建设生态文明的首要任务，直接关系到人民群众切身利益和中华民族生存发展。党的十七大首次提出生态文明的理念，并对其主要任务作出部署，充分体现了党和政府引领生态文明建设的战略举措。2007年以来，按照中央的部署，国家林业局在深入贯彻落实科学发展观、加快林业发展方式转变的同时，明确提出要构建繁荣的生态文化体系，并将其与林业生态体系和林业产业体系建设同步推进。特别是近年来，国家林业局不断创新宣传方式、拓宽宣传领域、丰富宣传内容，在全社会积极倡导生态道德观、生态价值观、生态政绩观、生态消费观等生态文明观念，使生态文明观念深入人心，成为各级党委政府执政的新理念。积极参与林业已成为吸引社会各界投资的新热点，尊重自然、热爱森林、植绿护绿兴绿，已成为中国公民追求生态文明的新风尚。

一、实施生态立省战略格局初步形成

　　中央林业工作会议明确提出，要把发展林业作为实现科学发展的重大举措、建设生态文明的首要任务、应对气候变化的战略选择、解决"三农"问题重要途径。按照中央的统一部署，各级党委、政府在贯彻落实科学发展观和建设生态文明的战略决策中，把加快林业发展作为贯彻落实科学发展观的重大实践摆上重要位置，确立了生态立省、生态兴省、生态强省的发展战略，采取一系列重大举措加快林业发展，在全国掀起了前所未有的加快林业改革发展的高潮。

2007年9月27日，在关注森林活动总结表彰大会暨全国林业宣传工作会议上，
国家林业局明确提出大力推进生态文化体系建设

2012 年 2 月 13 日，吉林省召开全省林业局长会议提出生态强省奋斗目标

　　吉林省提出要加强生态吉林建设，实施第二个十年绿化美化吉林大地、草原湿地保护、黑土地保护、长白山林区生态保护等生态工程，加强城乡环境建设，构筑我国东北生态安全重要屏障。安徽省提出要建设宜居宜业的生态强省等"三个强省"的奋斗目标，明确造林绿化，提高森林覆盖率是建设生态强省的主要任务和举措。山东省提出要建设生态山东，使山东生态环境更加优美宜居的目标，并于 2010 年起启动了总投资 600 亿元的水系生态建设工程，规划 5 ~ 10 年，完善或新建农田林网面积 3500 万亩，新建造林面积 1370 万亩，新建或续建 2000 万亩湿地自然保护区和162 处湿地公园。广东省提出加快转型升级，必须强化绿色发展，走生态立省之路。并作出了新一轮"十年绿化广东"的部署，明确提出实施生态景观林带、森林碳汇和森林进城围城等三大重点生态工程。湖南省提出建设绿色湖南奋斗目标，并指出，"青山绿水是我省巨大优势和巨大财富，要像爱护眼睛一样保护好"，经省委、省政府批准，启动实施了《绿色湖南建设纲要》。云南省始终坚持生态立省、环境优先，按照经济建设与生态建设同步进行、经济效益与生态效益同步提高、产业竞争力与生态竞争力同步提升、物质文明与生态文明同步前进的要求，走生态建设产业化、产业发展生态化之路，实施绿水青山计划。其他省（自治区、直辖市）也结合自身实际，提出了加快推动林业改革发展，全面实施生态立省战略的执政方略。目前，全国已有 21 个省（自治区、直辖市）明确提出了生态立省和建设生态省、绿色省的发展战略。这些重大战略决策的出台，充分表明建设生态文明成为各级党委、政府和全社会的共同行动，"生态立省""生态立市""生态立县""既要金山银山，更要绿水青山"成为地方各级党政领导的执政理念；追求人与自然和谐，追求绿色增长，确保发展永续，确保宜居永续，确保为城乡居民提供更多更好的生态产品，正在成为经济社会发展的理念和实践；加强生态建设、加快林业发展成为各地规划的重要内容，并转化为具体的政策和行动；全民植树护绿意识明显增强，植新婚林、

广东省各级领导干部参加义务植树活动

生日林等纪念林成为新的时尚，认养树木和绿地蔚然成风，特别是在一些地方移风易俗，实行了由传统土葬改变为树葬的新风尚。目前，在全国已经形成了各级领导高度重视、相关部门密切配合、人民群众踊跃参与、社会各界广泛响应的生态建设良好局面，适龄公民义务植树尽责率逐步提高。近十年，全国累计共有63亿人次参加义务植树，植树264亿株，比前一个十年增加18亿人次和24亿株。

专栏一　广东省实施生态立省战略

2012年5月9日广东省第十一次党代会明确提出：积极实施绿色发展战略，坚持走生态立省之路，不断提高生态文明建设水平。结合全省主体功能区划，确立构筑以珠江水系、沿海重要绿化带、北部连绵山体为主要框架的区域生态安全体系，打造经济社会协调发展的绿色屏障。着力打造珠三角现代林业强区、粤北现代林业优化区、粤东现代林业增效区、粤西现代林业惠民区。以生态景观林带、森林碳汇、森林进城围城三大重点生态工程为龙头，全面建成覆盖全省的生态安全屏障框架，引领新一轮绿化广东大行动，全面提升生态建设质量。

生态景观林带工程：规划建设23条共10000公里、805万亩的生态景观林带。2011年开始试点，力争3年初见成效，6年基本成带，9年完成各项指标任务；森林碳汇工程：2015年前消灭全省现有的500万亩宜林荒山，改造1000万亩疏残林、纯松林和布局不合理的速生林，实现以乡土阔叶树种为主体的混交林全省覆盖；森林进城围城工程：规划期限为2012～2020年，总投资超过100亿元。到2015年珠三角9个地级市要初步达到国家森林城市建设标准，为全面推进珠三角城市生态文明建设打下坚实基础。

以培育生态文化为引领，推动全社会共建共享绿色生态成果。着力建设生态文化教育基地和动植物标本馆、博物馆等基础设施，鼓励各地依托森林、湿地和生物多样性等资源禀赋，大力发展生态文化产业，扶持花木园艺、木质雕刻、生态影视等生态主导产业，以生态产业大发展带动生态文化大繁荣。

力争到2015年，广东省森林面积增加900万亩，林木蓄积量增加1.32亿立方米，森林覆盖率达到58%，森林蓄积量达到5.51亿立方米，林业总产值达到3500亿元，森林资源综合效益总值达17600亿元，建立具有广东特色的现代林业产权制度，基本建成林业生态省。

专栏二　青海省实施生态立省战略

2012年5月18日，青海省第十二次党代会提出：建设新青海，创造新生活，就要大力实施生态立省战略，加强生态保护，培育生态文化，发展生态经济，建设生态文明先行区，加快建设资源节约型、环境友好型社会，实现经济发展、社会进步、生态文明共赢，推进青海绿色文明崛起。在全省所有地区完善科学考评办法，把资源消耗、环境质量、生态投资、绿色产业等纳入目标考核指标体系，以绿色发展推动科学发展。在全社会树立绿色消费观，引导公民、家庭和单位绿色消费，营造自然、健康、适度、节俭、生态的绿色消费环境和氛围。加强绿色文明教育，普及生态伦理价值、生态道德文化，形成生态文明新风尚。建设好三江源国家生态保护综合试验区。加快编制和实施三江源生态保护和建设二期工程规划，统筹实施民生改善、生态产业发展、基础设施建设项目。开发试验区生态管护公益岗位，发展生态移民后续产业，发挥农牧民生态保护主体作用。鼓励和引导个人、民间组织、社会团体参与三江源生态保护公益活动。同时，继续做好青海湖草原湿地生态带、祁连山和柴达木水源涵养地生态建设，大力实施好退耕还林、退牧还草、天然林资源保护、三北防护林体系建设、野生动植物保护及自然保护区建设工程，实现全省生态环境保护和建设新跨越。环湖地区，要实施好青海湖流域生态环境保护和综合治理工程，推进优势资源开发，积极发展生态旅游业，建设生态良好、经济繁荣、人民幸福、社会和谐的环湖新区。三江源地区，要把生态保护和建设作为首要任务。"要金山银山，更要碧水青山"。绝不靠牺牲生态环境和人民健康来换取经济增长，一定要保护好"中华水塔"的一山一水、一草一木，一定要建设好生产发展、生活富裕、生态良好的绿色家园，为中华民族伟大复兴提供强有力的生态支撑。

到2015年，青海省将完成造林任务89万公顷，森林抚育经营12万公顷，森林覆盖率新增1个百分点，森林蓄积量净增163万立方米；重点地区生态治理取得突破性进展，沙化土地扩大趋势得到进一步遏制，整体生态状况明显改善；林业基础能力增强，发展质量明显提高，结构更趋优化；初步建立与国民经济、社会可持续发展相适应的良性生态体系和粗具规模、特色鲜明的林业产业体系，林业产值达到10亿元以上；生态文明观念广泛传播，林业生态效益、经济效益和社会效益有效发挥。

通天河沿岸森林植被保护现状（三江源国家级自然保护区管理局提供）

二、创建国家森林城市活动蓬勃发展

2004年，关注森林活动组委会经请示中共中央政治局常委、全国政协主席贾庆林同志同意，启动了创建"国家森林城市"活动，并作为关注森林活动的一项重要内容。贾庆林同志专门为此活动题词："让森林走进城市，让城市拥抱森林。"中共中央政治局委员、全国政协副主席、关注森林活动组委会主任王刚同志，十分关心创建国家森林城市活动并给予了亲切指导，亲自出席森林论坛，并亲自给森林城市授牌，把这项活动提升到了更高层次，使之更具权威性和影响力。全国政协白立忱副主席和阿不来提·阿不都热西提副主席，全国人大原副委员长许嘉璐同志、全国政协原副主席张思卿同志等中央领导都对活动给予了关心和指导。

按照贾庆林主席和王刚副主席的重要指示，全国政协人口资源环境委员会和国家林业局作为具体承办单位，积极配合，共同努力，围绕创建国家森林城市，开展了一系列主题突出、内容丰富、形式多样的林业宣传实践活动，在全国产生深远影响。目前，这项活动已经成为关注森林活动具有广泛社会影响力的重要品牌，成为推动林业事业发展和生态文明建设的重要平台，成为为地方谋发展、为百姓谋福利的重要抓手。

经过9年的探索和实践，创建国家森林城市活动呈现出蓬勃发展的良好态势，越来越得到地方党委、政府的高度重视和人民群众的普遍欢迎，取得了实实在在的成效。一是培育了森林资源，为实现"双增"目标作出新的贡献。到2020年，我国森林面积比2005年增加4000万公顷、森林蓄积量增加13亿立方米，是胡锦涛主席向全世界作出的庄严承诺。近些年，在创建国家森林城市活动的推动下，发展城市森林已经成为全国新增造林面积的一个重要领域。据统计，2011年55个创建国家森林城市的城市就新增造林面积1671万亩。二是创新了发展模式，为调动全社会力量

国家森林城市——广西壮族自治区柳州市

2009 年 5 月，中共中央政治局委员、全国政协副主席、关注森林活动组委会主任王刚
出席活动启动仪式并接见会议代表

参与林业建设作出新的贡献。在活动内容上，不仅注重植树造林，更强调弘扬生态
理念和传播生态知识，从根本上提高全社会的生态文明素质；在活动形式上，不仅
注重组织群众参与，更强调由政府主导，承担起宣传发动、资金筹措等责任，引导
和推动社会各界更加自觉地关注森林、支持林业、参与生态建设。仅 2011 年 55 个创
建国家森林城市的城市投入到城市森林建设的资金总共有 774 亿元。三是转变了发展
方式，为促进城市转型升级和绿色发展作出了新的贡献。通过大规模的城市森林建设，
不仅改善了资源枯竭型城市的生态环境，而且培植了以森林为依托的一批绿色产业，
改变了这些城市传统的产业结构和经济发展模式。四是改善了人居环境，为提升民
生福祉作出新的贡献。随着城市化进程加快和生活水平提高，城市居民对森林绿地

国家森林城市——广西壮族自治区梧州市城区景色

2005 年 8 月 23 日，中央纪委驻国家林业局纪检组组长、局党组成员杨继平出席
第二届中国城市森林论坛并致辞（国家林业局办公室提供）

和生态产品的需求十分迫切。通过创建森林城市，城市生态状况和人居环境极大改善，
深受人民群众的欢迎。根据对 16 个创建森林城市的随机问卷调查，市民对这项活动
的支持率和满意度都在 98% 以上。

目前，全国已有 41 个城市获得"国家森林城市"称号，还有 67 个地级以上城
市正在积极开展创建活动，12 个省（自治区、直辖市）开展了省级森林城镇创建活动。
创建国家森林城市活动已经成为实现林业"双增"目标、应对气候变化的重要途径，
成为各级党委政府加强生态建设、推进科学发展的重要抓手，成为各地提高城市品质、
提升民生福祉的重大举措，为促进城市生态文明建设和经济社会可持续发展作出了
重要贡献。

国家森林城市——内蒙古自治区呼伦贝尔市额尔古纳湿地（郭伟忠提供）

专栏三 辽宁省大连市创建国家森林城市

大连市是我国北方沿海全方位对外开放的城市之一，也是东北老工业基地振兴和辽宁沿海经济带开发的龙头城市。近年来，大连市坚持把创建国家森林城市、建设"绿色大连"作为提高综合竞争力、实现可持续发展的战略工程，作为建设生态宜居城市、提升市民生活品质的基础工程，通过开展大规模的城市森林建设和植树造林活动，积极构建富有大连特色的城市森林体系，探索出一条生态文明与经济建设高度融合的绿色发展之路。

大连市市委、市政府连续几年将创建国家森林城市写入政府工作报告，成立由市长为组长的创建国家森林城市工作领导小组，出台创建国家森林城市工作方案，编制《大连市国家森林城市建设总体规划》，并将其纳入了大连市经济社会发展总体规划，市县两级建设资金列入政府公共财政预算。为进一步提高城市森林建设水平，加快"绿色大连"建设，市委、市政府从2011年开始，连续两年每年投入100亿元，深入开展城市森林建设和植树造林活动。在工程建设上，按照全域城市化的要求，努力提高城乡绿化整体水平。精心设计实施了城区造绿、森林公园建设、沿海防护林建设、创建生态文明村、矿山植被修复等10项重点工程。在机制创新上，不断深化集体林权制度改革，因地制宜确定林改模式，增强了林业发展的生机活力；不断拓宽林业投资渠道，基本形成了以政府财政投入为引导、社会融资为主体、社会各界共同参与的林业建设投入机制。2011年全社会投入达100亿元，比2010年增长了233%；不断完善造林机制，重点造林工程在全国范围内招投标，零散地块造林落实谁栽谁有的政策，充分调动了广大群众栽植和管护的积极性，造林成活率和保有率达到93%。在宣传发动上，采取多种形式，广泛普及生态文化知识，积极组织发动广大市民参与森林城市建设。在媒体开辟宣传专栏，举办森林生态效益、创建国家森林城市等生态科普活动。建设青年林、"三八"林、拥军林、外商企业林、结婚纪念林等义务植树基地64处，城乡居民义务植树尽责率达到90%。建立了英歌石植物园和仙人洞国家级自然保护区等5个生态教育基地，大大促进和提高了广大市民的生态文明观念。截至目前，全市森林覆盖率达到41.5%，林木绿化率42.99%，建成区绿地率42.22%，人均公共绿地面积12.3平方米。

国家森林城市——辽宁省大连市城市全景

专栏四　江苏省徐州市创建国家森林城市

徐州自古为华夏九州之一,有着2600多年建城史,是汉文化重要发祥地和中国历史文化名城。全市总面积11258平方公里,总人口976万,是江苏省三大都市圈和四个特大城市之一。2009年,徐州市委、市政府从打造生态宜居都市圈的城市建设理念出发,提出创建国家森林城市,并将其作为基础性、战略性、普惠性的公益工程和民生工程,作为改善投资环境、提升综合竞争力、提高百姓生活质量的现实途径,充分发挥历史文化和山水自然禀赋,树立科学理念,加强组织领导,加大资金投入,强化工程建设,大力推进国家森林城市创建工作。

徐州市市委、市政府将创建国家森林城市列入全市"三重一大"事项,摆上重要位置。强化组织领导,成立了市、县两级创建国家森林城市领导小组,将创建国家森林城市作为各地、各部门的硬性任务,与科学发展评价考核体系相衔接,制定了《创建国家森林城市工作考核办法》,实行每月一调度、半年一小结、年终一考评,并定期召开现场会、调度会、点评会,扎实推动各项创建工作落实。编制了《徐州市国家森林城市建设总体规划》,分阶段确定了2009~2011年创建目标和2012~2020年总体发展目标。通过"用好财政资金、整合项目资金、打捆部门资金和吸纳社会资金"等多种方式,形成多渠道、多层次、多元化的融资格局。通过工程引领,大力实施生态工程建设,高标准高质量建设森林城市,提升创建国家森林城市质量效益。

徐州市举全市之力创建国家森林城市,取得了显著成效。形成了城市、郊区、农村"三位一体",森林、园林、建筑"三者融合",生态林、原料林、风景林"三林共建",水系林网、道路林网、农田林网"三网并举",乔木、灌木、花草"三类配植"的森林城市特色。生态建设和林业产业发展有机融合,形成了互惠共赢的发展格局。建成了速生丰产林、干鲜果品、花卉苗木、优质水果生态产业带,以及邳州银杏基地、丰县红富士苹果和贾汪区石榴示范区。浓缩果汁、水果罐头等加工业粗具规模。木材加工企业达到3250家,形成了"胶合板-高档家具"的产业链。涉林旅游上,建成了4A级景区8个、3A级景区8个,微山湖、吕梁山、艾山等一批生态旅游区吸引了大批游客,2011年全市林业总产值超过336亿元。

截至目前,全市森林覆盖率从新中国成立前不足1%跃升到31.3%,市区绿化覆盖率达到41.9%,绿地率达到39.1%,人均公园绿地面积达到17平方米。

山色美景映彭城:国家森林城市——江苏省徐州市

三、全国绿化模范单位评选稳步推进

　　为进一步动员和组织全社会力量参与生态建设，全面加快推进国土绿化步伐，促进人与自然和谐发展，2002 年，全国绿化委员会决定开展"全国绿化模范城市、全国绿化模范县和全国绿化模范单位"评选活动，并组织制定了相关实施办法。2003 年全国绿化委员会开展了首批"全国绿化模范城市、全国绿化模范县和全国绿化模范单位"评选活动，并于 2004 年对绿化国土、改善生态作出重要贡献的城市、县、单位给予表彰。截至 2010 年，全国共表彰 4 批"全国绿化模范城市（区）"57 个，"全国绿化模范县（市）"262 个，"全国绿化模范单位"768 个。

　　近年来，"创建全国绿化模范城市（区）、全国绿化模范县（市）和全国绿化模范单位"活动已经成为各地增加森林面积、保护森林资源的重要载体和有效手段。这项评选活动的开展，极大地激励和调动了广大干部群众和社会各方面力量绿化祖国、美化环境的积极性，提高了公民的绿化意识、生态意识和社会责任意识，对进一步加快城乡绿化步伐，促进城市生态状况和人居环境改善及全民义务植树的深入开展，发挥了巨大的推动作用。

全国绿化模范单位北京市海淀区绿化景观

各地通过旧城改造增绿、庭院拆墙透绿、中心城区添绿、新区规划建绿、城郊造林扩绿等多种形式，推动城市绿化快速发展。按照高标准大力开展城乡绿化，已成为各地改善城乡生态的重大举措。森林覆盖率由 20 世纪 80 年代初的 12.1%，提高到现在的 20.36%；城市人均公园绿地面积由 3.6 平方米提高到 11.18 平方米；2011 年全国城市建成区绿化覆盖面积达 161.2 万公顷，绿化覆盖率、绿地率已分别达 38.62% 和 34.47%。

全国绿化模范单位福建省福州市西湖公园被称为福建园林明珠

专栏五　福建省福州市创建全国绿化模范单位

　　福州市地处福建省东部、闽江下游，与台湾省隔海相望，是海峡西岸经济区中心城市。市委、市政府历来十分重视城市绿化建设工作，2004年提出了加快林业发展、建设绿色福州的奋斗目标，出台了《关于加快林业发展　建设绿色福州的决定》。市委九届党代会提出要把福州建设成为经济充满活力、政治文明民主、文化富有魅力、社会和谐稳定、环境舒适优美的滨江滨海省会城市。近年来在"建设海峡西岸经济中心城市"的战略构架下，围绕创建"全国绿化模范城市"，福州市成立了创建工作领导小组，建立了"政府主导、部门组织、全民参与"的工作机制。把"规划建绿"纳入城市总体规划，先后制定了《福州市城市绿地系统规划》《福州市城市生物多样性保护规划》《福州市山体保护规划》等。实施了生态公益林工程、沿海防护林体系工程、城乡绿化一体化及环福州绿色屏障工程、天然林和生物多样性保护工程、森林灾害治理工程和林产工业工程等十大工程，加强青山绿水保护工作，为绿色福州建设奠定良好的资源基础。在项目实施和工程建设中，做到对年度绿化任务按规划分布组织实施，纳入年度工作目标责任状和绩效评估内容，新建、改建、扩建工程项目绿化做到同步规划设计、同步施工、同步验收，确保创建工作扎实有效。截至目前，森林覆盖率达54.9%，城市建成区绿地率达到37%，绿化覆盖率达到40.5%，城市人均公共绿地达11.2平方米。形成了以林木为主体、分布合理、植物多样、绿化效果好的城市园林绿地系统和环福州绿色屏障，城在林中、林在城中，生态良好、景观优美的滨江滨海省会城市初步凸显。

专栏六　北京市海淀区创建全国绿化模范单位

　　海淀区地处北京城区西北部，是著名的科技、文化、教育、旅游大区。近年来，区委、区政府紧紧围绕"新北京、新奥运""新跨越、新海淀"的战略构想和建设具有全球影响力的科技创新中心目标，大力推进生态、产业、安全、文化、服务五大体系建设，出色完成奥运盛会、国庆六十周年庆典的绿化保障任务。特别是通过开展创建全国绿化模范城市活动，城市园林绿化建设达到了新水平。在拓展城市绿色空间上，新建、改造公园10个，启动实施城市"增绿添彩"工程，建成昆玉河景观走廊74.3公顷，完成149条城市道路绿化176公顷，新建、改造居住区绿化百余个120公顷，实施屋顶绿化13万平方米。在提升城郊绿色景观上，第一道绿化隔离地区完成6个郊野公园建设5119亩，第二道绿化隔离地区实现绿化11051亩。在构建山区绿色生态屏障上，通过彩色树种造林、平原治沙、播草盖沙和废弃矿山植被恢复等工程实现绿化12807亩，完成森林健康经营6100亩，累计造林绿化48580亩，种植苗木156万余株。在优化农村绿色环境上，完成61个村的绿化美化，新增绿化面积106公顷。为提升广大市民生态文明观念，引导社会各界积极参与到创建活动中，海淀区还组织开展了一系列生态文化宣传实践活动。植物园桃花节、香山红叶节、圆明园荷花节，海淀公园音乐季、插秧节、收割节等各具特色。胡锦涛等中央领导、军委领导和百名将军植绿海淀，带动了全社会广泛植树造林。企业、个人积极开展认建认养活动取得良好社会反响。截至2011年年末，全区城市绿地面积达到10563.93公顷，城市绿化覆盖率达到48.16%，城市绿地率达到46.21%，人均公园绿地面积达到13.16平方米。

在 2009 年中国（漠河）生态文明建设高层论坛上，全国人大常委会副委员长周铁农
为国家生态文明教育基地授牌

四、生态文明教育基地建设成效显著

2007 年，党的十七大提出建设生态文明的战略部署后，各地各部门纷纷响应，采取扎实有效的措施推进生态文明建设。2008 年 5 月，国家林业局联合教育部、共青团中央在广东省广州市共同举办了中国生态文明高层论坛，并命名浙江省杭州西溪国家湿地公园等 10 家单位为"国家生态文明教育基地"称号，在社会上产生了较大影响。为把这项活动引向深入，确保这项活动持续规范、长期有效开展下去，采取了以下主要措施：一是国家林业局、教育部和共青团中央共同制定了《国家生态文明教育基地管理办法》，并联合下发通知，明确基地创建的原则、范围和程序，对创建"国家生态文明教育基地"进行全面规范；二是定期开展现场核验，根据"国家生态文明教育基地"基本条件，在对各地所申报的单位进行初选的基础上，组织专家联合进行现场核查，科学评判创建成果，对达到要求的，以正式文件予以确认；三是举行隆重授牌仪式，搭建展示交流平台，宣传推动创建工作。

目前，国家生态文明教育基地创建已经取得显著成效。一是命名了一批国家生态文明教育基地，形成国家和省两级创建格局。全国先后分 5 批授予 51 家森林公园、自然保护区、湿地公园、学校、博物馆、重要纪念地等单位为"国家生态文明教育基地"称号。全国有辽宁、吉林、黑龙江、安徽、福建、江西、山东、河南、湖北、湖南、重庆、四川、贵州、云南、陕西、甘肃、新疆等 17 个省（自治区、直辖市）开展了省级生态文明教育基地的创建工作。二是完善了生态文明教育基础设施。许多创建单位以建设博物馆、宣教中心、生态文明教育长廊等为核心，不断完善景点标识和教育解说系统，提高了基地建设和管理档次，使社会公众的生态文明教育有了载体。三是丰富了教育内容。国家生态文明教育基地大多分布在生态景观资源相对集中的

2009 年 1 月 13 日，全国政协副主席林文漪考察海南呀诺达雨林文化旅游区

自然保护区、森林公园、湿地公园、风景名胜区，人员往来频繁，各基地抓住这个机会，举办了夏令营、冬令营、生态展览、生态实践、导游培训、讲座等活动，把生态文明的理念渗透其中，使社会公众潜移默化地受到生态文明教育和熏陶，进而提高他们的文明意识和自身素质。据初步统计，仅每年到国家生态文明教育基地接受教育的社会公众就达 2000 多万人次。积极争创国家生态文明教育基地已经成为各地践行科学发展观、提高文明素质、建设生态文明的重要抓手。

2008 年 5 月，首届中国生态文明建设高层论坛在广东省广州市举行，
全国人大常委会副委员长乌云其木格出席开幕式

专栏七　　国家生态文明教育基地名单

2008 年国家生态文明教育基地：广东鼎湖山国家级自然保护区、四川卧龙中国保护大熊猫研究中心、湖南张家界国家森林公园、浙江杭州西溪国家湿地公园、江西井冈山国家级自然保护区、福建永安市洪田村林权改革纪念馆、内蒙古克什克腾旗防沙治沙综合示范区、北京林业大学、北京建筑材料科学研究院附属中学、内蒙古青少年绿色家园。

2009 年国家生态文明教育基地：湖南省森林植物园、山东省滕州滨湖国家湿地公园、河南省野生动物救护中心、东北林业大学、新疆野马繁殖研究中心、江西省共青城、黑龙江北极村国家森林公园、陕西省定边县石光银英雄庄园、贵州省贵阳市黔灵山公园、江西鄱阳湖国家级自然保护区。

2010 年国家生态文明教育基地：北京大学、黑龙江富锦国家湿地公园、云南省昆明市海口林场、浙江林学院、湖南环境生物职业技术学院、辽宁老秃顶子国家级自然保护区、福建天柱山国家森林公园、湖北省宜昌市大老岭国家森林公园、甘肃祁连山国家级自然保护区、安徽上窑国家森林公园。

2011 年国家生态文明教育基地：复旦大学、江西环境工程职业学院、河南省新乡市凤凰山森林公园、辽宁仙人洞国家级自然保护区、湖北省太子山国家森林公园、宁夏灵武白芨滩国家级自然保护区、浙江松阳卯山国家森林公园、福建灵石山国家森林公园、山东省威海市环翠区桥头镇、重庆缙云山国家级自然保护区、云南省善洲林场。

2012 年国家生态文明教育基地：武汉大学、福建省上杭县古田镇、辽宁省本溪关门山国家森林公园、河南省云台山国家森林公园、湖北省钟祥市大口国家森林公园、浙江省开化县中国根艺美术博览园、湖南省五尖山国家森林公园、陕西省牛背梁国家级自然保护区、贵州省龙架山国家森林公园、福建省九龙谷国家森林公园。

西溪秋韵——浙江杭州西溪国家湿地公园（赵建平提供）

2008 年 10 月 8 日，中共中央政治局委员、国务委员刘延东
在中国生态文化协会成立大会上致辞

五、生态文化实践日益丰富多彩

　　全国各级林业部门以建设生态文明为己任，深入研究生态价值观、生态道德观、生态发展观、生态消费观、生态政绩观等问题，特别是中国生态文化协会成立 4 年以来，研究挖掘弘扬生态文化，开展生态文化论坛、生态文化基地建设和生态文化村评选等一系列活动，取得了一批重要成果。一是创作了一批富有震撼力的生态文学、影视和艺术作品，涌现出《天狗》《踏界》《龙顶》《绝处逢生》《森林之歌》《从吴起开始》等精品力作。整理出版了《中华大典·林业典》。二是生态文化村方兴未艾，从基层挖掘生态文化的积淀和最朴素、最自然的生态文化形态和文化现象，培育、铺垫生态文化的基础。开展了全国生态文化示范基地、全国生态文化村和全国生态文化示范企业等命名活动，在全国遴选出一批在传承和弘扬生态文化、发展生态文化产业方面具有广泛代表性和影响力的基层单位和行政村作为典型示范，通过开展创建活动，更好地立足基层，服务基层，夯实基础，构建和谐，充分发挥他们在当地和全国的示范带动作用，进一步弘扬生态文化，树立生态意识，增强生态

2008 年 10 月 8 日，中国生态文化协会成立大会

2011年5月11日，全国政协副主席陈宗兴为爱鸟周30周年纪念活动暨保护森林和野生动植物资源先进集体和先进个人颁奖

责任，推进我国城乡经济社会科学发展、和谐发展，为建设生态文明贡献一份力量。三是举办了西安世界园艺博览会、中国城市森林论坛、生态文化高峰论坛、竹文化节、爱鸟周30周年等活动，组织科学家、管理专家和有关人员，探讨生态文化与绿色发展理论实践问题，总结交流各地弘扬生态文化、发展低碳经济、倡导绿色生活的经验，研讨新形势下建设生态文明的对策措施，使其成为了我国生态文化学术、理论、成果、经验交流与推广的重要载体。同时，启动了"丝绸之路生态文化万里行"活动，开展了首届全国生态作品大赛、全国绿色生态动漫作品展、"林改改变生活"摄影展、国际森林年征文等活动，广泛宣传了生态文化知识，树立了绿色低碳生活理念，强化了生态环保意识，对于建设繁荣的生态文化体系，加快推进生态文明建设进程，都起到了积极的推动作用。四是开通了中国林业网国家森林公园、国有林场、种苗基地、自然保护区网站群，全国新建了一批森林博物馆、标本馆、科普长廊、生态文化馆，生态文化基础设施建设明显加强。

截至目前，已先后遴选命名了"全国生态文化示范基地"6个、"全国生态文化村"134个、"全国生态文化示范企业"20家。对于进一步建设繁荣的生态文化体系，转变人们的生活方式，大力倡导绿色消费，加快推进生态文明建设进程发挥了积极的推动作用。

生态文化村——山西省阳城县北留镇皇城村

专栏八　江苏省南京市中山陵园风景区创建全国生态文化示范基地

中山陵园是南京钟山风景名胜区的主体，占地31平方公里，森林覆盖率达80%，自然景观丰富优美，文化底蕴博大深厚，拥有历史古迹200多处，其中包括世界文化遗产1处，国家级重点文物保护单位16处，省、市级文物保护单位26处。

近年来，中山陵园风景区贯彻落实党的十七大提出的建设生态文明的重大战略部署，投资近50亿元，搬迁景区内13个自然村、9个居民片区共8000多户农户和31家工业企业单位。建成开放南内环路及紫金山人行栈道、中山门入口公园、琵琶湖公园、前湖公园、梅花谷公园、下马坊遗址公园、博爱园、钟山体育运动公园、营盘山公园、明孝陵方城明楼、明孝陵博物馆等一大批生态项目、旅游景点。新增绿地面积466.67公顷，植树50余万株，动植物资源大幅增长，生物多样性变得更加丰富，生态环境达到历史上最好水平，成为名副其实的"生态环境优良、文化特色鲜明、旅游经济繁荣、人与自然和谐"国内领先、国际一流景区。特别是围绕创建"全国生态文化示范基地"，制定一系列管理条例，严格保护钟山生态植被等自然风景资源和历史人文景观资源，尤其是对景区内遍布各景点的古树名木等珍贵物种加强了重点养护和管理；建立健全了风景资源专项档案，定期开展森林资源普查工作。通过"全国生态文化示范基地"的创建，充分发挥了中山陵园风景区在国际国内的"窗口、名片"作用，联结华夏儿女情结、沟通海峡两岸的桥梁纽带作用，建设"现代化国际性人文绿都"中的示范引领作用，传承历史文脉、展示现代文明风采的继往开来作用，拉动旅游经济、打造旅游强市的龙头带动作用，实现了景区转型发展、创新发展、跨越发展。

专栏九　安徽省黄山市黟县宏村创建全国生态文化村

宏村位于安徽省黄山市黟县宏村镇，全村林木覆盖率90%以上。该村建于1131年，已有880多年历史，拥有400多年历史、至今保护完好、独特的村落水利工程设施，具有很高的环境艺术水平和景观价值。同时，该村从古村落的选址、布局、建设、装修，到人们的习俗、观念、思想、行为等，都是在徽文化的指导和影响下逐步形成的，是物质空间形态与意识形态的完美结合，具有十分深厚的文化积淀，是世界文化遗产地、国家重点文物保护单位、国家4A级景区、全国历史文化名村。村内独特的牛形村落原形、举世无双的人工古水系、精良的建筑艺术和美轮美奂的山水田园，构成了皖南古村落特有的景观风貌，再加上群山环抱，气候宜人，自然环境十分优美，素有"画里乡村"之美誉。

近年来，宏村按照"调整产业结构富民，发展旅游经济强村"的工作思路，以旅游业为龙头，大力发展观光农业、生态农业、餐桌农业，整体推进第三产业快速发展，实现了保护与开发并举的目标。2008年全村经济取得"三个突破"：农村经济总收入突破800万元，村集体经济收入突破330万元，农民人均纯收入突破6000元，成为全省经济发展最快、最具活力的村镇之一。

宏村坚持生态保护与建设，争取国债项目投资960万元，重点实施了农业综合开发项目，通过水利工程和林业措施，进行了低产林改造工程，营造毛竹林154亩，发展茶园79亩，栽植乌桕151株。通过对山、水、田、林综合治理，宏村改善了农业生产条件，建设成为了富有地方特色的田园风光。

六、林业与生态建设英雄模范人物层出不穷

伟大的事业孕育伟大的英雄，伟大的英雄引领伟大的事业。近年来，随着林业改革发展步伐加快，林业战线涌现出了一大批林业英雄模范人物。其中，有60多位先进人物被中共中央宣传部树为全国重大典型，并组织中央主要媒体进行了集中报道，在社会产生了广泛影响。在这些英雄模范中，既有坚持终生执政为民的原云南省保山地委书记杨善洲，又有永葆吃苦耐劳本色的广西壮族自治区博白县国有长春农场退休职工庞祖玉；既有全国治沙英雄石光银，又有爱岗敬业的模范护林员余锦柱；既有身残志坚的国有林场改革先锋孙建博，又有钢筋铁骨的森林卫士龙涛等。他们是百万林业干部职工的杰出代表，是中国劳动人民的缩影。在这些英雄的身上，处处闪现着一代又一代务林人艰苦创业、无私奉献的坚定信念，干事创业、造福子孙的崇高追求，淡泊名利、甘于奉献的高尚品格，求真务实、尊重科学的正确理念，抢抓机遇、勇于改革的进取意识，兢兢业业、狠抓落实的优良作风。这些英雄模范人物的事迹看起来很平凡，但在他们身上蕴含的精神内涵十分丰富。在他们身上所体现的伟大精神，是几代务林人用心血和汗水甚至生命凝结而成的，是中华民族精神在林业行业的具体体现，是全国林业行业的宝贵财富，他们是激励广大务林人不断进取的光辉旗帜，是发展现代林业、建设生态文明、推动科学发展的强大动力，是矗立在人们心中永远的丰碑！他们都是一个个鲜活的生态文明教育范例，是一部部生动的生态文明教材，对于普及生态文化知识，弘扬人与自然和谐发展的核心价值观，教育和引导全社会形成热爱自然、尊重自然、保护自然的浓厚氛围，牢固树立生态文明观念，具有不可替代的重要作用。

党的十八大即将召开，胡锦涛总书记关于"推进生态文明建设，是涉及生产方式和生活方式根本性变革的战略任务，必须把生态文明建设的理念、原则、目标等深刻融入和全面贯穿到我国经济、政治、文化、社会建设的各方面和全过程，坚持节约资源和保护环境的基本国策，着力推进绿色发展、循环发展、低碳发展，为人民创造良好生产生活环境"的重要讲话，引领我们站在一个更高层面，去领悟森林与人类、自然法则与人文生态、现代林业与生态文明建设的丰富内涵，在生态建设中，要无愧于林业的首要地位和主体作用，践行可持续发展的生态文明之路。

专栏十 林业行业英雄模范人物代表

治沙英雄——石光银 1944年出生，中共党员，陕西省定边县海子梁乡四大壕村农民。他从20岁担任大队长开始，就带领群众致力于治理绿化沙漠的伟大事业。

1984年，石光银怀着锁住黄沙、拔除穷根的责任感和坚定信心，辞去乡农场场长职务，举家从农场搬到了荒沙面积最大的四大壕村，成为全国承包治沙第一人。37年来，石光银同志带领群众累计治理荒沙14万亩、治理盐碱滩5.5万亩，为阻挡黄沙南侵，改善当地生态环境作出了重大贡献。石光银同志艰苦奋斗，顽强拼搏，总结出一套行之有效的治沙方法，经治理

的沙地林草覆盖率均在65%以上；他联合127户农民，成立了全国第一个农民治沙公司，探索出一条"公司＋农户"，综合开发、多业并举，以治理促开发，以开发保治理的产业化治沙新路，公司的年收益已达100万元，公司总产值达到4600万元；他关心乡亲，扶贫帮困，带领农户们一边搞沙区植被建设，一边搞沙区经济开发，实现了群众集体脱贫，共同富裕；他把生活在生态环境极为恶劣地区的50户特困农民迁移到自己承包的沙地上，为他们盖房子、打水井、分口粮田，

帮助他们走上致富之路。陕西省政府两次奖励给他的45万元，全部投入到治沙造林和帮助乡亲们致富之中；他投资数万元建起黄沙小学，让沙区子弟就近上学读书，他还累计捐款近万元资助贫困学生上学。

石光银同志先后被国家授予"全国劳动模范""全国十大绿化标兵""全国绿化先进工作者""全国绿化奖章"等荣誉称号，曾8次受到党和国家领导人的亲切接见，2012年8月，石光银光荣当选为中国共产党第十八次全国代表大会代表。

治沙英雄——王有德　回族，1954年出生，1973年参加工作，宁夏回族自治区灵武市白芨滩国家级自然保护区管理局党委书记、局长。20多年来，王有德同志凭着"宁肯掉下十斤肉，不让生态落了后"的毅力，带领职工探索出"五位一体"的沙地治理模式，总结出"一年四季抓造林，常年累月抓管护"的经验，使沙漠后退了20多公里，完成治沙造林48

万亩，控制流沙面积50多万亩，为宁夏地区率先在全国实现沙漠化逆转作出了重大贡献。

王有德同志不畏艰难，艰苦创业，带领职工兴场富民，走出了一条"以林为主，林副并举，多种经营，全面发展"的治沙发展之路，先后带领职工建机砖厂、预制厂、柳编厂及建筑工程队等10多个经营实体，每年创收600多万元；大力发展经果林10000多亩，苗木基地5000多亩，林地面积由原来的25万亩扩大到148万亩，实现白芨滩防沙林场的森林覆盖率达到40.6%，固定资产由原来的40万元增加到1亿多元，林木资产由原来的500万元增加到6亿多元。

王有德同志先后被授予"全国劳动模范""全国优秀共产党员""全国治沙英雄""双百感动中国人物""时代领跑者——新中国成立以来最具影响力的劳动模范"等30多项光荣称号，受到多次表彰，并当选为十届全国人大代表，中共十七大、十八大党代表。他带领的白芨滩防沙林场被评为全国治沙先进集体，白芨滩国家级自然保护区被授予全国自然保护区建设和管理先进集体。

时代先锋——孙建博　1959年出生，中共党员，3岁时因病致残，山东省淄博市原山林场集团有限公司董事长、党委书记。

1996年年末，孙建博出任原山林场场长时，林场已3个月发不出工资，此时市里又将濒临绝境的市园艺场划归原山林场管理，两个"老大难"单位共外欠债务高达4000多万元。在巨大的困难面前，他顶着压力，拖着一条病腿走遍了林区的山山水水，调查摸底林场企业，提出解放思想、更新观念、跳出林场办林场的发展思路，发挥森林资源优势，大力发展旅游业，使林场尽快摆脱困境，走向富裕。他亲自北上南下请来

高水平的旅游设计专家、策划公司进行规划、设计和策划。仅用半年多的时间，就建成了拥有100多种娱乐设施和优良环境的森林公园，迎来了各地的大批游客。为了进一步壮大原山经济，孙建博提出进一步解放思想，依托原山独特的自然环境优势，成立原山金牌房地产股份有限公司、淄博原山绿地绿化工程公司，创办淄博博山远远物流有限公司。1999年10月，原山集团正式组建并挂牌运营。

在孙建博的带领下，经过10多年的艰苦奋斗，原山林场已经发展成为集林业、副业、旅游业、房地产开发等多产业并举的企业集团，年收入过亿元。原山林场活立木蓄积量从7万立方米增加到14万立方米，成为全国国有林场改革发展的现实样本，被誉为全国林业系统的一面旗帜，先后被评为"十佳国有林场""国家4A级景区""山东省十大新景点"。

孙建博同志先后获得"全国优秀党务工作者""全国五一劳动奖章""全国国土绿化突出贡献人物""全国林业系统先进工作者""中国十大国有林场管理奖"等荣誉称号，受到了胡锦涛等党和国家领导人的亲切接见。

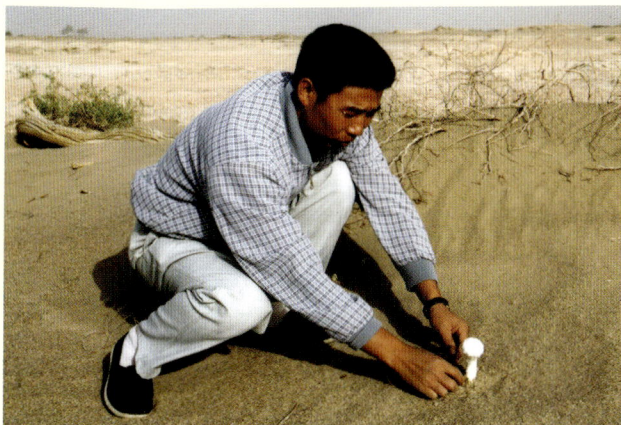

绿洲守护神——李德平 1966年出生，中共党员，内蒙古自治区额济纳旗林业治沙局局长兼额济纳旗公安局森林公安分局政委。1985年李德平毕业后分配到林业局森防站。从那时起，他扎根沙漠20年，用一副铁脚板走遍了额济纳11.4万多平方公里的沟沟坎坎，承担起拯救居延绿洲的使命。

李德平爱岗敬业，以坚强的毅力奋斗在林业治沙科技第一线，深入虫灾腹地，花了整整4年时间，研究出了条叶甲虫行之有效的防治技术并达到国际先进水平；他带领森防站的职工们用他研发出的"灯诱灭杀白眉天蛾"方法灭虫，终于将白眉天蛾彻底灭杀。李德平是"额济纳旗弱水下游近河戈壁人工绿洲生态建设试验研究"的技术负责人之一，在他的带领下，开创了近河戈壁造林的先河，证明了近河戈壁通过治理可以逆转为绿洲。如今全旗已推广近河戈壁人工造林2.94万亩，在达来库布镇西侧形成了一条长6.5公里、宽4.6公里的绿色屏障。

李德平始终牢记人民警察的光荣使命，用生命保护着戈壁地区匮乏和宝贵的林业资源，足迹遍及全旗林区每个角落。在从事森林公安工作的十几年间，深入巴丹吉林沙漠腹地，查处无数起盗伐滥猎野生动植物案件，堪称额济纳绿洲的守护神。

李德平对额济纳旗林业事业作出了突出贡献。党和人民给了他一系列荣誉——"内蒙古自治区劳动模范""全国防沙治沙先进个人"等数十项荣誉称号。

党员干部楷模——杨善洲 1927年出生，原云南省保山地委书记。1988年3月，杨善洲同志从地委书记岗位上退下来后，主动放弃进省城安享晚年的机会，带领群众植树造林兴办林场，使5.6万亩昔日山秃水枯的大亮山林场重披绿装，创造的活立木直接经济价值超过3亿元。2009年4月，他将大亮山林场管理权无偿移交给国家。

1988年4月，当60岁的杨善洲同志退休时，决定回家乡施甸植树造林，将荒芜的大亮山绿化。林场成立了大亮山造林指挥部，杨善洲亲自担任指挥长。开始的那几年由于缺少资金，困难很大，杨善

洲同志就和大家一起艰苦奋斗，尽量少花钱多办事。为了节省修路的勘测费，他买来水准仪，自己测量自己干，硬是带领大家修通了一条26公里的弹石路。林场没有钱盖房子，就盖了座40多格的油毛毡房，杨善洲和林场职工一起一住就是8个年头。没有钱购买农具，就地取材自己动手做，办公桌、板凳、床铺都是自己动手做的，晚上照明没电，每人买一盏马灯。杨善洲同志虽然是大亮山林场的主要创办人，但他从不从林场领取报酬，23年来从未在林场报过一张发票和单子，碰上林场经济困难的时候，杨善洲就把自己的退休金拿出来用于发工资。22年来，杨善洲带领大家植树造林5.6万亩，林场林木覆盖率达97%，昔日的荒山秃岭变成了生机勃勃的绿色天地。

杨善洲同志于2010年10月10日因病去世，生前多次受到表彰奖励，被授予"全国十大绿化标兵提名奖""全国绿化奖章"等荣誉称号。去世后被中共中央组织部追授为"全国优秀共产党员"称号。

大山之子——庞祖玉 88岁，中共党员，广西壮族自治区博白县国有长春农场退休职工。退休27年来，他每天巡山2公里以上，义务管护上千亩林木，为国家创造了数千万的财富。1956年，被评为首届全国劳模，曾三次受到毛泽东等党和国家领导人接见。

庞祖玉出生在广西壮族自治区博白县一个普通的农民家庭。新中国成立前，他是地主家里的长工；新中国成立后，他成为新中国的第一代垦荒者。1985年，庞祖玉已是花甲之年，依靠夫妇俩每月丰厚的养老金本可以下山享清福。庞祖玉却说："只要有一口气，我就不会离开日夜相伴的山林。"退休不到一个月，庞祖玉就向农场承包了5个山头的650株老橡胶树。一转眼便是12年。1997年，长春农场调整产业结构。73岁高龄的庞祖玉带领全家老少上山挖坎、备肥、种果树。为便于护理果园，庞祖玉不顾家人劝阻，在山上建起一座红砖小屋，从此独居山林。一住，就是15年。1998年至今，庞祖玉带领家人在山上义务为农场种植荔枝、龙眼等果树1000多棵。如今，1500多亩速丰桉郁郁葱葱，1000多棵果树花果飘香，为农场创造了6000多万元的经济效益。

庞祖玉一生勤俭，平时很少下山，但对特困户、五保户和孤寡老人却很大方。他不仅把自己种的木薯、红薯和芋头送给700多户贫困户，而且还用自己的1万多元钱帮助贫困村民。

敬业模范——余锦柱 1959年出生，中共党员，湖南省江华瑶族自治县森林防火水口瞭望台瞭望员。30多年来，他负责森林瞭望防护面积50万亩，火情预报准确率达99.7%，在全国名列前茅。

1978年，18岁的余锦柱接过了父亲的望远镜担任高山瞭望员。自工作以来，他常年就驻守在山上的瞭望台。在这个只有八九平方米的简易平房里，只有两盏煤油灯、一张木床、一口煮饭的锅和一台发电机。生活的艰辛还远不仅于此，在20多年的护林生涯中，余锦柱先后被雷击过4次，瞭望台的平台顶上的4个屋角已经被雷电削去了3个。但他从

来不愿擅自离岗。"我总是认为，干什么工作都需要自觉。自己是拿国家工资的人，不用说作多大的贡献，就是要对得住自己的工资，对得起人民对我们的信任。"30多年来，余锦柱每年监测700次以上的各类森林用火，共观察生产用火20多万次，准

确报告火警150次，无数的火警火灾因他的准确观察而被消灭在萌芽状态，挽回直接经济损失3600余万元，管护区内实现了无森林火灾的佳绩。

余锦柱先后被评为"全国十大敬业模范""全国劳动模范"，荣获"全国五一劳动奖章"称号。

敢叫荒滩变绿洲——郑培宏 1959年出生，中共党员，山东省日照市国有大沙洼林场场长。郑培宏自1977年参加工作以来，35年如一日，带领林场职工将盐碱荒滩之地改造成森林茂密的绿洲，使负债321万元的贫困林场发展成为年综合收入6000万元的国家4A级旅游景区。

1960年2月，国营日照县大沙洼林场成立，开始建设以黑松为主的万亩人工沿海防护林带。1977年，18岁的郑培宏来到大沙洼林场参加工作。1985年，郑培宏因表现出色被提拔为副场长，但此时的大沙

洼林场开始每况愈下，最困难的时候，累计欠款321万元，职工23个月未发工资。1993年11月，他临危受命担任林场场长。上任后，他立足"林场蓝天、碧海、绿树、金沙滩"的独特资源优势，提出了"以森林公园开发建设为契机，以旅游业带动林场经济发展"的经营策略。通过对海水浴场进行扩建改造、争取台商投资、引进民族特色旅游项目等一系列有力举措，到2005年，旅游门票收入突破1000万元并逐年攀升，年游客接待量超过60万人次，林场的森林旅游为社会提供了1500多个就业岗位。

在郑培宏带领下，大沙洼林场几年来累计完成林分更新改造和抚育管理5000多亩，残次林改造2000亩。其沿海防护林体系建设与更新改造工作被确定为山东省可持续发展十大科技示范工程。实现了"越开发，森林越繁茂"的目标。

大沙洼林场先后被评为"全国林业系统先进集体""全国十佳国有林场"等。他本人也先后获得"全国绿化奖章"和"全国国土绿化突出贡献人物"等荣誉称号。

时代先锋——高希明 1964年出生，中共党员，内蒙古森工集团根河林业局局长、总经理。参加工作20多年来，他引领企业走出了经济与资源双重困境，实现了根河生态功能区森林面积、蓄积双增长，森林覆盖率达到83.62%。2002年，因长期超负荷工作，进行了肝移植手术。

1998年，高希明紧抓国家开始实施天然林资源保护工程试点的契机，率先创立了沟系森林管护经营综合开发管护模式，建立了完善的管护网络体系，完成了建局史上任务量最大的森林植被恢复工程。

近年来，他对企业的体制机制进行了大刀阔斧的改革，实现了国有资产和职工身份的"双退出"。改制后的新企业已走上了自主经营、自我发展的道路。与此同时，他建立了"爱心救助基金"和"爱心超市"，满足了困难职工就医、子女上大学等应急需要。为圆林业职工多年的"安居梦"，安排企业配套资金1600余万元，为棚户区职工建造了28栋楼房，改造了3.5万平方米的平房。2010年，职工人均年收入达到22928元，比2005年翻了将近两番，走在了全国林区最前列。

高希明先后被评为"全国森林防火先进个人""全国天保工程一期建设先进个人""全国林业系统技术革新先进个人"，分别荣获内蒙古自治区和全国"五一"劳动奖章等荣誉称号。2011年12月，他被中共中央宣传部选树为《时代先锋》重大典型，在全国集中宣传推出。

森林卫士——龙涛 1968年出生，中共党员，四川省内江市森林公安局副局长（主持工作），二级警督警衔。

2002年7月在一次抓捕行动中，龙涛摔下垂直高度达25米的陡峭悬崖，肝、脾、肺破裂，腰椎骨等多处粉碎性骨折，经过7天7夜抢救才脱离了生命危险。刚从死亡线上挣扎过来的龙涛，身上肌肉已经全部萎缩，双腿只剩下拳头大小。

但他没有放弃，从负伤到回到工作第一线，只有短短5个月，凡是重大案件、疑难案件，都亲自参加侦破，创造了奇迹。市、县林业局的领导和县公安局的同志们都说龙涛是真正的"钢筋铁骨"。

2012年4月，龙涛调任内江市森林公安局担任副局长（主持工作）。上任后，他按照"政治建警、从严肃警、依法治警、从优待警、科技强警"的要求，努力向着"建一流班子、带一流队伍、创一流业绩"的目标前进。他坚持林区管理"标本兼治，重在治本，打防结合"的方针，制定并坚持推行执法责任制、办案责任制、岗位责任制等规章制度34项，逐步在林区形成了专群结合，动静结合的防控体系，使林区社会治安基本防范能力大大增强，可防性涉林案件的发生得到有效遏制，保证了林区的持续稳定。

龙涛先后被公安部、国家林业局分别授予"二级英雄模范""全国特级优秀人民警察""森林卫士""生态中国十大人物"等荣誉称号。

后 记

在党的十八大即将召开之际，由中央宣传部、国家新闻出版总署确定的迎接党的十八大主题出版重点出版物《中国的绿色增长——党的十六大以来中国林业的发展》顺利付梓。这套图书是在全国申报的迎接党的十八大主题出版 1200 余种选题中评选出的 80 种重点图书之一，完成好这项重点出版任务是林业部门的一项光荣使命。

促进绿色增长，是当今时代的重要主题，也是未来发展的基本方向。2011 年 9 月，胡锦涛主席在首届亚太经合组织林业部长级会议上指出，"森林在推动绿色增长中具有重要功能"，"对人类生存发展具有不可替代的作用"。这既对林业在促进绿色增长的重要地位和作用给予了充分肯定，也为未来我国实现绿色增长指明了方向。认真总结党的十六大以来，林业建设在促进绿色增长中取得的成就和经验，是编辑出版这套图书的重要目的。

中央领导同志对出版这套图书高度重视。中共中央政治局委员、国务院副总理回良玉同志在百忙之中亲自关心图书编撰工作并作序。国家林业局党组把编辑出版这套图书作为全局工作的重中之重，专门成立了编委会和编撰工作领导小组。局党组书记、局长赵树丛同志担任主编，仔细审阅材料，专题听取汇报，亲自指导书稿编撰工作；其他局领导担任副主编，对图书编撰工作给予了重视和支持。中央纪委驻局纪检组组长、局党组成员陈述贤同志担任编撰工作领导小组组长，主持召开多次会议部署安排工作，研究解决问题，并审定各个专题内容。江泽慧等老领导从林业专家角度对图书的申报和编撰给予了指导，提出诸多富有建设性的意见和建议。国家林业局原总工程师卓榕生同志担任编撰工作领导小组顾问，全程参与了书稿大纲审改和书稿审定工作。

国家林业局有关司局和单位的主要负责人担任编撰工作领导小组副组长，认真落实所承担的各项工作。局办公室、发展规划与资金管理司、宣传办公室主要负责同志分别担任分卷的执行主编，负责统稿和审核工作。各有关司局和单位共选派 70 余名同志参与编撰工作。中国林业出版社专门成立项目组和项目综合办公室，认真做好编辑出版和服务保障工作。大家高度负责，密切配合，克服困难，加班加点，在短短三个月时间内，认真撰写了 150 余万字文稿，整理了 1400 多幅照片、插图，确保了这项重点出版工程圆满完成。

在此，向给予大力支持的中央宣传部、国务院办公厅、国家新闻出版总署、国家出版基金规划管理办公室，以及参与图书编撰和出版工作的所有同志，表示衷心感谢。

编 者

2012 年 9 月

绿色的
丰碑

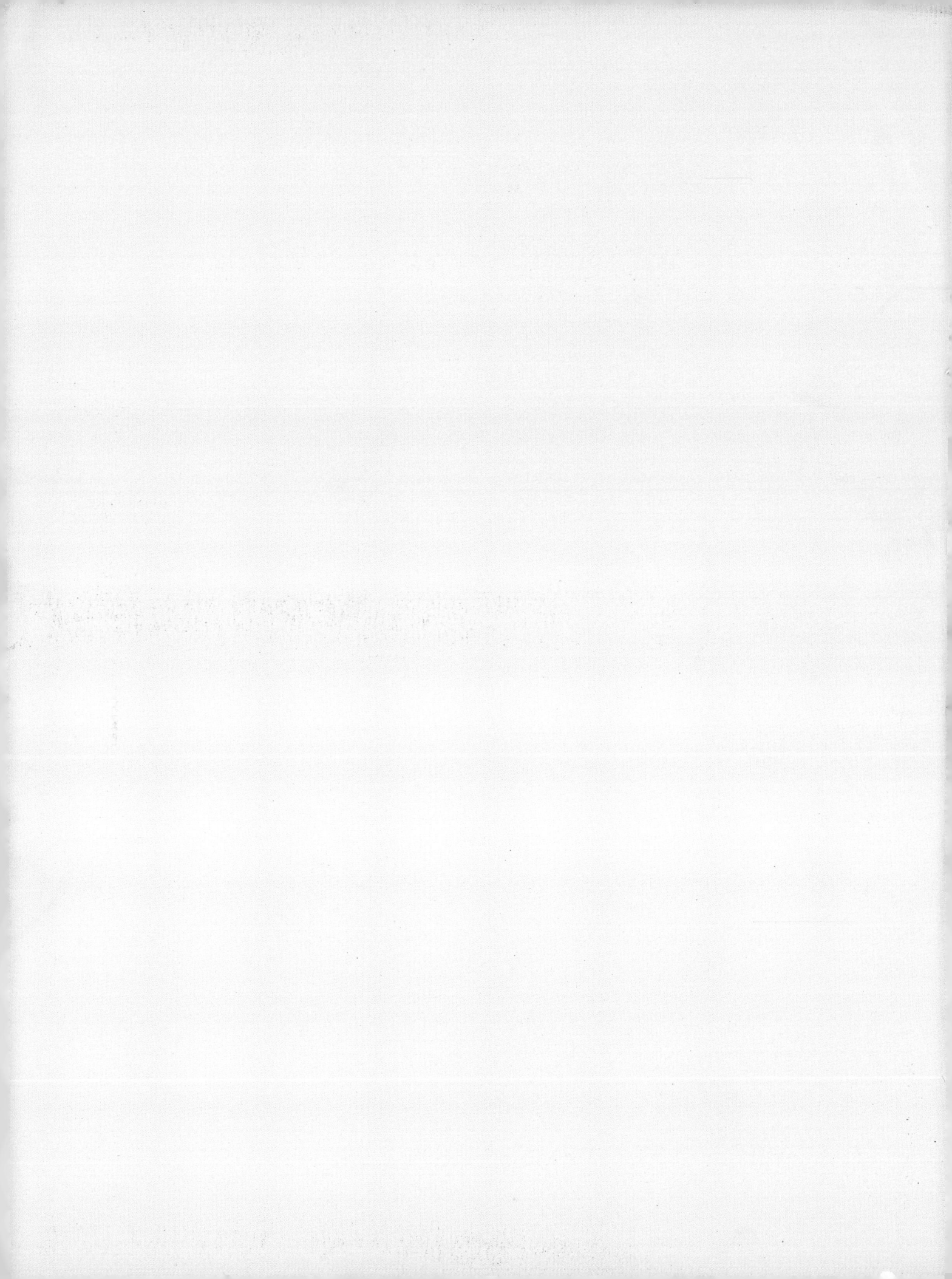